电子工程技术丛书

印制电路板的设计与制造
（第2版）

姜培安　编著

U0217894

电子工业出版社

Publishing House of Electronics Industry

北京·BEIJING

内 容 简 介

印制电路板（简称印制板）是现代电子设备中重要的基础零部件。本书共 12 章，以印制板的设计和制造的关系及相互影响为主线，系统地介绍了印制板的设计、制造和验收。具体内容包括印制板概述、印制板的基板材料、印制板的设计、印制板的制造技术、多层印制板的制造技术、高密度互连印制板的制造技术、挠性及刚挠结合印制板的制造技术、几种特殊印制板的制造技术、印制板的性能和检验、印制板的验收标准和使用要求、印制板的清洁生产和水处理技术、印制板技术的发展方向。在介绍印制板制造的基本方法和工艺流程时，以典型的工艺配方为例，较详细地介绍了具体的操作方法及常见故障分析和排除方法，具有丰富的实践性，为从事印制板制造的工程技术人员和生产工人提供了较好的参考依据。

本书突出系统性、实用性，引用标准现行有效，使读者能迅速掌握印制电路板的设计与制造的基本技术和要求，是从事印制电路板设计与制造的工程技术人员及生产工人非常实用的技术工具书、培训教材和参考资料。

图书在版编目（CIP）数据

印制电路板的设计与制造 / 姜培安编著. —2 版. —北京：电子工业出版社，2021.8

（电子工程技术丛书）

ISBN 978-7-121-41574-6

Ⅰ. ①印… Ⅱ. ①姜… Ⅲ. ①印刷电路板（材料）-设计 ②印刷电路板（材料）-制造 Ⅳ. ①TM215

中国版本图书馆 CIP 数据核字（2021）第 138388 号

责任编辑：刘海艳

印　　刷：天津千鹤文化传播有限公司

装　　订：天津千鹤文化传播有限公司

出版发行：电子工业出版社

　　　　　北京市海淀区万寿路 173 信箱　邮编：100036

开　　本：787×1092　1/16　印张：26.75　字数：684.8 千字

版　　次：2012 年 9 月第 1 版

　　　　　2021 年 8 月第 2 版

印　　次：2023 年 8 月第 2 次印刷

定　　价：138.00 元

凡所购买电子工业出版社图书有缺损问题，请向购买书店调换。若书店售缺，请与本社发行部联系，联系及邮购电话：(010) 88254888，88258888。

质量投诉请发邮件至 zlts@phei.com.cn，盗版侵权举报请发邮件至 dbqq@phei.com.cn。

本书咨询联系方式：lhy@phei.com.cn。

前　言

印制电路板是现代电子设备重要的基础零部件，为电子元器件的安装提供支撑，是实现电气互连、电气绝缘和信号传输的基本保证。随着电子工业的发展，特别是高铁、汽车、航空航天、国防军工等领域对高可靠、高性能印制电路板的需求，使印制电路板的应用越来越广泛，对其性能和技术要求越来越高，有关印制电路板的书籍也深受相关人员的欢迎和青睐。

本书第 1 版由姜培安、鲁永葆、暴杰等人编著。此次改版在保持第 1 版既有理论分析又有应用实例的基础上，增加了一些新的内容，对从事印制电路板设计、制造的相关人员来说适用性更强。

近年来，随着通信技术和智能化电子产品的快速发展和广泛应用，对印制电路板的需求量日益增多，技术要求大有提高，促进了印制电路板制造技术和所用材料的发展。为了适应当前技术的发展和对印制电路板要求的提高，此次改版增加了一些新的内容，删除了过时的内容：增加了 5G 技术所用的高速和微波印制电路板的可制造性设计及其基材选用的相关内容；为适应安装高集成度器件（BGA 等）的高密度多层印制电路板的需求，增加了金属化的过孔保护、填孔等工艺内容和技术要求；对非印制电路板制造主要工序内容的叙述进行了适当删除和简化，如对丝网印刷等章节进行了重新改写，删除了一些过时和重复的内容。这些改变使本书结构更加合理，层次更加清晰。

此次改版对技术术语均按国家标准 GB/T 2036—1994 统一表述，对标准没有明确规定的技术术语，按行业内习惯用法表述。例如，"etching"，在印制电路板行业称为"蚀刻"，而在集成电路行业称为"蚀刻"。此次改版统一采用"蚀刻"。

本书共 12 章，以印制板的设计和制造的关系及相互影响为主线，系统地介绍了印制板的设计、制造和验收。具体内容包括印制板概述、印制板的基板材料、印制板的设计、印制板的制造技术、多层印制板的制造技术、高密度互连印制板的制造技术、挠性及刚挠结合印制板的制造技术、几种特殊印制板的制造技术、印制板的性能和检验、印制板的验收标准和使用要求、印制板的清洁生产和水处理技术、印制板技术的发展方向。虽然几种特殊印制板应用还不广泛，有些材料目前需要进口，但在一些特殊领域有应用需求，因此，此次改版仍保留了这部分内容。

此次改版后的内容更适合作为印制电路板设计、制造和验收相关人员的培训教材，也适合作为高等职业技术相关学校师生的参考书。

此次改版吸收了部分读者对第 1 版所述内容的建议和意见，在此向他们表示诚挚的谢意。

由于本书涉及的专业知识面广，加之笔者水平有限，错误和不足之处在所难免，欢迎读者批评指正。

姜培安

2021 年 6 月

目 录

第 1 章

印制电路板概述

印制电路板（Printed Circuit Board，PCB）简称印制板，是电子产品中重要的基础零部件，其应用日益广泛。从消费电子产品、汽车电子、工业自动化控制、通信和网络设备到军用电子设备和航空、航天电子系统等，几乎在所有电子整机产品中都可以用到印制板。PCB的设计、制造质量直接影响电子装联工艺及电子整机产品的质量和成本，有时会成为影响电子产品系统质量的关键，因此受到国内外电子行业的广泛重视。

随着电子元器件及其电子装联技术的发展，对 PCB 的要求也越来越高。目前世界绿色环保型电子产品的发展趋势，对 PCB 行业更是一个严峻的挑战。为了适应这些发展的需要，PCB 的新材料、新技术和新设备不断出现。PCB 的制造技术也在不断地更新和发展。

1.1 基本术语

按照国际电工委员会标准 IEC 60326 和国标 GB/T 2036—1994 中的定义，印制电路的含义分别如下：

- 在绝缘基材上，按预定设计形成的印制元件或印制线路以及两者结合的导电图形称为印制电路。
- 在绝缘基材上形成的，用做元器件（包括屏蔽元器件）之间电气连接的导电图形称为印制线路，它不包括印制元件。

完成了印制电路或印制线路工艺加工的成品板，通称为印制板。根据印制板上的导电图形的层数不同，又分别称为单面印制板、双面印制板和多层印制板。

- 单面印制板：仅在绝缘基材的一面有导电图形的印制板。
- 双面印制板：在绝缘基材的两面都有导电图形的印制板。
- 多层印制板：由多于两层导电图形与绝缘材料交替黏合在一起，并且导电图形层间按规定进行互连的印制板。

为了描述印制电路的特性和进行相关的技术交流有共同的语言，在国外和国内对印制电路的设计、制造、材料、检验等都有一些专用术语和定义。在我国采用最多的术语和定义，是与国际电工委员会标准 IEC 60196、美国标准 IPC-TM-50 和国标 GB/T 2036—1994 中的规定一致的，此处不再逐一介绍。本书在叙述时尽量采用这些专用术语。在这些国内外标准中，对相同的术语所做的定义是一致的，但是由于科学技术的进步和飞速发展，一些新的材料和工艺技术不断出现，术语也需要不断更新和补充，会出现相关标准中尚未定义的术语。

我们应随时跟踪印制电路技术发展的新动态，以便更正确地理解这些新术语的含义。

1.2 印制板的分类和功能

1.2.1 印制板的分类

印制板的分类目前尚未有统一的标准，有的按印制板的用途分类，有的按印制板所用的基材分类，有的按印制板的结构特性分类。这些分类方法各有特点，应用在不同的场合。按用途分类，适合于产品设计，能反映出印制板在产品中的用途，但是种类太多并且反映不出印制板的特点。按基材分类，能反映出材料的特性，却看不出印制板的结构特点。所以，按用途和基材这两种分类方法采用得不多。按结构分类能基本反映出印制板的特性、基本结构和制造的复杂程度，在印制板业界通常采用按印制板的结构分类。按结构分类，就是按印制板的物理特性、布设导线的层数和互连结构进行分类，可分为刚性印制板、挠性印制板和刚挠结合印制板三大类，每一大类又根据布线层数和互连结构分为许多子类，具体如图 1-1 所示。

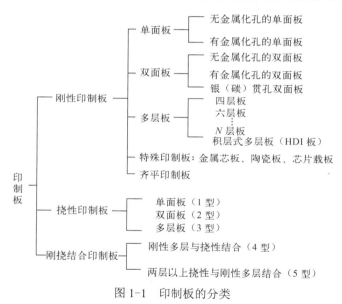

图 1-1　印制板的分类

印制板在电子设备中占有重要的地位，其投入比已占设备总值的 7%～8%。2006 年世界印制板的总产值已达 420 亿美元，年增长 7% 以上。2011 年后稳步增长，2017 年达到 588.4 亿美元。随着电子整机产品的多功能化、小型化和轻量化的发展要求，多层印制板、挠性印制板、刚挠结合印制板、HDI/BUM 基板和 IC 封装载板等品种的印制板已成为需求的重要品种，这些种类印制板在电子整机产品中的附加值将会继续提高。

1.2.2 印制板的功能

印制板是各类电子整机产品的重要基础零部件。由于电子整机产品特性和功能需求的不同，对印制板有多种不同功能要求，主要体现在以下方面。

① 为各种电子元器件的安装、固定提供机械支撑。

②　按规定为各种电子元器件之间实现电气连接或绝缘。这是印制板的基本功能也是电子整机上印制板的基本要求。

③　在高速和高频电路中为电路提供所需的电气特性、特性阻抗和电磁兼容特性。

④　为电子元器件的焊接提供保证焊接质量的阻焊图形，为印制板上的元器件安装、检查、维修提供识别的图形和字符，能提高安装和检查、维修的效率。

⑤　内部嵌入无源元件的印制板还可提供一定的电气功能，简化了电子安装程序，提高了产品的可靠性。

⑥　在大规模和超大规模的电子封装器件中，为电子元器件小型化的芯片封装提供了有效的芯片载体。

1.3　印制板的发展简史

自 20 世纪初（1903 年），德国人汉森（A. Hanson）提出"印制电路"这个概念以来，印制电路的发展已有上百年的历史。虽然当时汉森制造的不是真正意义上的"印制电路"，但是确实在绝缘基板上制作了按某种几何图形排列的导体阵列，满足了电话交换机的需求。此后又有爱迪生、贝里、Max Schoop、Charles Ducas 等人先后发明了多种印制电路的加工方法，并提出了电路图形转移的基本概念。到第二次世界大战前，印制电路技术有了突破性的发展，奥地利人 Paul Eisler 利用蚀刻法制造了印制电路并成功地应用到盟军的高可靠武器近爆炸引信中。第二次世界大战后，印制电路技术得到了快速发展。1947 年，美国航空委员会和国家标准局发起印制电路的研讨会，将此前的印制电路制造方法归纳为金属浆料涂覆法、喷涂法、真空沉积法、化学沉积法、模压法和粉末涂撒等六类，但是这些方法都未能实现大规模工业化生产。

直到 20 世纪 50 年代初期，由于覆铜箔层压板的铜箔和层压板的黏合强度和耐焊性问题得到解决，性能稳定可靠，并实现了工业化大生产，铜箔蚀刻法成为印制板制造技术的主流。开始是单面印制板；到了 20 世纪 60 年代，有镀覆孔的双面印制板也实现了大规模生产；20 世纪 70 年代，多层印制板得到迅速的发展，并不断向高精度、高密度、细导线、小孔径、高可靠性、低成本和自动化、连续生产方向发展；20 世纪 80 年代，表面安装印制板（SMB）逐渐替代插装式（THT）印制板，成为生产的主流；20 世纪 90 年代以来，表面安装技术进一步从四边扁平封装（QFP）向球栅阵列封装（BGA）发展，高密度的 BGA 印制板得到了很快的发展，同时芯片级封装（CSP）印制板和以有机层压板材料为基板的多芯片模组封装技术（MCM-L）用印制板也迅速发展。

以 1990 年日本 IBM 公司开发的表面积层电路技术（Surface Laminar Circuit，SLC）为代表，新一代的印制板是具有埋孔、盲孔，孔径为 0.15mm 以下，导线宽度和间距在 0.1mm 以下的高密度积层式薄型多层板，即高密度互连（HDI）板。在日本称 HDI 板为积层式多层（BUM）板，并已开发出一二十种不同的制造方法，其中较有名的除 SLC 法外，还有日本松下电子部的 ALIVH 法、东芝公司的 B^2it 法、CMK 公司的 CLLAVIS 法等。

美国在 1994 年成立了互连技术研究协会（HTRI），该协会于 1997 年出版一份评估报告，正式提出了 HDI——高密度互连这个新概念。HDI 印制板的特点是具有微导通孔，其孔径小于等于 0.15mm，且大部分是盲孔和埋孔；孔的环宽小于等于 0.25mm；线宽和间距小于等于 0.075mm；接点密度为 130 点/in^2；布线密度大于等于 117 条线/in^2。

根据实际应用和工艺成熟的程度，美国 IPC 将 HDI 板归纳为 6 种类型。21 世纪的印制板技术方向就是 HDI 新技术，即 BUM 新技术。据 Prismark 资料，1999 年 HDI/BUM 的产值为 32 亿美元，占 PCB 市场的 9%；2004 年产值达 122.6 亿美元，占 PCB 市场的 22.5%。HDI/BUM 的年增长率超过 30%，目前已广泛应用于移动通信设备、声像电子产品等小型化、多功能的电子产品中。

我国从 20 世纪 50 年代中期就开始了单面印制板的研制。1956 年，王铁中等人率先研制成功了第一块印制板，应用于半导体收音机中。20 世纪 60 年代中期，我国自力更生地开发了覆铜板层压板基材的批量生产，使铜箔蚀刻法成为我国印制板生产的主导工艺。20 世纪 60 年代，已能大批量地生产单面板，小批量地生产双面板。20 世纪 60 年代末，我国研制的"东方红"一号卫星系统已成功地大量采用了有金属化孔的双面印制板，并且有少数单位已开始研制多层板。20 世纪 70 年代，国内推广过图形电镀-蚀刻法工艺，但由于受到当时条件的限制，印制电路专用材料和专用设备的研制开发和商品化进展不快，整个生产技术水平落后于国外先进水平。进入 20 世纪 80 年代，由于改革开放，不仅引进了大量具有当时国外先进水平的各类印制板生产线，而且经过学习、消化、吸收，较快地提高了我国印制板生产技术水平。20 世纪 90 年代，我国香港和台湾地区以及日本、澳大利亚等印制板生产厂商纷纷来到我国内地合资或独资设厂，使我国印制板产量猛增。进入 21 世纪，我国印制板产业又有了迅猛的发展。据世界电子电路理事会（WECC）的统计资料表明，2006 年中国印制板的产值达到 121 亿美元，已经超过日本成为世界第一印制板生产大国，2017 年中国印制板的产值已占世界产值的 52%。我国整个行业的大多数企业通过了 ISO 9000 质量体系认证，在生产技术上，由于引进了国外先进生产设备和先进生产技术，以及先进的生产管理，取得了巨大的进步，大大缩短了与国外先进水平的差距。

目前，我国正处于以 QFP、BGA 封装为主的表面安装印制板量产化阶段，并向芯片级封装用的积层式多层板和刚挠结合印制板量产化方向发展。以 5G 手机为代表的通信、网络设备和智能化电子产品将使这些印制板将得到广泛应用。

近年来，有许多印制板企业已可将导线宽度做到 0.075～0.125mm，制作多层板的内层细导线工艺已由干膜转为网印湿膜，使用了辊轮涂覆液体感光胶工艺，可以成功地制作线宽和间距为 0.1mm 的内层板，并在完成光成像全过程后，连接到酸性蚀刻、退膜，直至水平式黑氧化线等过程，实现了制作细线内层板的全自动化生产。孔径已可做到小于等于 0.10mm，并开始使用激光钻孔技术生产带有埋孔、盲孔的薄型多层印制板和开始制造高密度互连印制板（HDI 板）。

我国虽然已是印制板生产的大国，但并不是印制板技术强国，在技术上与世界先进水平相比仍有较大差距。在我国生产的印制板基本大量是中低档产品，少量是高端产品。技术含量较高的 HDI 板、芯片载板及高性能的基材还需要一定量进口。我国印制板工业的现状是缺乏研究开发力量，靠引进购买获得新技术和新设备，缺少自己的创新技术。加强高端印制板及其基材的研制和量产，努力创新开发自主生产的高档印制板及其生产设备是我国印制电路业界共同努力和奋斗的方向。我们不仅要做印制板的生产大国，还要做印制板的强国。

推动印制板技术进步的是电子元器件的高集成化以及组装技术的高密度和微小型化。展望 21 世纪，印制板新技术将围绕芯片级封装（CSP、MCM）用的积层式多层印制板（BUM）和 BGA、CSP 等封装器件用的表面安装印制板和高密度互连印制板（HDI）以及适应各类高速、微波电路需要的印制板方向发展。有些工作我国目前才刚刚起步，有待进一步发展，尽快赶上世界先进水平。

1.4　印制板的基本制造工艺

不同类型印制板的制造方法有所不同，同一种类型的印制板也有不同的加工工艺方法。尽管制造的工艺方法很多，但可以归类为以下三种基本方法。

①　减成法：在覆铜箔基材上通过钻孔、孔金属化、图形转移、电镀、蚀刻或雕刻等工艺加工选择性地去除部分铜箔，形成导电图形。

②　加成法：通过网印或曝光形成图形、钻孔、化学镀铜、转移层压等加工，直接将导电图形制作在绝缘基材上。

③　半加成法：加成法与减成法相结合，巧妙地利用两种方法加工的特点在绝缘基材上形成导电图形。HDI 板中的 BUM 板就是采用此种工艺方法。

目前应用最广泛、最成熟的生产技术是减成法。当然随着科学技术的进步，一些新的工艺方法和技术也在不断地出现和发展，如积层式多层板、刚挠结合多层板等的制造技术，不同于一般的减成法或加成法。以下将分别对三种印制板的制作工艺方法作一简单介绍。

1.4.1　减成法

减成法制造印制板是在覆有铜箔的层压板上，通过抗蚀图形保护有选择性地蚀刻除去不需要的导电铜箔而形成导电图形的工艺方法，所以减成法又称为铜箔蚀刻法。根据印制板的类型不同，有不同的加工流程，具体的工艺流程和制造技术将在第 4 章详细介绍。减成法工艺示意如图 1-2 所示。

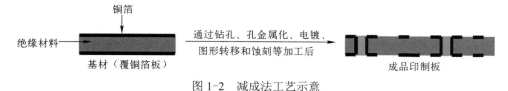

图 1-2　减成法工艺示意

1.4.2　加成法

加成法是通过丝网印刷或化学沉积法，把导电材料直接印制在绝缘材料上形成导电图形。采用较多的是以下两种全加成法。

①　通过丝网印刷把导电材料印制到绝缘基板上，如陶瓷或聚合物上。如果把金属导电浆印在陶瓷基板上，再经过高温烧结熔合，形成陶瓷厚膜印制板（CTF）。如果把导电油墨印制到高分子的绝缘材料上，经加温快速干燥固化后，形成聚合物的厚膜电路（PTF）。

②　在含有催化剂的绝缘基材上，经过活化处理后，制作与需要的导电图形相反的电镀抗蚀层图形，在抗蚀剂的窗口中（露出的活化面）进行选择性的化学镀铜，直至需要的铜层厚度。该方法的化学镀铜时间长、速度慢、效率低，并且化学镀铜层延展率低，镀层厚度也难以控制，应用不广。为此又研制出了半加成法工艺，即以沉积的薄铜层作为种子层，再进行图形电镀加厚孔壁和印制导线的镀层，然后蚀刻。由于蚀刻的铜层薄侧蚀量小，制作的导

线精度高，从而加快了生产的速度，改善了镀铜层的质量，成为原始的半加成法。此法经过多年的研究改进，发展成为应用日益广泛的新型半加成工艺技术。

加成法工艺示意如图 1-3 所示。

注 1：陶瓷基板一般为单面，聚合物膜基材为可以钻孔的单、双面板，多用于挠性印制板。

注 2：需钻孔的板应先在基材上钻孔，然后涂覆抗蚀层再进行选择性化学镀铜，最后退除抗蚀层形成有金属化孔的导电图形，再进行防氧化处理和外形加工成为成品印制板。

图 1-3　加成法工艺示意

1.4.3　半加成法

半加成法是巧妙地运用了减成法和加成法工艺特点制造印制板的一种方法，是由原始的半加成法工艺衍生出来的新型工艺技术。典型的工艺是用无黏结剂的覆树脂薄铜箔（RCC）压合在刚性芯板上，以此铜箔作为导电的"种子"层，在薄铜箔的上面用光刻的方法制作耐电镀的抗蚀图形，再进行图形电镀，达到需要的铜层厚度后，去掉耐电镀抗蚀层，然后进行蚀刻，将很薄的"种子"铜箔去掉，同时也去掉导体上微量的电镀铜（相当于一次抛光去掉的薄铜）和电镀层粗糙的边缘，形成精细的导电图形。目前可以做到线宽为 0.025mm，线间距为 0.05mm 的精细导线，甚至有的工艺可以做到宽线 12μm。该技术已广泛用于高密度互连印制板（HDI 板）的制作工艺中。

HDI 板是以导线精细、布线密度高，具有小孔径的过孔（孔径小于 0.25mm 的盲孔和埋孔）为特征的印制板，现在已大量地应用在中、高端手机等通信电子产品中，满足 4G、5G 手机对印制板的"小、薄、密、平"要求。如果用 HDI 板再结合采用刚挠结合技术，可成为降低手机厚度的主要途径。HDI 板已成为当前印制板的发展趋势。

HDI 板的制造方法很多，发展也很快，主要有传统的先机械钻微孔和盲孔，再逐次压合法。随着覆树脂铜箔（RCC）的出现和激光加工更小孔径等技术的发展，又产生了 RCC 工艺、印刷热固化树脂工艺和感光树脂法等工艺流程。美国电子电路与封装协会根据文献报道过的 HDI 板的结构，按次序进行分类和标识，至今已对 6 种结构进行了标识，简介如下：

1. 1 型结构

1 型 HDI 板的典型结构是具有刚性双面或多层芯板。它是在刚性芯板的上下两面再增加一个或多个微孔的积层层，增加一个微孔积层层的称为 1 阶（1+N+1）HDI 板，增加两个微孔的积层层称为 2 阶（2+N+2）HDI 板，依次类推有 3 阶、4 阶······多阶 HDI 板。积层层上的微孔和通孔同时完成电镀。1 型 HDI 板的结构和盲孔结构如图 1-4 所示。

（a）1 型 HDI 板的结构　　　　　　　　（b）二阶盲孔（越层孔）

图 1-4　1 型 HDI 板的结构和盲孔结构

2．2 型结构

2 型 HDI 板的典型结构是具有电镀通孔的刚性双面或多层芯板，芯板上的通孔在进行积层压合前用树脂填充，制造工艺完成后这些孔成为盲孔（或半盲孔），在芯板的一面或两面制作电镀积层的微孔（盲孔），如图 1-5 所示。

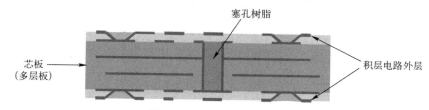

图 1-5 2 型 HDI 板的结构

3．3 型结构

3 型 HDI 板的典型结构是在具有盲孔的刚性多层芯板的一面有一层或多层微孔的积层层，在另一面有两层或更多层积层层，并由镀覆的导通孔贯穿全板实现层间连接，如图 1-6 所示。

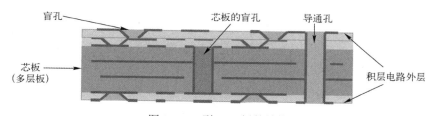

图 1-6 3 型 HDI 板的结构

4．4 型结构

4 型 HDI 板的典型结构是具有刚性绝缘层和金属芯的芯板，在芯板的每一面上有一层或更多层的积层层，由导通孔贯穿连接 PCB 的两面，如图 1-7 所示。金属芯板可以调节印制板的散热效果，有利于大功率器件的高密度组装。

图 1-7 4 型 HDI 板的结构

5．5 型结构

5 型 HDI 板的典型结构是具有导电油墨或电镀的塞孔，采用逐次压合形成有垂直方向连接的互连结构。根据盲孔叠合的数量和塞孔的材料及方法不同，5 型 HDI 板有多种形式。对于导电油墨塞孔法，必须先进行电镀再塞孔，经研磨、孔面隔离电镀，然后再压合另一层，但在对较小孔径的盲孔进行树脂塞孔时，难以将孔内气泡排除干净，使连接的可靠性下降。而电镀塞孔法流程简单、可靠性高，是比较理想的填孔方法，目前采用较多，可以制作出多阶盲孔的 HDI 板。5 型 HDI 板的结构如图 1-8 所示。

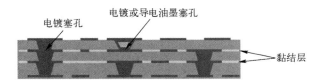

图 1-8　5 型 HDI 板的结构（三阶）

5 型 HDI 板的制作流程如图 1-9 所示。

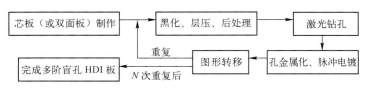

图 1-9　5 型 HDI 板的制作流程

6. 6 型结构

6 型 HDI 板的典型结构是利用整块铜箔上电镀立柱或模板漏印导电聚合物，叠加半固化片、铜箔，在层压过程中刺穿薄的绝缘材料形成垂直互连，然后在导电凸点上成像、蚀刻并进行图形电镀形成新的凸点后再层压，如此反复形成多阶的 HDI 互连结构的板，如图 1-10 所示。该结构的制造方法又称为 B^{2}it 法。该法主要用于生产集成电路芯片的载板印制板。

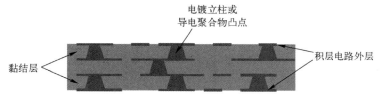

图 1-10　6 型 HDI 板的结构

此外还有感光树脂积层多层板、转移法积层多层板等，虽然方法不同，但是最终制作出的 HDI 板的结构类同于上述某一结构，所以不再一一介绍。

HDI 板是现代印制板的高端产品，由于通孔的直径小，占用的空间小，提高了布线密度，导线层与层之间介质层薄，使导线中的信号传输路径短、速度快，非常有利于高速、高频信号的传输；HDI 板能提供很薄的板厚度，是有多层布线的多层印制板，是需要轻、薄、小而可靠性高的现代通信设备不可缺少的重要基础零部件，目前主要应用在手机和现代移动通信设备上。因为 HDI 板积层层的间距和导线间距小，层间、线间的耐电压较普通印制板低，通孔和盲孔或埋孔的孔径小、孔内镀层较薄，一般为 12～15μm，所以对于工作电流较大和电压较高的印制板还是采用普通的多层板更可靠一些。

HDI 板的制造技术集中了许多现代科学的技术成果，如激光成像、激光钻孔、高精度数控钻床、高精度平行光曝光、自动光学检测（AOI）、等离子处理、水平脉冲电镀技术以及感光性树脂、RCC 铜箔等高技术设备、工艺和材料等，所以普通的印制板厂没有此种加工能力，目前能批量生产 HDI 板的厂商主要以日本厂商为主，我国有台湾的华通、同泰及超声，上海和深圳一些公司等。由于 HDI 板是高技术的印制板产品，应用领域日益扩大，需求量大增，一些生产技术和设备能力较强的国内厂家也在投资研发和扩大 HDI 板的生产。

1.5　印制板生产技术的发展方向

　　印制板的发展方向受集成电路与封装技术发展的推动，其发展方向适应电子整机产品的小型化、多功能、高可靠的要求和信息化产品的需求而发展，即印制板向高密度、高精度、细导线、细间距、高可靠、多层、轻量、薄型、小型和高速传输方向发展。当前全球对印制板的应用逐渐呈现两极化的发展：一种是轻、薄、小，产品生产周期变化快，市场寿命短的产品；另一种是安全性、可靠性和稳定性要求高，使用寿命长的产品，如国防、航空、航天等高可靠要求的电子产品。在生产上，同时向提高生产率、降低成本、自动化、清洁生产和适应多品种、小批量生产的方向发展。在用途上，高速、高频电路印制板是今后一段时期内主要的发展动向。具体的生产技术和产品的发展方向将在第 12 章详细介绍。

第 2 章

印制电路板的基板材料

印制板用的基板材料简称基材，是制造印制板的主要基础材料，是安装和支撑电子元器件的基板。基材的性能对成品印制板的有些特性影响很大，尤其是印制板的耐电压、绝缘电阻、介电常数、介质损耗等电性能，以及耐热性、吸湿性，是否环保等。基材的性能还影响印制板的其他基本性能、制造工艺、成本和使用的可靠性。随着电路的数字化和信息处理高速化及电路工作频率的急速提高，印制板内电子信号传送的速度越来越快，布线密度和电路层数越来越高，对印制板用的基材提出了更高的要求，基材的性能会影响到电路的性能和加工性选择基材，是印制板设计必须考虑的问题，掌握基材的特性也是做好印制板加工的前提。

要正确选用印制板的基材，就要了解基材、熟悉基材的有关特性以及它对印制板性能的影响，只有选好基材、用好基材，再加以合理的布局、布线才能最终设计出满足电路需要的印制板。随着电子产品的发展和技术的进步，还会有许多新的材料不断出现，尤其高性能基材是当前基材发展的趋势。印制板设计者和制造者应在了解相关基材标准规定的材料的同时，再不断地了解和跟踪新型基材的发展动向，以便能及时采用先进的、更加适用于各种电路使用的印制板基材。

2.1 印制板用基材的分类和性能

印制板用的基材根据加工的工艺方法不同和产品使用的性能要求不同，有许多种类和规格。随着印制板技术和品种的发展，基材的形式多样化，同一类基材的品种多样化，基材的性能均衡化，并且随着市场竞争的加剧，许多基材生产厂家又重点发展企业特色化的产品，所以在基材的分类方面就有按基材的结构特征、主体树脂成分、某项特性和用途等多种分类方法。

2.1.1 基材的分类

在基材的分类方法中，最基本与应用最多的方法是按基材的结构特征分类，通常分为覆铜箔层压板、覆树脂铜箔、半固化片（粘结片）和无铜箔的特殊基材等几大类。

1. 覆铜箔层压板

覆铜箔层压板（Copper Clad Laminate，CCL）简称覆铜箔板、覆铜板。它是将增强材料浸以某种树脂胶液，预烘干后制成预浸渍材料（半固化片），再根据厚度要求将多个半固化片叠合在一起，在其最外层的一面或两面覆以铜箔，经过加热、加压固化后而成的板状复合材料。为了提高树脂与铜箔的黏合力，在铜箔与树脂黏结的一面，预先经过微蚀和氧化处理（又为棕化和黑化）形成微观粗糙的黏合面。以双面覆铜箔层压板为例，其结构如图 2-1 所示。

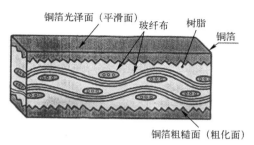

图 2-1　双面覆铜箔层压板的结构

CCL 是印制板用基材中一类重要的产品结构形态，是目前国内外应用最广泛、用量最大的以减成法（铜箔蚀刻法）制造印制板所用的基材。

2．覆树脂铜箔

覆树脂铜箔（Resin Coated Copper，RCC）是在电解铜箔上，经过表面处理后，涂覆上一层有机树脂（一般厚度为 50～100μm）制成 B 阶段树脂结构的附有铜箔的半固化片。这是 20 世纪末期发展起来的新型材料，主要用于积层法制作高密度互连印制板（HDI 板），适合于印制板的小型化和薄型化要求，目前已广泛应用于高速电路的通信设备印制板和不同用途的 HDI 板中。

3．半固化片

半固化片，又称粘结片（Prepreg，简称 P.P），是将经脱脂处理后的增强材料浸以某种树脂胶液，预烘干后制成预浸渍材料的薄片，表面不覆铜箔，有不同的厚度规格，用于制作多层印制板时的中间层黏结的材料，经过层压、固化后成为多层印制板中绝缘材料的一部分。为了适应高精度高层数多层印制板和刚挠结合多层印制板层压的需要，近年来又开发了一种无流动性半固化片（No-flow Prepreg），它与一般半固化片的主要区别是层压过程中树脂的流动性较小，有利于保证各层导电图形的重合精度。

4．无铜箔的特殊基材

无铜箔的特殊基材是指光敏性绝缘基板，是含有光敏催化剂的绝缘材料，表面没有铜箔，在制作印制板的过程中根据需要沉积和电镀上铜箔。该材料主要用于全加成法制作印制板和 HDI 板。

以上几大类基材中又有不同划分规则，分为许多子类和品种。以下将重点介绍目前应用最多、最广泛的印制板基材——覆铜箔板的分类和性能。

2.1.2　覆铜箔板的分类

由于电子产品的需求不同，覆铜箔板又分为许多种类和规格。从板材的刚性和使用特点分类，基本分为刚性基材和挠性基材两大类。刚性基材又称刚性板，物理状态呈刚性，机械强度较高，不能弯曲或弯折使用。挠性基材又称柔性板或软板，较薄，可以弯曲或弯折使用。

1．刚性覆铜箔板

刚性覆铜箔板（Rigid Copper Clad Laminate，RCCL）由树脂、增强材料与铜箔层压制成，是目前发展最成熟，品种和类别最多的一大类印制板基材，其分类有以下几种。

（1）按基材中的增强材料不同分类

基材中的增强材料主要分为纸基、玻璃布（又称玻璃纤维布、玻纤布）基、复合基、特殊材料基四大类，每一类又按树脂成分的不同分为许多子类。印制板基材的特性，主要取决于增强材料和树脂。

① 纸基板。以浸渍纤维纸作为增强材料，再经过覆铜箔层压而制成的基材，简称为纸基板。纸基板以单面覆铜板为主（如 FR-1、FR-2、FR-3），有较好的电气性能、成本低，但是吸湿性较大，只用于一般低值消费电子产品，如收音机、电子玩具等用的印制板，不适用于高速电路用印制板和其他高可靠要求电子产品的印制板。

② 玻璃布基板（又称玻纤布基板）。玻璃布基板以玻璃纤维纺织而成的布浸渍树脂作为增强材料，通常用环氧树脂或其他高性能树脂作为浸渍材料（如 G10、FR-4/FR-5），其电气性能好、工作温度较高。有许多高性能基材都采用玻璃布基板。玻璃布基板是大多数可靠性要求较高的电子产品和高速电路印制板的优选材料。

③ 复合基板。复合基板是采用两种以上的增强材料的基板，表层和芯层采用了两种不同的增强材料。例如，芯层增强材料为环氧-纤维纸，表层增强材料为环氧-玻璃布的 CEM-1 型；或者芯层增强材料为环氧-玻璃纤维纸，表层增强材料为环氧-玻璃布的 CEM-3 型。复合基板的性能较纸基板有很大改善，成本较玻璃布基板低，主要应用于民用电子和一般电子产品。

④ 特殊材料基板。特殊材料基板内包含特殊功能的金属、陶瓷或耐热热塑型基材。这些基材通常作为高导热性材料，应用于大功率器件、电源模块、汽车电子产品、高密度安装的 IC 封装等印制板。这些印制板对基板的散热性有越来越高的要求，基板材料的导热性能也更加成为一项重要的性能。用于这类印制板的基材有金属基材和陶瓷基材。

a. 金属基材：金属基板的印制板基材，一般由金属板层、绝缘层和铜箔三部分构成。金属基的基材又根据其结构、组成和性能的不同分为三种形式，如图 2-2 所示。金属芯覆铜板的芯部材料通常有铜板、铝板、覆铜因瓦钢或钼板等，它们的特性是散热性好，机械强度和韧性较高，热膨胀性较树脂小，这些特性接近于铜箔，有利于提高金属化孔的可靠性。金属基板可以防止电磁波辐射，起到电磁屏蔽的作用。铁基板有磁力特性，可用于有磁性要求的磁带录像机、软盘驱动器内的精密电动机上。

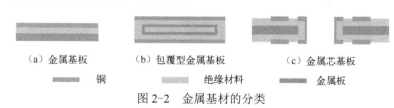

　　（a）金属基板　　　　　　（b）包覆型金属基板　　　　　　（c）金属芯基板

　　　　━━ 铜　　　　　　　　　絶缘材料　　　　　　　━━ 金属板

图 2-2　金属基材的分类

b. 陶瓷基材：陶瓷基材是在陶瓷材料上覆有铜箔，由陶瓷基材、键合黏结层和导电层（铜箔）构成。陶瓷基材热膨胀系数小、导热性好、尺寸稳定，大多作为元器件的芯片载板或组合元器件的基板，也是比较理想的表面安装用印制板的基材；但是基板尺寸较小、脆性大、硬度高，难以加工，介电常数较大。陶瓷基材的种类有很多，可按成分加以分类，如有 Al_2O_3、SiO_2、MgO、$Al_2O_3\text{-}SiC$、AlN、ZnO、BeO、MgO、Cr_2O_3 等种类的陶瓷片，目前采用最多、应用最广的是 Al_2O_3 陶瓷片；还可按键合的工艺不同划分为直接键合法（DCB）和黏结层压键合法两大类。

这些能散热或耐热型的基材，所用材料的导热性能的表征特性参数有比热、热导率（导热系数）、热阻等。选用基材时，应根据所需要印制板的功能，考虑材料的特性参数，确定基材的种类。

在使用基板材料时，如果需要通过基板材料传导更多的热，起到更好的散热效果，那么就希望所用的基板材料的比热越小越好。如果需要通过基板材料能够起到隔绝热的功效，那么就希望所用的基板材料的比热越大越好。

表征材料导热性能的比热和热导率等特性参数的物理含义如下：

● 比热：是指 1g 的物质在上升 1℃温度时所吸收的热量。对于同一个物质，比热的大小与加热时的条件，如温度的高低、压强和体积的变化情况有关。

● 热导率：又称为热传导系数、热传导率、导热系数。它是表示物质热传导性能的物理量，是指当等温面垂直距离为 1m，其温度差为 1℃时，由于热传导而在 1h 内穿过 1m^2 面积的热量（千卡），单位为千卡/(米·小时·℃)（kcal/(m·h·℃)）。实际应用中，通常以热功当量换算后用瓦/(米·开尔文)（W/(m·K)）或千瓦/米·开尔文来表示。如果需要基板材料负担更大的散热功效，所采用的基板材料要求具有高热导率。如果需要通过基板材料能够起到隔绝热的功效，那么就希望所用的基板材料的热导率越低越好。与印制板基材组成相关的几种材料的热导率见表 2-1。

表 2-1　与印制板基材组成相关的几种材料的热导率

材 料 品 种	热导率（W/(m·K)）
氧化铝陶瓷（部分 IC 封装基板采用）	18
金属铝	236
金属铜	403
立方体型氮化硼（填充材料）	1300
三氧化二铝（填充材料）	25～40
E 型玻璃布	1.0
双酚 A 环氧树脂一般固化物	0.133
FR-4 环氧玻璃布基覆铜板	0.5

一般将不同构造所表现出的不同热导率的基板材料，划分为三种不同导热功能的等级，见表 2-2。

表 2-2　印制板基材的导热功能等级

导 热 等 级	热 导 率	板 材 示 例
一级	0.5W/(m·K)以下	一般 FR-4 基覆铜板
二级	0.5～3.0W/(m·K)	厚铜箔的 FR-4 基覆铜板
三级	>3.0～10.0W/(m·K)	金属基（芯）覆铜板

过去在基板上所采取的散热手段，一直是使用铝材等金属板作为芯材的金属基（芯）覆铜板。但是，使用这种具有散热功能的基材制造多层印制板，存在着通孔加工工艺困难、制造成本较高的问题。日本覆铜板业近年来在制造有一定散热性需要的基板材料方面，采用覆厚铜箔（105μm、140μm、175μm、400μm）的方法，厚铜箔热容量大，散热快。日本新神户电

机公司开发出了一种内层含厚铜箔（105μm）的四层预制内芯多层板（又称为"屏蔽板"）。它的热导率可以达到 2.3W/(m·K)，是同样结构的一般 FR-4"屏蔽板"（4 层）的 4.6 倍，能够实现很好的散热功能。这种基板材料在导热功能上，属于上述的导热功能的第二等级。

定量描述一种物体的导热性能，可以用热导率，也可以用另外一个特性参数来表达，它就是"热阻"。热导率适于表征一种均匀材质的材料的导热性能，而作为多种材料复合的基板材料，它的导热性能更适合于用热阻来定量描述。在热传导的方式下，物体两侧的表面温度之差（简称温差）是热量传递的推动力。热阻（R_T）等于这种温差（T_1-T_2）除以热流量（P）。因此，基板材料的热阻越小越说明它的导热性好。表 2-3 给出了不同材料、不同基板材料的热阻。

表 2-3　不同材料、不同基板材料的热阻

材　料　种　类	热阻（℃/W）
铝板	0.3
FR-4 环氧玻璃布 CCL（1.2mm 厚）	7.83
陶瓷基 CCL（0.6mm 厚）	1.19
铁-环氧基 CCL（1.0mm 厚）	1.35
铝-环氧基 CCL（1.0mm 厚）	1.10

在设计考虑印制板的散热问题时，可参照以上材料的性能，选取合适的材料。在高速电路印制板中选用表 2-2 中二级的较为合适，因为较厚的铜箔除了有散热作用外还可以作为低阻抗的接地面。

（2）按基材中的主体树脂分类

基材中的主体树脂，对基材的特性有重要影响，也能反映出基材的某些主要特性，所以按基材中的主体树脂分类也是对覆铜箔层压板基材的一种分类方法。在基材中采用的主体树脂种类有酚醛树脂、环氧树脂（EP）、聚酰亚胺树脂（PI）、聚苯醚树脂（PPO 或 PPE）、聚四氟乙烯树脂（PTFE）、双马来酰亚胺三嗪树脂（BT）、氰酸酯树脂（CE）等。用这些树脂或改性的树脂与上述增强材料结合的层压板，一般称为某树脂型覆铜箔层压板。其中改性的环氧树脂、PI、PPO、PTFE、BT、CE 与玻璃布结合制成的覆铜板具有一项或多项性能高于一般基材的水平，这些基材通称为高性能基材，适合于不同电路性能和高速、高频电路的印制板使用。

（3）按覆铜板的某一突出的性能差异分类

按覆铜板的某一突出的性能差异分类，便于选择某种特性突出的基材，从基材的名称就能知道其突出的性能。

① 按基材的阻燃性能。在有机树脂性材料中能达到 UL 标准（美国保险商试验室标准）中规定的垂直燃烧法试验的燃烧性要求 V 级的板，称为阻燃型板（又称 V0 板），它抗燃烧性能最好。依次还有 V1、V2 级等。阻燃型板的特点是防火性能好，不易燃烧，安全性好。

燃烧法试验达到 UL 标准的 HB 级要求的板称为非阻燃型板。我国标准中的 CEPGC-31 就是非阻燃型环氧玻璃布层压板。阻燃型板相当于美国 NEMA 标准中的 FR-2、FR-3、FR-4、FR-5 等，内层印有红色商标标记。我国标准是按国际通用的命名法，用材料的英文缩写并在基材代号后面加"F"表示为阻燃型板材，如 CEPGC-32F。凡是对使用中安全性要求较高的产品和有较高可靠性要求的印制板，通常都应采用阻燃型基材。

② 按介电常数性能高低。高速、高频电路印制板的应用越来越多，基材的介电常数对

印制板的特性阻抗有重要影响，所以按介电常数性能高低分类，更便于高速、高频电路印制板对基材的选用。一般介电常数在频率为 GHz 级时能稳定在 3 左右，介质损耗角正切值小于或等于 10^{-3} 的基材，称为低介电常数板材，主要用于高速、高频电路印制板。高频和微波电路印制板既有使用低介电常数基材的，也有采用较高介电常数基材的，关键是考虑阻抗的匹配和低介质损耗。

介电常数在 10 以上甚至达到几十或上百的基材称为高介电常数基材，主要用于埋入无源元件的多层印制板。在多层印制板的接地层和电源层如果采用该基材，可以缩短 IC 与电容的连接距离，降低电路的寄生电感，有利于高速、高频电路的去耦作用，并能降低接地、电源层上产生的谐振噪声。

③ 按材料的某一突出性能。通常还可以按材料的耐热性能（表现在 T_g、T_d 和 t_{260} 或 t_{288} 等参数）、热膨胀系数（CTE）、耐漏电起痕性（CTI）和耐离子迁移性（CAF）、无卤素环保型等特性分类。同一类耐热型基材根据玻璃化转变温度的高低又分为多个等级，这种分类方法有利于设计选择材料时找到满足某种特性的基材。

2. 挠性覆铜箔板

挠性覆铜箔板（Flexible Copper Clad Laminate，FCCL）是 20 世纪 70 年代出现的一类软性印制板基材，是由金属箔（一般为铜箔）、绝缘薄膜、黏结剂三类不同材料、不同的功能层复合而成，可以弯曲和挠曲的印制板基材。挠性印制板近年来发展很快，其产量接近于刚性印制板的产量，广泛应用于便携式通信设备、计算机、打印机等。

为了降低挠性印制板的厚度，提高挠曲性和耐热性及抗剥离性能，实现高性能和薄型化，近年来开发了二层型 FCCL，它不需要黏结剂，直接由挠性绝缘材料和铜箔构成。由于不用丙烯酸黏结剂，基材在 Z 方向的热膨胀系数较小，高速信号传输时的介质损耗小，是用于刚挠结合性印制板中的挠性基材的优选材料。但是，目前该基材的供应量不如三层法基材的供应量大，成本也较高。

主要挠性板材有覆铜箔聚酯薄膜、覆铜箔聚酰亚胺薄膜、覆铜箔聚酰亚胺氟碳乙烯薄膜和薄型环氧玻璃布覆铜板（薄型 FR-4）等。

（1）覆铜箔聚酯薄膜（PET）

覆铜箔聚酯薄膜的抗拉强度、介电常数、绝缘电阻等机电性能较好，并有良好的耐吸湿性和吸湿后的尺寸稳定性，缺点是耐热性差，受热后尺寸变化大，不耐焊接，工作温度较低（低于 105℃）。PET 适用于不需焊接的印制传输线和电子整机内的扁平电缆等。

（2）覆铜箔聚酰亚胺薄膜（PI）

覆铜箔聚酰亚胺薄膜具有良好的电气特性、机械特性、阻燃性和耐化学药品性、耐气候性等，最突出的特点是耐热性高，其玻璃化转变温度 T_g 高于 220℃；缺点是吸湿性较高，高温下或吸湿后尺寸收缩率大，成本较高，安装焊接前需要预烘去除潮气。PI 适用于高速电路微带或带状线式的信号传输的挠性印制板，也是目前挠性基材中应用最多的一种基材。

（3）薄型环氧玻璃布覆铜板

薄型环氧玻璃布覆铜板是近年发展起来的一种挠性基材，除挠曲性能外，在绝缘性能、耐湿性能、尺寸稳定性等综合性能方面，薄型 FR-4 板要明显好于传统的 FCCL，目前已应用于卷带状 IC 封装的载板，并且成本低于 PI 板。

（4）其他挠性板材

根据需求的不同，国外近年来还开发了以氟碳乙烯薄膜、芳香聚酰胺纸、聚砜薄膜及液晶聚合物（LCP）薄膜等为基片的特殊材料的挠性覆铜箔板。

在这些挠性基材中按制造工艺方法不同又分为三层法和二层法挠性基材，两者的区别在于：三层法挠性基材使用传统的工艺方法制造，即由铜箔、绝缘薄膜和黏结剂复合热压而成；二层法挠性基材是由绝缘薄膜与铜箔组成，它使用几种不同的制作工艺方法制造，但共同特点是没有黏结剂。二层法与三层法挠性基材比较，其优点是厚度薄、质量轻、挠曲性能与阻燃性更好，易于阻抗匹配，尺寸稳定性好。二层法挠性板更适合于有阻抗匹配要求的高速电路用 FPC、高密度布线的 FPC，以及 COF、TBA、CSP 等器件的载板和刚挠结合印制板的挠性部分的材料。

在以上两大类材料中还可以按用途分为一般性基材、高速电路用基材、高频电路用基材、高耐热型基材、高尺寸稳定性和绿色环保型基材等。

综上所述，印制板用的覆铜箔基材的分类、名称和主要特点可以概括在表 2-4 中。

表 2-4 印制板用的覆铜箔基材的分类、名称和主要特点

分　类	增强材料	名　　称	代　码*	特　点
刚性覆铜箔板	纸基板	酚醛树脂覆铜箔板	FR-1	经济性，阻燃
			FR-2	高电性，阻燃（冷冲）
			XXXPC	高电性（冷冲）
			XPC	经济性（冷冲）
		环氧树脂覆铜箔板	FR-3	高电性，阻燃
		聚酯树脂覆铜箔板		
	玻璃布基板	环氧树脂-玻璃布覆铜箔板	FR-4	
		环氧树脂-耐热玻璃布覆铜箔板	FR-5	G11
		聚酰亚胺树脂-玻璃布覆铜箔板	GPY	
		聚四氟乙烯树脂-玻璃布覆铜箔板		
复合材料基板	两种以上＋环氧树脂	纸（芯）-玻璃布（面）-环氧树脂覆铜箔板	CEM-1 CEM-2	（CEM-1 阻燃） （CEM-2 非阻燃）
		玻璃毡（芯）-玻璃布（面）-环氧树脂覆铜箔板	CEM-3	阻燃
	两种以上＋聚酯树脂	玻璃毡（芯）-玻璃布（面）-聚酯树脂覆铜箔板		
		玻璃纤维（芯）-玻璃布（面）-聚酯树脂覆铜箔板		
特殊基板	金属类基板	金属芯型		散热、屏蔽
		金属基（铝基板）型		散热性好
		包覆金属型		散热性好
	陶瓷类基板	氧化铝基板		尺寸稳定
		氮化铝基板	AlN	尺寸稳定
		碳化硅基板	SiC	尺寸稳定
		低温烧制基板		尺寸稳定
	耐热热塑型基板	聚砜类树脂		
		聚醚酮树脂		
挠性覆铜箔板	挠性基板	聚酯树脂覆铜箔板		可挠曲
		聚酰亚胺覆铜箔板		可挠曲

*为美国电器制造商协会（ENMA）标准规定的印制板基材名称代码。

2.1.3　覆铜箔层压板的品种和规格

以上各类材料中根据所用树脂材料不同分为多个品种；根据覆箔层压板的覆铜箔面数分为单面板、双面板和用于制造多层板的薄型单面或双面板。

按照覆箔板的厚度（或挠性板绝缘薄膜的厚度）和铜箔的厚度不同又有多种规格。如按覆铜板的厚度，则板的厚度规格为 0.8mm、1.0mm、1.2mm、1.6mm、2.0mm、2.5mm 等。厚度在 0.8mm 以下的 0.1mm、0.2mm、0.3mm、0.5mm 的板材，为非标准板材，主要用于制作多层印制板。按铜箔厚度，主要规格有标称值为 5μm、9μm、18μm、35μm、70μm、105μm 等多种规格。

用于制造积层式多层印制板的感光型或热固型树脂及覆树脂铜箔等材料是以上材料的特殊类型，在一般刚性印制板中使用得很少，主要用于高密度互连印制板（HDI 板）。HDI 板在小型化的高速电路印制板中有广泛应用。

2.2　印制板用基材的特性

基材的性能包括外观质量、机械特性、物理特性、电气特性、化学性能和环境性能等多项。有的直接影响印制板的基本特性，如印制板的介电常数、介质损耗正切值、耐热性、阻燃性、吸湿性、耐离子迁移性和抗弯强度。印制板的耐电压、表面绝缘电阻和剥离强度等性能与基材有重要关系。有的特性直接影响印制板的安装和使用性能，如耐热性、工作温度等，体现在基材的玻璃化转变温度、热膨胀系数、热分层时间和热分解温度几个特性参数上。吸湿性主要由基材决定，吸湿性的大小会影响印制板安装时的预处理工艺和温度。

2.2.1　基材的几项关键性能

基材的诸多性能中，有的是对所有印制板通用，有的是适应于不同用途印制板的特殊需要。所谓特殊需求，只不过是指基材具体的技术指标在某些方面表现得更为突出。对于高速电路印制板，就需要基材的介电常数和介质损耗等特性方面更为突出，对于其他的特性也要兼顾。因为对任何印制板都需要考虑焊接性能和某些物理性能，所以对于无铅焊接用印制板的基材，通常必须认真考虑以下几项关键性能。

1.　耐热性能

目前印制板多数为表面安装用的印制板，印制板用的基材在焊接过程中必定要经受较长时间的较高温度，尤其是提倡无铅焊接技术以后，由于焊接温度比有铅焊接时提高了 34℃以上，印制板能否经受得住焊接时的高温，对印制板的耐热性能是一个重大的挑战，也成为印制板设计和制造、安装共同关注的问题。表征覆铜板耐热性能的主要性能是基材的耐热性。

覆铜箔板主要由树脂与增强材料（如玻璃纤维布）组成，由于其中的增强材料大都具有相当高的耐热性，所以一种基板材料耐热性的高低，主要取决于树脂部分。构成基板材料的树脂绝大多数是高分子聚合物。高分子聚合物在受热过程中将产生两类变化：一类是软化和熔融等物理变化；一类是化学变化，主要表现为树脂的环化、交联、凝胶化（热固型高分子聚合物）、老化、降解、分解和在大气环境与热的作用下发生氧化、水分解等。这些物理、化学的变化，是高分子聚合物受热后性能变差的主要原因。反映这些变化的温度参数主要有玻璃化转变温度（T_g）、熔融温度（T_m）和热分解温度（T_d）。对于基板材料来讲，直接或间接表征它的热性能的技术参数，还有热膨胀系数、热分层时间（t_{260}，t_{288}）、浸焊耐热性、比热、热导率、弹性模量等。这些性能参数是了解和评价某种基板材料耐热性重要的依据或参考数据。以下将介绍其中最主要的几个参数。

（1）玻璃化转变温度（T_g）

玻璃化转变温度（T_g）指基材中聚合物从硬的和相当脆的状态（玻璃态）转变成黏稠的高弹态（又称橡胶态）时所处的温度。这一转变温度通常是在较窄的温度区域内变化。在常温下，覆铜板树脂为玻璃态呈刚性，在它被加热的情况下，由玻璃态转变为高弹态，即变软并有弹性的状态，所以又有的人习惯将这种状态称为"橡胶态"，此时所对应的转变温度称为"玻璃化转变温度"，普遍将它简称为"玻璃化温度"，英文缩写符号为 T_g。T_g 是基材中高分子聚合物材料的特有性能。高聚物的玻璃化转变温度与形变的关系如图 2-3 所示。换句话讲，T_g 是基板保持刚性的最高温度。由于这种变化是在一定温度范围内，所以 T_g 是指一个温度范围，如普通 FR-4 基材的 T_g 为 125～140℃。覆铜箔板的耐热性、耐湿性、热膨胀系数、耐化学药品性、尺寸稳定性等特性，均与 T_g 有关。也就是说，如果覆铜板的 T_g 提高，可对上述各项性能方面都会有相应的改善。无铅 PCB 应选择具有高 T_g 特性的 CCL，以保证在较长时间高温焊接下具有良好的各项特性。

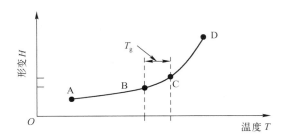

图 2-3　高聚物的玻璃化转变温度与形变的关系

覆铜板中的树脂一般为非结晶态的高分子聚合物，它会因环境温度的升降而发生力学状态的三种变化。高聚物的树脂状态变化与形变有密切的关系。图 2-3 说明了这一变化过程和相互关系。随着温度的升高，树脂状态发生变化：玻璃态（图中 A 至 B 区）→高弹态（图中 B 至 C 区）→黏流态（图中 C 至 D 区）。在玻璃态时，由于温度较低，分子具有的动能小，高分子链段处于一种"呆滞"状态，它的形变很小。随着温度的升高进入高弹态，主链具有的动能虽不足以移动，但主链上的一些单链、支链却可以发生旋转，使得链段产生滑移，甚至卷曲的趋势，使得它的形变增大，表现在板的厚度上有明显增加，热膨胀系数增大。当温度再提高，树脂状态进入黏流态时，分子之间也可相对滑动，形变急剧增大，使板的内应力也明显增大，以至产生基材板的分层。

T_g 的高低将会影响焊接时的耐温度高低。根据 T_g 的高低可以将覆铜箔层压板分为不同的耐热档次。通常将刚性玻璃布基覆铜板按照 T_g 划分为四个档次，见表 2-5。

表 2-5　根据 T_g 划分的刚性玻璃布基覆铜板耐热档次和品种

耐热档次	T_g（TMA 法）（℃）	包括的各类覆铜板举例
一档	125～130	一般 FR-4 板（环氧-双氰胺体系，少数为环氧-酚醛树脂体系）
二档	135～150	多官能团或酚醛型环氧树脂对一般 FR-4 树脂体系的改性 FR-4 板
三档	≈170	FR-5、高耐热型树脂改性 FR-4 板、PPE 改性环氧板、PPE 改性 BT 板、热固型 PPE 板、环氧改性 BT 板、环氧改性 CE 板、环氧改性 PI 板等
四档	>200	聚酰亚胺（PI）板、BT 板、改性 BT 板、CE 板等

　　这种档次的划分包括采用不同树脂类型的覆铜板。对高耐热型覆铜板的 T_g 值的要求，目前没有特别明确的规定。一般习惯上将第三、第四档次的 T_g 要求的基板称为高耐热型覆铜板。

　　如果印制板使用条件的温度是在覆铜板的 T_g 以上，那么覆铜板就会出现绝缘电阻恶化、基材树脂发脆的问题。高 T_g 的覆铜板，要比一般低 T_g 的基板材料具有更好的尺寸稳定性、较高的机械强度保持率、较低的热膨胀系数性、较高的耐化学性。高 T_g 基板材料的优良性能，应在更大温度范围的环境下得到保持。但是 T_g 过高的材料，硬度高、机械加工性变脆，难以机械加工。选择基材的 T_g 时，应兼顾两者的关系，即采用的 T_g 较高又较易于加工。这一特性，对于制造高精度、高密度、高可靠性、微细线路等的印制板，特别是多层印制板更为重要。在采用无铅焊接的多层印制板中，通常选用基材的 T_g 应控制在 150～170℃ 左右较为合适。在高温场合下焊接和使用的印制板可以选用 T_g>170℃ 的基材。一般高耐热型板材的价格较高。

　　（2）热膨胀系数（CTE）

　　覆铜箔板（CCL）的热膨胀系数是衡量基材耐热性能的又一重要指标。CCL 的 CTE 大小是树脂、增强材料与铜箔三种材料 CTE 综合的表现结果。三种主要组成材料中，树脂是对 CCL 的 CTE 影响最重要的因素。

　　热膨胀系数是指材料受热后在单位温度内尺寸变化的比率，以每摄氏度变化百万分之几表示（×10^{-6}/℃）。基材的 CTE 在 X、Y 方向和 Z 方向不同。

　　① Z 方向热膨胀系数。

　　由于热膨胀系数与环境温度条件有着很大的关系，在印制板的厚度方向的热膨胀系数称为 Z 方向热膨胀系数，在温度达到基材的 T_g 时，与在 T_g 以下表现出很大的差别。因此，一般将 CCL 的厚度方向（Z 方向）在 T_g 温度点以下的热膨胀系数，简称为 α_1；在 T_g 点以上的热膨胀系数，简称为 α_2。在温度提高的条件下，由于树脂形变受到的增强材料的制约很小，因此 CCL 的 Z 方向热膨胀系数会表现出明显的增加。构成 CCL 的树脂，当它处于 T_g 温度以上的高弹态下的热膨胀系数（α_2），是处于 T_g 以下的热膨胀系数（α_1）的 3～4 倍。Z 方向的 CTE 较大，受热膨胀后由于树脂的膨胀尺寸大于孔壁的铜层膨胀尺寸，对孔壁铜层产生拉伸应力，会影响金属化孔的质量。

　　② X、Y 方向热膨胀系数。

　　X、Y 方向热膨胀系数是 CCL 水平方向的热膨胀系数。水平方向的热膨胀系数大多表示的是在 30～130℃ 温度范围的值。FR-4 型覆铜板在 T_g 以上温度，它的 X、Y 方向由于树脂被其中作为增强材料玻璃布的牵制，在环境温度提高，树脂产生形变时，覆铜板的 X、Y 方向 CTE 表现得变化不太明显。X、Y 方向 CTE 大小，还有另外一种表示方式，即基板从 50℃ 等速升到 260℃ 条件时的 X 方向或 Y 方向的尺寸变化率。X、Y 方向的 CTE 应与安装的元器件基体的 CTE 匹配，能降低焊点受热应力的影响，不然将会在焊接或使用时，由于温度变化引起焊点的应力变化和可靠性下降甚至失效。在采用无铅焊接技术或产品使用温度较高或变化较大时，应选择 CTE 较小或与所安装元器件基体的 CTE 相匹配的基材。

③ 温度升高条件下 Z 方向（板的厚度方向）的总膨胀尺寸百分比。

在 IPC-4101B 标准中对与无铅焊接相兼容的 FR-4 覆铜板规定了在升高温度 50～260℃的条件下，Z 方向的总膨胀尺寸百分比。IPC 标准中所列的无铅兼容性 FR-4 型覆铜板，基材牌号和树脂的 T_g 不同，其总膨胀尺寸百分比有所不同，如：FR-4/126 型 T_g 为 170℃的总膨胀尺寸百分比不大于 3%，FR-4/99 型 T_g 为 150℃的总膨胀尺寸百分比不大于 3.5%，FR-4/101 型 T_g 为 110℃的总膨胀尺寸百分比不大于 4%。

一般 FR-4 型 CCL 的 X、Y 方向 CTE 为 13×10^{-6}～16×10^{-6}/℃，与铜箔的 CTE 相近（14×10^{-6}～18×10^{-6}/℃），Z 方向的 CTE，α_1 为 50×10^{-6}～70×10^{-6}/℃，α_2 为 200×10^{-6}～300×10^{-6}/℃，远大于铜的 CTE。CTE 型 CCL 的 CTE 没有统一规定，一般 CCL 的 X、Y 方向的 CTE 应在 8×10^{-6}～12×10^{-6}/℃。X、Y 方向的 CTE 更低的 CCL 产品，CTE 可达到 9×10^{-6}/℃以下。如果环氧-玻璃布基覆铜箔层压板在树脂组成中加入了有利于降低 CTE 的无机填料，可使产品的 CTE 更低，能达到 9×10^{-6}/℃以下。

在 IPC-4101B 标准中，要求无铅兼容性 FR-4 型覆铜板的 Z 方向热膨胀系数见表 2-6。

表 2-6 FR-4 型覆铜板的 Z 方向热膨胀系数

CTE	一般 FR-4 型板材	低热膨胀系数板材	较好的热膨胀系数板材
α_1	$\leq60\times10^{-6}$/℃	$\leq50\times10^{-6}$/℃	30×10^{-6}～40×10^{-6}/℃
α_2	$\leq300\times10^{-6}$/℃	$\leq140\times10^{-6}$/℃	100×10^{-6}～200×10^{-6}/℃

④ 低热膨胀系数多层板的半固化片。

多层印制板大多是采用 FR-4 型薄基材和半固化片制作。多层板的热膨胀系数由薄型基材和半固化片的热膨胀系数决定。FR-4 型半固化片主要由 E 型玻纤布与环氧树脂构成，该半固化片所用环氧树脂的 CTE 为 85×10^{-6}/℃，E 型玻璃布的 CTE 为 5×10^{-6}/℃，所以半固化片的树脂含量越高，其 CTE 就越大，板的尺寸稳定性就越差。因此，制作较低热膨胀系数性多层板在选择半固化片时，不能选用含胶量指标过高的半固化片，以防增大多层印制板的 CTE。

在印制板设计及制造过程中选用覆铜箔基材考虑低热膨胀系数时，应注意以下两个问题。

一是根据不同应用场合选择低热膨胀系数覆铜板。在制造以下应用场合的印制板时，需要考虑采用低热膨胀系数覆铜板。

● 导线宽度和线距的尺寸精度高、孔径小、对位精度高的高密度互连印制板，如果 CCL 的热膨胀系数过大难以满足要求。

● 薄型化、极薄化多层板（6～10 层板的总厚度在 0.5mm 以下），要求所使用的基板材料热膨胀系数要有所降低，特别是在厚度方向的热膨胀系数。

● 采用无铅化焊接工艺，焊接温度提高，适应无铅化的覆铜板在热膨胀系数方面要有所降低，特别是在玻璃化转变温度以上时的热膨胀系数要降低。

● 有机树脂的新型封装器件中载板所用的 CCL 更应具有低 CTE、高尺寸稳定性。

二是注意板材不同方向热膨胀系数的侧重性要求。不同用途印制板所用的 CCL，在低热膨胀系数方面的 X、Y 和 Z 方向的要求是有差异的，即侧重性不同。

表面安装印制板焊接连接部位的可靠性以及从导线、导通孔的间距尺寸精确度要求考虑，都更希望所使用的印制板在水平方向（X、Y 方向）的热膨胀系数更小，以获得基板的高尺寸稳定性，此性能在当今不断发展的 IC 封装基板应用领域内要求更为强烈。水平方向的 CTE 对于安装高密度的封装至关重要，半导体芯片的 CTE 通常在 $6×10^{-6}$～$10×10^{-6}$/℃ 范围。如果芯片安装在一般 CTE 型（板的 CTE 在 $18×10^{-6}$～$10×10^{-6}$/℃）基板材料制成的印制板上，该 IC 封装器件通过多次的热循环以后，由于热膨胀系数的差别大，可能造成焊点受力引起失效。而 Z 方向的 CTE 直接影响镀覆孔的可靠性，尤其对于板厚和孔径比较大的多层板，厚度方向膨胀尺寸过大会引起镀覆孔内较薄的铜镀层断裂。

从通孔安装的连接可靠性考虑，希望使用在板厚度方向的热膨胀系数更小的基板材料。用于无铅化的印制板，在进行元器件焊接时的温度较高（在 250℃ 温度以上，远超过 T_g 温度），会使基材性能降低、劣化而引起焊盘脱落、基板分层、导通孔可靠性下降等质量问题。因此，从基材方面解决上述质量问题，主要是设法降低基材的 α_2 值，即降低玻璃化转变温度以上的热膨胀系数，以适应无铅化生产。

高层数多层板或超高多层板的制作，既需要水平方向的 CTE 小，也需要它在厚度方向的 CTE 小，这样才能对印制板高可靠性有保障。许多高密度、高速的多层印制板采用 FR-4 型的薄型基材和半固化片制作。这类材料由 E 型玻璃布与环氧树脂构成，其中环氧树脂的 CTE 为 $85×10^{-6}$/℃，而 E 型玻璃布的 CTE 为 $5×10^{-6}$/℃。基材和半固化片中环氧树脂含量越高，印制板基材的尺寸稳定性越差，CTE 就越大，选用基材和半固化片时不应选用树脂含量较高的材料。

（3）热分层时间（t_{260} 或 t_{288}）

热分层时间是印制板基材耐浸焊性能指标，指材料在规定的焊料温度下和规定的时间内焊接，基材不出现分层、起泡等破坏的现象。t_{260} 是指在温度为 260℃ 时的耐焊接时间，适用于焊接温度较低的有铅焊接用基材。t_{288} 是指温度为 288℃ 时的耐焊接时间，适用于焊接温度较高的无铅焊接用基材。焊接的温度越高，在高温下停留的时间越长，越容易加大印制板基材的热膨胀和分层的可能性，会造成印制板的损坏。所以在焊接时希望热分层时间越长越好，但是，由于基材的耐热性主要由树脂决定，它与树脂性能有关，热分层的温度和时间总要有一个限度，能保证在规定的温度和焊接的时间内完成焊接操作，这样的基材就能满足要求。有铅焊接的温度较低，对基材的热分层温度要求较低，如果采用波峰焊时，经受焊接的时间也较短，热分层时间可以相对短一些。在 IPC-4101 标准中规定一般型 FR-4 基材的热分层时间在 260℃ 时为 10s，即 $t_{260}=10s$。这对无铅的再流焊是满足不了要求的，因为无铅再流焊温度较高、时间较长，所以热分层温度应高于 288℃ 的时间为 5min 以上，即 $t_{288}>5min$，目前有些材料的 $t_{288}>30min$。

（4）热分解温度（Temperature of Thermal Decomposition，T_d）

基材中树脂材料受热分解，当材料失重 5% 时的最高温度称为热分解温度。在此温度下材料的一些物理、化学性能降低，产生不可逆的变化，这通常通过一些热应力试验后的树脂状态变化和机电性能变化来反映。对于 FR-4 板材，热失重 5% 时的热分解温度高于等于 340℃。在有铅焊接用基材中原来没有此项要求，在提倡无铅工艺后，由于焊接温度的提高和再流焊时间的加长，该项技术指标能反映出基材的耐焊接程度，越来越被印制板用户重视。

2．介电常数（ε）

ε 是基材影响高速、高频电路印制板阻抗特性的重要特性参数。它的物理含义是指：在规定形状的两电极之间填充介质而获得的电容与两电极之间为真空时的电容之比。介电常数影响高速信号在印制板上的传输速度，与信号传输速度的关系为

$$v = \frac{kc}{\sqrt{\varepsilon}}$$

式中，v 为信号传输速度（m/s）；k 为常数（由布线的结构而定）；c 为光速（3×10^8m/s）；ε 为介电常数。

从式中可以看出，信号的传输速度与基材的介电常数平方根成反比，介电常数 ε 值越大，信号传输速度 v 就越小。介电常数对信号线的特性阻抗有重要影响。信号传输衰减也与介电常数有关，通常介电常数小的基材介质损耗也小，高速信号在同样长度的印制导线上传输衰减就低。所以介电常数是高速电路印制板设计选用基材必须认真考虑的关键特性之一。

3．介质损耗角正切值

介质损耗角正切值又称损耗因子或介电损耗（Dissipation Factor，简称 tanδ 或 Df），它是影响微波和高速印制电路基材传输特性的另一重要参数。其物理含义是指：印制板的基材中当信号或能量在电介质里传输时，其信号的能量在传输与转换过程中所消耗的程度，用损耗角正切值表示（tanδ）。介质损耗是指信号在介质中丢失，也可以说是能量的损耗。构成基材的绝缘介质是高分子材料，理想的情况下绝缘介质内部没有自由电荷，而实际上总是存在少量的自由电荷，因此会造成一定程度的电介质漏电和传输能量的损耗，这种自由电荷越多，漏电和损耗就越大，当高频或高速电信号通过时，在电磁场的作用下介质材料中自由电荷趋向于定向排列，但此时介质中的高分子材料分子间是相互交联的，由于化学键的束缚，自由电荷又不能真正实现定向，这样在高速或高频变化的电磁场作用下，材料中的分子链不停地运动，产生大量的热造成能量的消耗。极性高分子材料受电磁场影响大，因而介质损耗也大；非极性高分子材料受电磁场影响小，如聚四氟乙烯就是非极性高分子材料，因而介质损耗较小。介质损耗与基材的损耗因子的关系如下式：

$$\alpha d = \frac{kf}{\sqrt{\varepsilon_r}} \tan\delta$$

式中，αd 为介质损耗（dB）；k 为系数（$27.3 \times f/c$）；f 为频率；c 为光速（3×10^8m/s）；ε_r 为相对介电常数；tanδ 为介质损耗角正切值。

从上式可以看出，介质损耗与 ε_r 的平方根成反比，与频率和损耗因子 tanδ 成正比，即 tanδ 越大，介质损耗就越大，频率越高，损耗越大。所以选择损耗因子小的基材有利于降低高速电路信号传输在介质中的损耗。最直观的例子是传输中电能的消耗，如果电路设计损耗小，电池寿命可以明显增长；在接收信号时，采用低损耗的材料，天线对信号的敏感度增大，信号更清晰。

介质损耗影响高速信号的传输延迟和信号衰减，是高性能印制板基材的重要电性能之一。

4．耐离子迁移性（CAF）

耐离子迁移性（CAF）是绝缘基材在电场作用下能承受电化学绝缘破坏的能力。实际上是在印制板加电使用过程中，在电场作用下相邻的导线或金属化孔之间的金属溶解为离子，

在两电极之间的绝缘层内或表面析出，而降低材料的绝缘电阻。CAF 表现为两种形式：一种是印制板表面的离子迁移，是在板的表面有离子污染和一定湿度的条件下产生的；另一种是导电的离子在材料内部沿玻璃纤维迁移。目前所说的"CAF"大多是指后一种情况。两者通常发生在电位差较大、间距较小的两相邻导线表面之间、相邻的金属化孔之间、金属化孔与相邻的导线之间或沿基材的玻璃纤维表面。高温、高湿会加重此现象的产生。吸湿性小的材料有利于减小 CAF。

高速电路印制板通常布线密度高、导线间距小，尤其是差分电路的布线中，每一差分导线对的间距过小时，或者两相邻的电位差相差较大而间距较小的导线之间在加电长时间工作后容易发生 CAF，在印制板使用之前很难发现。它与基材中的介电材料的性能、表面树脂的覆盖程度和加工质量有关。在设计较高布线密度的印制板时，应特别关注基材的 CAF 特性，以免在印制板长期使用后导线间绝缘电阻下降影响电路正常工作。

5. 耐漏电起痕性（CTI）

耐漏电起痕性（CTI）是指基材绝缘层受到规定的电解质（0.1%的氯化铵水溶液）侵蚀后，而没有出现漏电痕迹的最大电压。它与绝缘电阻、耐电压同是基材的重要电气性能。印制板加工和使用过程中，操作者触摸成品印制板的表面、涂覆阻焊膜前清洗不干净和焊接后对助焊剂清理不彻底造成印制板面的氯离子污染，当环境中湿度较大时会使 CTI 性能下降。

6. 剥离强度

剥离强度是将单位宽度的铜箔从基材上拉起所需最小垂直于板面的力。基材的剥离强度越高，说明铜箔与基材中树脂的黏结力越强。剥离强度分为常态下和热应力试验后的抗剥离强度。热应力试验用于模拟印制板的基材在焊接后铜箔与基材树脂的黏结状况。剥离强度的大小还与铜箔的厚度有关，在相同的条件下铜箔较厚的基材大于铜箔较薄的基材。

2.2.2　基材的其他性能

基材的其他性能有弯曲强度、翘曲度（弓曲、扭曲）、弯曲和弯折机械加工性、吸湿性、铜箔表面可焊性、铜箔电阻、耐溶剂清洗性、耐压力容器蒸煮性等各项机械、物理和化学特性等。这些性能都对印制板制造工艺和产品的最终质量和可靠性有重要影响，对所有类型的印制板都需要考虑这些基本性能。

在进行高速电路印制板设计时，不能只关心介电常数和介质损耗等几个关键参数，还必须根据产品的特性和使用要求，在重点考虑特殊性能之外，对基材的这些基本性能也必须兼顾，进行综合分析优化选择。

印制板的制造工艺人员，更要全面地了解基材的所用特性，尤其要掌握各类基材的加工特性，以便在生产中采用正确的工艺方法加工印制板，从而满足设计的使用要求。

2.3　印制板用基材选用的依据

能否正确选用印制板的基材，是印制板设计考虑的重要内容之一。熟悉基材性能可保证在加工和焊接过程中尽量减小基材性能的降低。而有的设计师恰恰忽略了这一点。由于印制电路的设计者通常是以电路设计为主，如果对印制板的基材了解不多，在选择基材时往往跟着别人走，别人用什么材料就选什么材料。在仿制产品设计时，是可以采用这种方式的。但是，在自主开发和设计产品时，必须要了解基材特性，根据电路特性要求自主选择合适的基材。如果认为印制板制造工艺人员熟悉基材特性，选择基材就交给生产方考虑，这也是不合适的。因为印制板制造者关心的是基材的可加工性能，对于电路特性对基材的要求并不十分清楚。虽然有的工艺人员对基材特性比较清楚，但是由于专业的局限，对电路特点和性能并不能完全了解，这样选择印制板基材就受到限制。最好的方法是印制板设计与制造工艺人员共同协商选材，会取得较好的效果。当然，有丰富经验的设计或工艺人员也可以对基材做出较好的选择。

2.3.1　正确选用基材的一般要求

印制板设计者和制造者在选择基材时，应综合平衡电路的特性及印制板使用的环境、产品的可靠性、可制造性、成本和环境保护要求等因素，选择合适的材料。

1．满足电路的特性和印制板使用环境的要求

选用基材首先要考虑电路的特性和印制板使用环境的要求。

印制板上电路的工作特性与基材的性能密切相关，尤其是高速、高频电路，基材的介电常数和介质损耗对电路性能有明显的影响，选择基材时就必须考虑基材性能与电路的匹配问题。否则即使印制板加工的质量再好，也难以保证电路有良好的工作性能。

印制板的使用环境是选用基材必须考虑的因素，譬如在高温条件工作使用的印制板，就需选择耐热性能好的基材（如 FR-5）；在工作电压较高条件下使用的印制板，就应选用耐电压和绝缘电阻性能好的基材；在较高湿度条件下使用的印制板，就应选用吸湿性小、绝缘性能好的基材；在震动条件下工作的印制板（如汽车电子用印制板），就应选用机械强度较好的基材。总之选用基材应能满足印制板使用环境的要求，在使用环境条件下印制板的性能降低不能影响电子整机产品的质量。

2．满足产品的可靠性要求

产品的可靠性是在规定的条件下和规定的时间内，产品、设备或者系统完成规定的功能的能力。印制板是电子整机产品的基础零部件，对其可靠性的要求应高于整机产品，对印制板可靠性的要求越高，所要求的基材性能就越需要稳定可靠。一般消费电子产品，如电子玩具、收音机用印制板可以采用酚醛纸基的覆铜箔基材（FR-2、FR-3），而可靠性要求较高的电子产品，如电子计算机、工业电子仪器和军用高可靠的电子产品就应采用性能较好的环氧玻璃布覆铜箔基材（FR-4）或其他高性能基材。

3．考虑产品的可制造性要求

产品的可制造性应包括印制板的制造和安装的工艺性。譬如，对于批量较大需要采用模具冲切加工外形的印制板，应选用冲切加工性能好的酚醛纸基的覆铜箔基材（FR-1、FR-2）或复合性基材（CEM-1、CEM-2、CEM-3）；对于要求有镀覆孔（金属化孔）的印制板，应选用吸湿性和耐电镀性能较好的基材（如 FR-4 系列基材）；对于多层印制板，应根据层间绝缘层厚度要求和层压工艺需求，选择性能相互兼容的薄型覆铜箔层压板和半固化片；对于采用无铅焊接技术的印制板，应选用 T_g 较高的耐热性能较好的基材。基材的性能应能满足印制板的制造和安装工艺要求。

4．考虑成本要求

任何产品的设计都必须考虑成本最低的原则，选用印制板的基材也如此，在满足性能和使用要求的前提下，应尽量成本低。基材的种类繁多、成本相差很大，在选用时需要对基材的性价比进行优化，选用最佳性价比的基材。选同一种类的基材应尽量考虑在基材供应商的产品系列目录之内的材料，尽量不选用非标准的或产品系列目录之外的材料，有利于降低成本。

5．考虑环保性要求

环境保护是当今世界技术发展的必然趋势，在产品设计过程中就应考虑产品在整个生命周期内对环境产生的影响最低，所以在选用基材时应最大限度地采用可再生、回收或环保型材料。因为一般印制板的基材中通常用含卤素的化合物作为阻燃剂，所以在印制板完成使命后处理时，如燃烧基材会产生二噁英气体，对人类和环境会造成危害。对于要符合 ROSH 指令要求的产品，必须采用无卤素的基材，其他产品也应尽量采用无卤素的基材。

2.3.2　高速、高频电路印制板的基材及选择的依据

随着数字化和信息化的发展，高速、高频电路在电子产品中的应用越来越广，高速、高频电路印制板的用量也越来越大。集成电路开关速度和边沿速率大大加快，印制板上导线传输的信号速度越来越快，这些信号的传输特性受印制板基材介电常数和介质损耗的影响很大。这类电路的印制板需要有低介质损耗和较低的介电常数或具有能与电路特性阻抗要求相匹配的介电常数，因此适用于高速、高频电路印制板的基材是一种特殊的高性能基材，是当前一定时期内基材的重要发展方向。目前此类基材发展很快，新品种材料也很多，使用中因为基材选用不当而出现的质量问题较多，所以本节将重点介绍高速、高频电路基材的选择。

1．基材

由于高速电路采用的元器件的集成度高、速度快、引出端子多，所以在印制板上的布线密度高，多数为层数较多的多层板，为了控制信号传输导线的特性阻抗，在印制板上往往以带状线和微带线的形式布设印制导线。这些形式导线的特性阻抗与介电常数的平方根成反比，与导线层间的介质层厚度的自然对数成正比，因而，选用介电常数较低的基材，在保持特性阻抗相同的情况下，可以减小导线层间的介质层厚度，提高信号线层与镜像平面（接地层或电源层）的耦合效果，这样可以在多层印制板总厚度不变的条件下增加布线层数，缩小信号传输距离，容易控制特性阻抗。较低介电常数的覆铜箔环氧玻璃布 FR-4 型基材、BT 树脂基材是高速电路印制板采用较多的一种材料。

目前世界上 FR-4 覆铜板已形成了某一两项性能水平不同的多种派生品种，形成了 FR-4 板的产品系列。此系列中包括一般型玻璃布基环氧型覆铜板（一般 FR-4 板）、低热膨胀系数 FR-4 板、低介电常数 FR-4 板、高耐热型 FR-4 板（又称高 T_g 的 FR-4 板，相当于 FR-5 板）、高模量 FR-4 板、高耐漏电起痕性 FR-4 板（又称高 CTI 的 FR-4 板）、高耐金属离子迁移性 FR-4 板、无铅兼容 FR-4 板、无卤化 FR-4 板、具有紫外光遮蔽性的 FR-4 板、适宜 IC 封装基板用的 FR-4 板等诸多品种。上述列举的除一般 FR-4 板外，其他各种 FR-4 板可通称为高性能类 FR-4 型覆铜板。

根据日本 JIS 标准，一般型 FR-4 覆铜板按照其厚度规格划分为两类：一类是刚性 FR-4

板，此板厚度范围一般为 0.8～3.2mm；另一类是多层板芯层用的薄型板，其不含铜箔的厚度在 0.78mm 以下（IPC 标准）。在后一种薄型 FR-4 板新品中，近年出现了 TAB（Tape-Automated Bonding）、IC 封装载板用的薄型挠性 FR-4 板卷状产品。世界及我国对薄型板的厚度，实际上没有统一的标准，一般由生产厂商根据市场情况自定系列或按客户要求生产。不同低介电常数树脂构成的覆铜板性能，在基材中影响材料介电常数的主要是树脂、增强材料、填充材料和半固化片的树脂含量，以及各成分的比例。采用不同树脂和增强材料的不同配比，以及添加不同量的填料（陶瓷粉），就可以制造出不同介电常数和介质损耗的基材。基材所用树脂的介电常数（ε）、介质损耗角正切值（$\tan\delta$）的高低，主要由树脂结构本身的极化程度大小而定。极化程度愈大，介电常数值就愈高。因此，可通过消除或降低树脂中的易极化的化学结构，来有效地降低基板材料 ε 和 $\tan\delta$ 值。图 2-4 给出了几种不同树脂的介电性能的对比。表 2-7 给出了几种不同低介电常数树脂构成的覆铜板的主要性能对比。

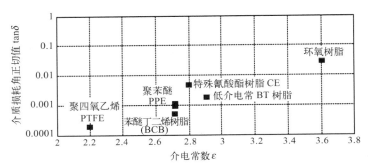

图 2-4　几种不同树脂的介电性能对比

表 2-7　几种不同低介电常数树脂构成的覆铜板的主要性能对比

性 能 项 目	性能比较　　（好 → 差）
介电特性（ε、$\tan\delta$）	PTFE 基板>CE 基板>PPE 基板>BT 基板>PI 基板>改性 EP 基板>EP 基板
信号传输速度	PTFE 基板>CE 基板>PPE 基板>改性 EP 基板>BT 基板>PI 基板>EP 基板
耐金属离子迁移性	BT 基板>PPE 基板>CE 基板>PI 基板>改性 EP 基板>EP 基板
耐热性（T_g）	PI 基板>BT 基板>PPE 基板>CE 基板>改性 EP 基板>EP 基板>PTFE 基板
耐湿性	PTFE 基板>PPE 基板>EP 基板>改性 EP 基板>BT 基板>PI 基板>CE 基板
加工性	EP 基板>改性 EP 基板>BT 基板≈PPE 基板>PI 基板≥CE 基板>PTFE 基板
成本性	EP 基板>改性 EP 基板>PPE 基板>PI 基板>CE 基板>BT 基板≥PTFE 基板

　　由表 2-7 可知，通常用于高速电路印制板的基材主要有低介电常数的覆铜箔环氧玻璃布层压板（阻燃型的 EP）、覆铜箔双马来酰亚胺改性三嗪树脂/玻璃布层压板（BT）以及用聚苯醚与环氧树脂改性的基材等，性价比较好。

　　目前，在服务器、路由器等主机印制板上采用的高速电路基材多数为日本松下电工（Panasonic 电工株式会社）开发的 MEGTRON 系列基材产品，其中较好的是系列 6 产品（牌号 R-5775K）。该产品介电性能优异，在 1GHz 下的介电常数为 3.7，介质损耗角正切值为 0.002，具有较好的 T_g 和 T_d 等耐热性能及基材高性能的均衡性，适合于采用表面安装技术用的高速电路印制板。MEGTRON 系列基材产品的部分主要特性见表 2-8。

表 2-8　MEGTRON 系列基材产品的部分主要特性

特　性	测定条件	MEGTRON 系列产品			FR-4
		1-plus	4	6	
介电常数（ε）	1GHz	3.8	3.8	3.7	4.6
介质损耗角正切值（$\tan\delta$）	1GHz	0.010	0.005	0.002	0.016
热分解温度 T_d（℃）	失重 5%	330	360	410	315
剥离强度（N/mm）	35μm 铜箔	1.8	1.3	1.2	2.0

高速电路印制板的挠性板材主要有覆铜箔聚酯薄膜（PE FCCL）、覆铜箔聚酰亚胺薄膜（PI FCCL）、覆铜箔环氧/玻璃布基薄板（EP FCCL）等。

一般工作频率在 300MHz 以下的印制板，根据频率的高低和介质损耗要求分别可以采用 FR-4 覆铜箔板（EP）、BT 树脂覆铜箔板、聚酰亚胺覆铜箔板（PI）或氰酸酯覆铜板（CE）和聚苯醚（PPE）等。这些材料的介电特性排序为：

PTFE>CE>PPE>BT>PI>改性 EP>EP

在选择材料的介电常数和确定具体基材型号时，应根据产品的性能要求、特性阻抗匹配要求、材料的性能指标和成本以及易于采购的程度进行优化，选择最佳性价比的基材。一般电路工作频率在 50MHz 以下的高速电路，通常采用改性 EP 的 FR-4 型基材就可以满足要求并有较好的性价比。其他介电常数更低的基材成本较高，适用于工作频率更高一些的高速电路印制板。

微波是波长小于 1m 或频率高于 300MHz 的电磁波（IPC-316 标准中将频率 100MHz～30GHz 的电路定义为微波电路）。微波电路板通常采用较低介电常数的聚四氟乙烯覆铜板（PTFE）。通过添加陶瓷粉等填料可以改变基材的介电常数，以适应不同介电常数基材的需要。

微波印制板用的材料与一般的高速电路印制板用的材料不同，材料的介电常数范围更宽，为 2.15～10.0，种类繁多，可根据电路的匹配需要选择。大部分微波印制板用的材料由欧美和日本的供应商（如 ROGERS、ARLON、METCLAD、POLYFON 和日本松下电工、住友电工、CHUKOK 等公司）提供，在国内都设有办事处或代理机构；另外，我国泰州旺灵绝缘材料厂和生益西安绝缘材料研究所可以提供介电常数 2.5 以上的部分材料。具体的材料型号和技术指标因供应商不同而有所差异，选用时应查阅供应商的相关资料。

聚四氟乙烯基材亲水性差，镀液不易润湿，难以制作金属化孔，生产中必须先对基材进行活化处理（用等离子或钠萘化处理），提高亲水性后再进行金属化孔，所以用聚四氟乙烯基材的微波印制板多数是单、双面板。随着微波器件的发展和新型微波材料的开发，微波用多层印制板的应用逐渐增多。

微波用印制板是一种特殊的高速、高频电路印制板，从选择基材到制造工艺和验收标准都有特殊的要求，设计和制造过程中必须注意它的特殊性。

2. 基材的选择依据

（1）高速、高频特性基板材料的选择

衡量、表征印制板基板材料具有高速、高频特性的主要性能是介电常数和介质损耗因数，这两项性能直接影响印制板的信号传输效应和信号导线的特性阻抗。从总上讲，高速、高频特性基板材料是低介电常数、低介质损耗因数的基板材料。但具体来说，它还要同时具备介电常数和介质损耗因数在频率、温度、湿度变化下表现稳定的特性。基板材料的生产厂家和使用此类基材的印制板设计和生产厂家，都应该认真研究高速、高频性基板材料与频率、温度、湿度的变化关系，只有具有低介电常数、低介质损耗因数并且性能稳定的材料才能保证高速信号传输性能的稳定。

（2）对基材评价的内容

对高速、高频特性基板材料的性能要进行全面、综合的评价。无论是基板材料生产厂家在对高速、高频特性基板材料的开发、生产中，还是印制板设计和制造厂商在对高速、高频特性基板材料的选择、使用中，都应该对它的性能进行全面、综合的评价。要达到全面、综合的评价，主要是对它的基本性能、应用加工性能、成本性等三个方面的性能进行分析和评价。不能只考虑所需要的介电常数和介质损耗等关键性能，因为如果其他通用性能不好，就满足不了印制板的基本要求和加工要求，做出的产品也难以保证质量。在市场经济中，产品的竞争价格也是不可忽略的因素，基材的成本性也在考察和评价的范围之内。

① 基本性能评价。对高速、高频特性基板材料基本性能的分析和评价，是指按照通用和常规的标准（目前多以 IPC-4101B 标准为依据）所规定的项目、指标，看其实际能达到的性能指标的情况。在十几项的基本性能中，从选择这类基板材料的目的考虑，还应注意它的耐热性、耐酸碱及化学药品性、吸水性和尺寸稳定性等。

② 应用加工性能评价。高速、高频特性基板材料的应用加工性能，主要是指它在多层板成型加工过程中的层压加工性、孔的加工特性，在各种环境试验下的性能表现，以及安装焊接时表现的性能。这三方面的性能，最终都是为了保证达到高速、高频电路印制板的导通、绝缘和可靠性要求。

在制造多层印制板时用的半固化片，对于多层板性能有很大影响，制造商应对所用的半固化片进行评价。判别半固化片材料的熔融黏度高低及变化规律，是衡量这种基板材料层压加工性好坏的常见有效的方式。由于许多高速、高频特性基板材料的树脂，在组成上为了降低 ε、$\tan\delta$ 值，而采用了高分子量的树脂结构、IPN（聚合物互穿网络）树脂结构，使得它的熔融黏度较高（与一般型 FR-4 相比）。如果与层压加工的工艺条件（指层压的温度、压力、预热时间等）不适应，就会造成多层板在层压加工中出现基板的"分层"、层间结合力降低等问题。这也间接地影响了原有的受湿后的介电性能的严重下降（ε、$\tan\delta$ 值的升高）。因此在选择某种高速、高频特性基板材料时，要很好地了解、研究它在层压时的熔融黏度特性。但是层间介质层的厚度和对材料的 ε、$\tan\delta$ 要求，应由印制板设计方决定，因为层间介质层的厚度和 ε、$\tan\delta$ 会影响高速信号的传输特性。

在各种环境试验条件下，判定各种高速、高频特性基板材料的性能如何，主要是通过热冲击循环周期变化下，去测定印制板的互连电阻的变化，以及在交变湿热试验条件下，去测定基板材料的导通孔间的绝缘电阻的变化，以考核它的热膨胀性能对产品可靠性的影响。可通过模拟返工考核印制板基材耐焊接性能。

③ 成本性评价。根据印制板行业的有关调查统计，在含有高速、高频化特性的电子产品（或通信产品）中，印制板制造成本占整个已组装了电子元器件的印制板组件成本的8%～12%。有的产品，印制板的制造成本所占的比例甚至超过 12%。因此，印制板的制造成本的竞争是电子整机产品竞争中的一个重要方面，使用高速、高频特性基板材料必然要比使用一般基板材料在材料成本上有所增高。如何在达到高速、高频特性要求的前提下，恰当地选择合理等级和档次的基板材料，已成为印制板业在技术开发上的一个值得研究、试验的重

要方面。考虑材料的成本还包括它的加工性对制造成本的影响。当前，若从侧重于考虑成本性出发而去选择高速、高频特性基板材料，那么低介电常数的 FR-4 型以及环氧树脂改性的 PPE 树脂的基板材料是较为受印制板业界青睐的基材品种，它们相比于其他的此类基板材料有更大价格优势和应用市场。

（3）高速、高频电路对印制板性能要求的侧重点

以上对基材的介绍中，多侧重于"高速"与"高频"两个特性的共同方面，而实际深入研究后就可以发现它们之间还有特殊性的一面。

在印制板生产厂家对高速、高频特性基板材料选择、应用的开发工作中，为了解决技术难点、适当降低制造成本，迫使印制板的设计者、制造者要更多地、更广泛地了解、掌握基板材料的高频、高速电路方面的特性，同时还要掌握基板材料的高速信号传输特性，以及了解、掌握两者之间的区别，以根据它们的区别方面（即特殊性方面），去更准确地把握选择性价比合适的基板材料。

选择用于高频电路的印制板所用的基板材料时，对基板材料的特性要求应注意它的 $\tan\delta$ 在不同频率下的变化特性如何；而高速电路印制板，则侧重于信号高速传输方面的要求，或侧重于具有特性阻抗高精度控制要求，这时应该重点考察所用的基板材料的 ε 特性及其在频率、湿度、温度等条件变化下性能的稳定情况。世界上有些基板材料生产厂家，在对这一方面有了进一步深入认识的基础之上，也及时地开发并推出了市场需要的基材，适用于高速化和高频化系列的各种低介电常数及低介质损耗的产品。

选用高速电路所用的基材时应注意的几个方面。

① 根据印制板的使用条件和机械、电气性能要求从有关材料标准中选择关键性能突出、其他性能较为均衡的具体型号和规格的材料，并且最好在相关材料标准的产品系列中选取，以便能保证质量、缩短供货周期、降低成本。

② 基材的电性能应与电路的工作特性相匹配。高频和微波电路应侧重考虑基材的介质损耗要小，根据对印制板特性阻抗要求的计算选择介电常数适合（或按需要确定介电常数的高低）的基材。对特性阻抗要求严格的高速电路印制板，更应注意材料的介电常数和介质损耗的匹配问题，一般选择介电常数较低，并在频率、温度、湿度的环境变化时，应能保持其稳定的材料。

③ 根据印制板设计结构确定基材的覆铜箔面数，选择不同规格的单面、双面覆铜箔板或多层板用薄覆铜箔板。对于多层板内层，设计方只规定介质层厚度要求，对使用的半固化片厚度和数量，应由生产方按规定的介质层厚度确定。因为多层板内层薄型基材的铜箔厚度影响信号线特性阻抗和负载电流能力，所以必须由设计方按需要提出要求，由生产方选定。

④ 根据印制板的尺寸、单位面积承载元器件质量，确定基材板的总厚度。多层板应根据设计的导电层数和层间绝缘层厚度要求，由制造工艺人员确定薄型的覆铜板及半固化片的数量和厚度。在普通多层印制板设计中，往往设计人员只考虑多层板的总厚度和布线层数，对内层的铜箔厚度和介质层厚度不做要求，完全由生产上的工艺人员决定，并且有种共识，就是按总厚度对各层厚度平均分配。对于高速电路多层板，如果有特性阻抗要求，这种平均分配各层厚度的方法，难以保证特性阻抗的匹配。如果产生质量问题，往往在安装完元器件通电测试时才能发现，报废后损失很大，有时会是印制板成本的几十倍到成百上千倍。因为出现问题的印制板不能使用，分析问题需要花费人力和时间，如果需要拆卸元器件，一些贵

重的元器件容易损坏，会造成较大的经济损失。此问题在很多印制板制造厂都发生过，设计高速电路印制时，必须注意这一问题，否则将会造成不应有的损失。

⑤ 满足电子产品有关环保规定（《废弃电器电子产品回收处理管理条例》和《电子信息产品污染控制管理办法》及欧盟的 ROHS 规定）。选择基材的要求还应考虑不能选用有 PBB 和 PBDE 等含卤素类化合物作为阻燃剂的基材；应选用无卤素类阻燃剂的基材（目前已有含磷、含氮或含硼类化合物的阻燃剂，但成本高）。溴科学与环境论坛（BSEF）认为目前 FR-4 基材中使用的四溴双酚 A 阻燃剂不在禁令之内，不属于 PBB 一类有害物质。目前已有既不含卤素也不含锑和磷的基材，如 S1155/1165 等基材。

⑥ 满足元器件安装焊接和加工工艺要求。采用无铅焊料焊接印制板的基材，因为无铅焊料焊接温度高，应选用热稳定性好或耐热性好的材料，具体体现在材料的如下几项参数：

- 树脂的玻璃化转变温度 T_g：应当大于或等于 150℃。
- 基材的热膨胀系数 CTE：相对要小（X、Y 向及 Z 向）。
- 最高热分解温度 T_d：板材中树脂材料的最高热分解温度应当高。对于 FR-4 板材热失重 5%时的热分解温度应大于或等于 340℃。
- 热分层时间 t_{288} 或 t_{260}：采用无铅焊料时，t_{288} 至少大于 5min；采用有铅焊料时，t_{260} 大于 10s。

IPC 对无铅焊用基材的方案中规定，FR-4 基材的 $t_{288} \geqslant 30$min。这通常用在 288℃下耐热应力试验的时间来考核（在规定的时间 10s 内板材不起泡、不分层、铜箔的抗剥力符合规定的要求等）。含铅焊料焊接时间大于 60s，用无铅焊料应大于 5min。但是基材的 T_g 过高，材料变硬，不易钻孔和机械加工。

目前改进的 FR-4、FR-5、PI 和 BT 树脂等基材，基本上可以满足无铅焊接工艺要求，但还需要开发耐温性更好的基材。

不同类型材料的成本相差很大，不能要求性能越高越好。选用的基本原则：满足产品使用的电气、机械和物理性能要求，切勿宁高勿低，或以低代高。

⑦ 高速电路用基材的关键特性。高速电路的显著特点是信号传输速度高，为了实现在印制板上信号的高速传输，需要缩短信号线的走线长度，降低基材的介质损耗，因而就需要提高布线密度和布线层数，所用的基材必须有较低的介电常数。所以，在选择高速电路印制板的基材时，除了要求与一般印制板同样的各项特性外，还应特别关注基材的介电常数、介质损耗及其稳定性和耐离子迁移（CAF）、热稳定性等性能参数。高频、微波电路用的印制板对特性阻抗和介质损耗有严格要求，一般应选择介电常数相对较低或与特性阻抗要求匹配、介质损耗小，并且介电常数和介质损耗值在较宽频率范围下稳定的基材。

一般在特性阻抗确定的情况下，基材的介电常数小，有利于减小各导电层间的介质厚度，提高信号传输速度，适合于制作层次较多的高速电路用的多层板。

为了特性阻抗的匹配，可以选择不同介电常数的基材，在一些特殊电路中还需要较高介电常数的基材。具有电容功能的高介电常数的基材 BC（Buried Capacitance）其介电常数约比一般的 FR-4 基材高 4 倍，现已成为高速、大容量数据的传输和处理装置用印制板的重要基材。常用基材的介电常数和介质损耗角正切值见表 2-9。

表 2-9　常用基材的介电常数和介质损耗角正切值

板材料	FR-4 环氧/玻璃	BT 树脂/玻璃	聚酰亚胺/玻璃	聚四氟乙烯/玻璃
1MHz 时的介电常数 ε_r	4.4～5.4	4.5	4.3	2.2～2.8
100MHz 时的介电常数 ε_r	4.1	4.0	4.1	2.2
介质损耗角正切值 $\tan\delta$	0.027	0.007	0.0012	0.019

从表中可以看出，相同的材料在不同的频率下测量的结果是不同的。在高频时，采用时域反射计（DTR）测量信号在线路中的实际时延可以确定 ε_r 的精确值，所以在高频电路中计算线路的特性阻抗采用 100MHz 下测量的 ε_r 值更为准确。

2.4　印制板用基材的发展趋势

随着电子信息化技术的发展，数字化、高速化的电子产品应用范围日益广泛，从信息网络设备、高速计算机、数字传真和成像系统，到移动通信设备、汽车电子设备、航空航天电子设备等都离不开印制板。由于这些产品的性能和用途的不同，所用的基材也有所差异：如计算机服务器、固定的通信设备需要尺寸较大的、日益多层化的印制板，只要满足信号传送的高速化的低介电性能要求，对其质量和厚度要求并不严格；而数字成像系统、移动通信电话等小型信息处理的终端产品，除满足信号传送的高速化的性能要求外，还追求产品的小型化、薄型化、轻量化，对此类产品用的印制板就要求质量轻、厚度薄、耐机械冲击性好、可靠性高。所以印制板的基材，也在向适合这些不同产品、不同要求的多样性基材的方向发展。当前由于高速、高频电路印制板的广泛应用和 HDI 多层板的快速发展，使得印制板基板材料产品形成更多的新特点，它主要表现在以下几方面。

1. 基板材料产品形式的多样化

高密度互连板（HDI 多层板）的出现，打破了多层印制板用基板材料的传统产品形式。从此，基板材料就不再是传统的"树脂+玻璃布"的产品形式。产品形式的多种多样，为基板材料技术的发展创造了更大空间，如液态树脂充当绝缘层技术、绝缘薄膜形成技术、其他增强纤维（非玻璃纤维）复合技术、填充料应用技术、涂树脂铜箔技术、半固化片上附铜凸块技术、覆铜板薄形化技术等都不断地涌现出来，并不断发展，使印制板用基材的形式更加多样化。

在刚性有机树脂覆铜板中，主要品种有纸基酚醛型 CCL、纸基环氧型 CCL、玻璃布基环氧型 CCL、玻璃布基高性能树脂型 CCL、合成纤维基环氧型 CCL、复合基环氧型 CCL 等品种。

在刚性无机树脂覆铜板中，主要品种有陶瓷基 CCL（包括氧化铝基 CCL、氮化铝基 CCL、碳化硅素基 CCL 等）、金属基 CCL（包括金属基板、包覆型金属基板、金属芯基板）、其他无机类基CCL（如二氧化硅基CCL 等）。

2. 同一类基板材料产品的多品种化

高速、高频电路印制板和 HDI 多层板的应用领域的增加，使不同的电子整机产品对所用的基板材料性能要求，有着不同的侧重面。这就造成在同一类基板材料产品中，根据对应的应用领域的不同，而衍生出在性能上有突出重点差异的多个品种。一些世界著名大型 CCL 生产厂家，在同一类高性能覆铜板中形成一个产品系列。在每个系列中有许多品种，每个品种突出一两个项目的性能指标值，以满足不同类产品用印制板的需要。

3．基板材料产品的厂家特色化

高速、高频电路印制板和 HDI 多层板用基板材料具有高技术含量、应用加工性突出的特点。任何一个生产家不可能生产所有的高技术基材品种，这就更加促使基板材料生产厂家发展本企业的特色化产品。近年来，以特色化产品的"品牌"，参与高性能 CCL 市场竞争这种趋势已成为一种潮流。

4．追求基板材料性能的均衡化

追求基板材料性能的均衡化，是基材发展的又一特点。在不同的发展时期、不同用途的产品，有不同的均衡性要求和内容。CCL 产品性能的均衡化，体现为产品标准所规定的主要基本性能、加工应用性能和成本性三者所需达到的相对均衡，这是实现产品性能均衡化的三大要素。基材的基本性能是印制板使用不可缺少的通用性能，优异的加工应用性能是印制板制作工艺发展的需要，相对较低的成本是市场竞争的有力因素。这三个要素的结合体现了基材发展更注重具有优异的性价比。

5．基板材料新产品出现的快速化

近年来，电子整机产品在更新换代、开辟新功能、新市场等方面的步伐都在加快。为适应高速电路印制板和 HDI 多层板应用日益广泛的趋势，也需要为它提供基板材料的 CCL 厂家加快新产品的研发速度。这使得近年世界高性能基板材料产品投入市场的速度明显加快。而开展特色化产品，发展系列化产品，有利于基板材料新产品开发速度的提升。以耐热性能好、尺寸稳定性能高、散热性能好、无卤素化和介质损耗小以及不同介电常数为特色的各类基材是基材新产品快速发展的方向。

6．挠性基材应用领域扩大，性能要求更高

随着挠性印制板在高速电路和半导体集成电路芯片基板上的应用，挠性印制电路（FPC）的多层化和刚挠结合印制板迅速发展，FPC 电路图形更加微细化，信号传输速度大为提高，使挠性基材在高频性（低介电常数性）、高挠曲性、高耐热性（即高 T_g）、高尺寸稳定性、低吸湿性、无卤化等性能方面有更高的要求，无黏结剂的二层法挠性覆铜基材，成为挠性基材的发展方向。

第3章

印制电路板的设计

印制板的设计是影响印制板产品质量和可靠性的重要环节，尤其是随着电子元器件的高度集成化、高速化和小型化，印制板的结构越来越复杂，布线密度越来越高，印制导线越来越精细，布线的规则和要求越来越复杂，印制板的设计质量对印制板产品质量的影响也越来越大，印制板设计的可制造性好坏又直接影响制造的质量和效率，印制板的设计与制造、安装和产品验收的关系越来越密切。所以，若要保证印制板产品的质量，必须先从印制板的设计开始，认真设计、严把设计质量关是保证印制板产品和安装质量的前提。

3.1 印制板设计的概念和主要内容

印制电路设计包括电路设计和印制板的工程图设计。印制板的工程图设计又称为印制板设计，它是考虑电路设计、印制板的制造、安装和测试工艺的集成设计技术。本节主要介绍在电路设计的基础上进行印制板的工程图设计，即印制板图的设计的内容和要求。

电路设计是指印制板的电路原理图设计和对元器件的选择，是印制板设计的基础和依据。在采用 CAD 进行印制板设计时，首先应进行电路设计，生成电路原理图和网络表。

印制板设计是根据电路设计的意图，将电路原理图通过逻辑图或网络表转换成印制板图、确定印制板结构、选择基材、设计导电图形和非导电图形，提出加工要求，完成印制板生产所需要的设计文件、资料的全过程。设计内容主要包括以下几个方面。

- 选择基材，确定所用基材类型、规格；
- 确定印制板的结构、层数、互连方式、各种尺寸及公差；
- 机械性能设计；
- 电气性能和电磁兼容性设计；
- 表面涂（镀）层的选择；
- 热设计；
- 印制板设计的可制造性考虑；
- 布局、布线、焊盘图形等导电图形设计；
- 非导电图形设计（阻焊图形和字符图等）；
- 印制板加工的其他技术文件、数据资料和确定产品验收的标准。

3.2 印制板设计的通用要求

印制板有刚性板、挠性的单面、双面和多层板，以及刚挠结合板等许多种类。不同种类的印制板有各自的特点，具体设计要求都不一样，但是在设计中有一些任何类型的印制板都必须考虑的通用要求。这些通用要求包括设计对印制板等级和类型的考虑，以及设计的几个基本原则。

3.2.1 印制板设计的性能等级和类型考虑

1．确定印制板的性能等级

根据对产品工作可靠性和性能要求的不同，印制板分为不同的性能等级。在设计印制板时，设计者首先应了解所设计的印制板属于哪一性能等级。不同的等级有不同的复杂性和不同的性能与可靠性要求，不同等级产品的验收要求和检验的频数都不同，所以产品的造价和成本也不同。在确定了印制板的性能等级后，应体现在设计文件中，可按电路需要和规定的要求，考虑详细的各项参数设计。在签订印制板采购合同时，应明确说明产品的等级。等级不同所用的基材可能不同，等级越高其产品性能要求越高，生产成本和产品的价格也高。按国际上先进的标准规定，通常将印制板按使用范围分为以下三个性能等级。

1 级——普通电子产品：包括消费性电子产品（如收音机、一般的电视机、电子玩具等）、某些计算机及其外围设备等民用电子产品用的印制板。

2 级——专用服务电子产品：包括通信设备、复杂的高级商用机器和仪器、某些工业自动化电子设备以及对工作时发生中断要求不严格的军用电子设备等用的印制板。这些产品要求高性能、长寿命，希望在使用时能够不间断地工作，但这不是必须严格的要求。

3 级——高可靠性电子产品：包括对连续工作性能和所要求的性能非常严格的商用或军用电子设备和产品，这类设备工作时不允许出现停机，并且需要随时都能正常工作。例如，维持生命的保障系统，航空、航天飞行控制系统以及精密武器系统用的印制板，都需要具有高性能和高可靠性。

不同级别印制板应按产品的等级和执行的标准进行验收。常用的标准见第 10 章。

2．确定印制板的类型

在印制板设计前，应首先根据电路的特性和产品的机、电性能要求，确定印制板是刚性板还是挠性板，是双面板还是多层板，或刚挠结合多层板等类型。不同类型的印制板所选用的基材可能不同，布线的层数和密度可能不同，层间导通互连的方式也可能不同，只有先确定了印制板的类型才可以选择基材和布局、布线。当然，在设计的过程中还可以根据布线的密度和电气特性要求调整布线的层数。

3.2.2 印制板设计的基本原则

印制板的设计决定了印制板的固有特性，在一定程度上也决定了印制板的制造、安装和维修的难易程度，同时也影响着印制板的可靠性和成本。尽管印制板的种类繁多，但是在设计时总有一些要共同考虑的问题，这就是设计的通用原则。在设计时应遵循以下通用的基本原则，综合考虑电路设计要求、印制板制造和电子装联等工艺要求的各项要素，才能取得较好的设计效果。

1. 电气连接的准确性和美观性

印制板图上导电图形的导线连接关系，应与电路原理图和逻辑图相一致。如果因机械、电气性能要求不宜在板上布线时，应在印制板装配图上注明连线的方式和要求。印制导线的宽度和间距应能满足电路的电气要求。布局和布线应协调、美观，既要满足电气性能要求又要尽量做到外表美观。

2. 可靠性

印制板的可靠性是使用要求的基本保证。不同性能等级的印制板，可靠性程度（平均故障间隔时间或平均工作时间）要求不同。可靠性与印制板的结构、使用的环境、基材的选择、印制板的布局、布线、印制导线的宽度与间距以及印制板的制造和安装工艺等因素有关，其中任何一项因素的变化都会影响印制板的可靠性。设计时必须综合考虑以上因素，合理确定印制板的结构（布线层数）、导线宽度和间距，布局、布线和互连的形式，并且要注意选择适当的基材。一般来讲，布线层数少、布线密度低的板可靠性高，但是在一些特殊电路（如高速数字或微波电路）中，由于电气性能的要求和考虑电磁兼容性（EMC），采用多层板可能会比单面和双面布线取得更好的效果，应根据可靠性要求来确定产品的等级。

3. 工艺性（可制造性）

工艺性是决定印制板的可制造性（包括可测试性和维修性）和影响产品生产质量和成本的重要因素。设计者在确定印制板的结构、布局和导线宽度、间距及其精度、互连方式、孔径大小和板厚与孔径比等要素时，应当考虑设计的产品与印制板当前的制造和电子装联工艺水平相适应，在满足电气设计要求的同时，尽可能有利于制造、安装和维修。一般来说，布线密度和导线精度越高、层次越多、结构越复杂、孔径越小，制造难度就越大。如果产品的工艺性不好，或者设计要求超越了当时的制造工艺水平，将会带来许多麻烦，如生产成本上升、周期加长、质量下降，甚至不可能制造出来。

4. 经济性

不同结构类型（单面、双面和多层布线）、不同的基材、不同加工精度要求的印制板，以及不同的设计方法，其成本相差很大。一般来说，多层板的成本要高于单面和双面板，高密度布线板的成本高于低密度布线板，性能等级高的成本也要高。设计时应考虑成本低和性价比最佳的原则，在满足使用安全、可靠的前提下力求成本最低、经济适用。

5. 环境适应性

根据印制板使用时的环境条件，合理选择印制板的基材和涂覆层，以满足使用环境的需要，可以延长印制板的使用寿命。对一些有高可靠性要求的印制板，必须考虑电磁兼容性，不能给其他电子设备造成电磁干扰，并且本身也应具有一定的抗干扰能力。选用的材料力求对环境无污染或低污染：印制板的基材应是不含卤素的，因为含有卤素的阻燃型基板，在用后燃烧处理时会产生有毒气体；所用的焊料涂层和焊接用的焊料应是无铅的（高可靠性的军工产品除外）。目前欧盟国家已明确规定（如 ROHS），我国也有相应的法规，规定在一些民用产品中不允许采用含铅的涂层或用含铅的焊料焊接印制板。不含卤素的基材已开始生产但成本较高。随着技术的进步，这些材料的性能会不断地改进、成本也会逐步降低，应用将日益广泛。

3.3 印制板设计的方法

3.3.1 印制板设计方法简介

印制板的设计方法有人工设计法和计算机辅助设计（CAD）法。早期的印制板图设计是采用人工绘制或贴图的方式绘制的，需要绘制成 2∶1 或 4∶1 的放大图，再经过照相制版形成 1∶1 的底版图形，才能用于生产。人工设计法工艺复杂又费时间，并且质量差，难以制作导线精细、图形复杂的多层印制板图。从 20 世纪 70 年代出现计算机辅助设计系统，将 CAD 用于印制板设计后，人工设计法逐渐被淘汰，但偶尔在简单的印制板图设计时也会采用。

计算机辅助设计是电子设计（EAD）的重要工程内容，目前已广泛应用于印制板设计。CAD 法设计印制板速度快，可以按预定的设计规则自动布线，节省了人力、提高了质量，并且可以完成人工无法进行的复杂图形设计。CAD 还可以直接为印制板制造提供加工数据，能实现 CAD 与 CAM、CAT 的一体化，减小了设计与生产图纸转换的误差，大大提高了印制板的加工质量和一致性，缩短了设计和生产周期、降低了成本，提高了印制板的研制、开发效率。

3.3.2 CAD 设计的流程

CAD 软件很多，如 Protel 99SE、Protel DXP、Power PCB、Valer 等。根据产品的复杂程度及掌握和应用软件的习惯，可以采用不同的设计软件。使用不同设计软件的操作方法不同，在此不详细介绍，但 CAD 设计的典型流程基本相同，如图 3-1 所示。

图 3-1 CAD 设计的典型流程

1. 设计准备

设计准备是做好印制板设计的必要的前提准备，主要应包括以下内容。

（1）建立标准元器件库

把物理元器件视为电子元器件的封装尺寸在印制板上的平面投影，设计前应考虑布局布线与生产工艺可行性。建立逻辑器件的引脚与物理引脚尺寸之间的对应关系，以确定焊盘尺寸和位置。如果对双列直插式元器件的孔径设计过小，会影响安装和焊接；孔径过大，会影响两焊盘间走线，降低布线的布通率。

（2）建立特殊元器件库

对于特殊元器件尺寸，即非标准物理元器件上的尺寸，必须查阅有关资料或实际测量电子元器件的尺寸（外形尺寸、焊盘大小、引脚排列序号等），必要时可以把常用的定型元器件单独建库，以供方便使用。

（3）建立具体的印制板设计文件

根据逻辑图（或网络表）、物理元器件库和印制板的机械结构和外形描述，可以对某一具体印制板进行设计，但是设计中需要考虑各种设计规则的要求，往往需要多次修正，重复建立设计文件，直至达到正确、满意为止。

2．网络表输入

网络表是自动布线的灵魂，也是原理图编辑软件与印制板图设计元器件之间的接口和桥梁，在正确核对并确认网络表（含有元器件封装的说明）后，将网络表导入设计系统。如果采用 Power PCB 进行设计，可采用两种方法：一种方法是使用 Power Logic 的 OLE Power PCB Connection 功能，选择 Send Netlist，应用 OLE 功能，可以随时保持原理图与印制板图的一致，尽量减少出错的可能；另一种方法是直接在 Power PCB 中装载网络表，选择 File Import 命令，将原理图生成的网络表导入。如果采用 Protel 99 PCB，可直接从设计文件夹"Documents"将网络表调出，导入印制板设计编辑器。

3．规则设置

按用户要求对元器件的布置参数、板的层数、焊盘形状尺寸、过孔大小、布线参数等进行设计规则设置。如果在原理图设计阶段已经把印制板的设计规则设置好了，就不用再重新设置，如果有修改，逻辑关系必须保证原理图与印制板图的一致。对于通用的设计规则，在一些高级的设计软件中做了规定，设计时调出就可以使用，但是体现所设计的印制板的特殊要求，如电磁兼容性要求等，应根据需要设置。

4．元器件布局

输入网络表后，所有的元器件都会在工作区的零点重叠在一起，布局就是把这些元器件（元器件的投影图形）分开，按规则整齐摆放在规定的位置。在摆放元器件前，应设定板的外形（Board Outline）和布局、布线区域。布局有两种方法：手工布局和自动布局。

布局时应考虑保证布线的布通率、制造的工艺要求、电磁兼容等问题。一般采用手工布局效果更好一些。自动布局效果往往不太理想，还需要人工调整。

5．布线

布线指在布局的基础上按布线规则和逻辑要求布设导线。有两种布线方法，即手工布线和自动布线，通常两种方法配合使用，步骤是手工→自动→手工。

手工布线是在自动布线前对导线宽度和间距、走线距离、屏蔽等有特殊要求的导线先进行手工布线，如高频时钟线、模拟小信号线、主电源线等导线，其次是一些特殊的封装，如 QFP/BGA 类的器件走线。

自动布线是在手工布设完那些特殊导线后，其余的网络线由计算机自动布线。如果达到 100%布通率，则再进行手工调整优化。如果不能 100%布通，就要重新调整布局和手工布线，直至完全布通。自动布线往往难以完全符合布线规则，尤其是对于高速电路印制板，必须进行人工调整。

6．检查

按设计规则（DRC）和原理图检查布线，检查项目应包括连通性、导线宽度和间距、焊盘、过孔、高速规则、接地层和电源层的分布以及电磁兼容性等。

7．复查

根据印制板检查表逐项检查布局布线的合理性和与设计规则的符合性，如果不合格，则需修改布局和布线，同时可以进行人工调整，直至符合要求。

8．设计输出

印制板设计好以后，可以将设计输出光绘文件和打印文件。光绘文件用于印制板生产厂商绘制生产底版。打印文件用于打印机分层打印出各层导电图形、阻焊图形、字符图和钻孔图，以便于设计检查、复查和生产方检验。

3.4 印制板设计的布局

布局是按电路的互连需要和元器件外形的投影尺寸，将元器件均匀地排布在印制板的有效尺寸内，是印制板设计的重要环节。布局的优劣将直接影响布线的效果，合理的布局是印制板设计成功的关键之一。布局通常也分两种形式，即人机交互布局和自动布局。一般是先自动布局，再用交互式布局进行调整。布局完成后对设计文件及有关信息进行返回并标注在原理图上，保持印制板的有关信息与原理图一致。

3.4.1 布局的原则

在进行印制板的元器件布局时，应把印制板设计的基本原则体现在布局中，并应考虑以下具体的布局原则。

- 考虑整体美观性，摆放均匀，有利于布线；
- 按电路单元排布元器件，便于调试和维修；
- 考虑电磁兼容性，按电路的工作频率分区，数字与模拟元器件分开布设；
- 考虑相邻元器件的安装距离、焊接方式和操作间隙等安装的工艺性要求；
- 有利于散热和热设计（主要考虑有利于安装、焊接的热学要求）；
- 设置元器件的安装基准标识和定位标识以及有极性要求的元器件的极性方向等。

3.4.2 布局的检查

布局的检查是按布局原则和安装工艺要求逐项检查布局的合理性，并且尽量保证布线最短和元器件之间连接的走线最短。印制板上的焊盘、导通孔和元器件的排列方向等是检查布局质量的重要标志之一，通过这些要素能检查出布局的质量。

1．焊盘图形设计

焊盘图形标志元器件安装位置的布局体现，是印制板要素设计的重要内容，应按所用元器件的外形尺寸，在与元器件引脚对应的位置布设焊盘，在 CAD 标准库中选取相应的标准焊盘的图形和尺寸，尺寸大小应满足焊接要求和考虑焊盘之间布线数量要求。在阻焊膜层与焊盘位置相对应的位置应开窗口（即尺寸比焊盘大 0.05～0.1mm 或等于焊盘尺寸的开口），需要用阻焊膜覆盖的焊盘不开窗口。

2．导通孔的布局

贴板安装的分立元器件下面一般不设置导通孔（过孔）。如果布线密度高，为了节省空间，必须在元器件体下面设置过孔，该过孔必须用阻焊膜覆盖，防止波峰焊接时焊料流到元器件体上。表面安装焊盘内也不设计过孔，焊盘需要由过孔导出，可在距焊盘 0.635mm 内设置，并且在其与焊盘连接的通道上用阻焊膜覆盖，防止焊接时焊料流失到孔中。

3．表面安装元器件的排列方向

应根据焊接的方式，考虑表面安装元器件焊接端子的排列方向。例如，波峰焊接适用于矩形片式元器件、圆柱形元器件、SOT 和较小的 SOP 器件等在元器件体两侧有引脚的元器件，不适用于矩形四边有焊接端子的器件（如 QFP）。元器件焊接端子排列的方向应尽量一致，以便焊接时波峰垂直于元器件体的方向，有利于防止焊料桥连。

3.5　印制板设计的布线

布线是印制板设计中最重要的步骤之一，是保证电连接的正确性、电磁兼容性和可制造性的关键。对布线的限定规则最多，布线的技巧精细。布线是印制板设计过程中工作量最大的部分，是一项认真细致的工作。

3.5.1　布线的方法

布线可以采用人工布线和自动布线或两者结合的方法，具体采用哪一种方法要根据电路的复杂程度和导线分布的密度决定。当采用自动布线时，应先设定布线规则，按逻辑图的电连接关系粗略布线，然后进行迷宫式布线，调整检查，再精细布线，不断优化直至最佳布线。自动布线的布通率主要取决于良好的布局。一般自动布线也需要适当的人工干预才能达到较好的效果。人工布线费工费时、效率低，并且要求设计师有较丰富的经验，只适用于简单的图形布设。人工与自动布线相结合的方法，效率高、效果好，尤其适用于有电磁兼容要求和布线密度较高的印制板布线和多层印制板的布线。

3.5.2　布线的规则

布线规则是保证布线效果的主要依据，它应包括布线的电性能要求、机械性能要求、印制板的可制造性要求和走线的基本规则。有些印制板设计软件基本上包括了这些规则，但是对一些电路的特殊布线要求，需要在布线前进行设置，尤其是对于有电磁兼容要求的，随着电路的不同，布线要求变化很大。布线规则通常包括以下几种，如果设计软件中没有，应加以补充设置，以便于布线时使用。

① 最短走线原则，可以提高布线密度，有利于电磁兼容。

② 相邻层导线要互相垂直或斜交叉布设，以减小寄生耦合。

③ 导线宽度和间距，既要满足电性能要求又要符合可制造性要求。

④ 同层相邻导线应避免长距离平行布线，以免降低线间绝缘电阻。

⑤ 印制导线的拐弯处避免尖角（<90°），应采用圆角或钝角，如图 3-2 所示。

⑥ 避免走线成为环形，以降低高频辐射。

⑦ 同一层导线的布设应分布均匀，各导线层上的导电面积要相对均衡，以防印制板内材料热膨胀不同而引起印制板的翘曲。

（a）推荐 　　　　　　　　　　（b）不推荐

图 3-2　印制导线的拐角

⑧ 高速、高频信号线最大电长走线应小于信号频率对应波长的 1/20，以免引起 RF 辐射。

⑨ 同一条高速信号线应粗细均匀，避免导线宽窄不均，引起阻抗的变化。

⑩ 微波电路用的带状线和微带线中的信号线必须设置在两接地层之间（见图 3-3（a））以及与接地层相邻的表层（见图 3-3（b））。

（a）带状线 　　　　　　　　　　（b）微带线

图 3-3　带状线和微带线

带状线和微带线的特性阻抗与导线的宽度、厚度及层间介质材料的介电常数和厚度有关。

对称的带状线的特性阻抗（$W/H \leqslant 2$ 时）：

$$Z_0 = \frac{60}{\sqrt{\varepsilon_r}} \ln\left(\frac{4(2H+t)}{2.1(0.8W+t)}\right)$$

式中，Z_0 为特性阻抗（Ω）；W 为印制导线宽度（mm）；H 为与两接地面之间的间距（mm）；t 为印制导线厚度（mm）；ε_r 为基材的相对介电常数。

对称的微带线的特性阻抗：

$$Z_0 = \frac{87}{\sqrt{\varepsilon_r + 1.41}} \ln\left(\frac{5.98H}{0.8W+t}\right)$$

式中，Z_0 为特性阻抗（Ω）；W 为印制导线宽度（mm）；H 为导线与接地平面之间的介质层厚度（mm）；t 为印制导线厚度（mm）；ε_r 为基材的相对介电常数。

采用以上两个公式时应注意使用条件（导线宽度、厚度、介质层厚度和介电常数等），不同的条件下使用的公式是有区别的。

⑪ 高速信号线上尽量减少过孔，时钟信号线也尽量在同一层布设并减少分支。

⑫ 数字信号线与模拟信号线布设时，应相互远离或用地线隔离。

⑬ 高频信号线之间距离应大于 $2W$（2 倍线宽）。

⑭ 当电路工作频率大于 5MHz 或器件的开关时间小于 5ns 时，应考虑多层布线，有利于电磁兼容。

⑮ 布线层的分配原则是信号线与地线层或电源层成镜像分布，即信号线在顶层或底层，地线层和电源层在中间，如图 3-4 所示。

⑯ 同一对差分信号导线应相互靠近，最小导线间距只要大于工艺极限值时，应尽量减小，以提高差分导线的耦合效果，保证信号的稳定性。不同差分导线对之间的距离应大于导

线宽度的 2 倍以上（即 2W 原则），以防不同差分导线之间信号相互干扰。

（4层板）
信号线
地线层
电源层
（6层板）
（8层板）

图 3-4　布线层分配（6、8 层板还有另外的布线分布形式）

3.5.3　地线和电源线的布设

　　印制板上的地线和电源线，是为电路正常工作提供电源动力的配置导线（层），也是影响印制板电磁兼容性的重要导线。电源线（层）是印制板上的各电路单元的配电系统，并能与地线组合形成大的体电容，消除或降低印制板上电路工作产生的噪声。

　　印制板上的地线和地线层可分为电源地和屏蔽地。它主要有四个作用：一是作为电源的电位基准，对多个电路提供一个 0V 的参考电压；二是为高频信号回流提供低阻抗的路径；三是巧妙地利用地线和接地层，能为电磁敏感电路和容易产生电磁干扰的电路提供屏蔽；四是平衡印制板上导电面积分布的均匀性。

　　设计时必须根据电路的需要并考虑对电磁干扰抑制设计的要求，认真分析进行设计。通常考虑以下原则：

　　① 模拟电路和数字电路同在一块板上时，应将两种电路的地线系统和电源系统的导线分开布设，不同频率的信号线中间应布设接地线隔开，避免发生串扰，如图 3-5（a）所示模拟小信号电路需要干净的电源和地，应将其与其他的地线、电源用去掉部分铜箔的绝缘沟槽隔离，如图 3-5 所示。

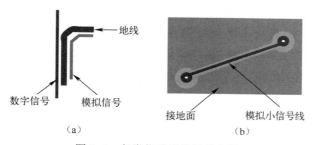

地线
数字信号　模拟信号
（a）
接地面　模拟小信号线
（b）

图 3-5　各类信号线的屏蔽布设

　　② 双面板上的公共电源和接地的干线，尽量布设在靠近板的边缘，并且分布在板的两面。如果在同一面，其电源和地线的干线也应该相互靠近，图形配置要使电源线和地线之间呈低的波阻抗。

　　③ 单、双面板上数字电路的地线，可设计成网格结构，使信号可以回流的平行地线数大幅度增加，有利于地线电感对任何信号都保持最小，但是这种地线结构不适合敏感的低频小信号模拟电路。

　　④ 在多层板中应把电源面与接地面分开在两层布设，最好是相邻两层成镜像平面，能

有利于消除电源和地平面产生的骚扰对电子电路所造成的影响。各信号层中的电源线和地线应相互接近布设。

⑤ 多层板的电源层若靠近接地层，应位于接地平面之下，通过金属化孔与各层的电源线和接地线连接，在不需要与电或地相连的位置设计隔离环将其隔离。对低频电路，内层大面积的导线和电源线、地线应设计成网状，可提高多层板层间结合力；对高频和微波电路，为了保证信号的连续性和阻抗的匹配，不允许设计成网状，应保持整块的铜箔面积，可以降低信号返回的阻抗，有利于电磁兼容性，并且还应要求在印制板加工中，在高频信号线所对应的镜像面的铜箔上，不允许有超过 0.05mm 的针孔等缺陷。

⑥ 多层板中两相邻的电源和地线层平面的边缘，会因为磁场效应产生射频电流，电路的频率越高越明显，这种现象被称为边缘效应。为了降低这种边缘效应，在设计电源层时应将其物理尺寸设计得比相邻的接地平面的尺寸小 20H（H 为相邻地、电层之间绝缘层厚度），这就是所谓的 20H 原则，如图 3-6 所示。遵循 20H 原则，可以使辐射的强度降低 70%左右，所以在设计印制板的电源和接地层时将电源层布设在接地层下面并且使其尺寸小于地层边缘 20H。例如，电源层与地层距离是 0.2mm，则电源层的铜箔的尺寸小于接地层尺寸 20H 为 0.2×20=4mm。在多层板中电源层小于接地层尺寸，遵循这一原则还有一个好处是可以完全避免印制板加工中铣切板的外形时，由于加工的金属毛刺使靠近板边缘的地、电层短路。

⑦ 同一块印制板上要求有多种电源或多种地线（或层）时，允许用去掉铜箔的绝缘沟槽进行分割，但是应注意避免引起高频信号线跨分割区的问题。为了解决这一问题最好是分层布设不同的电源和地线层，这样会使成本很高，对于电、地种类少而电路要求又十分严格的高可靠印制板，也不妨采用此方法：一般还是采用将地、电分割的办法，分割用的沟槽（无铜区宽度）最小间隔一般为 1.27mm（50mil）。为了解决跨分割问题，可以先布设好关键的信号线（如时钟线、等），再根据信号线的分布确定沟槽的位置。如果布线需要跨分割区。应使地线层上的沟槽有部分连通，像一个过河的桥，保持地线的连通性。两个区域的信号线通过"桥"上面走过，这样信号可以通过"桥"返回，可以大大降低信号线间的窜扰，保持信号的完整性。沟槽和跨桥连接方法如图 3-7 所示。

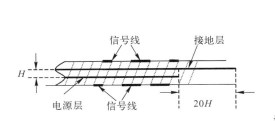
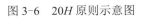

图 3-6　20H 原则示意图

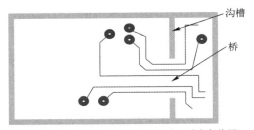

注：布线层在上面，沟槽在下面的地或电源层上（浅灰色线层）

图 3-7　沟槽和跨桥连接方法

⑧ 在表面布线的大面积空余的位置上，可以布设铜网式的地线（见图 3-8），既可以对电路屏蔽又可以平衡布线铜箔的面积，避免因为铜与基材树脂的热膨胀系数不同而引起印制板的翘曲。

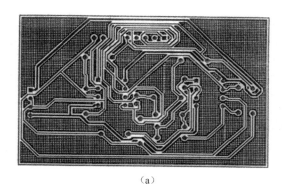
（a）

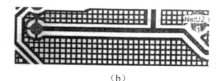
（b）

图 3-8　铜网式的地线

⑨ 对于其他特殊的要求，应按电路的需要考虑合理布线。

3.5.4　焊盘与过孔的布设

焊盘与过孔是导电图形的重要组成部分，是影响产品可制造性的重要因素，设计时必须认真按需要和可制造性要求考虑。

1．焊盘设计

焊盘的位置应与元器件的引出端子相对应，对于通孔安装的焊盘应环绕在安装孔周围，最小孔环宽应大于 0.1mm。在布线空间允许的条件下，尽量加大环宽（一般为 0.2～0.3mm）更有利于制造和安装。过孔周围也应设置连接盘，环宽一般为 0.1～0.2mm，最小的环宽不应小于制造工艺的极限。较宽的环宽有利于制造，但是会影响布线密度。对于表面安装焊盘，焊盘设计应与元器件引脚焊端的尺寸相匹配，并考虑安装误差（一般为 0.05mm）和适当的焊缝。

BGA 类器件的焊盘一般为直径略小于器件焊接端子锡球直径 10% 的圆盘，其位置应与器件的锡球相对应。焊盘略小于 BGA 器件的焊接端子锡球，可以防止焊接时因锡球熔化而与邻近的焊盘产生焊料桥连。如果器件下面布线和过孔的密度高，可以将焊盘设计在过孔上面，要求用树脂对过孔进行保护，孔上面由盖覆镀层作为焊盘。

2．安装孔和过孔设计

机械安装孔的尺寸应与安装件的尺寸相匹配。元器件安装孔应比元器件引线直径大 0.2～0.3mm。过孔的直径可根据布线密度要求适当减小，最小孔径一般不小于板厚与孔径比 6:1。对于孔径小于 0.3mm 的盲孔，板厚与孔径比不小于 1:0.75，有利于盲孔的金属化要求。

3．隔离孔（又称余隙孔）设计

在较大的接地面或电源面上如果有过孔，并且不需要过孔与接地或电源层连接，应在过孔的周围设置隔离孔（见图 3-9），用除去孔周围导电层的方法保证过孔对地、对电源层都是绝缘的，这在多层印制板设计时经常遇到。隔离孔的

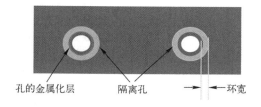

图 3-9　隔离孔及环宽

直径一般应大于相对应的过孔金属化层的外径 0.25mm，以保证过孔周围有大于 0.125mm 宽的绝缘隔离环。考虑到加工的误差，在成品印制板上，隔离环的宽度应大于 0.1mm。在

布线空间允许的条件下，隔离孔的直径应适当加大，保证隔离环有足够的绝缘环宽，但是该环的宽度又不能达到覆盖其上下层电路的高速信号线，因为这会引起信号线阻抗的变化。

3.6 印制板焊盘图形的热设计

在印制导线与焊盘连接时，应注意焊盘图形的热分布，通孔安装与表面安装的导线与焊盘的连接形式，保证焊接时能形成可靠的焊点。通常应遵循以下设计规则。

3.6.1 通孔安装焊盘的热设计

通孔安装焊盘的热设计比较简单，通常是在元器件安装孔的周围设置圆形或方形、长方形的焊盘。焊盘与相关印制导线的连接可参照图 3-10 中 1～4 左边的导线与焊盘的连接方式，以保证焊接时热量能集中在焊盘上，有利于形成可靠的焊点；右边导线与焊盘的连接方式，在焊接时容易使热量迅速传递到相连的导线或焊盘上，热量散失较快不利于焊接质量，并且在第 4 图中由于焊盘面积较大，不但热量散失较快而且还会由于焊盘的热量累积过多而使焊盘起泡，尤其在手工焊接时，会经常出现焊接质量问题。

3.6.2 表面安装焊盘的热设计

表面安装的焊膏是定量施加在焊盘上的，焊盘的图形设计对焊接可靠性有较大的影响，必须认真考虑焊盘的形状和尺寸。表面安装焊盘应参照图 3-10 中的 5～6 形式。SMT 用印制板上的焊盘，其导线应从焊盘中部引出。焊盘与较大面积导电区相连接时，在焊盘与导线的连接处，应采用长度不小于 0.64mm、宽度不小于 0.13mm 的细导线进行热隔离（见图 3-10 中 6 的左边图形），防止因为焊盘和导线的相连处宽窄相同时，在焊料润湿时由于表面张力的毛细管现象，使焊盘上的焊料流失，影响焊点质量。但是，对于高速信号导线与焊盘的连接处，不允许采取缩径的方法改变信号导线的宽度，以免引起信号导线特性阻抗的变化，产生信号失真的问题。

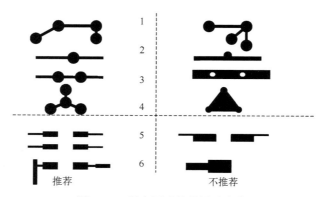

图 3-10　焊盘图形的热设计考虑

3.6.3 大面积铜箔上焊盘的隔热处理

在较大的铜箔面积上（≥625mm² 或 25mm×25mm 区域），如果有焊盘或多层板的接地层

和电源层铜面上有连接盘，则连接盘或焊盘应与大的铜箔面
积局部开窗口，在保持电连接的情况下进行热隔离，称为热
隔离环（见图 3-11），它可以防止焊接时热量传导过快，不
得不延长焊接时间，会使基材内热量积累过多，引起基材起
泡或分层。在内层大面积的铜箔上设置热隔离环时，通过镀
覆孔（金属化孔）与表面焊盘相连的焊盘，还可以使焊接时热量散失较慢，有利于形成可靠
的焊点，提高焊接质量和电气连接的可靠性。

钻孔前　　　钻孔后

图 3-11　热隔离环

3.7　印制板非导电图形的设计

非导电图形是指与印制板导电图形相对应的不导电的图形，包括阻焊图形和标记字符图
形，是需要涂覆阻焊层和印制标记字符时所必需的图形。由于这两种图形的功能不同，设计
要求也不同，在 CAD 设计文件中通常作为顶层和底层图形。

3.7.1　阻焊图形的设计

阻焊图形是为在印制板上制作阻焊膜时采用的图形，它是在阻焊膜上的焊盘部位应留出
没有阻焊膜的位置（又称为焊接窗口）形成的图形组合。焊接窗口应与焊盘的位置相对应，
是与焊盘同心的实心圆盘，或者与表面安装元器件的长方形或方形焊盘图形相似，尺寸略大
于焊盘尺寸的图形，以保证在印制板的阻焊膜上留出与焊盘相对应的焊接窗口。阻焊层涂覆
在最外层的导电图形上，目的是防止焊接时焊料流到其他不该焊接的部位引起导电图形短
路，并能保持焊点大小一致。阻焊膜上焊接窗口的直径和尺寸，应略大于孔周围焊盘的直径
（大 0.1～0.2mm）或表面安装元器件的焊盘尺寸，但是窗口直径或尺寸最大不能包容邻近的
印制导线。整个板上的焊盘直径尽量一致，保持整板美观。避免使用直径或尺寸过小的焊接
窗口，以防阻焊剂涂覆到焊盘上而影响焊接。

3.7.2　标记字符图的设计

标记字符图是指印制板的图号或名称、元器件的符号、标识和位号及定位标识等，为元
器件的安装和印制板的调试、维修提供方便。表示元器件的字符应与电原理图要求一致，其
位置应与安装元器件的焊盘相对应，布置在各元器件孔的中间无焊盘的位置。因为字符通常
采用有机的油墨材料，是不可焊的材料，所以为了保证焊盘的可焊性，不允许将字符设置在
焊接面的焊盘上。字符的线宽一般不小于 0.15mm，字高可根据空间位置和字形的美观程度
决定。标记字符印制在印制板的最外层的阻焊膜上，没有要求印制阻焊膜的印制板，可以将
标记字符设置在最外层导电图形的非焊盘部位。

3.8　印制板机械加工图的设计

机械加工图是印制板生产中进行机械加工的依据，是可由 CAD 生成的文件通过打印机
打出的图纸资料，供生产和检验使用。它至少应表明以下要求：

- 导电图形与印制板外形的相对位置及公差；

- 所有的孔、槽加工尺寸和位置精度要求；
- 印制板的外形和印制插头的尺寸与公差；
- 其他加工要求。

其中钻孔程序和外形加工程序，可以直接用 CAD 文件通过 CAM 转换。机械加工图应按有关规定编制标题栏，栏内应有印制板的名称、图号、材料名称、规格以及设计、审核、工艺、更改等会签栏目。

3.9 印制板装配图的设计

印制板装配图是为了在印制板上安装、焊接元器件所用的图形资料，也由 CAD 文件生成。采用的图形符号应与印制板字符图相对应，应注明安装的元器件位置、名称或代号、安装方式和安装方向，图中标明的安装孔位置应与导电图形相对应的孔位一致。图纸的编制方式按电气安装图绘制的有关规定执行。

第4章

印制电路板的制造技术

印制板的制造技术是将印制板的设计图形转化为印制板产品的手段，是保证印制板质量的关键之一。印制板的种类很多，制造方法也多种多样，制造工艺的流程也大不相同。目前应用最广、采用最多和最为成熟的制造工艺是减成法制造工艺。

本章将以减成法（铜箔蚀刻法）制造技术为主，详细介绍不同类型印制板的典型制造工艺流程和制造技术。不同类型印制板的典型制造工艺流程虽然不同，但是各工序的基本制造技术是通用的，不同类型的印制板的制造过程是由这些基本制造技术按不同的工艺流程组合而成的。为避免重复叙述，本书将对不同类型印制板的工艺流程分别介绍，而对具体的制造技术按相同的制造工序归类为 12 种加工技术分别叙述，对多层印制板、HDI 板、挠性印制板等特殊板的加工技术将单列章节详细介绍。这样安排的目的是为了系统地介绍印制板制造工艺和技术方面的基本知识和原理。

印制板的制造技术正在不断进步和发展中，书中所列的许多工艺配方也在不断地更新。在选用本书的工艺配方时，应参照市场上供应的印制板制造材料和化学药水的说明进行适当的调整或更换，但本书介绍的基本原理对改进技术和配方有指导作用。

4.1 印制板制造的典型工艺流程

不同类型的印制板，其制造的工艺流程不同，本节将以单面板、双面板、多层板、挠性板的典型工艺为代表，介绍印制板的制造工艺的流程。

4.1.1 单面印制板制造的典型工艺流程

单面印制板是在基材上只有一面上有导电图形，是制造工艺最简单的印制板。不同机械加工特性的基板材料，其加工流程有所差异，但是基本流程大同小异。单面印制板制造的典型工艺流程如图 4-1 所示。

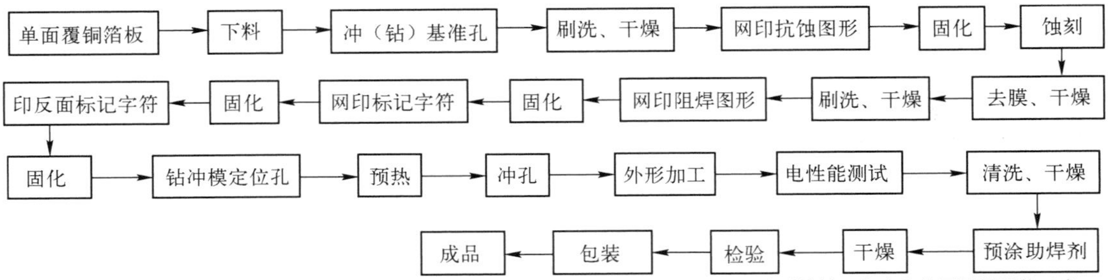

单面覆铜箔板
下料
冲（钻）基准孔
刷洗、干燥
网印抗蚀图形
固化
蚀刻
去膜、干燥
刷洗、干燥
网印阻焊图形
固化
网印标记字符
固化
印反面标记字符
固化
钻冲模定位孔
预热
冲孔
外形加工
电性能测试
清洗、干燥
预涂助焊剂
干燥
检验
包装
成品

注：① 流程中冲孔、外形加工两道工序也可用一副冲模、一道工序完成；采用冷冲型基材，在冲孔前不需要预热工序。

② 若采用光固化油墨印制抗蚀图形时，将网印抗蚀图形、固化工序改为涂覆抗蚀油墨、图形曝光和显影。

③ 丝印的抗蚀油墨分为光固化和热固化两种类型：热固化油墨成本低，制作的导线精度较低；光固化油墨成本高，制作的导线精度较高。

④ 按现有的工艺材料制作印制板是以上的工艺流程，但是印制板的工艺材料也在不断地发展，如果有新的材料出现，其工艺流程可能要改变，发展方向是工艺越来越简单，产品的精度和质量会越来越提高。

图 4-1 单面印制板制造的典型工艺流程

4.1.2 有金属化孔的双面印制板制造的典型工艺流程

根据印制板的结构和要求不同，铜箔蚀刻法的工艺流程也有所不同，有金属化孔（镀覆孔）的双面板是指双面有导电图形，两面相关联图形通过金属化孔连接，其制造的典型工艺流程如图 4-2 所示。

CAD 数据或原图
光绘或照相底版
光化法制导电图形
覆铜箔板
下料
CNC 钻孔
孔金属化
镀铜加厚
图形电镀
印阻焊图形、字符
插头镀金 / 镍
退除抗蚀层
蚀刻
退除保护膜
热风整平
防氧化处理
铣切外形
检验
包装
成品

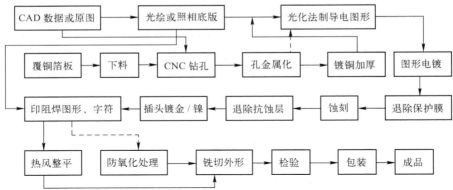

注：① 防氧化处理是指在裸铜焊盘上涂覆防氧化保焊剂（OSP），不需要进行热风整平。

② 对于挠性板，印阻焊工序改为热压覆盖膜（预先已开好了焊盘窗口），其余工序相同。

图 4-2 有金属化孔的双面印制板制造的典型工艺流程

4.1.3 刚性多层印制板制造的典型工艺流程

刚性多层印制板的生产工艺流程要比双面板的制造工艺复杂，主要增加了内层导电图形的制作、处理、叠层和层压，孔金属化的工艺也比双面板的孔金属化复杂，并且可靠性要求高。图形电镀以后的工序与双面有金属化孔的板一样，不再逐项介绍，具体工艺流程如图 4-3 所示。

4.1.4 挠性印制板制造的典型工艺流程

挠性印制板分为单面挠性板（1 型）、双面挠性板（2 型）、多层挠性板（3 型）、有金属化孔的刚挠多层板（4 型）和挠性或刚性与无金属化孔的多层挠性组合印制板（5 型）五种类型。这五种类型根据其挠曲的要求不同又分为两大类。

A 类：能经受在安装过程中的挠曲。

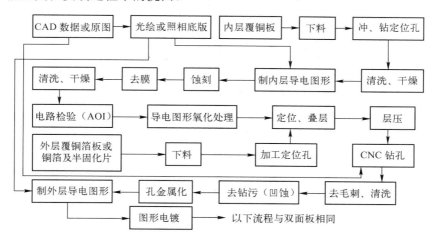

图 4-3　刚性多层印制板制造的典型工艺流程

B 类：能经受规定的连续多次弯折和挠曲（一般为两层导线层以下的挠性板，即 1 型、2 型板），如手机和笔记本电脑、叠合打印机上可折叠部分的印制板。

不同类型的挠性印制板的加工工艺不同，除了 4 型、5 型的刚挠结合印制板需要用刚性基材和挠性基材加工外，其余各类型都是采用挠性基材加工。其加工方法与刚性板类似，工艺上减少了印制阻焊膜工序，而增加了压合覆盖膜工序。在设备方面的主要区别是，因为挠性基材是软的，在传输过程中容易弯曲和损坏基材，所以所用设备的传送滚轮排布密度高，转轴间距小，蚀刻过程需要用硬板牵引，清洗采用专用的浮石粉清洗设备或化学清洗设备。

刚挠结合型印制板的制作，是将挠性部分先按单、双面挠性板的工艺制作，然后再按刚性多层板的工艺进行刚挠叠层层压、钻孔并对其孔金属化。关键在于刚挠层压部位的质量和材料热膨胀系数的匹配，在挠曲的位置不能设置金属化孔，因为这会影响弯曲并会在弯折时破坏金属化孔。

1 型、2 型挠性板的典型制造工艺流程如图 4-4 所示。

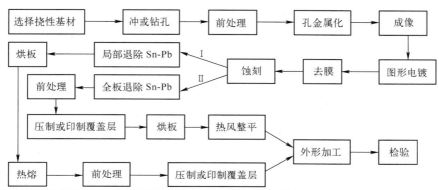

注：① 覆盖层是挠性电路板表面上的绝缘保护层，其作用是使挠性电路免受潮气、尘埃和其他化学侵蚀以及提高弯曲性能。

② 工艺路线（Ⅰ）为局部退除 Sn-Pb，然后热熔再压制或印制覆盖层；路线（Ⅱ）为全板退除 Sn-Pb，然后压制或印制覆盖层，最后进行热风整平。

图 4-4　1 型、2 型挠性板的典型制造工艺流程

4 型、5 型板的制造综合了双面挠性印制板和刚性多层印制板的制造工艺，制造工艺流程较为复杂，将在第 7 章详细介绍。

4.2 光绘与图形底版制造技术（印制板照相底版制造技术）

各种类型的印制板将电路图像转移到印制板上，都需要用各种印制板图像的照相底版（也叫底片）[①]。底版是制造印制板过程中重要的技术依据，它是由原始 CAD 图形数据经过 CAM 系统转化而来的，其制作质量的优劣直接影响印制板最终图形的质量。因此，印制板用照相底版的制作工艺是非常重要的印制电路工艺步骤之一。

4.2.1 光绘法制作底版的技术

随着计算机技术的高速发展，印制板 CAD 技术也取得了很大的进步，印制板设计向多层次、细线条、小孔径、高密度方向迅速发展，传统的照相制版工艺已经远远不能满足高精

图 4-5　激光光绘机

度、高密度印制板设计的需要，于是出现了光绘技术。使用光绘机就可以直接将 CAD 系统设计的印制板电路图形的数据送入光绘机的计算机系统，控制光绘机，利用光线直接在底片上绘制电路图形，再经显影、定影得到照相底版。

使用光绘技术制作印制板照相底版，不但速度快、精度高、质量稳定，而且大大地缩短了研制生产周期。同时，它完全避免了人工贴图或绘制照相底图在经过缩小比例照相时可能出现的人为错误，大大地提高了质量和工作效率。使用现代先进的激光光绘机（见图 4-5），在几分钟内就可以完成过去数人、数日才能完成的工作。

1. 光绘制作照相底版的工艺流程

光绘制作照相底版是通过感光化学原理，采用专用光绘机将印制板 CAD 设计的图形数据经 CAM 处理后转换到感光底片上形成潜像，再经显影、定影、干燥等暗室操作形成照相底版。为了保证光绘照相底版的正确性和适应制造的工艺要求，应先对设计提供的电子文件（CAD 文件）进行正确性检查和 CAM 的工艺性审查、修改确认及加工数据的转换后，才能用于光绘机进行光绘。具体的工艺流程如图 4-6 所示。

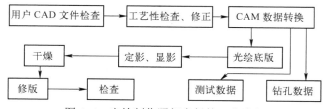

图 4-6　光绘制作照相底版的工艺流程

2. 光绘的主要工艺流程的说明

（1）用户 CAD 文件检查

[①] 底版和底片在印制电路板行业的区别：底版带有图形；底片可带有图形，也可不带有图形。

主要检查 CAD 文件的正确性、完整性（各层导电图形、字符和阻焊图形、加工要求等）；电子文件中有无病毒，若有病毒必须经过杀毒处理；如果 CAD 时采用 Gerber 文件，则应检查是否含有 D 码和 D 码表，以便于 CAM 进行可制造性审查和修改。

（2）工艺性检查、修正

印制板制造方利用 CAM 软件，按本企业的可制造性要求进行工艺性检查和修正。审查、修正的内容主要有焊盘的大小、导线宽度和间距、孔径大小、阻焊窗口尺寸、电源面和接地面的处理、焊接时的热设计要求、多层板图形的叠加处理等，并可增添角标、定位孔、附连测试板图形、导线蚀刻的修正，如果需要，还需增加工艺导线和工艺边框、确定拼板数量和尺寸，以及底版的正负相、特性阻抗的计算等。但是，对于有特性阻抗和电磁兼容要求的印制板，CAM 是不能随意调整焊盘位置、印制导线的宽度、间距和层间介质层厚度等参数的，如有变动必须经原设计人员确认。

（3）CAM 数据转换

CAM 数据转换是将修正并确认后的 CAD 数据转换为能与本企业设备相兼容的光绘程序、钻孔数据和测试数据等。实际上 CAD 数据转换与工艺性检查、修改都是 CAM 的内容，统一由印制板制造方的工程部进行。

（4）光绘底版

将光绘程序输入光绘机，按机器操作要求进行印制板照相底版的光绘。

（5）显影、定影

将曝光后的感光底片在暗室中按 4.2.3 节进行显影、定影操作，如果有条件也可以在专用显影机上自动进行显影、定影和干燥处理。干燥处理应采用风干或晾干，避免高温烘烤以免引起底片尺寸变形。

（6）修版、检查

对干燥处理后的照相底版进行图形尺寸、图形完整性、黑白反差、正负相要求等项目的检查，修补砂眼、针孔等缺陷。合格后交付用以复制生产用的重氮底片。

3．光绘系统的构成及其工作原理

（1）PCB/LCD 光绘系统的基本构成

PCB/LCD 光绘系统的基本构成如图 4-7 所示。

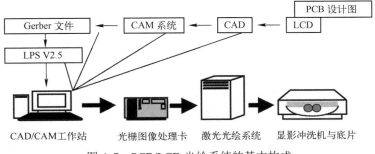

图 4-7　PCB/LCD 光绘系统的基本构成

（2）光绘机的类型及工作原理

光绘机有向量式光绘机和滚筒式激光光绘机（即扫描式光绘机）两种类型。具有代表性的向量光绘机就是格伯（Gerber）公司开发的系列光绘机，而所采用的格式为 Gerber RS-274，现已成为印制板设计行业的标准数据格式。

向量式光绘机多为平台式光绘机，其绘制图形示意如图 4-8 所示。工作时，将底片固定在光绘机的平台上，平台安装在一丝杆螺母

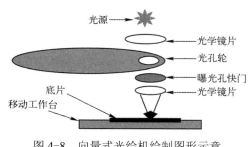

图 4-8　向量式光绘机绘制图形示意

上，由步进电动机驱动做水平方向移动。光源安装在一个可以移动的光学头上。光学头的移动方向和平台的移动方向相互垂直。光学头的结构类似于日常使用的幻灯机，它将各种不同的图形符号，如圆形、方形、长圆形及其他特殊形状符号分排在一个大圆盘的圆周上，称为码盘。每一单独的图形符号称为符号盘。在码盘的上方是光源，下方是一个光学头。码盘上符号的影像通过镜头投影到胶片上。静止曝光时，在底片上得到焊盘图形，移动曝光时则构成线条图形。各种符号盘均匀地分布在码盘周围不同的位置上，旋转码盘就可以得到不同的曝光符号，在底片上产生不同的图形。当某一符号盘的位置被旋转至镜头的位置时，该符号盘的图形就会通过镜头投影到底片上。为获得高质量的曝光图形，一般符号盘图形均大于实际图形，经过光学系统按比例缩小后，在底片上得到所要求的图形投影。

向量式光绘机的曝光焊盘采用闪光曝光方式，即光绘机在曝光该焊盘的瞬间静止不动，停留在焊盘所在的坐标位置上，快门开启，光源闪亮曝光。而在曝光线条时，使用移动曝光方式，光绘机在线条的起始位置打开快门开始曝光，同时光绘机按一定的速率移动至线条终止位置，关闭快门结束曝光，光斑在底片上移动轨迹形成线条。光绘机的移动速度和光源亮度决定了底片的感光量。

①　光源选择。因为曝光焊盘时使用闪光曝光，光源开闭频繁，而且曝光时间很短，因此要求光源亮度高，可靠而耐用；在曝光线条时，光绘机的移动速度相对比较慢，对光源的亮度要求比较低。所以，光绘机通常使用不同的光源分别控制曝光焊盘和线条的图形质量，如使用高压氙灯作为曝光焊盘的光源，而使用钨灯作为曝光线条的光源。

②　向量式光绘机的缺点和常见的质量问题。向量式光绘机受到符号盘数量的限制，最多也仅有 50 多个符号盘，在设计印制板时，焊盘和线条的尺寸就会受到很大的限制。在光绘质量方面，由于采用的是非激光光源，当聚焦不好时，常常会出现边缘发虚的问题；当符号盘的尺寸变化比较大时，就如同照相机的光圈做了很大的调整，容易造成尺寸大的图形曝光过度，而尺寸小的图形却曝光不足。另外，向量式光绘机采用的光源和放置底片的平台在 X、Y 方向以交叉移动的方式进行光绘，而光绘速度受到机械运动速度的限制，生产效率比较低，逐渐被激光滚筒式光绘机代替。

（3）滚筒式激光光绘机（又称扫描式光绘机）

激光光绘机是目前普遍应用的光绘设备。根据绘图机的结构不同，又可以分为内圆筒式和外滚筒式激光光绘机。

①　内圆筒式激光光绘机（Crescent 系列）的工作原理。

内圆筒式激光光绘机的结构如图 4-9 所示。曝光用的底片真空吸附在圆筒状的多孔的内壁上，能自转的激光反射镜头位于滚筒的中心，氩氢激光发生器发射的蓝色激光，经电子快门及光束强化器的光点选择口后，再由两块 45°反射镜至高速自转（200r/min）的斜置反射镜上，最后反射到底片上。由于此斜反射镜的高速旋转，使反射至底片上的光点形成连续线

条。反射镜在高速旋转的同时，随其基座"自转镜头"，以 12cm/min 的速度做左右横向移动，所以每条光线之间的间距只有 10μm，形成带状扫描。同时，此激光光线在每秒钟两亿次的电子快门的控制下，进行开启与闭合的动作，完成阴图与阳图的曝光。

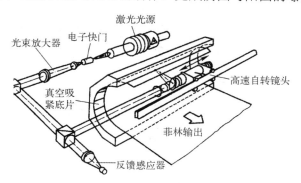

图 4-9　内圆筒式激光光绘机的结构

② 外滚筒式激光光绘机（LP5008 系列）的工作原理。

外滚筒式激光光绘机的结构如图 4-10 所示。外滚筒式激光光绘机是用强力真空泵将底片吸附在多孔的圆形筒的外侧，滚筒以 500r/min 的速度快速旋转。激光器发射的激光束经反射镜反射到位于滚筒外侧的光源座，被分成 32 束光束，同时光绘的数据也通过电缆送入光源座，对 32 束激光光束进行控制，在底片上一行扫描同时曝光 32 个像素，在滚筒旋转的同时，光源座做横向左右移动，完成扫描曝光。

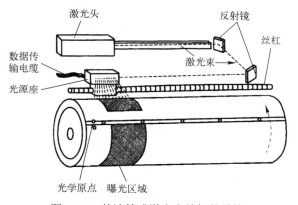

图 4-10　外滚筒式激光光绘机的结构

③ 内圆筒式和外滚筒式激光光绘机的优、缺点。

内圆筒式激光光绘机绘制底片，可以达到很高的分辨率（1/4mil），绘制一张尺寸为 24in×30in 的底片只需要 5min。但由于自转镜头旋转速度极高（12 000r/min），采用气浮轴承，因此价格昂贵，而且维修比较困难，不易获得普及。

外滚筒式激光光绘机维修比较方便，应用得比较普遍。但由于其旋转速度受到限制，现滚筒的转速为 500r/min，再提高已不太可能，否则底片将会在高速旋转时被甩出。因此，扫描的速度就会大大降低。但制造过程中采用专利技术，将激光光束分解为 32 束，也就是在底片上一次曝光有 32 个像素，这就是相当于将扫描速度提高了 32 倍。

国内研制的激光光绘机多数是外滚筒式的，在软件上有了很大的突破，省去硬件数据转换卡，并提供了完善的汉字处理功能，同时也扩大了激光光绘机的应用范围，除了能绘制印制板图形外，还用于制造标牌、面板甚至彩印行业的绘图。

4. 激光绘图的工艺流程

CAD（计算机辅助设计）产生的设计数据转换成光绘数据（多为 Gerber 数据）经 CAM（计算机辅助制造）系统进行处理，完成光绘预处理（拼版、镜像等）。处理完的数据被送入光绘机，由光绘机的光栅数据处理器转换成光栅数据，此光栅数据直接驱动光绘机，完成光绘。激光绘图的工艺流程如图 4-11 所示。

$$CAD 文件 \rightarrow Gerber 化 \rightarrow CAM 处理 \rightarrow 光栅数据处理 \rightarrow 光绘机输出$$

图 4-11　激光绘图的工艺流程

5. 光绘数据格式

光绘的数据格式广泛采用国际标准，即 Gerber 格式。该格式光绘数据具有简单明晰、易读易记的特点。通过 Gerber RS-274 光绘数据可以把不同类型的光绘机、不同的印制板设计软件相互沟通起来。

Gerber 是一种含有 X、Y 坐标和附加命令（如 D 码等）的计算机程序。X、Y 坐标值是光学头所处的位置，附加命令用字符 D、G、M、I、J 等表示，称为码，每个命令的结束用星号（*）作为命令结束符，又称为块。多数机器和软件只是按块处理 Gerber 命令。

Gerber RS-274D 是数控机器控制语言的变体，它与数控格式（数控钻数据）以及控制码不同，但能相互兼容。RS-274D 数据由"块"组成，每个"块"由下列码构成：工具选择、设置、移动。一条 RS-274D 命令中字母和符号的含义如下。

*——结束符；D——绘图码，选择、控制光圈、指定线型；X——X 轴坐标值；Y——Y 轴坐标值；G——初始码，用来配置机器与绘图之前的状态；M——控制码，指定文件结束等；I——圆弧中心，X 轴坐标；J——圆弧中心，Y 轴坐标。

（1）X 和 Y 坐标

在 Gerber 文件中，X、Y 值决定某一形状和尺寸的 D 码放置和作图位置。X、Y 值作为一组坐标，决定光学头曝光位置。

（2）D 码和 D 码表

激光光绘机使用软件通过 D 码来选择图像形状。若用"D 码（图像）"来描述焊盘和导线时，则"码表"可以取代矢量光绘机的光孔轮，D 码的形状容易形成，并且代表孔的形状和尺寸，数量多，用起来就比较灵活。

D 码实际是光圈标识，又称为设计图码。使用 D 码有多重目的，首先就是控制光学头快门开关状态。常用的 D 码有 D01、D02、D03。D01（D1）是一个画线的命令，就是指打开快门，同时移动台面到对应的 X、Y 坐标。D02（D2）是一个只移动台面而不曝光胶片的命令，就是关闭快门，同时移动台面到对应的 X、Y 坐标。D03（D3）是"闪烁"命令，台面移动时快门是关闭的，当台面移动到对应的坐标时快门打开一下又马上关闭，这样就会在胶片上曝光一次，留下光圈的影像。D03 在画印制板上的焊盘时是一个十分有效的命令。

采用 D 码确定图形之间移动时的状态，绘制焊盘（连接盘）、光学头画线、画弧时的曝光状态，以及画两个图形之间移动的状态。用下面例子说明 X、Y 和 D 码组成的数据含义。

X1000Y1000D02*：表示在 X、Y 坐标均在 1000 处关闭光学头。

X2000Y3000D01*：表示将光学头在 X 坐标为 2000、Y 坐标为 3000 处开灯画线。

X5500Y100D03*：表示在 X 坐标为 5500、Y 坐标为 100 处先关灯，然后做一次闪曝（开关打开一次），画出焊盘。

现在的 D 码表通常是从 D10 开始，然后依次递增，最后可以超过 D999。

（3）G 码

Gerber 调用 GXX 命令作为初始码，表示运动状态和坐标格式。多数情况下，这些码被用来配置机器在绘图之前的状态。光绘技术中常见的 G 码见表 4-1。

表 4-1　光绘技术中常见的 G 码

G 码种类	G 码代表的意思
G00	（多边形填充）移动
G01	1 倍线性运动，它只是表示光绘机台面移动是直线
G02	顺时针圆周运动
G03	逆时针圆周运动
G04	忽略数据块，以帮助理解后面的内容
G10	10 倍线性运动
G11	0.1 倍线性运动
G12	0.01 倍线性运动
G36	打开多边形填充
G37	关闭多边形填充
G54	准备选择光圈（换盘，因为每个盘仅有 24 个孔）
G55	与 D03 一起产生曝光闪烁
G70	表示下面数据是以英寸（英制）为单位
G71	指定毫米单位，表示下面的数据是以毫米（公制）为单位，1in=25.4mm
G74	表示关闭 360° 圆周运动
G75	表示打开 360° 圆周运动
G90	表示指定绝对坐标格式
G91	表示指定相对坐标格式

通常情况下，不再使用 G54 码激光光绘机。旧式矢量光绘机的控制需要 G54 码换盘（因为每个盘只有 24 孔）。

G90 指示光绘机的下列所有坐标都是绝对坐标，因此光学头按坐标所给值到其绝对坐标处。G91 指示光绘机的下列所有坐标都是相对坐标，因此光学头移动的坐标值是相对坐标。例如，X1000Y1000D02*、X3000Y3000D01*。

按绝对坐标模式（G90），光学头应首先移到（1000，1000）处，然后再移到（3000，3000）处，在（3000，3000）处开灯划线。

按相对坐标模式（G91），光学头应首先移到（1000，1000）处关闭，然后移到（4000，4000）处开灯划线。X、Y 坐标分别加上 1000，变为 4000。

（4）M 码

M 码用于控制机器指定文件结束等。Gerber 文件中最常使用的 M 码是 M00、M01、

M02。在文件的末尾看到 M02，都是表示 Gerber 文件的结束，只不过不同的机器使用不同的 M 码，而多数软件是使用 M02。但在使用过程中应注意两点：一是有的软件为确保在读入文件时不会和其他数据混合，在文件头上加了 M02 等 M 码，而其他软件一旦读到"M02"就会认为文件已结束，从而会使数据丢失。另外一种情况就是有些软件会把许多文件合并在一起，中间用"M02"区分，这些软件在处理这些文件时会自动把数据分开，但有些软件就不具有这样的功能。最常见的 M 码说明见表 4-2。

表 4-2　最常见的 M 码说明

M 码分类	说　　明
M00	程序暂停，在调试或绘完一幅图形需要换菲林接着绘下一图形时用
M01	选择停止，许多光绘机已不再使用
M02	程序结束，在光绘文件结束处理要加上 M02，使光绘机从绘图程序中正常退出
M30	程序暂停并返回到数据文件开头，在反复绘制几张相同图形时用此码
M64	设置后面光绘数据的偏移量，使图形移到菲林的合理位置上

（5）I 码和 J 码

Gerber 文件中的 I 码和 J 码表示画弧的命令。画弧命令常见有 360°圆弧和 90°圆弧两种格式。Gerber 语言中画弧命令是非常复杂的。因此，应根据所选择的光绘机的使用说明书规定的程序进行。

6．光绘数据的使用规则

在使用光绘数据时，数据的表示有以下常用的规则。

（1）省略小数点的规则

该规则在 Gerber 文件中是被省略的，小数点的位置是人为设定的，由光绘软件来定位。以下列 Gerber 文件中的命令为例，剖析此规则用法。

X00560Y00320D02*、X00670Y00305D01*、X00700Y00305D01*：这部分命令如果使用英制单位，X00560Y00320D02*意思就是说台面移动到点（00560，00320）处而不划线。但是究竟它代表哪一点就需要设计规定，在小数点前几位或后几位，才能够快速地确定这些数据代表多少。如设计规定这段 Gerber 文件是英制 2-3，则小数点在前两位之后或后 3 位之前，那么 00560 表示 0.56in（00.560），而 00320 表示 0.32in（00.320）。

（2）省略前导零和省略后导零

省略前导零规则就是将上述的 X00560Y00320D02*命令中的 00560 省略前面的零，就变成 560。如果根据设计提供的小数点省略规则是英制 2-3，就可以推断出 560 代表的数据是首先确保小数点后面三位，560 就变成 0.560。

省略后导零规则就是省去后面的无效零。也就是保留前面的无效零而去除后面的无效零，恢复时只要保证格式前面的位数，来确定小数点的位置。

（3）模态和非模态数据坐标

如果在 Gerber 数据中有许多点排在与 X、Y 平行线上，此时，不但要让系统记住 X、Y 的数值，还要能与下一个点的数据比较，只输出变化了的数据。模态和非模态数据的比较见表 4-3。

表 4-3　模态和非模态数据的比较

模态（Modal）数据	非模态（Non-Modal）数据
X560Y230D2*	X560Y230D2*
X670Y305D1*	X560Y230D1*
X700Y305D1*	X700D1*

　　当系统执行完一句命令后并没有将数据删除，而是再执行下一句时，它只是把变化的数据填进去而生成一个新的坐标。例如，系统执行完第二句时，在存储器中的数据是 X 为 0.67，Y 为 0.305（假定格式为英制 2-3）；在读入第三句时，系统把 0.7 填进 X，Y 没有改变，那么新的数据就是 X 为 0.7，Y 为 0.305。

　　如果设计软件在生成 Gerber 数据时有自动排序功能，使用这些数据格式会有较好的效果。所有的光绘系统处理软件都支持这两种数据。

　　（4）模态和非模态命令

　　模态和非模态数据是一种很好的方法，它也适用于命令。例如，要画一段连续的线条，在 Gerber 中的表现为一长串以 D1*结束的块，若省略直到下一个命令出现就需采用模态和非模态命令方式。模态和非模态数据命令的比较见表 4-4。

表 4-4　模态和非模态数据命令的比较

模态（Modal）命令	非模态（Non-Modal）命令
X560Y230D2*	X560Y230D2*
X670Y305D1*	X560Y230D1*
X700D1*	X700*
X730D1*	X730*

　　如果 Gerber 数据是 RS274X 格式，在数据的开头中自带有光圈表（Aperture）；如果是 RS274D 格式，在数据的开头中不自带光圈表，而是在其他一个单独文件中存在，这就需要把两个文件合并后才能正确地读入。常见的光圈形状见表 4-5。

表 4-5　常见的光圈形状

符　　号	光 圈 形 状	符　　号	光 圈 形 状
Circle	圆形	Donut	同心圆
Square	方形	Diamond	菱形
Rectangle	长方形	Oval	椭圆形
Box	长方形有弧度	Thermal	花盘（散热盘）
Octagon	八角形		

　　了解和熟悉 Gerber 数据的格式，可以帮助相关人员快速地分析光绘质量问题的原因和更改设计的光绘软件。

7. 光绘机参数的设置和准备

　　（1）光源强度的设置

　　在光绘过程中，如果光源强度过高，则绘制的图形会产生光晕（虚影）；如果光源强度过低，则绘制的图形曝光不足，因此无论是矢量光绘机还是激光光绘机都存在着一个光强度调节技术的问题。在高级的光绘机中有光强度检测电路，当光强度不足时，光绘机将拒绝工作或快门不打开，并且将发生的错误提示在屏幕上。光源过弱甚至可能会造成绘制过的底片没有曝光的迹象。通常可以通过调节发光器件的电压来控制光源的强度，每当更换一次发光器件或更换一次显影液之后，应采用光绘试验片来检查光强度是否合适。

（2）光绘速度的调节

对于光绘机，特别是矢量光绘机，其绘图的速度也是影响绘制底片质量的重要因素，在光绘前应调节好光绘的速度。在矢量光绘机划线时，若绘图的速度过快，即光束在底片上停留的时间过短，则会产生曝光不足的现象；若绘图的速度过慢，即光束在底片上停留的时间过长，则会产生曝光过度出现光晕现象。不仅光绘速度会影响绘制底片的效果，光绘时的加速度和曝光时快门打开和关闭的延迟时间也会影响底片曝光质量。

（3）光绘底片的放置

底片的放置非常重要。由于各种外界因素的变化，光绘底片会发生微小的伸缩变形，一般情况下，这对印制板的加工不会产生太大影响，但对于高精度的图形，这会造成底片不能使用。因此，除了尽量消除外界环境因素的影响外，在光绘操作过程中特别是在放置底片时，应尽量保证要绘制的同一印制电路图形的不同层（如元器件面和焊接面）的 X、Y 方向和底片的 X、Y 方向是一致的，这样变形在同一方向，误差可以相互抵消。放置底片时还应保持底片的药膜面对着光源，以减小底片介质对光的衍射作用。

对有些精度不高的光绘机，绘制底片时应尽可能从绘图台面的原点开始。绘制同一电路不同层次的图形时，应尽量在台面的相同坐标范围上绘制。

（4）底片台面的保养

绘图台面（有的弧面）的清洁、平整是绘制图形质量的重要保证。在放置底片的台面（弧面）上除了需绘制的底片外，不应有其他多余物，更不要划伤台面。要确保真空吸附底片的小孔干净畅通，这样才可能绘制出高档次、高精度的底片。

（5）导电图形底版的绘制

经过审查合格的设计图形直接产生光绘数据，通过磁盘或 RS-232 Gerber 接口输入光绘数据，也可以直接把光绘数据输入光绘机内绘制。通常底版应是 1∶1 的，但对于某些比较复杂的电路，为避免光绘底片上图形的尺寸与设计值的误差对生产造成影响，如必要时，应该修改设计的图形尺寸以弥补光绘值的偏差。

（6）阻焊图形底版的绘制

阻焊图形底版的绘制技术要求没有导电图形底版的高，但应根据不同的工艺要求而异。有的阻焊图形底版上的焊盘应比导电图形底版放大一些，在生成阻焊图形底版的光绘数据时就应注意修改。

（7）字符底版的绘制

对字符底版的要求就比较低一些。由于元器件字符在布局时随着元器件从库中调出来，其字符的大小、构成字符的线宽往往参差不齐，既影响丝印的质量又影响美观，所以要求在生成字符的光绘文件前对字符进行检查，在生成字符的光绘文件时，尽量把字符的线宽归并为一种或几种标准粗细的均匀的字符，使之符合工艺要求。

（8）钻孔底版的绘制

一般情况下并不需要绘制钻孔底版，但是如果为了更好地检查钻孔情况或清楚地区分孔径，也可以绘制一张钻孔底版。对于矢量光绘机，在绘制区分孔径钻孔时，应考虑节省光绘时间，可以采用简单的符号来标识孔径。

（9）大面积覆铜的电源、接地层的绘制

对于标准设计的电源、地层，按照设计绘制的底版与印制板上的图形是相反的，也就是说底版上没有曝光的部分应是印制板上的铜箔部分，而底片上有图形的部分在印制板上是隔离部分，没有铜箔。由于工艺上的需要，在绘制电源和接地层时，隔离盘应比线路层的焊盘大一些；对于与电源或接地层相连接的孔，应绘出 3.6.3 节中热设计规定的焊盘，使得对连接电源或接地的孔能一目了然，并有利于底片的检查。

（10）镜像绘制底版

镜像就是使图形的相位符合生产使用的底版。这是由于印制板图形转移时，需要将底片的药膜面（即图形面）附贴在印制板铜箔上的光致抗蚀干膜上。因此，在绘制底片时就应该考虑图形的相位（即图形面的正反）问题，不提倡通过把底版的药膜面反放置的方法来实现调整图形相位的工艺方法，而且当若干个小尺寸的图形绘制在一张大底版上时，用此方法也不能使它们的相位不同，应当在生成光绘数据文件时就注意相位。一般情况下，由于在用底版成像前需要翻拍一次片，因此对印制板的单数层图形，生成的光绘数据应该是正相位；而对双数层图形，生成的光绘数据所描述图形应该是镜像图形。如果直接用光绘底版进行印制板成像加工，则前面所说的相位应反过来。

（11）图形层次的标识

对于高密度多层板，标识出底版图形所对应的印制板层次顺序号是相当重要的。如果不标识出图形所在的面（层），就有可能把焊接面做成元器件面，将会导致无法安装元器件，对于多层板还会分不清层次无法加工。有的辅助设计软件，可以在生成光绘文件时自动加上图形所在的层次序号。但在应用时应该注意，首先要保证印制电路布线的层次与加工所安排的层次一致；其次，设计时的图形的零点尽量靠近坐标原点，自动加上的层次标记是在坐标原点附近，可以缩小底版的尺寸。

（12）光圈选择

无论是矢量光绘机还是点阵式光绘机，都存在光圈匹配问题。如果设计的图形采用直径 40mil 的焊盘，而光绘时使用 50mil 的光圈，显然所绘制出来的图形是有差异的。但是由于在图形设计时图形元素（导线、焊盘）的尺寸可以随意设定，因此若要求光绘机的光圈与之完全相符，对于矢量光绘机来说是做不到的，对于点阵式光绘机来说调整也很麻烦，而且从加工角度分析也没有这个必要。就是做到了光圈完全相配，由于聚焦及显影等因素的影响，绘制出来的底版上的图形元素尺寸总会与设计值有一点差别。因此，在实际的处理过程中，只要加工工艺误差允许，完全可以选用现有的矢量光绘机光圈或已设置好的点阵式光绘机光圈。例如，在许多时候，采用 50mil 的光圈去对应 46mil 或 55mil 的设计值，甚至用 60mil 的光圈去对应 40mil 的设计值是允许的。

4.2.2　计算机辅助制造工艺技术

计算机辅助制造工艺技术（CAM）就是根据工艺要求对 CAD 文件进行工艺性处理，以达到实际生产所需要的相关工艺资料和工艺方法。根据设计要求结合生产工艺水平，应在光绘之前进行工艺准备，例如镜像、阻焊盘的扩大、工艺线、工艺框、线宽和线间距调整、中心孔、外形线等都要在这道工序中完成，同时还要同步完成工艺审查工作。目前此道工序是制造印制板重要的工艺工作之一，对高速、高频电路印制板，导电图形的任何调整和更改，必须征得设计人员的同意，因为导线宽度、间距和位置的调整可能会引起印制板上传输信号导线特性阻抗的变化。CAM 应完成的工艺任务见表 4-6。在光绘之前必须认真地完成 CAM 的任务，以避免在生产过程中发生错误，造成不必要的经济损失。前期工作完成得好，产品质量才能得到保证。

表 4-6　CAM 应完成的工艺任务

序　号	完成任务项目
1	根据工艺要求对焊盘大小进行修正，合拼 D 码
2	根据工艺要求对线宽进行修正，合拼 D 码
3	对线路图形的最小间距的检查：焊盘与焊盘、焊盘与导线、导线与导线之间
4	孔径大小的检查，合拼
5	最小线宽的检查
6	确定阻焊扩大的工艺参数
7	进行镜像
8	根据线路图形的生产需要添加各种工艺线和工艺框
9	针对不同的蚀刻比例修订由于侧蚀引起的线宽变化
10	形成中心孔
11	添加外形角线
12	根据生产需要添加定位孔
13	根据生产量进行拼版、旋转、镜像
14	图形叠加处理，切角切线处理
15	添加用户商标或标记号

1．检查文件

（1）检查设计文件

在进行 CAM 工作之前应先在计算机上检查好用户提供的设计文件。检查的主要内容如下：

① 检查文件是否齐全和完好。

② 检查文件是否带有病毒，如有病毒必须进行消毒。

③ 检查设计采用的数据格式。

④ 如果是 Gerber 文件，则检查有无 D 码表或内含 D 码（RS274-X 格式）。设计所提供的原始数据的常用格式见表 4-7。

表 4-7　设计常用的原始数据格式

序　号	数　据　格　式	具体的数据格式名称
1	Gerber	RS274D 和 RS274X
2	HPGL1/2	HP Graphic Layer
3	Dxf 和 Dwg	AutoCAD for Windows
4	Protel format	DDB\ pcb \ sch \ prj
5	Oi5000	Orbotech output format
6	Excellonl1/2	Drill \ rout
7	IPC-D350	netlist
8	Pads 2000	job

　　工艺审查必须正确分析数据的数据格式，充分了解数据格式所包含的内容。特别是对 Gerber 中 RS274D 的格式要充分了解，要分析标准的 Aperture 及它们之间的关系。因为图形由坐标、尺寸大小和形状三部分组成，如果发现 Gerber 原始文件的数据只有 D 码和坐标，还需要另外两个条件；如果接到的文件中有 Aperture 文件，打开后就会发现其中有需要的数据。

　　（2）检查设计资料和技术要求是否符合本企业的工艺水平

　　工艺审查（即可制造性审查）是针对设计所提供的原始资料，根据有关的"设计规范"及标准，结合生产实际，对设计部门所提供的制造印制板有关设计资料进行工艺性审查。工艺性审查的要点包括以下几个方面。

　　① 设计资料是否完整（包括文件、执行的技术标准等）。

　　② 重点要审查的是设计所提供电路图形的导线宽度和间距、焊盘与焊盘之间的间距、孔径与孔环之间的距离是否合适，以及各种间距应大于本企业生产工艺所能达到的技术水平。导线宽度与间距、导线的公差范围、导线的走向要合理。对于焊盘尺寸与导线连接处的状态，要求导线宽度应大于本企业生产工艺所达到的最小线宽。

　　③ 导通孔孔径大小与其孔内径尺寸、种类、数量，以确保钻孔后焊盘边缘有一定的环宽，并确保后面电装工序的可靠性。孔径大小，应适合本企业生产工艺的最小孔径极限和厚径比。

　　（3）审查及修改（审查及修改必须经过设计或用户同意签字）

　　① 基准设置是否正确，导通孔孔径是否满足技术要求（镀覆前后）。

　　② 将接地区铜箔的实心面应改成交叉网状，以改善电镀时电流分布的均匀性。

　　③ 为确保导线精度，将原有导线宽度根据蚀刻比增加（对负相图形而言）或缩小（对正相图形而言）。

　　④ 图形的正反面要明确，注明焊接面、元器件面；对多层图形要注明层数和各层序号。

　　⑤ 外形尽量减少不必要的圆角、倒角。

　　⑥ 有阻抗特性要求的导线应注明阻抗值。

　　⑦ 特别应注意机械加工蓝图和照相（或光绘底版）底版应有相同一致的参考基准。

　　⑧ 相邻孔壁的距离不能小于基板厚度或最小孔的尺寸；相差不大的孔径合并，以减少孔径种类。

　　⑨ 在布线面积允许的情况下，尽量设计较大直径的连接盘，便于增大钻孔孔径。

　　⑩ 为确保阻焊层质量，在制作阻焊图形时，设计的阻焊窗口图形应等于或稍大于焊盘直径。

2．确定所需要的工艺参数

　　（1）根据后序工艺技术要求，确定光绘底版是否镜像

　　① 底版镜像是为了降低底版片基厚度对图形造成的误差。镜像处理时图形的药膜面必须直接紧贴在感光胶片的药膜面。

　　② 如果采用网印工艺或干膜工艺，底版的镜像则以底版的药膜面紧贴在基板的铜表面为准。如果采用重氮底片曝光，由于重氮底片复制时已镜像处理，所以其镜像应为底版药膜面不贴基板铜表面。如光绘时为单个底片，而不是在光绘底片上拼版，则需要多加一次镜像。

（2）确定阻焊图形扩大的工艺参数

① 确定的原则。阻焊图形的增大以不露出焊盘旁边的导线为准；阻焊图形的缩小以不盖住焊盘为原则。由于操作的误差，阻焊图形对线路可能会产生偏差。如果阻焊图形太小，偏差的结果可能使焊盘边缘被掩盖，因此要求阻焊图形窗口应加大一些，但不能由于偏差的影响露出相邻的导线。

② 阻焊图形扩大的决定因素。要根据本企业经常采用的工艺位置的偏差值，决定阻焊图形（窗口）的偏差值。由于不同的工艺方法所造成偏差的结果不同，所以对应的各种工艺的阻焊图形扩大值也不相同。偏差大的阻焊图形，阻焊图形的扩大值应尽量选得大些。如果板的电路图形密度大，焊盘与导线之间间距小，阻焊图形的扩大值应选小一些；相反，就可以选大一些，但最大的阻焊窗口不能包容相邻的导线或其他焊盘。

4.2.3 照相、光绘底版制作工艺

印制板导电图形、阻焊图形和字符图形都是通过制作在感光胶片的底版上来实现图形转移的。底版的制作对保证印制板上图形的质量有着重要的作用。底版的制作方法是印制板制造的主要工序之一。

1．底版制作工艺方法

底版（又称底片）的制作工艺方法通常有传统的照相法和先进的光绘法。

（1）照相法

照相法是将放大数倍（或 1∶1）绘制的墨图或贴图的照相底图，采用专用照相机将图形缩小到符合设计要求的尺寸，再通过胶片曝光形成底版。

照相底版又分为负相底版（阴纹底版）、正相底版（阳纹底版）：负相底版用于正镀工艺；正相底版用于反镀工艺（即图形电镀工艺）。正相底版也可用负相底版通过逆显照相获得。

照相法采用放大的印制板底图，再通过照相缩小，尺寸精度不高，又费工、费时。采用计算机辅助设计产生图形数据的电子文件进行光绘，根本不需要放大的底图，所以传统的照相法基本上已经不再被采用了，此处也不再详细介绍。

（2）光绘法

光绘法是利用计算机辅助设计生成的电子文件，通过专用光绘设备直接产生印制板照相底版的制造方法，是目前广泛采用的先进方法。具体的光绘原理 4.2.1 节已做了详细叙述。无论是照相法还是光绘法在底片上产生的图形潜像都需要通过显影/定影等暗室处理（俗称冲洗底版）形成有图形的照相底版，再通过镜像和复制达到设计和生产所需要的底版。光绘底版如图 4-12 所示。

图 4-12　光绘底版

① 对光绘底版材料的技术要求。

通常使用的激光光绘机，其光源多数采用 He（氦）/Ne（氖）气体激光器。光绘机型号与配套使用的底版规格和生产商见表 4-8。

表 4-8　光绘机型号与配套使用的底版规格和生产商

光绘机型号	底版厚度（mm）	底版规格	底版生产厂商
LP-6328Ⅱ	0.1	400mm×290mm×50mm 420mm×550mm×50mm	化工部第二胶片厂
RSP-3	0.1	400mm×290mm×100mm 420mm×550mm×100mm	日本柯尼卡
FH100	0.1	12in、16in、18in 卷装	日本三菱
ERN-7	0.17	12in×18in×100 片 20in×24in×100 片 20in×26in×100 片 24in×30in×100 片	德国 AGFA
HTR-7	0.17	12in×18in×100 片 20in×24in×100 片 20in×26in×100 片 24in×30in×100 片	美国 Kodak
PRL-7	0.17	12in×18in×100 片 20in×24in×100 片 20in×26in×100 片 24in×30in×100 片	美国杜邦

各厂家应根据使用的专用设备和专用显影液及定影液的情况而进行有目的的选择。

光绘底版出来后的显影对控制照相底版的质量起着重要的作用。为此需要认真控制显影、定影质量，并做好对溶液的维护。

② 显影质量的控制。

a. 显影溶液的浓度：当使用新溶液时，浓度比较大，显影时间要短，否则直接影响底版质量。使用一段时间后，随着显影液的浓度变化，显影的时间要加长，当光密度达到要求时，底版的灰雾增加，底版反差不好。根据底版质量状态，需及时更换或调整显影液的浓度。

b. 显影液的温度控制：当显影液的温度高时，显影的时间要短，反差效果比较佳。但如显影液的温度过高，会造成过显，线条边缘光晕较大，图像失真。

c. 显影时间的控制：显影时间的有效控制对照相底版的质量有直接影响。如显影时间短，其光亮度和反差均达不到工艺要求；加长显影时间，灰雾加重，采用减薄工艺方法消除底版灰雾对底版质量影响较大，不宜采用此法。所以在显影时间掌握上，原则是用新显影液时，显影的时间要短；用旧显影液时，显影的时间要长。必须根据显影液新旧程度来调节显影时间。

③ 定影质量的控制。

定影时要严格控制定影时间，通常控制在 60s 以上。当定影液浓度降低时，适当地延长定影时间；当定影液过于陈旧时，银粉沉淀会加重灰雾，必须更换定影液。如定影时间不够会造成底版透明度差。

④ 照相底版质量的评定。

对照相底版质量的评定，通常包括测定底版的光密度（俗称黑度）应符合技术要求；观察图形中黑白反差（又称对比度）越大越好；检查导线边缘梯度是否黑白分明、边缘精度，以及无砂眼、针孔、缺口、断线等缺陷；图形无失真，符合设计技术要求；底版表面应平整，无皱褶、破裂和划痕，无尘埃和指纹等。

⑤ 操作注意事项。

a. 底版经过处理后，需经大量的水冲洗，避免冲洗不够，底版变成黄色，并认真细心地保护药膜面不被划伤。

b. 照相底版不要长时间暴露在安全灯光下，会加重底版灰雾。

c. 冲洗好的底版要保持干燥，潮湿会加重底版灰雾。

d. 应避免定影溶液滴入显影液内。

e. 保持工艺环境整洁。

f. 冲洗后的底版需悬挂晾干。

2．照相的基本原理

感光胶片（俗称软片）表面上的乳胶层中含有一定量的卤化银，当其受到光线的照射后卤化银会分解生成银的潜像，通过显影剂的作用，潜像中的卤素将显影剂中的还原剂氧化溶于显影液内，底版经过定影除去未感光的卤化银再经清洗，底版上显出清晰电路图形。其化学反应如下：

$$2\,AgBr \xrightarrow{\text{光}} 2Ag + Br_2$$

$$Ag + Br_2 + 显影剂 \longrightarrow 显影剂的氧化产物 + Br^- + Ag\downarrow$$

乳胶膜中未受光线作用的卤化银，不受显影剂的影响，而与定影液中的络合物生成一种可溶于水的复盐而被除掉，从而使底版未受光线作用的部分变得透明。定影液中的硫代硫酸钠将卤化银溶解，化学反应式如下：

$$AgBr + Na_2S_2O_3 \longrightarrow NaAgS_2O_3 + NaBr$$
（不溶于水）

$$NaAgS_2O_3 + Na_2S_2O_3 \longrightarrow Na_5Ag_3(S_2O_3)_4$$
（可溶于水）

3．软片的技术要求

质量比较高的制版软片应版面均匀、无针孔，曝光时间容易控制，感光能力较低，感光度一般为 3 啶（DIN），适宜在红光下进行操作。无论采用何种制版软片，都会受温度和相对湿度的直接影响。在温度和相对湿度变化的情况下，软片的尺寸变化较大。因此，保管、存放和使用软片，都必须在规定的工艺环境下进行操作。

4．显影、定影溶液等的配方与配制方法

（1）显影溶液的配方与配制方法

常用的 SO 软片用显影液的配方见表 4-9。

表 4-9　常用的 SO 软片用显影液的配方

化学名称和分子式	ED-12 硬性配方	D-72 特硬性配方
水（H_2O）	750mL	750mL
米吐尔[$(HOC_6H_4NHCH_2)_2H_2SO_4$]	1g	3g
对苯二酚[$C_6H_4(OH)_2$]	9g	12g
无水亚硫酸钠（Na_2SO_3）	75g	45g
碳酸钠（Na_2CO_3）	30g	67.2g
溴化钾（KBr）	5g	1.9g
水（H_2O）	加水至 1000mL	加水至 1000mL

配制方法：

① 为防止显影剂被氧化，先溶解 1/10 总量的防氧化剂（无水亚硫酸钠），然后溶解显影剂（即米吐尔）。溶解时温度不能超过 52℃，以防氧化。

② 米吐尔溶解完成后，再加入剩余的无水亚硫酸钠。加入后必须充分搅拌，以防结块难以溶解。

③ 将其余的化学药品依次加入，但必须是一种药品完全溶解后，再加入另一种，当所有的药品全部溶解完毕，加水至所需体积，均匀搅拌待用。

注意： 碱（碳酸钠）一定要在无水亚硫酸钠溶解之后加入，否则显影剂很快会被氧化成酱油状而失效。

（2）定影液的配方与配制方法

F-5 酸性坚膜定影液的配方见表 4-10。

表 4-10 F-5 酸性坚膜定影液的配方

化学名称和分子式	F-5 酸性坚膜定影液	
	甲 液	乙 液
蒸馏水（H_2O）	600mL	
无水亚硫酸钠（Na_2SO_3）	75g	
醋酸（HAC）28%	235mL	
硼酸（H_3BO_3）	37.5g	
硫酸铝钾[$KAl_2(SO_4)_2\cdot12H_2O$]	75g	
水（H_2O）	加水至 1000mL	
硫代硫酸钠（$Na_2S_2O_3$）		300g
水（H_2O）		加水至 1000mL

配制方法：先将甲液中各种药品依次进行溶解，并且是溶解一种药品后，再溶解另一种药品。定影液内含有（$KAl_2(SO_4)_2$），不易久存，在温度高时很容易分解出硫磺，变成乳白色，所以要将甲、乙液分别溶解、存放。使用时，取 1 份甲液，放入 4 份乙液中混合均匀后即可。

注意： 保存期限间应密闭满装，若温度在 18℃，能保存 3 个月；若在 24℃，半装时只能保存 1 个月。

（3）停显液的配方

为防止定影过度，底版上的黑度减小，在定影后应经停显液处理并及时用水冲洗。

停显液的配方见表 4-11。

表 4-11 停显液的配方

化 学 名 称	含 量
醋酸（HAC）28%	48mL
水（H_2O）	加水至 1000mL

（4）减薄液的配方与配制方法

如果曝光过度或显影时间过长，在底版的透明部分会出现灰雾使透明度下降，底版的黑白反差小，会影响底版的质量，可以采用减薄液进行减薄处理，除去透明部分的黑膜，直至达到满意的效果。

减薄液的配方见表 4-12。

表 4-12   减薄液的配方

甲 液	赤血盐[$K_3Fe(CN)_6$]	5～10g
	水（H_2O）	加水至 1000mL
乙 液	硫代硫酸钠（$Na_2S_2O_3$）	50g
	水（H_2O）	加水至 1000mL

配制方法：甲、乙液分别保存。使用时，取 1 份甲液、2 份乙液均匀混合即用。

（5）氧化漂白溶液的配方与配制方法

为使显影后图像透明部分更加清楚透明，应用氧化漂白溶液处理。

氧化漂白溶液的配方见表 4-13。

表 4-13   氧化漂白溶液的配方

化学名称和分子式	含 量
硫酸铜（$CuSO_4 \cdot 5H_2O$）	20g
氯化钠（$NaCl$）	30g
硫酸（H_2SO_4），密度为 1.84g/mL	4～6mL
过氧化氢（H_2O_2）	45mL
水（H_2O）	加水至 1000mL

配制方法：先将 4～5mL 硫酸倒入 500mL 水中，再将称量好的硫酸铜和氯化钠依次加入含有硫酸的水溶液中溶解；然后将溶液稀释至 1000mL。使用时，再将过氧化氢液倒入溶液中搅拌均匀即可。

（6）逆显减薄液的配方（见表 4-14）与配制方法

表 4-14   逆显减薄液的配方

化学名称和分子式	含 量
硫代硫酸钠（$Na_2S_2O_3$）	60g
无水亚硫酸钠（Na_2SO_3）	5g
醋酸（HAC）	20mL
硼酸（H_3BO_3）	3g
水（H_2O）	加水至 1～2L

配制方法：顺序溶解完一种药品再溶解另一种药品，并搅拌均匀。

（7）清洁处理液的配方（见表 4-15）与配制方法

表 4-15   清洁处理液的配方

化学名称和分子式	含 量
硫代硫酸钠（$Na_2S_2O_3$）	60g
无水亚硫酸钠（Na_2SO_3）	30g
水（H_2O）	加水至 1L

配制方法：顺序溶解完一种药品再溶解另一种药品，并搅拌均匀。

说明：有关照相方面所使用的相关溶液，可以按照企业外购或自配的溶液为主，本书所提供的是一些典型的配方，仅作参考。

5．翻版工艺的流程

翻版就是将阴纹底版翻成阳纹底版，反则就是将阳纹底版翻成阴纹底版，也是通常所说的拷贝（即复制）。曝光时采用普通灯光 60～100W，灯光距底版的距离 1～1.5m，曝光时间 3s 以下。其他显影、定影、修版与上道工序相同。

翻版工艺的流程如图 4-13 所示。

图 4-13　翻版工艺的流程

6．逆显影原理

所谓逆显影是底版在曝光显影之后，通过特殊处理，使之成为与正常显影黑白相反的照相底版的显影工艺方法。底版上受光线作用的部分在显影剂的作用下，还原出可见的银原子图像，再使其氧化漂白形成一种可溶的银盐，从感光膜中除去，然后使未受光线作用的卤化银（AgBr）再感光而形成感光中心，经显影剂作用还原成可见的银原子图像。感光底版逆显影原理示意如图 4-14 所示。

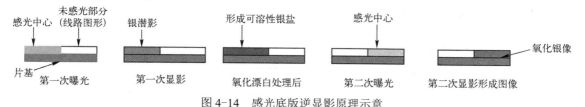

图 4-14　感光底版逆显影原理示意

逆显影工艺的流程如图 4-15 所示。

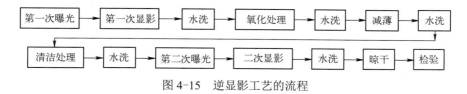

图 4-15　逆显影工艺的流程

7．底版质量的要求

经过曝光、显影和定影后形成的照相底版质量应符合以下要求：

尺寸准确，图像无失真；黑白反差好，符合最大光密度和最小光密度技术要求，黑的部分无针孔（砂眼）、划伤和缺口等缺陷；线条边缘整齐，无明显的波浪形状或齿状等；文字、符号清晰可辨；底版整体平整，无撕裂和变形。

8．重氮底片

采用银盐片做照相底版成本较高，在印制板生产中通常采用银盐片照相底版复制的重氮底片作为生产用底片。重氮底片的片基也是易透紫外光的聚酯材料，感光涂层由重氮化合物、偶联剂和稳定剂组成，涂覆在聚酯薄膜上。重氮感光剂的感光能量较高，在波长为 300～450nm 的紫外光作用下感光，因此可以在普通房间的可见光下进行曝光、显影操作，其显影是采用氨水蒸气熏蒸（俗称氨熏），不会有过显影的质量问题。重氮底片具有价格低，分辨率高，不需暗室操作，使用时可目视对准，定位方便等优点。由于其感光的能量高、感光速度慢，需采用强光源，因而它不适于做照相和光绘用胶片。

4.3　机械加工和钻孔技术

印制板的机械加工主要应用于印制板坯料的下料（俗称开料）、孔加工和外形加工，是印制板整个工艺程序中的重要工序。由于印制板的孔和外形加工质量都直接影响印制板的机械装配性能和电气连接性能，尤其是印制板上各种用途的孔（元器件安装孔、导通孔、安装孔、定位孔、检测孔等）的加工质量还会影响后续的孔金属化质量、安装质量和整个印制板的质量和可靠性，因此机械加工是制造印制板重要的加工技术之一。机械加工和钻孔的质量与印制板基材的加工特性、加工设备、加工方法、加工刀具和操作者技术熟练程度有密切关系。随着微电子技术的飞速发展，印制板的尺寸和精度要求会越来越高，导通孔的孔径越来越小，印制板加工的方法和设备也越来越先进，加工者应不断地关注新的加工技术的发展，以便不断地提高加工质量和水平。

4.3.1　印制板机械加工特点、方法和分类

1．印制板机械加工特点

印制板用的基材-覆铜箔层压板是用黏结剂将绝缘材料和铜箔通过热压制成的。基材内是由绝缘材料环氧树脂、聚酰亚胺、酚醛树脂等分别与增强材料玻璃纤维布、石英布、纤维纸等材料构成的复合材料，多层板的内层还有铜箔材料。由于这些复合材料都具有脆性和明显的分层性，树脂材料受热变软而玻璃纤维增强材料硬度比较高，所以机械加工性能都比金属的差,对机械加工的刀具磨损比较大，连续加工易发热，致使板材呈现黏性，影响加工质量。为提高加工质量，需要采用硬质合金刀具，进行大进给量高速切削加工，才可以保证产品质量。

2．印制板常用的机械加工方法

印制板机械加工的方法通常有冲、剪、锯、铣、钻等。根据印制板加工的工艺特点，要想获得成本比较低、质量高的印制板，必须根据制造印制板所采用的基材性能、尺寸公差要求、加工数量和加工工艺选择合适的机械加工工艺方法，才能达到质量好、成本低的效果。

3．印制板机械加工分类

印制板的机械加工根据所加工基板的形状和部位可简单分为两大类：

（1）外形加工

外形加工有毛坯加工和精加工。毛坯加工一般采用剪、锯。精加工用于印制板成品外形加工，包括板内的机械安装用孔、槽、缺口等。精加工的方法有剪、锯、冲、铣等。批量

大、尺寸精度要求高的印制板，多数采用计算机数控（CNC）钻铣加工。

（2）孔加工

一般圆形孔加工有冲和钻两种方法，异形孔的加工方法有冲和铣等。机械加工又可以根据加工工具、工艺装备和加工手段分为下列几种。

① 用冲模一次冲孔和落料。

② 手工加工：有目视冲孔和目视钻孔，可根据印制图形标记加工。

③ 手动仿形加工：需用样板保证。

④ 数控加工：配备相应的数控设备，用计算机控制刀具进行加工。

上述加工方法中，剪和锯的成本最低，适用品种多、数量少、精度要求低的场合；一次冲孔和落料在大批量生产时是最经济的加工方法，适用精度要求不高的单面印制板；数控加工适用于高精度印制板的生产，但设备成本比较高。在确定采用哪一种加工方法时，必须综合考虑印制板的质量要求及经济性。

4.3.2 印制板的孔加工方法和分类

印制板上孔的加工结构虽然比较简单，但孔的用途不同，加工的要求也不同，加工时须按工艺和技术要求进行。印制板上有不同用途的孔，如元器件孔、定位孔、导通孔（过孔）、机械安装孔、检测孔等，由于孔径的大小和用途的不同，对加工的质量要求不同，所以选择的加工方法也就不相同，归结起来分为冲孔和钻孔两类方法。

1. 冲孔方法

（1）冲孔的适用范围

冲孔适用于冲切性能较好的纸基和布基的单面板，这些电路板大多数用于民用产品，如家用电器中的收音机、收录机、电子玩具等。冲孔加工需要专用的冲切模具，生产效率很高，适用于大批量的生产。

对于被冲的孔，应力求使其产生的缺陷最少。孔最好采用圆形孔；其次是椭圆孔；对于方孔，应设计成四角带有圆弧形的。冲孔的最小尺寸和材料厚度比值见表 4-16。

表 4-16 冲孔的最小尺寸和材料厚度比值

孔 的 形 状	纸基板材料	玻璃布基板材料
圆形	0.6	0.4
正方形	0.7	0.5
长方形	0.5	0.3

印制板被冲孔的结构工艺性还取决于孔间距和孔与印制板边的距离。一般孔间距大于板厚的 2/3，孔与板边的距离为板厚的 1/3 以上。当冲制大孔时，应使边距、孔距尺寸要更大一些，以免出现板开裂现象。当孔间距接近最小值时，必须在模具结构设计上采取相应的工艺措施，以减少层压板冲孔时的分层。

在覆铜箔层压板上冲孔，要求尽量减少分层、晕圈和裂纹等缺陷。其质量控制的关键是孔的结构要素、模具结构和冲孔工艺等因素。单面印制板的冲孔加工，通常安排在蚀刻之前，因为铜箔的增强作用有助于消除裂纹的产生。

为改善印制板表面的冲切质量，最好选用预热型冲孔性好的纸基材料。在冲压前将纸基板用红外线烘箱进行预热至 80～90℃，加热时间与基板的材料厚度有关，一般采取每毫米厚度加热 5～8min。如加热过度，材料会将凹模孔堵塞而造成故障。薄型环氧玻璃布层压板冲孔不需进行加热，但较厚的板材不适用于冲孔。冲孔的孔壁质量不如钻孔，一般不能用于需要金属化的孔加工。

（2）冲孔模具的结构

冲孔模具比较典型的结构如图 4-16 所示，冲床和模具连接处 1 由冲床带动作上下运动；模具的精度由导柱 2、导套 3 得到保证，而不受冲床的影响；卸料板 6 和凸模固定板的导向精度是由小导柱 4 和小导套 5 来保证的；卸料板 6 在弹簧的强力作用下，使冲针 10 进入印制板前就紧紧压住材料而产生压边力；为增加压边力，卸料板高于冲针刃口 1～2mm。

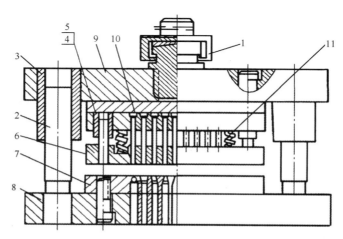

1—连接头；2—导柱；3—导套；4—小导柱；5—小导套；6—卸料板；
7——凹模；8—底座；9—上托板；10—冲针；11—弹簧

图 4-16　冲孔模具比较典型的结构图

2. 钻孔方法的分类

印制板上各种直径大小的孔都可以通过钻孔加工来实现。钻孔的工艺方法有两种，即手工操作单轴钻床钻孔和数控钻床（CNC）钻孔，可以根据生产要求进行选择。但是，机械钻孔一般只能钻直径为 0.2mm 以上的孔，更小的孔需要采用激光钻孔技术。激光钻孔是一种新的、先进的加工技术，后面章节将专门介绍。无论选用哪种工艺方法钻孔，都必须保证钻孔质量。特别是需要经过金属化的孔，其质量要求很高，通常应满足以下质量要求：

① 钻孔后孔壁要光滑、平整、无毛刺，基材无分层和晕圈。

② 钻孔后与焊盘保持一定的公差要求，钻出来的孔应基本上在焊盘的中心位置，如孔位发生偏差，就有可能使电路图像对位不准，严重时会发生短路或断路缺陷。

③ 对于需要金属化的孔，尤其是多层板的孔，除上述要求外，还要确保内层铜环的偏移量符合相关标准，无钉头和严重的环氧钻污。

4.3.3　计算机数控钻孔

需要金属化孔的双面板和多层印制板，孔的数量多、钻孔的质量和精度要求高，只有采用计算机数控（CNC）钻孔，才能满足高质量、高精度和高速度钻孔的要求，是目前广泛采用的机械钻孔方法之一。数控钻孔需要专用的印制板数控钻孔设备，钻孔的质量和速度与钻孔设备有着重要的关系，应选择适合所加工的印制板质量要求的钻机。

1．钻孔机床

CNC 钻孔机床简称数控钻床（见图 4-17），具有高稳定性、高精度、高速度和高可靠性。数控钻床发展很快，有不同的类型、功能和精度，但是都有以下几个共同的特点：

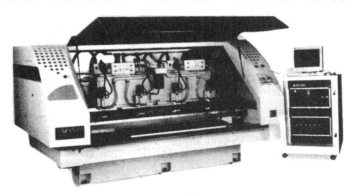

图 4-17　数控钻床

① 为使钻床具有足够的刚性与稳定性，避免微小的振动，多数采用笨重的大理石或铸铁作为底座，并且安装设备的地基要坚固防震。

② 多轴式的钻床，每个 Z 轴可单独驱动，以利于小批量钻孔，使用灵活。

③ 由直流伺服电动机驱动向交流伺服电动机驱动发展，使动力更强，工作台运行速度更快，被加工印制板运行的位置精度和重复精度高。

④ 位置精度测量与反馈系统由光栅尺控制，分辨率高且稳定。

⑤ X、Y 导向逐渐由气浮导向代替滚动导轨，稳定性好、刚性强。

⑥ X、Y 分离使数控钻床质量减轻，速度提高，稳定性增强。

⑦ 钻孔主轴采用气浮轴承、高转速主轴，钻速高达 100 000～300 000r/min。

⑧ 具有较大的刀具库，管理系统包括自动换钻头、断刀自动检测系统。

⑨ 具有钻深孔控制功能，即 Z 轴行程可控，能钻盲孔。

⑩ 具有分步钻孔功能，能钻深孔，孔径深度比可达 1：20。

⑪ CNC 控制系统趋向标准化，功能更强、存储量更大。近年来由于计算机数控的飞速发展，使数据的传输、控制由一台中央处理机负责，可以管理多台钻孔机，生产效率更高，功能更全，能自动设置工作原点并自动返回原点、镜像、重复启动程序等；钻孔程序多数直接采用 CAM 处理过的 CAD 文件的数据，也可在 CRT 上编辑。

2．钻头

钻孔的质量与所用钻头的质量有密切的关系，保证数控钻孔的质量还必须了解钻头的几何形状、特性和材料，以便更好地选择和使用钻头。

（1）钻头几何形状

钻头的几何结构如图 4-18 和图 4-19 所示。

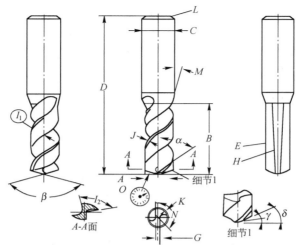

A—钻头直径；B—钻体长度；C—钻柄直径；D—钻刀总长度；E—倒锥；G—钻心厚度；
H—锥心锥度；I_1—刃带宽度；I_2—刃带角；J—棱边宽度；K—刃带间隙；L—倒角；M—肩角；
N—横刃角；O—刃缘高度；α—螺旋角；β—钻头尖角；γ—第一后角；δ—第二后角

图 4-18　Ⅰ型钻头要素

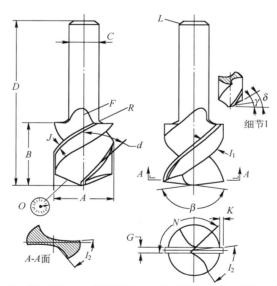

A—钻头直径；B—钻体长度；C—钻柄直径；D—钻刀总长度；F—排屑口；G—钻心厚度；
I_1—刃带宽度；I_2—刃带角；J—棱边宽度；K—刃带间隙；L—倒角；N—横刃角；
O—刃缘高度；R—内圆角半径；d—螺旋角；β—钻头尖角；γ—第一后角；δ—第二后角

图 4-19　Ⅱ型钻头要素

（2）钻头各部结构名称及功能

① 钻头直径（Drill Diameter）是指钻体直径的实际尺寸，影响钻孔直径的大小。

② 钻体长度（Drill Body Length）是指钻头的实际长度，影响钻孔的深度。

③ 钻头尖角是钻头的顶尖部位，它影响切削的形状和切削物的排出。尖角大，切削物容易排除；尖角小，切削物成条状不易排出，会产生钻头断裂和孔壁粗糙的问题。

④ 倒锥（Back Taper）是指由钻尖沿钻体长度方向缓慢增大的部分，以增加钻头的刚性。

⑤ 刃带宽度和间隙（Body Land Clearance）是指切削刀刃的宽度与之间的间隙。这个间隙越大，与印制板基材的接触面增大，产生的摩擦热量高容易产生钻污，但是刃带间隙过小会使刃带磨损加快。

⑥ 倒角（Chamfer Angle）是指直径为 1/8in 的钻柄末端处的角度，有助于装卸钻头并减少对夹具与钻套的磨损。

⑦ 横刃角（Chisel Edge Angle）是指主切削刃与第一及第二主后面交线之间在垂直于钻轴的平面上测得的夹角。它影响钻孔时钻头的推力、切刃的强度和切刃部分的磨损。

⑧ 排屑口（Carry Out）是指容屑槽后端，由砂轮磨过的面而产生的沟槽，它影响排屑。

（3）钻头的种类和结构

印制板使用的钻头种类有直柄麻花钻头、定柄麻花钻头和铲形麻花钻头三种。

① 直柄麻花钻头多数在单轴钻床上使用，装夹在可调节的夹头上，对简单的印制板和精度要求不高的印制板进行钻孔加工。直柄麻花钻头如图 4-20 所示。

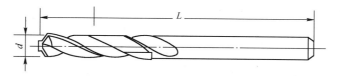

图 4-20　直柄麻花钻头

② 定柄麻花钻头适用于在多轴数控钻床上使用，装夹在专用夹头上，可实行自动装夹。专用夹头的直径和定柄直径相同，有 $\phi2mm$、$\phi3mm$、$\phi3.175mm$ 等。使用定柄夹头，装夹比较方便并能提高钻头的定位精度。为便于制造和管理，一般印制板用的钻头定柄直径规定为 $\phi3.175mm$。定柄麻花钻头如图 4-21 所示。

图 4-21　定柄麻花钻头

③ 铲形麻花钻头是在定柄麻花钻头的基础上对钻头刃部进行精细修磨，保留 0.6～1.0mm 棱刃长度，其余被磨去，使钻头面钻孔减少棱刃与孔壁的摩擦，降低热量的累积。该钻头适用于多层板钻孔。铲形麻花钻头如图 4-22 所示。

图 4-22　铲形麻花钻头

（4）钻头的材料

印制板基材中的玻璃纤维硬度较高、易磨损钻头，所以数控钻孔使用的钻头一般都采用硬质合金材料制造。硬质合金材料是一种钨钴类合金，是以碳化钨（WC）粉末为基体，以金属钴为黏结剂，经加压、烧结而成的。它硬度高、耐磨性好，有较高的强度，适用于高速切削，但是韧性差、非常脆。硬质合金的硬度和强度与碳化钨和钴的配比及粉末的颗粒有关，为改善硬质合金的性能，可以改变粉末的颗粒大小，调整碳化钨和钴的配比，根据钻头的不同规格要求，可以采用不同的成分、不同大小的颗粒。超微细颗粒的硬质合金钻头，其碳化钨晶粒的平均尺寸在 $1\mu m$ 以下。这种钻头不仅硬度高，而且抗压和抗弯强度都大为提高。

在碳化钨的基体上，如果采用真空镀膜法或化学气相沉积法沉积一层 $5\sim7\mu m$ 的特硬碳化钛（TiC）或氮化钛（TiN），会使其硬度更高；还可以采用离子注入技术，将钛、氮和碳注入钻头基体一定的深度，不但提高硬度和强度，而且在钻头重磨时这些注入成分还能内迁；还可用物理的方法在钻头的顶部生成一层金刚石膜，极大地提高钻头的硬度与耐磨性。硬质合金材料的技术数据见表 4-17。

表 4-17　硬质合金材料的技术数据

项　　目	技 术 数 据
碳化钨　WC（%）	90～94
钴　Co（%）	6～10
硬度（HRA）	91.8～94.9
密度（g/cm^3）	14.4～15.0
抗弯强度（N/mm）	3200～4300
WC 颗粒度（μm）	0.4～1.0

（5）钻头各部位的作用

① 钻头尖角。钻头尖角直接影响切削物的顺利排出和切削物的形状，以及切削抵抗、毛边等。钻头尖角较大时，其排出物呈现粒状，又较容易排屑；钻头尖角比较小时，排出物成条状，而且会产生断钻头和孔壁粗糙的现象。

切削抵抗是在进刀速度 F 一定时，钻头尖角如果比较小，则推力减小，扭矩增加；反之，如果钻头尖角比较大，则扭矩减小，推力增加。切削抵抗在钻头尖角大的时候比较小。如果钻尖有缺损（Chipped Point），超过规定的最大容许值，会影响钻孔速度和质量。

钻头的刀刃是以钻头尖角来决定沟的形状的，是用有一定的钻尖角度的钻头进行再研磨而产生的。如果刃磨机本身对钻尖角度设定较大，则磨出来的刀刃部是凹型的；反之，则成凸型钻头，切削能力会恶化。

② 螺旋角。螺旋角是钻头切削角度（前角）一个很重要的决定因素。它对切屑的排出性、切削抵抗、刀刃强度及钻头的刚性有着显著的影响。合适的螺旋角有助于排屑，但是切削屑排出的路程较长或吸尘效果不好时，就容易出现孔壁粗糙现象，所以，如果螺旋角比较大其排屑性能就好。对于切削抵抗，其螺旋角越大，则刃尖角越小，刀刃部也就越锐利，切削性能大大地提高，但钻头的刚性下降，在钻孔过程中容易产生弯曲，影响钻孔位的准确。

③ 第一后角、第二后角。切刃部分一定要有角度，这个角度称第一后角（又称第一面角），而这个面叫第一钻尖面。第一后角会影响钻头的推进力、切刃的强度及切刃部的磨损。第一后角增大，其推力会减小，有利于减小切刃部的磨损。

④ 钻心厚度与沟幅比。钻心厚度与沟幅比是规定钻头断面形状的一个重要因素，它将对钻头的刚性及排屑性有比较大的影响。钻心厚度越大，钻头的刚性越大，但是容纳排屑的沟会减小，其排屑性就比较差，直接影响孔壁的粗糙程度。当钻心厚度比较大时，切削抵抗

增加，则推力会增加。

⑤ 钻头倒锥。钻头倒锥是钻心厚度的倒锥，由钻尖开始慢慢往后变大，如图 4-23 所示。钻头倒锥可增加钻头的刚性，但如果倒锥过大，刚性虽然增加，可是沟槽却会变浅，排屑性能变差，若吸尘再不理想，就会使孔壁粗糙。

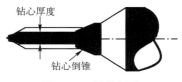

图 4-23 钻头倒锥

⑥ 沟长。在钻孔过程中，钻头的应力集中在把柄锥部，如果钻头的刚性比较差就易产生扭断，直接影响钻孔精度。因此钻头沟的根部只加工到把柄锥部的前面，以提高它的刚性。

⑦ 刃带的宽度、间隙。刃带的宽度越大，与板的孔壁接触面就会越大，所以产生的摩擦热也就越大，这也是造成环氧钻污的一个原因。反之，如果刃带宽度过小，对刃带的磨损增加，钻孔数量多时，钻头就会形成逆锥现象，这也是造成钻污发生的原因。

⑧ UC 型钻头刃带长度。UC 型钻头刃带长度的主要作用是防止产生钻污。为了减小刃带与孔壁的接触面积，从钻头的中部把外径研磨缩小一点，控制刃带不能过长。

（6）套环

大规模生产中钻孔的工作量非常大，钻孔加工所使用的钻头直径种类多，而每一邻近的钻头直径只差 0.05mm，用眼睛不容易区别，为避免取用发生错误，应使用带有颜色的套环套在钻柄上以区别不同直径的钻头。对套环的管理也很严格，通常套环的颜色有 11 种（白色、棕色、暗红色、黄色、粉红色、橘色、紫色、灰色、浅绿色、深绿色、蓝色），分别代表一种直径规格（见表 4-18）。套环的规格和上环深度：钻径（D_1）0.1～6.35mm、柄径（D_2）3.168～3.173mm、总长（L）35.6～38.2mm、环位（C）20.32mm、环内径（D_3）3.000～3.014mm、环外径（D_4）7.457～7.484mm、环高（H）4.5mm。

表 4-18 钻径套环颜色分布

颜色	钻头直径（mm）											
棕	0.1	0.6	1.1	1.6	2.1	2.6	3.1	3.6	4.1	4.6	5.1	5.6
暗红	0.15	0.65	1.15	1.65	2.15	2.65	3.15	3.65	4.15	4.65	5.15	5.65
黄	0.2	0.7	1.2	1.7	2.2	2.7	3.2	3.7	4.2	4.7	5.2	5.7
粉红	0.25	0.75	1.25	1.75	2.25	2.75	3.25	3.75	4.25	4.75	5.25	5.75
橘	0.3	0.8	1.3	1.8	2.3	2.8	3.3	3.8	4.3	4.8	5.3	5.8
紫	0.35	0.85	1.35	1.85	2.35	2.85	3.35	3.85	4.35	4.85	5.35	5.85
灰	0.4	0.9	1.4	1.9	2.4	2.9	3.4	3.9	4.4	4.9	5.4	5.9
浅绿	0.45	0.95	1.45	1.95	2.45	2.95	3.45	3.95	4.45	4.95	5.45	5.95
深绿	0.5	1.0	1.5	2.0	2.5	3.0	3.5	4.0	4.5	5.0	5.5	6.0
蓝	0.55	1.05	1.55	2.05	2.55	3.05	3.55	4.05	4.55	5.05	5.55	6.05

注：白色的是备用环，不在表序列中。

（7）钻头的检验、保存、使用、刃磨和使用寿命

① 钻头的检验。刚到货的钻头和使用过的钻头都必须进行外观检验（用 10～15 倍镜检），并用工具显微镜（40 倍以上的实体显微镜）检查钻头顶角、切削刃等参数应符合技术要求，才可以使用。

② 钻头的保存。新钻头和刃磨合格待用的钻头应放置在专用的盒内，避免振动和相互

碰撞。因为钻头材质较脆，直径小的钻头更应轻取轻放以免折断。

③ 钻头的使用。使用钻头时应轻轻将钻头装到钻床的弹簧夹上或自动刀具库的夹头上，定柄钻头夹持的长度为钻柄直径的 4～5 倍，直柄钻头夹持到钻柄的 2/3 以上。待钻孔板的叠层连同上下垫板应牢固地定位固定在加工台面上，以免加工时松动折断钻头。用后及时卸下钻头，检查或刃磨合格后放到用过钻头的盒内，以免新旧混放影响钻孔质量。

④ 钻头的刃磨。用过的钻头应适时刃磨，可增加重新刃磨的次数，延长钻头使用寿命。钻头的两条主切削刃在全长内磨损深度应小于 0.2mm。如果磨损严重，重磨时要磨去 0.25mm。当磨损后钻头直径比原有直径减小 2%时，不能再使用，应予报废处理。

⑤ 钻头的使用寿命。用于多层印制板钻孔的钻头磨损较快，通常采用新钻头，并根据多层板的导线层数多少钻 800～2000 孔就应更换钻头。更换下来的钻头经刃磨后可用于单面板和双面板的钻孔。定柄钻头一般可刃磨三次，铲形钻头可刃磨两次。

3. 钻孔的工艺参数

钻孔的工艺参数包括切削速度、进给和每只钻头的钻孔数。钻孔工艺参数必须要根据企业所使用的数控钻床类型、使用的盖板和垫板材料，以及被钻孔的基板材料等技术状态选择和设定。有的数控钻床附有推荐的钻孔参数可供参考。

正确地设定钻孔工艺参数，有助于降低成本，提高生产效率，减少加工品质问题。要充分了解工艺条件，才能设定合适的加工参数。同时，在钻孔前应先启动钻孔机，使其各处运转灵活、协调后再进行钻孔，以确保钻孔质量的稳定性和可靠性。

（1）切削速度

切削速度是指钻头外径的线速度，即每分钟切削的距离。其计算公式如下：

$$切削速度（v）= \frac{主轴转速(n) \times \pi \times 钻头直径(d)}{1000}$$

式中，d 为钻头直径（mm）；n 为主轴转速（r/min）。

切削速度的最大值是由钻头的材质来决定的。钻孔时，钻头所承受的机械载荷取决于钻削深度和钻头直径之比。切削速度设定是否恰当，可以从钻头磨损情况来判断，如果横刃磨损太快，表明切削速度太低；如果主切刃靠近外径磨损太快，表示切削速度太高。理想的切削速度是钻头横刃与主切刃磨损速度相同。

（2）进给

进给是指钻头下降的速度（F），表示钻头在单位时间内钻进材料的深度，最大进给受钻头几何形状的限制。钻头所承受的机械载荷取决于钻切深度和钻头直径之比。由于钻头中心处的切削速度总是零，而钻头中心和钻头外径的进给相同，因而钻头中心总是往被钻材料里挤压，以钻心厚度为直径的圆形成为挤压区，所以考虑进给时，应选择钻头的钻心厚度不能太薄，否则钻头易断。

在进给中另一个参数为进给转速比 f，表示每转的进刀量。允许的最大进给转速比约为钻头直径的 13%，一般取钻头直径的 5%～7%，高速钻孔时取 10%～12%。F 的取值范围为 0.02～0.2mm/min。当 F 小于 0.02mm/min 时，切削刃因进给太小而产生刮研，会生成大量的热。当 F 大于 0.2mm/min 时，不仅钻孔质量低劣而且易断钻头。

进给 F 的计算公式如下：

$$F=nf（mm/min）$$

式中，f 为进给转速比（mm/r）；n 为钻头的转速（r/min）。

（3）钻孔数

一个钻头的钻孔数量与被钻材料的种类、采用的切屑速度和进给、钻孔质量有关。例如，一支标准的新钻头，在高密度多层板上可钻 500～1000 孔；在双面板（每叠三块）上可钻 6000～9000 个孔；在 FR-4 或 G-10 板（每叠三块）上，采用正常工艺参数，可钻 3000 个孔；而在较硬的 FR-5 或 G-11 板上钻孔，钻孔数平均减少 30%。

钻孔时，应既能保证钻孔质量钻头又能在重磨后继续进行钻孔作业。因为一支钻头钻过多的孔数，不但保证不了孔质量，而且如果两棱刃磨损，即使重磨，两条棱刃和两条主切刃所形成的临界角不锋利，钻头也无法再使用。推荐钻头使用次数为如下。

① 多层板根据导电层数多少，每钻 500～1000 个孔刃磨一次，允许磨 2～3 次，每次刃磨后必须检查刃磨的效果，钻头的几何参数应能满足钻孔要求，刃磨后的钻头可以用于钻层数较低的多层板或双面板。应根据多层板的导电层数多少确定钻头的钻孔数，层数多钻孔数量要少，加工高可靠的多层板最好采用新钻头。

② 双面板每钻 3000 个孔刃磨一次，然后再钻 2500 个孔；再刃磨一次，钻 2000 个孔。

4.3.4　盖板与垫板（上、下垫板）

使用盖板与垫板是印制板钻孔的专用辅助手段，目的是提高钻孔质量，提高成品率和生产效率。虽然成本上有所增加，但从质量角度考虑是降低了成本。

1. 盖板的作用和材料

（1）盖板的作用

盖板是钻孔时覆盖在待钻孔的叠合板上面的一种辅助板材，可防止钻头滑动，有定位导向的作用，减少钻孔毛刺和对钻头的磨损，并起散热作用。盖板表面应有一定的硬度以防止孔周边产生毛刺，但又不能过硬而磨损钻头。盖板的材料应不含树脂，以防钻孔时易产生钻污。盖板热导率比较大，能迅速将钻孔时产生的热量带走，降低钻孔温度。盖板需具有一定的刚性，防止提钻时基板产生颤动；又要有一定的弹性，当钻头下钻接触瞬间立即变形，使钻头能精确地对准钻孔的位置，保证钻孔位置精度。相反，如果盖板材料又硬又滑，钻头接触瞬间会打滑而偏离原来的孔位，并容易使钻头折断。

（2）盖板的材料与性质

目前有些生产厂使用的盖板主要是厚度为 0.3～0.5mm 的覆铝箔酚醛纸胶板、纤维芯铝箔复合材料和铝箔。厚度 0.3mm 的 LY2Y2（2 号防锈铝，半冷作硬化状态）或 LF21Y（21 号防锈铝，冷作硬化状态）用作普通双面印制板钻孔的盖板效果比较好。它的特点：①硬度适宜，可以防止钻孔时产生毛刺；②铝的导热性好，对钻头具有一定散热作用，能降低钻孔温度；③铝箔不含树脂，不会产生钻污。

纤维芯铝箔复合盖板（上垫板）的上、下两层是 0.06mm 厚的铝合金箔，中间层是纯纤维质芯，总厚度为 0.35mm。这种复合材料的结构和材质能满足印制板钻孔盖板的技术要求，适合用作高质量多层板的盖板，能提高钻孔质量，保证孔位精度，延长钻头的使用寿命。

盖板的材料种类与性能比较见表 4-19。

表 4-19　盖板的材料种类与性能比较

盖板的材料名称	优　　　点	缺　　　点
酚醛树脂板	起到很好的导钻作用，使钻孔的准确度比较好	硬度较高，易使钻头打滑
纸板	对钻头磨损小	导热性能差
铝合金板（0.3～0.5mm）	热导率大，散热好	耐热性差，加工时会产生氧化铝附着钻头，价格贵
复合盖板（上、下两层是 0.06mm 厚的铝合金箔，中间是纯纤维质芯，总厚度为 0.35mm）	提高钻孔质量，保证孔位精度，降低钻孔温度，延长钻头的使用寿命	材料价格较贵

为适宜钻小孔，应将复合材料制作盖板的厚度减小到 0.16mm，成为薄型复合盖板，作用和特点如下：

① 防止钻小孔时产生毛刺，使钻孔产生的毛刺小于允许值。

② 能保护覆铜箔层压板，减缓钻床压力脚对覆铜箔板的冲击，并能防止黏附在压力脚上的切屑被强制挤入钻孔的表面和小孔中。

③ 能提高孔位精度。钻孔的位置精度取决于钻头最初与盖板接触瞬间的对准孔中心精度。表面硬度很高的实心板作盖板，钻头与之接触的瞬间可能滑动而偏离孔中心的位置，导致孔位不准。较软的实心盖板可以保证钻孔对位精度，但不能有效地防止毛刺产生。

④ 合适的盖板不易折断钻头。如果盖板材料选择不当，钻孔时会有残留物黏附在钻头的棱刃上或排屑槽中，易使钻头颤动，迫使切削运动离开最初的轴线，降低钻孔的位置精度，并造成孔壁粗糙或出现沟槽、来复线和钻污，更严重的还会卡住钻头导致钻头折断。

⑤ 能迅速将钻头钻孔时产生的热量带走，降低钻头温度，因此能够钻出干净的、高质量的孔并使钻刃磨损减至最小。

2．垫板的作用和材料种类

（1）垫板的作用

垫板是钻孔时垫在待钻孔的叠合板下面的一种辅助板材，目的是防止钻头行程下限钻不透印制板或钻伤工作台面，并能减少钻孔的毛刺和钻污。钻孔时应控制钻头深度达到垫板中而不穿透垫板。如果采用垫板，当垫板材料的硬度、材质、结构适宜的条件下不会产生过高的温度，并且钻头通过孔壁时产生的钻污能在垫板中被清除一部分。

（2）垫板的材料

垫板材料对垫板的作用有很大影响，其材料应容易切削、表面硬度适宜、平整，产生的钻屑软不会刮伤孔壁，树脂含量或其他杂质成分含量少，有利于钻头散热或冷却，不会产生黏性，不释放化学物质和污染孔壁及钻头。如果垫板材料选用不合适，是钻头的钻刃部分磨损的重要原因之一。尤其是如果垫板中含有杂质，就更会加速钻刃的磨损。钻刃磨损后不但会产生毛刺、钻污，也是多层板内层铜箔处产生钉头的重要因素。如果垫板材质不均匀，有硬点或软点不规则的分布，容易卡住钻头使之折断。含有高树脂的垫板，其树脂黏结在钻头的棱刃上或排屑槽中，往往也会卡住钻头。

目前生产中经常使用的垫板材料有酚醛纸胶板、环氧玻璃布板、PVC 板、纤维板和铝板等，比较普遍使用的是高密度纤维板。为提高多层板钻孔质量，采用铝合金箔波纹板做垫板效果最好，它是两表面为铝合金箔，中间为铝合金箔波纹板胶结成的平整、光滑的复合板（见图 4-24）。

图 4-24　铝合金箔波纹板垫板

如果使用传统的实心垫板，排屑效果差；而采用铝合金箔波纹板，当钻头钻透波纹板时，气流通过波纹板中的沟槽，一直进入被钻的孔，经压力脚及与之相连接的管道吸收到吸尘器，产生文氏管效应，吸尘效果非常好，残留的切屑少。

垫板材料的种类及其优、缺点比较见表 4-20。

表 4-20　垫板材料的种类及其优、缺点比较

种　类	优　点	缺　点
酚醛树脂板	平整度较好，价格较便宜	硬度稍高，易导致钻头刃部断裂，排屑、散热效果较差
纸质压合板	软质材料比较理想，价格便宜	质地太软，平整度不够，易生毛刺，排屑不良，小孔径易塞孔等
铝合金板	平整度、散热好，无钻污、不伤钻头	钻孔时吸尘，价格较贵
高密度纤维板	硬度适宜，既能防止毛刺又不伤钻头。因不含树脂避免产生钻污，价格也便宜	散热性不如铝合金板和铝金属箔波纹板
铝金属箔波纹板	平整光滑、冷却钻头好、无钻污、不损伤钻头，延长使用寿命	价格昂贵

4.3.5　钻孔的工艺步骤和加工方法

1．板定位工艺方法

待钻孔的基板在未上钻机前，首先钻定位孔，然后将基板与下垫板用定位销钉结合成整体，再将基板上的前端定位销钉对准机台上 PIN 孔位置，基板上的后方定位销钉对准机台上 PIN 槽沟位置放在钻机工作台面上。基板标记号位置朝右下方。最后盖上盖板，四周用胶带固定，固定前要确认盖板、待钻孔板、垫板、台面等四者结合成一体。

2．编程方法

数控钻孔需要钻孔程序控制机器钻孔。编程的方法有两种：第一种方法是自动编程方法，即采用经过 CAD（计算机辅助设计）提供的数据程序经 CAM 直接转换为钻孔程序；第二种方法是手工编程，即利用照相或光绘所提供的钻孔底版或阳版逐孔编制钻孔程序。为便于减少更换钻头的次数，编程前将不同类型的孔径用不同颜色的铅笔标识，以便编程时能分出孔径大小。

3．钻孔方式

（1）一步钻孔法

一步钻孔法是将每一种孔穴用一次钻孔加工来完成。无论是双面板还是多层板，该法是最常使用的一般钻孔加工方式，操作比较简单，钻孔速度较快。

（2）分步钻孔法

分步钻孔法（俗称啄钻）采用多次钻孔和排屑来穿透印制板（见图 4-25），主要用于多层板的小孔径（≤0.2mm）的孔和高厚径比的孔加工，可防止钻头折断。

（3）预定钻孔法

预定钻孔法用于对孔有特殊要求的印制板，在钻同一个孔时需要更换钻头（见图 4-26）。例如，板厚与孔径之比在 20 以上时，必须使用刃长一点的钻头来加工，但必须在保证位置精度的前提下，进行多次加工。开始时用刃短的钻头进行钻孔，以确定孔的准确位置，然后再使用刃长的钻头进行钻孔，一次完成。

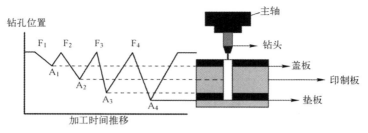

图 4-25　分步钻孔法

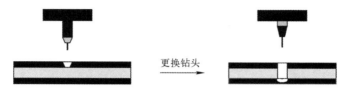

图 4-26　预定钻孔法

（4）盲孔、埋孔的钻孔方法

盲孔就是指未穿透印制板基材的孔。埋孔是内层钻好孔并金属化后再压合，使孔埋在多层印制板的内层，又称为内盲孔。而盲孔是先压合再钻孔，孔口露在板的表面，根据内层板连接需要，通过外盲孔达到与某层导电图形之间的电气连接。盲孔的加工通常采用 Z 轴方向具有光栅尺，可控制钻头下钻深度的数控钻床。对于直径小于 0.1mm 以下的微盲孔，采用激光钻孔更为方便、有效。

4. 钻孔后的检查方法

钻孔工序是非常重要的工序之一。为了防止漏钻孔和错钻孔，应明确规定进行"首件检查制"。检查的方法有目检和仪器检查。

（1）目检方法

目检是采用钻孔底版进行对比验证，检查有无漏孔、未钻透孔、多钻孔、堵孔等。具体的方法就是将钻完孔的双面或多层板平放置在箱底部有灯光的玻璃板上，然后将重氮底片覆盖上面至孔完全重合。在下灯光照射下，就很容易目检出孔的表面状态，如漏钻孔、未穿孔（重氮底片上有焊盘的位置因无孔而不透光）、多钻孔、错位孔（重氮底片上没有焊盘的位置透光），还有孔被堵、孔内有毛刺、偏孔（重氮底片上焊盘与板上的孔无法对准）等。

（2）仪器检查方法

仪器检查是用检孔镜、投影放大镜和 X 射线专用检孔机检查。专用检孔机检查效率高被广泛应用。

4.3.6　钻孔的质量缺陷和原因分析

1. 钻孔质量缺陷

钻孔的质量缺陷分为钻孔缺陷和孔内缺陷，如图 4-27 所示。钻孔缺陷为漏孔、堵孔、多孔、孔径错、偏孔及断钻头、未钻透等。孔内缺陷分为铜箔和基板缺陷。铜箔的缺陷包括分层（铜箔与基板分离）、钉头（内层毛刺）、钻污（热和机械的黏附层）、毛刺（钻孔后表面留下的凸出物）、碎屑（机械性的黏附物）、粗糙（机械性的黏附物）。基板缺陷包括分层（基

板层间分层）、空洞（增强纤维被撕开而留下的空腔）、碎屑堆（堆积在空腔里的碎屑）、钻污
（热和机械的黏附层）、松散纤维（未黏结牢的纤维）、沟槽（树脂上的条纹）、来复线（螺旋
形凹槽线）等。这些缺陷直接影响孔金属化质量的可靠性。

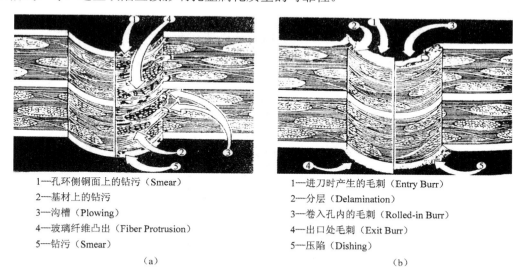

1—孔环侧铜面上的钻污（Smear）
2—基材上的钻污
3—沟槽（Plowing）
4—玻璃纤维凸出（Fiber Protrusion）
5—钻污（Smear）

（a）

1—进刀时产生的毛刺（Entry Burr）
2—分层（Delamination）
3—卷入孔内的毛刺（Rolled-in Burr）
4—出口处毛刺（Exit Burr）
5—压陷（Dishing）

（b）

图 4-27　钻孔的质量缺陷

印制板由树脂、玻璃纤维布和铜箔等物质构成，材质复杂。因此，影响钻孔加工的因素
较多，加工过程稍有不慎，便有可能直接影响孔的质量，严重时会造成报废。因此钻孔过程
中发现异常，就必须及时地分析问题，提出相应的工艺对策及时修正，才能生产出低成本、
高品质的印制板。

2. 影响钻孔质量的因素

钻孔质量与基材的结构和特性、设备的性能、工作的环境、垫板盖板的应用、钻头质量
和切削工艺条件等因素有关，如图 4-28 所示。

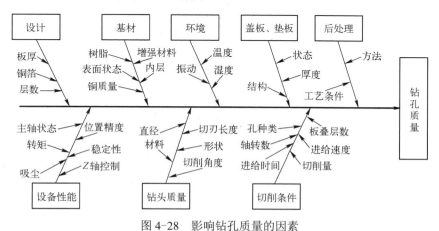

图 4-28　影响钻孔质量的因素

影响钻孔质量的因素有的是相互制约的，有时是几个因素同时起作用而影响质量。例
如，玻璃化温度（T_g）较高的基材与玻璃化温度较低的基材，由于基材的脆性不同，选用钻

孔的条件就应有所区别，对玻璃化温度较高的基材钻孔的进给速度要低一些。所以，在钻孔前应了解基材的结构特性和物理、化学性能，制定正确的钻孔程序和选择恰当的钻孔工艺方法。

4.3.7　印制板外形加工的方法及特点

对于有严格公差要求的印制板，外形加工是很重要的，它是确保正确的电气安装和机械安装的重要条件。印制板外形加工可根据印制板的外形几何形状、加工数量、布线层数和材料的不同，选择不同的加工工艺，常用的方法有下列几种。

1．剪切加工

剪切加工是在剪床上进行的。剪切加工可用于下印制板毛坯料，也可以对公差要求不高的板进行外形加工。用剪床进行加工时，以印制板外形边框线作为加工基准，只能加工直线外形，异形部分可以采用冲床和铣床进行加工。对于品种多、数量少、对外形尺寸要求不高的印制板通常采用剪切加工，缺点是精度比较差、板边粗糙，有时还需用砂纸来打磨到符合外形尺寸的要求。剪床分为平刃剪床和斜刃剪床。

（1）平刃剪床的剪切

平刃剪床（见图 4-29）有两把刀刃，下刀刃固定在剪床的工作台上，上刀刃固定在剪床的滑块上。滑块在曲柄连杆机构的带动下，做上下运动。被剪切的板料放在工作台上，置于上、下刀刃之间，由上刀刃的运动将板料切开。因为上、下刀刃互相平行，故称为平刃剪床。这种类型剪床的特点是上刀刃与被剪切的板料在整个宽度方向同时接触，板料的整个宽度同时被切断，因此需要的剪切力比较大。

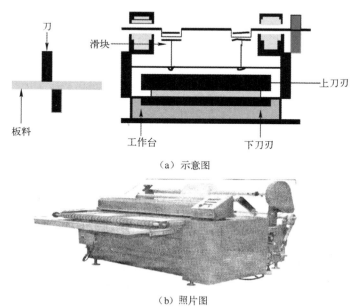

（a）示意图

（b）照片图

图 4-29　平刃剪床剪切示意图及平刃剪床照片图

平刃剪床适用于剪切宽度较小而厚度较大的板料，只能沿直线剪切材料。

（2）斜刃剪床的剪切

斜刃剪床（见图 4-30）的剪切原理与平刃剪床相同，只是上刀刃呈倾斜状态，与下刀刃成一个夹角。剪切时并非沿板料的整个宽度方向进行剪切，而只是部分材料受剪，随着刀刃的下降，板料连续地沿宽度方向逐渐分离。因此在剪切过程中，所需要的力比较小，且近似衡力。由于上刀刃的下降将分离的板料向下弯曲而变形，故被剪切的板料有弯扭的现象，尤其是剪切覆铜箔纸基板材料时，容易产生横向裂纹，因此采用这种设备下料时，材料需要进行加热。

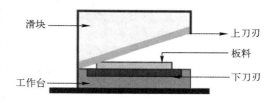

图 4-30　斜刃剪床剪切示意图

剪切材料越厚，上、下刀刃的间隙及倾斜角也就越大；反之，其间隙和倾斜角越小。剪床上应设有挡板和定位尺，以供调整剪切板材的尺寸。

斜刃剪床剪切的印制板外形、尺寸精度不高，剪切边缘粗糙，生产效率低，但设备简单成本低，只适用于数量少、尺寸精度要求不高、形状简单的单面板和双面板的外形加工及毛坯料的下料。

（3）薄基板材料的剪切

薄基材料下料时由于基材薄而软，下料时易产生撕裂现象。因此，需要使用专用的薄型基材下料系统进行裁剪，以确保软薄材料的质量要求。计算机控制的薄板剪切机如图 4-31 所示。

图 4-31　计算机控制的薄板剪切机

2．冲床加工

冲床加工应根据加工印制板材料厚度、外形尺寸，合理地设计冲头和凹模之间的间隙，可获得具有一定精度的外形几何尺寸。凹模装在底座上，凸模和上托板连在一起，顶杆通过打板作用在脱落板上，把凸模顶进凹模的印制板顶出来。

如果采用一次冲孔落料模，可以采用复合模结构。冲压加工生产效率比较高，加工的印制板一致性好，适合于采用冲切性好的基材制作的单面印制板的大批量生产。

3．铣床加工

铣床加工方法比较灵活，适用于自动化生产。由于铣刀是圆柱形的，所以在设计印制板外形和异形孔时，必须允许转角处的过度圆弧不小于铣刀半径。采用数控铣床，加工精度高，可以加工各种形状、尺寸的印制板。数控铣适用于大批量生产、形状复杂、精度要求高

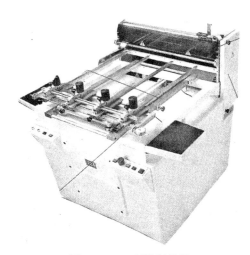

图 4-32　V 型槽割槽机

的印制板铣削。数控铣床的工作台或转轴的移动是通过程序自动控制的，操作者只需按外形尺寸编制程序和在数控台面装卸印制板，操作简单方便，加工质量好，是目前印制板外形加工采用最广泛的加工方法。

4．刻 V 形槽加工

为了提高印制板制造和安装的生产效率，常常将较小尺寸的印制板组合在一起（又称拼板）进行钻孔、图形转移和各种化学加工，当印制板图形加工完后，使用时只需要将板分为一个个独立的小板。为便于每个单独的印制板从拼板上分离，采用专用的 V 形槽割槽机（见图 4-32）进行铣切（V-CUT），既能保证印制板安装时的整体性又能在使用时容易分为独立的较小印制板。

铣切出的 V 形槽如图 4-33 所示，V 形槽的角度有 30°、45°、60°。

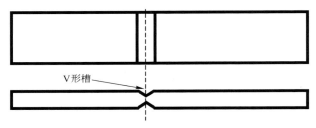

图 4-33　V 形槽示意图

对 V 形槽的质量技术要求：

① 外形尺寸、深度、宽度应符合设计图纸技术要求；

② V 形槽边不应露铜，槽线不变色。

5．斜边加工（俗称倒角）

为便于印制板与连接器的插接，防止印制接触片在插接时翘起，在印制板插接的部位应铣切加工成设计规定的角度，如图 4-34 所示。斜边的角度有 2°、45°、60° 几种。

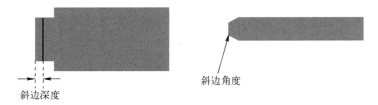

图 4-34　斜边加工

印制板的斜边使用专用铣刀加工，在印制板插接的部位按规定的角度加工。对斜边的质量技术要求：

① 斜边的角度要保持一致，加工面光洁、无毛刺。

② 斜边加工完成后，连接部分无缺口和金属屑等影响连接的缺陷。

4.3.8 数控铣切

数控铣切工艺方法已成为印制板外形及异形孔加工的重要工艺技术，是保证正确的电气和机械安装的重要条件。数控铣切与剪切、冲裁和锯割方法相比，其被加工面的光洁度和尺寸精度高，即使很复杂的外形，如直线、斜线、圆弧、圆都可采用铣加工的工艺方法来完成，可以大大地避免材料的浪费并能缩短加工周期。尤其采用多轴数控铣床，会使加工效率大为提高，成本大大降低。

根据印制板的外形、加工数量、层数和基材特性的不同，可选择不同的加工工艺方法。但是，数控铣切的方法比较灵活，适用于多品种、小批量和大批量印制板的自动化生产。

1. 铣切机械和加工种类

（1）铣切设备

加工印制板用的数控铣床或铣切机械设备，通常采用专用数控铣床（见图 4-35），它与普通的机械铣切设备不同，具有下列特点。

① 高精度的位置机构：与数控钻孔机同样构造，X、Y、Z 轴各轴能独立运作。

② 主轴刚性高、转速高，转数可达 7000～40 000r/min，主轴采用滚珠轴承。

③ 具有检测功能，能准确检出基板表面的厚度，确保加工深度、精度。

④ 控制系统具有灵活的各种类型指令（如切削、进给速度、下刀和抬刀等）。

⑤ 具有自动补偿功能，按印制板实际外形尺寸进行数控铣的编程。同时铣刀运动的坐标基准为板的中心线。这样，铣刀的运动轨迹，对外形尺寸应减小一个铣刀直径的尺寸，对内部图形却是增加一个铣刀直径的尺寸。根据这个原理，自动补偿功能就能将输入的铣刀直径自动位移一个半径的尺寸，达到补正的目的。

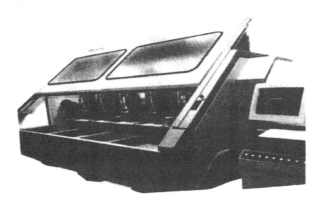

图 4-35　数控铣床

（2）加工的种类

数控铣切加工印制板外形，通常采用 $\phi 0.8$～$3.175mm$ 沟槽铣刀加工。数控铣切还可以铣切出凹陷的孔（又称凿孔），凿孔加工的孔主要是为填放 IC 类芯片用，深度的精度在 $50\mu m$ 以下。

（3）铣切刀具的种类

印制板外形加工采用的铣刀，通常为硬质合金铣刀，依齿形分为螺旋齿和菱形齿两种类型。螺旋齿铣刀的特点是小的正前角、大后角，并且有铲背，这种结构切削刃强度高而且锋利。菱形齿铣刀，在铣刀的圆柱面上有数量不等的左旋与右旋排屑槽，形成交错排列的一个一个菱形。在每一个菱形上有一个小而平的切削刃，切削刃在左旋螺旋线上，适用于低速切削；切削刃在右旋螺旋线上，适用于高速切削。

2. 铣垫板

铣切印制板时在印制板的下面和铣床工作台面之间应放置衬垫板（即铣垫板），以保证铣切时能铣透印制板而不损伤工作台面。铣垫板材料种类和选择依据类似钻孔用的垫板，常用的材料有酚醛纸板、聚丙烯板、高密度纤维板等，其中高密度纤维板的板面平整，易于铣切、对刀具磨损小、价格更便宜，在干燥的环境下使用也是一种较好的垫板材料。选用垫板时应将材料的性能和成本综合平衡，优化性价比。

按使用性质，数控铣切用垫板分为专用性、半专用性和消耗性三种形式，其特点如下：

① 专用性铣垫板，是一种印制板使用一套铣垫板，当一个批量完成后可存放起来，以备重复使用。这样可以缩短生产准备时间，简化操作，适用于长期用户定货的印制板。垫板应有编号和比较好的存放条件，便于查找。专用性铣垫板采用铝合金材料，容易保管，宜长期使用。

② 半专用性铣垫板，是几块印制板共用一个铣垫板。好处就是降低了批量重复生产的成本，简化操作，节约时间。问题是定位销要经常装卸，完成一种印制板再铣另一种印制板。

③ 消耗性铣垫板，是铣完一种印制板后的垫板。由于钻定位孔、铣排屑槽，垫板上纵横都是被钻的孔和排屑槽而报废，不能再用于铣切另外一种外形不同的印制板。

3. 数控铣切的定位

铣切印制板时应利用定位销将待加工的基板固定到铣床的台面上，达到快速、准确地加工基板外形的目的。而铣床本身就是一块定位板，它是以销钉定位、螺钉固定的铝合金板。在每一个主轴之下，台面上有一孔一槽的定位系统。按照常规生产时，通常在台面上用销钉定位一块垫板，销钉与工作台的孔和槽成紧滑配合，而与铣垫板是压配合，同时用销钉将被铣板定位在铣垫板上（见图 4-36）。要求铣垫板既能可靠地定位又能快速装卸板，缩短辅助时间，提高生产效率。

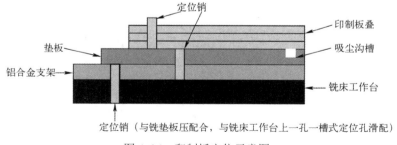

图 4-36　印制板定位示意图

（1）定位用铣垫板

定位所采用的铣垫板应预先铣出与印制板外形一样的沟槽，其宽度尺寸是实际铣刀直径加 0.5mm、槽深为 2.5mm。沟槽主要是铣刀运动轨迹的通道，起到排屑作用，使加工表面光滑。加工时应使铣刀伸进沟槽 1.5~2mm，但不能超出垫板厚度，以免铣伤工作台面。

铣垫板实际上是中间定位夹具，有时称之为"软定位"，如图 4-37 所示。在铣切加工过程中，它是铣刀运动轨迹的一条通道。同时启动吸尘器，在沟槽内产生一股气流，排除切屑，使被加工面更光洁，防止切屑堵塞铣刀排屑槽，降低铣刀的锋度。加工时，使铣刀伸进沟槽，这样可以防止由于铣刀连续切入板材使末端磨损、直径减小及由于铣刀制造允许末端直径减小等造成印制板加工尺寸的偏差。

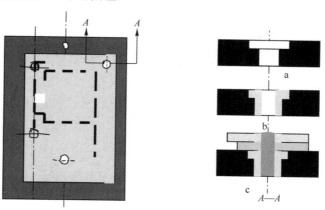

图 4-37　软定位图

　　如果将铣垫板上的排屑槽铣得更深更宽一些，会更有利于气流畅通，加快排屑速度，使被加工面更加光洁；但是却减弱了支撑面，特别是排屑槽靠近定位销时，将直接影响定位的可靠性。在每批量生产之前，在数控铣床工作台上装好铣垫板，拧上新的尼龙螺纹塞；然后再在螺纹塞上钻孔，装上定位销即可使用。

　　（2）定位销

　　定位销通常采用硬度较高的钢材料或报废的定柄硬质合金钻头的废柄磨去钻体，因为半专用性和消耗性铣垫板多数是非金属层压板，质地较软，与销钉采用压配合，定位销过盈量为 0.005～0.01mm，销钉硬度高反复使用会使孔磨损偏斜。如果半专用、消耗性铣垫板过盈量大于 0.007mm，采用压配销钉时，孔内部就会产生缺陷，反复装卸，使层压垫板上销钉孔产生分层或碎裂。同时在铣加工时，切削力大部分由定位销承受，这种侧向压力挤压销孔，致使产生偏斜状态，导致铣加工产生更大的误差。

　　定位销直径愈小，相对的偏斜量也就愈大，所以尽可能采用比较大直径的孔作为定位孔。定位销直径和偏斜量也直接影响生产效率。因此，在铣加工过程中，要确保定位销紧密配合，使被加工的板可靠定位。

　　（3）定位方法

　　铣切印制板时的定位方法分为内定位法、外定位法，但须与下刀点的位置相匹配，以确保铣加工的支撑强度，使加工的表面光泽，尺寸得到保证。

　　① 内定位法。

　　内定位法是选择每块待加工的印制板内的一个安装孔或其他非金属化的孔做定位孔。孔的相对位置应力求在对角线上并尽可能选择大直径的孔。决不能使用金属化孔做定位孔，因为这样往往会造成孔内镀层厚度的变化，严重时会破坏镀层的完整性和可靠性。在拼板上靠近边缘再设置两个定位孔，在确保定位的条件下，尽可能使销钉数量越少越好。该定位方法是通用的工艺方法。根据定位销配合的松紧不同又分为单销定位法和两销定位法。

　　a. 单销定位法（见图 4-38）。单销定位法是在待加工的每个单件印制板内取定位孔，用松配合定位销，而拼板上的定位销为紧配合定位销，在靠近单板定位孔处（图 4-38 中

A 点）为铣刀的起刀点（开始铣切点）。加工的顺序应按照数字①→②→③→④进行铣加工。印制板外形间隔 4mm，使用直径为 ϕ3.175mm 的铣刀，可以达到±0.13mm 的精度。而且装卸速度比较快，生产效率比较高。每叠板可装四块板，关键是要保证 a 边最后切下来。

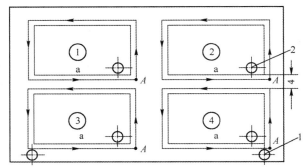

1—紧配合定位销、2—松配合定位销

图 4-38　单销定位法示意图

　　b. 两销定位法（见图 4-39）。两销定位法属于内定位法的第二种定位方法，是选择单板内两点做定位部位，尽量选对角线上的孔，用两个紧配合的销钉定位。这时的起刀点和加工顺序就不那么重要了，而且可以铣两次。理由是因为铣刀的受力状态是一个悬臂梁，很大的切削抗力迫使铣力偏斜，即所谓让刀，让刀量甚至达到 0.05mm。即使数控铣床在铣圆、圆弧或直线拐角处有自动减速的功能，这些部位的让刀量仍然相对较大。第一次铣时，以推荐的进给速度的一半。第二次采用推荐速度，可以达到±0.12mm 的公差，甚至达到±0.05mm 的公差。但由于每块板有两个紧配合的销钉，装、卸的速度就很慢。

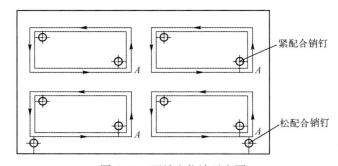

图 4-39　两销定位法示意图

　　② 外定位法。

　　外定位法就是在印制板内找不到可以利用的定位孔，也不允许增加孔作为定位孔，只能在印制板的图形以外设置专用的定位孔。其方法有两种类型：

　　a. 胶带黏结定位法。胶带黏结定位法是在印制板的图形以外用胶带将印制板黏结固定在垫板上，在靠近垫板的边缘部位设置两个紧配合的销钉孔，如图 4-40 所示。铣切时将垫板用销钉固定在铣床工作台面上，按图中箭头所示方向铣切三个边，最后铣切第四边，当铣到距最后切断点几毫米时，增大铣床压力脚的压力，使基板保持原位置，直至基板被铣下。铣切时压力脚和刷形垫与板的位置如图 4-41 所示。此方法的加工精度可达 0.015mm，装卸板的速度较快，适合于在同一块基板上有多件拼板的加工。

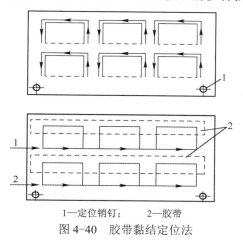

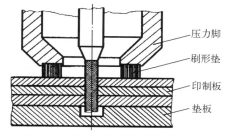

1—定位销钉； 2—胶带

图 4-40 胶带黏结定位法

图 4-41 压力脚和刷形垫与板的位置

　　b. 外定位孔定位法。外定位孔定位法是在制板上拼板印制板外侧，设置三个定位孔（见图 4-42），可根据板的厚度叠合 1～3 块进行铣切，由 A 点下刀开始铣切，走刀方向和拼板铣的次序按图 1→2→3→4 线路进行。但是，由于拼板时镜像排列使 2、4 号板变成顺铣，尺寸精度和边缘光洁度降低。当铣切至压力脚距切断点前几毫米时，加压以保持板在原来的位置。

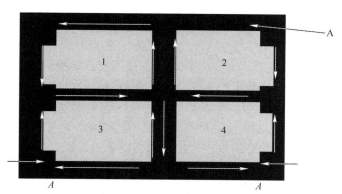

图 4-42 外定位孔定位法

4．铣加工技术

（1）铣削加工工艺参数

在铣切时应先确定铣刀的圆周速度和进给速率。通常控制铣刀的圆周速度为 180～270m/min。切削速度计算公式如下：

$$v = \frac{v_r D \pi}{1000}$$

式中，v 为切削速度；v_r 为主轴转速（r/min）；D 为铣刀直径（mm）。

　　进给应与切削速度相配合，若进给速率太低，摩擦热会使基板材料软化，严重时产生熔化或烧焦，堵塞铣刀的排屑槽，使铣刀无法前行。如果进给太快，铣刀磨损快，工件质量变差，尺寸不一致。确定进给必须首先考虑基板的材料、厚度、每叠板的块数、铣刀直径、排屑槽等因素。对于 FR-4 板材，叠板块数、进给量和转速的关系可参考表 4-21。

表 4-21　对于 FR-4 板材，叠板块数、进给量和转速的关系

铣刀直径φ和参数		板材厚度（mm）			
		0.8	1.6	2.4	3.0
3.175mm	叠板块数推荐值	9	4	3	2
	进给量（m/min）	2.03	2.03	2.03	1.52
	转速（r/min）	2400	2400	2400	2400
2.4mm	叠板块数推荐值	6	3	2	1
	进给量（m/min）	1.2	1.27	1.02	0.76
	转速（r/min）	2200	2200	1800	1500
1.6mm	叠板块数推荐值	4	2	1	1
	进给量（m/min）	1.02	0.76	0.76	0.64
	转速（r/min）	2800	2200	2200	1800

在低于额定负载条件下，主轴电动机的转速才能保持。主轴电动机功率不足或叠板块数过多，切削负荷太大，会造成负载增大，转速下降，直至铣刀折断。

（2）弹簧夹头

弹簧夹头是铣床重要的组成部分，主要功能是准确地夹紧硬质合金铣刀柄。数控铣折断刀的一个重要原因就是由于夹持铣刀柄的弹簧夹头引起的，因为铣刀的硬度为 RA90，而弹簧夹头的硬度是 RC60。比弹簧夹头硬得多的铣刀柄频繁地装卸使之磨损，加之铣刀柄偶然在弹簧夹头里打滑（高转矩时），由于滑动时相对速度很大，如果树脂、粉尘等未清除干净，换刀时就很容易磨损，会造成弹簧夹头不圆，导致失去夹紧的一致性。

如果突然断刀，应检查铣刀柄，如见到表面呈现褐色的滑动痕迹，有两个可能原因：一是弹簧夹头磨损或沾污；二是切削负荷太大，超过了其能力。所以，铣刀装入弹簧夹头里，铣刀伸出的长度要尽可能短，愈短所能承受的径向负荷愈大。

（3）铣切技巧

在铣加工技术中包括如何正确地选择走刀方向、下刀点和定位方法。这是确保铣加工质量的重要工艺参数和条件。从加工质量分析，采用逆时针方向走刀技术更好，被加工面总是迎着铣刀的切削刃，加工后光洁、尺寸精度高。

当铣刀切入板材时，有一个被切削面总是迎着铣刀的切削刃，而另一面总是逆着铣刀的切削刃，前者被加工的面光洁，尺寸精度比较高，如图 4-43 所示。主轴总是顺时针方向转动的（见图 4-44），所以不论是主轴固定工作台运动或是工作台固定主轴运动的数控钻铣床，在铣印制板的外部轮廓时，采用沿印制板边缘逆时针方向走刀为好。这就是通常所说的逆铣，如图 4-45 所示。

4.3.9　激光钻孔及其他钻孔方法

随着移动电话、笔记本电脑等信息产品的日益高速发展和小型化，半导体集成电路的集成度不断提高，速度不断加快，要求印制板上的布线密度越来越高，印制导线越来越细、间距越来越窄，印制板上的孔也就越来越小，逐渐逼近了机械钻孔技术的极限。当印制板上需

要大量的 $\phi 0.1 mm$ 或更小直径的小孔和微孔时，数控钻孔已经无能为力，激光技术和等离子技术的出现，适应了这一发展的需要。

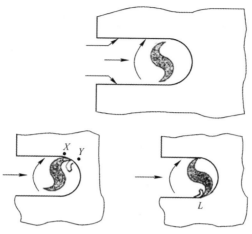

图 4-43　铣刀向前迎刀刃方向的表面光滑（左图），逆刀刃方向加工的表面粗糙（右图 L 处）

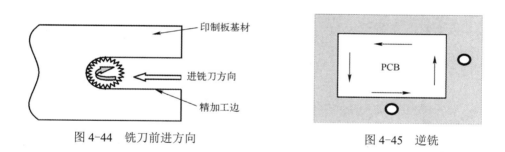

图 4-44　铣刀前进方向　　　　　　　　　　　图 4-45　逆铣

1. 激光钻孔

激光钻孔是采用激光介质发射出产生尖陡和极高能量密度的光束，光束释放的能量被材料吸收而进行钻孔加工的技术。激光钻孔的工艺过程是先将待钻孔的板放置在激光机钻孔平台上，采用基准销钉固定，激光钻孔机自动读取钻孔数据和自动修正钻孔位置进行激光钻孔。如果钻的是贯通全板的孔，待钻孔的基板可以叠加，对钻好的孔需进行清理和检查。激光钻孔的工艺过程如图 4-46 所示。

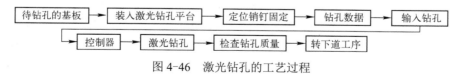

图 4-46　激光钻孔的工艺过程

常采用的激光介质有 CO_2 气体、YAG（钇铝石榴石，Yttium Aluminum Garnet）、YVO_4（钇锂氟化物）和准激光器气体（XeC、KrF、ArF 等气体），通过气体放电或光泵激发出能量。激光装置的波长和输出功率取决于激光类型；当激光照射到印制板时，光能被吸收的速度取决于波长和材料，吸收激光能量多的材料就容易被激光钻孔。不同材料对激光的吸收性能见表 4-22。

表 4-22 不同材料对激光的吸收性能

激光类型	波长（nm）	波长区域	输出功率（kW）	激光吸收性能		
				环氧	铜	玻璃
CO_2 激光（红外）	9300～10 600	红外（IR）光	50	○	◎、△	○
YAG 激光（基本）	1064	IR	—	—	—	—
YAG 激光（第二谐波）	532	可见光	—	—	—	—
YAG 激光（第三谐波）	355	紫外（UV）光	3～10	○	○	△
YAG 激光（第四谐波）	266	紫外光	—	—	—	—
准激光器	193～308	紫外光	0.5～1.0	○	○	○

注：○—优良，△——一般，◎—差。

二氧化碳（CO_2）激光的输出功率高，生产效率高，因此常被印制电路板厂商广泛应用于积层工艺中的导通孔加工。由于 CO_2 激光光束波长为 10.6μm，只能穿透树脂，不能穿透铜箔（激光在铜表面上被反射，不能被铜吸收），所以 CO_2 激光光束只能对绝缘树脂层钻孔，适合制作盲导孔。CO_2 激光加工最小直径为 50μm。若在覆铜箔层压板上钻孔，首先应在需要激光钻孔的部位进行蚀刻，去掉铜而露出绝缘层（开窗口），然后再对绝缘基材进行钻孔直到底部铜箔为止。CO_2 激光钻孔的工艺流程如图 4-47 所示。

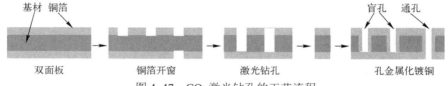

图 4-47 CO_2 激光钻孔的工艺流程

若用此种类型的激光直接对铜表面加工小孔，可以采用如下两种工艺方法：一是采用降低热传导性的薄铜箔型的覆铜箔板；二是将铜箔进行黑化处理提高对激光能量的吸收，用掩模覆盖铜箔后开窗口，对准窗口用激光钻孔。CO_2 激光在铜箔上成孔的工艺流程如图 4-48 所示。

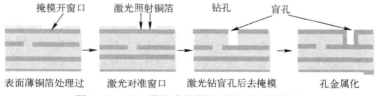

图 4-48 CO_2 激光在铜箔上成孔的工艺流程

YAG 激光从激光器产生的光是第三谐波（有时是第四谐波），如图 4-49 所示。它们的波长分别为紫外区域的 355nm 和 266nm，因此 YAG 激光又称紫外激光。它发射出的激光光束短，可以加工 30μm 以下的孔径。这些短波光束可以加工玻璃、环氧树脂和铜，所以在加工盲导通孔（过孔）时，必须严格控制激光器发出的激光的输出功率，以防钻穿基板，其成孔的工艺流程如图 4-50 所示。

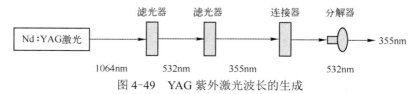

图 4-49 YAG 紫外激光波长的生成

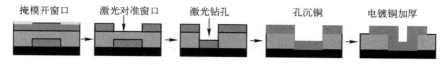

图 4-50 YAG 激光成孔的工艺流程

激光机的种类也很多，其中包括受激准分子激光机、冲击式二氧化碳激光机、YAG 激光机、氩气激光机等。在激光钻孔中，受激准分子激光成孔最精细。它成孔的原理就是它的紫外光直接能破坏基底层树脂结构，使树脂分子离散，产生的热量极小，因此它对周围的损伤程度限制在最小范围以内，孔壁光滑垂直。如果将激光束缩小，就能加工出直径 $10 \sim 20 \mu m$ 的微孔，但也容易使树脂碳化，需进一步处理。由于成孔速度较慢，加工成本比较高，受激准分子激光成孔仅限于高密度、高精度、高可靠性的微小孔加工。CO_2 激光成孔技术的激光源辐射红外线，属于热效应而燃烧分解树脂分子，成孔的速度比较快，成本比较低，但其成孔质量要比受激准分子激光成孔稍差。

2. 其他钻孔形式

在微小孔的加工技术中除了激光钻孔技术外，在厚度较薄基材上还可以采用等离子体蚀孔、化学蚀刻孔或光致成孔技术。

（1）等离子体蚀孔工艺

等离子体蚀孔是用等离子技术在基材上蚀刻成小孔的技术，它的原理是：在真空容器内，通过高压使氧气成为反应性等离子体氧，并与有机材料分子反应，使之分解为二氧化碳和水。等离子体蚀孔的质量受诸多因素的影响，其中包括容器的真空度、等离子体气体的组成、气体流量、温度等。等离子体主要使用氧气和 CF_4（四氟化碳）混合气体，也有时添加氮气和其他不活泼气体。对于厚度为 $25 \mu m$ 基底膜，可以获得孔径为 $50 \mu m$ 的孔。该方法主要用于制作 HDI 板时，蚀刻基材树脂上的孔。等离子体蚀孔的工艺流程如图 4-51 所示。

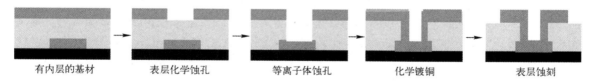

图 4-51 等离子体蚀孔的工艺流程

（2）化学蚀刻孔技术

化学蚀孔主要使用强碱性的氢氧化钠或氢氧化钾水溶液为蚀刻液，在需要蚀孔的部位将基材溶蚀。化学蚀孔比等离子体蚀孔成本低，但仅适用于聚酰亚胺一类的不耐碱的基材。在一定工艺条件下，化学蚀孔可以蚀刻无黏结剂型的覆铜箔层压基底膜，而带有黏结剂型的覆铜覆层蚀刻工艺更复杂，蚀刻出来的孔形太差，也不实用。化学蚀孔能在厚度 $50 \mu m$ 的 PI 基底膜上蚀刻出孔径在 $50 \mu m$ 以下的导通盲孔，如图 4-52 所示。

（3）光致成孔技术

光致成孔是一种以液态感光树脂或感光干膜分别经过涂覆或贴压于已制作了导电图形的"芯板"上形成绝缘层，然后采用常规的图形转移技术通过曝光、显影来完成孔的加工。光致成孔制作印制板的主要工艺流程如图 4-53 所示。

图 4-52 导通盲孔实例

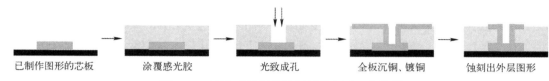

已制作图形的芯板　　　涂覆感光胶　　　　光致成孔　　全板沉铜、镀铜　　蚀刻出外层图形

图 4-53 光致成孔制作印制板的主要工艺流程

3. 激光钻孔设备

激光钻孔设备是为积层法印制板（HDI）而开发的新钻孔工艺设备，以其优良的性能和较高的效率迅速满足了量产化的需要。激光钻孔设备利用激光源发射出能量密度高的光束加工印制板上的高精度微小孔。脉冲激光具有高的输出特性，这种类型的光束通过透镜将光集中到被加工的部位上，使材料局部急速被加热，发生熔融、蒸发、燃烧等反应，从而被加工成所需要的几何形状，实现了微细孔加工。

激光光源有准分子激光、CO_2 激光、Nd:YAG 和 YVO_4 激光等。但是，激光发射出的光束中呈现带状的，需要通过透镜，将激光束聚焦为高能量集中的光点，才能获得所需要的孔径。目前常用的微孔加工直径为 150～70μm。近年来研发出能加工孔径为 50～25μm 的微孔，现已达到实用化的阶段。激光加工的微孔/盲孔，孔的形状有适度的锥角，在进行电镀时，溶液很容易进入，金属沉积的均匀性比较高。当然，所使用基板绝缘层薄，相对孔径又比较大的情况下效果会更好。如果孔径比较小，绝缘层比较厚（100μm），也就是在孔深的情况下，镀层的质量就比孔径大的差。如果孔径的上部比较大，布线的密度就会减小；或者孔的下部比较大，底部的电路图形连接线就会减少。为确保布线密度，孔的锥角接近于零是最好的。为了确保孔镀层的均匀性，必须采取工艺措施，使上下层导体的电气连接可靠。同时还必须考虑导线与镀层的结合强度，在满足布线的技术要求外，还应保持与之相适应的最小连接面积。为了保证钻孔的可靠性，需要采用容易成孔的环氧玻璃布基材。

CO_2 激光钻孔机和 UV-Nd:YAG 激光机，目前已在许多印制板生产厂得到应用。

不同的钻孔设备有不同的加工特性，各种钻孔设备与工艺特性见表 4-23。

表 4-23 各种钻孔设备与工艺特性

项目 \ 机种		IMPACT TAVIA1000 TW	Micro LAVIA1200 TW	LAVIA-UV 2000	LCO-IB21	YB-HCS03	ML508GI 5003D	NLCIB21
种 类		CO_2 激光	CO_2 激光	UV	CO_2 激光	CO_2 激光	CO_2 激光	CO_2 激光
加工速度	全加工速度	24m/min	40m/min	42m/min	50m/min	24m/min	4000 孔/min	4000 孔/min
	电流变化的速度	1000pps	1200pps	700pps	700Hz	1000pps	400pps	250pps

续表

项目 \ 机种		IMPACT TAVIA1000 TW	Micro LAVIA1200 TW	LAVIA-UV 2000	LCO-IB21	YB-HCS03	ML508GI 5003D	NLCIB21
精度	位置精度	2μm	2μm	0.5μm	0.005mm	5μm	30μm	-
	电流变化影响的精度	20μm	15μm	15μm	0.03μm	20μm	20μm	20μm
加工孔径		50μm，最大为 500μm	40μm，最大为 100μm	25μm，最大为 80μm	0.05μm			50μm，最大为 400μm	50μm，最大为 400μm
加工尺寸	电流面积	40mm×40mm	40mm×40mm	30mm×30mm	50mm×50mm	50mm×50mm	30mm×30mm	50mm×50mm
	加工面积	610mm×510mm	610mm×510mm	550mm×450mm	535mm×690mm	610mm×510mm	500mm×500mm	535mm×690mm
激光束特征	方式	多模			超级脉冲		三轴直交	RF 励起
	频率	500Hz	40kHz	20kHz			8～1000kHz	10～1000kHz
	波长				9.4μm	9.3μm	10.6μm	10.6μm
	输出功率	130mJ/Pulse 65mJ/Pulse （平均值）	100W （平均值）	5W （平均值）	150W	450W （峰值）	5000W	500W
	脉冲宽度				1～100μs		1～100μs	
加工对象					环氧树脂，玻璃布环氧树脂	环氧树脂，玻璃布环氧树脂，聚酰亚胺	环氧树脂，玻璃布环氧树脂，聚酰亚胺	环氧树脂，玻璃布环氧树脂，聚酰亚胺

（1）准分子激光钻孔

准分子激光是由脉冲发振，在增幅媒质作用下产生的激光，采用 KrF、XeF 分子系列作为媒质，形成紫外光波长。当有机材料被激光照射时，会产生化学反应气化，形成所需要的微孔。

使用准分子激光时，首先将需要钻孔的部位，采用光学图像转移工艺制成“窗口”，用蚀刻的方法将表面铜箔除去，露出树脂层，再使用激光蚀孔。由于激光发出是带状的，在基板表面以一定的宽度进行扫描，加工露出来的树脂，直到激光达到下层的铜箔表面停止。为此要设定输出功率、振幅及负载循环等。

增强激光强度可以对基板表面的铜箔或玻璃纤维材料直接成孔，但增强激光装置价格昂贵，寿命较短，在积层工艺中多数并不采用此种类型的激光钻孔。

（2）CO_2 激光钻孔

CO_2 激光机（见图 4-54）是由射频脉冲激励气体等离子体发射激光，红外波长（10.6～9.4μm）输出。发射出的激光光束是带状的，经过光束整形，通过光栅孔确定光束直径，又通过透镜系统折射，再由高速电扫描器进行定位，最后由 F_θ 透镜形成垂直光束实施高速扫描，同时采用数字伺服系统驱动工作台做高速定位运动。通过两个一组的扫描镜的高速动作，激光光束在一定区域内实现工作台无移动高速扫描。每个扫描区域为边长 50mm 的正方形。基板表面全部照射，机械做 XY 移动，决定位置的准确性。

CO_2 激光加工系统的结构形式如图 4-55 所示。

CO_2 激光钻孔与准分子激光蚀孔一样，首先将需要钻孔部位的表面铜箔采用蚀刻工艺除去，即“开窗口”，露出树脂表面，用激光钻孔直至底部的铜导体为止，形成所需要的微导通孔。按照所设计孔的形状，设定脉冲输出、脉冲幅度、脉冲数和周期等工艺条件并根据工艺要求进行调节和控制。同时还要考虑孔的形状、孔壁的角度、布线密度、电镀过程金属的沉积是否合适，这与设定的工艺条件有关。例如，孔形状的规定就与光束直径、焦点程度的调节大小有关。当激光进行钻孔加工时，通常采用两个脉冲，这两个脉冲的能量很高，在高速加工时导致局部发热，适用盲孔加工。如果与紫外激光混合也可加工玻璃纤维的基材和内层铜箔。

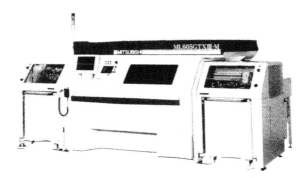

图 4-54　CO_2 激光钻孔系统（双激光束）

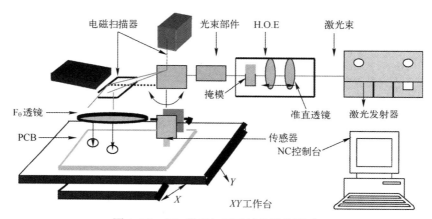

图 4-55　CO_2 激光加工系统的结构形式

CO_2 激光的波长为 $10.6\mu m$、$9.4\mu m$，脉冲的输出能量可达数千瓦到数兆瓦。脉冲幅度 $200\mu s \sim 1\mu s$，该激光器开发得比较早，是加工速度快、最普及的一种成孔专用设备。

（3）紫外 Nd:YAG 激光钻孔

YAG（Yittium Aluminum Garnet，$Y_3Al_5O_{12}$）钇铝石榴石和钕 Nd^{3+} 两种晶体增幅媒质共同激发出紫外（UV）激光。光源采用标准的闪光灯脉冲输出，典型的输出波长为 1094nm。它属于非线性结晶体倍高谐调波和 266nm 周波数的变换波，1kHz 的脉冲是 5kW 输出。三倍高谐调波 355nm 进行激光钻孔。这种类型的激光属于 UV-YAG 激光。紫外激光能直接对带有铜箔或玻璃布基材进行激光钻孔。孔径为 $25 \sim 150\mu m$、厚度为 $25\mu m$、钻孔速度为 $800 \sim 1200$ 孔/min。但必须严格控制钻孔深度，调节到不能损坏底部的导体铜。

4．激光钻孔常见的质量问题和可能的原因

在积层印制板（或 HDI 板）生产过程中，由于采用新型的激光钻孔技术，对于激光工艺参数的控制和实际生产经验还有相当的差距，掌握不好就会出现故障。为此，将实际生产上发生的典型故障和可能原因分析如下：

（1）CO_2 激光钻孔时，激光钻孔位置与基板底靶标位置失准

可能的原因：开窗口时底片尺寸变化与内层芯板图形不一致或底片对位不准；底片与基材的热膨胀不一致；蚀刻窗口时的误差；激光的光束与设备工作台面位移误差等。

制作二阶盲孔时更易产生偏差。往往积层两次再制作二阶微盲孔，当芯板两面各积层一层涂树脂铜箔后，若还需再积层一次 RCC 并制作出二阶盲孔（即积二），其"积二"的盲孔对位就必须按照对准"积一"去成孔。如果再利用芯板的原始靶标就容易出现偏差。若通过 X 射线对"积一"上的靶标而另钻出"积二"的四个机械基准孔，然后再成孔成线，可使"积二"尽量对准"积一"减小孔位偏差。

二阶盲孔的显微剖切如图 4-56 所示，采用显微镜放大 200 倍的切片，以对角线的方式收入图面，其目的就是显示同一块积层板面上的二阶盲孔与一阶盲孔，以方便对比。

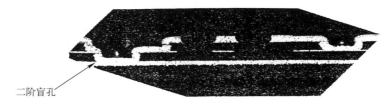

图 4-56　二阶盲孔的显微剖切

（2）孔形不正确

主要原因：覆树脂铜箔经压贴后介质层的厚度有差异，在相同的钻孔能量下，介质层较薄部分的底垫不但承受较多的能量，也会反射较多的能量，因而将孔壁打成向外扩张的壶形。该缺陷将对积层多层板间的电气互连品质产生较大的影响。所以，必须严格控制覆树脂铜箔压贴时介质厚度差异在 5～10μm 或改变激光能量密度与脉冲数（枪数），可通过试验方法找出批量生产的工艺参数。采用的 RCC 中的标准铜箔经半蚀与黑化后，用 CO_2 激光直接钻孔之后的孔形如图 4-57 所示。

图 4-57　孔壁向外扩张的壶形孔

采用背铜式 UTC 所压制成的 RCC，经撕掉背铜、UTC 黑氧化、用 CO_2 激光直接钻孔后再进行特殊强力喷蚀，其孔口薄铜经过上下喷蚀，出现铜窗稍微变大的情形，最后经过除钻污即可以将不良的壶孔变成所需要的锥孔，而使得微盲孔品质更好，如图 4-58 所示。

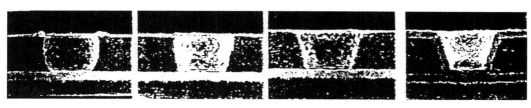

图 4-58　除钻污处理后的合格盲孔

（3）孔底胶渣与孔壁碳渣清除不良

主要原因：拼版上的微盲孔数量太多（平均约 60 000～90 000 个孔），介质层厚度不同，采取同一能量的激光钻孔时，底垫上残留胶渣的厚薄也不相同；经除钻污处理不可能确保全部残留物彻底干净，如果检查不到，一旦有缺陷时，常会造成后续镀铜层与底垫及孔壁的结合力差。

（4）侧蚀

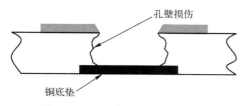

图 4-59　CO_2 激光钻孔质量缺陷

侧蚀是 CO_2 激光钻孔常见质量缺陷之一。主要原因：采用分步激光脉冲的加工技术（即分三次脉冲成孔）时，在第一枪钻孔后，其他两枪能量过高，造成底铜反射而损伤孔壁，如图 4-59 所示。

（5）铜层分离

由于 CO_2 激光光束能量过高造成与 RCC 铜层轻微分离。

（6）孔形不正

主要原因：CO_2 激光单模光束能量的主峰落点不准确，如图 4-60 所示。

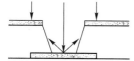

（a）铜窗与底垫位置正确的盲孔

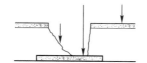

（b）铜窗位置歪移造成光点峰值也随着打歪的异常孔形

（c）实际盲孔的显微放大照片

图 4-60　孔形不正

（7）孔壁玻璃纤维凸出

主要原因：介质中玻璃纤维分布不均，玻璃纤维密集处要比少的部位多 3～4 脉冲，而由于玻璃对红外吸收率低，使用的能量又不能高，所以对此种材料作用就不明显。

（8）孔的底垫有残余胶渣或未烧尽的树脂层（见图 4-61）

主要原因：激光单一光束能量不稳；基板弯曲或起翘造成接收能量不均匀或单模光束能量过于集中。

（9）底垫外缘与树脂间产生裂纹

主要原因：光束能量过高，底垫外缘与树脂间被反射的光与反射热所击伤；多模式光束能量密度较大，其落点边缘能量向外扩张。

图 4-61　孔的底垫有环氧树脂钻污

（10）孔壁粗糙

主要原因：

① 当激光光束能量不够大时，往往会在孔内显露玻璃纤维凸起，且玻璃纤维附近的树脂又因能量的积聚而过度烧蚀，导致盲孔壁粗糙。

② 如果"开窗"的圆度不佳或蚀刻未净，高能量的激光光束会在窗口处发生折射，非垂直于板面的激光光束对孔壁进行烧蚀，致使盲孔孔壁粗糙。

（11）侧蚀悬铜（见图 4-62）

主要原因：与激光能量大小有关，当激光能量大时会因对孔壁的热传导而造成侧蚀；另外当钻污量大时除钻污效果差也会造成该缺陷。

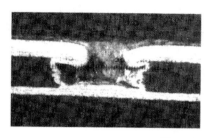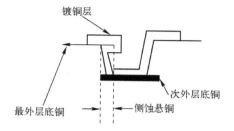

图 4-62 侧蚀形成的悬铜

（12）局部铜层薄（见图 4-63）

主要原因：与侧蚀悬铜和玻璃纤维凸出有关，它越凸出，单点或局部铜层越薄。它还与化学镀铜和电镀铜各工序的镀液浓度、温度控制稳定性有关。

（13）孔底有残胶（见图 4-64）

主要原因：去钻污量小和激光能量不足，未将孔底的树脂层去除干净。

图 4-63 局部（单点）铜层薄   图 4-64 孔底被环氧钻污

以上是激光钻孔经常出现的质量缺陷和主要原因，实际操作中还可能出现其他缺陷，有时是几个因素共同影响。这要根据具体问题具体分析，采取相应改进措施才能保证钻孔的质量。

4.4 印制板的孔金属化技术

孔金属化技术是印制板重要的基本制造技术之一。它使印制板各层导电图形之间按规定进行的金属互连，以实现双面板和多层板的各层间导电图形的电气互连的一种工艺技术。印制板基材在钻孔后各层导电图形之间是绝缘的，用化学镀方法使绝缘的孔壁镀上一层导电金属，然后再用电镀铜的方法加厚沉积的导电铜层，使之达到所要求的厚度（一般达到 $25\mu m$）以满足电气连接的需要。目前使印制板各层导电图形互相连通的工艺过程主要是通过孔金属化技术实现的。通常孔金属化技术需要由化学镀铜或黑孔化（直接电镀）两种工艺过程来实现，目前最成熟、采用最多的是化学镀铜进行孔金属化的工艺；而直接电镀工艺是为了克服化学镀铜工艺中的复杂工序和使用甲醛的污染而发展起来的孔金属化技术。本节将重点介绍化学镀铜工艺，对直接电镀工艺只作简单介绍。

4.4.1 化学镀铜概述

化学镀铜又称沉铜或化学沉铜，是指铜离子自溶液中被还原剂还原为金属铜形成能与基材牢固结合的金属镀层的过程。化学镀铜是一种自身催化型氧化-还原反应，它不依赖被镀物体是否是金属，完全利用还原剂在催化剂的作用下引发化学反应使金属从溶液中沉积出来，然后又利用这种新生态活性金属原子为催化核心，继续催化其后续的金属还原反应，直至沉积达到需要的金属层厚度。

1. 化学镀铜机理

化学镀铜的机理：在进行化学镀铜时，化学镀铜液中 Cu^{2+} 离子得到电子还原成金属铜沉积在基材上，化学反应式如下：

$$Cu^{2+}+2e \longrightarrow Cu \downarrow \tag{4.1}$$

电镀铜时铜离子还原需要的电子是由电镀电源提供的，而在化学镀铜时，电子是由还原剂甲醛提供的。其反应式为

$$2HCHO+2OH^- \longrightarrow 2HCOO^-+H_2 \uparrow +2e \tag{4.2}$$

在化学镀铜过程中反应（4.1）和反应（4.2）为共轭反应。两反应同时进行，甲醛放出的电子直接给 Cu^{2+}，整个得失电子的过程是在短路状态下进行的。综合反应（4.1）和反应（4.2）可得到反应式（4.3）如下：

$$Cu^{2+}+2HCHO+4OH^- \longrightarrow Cu+2HCOO^-+2H_2O+H_2 \uparrow \tag{4.3}$$

化学镀铜反应必须具备以下基本条件，反应式（4.3）才能顺利进行。

① 化学镀铜液为强碱性，甲醛的还原能力取决于碱性强弱的程度，即溶液的 pH 值。

② 在强碱条件下，要保证二价铜离子不形成 $Cu(OH)_2$ 沉淀，必须添加足够的二价铜离子络合剂。由于络合剂在化学镀铜反应中不消耗，所以反应（4.3）中省略络合剂。

③ 只有在催化剂存在的条件下，才能加速沉积出金属铜，新沉积出来的铜本身就是一种催化剂，所以在经过活化处理的表面，一旦发生化学镀铜反应，此反应就可以在新生的铜表面继续进行。

④ 根据反应式从理论计算可知，每沉积 1mol 铜要消耗 2mol 甲醛和 4mol 氢氧化钠，而实际上铜、甲醛和氢氧化钠的消耗量要大于理论值；所以要保持化学镀铜的速率恒定和质量，必须及时补加相适应的消耗部分。

加有甲醛的化学镀铜液，不管使用与否总是存在着以下两个不必要的副反应，致使化学镀铜液产生自然分解。

（1）氧化亚铜（Cu_2O）的形成反应

$$2Cu^{2+}+HCHO+5OH^- \longrightarrow Cu_2O+HCOO^-+3H_2O \tag{4.4}$$

反应式（4.4）所生成的 Cu_2O，在强碱性条件下生成溶于碱的 Cu^+，存在着以下可逆反应：

$$Cu_2O+H_2O \Longleftrightarrow 2Cu^++2OH^- \tag{4.5}$$

在化学镀铜液中，反应式（4.4）所生成的 Cu_2O 数量极少，远小于 Cu^+ 和 OH^- 反应的溶度积，所以在碱性条件下存在可逆反应（4.5），在溶液中，一旦两个 Cu^+ 碰在一起，便产生反应式（4.6）的歧化反应：

$$2Cu^+ \longrightarrow Cu + Cu^{2+} \tag{4.6}$$

反应式（4.6）所生成的铜，是分子量级的铜粉分散在溶液中，这些微小的铜颗粒都具有催化性，在这些小颗粒的表面上便开始了反应式（4.3）所示的化学镀铜反应。如果溶液中存在很多这样的小铜颗粒，整个化学镀铜液会产生沸腾式的化学镀铜反应，导致溶液迅速分解。所以，在化学镀铜液中应加入一价铜离子的掩蔽剂抑制式（4.6）的反应。

（2）甲醛与氢氧化钠之间的化学反应，称为康尼查罗反应（Cannizzaro）

$$2HCHO + NaOH \Longrightarrow HCOONa + CH_3OH \tag{4.7}$$

在化学镀铜液中一旦加入甲醛，反应（4.7）就开始，无论化学镀铜液处于使用状态还是静止状态，上述反应一直在进行。根据分析，每存放 24h 大约要消耗 1～1.5g/L 甲醛。暂时放置不用的化学镀铜液，几天以后就会因歧化反应，大部分甲醛会变成甲醇和甲酸。与此同时，氢氧化钠也会大量消耗，使镀液的 pH 值变低。因此暂时放置不用的化学镀铜液重新使用时，必须重新调整 pH 值，并补加足够的甲醛。因为当 pH 值已调到符合要求的工艺范围内，而甲醛的含量小于 3mL/L 时，会加速 Cu_2O 的形成反应，促使化学镀铜液快速分解。要获得良好的化学镀铜层，就必须了解化学镀铜的工艺特性，才能进行有效的控制。

2．化学镀铜工艺的特性

化学镀铜不受基材性质的限制，金属、非金属表面均可使用；不受被镀物体表面形状的限制，无论是凹槽、空腔、深孔、盲孔等，凡能与溶液接触的部位均可获得均匀的镀层，不需外加电流，设备装置比较简单，因而应用范围广泛。印制板加工中的孔金属化技术正是利用化学镀铜工艺的这些特性，在基材的表面和孔壁上沉积能够导电的铜层。

3．化学镀铜层与基材的结合力

化学镀铜层与孔壁非金属基体的结合是物理结合，一旦受到热冲击或温度的变化，由于镀层与非金属基体的热膨胀系数相差较大，产生热应力导致镀层出现分离现象。因此，必须严格控制过程中每个步骤，提高铜与基材的结合力才能获得可靠的导电铜层。为此，必须严格做好以下工艺过程才能保证化学镀铜层与基体的结合力。

（1）镀前处理

对于非金属材料表面化学镀来讲，镀前的处理包含两个方面：一是表面清洁处理，其作用就是除去基板孔壁表面的油污等有机或无机污物，使镀液与非导体表面可靠地接触；二是表面的改性处理，其作用是改善化学镀液对基体材料的润湿能力，使镀层与非导体表面牢固、致密地结合。这是现代化学镀前处理配方所具有的功能作用。因此正确地选择配方和严格的操作维护，是镀前处理质量控制的两项基本控制要点。

（2）严格的工艺条件控制

根据自身催化氧化-还原型化学镀铜工艺特性，必须严格地控制操作工艺条件，保持化学平衡，关键是保持镀液的稳定性问题。如果镀液稳定性差，化学镀铜质量难以保证也不利于连续生产；如果镀液过于稳定，沉积速率太慢，甚至出现镀层覆盖不完整的"空洞"；镀液过于接近反应点，镀件浸入后化学反应过于剧烈，沉积层结构疏松，镀层性能低劣，无法满足印制板孔金属化的技术要求，严重时会导致镀液无谓的消耗和自发分解失效。因此严格控制工艺条件是保证化学镀铜层质量的关键之一。

（3）良好的化学镀铜装置

化学镀铜的装置和使用方法对于化学镀铜质量具有不可忽视的作用。首先化学镀铜液的槽体、挂具及加热器、冷却系统、循环过滤系统等，凡与镀液接触的部分都应采用惰性非金属材料制造，以避免引发化学反应在这些部位进行，导致镀液无谓的消耗和自发分解失效。设备应有良好的温度控制系统，高级的设备还有自动补加系统和 pH 值控制系统以保持化学反应能以最佳状态进行。

（4）严格的工艺维护和管理

使用化学镀铜液时必须保持镀液自身的清洁和稳定性，及时调整和补充其中的化学成分，防止外来杂质的干扰和自身催化还原产物的影响。每次使用后，应及时将溶液温度降至室温或化学反应温度以下，降低 pH 值以减缓或停止化学反应，并进行过滤处理。

（5）严格的后处理

化学镀铜工艺的后处理是指化学镀铜后对镀层的处理。通常化学镀铜采用的是"沉薄铜"工艺，沉积出来的铜镀层非常薄，还很容易氧化，因此，化学镀铜后应立即对镀层进行电镀加厚处理，或进行抗氧化的浸渍处理，以避免镀层被氧化和微蚀掉。

（6）严防杂质污染

在化学镀铜过程中严禁将杂质带入镀液和处理液内，以防孔内被异物堵塞，直接影响化学镀铜的效果。防止基板处理过程中将上一工序的处理液带入下一工序镀液内或其他处理液内；每步处理后应将基板清洗干净并尽量避免将清洗水带入处理液中。

（7）及时调整化学镀液和各种处理液

严格控制镀液与各种处理液的成分，及时进行分析、调整、补充及处理，以确保各种溶液的组成成分在正常范围内，这是提高镀层质量和防止"黑孔"（孔内无铜）产生的基础。

4.4.2 化学镀铜的工艺流程

1. 工艺流程

化学镀铜是孔金属化的关键工序，它包括化学镀铜前处理和化学镀铜工序。以甲醛为还原剂的化学镀铜工艺流程如图 4-65 所示。

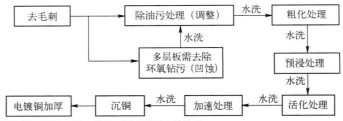

注：① 多层板化学镀铜需要凹蚀处理，单双面板不需要凹蚀处理。
　　② 沉铜分为沉薄铜和沉厚铜：沉薄铜需要后续电镀加厚，沉厚铜在防氧化处理后直接转图形转移工序。

图 4-65　以甲醛为还原剂的化学镀铜工艺流程

2. 工艺过程说明

（1）去毛刺

基材钻孔后在孔口部位有时会出现毛刺，如不去除毛刺，不但会影响金属化孔的外观质量，还可能将毛刺磨到孔内导致孔堵塞，使金属化孔内不能形成完整的镀层，影响电气连接。

去毛刺可以用人工和机械两种方法：人工去毛刺是用 250～350 号水砂纸仔细打磨；机械去毛刺是在专用的去毛刺机上去毛刺。去毛刺机采用含有碳化硅磨料的尼龙刷辊，在一定的压力下高速旋转刷去毛刺，所以去毛刺时应根据板的厚度调整好毛刷对板面的压力。机械去毛刺效果好、速度快，适合于大批量生产。去毛刺后，应检查孔内有无堵塞的残渣，如有残渣应当使用比孔径小的钻头清除或用高压水冲洗。

（2）去除环氧钻污

环氧钻污是多层板在钻孔时，高速旋转的钻头摩擦基材产生热量，当温度超过树脂的玻璃化温度时，黏附在钻头上的树脂留在孔壁上和内层铜箔的断面上，形成一层很薄的树脂钻污层。如果不去除这层钻污将会导致内层导线与金属化孔镀层连接不可靠。环氧钻污的程度与基板材料的工艺特性、钻孔条件有关。钻孔后的多层板面上铜箔毛刺的大小可直接反映出孔壁上树脂钻污的情况。从生产实践经验获知，通常基板板面上毛刺大，则多层板孔壁上的环氧钻污一般会很严重，钻孔不良会使多层板内层铜环产生挤压而形成钉头，在这种孔壁的表面进行化学镀铜，不可能得到可靠的层间连接。但是环氧树脂的玻璃化温度较低，钻孔后孔壁上总会有一些环氧钻污。因此，为保证多层板内层电气互连的可靠性，必须采用去除钻污的方法将孔壁上的环氧钻污去除干净。比较可靠的工艺方法是用化学溶液进行凹蚀处理。经过化学凹蚀处理不但能去除孔壁上树脂钻污层，而且使内层导线连接处的铜环凸出来。经过这样的化学处理可以获得内层导线与孔壁铜层呈三维空间的界面连接的金属化孔。具体的工艺方法有以下几种：

① 硫酸-氢氟酸法。

硫酸-氢氟酸法除钻污有两种方法。

第一种方法是在室温条件下，采用浓硫酸侵蚀 1min，以去除孔壁上环氧树脂钻污层，然后用氢氟酸（或者用氟化氢铵 85g/L、盐酸 170mL/L 反应生成的溶液）在室温条件下处理 3～4min，腐蚀掉裸露出来的玻璃纤维。

氟化氢铵与盐酸混合后游离出氢氟酸，反应式如下：

$$NH_4HF_2 + HCl = 2HF + NH_4Cl$$

而游离出来的氢氟酸与玻璃布纤维进行化学反应：

$$SiO_2 + 4HF = SiF_4 + 2H_2O$$

以达到去除玻璃纤维（主要成分为 SiO_2）的目的。然后使用 15%盐酸溶液浸 10～15min，以去除孔壁上不溶于水的残存物质。凹蚀处理后的孔壁上主要残存物质是氟化钠（NaF），因为无碱玻璃布含有少量的钠盐，它与氢氟酸反应后形成不溶于水的氟化钠沉积在孔壁上。用盐酸侵蚀使 NaF 变为溶于水的氯化钠。

第二种方法是用浓硫酸（94%～98%）100mL、氟化氢铵 25g 的溶液进行处理，操作温度为 15～30℃，处理时间为 1～2min，然后用 10%氢氧化钠水溶液中和后，用水冲洗、吹干。

浓硫酸去除钻污后孔壁的电子显微照片（×1000）如图 4-66 所示。

这两种方法比较简单，相对成本比较低。但浓硫酸易吸水，更换的频率高，操作起来速度要快，难以实现自动化生产。由于浓硫酸的黏度比较大，流动性比较差，不适宜处理小孔。同时处理后的树脂表面光滑，与化学镀铜层结合力差。

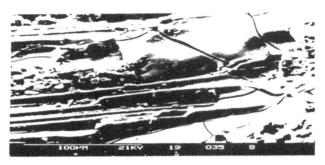

图 4-66   浓硫酸去除钻污后孔壁的电子显微照片（×1000）

② 高锰酸钾法。

高锰酸钾法不但能将环氧钻污除去，还能蚀刻树脂表面使其形成细小的凹凸不平的小坑，增加接触面积，以提高孔壁与铜层的结合力，并且提高对活化剂的吸附量，使化学镀铜层空洞和针孔现象减少。

高锰酸钾法具有高稳定性，既经济又高效，工艺管理和维护比较方便。但是采用高锰酸钾法必须对孔壁的树脂进行预处理，而且还要防止强氧化剂的高锰酸钾被带入后面的工艺流程中去，影响孔金属化的最后质量。具体分两步骤进行：

a. 进行溶胀处理。采用有机溶剂如丁基卡必醇等，利用其渗入树脂内使环氧树脂膨胀。因为只有形成疏松的环氧树脂残余物才能被高锰酸钾除去，孔壁内树脂才能被微蚀成许多孔隙。如不经过溶胀处理，就很难被高锰酸钾除去，更不可能改变表面结构。

溶胀处理是在温度较高（约 60℃）、约 1N（当量浓度）的碱性条件下进行的，因此需采用不锈钢处理槽。通过控制工艺参数，如溶胀剂的浓度、使用温度和碱度，可改变树脂被微蚀的程度。溶胀剂虽不与树脂起化学作用，但随着长时间高温处理，易老化，需 1～2 个月更换，具体更换时间由生产量而定。

b. 去除钻污。高锰酸钾在碱性和高温工艺条件下，去除被溶胀环氧树脂的具体化学反应为

$$2C + 2KMnO_4 + 2OH^- \longrightarrow 2MnO_2 + 2CO_2 \uparrow + 2KOH$$

$$4KMnO_4 + 4KOH \longrightarrow 4K_2MnO_4 + 2H_2O + O_2 \uparrow$$

$$3K_2MnO_4 + 2H_2O \longrightarrow 2KMnO_4 + MnO_2 + 4KOH$$

化学反应的结果产生锰酸根与 MnO_2，将会降低溶液的活性和氧化能力。需进行电解或添加再生盐的方法，将锰酸根再生为具有氧化能力的高锰酸根，对 MnO_2 可使用循环过滤的方法除去。再生的方法有两种，即再生盐法和电解法。这两种方法就是利用溶液中的 MnO_4^{2-} 再生转变成 MnO_4^- 以避免转化为 MnO_2。

方法一：添加再生盐，如 $Na_2S_2O_8$ 作添加剂，但随着添加量的增多，副产物累积，导致溶液的使用寿命缩短，需频繁更换，成本随之增加。

方法二：电解再生就是利用高锰酸钾再生器电解 MnO_4^{2-} 再生成 MnO_4^-，是一种比较经济的再生方法。电解再生器的阴极通常采用大表面积的不锈钢柱形圆筒。

阳极表面反应：$MnO_4^{2-} -e \longrightarrow MnO_4^-$

工艺条件：电压为 6～9V、电流为 250A 的整流器。

高锰酸钾工作液氧化能力，通常用氧化系数表示。

$$氧化系数（\gamma）= \frac{高锰酸钾含量}{高锰酸钾含量+锰酸钾含量}$$

一般氧化系数 γ 是通过化学分析方法测出 Mn^{6+} 与 Mn^{7+} 的锰含量而算出的。正常的高锰酸钾工作液氧化系数（γ）应大于 0.75。如果 $\gamma<0.75$ 就意味着高锰酸钾工作液氧化能力变差，需要加大电解电流或延长电解再生器的工作时间（如停产不停电，电解再生器工作），或增加再生器的数量。

由于 MnO_4^{2-} 不断氧化形成 MnO_4^-，故工作液不需大量添加高锰酸钾原料（小量添加只是为了平衡液带出的损耗），因而生产成本大大降低。但使用寿命久的工作液也有部分 MnO_4^{2-} 转为 MnO_2 沉淀，需要定期清理除去，而且每 3～6 个月更换一次。

c. 中和处理。碱性高锰酸钾溶液的残余物对后序工序的除油液（清洗液）、活化液有影响，因此需要对基板孔内壁进行中和处理，以去除孔内残留的二氧化锰、锰酸根、高锰酸根及还原带出的高锰酸根。进行酸中和处理的反应式如下：

$$2MnO_4^- + 5C_2O_4^{2-} + 16H^+ \longrightarrow 2Mn^{2+} + 10CO_2\uparrow + 8H_2O$$

$$MnO_2 + C_2O_4^{2-} + 4H^+ \longrightarrow Mn^{2+} + 2CO_2\uparrow + 2H_2O$$

中和处理常用硫酸-过氧化氢体系或其他还原剂的酸性溶液，在中和液中添加氟化物，可对玻璃纤维起到蚀刻和粗化的作用，对于多层印制板的凹蚀有很好的作用。在处理过程中，应控制其化学反适当，以避免 $2MnO_4^-$ 转变成 MnO_2 沉淀，发生小孔被堵塞现象。所以，对硫酸-过氧化氢体系的稳定性、还原性和酸性还原能力强弱的选择非常重要。严格控制溶液的配制和工艺条件，多层板凹蚀深度要控制在 0.005～0.08mm，最佳值为 0.013mm。

多层板内层经除钻污凹蚀处理和化学镀铜后的横截面的金相照片如图 4-67 所示。碱性高锰酸钾除钻污后孔内电子显微照片（×1000）如图 4-68 所示。

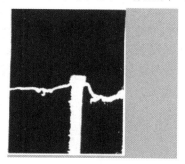
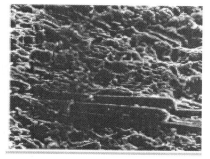

图 4-67　多层板内层经除钻污凹蚀处理和化学
镀铜后的横截面的金相照片

图 4-68　碱性高锰酸钾除钻污后孔内
电子显微照片（×1000）

除了这两种化学方法去除环氧钻污以外，还可使用等离子体等工艺方法去除环氧钻污。

（3）除油污处理（清洁调整）

除油污处理是化学镀铜的重要工序之一，是化学镀铜成败的关键步骤。通常基板钻孔后，孔壁可能有污染和带有负电荷，带有负电荷的胶体钯微粒就很难吸附在孔壁表面形成活化中心。为去除油污，清洁孔壁表面和调整孔壁基材表面静电荷，应提高对胶体钯的吸附能力，进而提高化学镀铜与基板表面的结合力。因此，使用清洁剂清除油污并消除孔壁带有的负电荷，需要在处理液内添加阳离子型的表面活性剂，目的是提高孔壁对胶体钯的吸附能力。钯的吸附量因调整剂种类、工艺参数，如浓度、温度、pH 值，而有差异。所以既要选好清洁剂又要严格控制工艺条件。选择清洁剂有两条原则，即应具有优良的润湿性和具有良好的水洗性。通常采用碱性清洁剂，也有采用酸性或中性清洁剂的。

① 碱性清洁剂。

几种典型的碱性清洁剂的配方工艺条件见表 4-24。

表 4-24　几种典型的碱性清洁剂的配方工艺条件

配方及工艺条件	配方 1	配方 2
碳酸钠（$NaCO_3$）	20～30g/L	50～60g/L
磷酸三钠（$Na_3PO_4 \cdot 12H_2O$）	50～60g/L	40～50g/L
硅酸钠（Na_2SiO_3）	10～12g/L	
氢氧化钠（$NaOH$）	30～50g/L	
OP 乳化剂		3～4
添加剂	少许	少许
温度（℃）	40～50	55～60
时间（min）	2～3	4～6

② 酸性清洁调整剂。

常用的酸性清洁调整剂的配方如下：

硫酸（H_2SO_4 98%）：50～60g/L。

添加剂：少许。

活性剂：少许。

操作条件：温度为 30～40℃；时间为 2～5min。

目前印制板生产用的化学试剂大都由专门的药品供应商提供，尽管所用的化学药品成分不同，但其原理是相同的。

（4）粗化处理

粗化处理是对铜层表面和表层、内层铜断面的微蚀，是为了保证化学镀铜层与原铜基体具有良好的结合强度，以保证多层板内外层导线与孔壁金属连接的可靠性，并能在图形电镀过程中保证金属镀层不脱落。常见的化学粗化液有如下几种：

① 过硫酸铵粗化液。

过硫酸铵粗化液的配方如下：

过硫酸铵（$(NH_4)_2S_2O_8$）：190～200g/L。

硫酸（H_2SO_4，$\rho=1.84g/mL$）：80～90mL/L。

操作条件：温度为 25～30℃；时间为 1～2min。

粗化处理后用清水冲洗，再用 15%的硫酸处理 0.5～1min，水清洗干净后进行活化处理。该配方的最大的缺点是溶液不稳定，配制后的溶液不管使用与否，随着放置的时间增长，过硫酸铵都要分解，从而使溶液失去腐蚀的能力，达不到粗化的目的，因而使用得较少。

② 酸性氯化铜粗化液。

酸性氯化铜粗化液的配方如下：

氯化铜（$CuCl_2 \cdot 2H_2O$）：60～80g/L。

盐酸（HCl）：200～250mL/L。

操作条件：温度为 20～30℃；时间为 1～2min。

　　该粗化液的最大特点就是溶液稳定，粗化效果好，而且可以再生，能长期连续使用，从而降低了成本，减少了废液的污染。氯化铜粗化液再生方法有过氧化氢再生法、电解法、氯气法、通氧气法或压缩空气法等。

　　③ 硫酸-过氧化氢粗化液。

　　硫酸-过氧化氢粗化液的配方如下：

　　硫酸（H_2SO_4，$\rho=1.84g/mL$）：80～90mL/L。

　　过氧化氢（H_2O_2，30%）：60～90mL/L。

　　稳定剂 1：适量。

　　稳定剂 2：适量。

　　操作条件：温度为 20～30℃；时间为 2～3min。

　　过氧化氢在使用过程中容易分解使粗化效果下降，所以应添加稳定剂延缓其分解速度。不同类型的稳定剂对铜的蚀刻速率及过氧化氢分解速率的影响见表 4-25。

表 4-25　不同类型的稳定剂对铜的蚀刻速率及过氧化氢分解速率的影响

添加的化合物	添加数量	对铜的蚀刻速率	H_2O_2 分解速率
$C_2H_5NH_2$	10g/L	28%	1.4mg/min
$n\text{-}C_4H_9NH_2$	10mL/L	232%	2.7mg/min
$n\text{-}C_8H_{17}NH_2$	1mL/L	314%	1.4mg/min
$H_2NCH_2NH_2$	10g/L	202%	2.4mg/min
$C_2H_5CONH_2$	0.5g/L	98%	—
$C_2H_5CONH_2$	1g/L	53%	—
不添加	0	100%	快速分解

　　配制方法：首先取 1/2 体积的去离子水，然后缓慢地将硫酸加入，冷却至 50℃以下，加入稳定剂 1，溶液混合均匀后，再缓慢地加入过氧化氢，再加稳定剂 2，最后用水冲稀至所需体积，搅拌均匀即可使用。

　　（5）络合处理

　　粗化处理后生成的氧化亚铜沉积在铜基体上，用水洗方法无法除掉，影响化学镀铜层结合力。为消除这些沉淀物对后续工序带来的不利影响，采用下列溶液进行处理，使不溶于水的金属离子经过处理后形成可溶于水的金属络合物。如果采用硫酸-过氧化氢微蚀后水冲洗等比较彻底，可以省略此工序。常见的络合液配方如下：

　　柠檬酸：40～50g/L。

　　十六烷基溴吡啶：0.5～1g/L。

　　pH 值（用氨水调整）：3。

　　操作条件：温度为 20～30℃；时间为 2～3min。

　　因为此种溶液对粗化过的铜基体表面有整平性缓慢腐蚀作用，处理时间不能超过 3min，否则会使经过粗化的表面变得很光滑，影响化学镀铜层的结合强度。

　　（6）预浸处理

　　为防止将水带到活化液中，使活化液的浓度和 pH 值发生变化，通常在活化前先将板浸入预浸液中处理，然后再浸入活化液中。预浸液的组成成分，随使用的活化液的不同而变化，通常与活化液配套使用。需按工艺规定进行分析调整，特别是其中铜浓度变高时，铜会被印制板带入活化液中，造成活化液的分解或聚沉，因此需及时更换预浸液。

（7）活化处理

化学镀铜反应需要在催化剂的作用下才能较快地启动，活化的目的是使经过以上工序处理的基材表面和孔壁的表面，吸附一层具有催化性能的金属分子层，使化学镀铜反应在基材表面和孔壁上顺利进行。对化学镀铜反应具有催化性能的金属有金、银、钯和铜等，催化剂都是以分子状态吸附在基体表面的，催化的活性非常强。早期采用的活化液是硝酸银的氨水溶液，其催化能力强，但颗粒粗糙、化学镀铜层结构疏松，并且银盐氧化后又污染板面、降低化学镀铜层与基体的结合力，所以早已被淘汰。目前使用最多的活化液是钯，以氯化钯的形式提供金属钯，使用的液体形式有离子型、螯合离子型及胶体型（分为盐基和酸基）。盐基胶体型是氯化钯活化液中较好的一种，它有很多优点，如沾污小、溶液稳定、配制和操作简便、化学镀铜质量好等，因此被广泛使用。

活化液是化学镀铜的关键步骤，其种类较多，配制、使用和维护都有严格的要求，因而其具体的工艺过程将在 4.4.3 节中详细介绍。

（8）加速处理

盐基胶体钯活化处理后在基体表面上形成一层非连续性的外层包有 Sn(OH)Cl 胶体化合物的钯核。为使金属钯有更好的活性，在化学镀铜前必须将此物除去，这种处理方法也称为加速处理。加速处理更重要的作用是能使化学镀铜的引发期一致，从而获得更为均匀的化学镀铜层，并能显著地提高化学镀铜层与基体间的结合力。典型加速处理溶液（解胶剂）见表 4-26。可以用酸性或碱性溶液。其中有 5%的氢氧化钠、10%的试剂盐酸水溶液、5%氟硼酸水溶液，这些溶液都对锡酸盐胶体化合物具有溶解作用。尤其是 5%氢氧化钠水溶液解胶速度最快，处理 1.5min 即可，钯颗粒暴露得最充分，加速引发化学镀铜反应效果也最好，再经过水洗后进行化学镀铜。但是，该法的缺点是氢氧化钠对水质特别敏感，在应用过程中总是不可避免地要产生一些絮状沉淀物。这些沉淀物对印制板造成污染，严重时会造成个别孔出现空洞。在印制板生产中应用比较多的是以氟硼酸水溶液作为加速解胶剂，此类加速剂虽然解胶速度慢一些，但其作用十分平稳，很少发生解胶过度的情况，同时对水质要求不高。采用氟硼酸液解胶处理后的化学镀铜层与铜箔的结合力最好。

表 4-26　典型加速处理溶液（解胶剂）的配方及工艺条件

配方及工艺条件	配方 1	配方 2	配方 3
氢氧化钠（NaOH）	50g/L		
盐酸（HCl，36%）		100mL/L	
氟硼酸（HBF_4，49%）			40mL/L
硼酸（H_3BO_3）			5g/L
温度 T（℃）	室温		
时间 t	1～3min		2～7min
搅拌	机械搅拌		

由于酸性加速解胶剂均对铜及铜的氧化物有一定的侵蚀和溶解作用。所以，酸性加速解胶剂在使用过程中不可避免的有铜离子溶入。为此，必须严格控制溶液中的铜含量，使其保持在 1g/L 以下，否则会降低溶液解胶的性能。

（9）化学镀铜

化学镀铜是一种不用外加电流在绝缘材料表面沉积铜的方法。经活化处理后的基材和孔壁表面吸附了金属催化粒子，将印制板浸入加入了还原剂（通常为甲醛）的化学镀铜液后，在金属催化粒子的作用下，化学镀铜液中的氧化还原反应很快就开始，铜离子被还原剂还原后就沉积在这层催化层上，成为新生的铜晶核，该新生的铜层有催化作用，使化学镀铜液中的铜离子不断地被还原，又不断产生新的催化层，使化学镀铜反应继续进行，直至达到所需要的铜层厚度。

化学镀铜层的厚度分为薄铜 $0.3\sim0.8\mu m$ 和厚铜 $1.5\sim2.5\mu m$，为了提高效率和考虑后续加工的可靠性，通常采用沉薄铜再及时进行电镀铜加厚的工艺。如果沉厚铜，应及时在进行防氧化处理后直接进行图形转移和图形电镀，但是由于后续加工的工序多、时间长，并要去除化学镀铜层上的氧化物，容易损坏化学镀铜层而影响金属化孔的质量，所以采用此工艺的不多；如果采用加成法工艺制作印制板，可以采用更厚的化学镀铜层工艺，改变化学镀铜液配方，延长化学镀铜时间，使铜层厚度达到 $25\sim30\mu m$。化学镀铜液是化学镀铜工艺的关键溶液，它的性能和稳定性对孔金属化的质量和生产效率有重要影响。化学镀铜液的种类繁多、化学反应复杂，正确地使用和维护对保证金属化孔的质量和生产效率有极重要的影响，所以在 4.4.4 节将专门叙述。

（10）电镀铜加厚

经过化学镀铜后在印制板表面和孔壁上形成的铜层较薄，如果采用沉薄铜工艺，必须在化学镀铜后及时进行电镀铜，加厚孔内的铜层，使铜厚度达到 $8\sim12\mu m$，以保证后续的图形转移和图形电镀工艺需要。电镀铜加厚采用的工艺与图形电镀铜时所采用的电镀铜工艺相同，具体工艺和镀液配方见 4.5.1 节酸性镀铜工艺。

4.4.3 化学镀铜工艺中的活化液及其使用维护

化学镀铜工艺中的活化液按其金属催化剂形成的形式，将活化分为一步活化法和二步活化法。不同方法使用的活化液的特性和工艺方法不同。

1. 一步活化法的活化液

一步法就是将敏化剂和活化剂进行化学反应，在溶液中形成含有金属钯的胶体颗粒，在活化处理时利用物理吸附作用，在基体表面形成钯活化中心。因此，活化液中的贵金属不会与金属铜之间产生置换金属层，活化后在基体表面上产生的只是单分子层的催化质点，对提高镀层的结合力提供良好的表面状态。胶体钯活化液就是一步法的活化液，该活化液根据胶体粒子的分散介质不同，又分为酸基胶体钯活化液和盐基胶体钯活化液。酸基胶体钯活化液是以高浓度盐酸水溶液为分散介质的胶体钯活化液；而盐基胶体钯活化液是以氯化钠水溶液为分散介质的胶体钯活化液。下面介绍几种典型的活化液及工艺步骤。

（1）酸基胶体钯活化液

酸基胶体钯活化液的配方见表 4-27。

表 4-27 酸基胶体钯活化液的配方

配　　　方	甲　　液	乙　　液
氯化钯（$PdCl_2$）	1g/L	
盐酸（HCl，37%）	180mL/L	

配　　　方	甲　液	乙　液
氯化亚锡（$SnCl_2 \cdot 2H_2O$）	2.54g/L	75g/L
去离子水	200mL/L	
锡酸钠（$Na_2SnO_3 \cdot 7H_2O$）		7g/L
盐酸		120mL/L

采用酸基胶体钯活化液处理多层板时容易产生"粉红圈"，这是因为活化液中含有浓度较高的盐酸，盐酸的活性很强，是一种渗透能力很强的酸，极易侵蚀到多层板孔口周围和内层连接盘铜箔的氧化层上，产生"粉红圈"。同时，酸基胶体钯活化液中含有较厚胶体状锡酸盐化合物，既不利于提高胶体钯活化性能，又有损于化学镀铜层与基体铜箔结合力。另外，酸基胶体钯活化液中盐酸用量大，酸雾大，工作环境差，不利于操作人员健康和危害环境。其次是活化液中钯含量高，生产成本高，目前采用的较少，因而不再详细介绍。

（2）盐基胶体钯活化液

针对酸基胶体钯活化液的不足，以氯化钠水溶液为介质的较稳定的盐基胶体钯活化液更优越，它的主要特点是钯含量低、胶体钯颗粒细、活化性能更好，成本低、酸雾小等。

① 盐基胶体钯活化液的典型配方及工艺条件见表 4-28。

表 4-28　盐基胶体钯活化液的典型配方及工艺条件

配方及工艺条件	配方 1	配方 2	配方 3
氯化钯（$PdCl_2$）（g/L）	0.25	0.25	0.2～0.4
氯化亚锡（$SnCl_2 \cdot 2H_2O$）（g/L）	7～12	3.2	8～24
盐酸（HCl，37%）（mL/L）	10	10	10～12
氯化钠（NaCl）（g/L）	250	160～200	170～180
酸式盐（g）	25～30		
锡酸钠（$Na_2SnO_3 \cdot 7H_2O$）（g/L）		0.5	0.5
尿素（NH_2CONH_2）（g/L）	50	50	50
密度（g/mL）	1.18～1.2	>1.29	1.2～1.28
pH 值	0.5～1.5	0.3～0.7	0.4～0.8
温度（℃）	25～35		
时间（min）	3～5		

在盐基胶体钯活化液中，添加尿素使它与溶液中的 Sn^{2+} 和 Cl^- 反应生成稳定的络合物 $[H_2N-\overset{O}{\overset{\|}{C}}-NH_2]SnCl_3^-$，改变了 Sn^{2+} 的氧化还原电位，空气中的氧不易使 Sn^{2+} 变成 Sn^{4+}，同时防止了盐酸的挥发，使活化液的 pH 值稳定，因而添加尿素对活化液稳定性起到重要的作用。当前印制板生产厂家所用的活化液一般均由专业供应商提供。虽然其成分不同，但化学原理是一致的。

② 盐基胶体钯活化液配制方法（以 1L 为例）。它分为甲、乙两液分别配制再混合在一起使用。

甲液制备：将氯化钯加热溶解于 5mL 盐酸中，必要时加少许去离子水帮助溶解，恒温 55℃±2℃待用。再将 4g 氯化亚锡加热溶解于 5mL 盐酸和 10mL 去离子水中，恒温 55℃±2℃待用。将以上氯化亚锡液缓缓加入含氯化钯的溶液中，并在 55℃±2℃恒温条件下连续搅拌 4～7min，待溶液变为棕红色后继续熟化半小时。

乙液制备：在容器中加 850mL 去离子水或蒸馏水，按顺序加入 250g 氯化钠、50g 尿素、25～30g 酸式盐、5g 氯化亚锡，搅拌并加热帮助溶解，恒温 50℃±5℃备用。

将制备好的甲液加入乙液中，搅拌混合均匀后，加去离子水（50℃±5℃）到刻度，加盖、避光，恒温 50℃±5℃，3～4h，冷却到 40℃以下即可使用。

③ 为确保盐基胶体钯保持长久的活化性能和不聚沉，应注意维护与管理，严格控制 pH 值和密度及 Sn^{2+} 的含量（>8g/L）。控制工艺参数在工艺范围内，活化液的稳定性更好，活性更佳。具体应做好以下各项控制。

a. 胶体钯的形成和催化活性以及稳定性均与配制工艺过程中的操作密切关联。因此，配制所需要的化学药品的纯度，都必须是"化学纯"以上的化学试剂，其中氯化钯和氯化亚锡应选择"分析纯"试剂。氯化亚锡使用前还必须用试剂级盐酸水溶液（2:1）作溶解性鉴定试验。如在配制过程中发现溶液呈现乳白色混浊状，则必须停止使用，否则配制出来的胶体钯活化液不仅活性差、稳定性差，而且还会出现化学镀铜层与基体铜箔分层的现象。配制胶体钯活化液必须使用去离子水或蒸馏水，以免水中的杂质影响溶液的活化性能。

b. 做好预浸液工艺控制。胶体钯活化质量在很大程度上取决于胶体态化合物在板表面的吸附质量，而吸附质量除了要受胶体钯活化液配制质量的影响之外，还与印制板的预浸液的清洁度、浓度、电荷特性等条件密切相关。因此，必须严格地控制活化前预浸液中溶液成分的比例和浓度的变化等。

c. 控制活化液的酸度对于维护盐基胶体钯活化液的稳定性十分重要。与酸基胶体钯活化液控制要点不同的是，盐基胶体钯活化液并非酸度越高越好，过高的酸度会加速盐基胶体钯中 Sn^{2+} 的氧化速度，致使溶液过早失效。当盐基胶体钯溶液的 pH 值超出工艺规范时，应及时进行调整。

d. 控制活化液的密度维持在 1.18～1.2g/mL（22～24°Be′）。保持盐基胶体钯活化液有稳定的胶体粒子，需要大量的 Cl^-，而氯离子是由大量加入氯化钠（NaCl）提供的。溶液密度下降，也就是氯离子减少，是溶液稳定性下降的信号。因此，应在生产过程中，随时注意监测活化液密度的变化。

e. 控制钯含量在 100～150mg/L 范围内，最佳含量为 140mg/L。钯含量过低或过高都不利于获得好的活化效果。钯含量过高还容易聚沉，并且随活化的印制板带出溶液的钯浓度高会造成浪费。

为了确保盐基胶体钯的活性和稳定性，应当定期分析胶体钯溶液中的钯含量，根据分析结果补充钯。溶液中的钯含量可采用分光光度计来测定，也可以用比色法来测定。

比色法可以根据生产条件，自行配制一系列的不同活化强度的标准比色液（见表 4-29），分别注入比色管中，蔽光、密封保存。使用时，在生产线上随时提取 5mL 胶体钯活化液，加入 95mL 预浸液稀释后，装入同等规格的比色管中与各种标准比色液做比较。被测溶液接近哪种活化强度标准比色液，则表明被测液中的钯浓度越接近这种标准的钯含量。

表 4-29　标准比色液数据表

钯含量（mg/L）	活化强度的标准液（%）	标准液配制比例	
		参比活化液（mL）	预浸液（mL）
140	100	5	95
112	80	4	96
84	60	3	97
70	50	2	98

注：参比活化液为新开缸的活化液。

根据比色的结果及时补加，如使用盐基胶体钯必须配制浓缩液，并以勤加、少加的方法随时补充钯含量的消耗，使其活化性能始终处于最佳状态。

f. 控制钯/锡比例。胶体钯活化液中的 Sn^{2+} 含量对于胶体化合物的吸附特性具有极为重要的影响。当溶液中 Sn^{2+} 含量下降时，胶体化合物的有效浓度下降，会导致板吸附量的减少，催化层不连续，同时也将造成胶体钯颗粒不稳定，自发产生聚沉现象。因此，对于盐基胶体钯活化液，要确保控制溶液中 $SnCl_2$ 含量在 8～12g/L 为最适宜。在补加 $SnCl_2$ 时，应使用少量的试剂盐酸水溶液溶解后方可以加入槽内。

g. 控制铜含量在 200mg/L 以下。可采用原子分光光度计来测定活化液中的铜含量。实践证明，胶体钯活化液中铜的含量累积增多将会降低该溶液的活性，最终导致化学镀铜时会产生"空洞"缺陷。对于高可靠性化学镀铜技术，必须严格控制活化液中铜离子含量和其他杂质含量，一般控制 Fe 含量小于 $500×10^{-6}$。

h. 适当的印制板移动或溶液流动有助于加速活化剂的吸附，但对活化液进行强力的机械搅拌和压缩空气搅拌，溶于溶液中的氧增加将会加速 Sn^{2+} 的氧化，从而使活化性能变差，所以严禁使用空气和强力机械搅拌活化液。

i. 按工艺规范的要求进行定期过滤，去除溶液中的结晶颗粒、机械杂质和胶体粒子自发聚沉的大颗粒。通常采用循环过滤的方式，既可以为溶液提供适当机械搅拌的条件，也能使溶液保持清洁和活性。

胶体钯溶液的循环过滤应使用无空气泄漏的磁力泵，其流动只要能使溶液每小时循环过滤 2～3 次即可，并采用低极性的工程塑料（如增强型聚丙烯、增强型聚四氟乙烯）作泵体。过滤介质应采用精度为 5～10μm 级的聚丙烯纤维缠绕的滤芯。滤芯应经常更换，而每次更换新的滤芯需进行清洁处理。具体的方法是：首先在热水浸泡，温度为 70℃，时间为 0.5～1h；然后在 5%～10%氢氧化钠水溶液浸泡 4h，流动水清洗 0.5h 以上；接着在 10%盐酸浸泡 0.5h，流动水清洗 0.5h；最后使用去离子水浸泡 1h 以上，就可以用于过滤。

循环过滤系统和管道也可以采用上述工艺方法，以 5%氢氧化钠和盐酸交替循环过滤清洗。清洗应定期进行，以保持过滤系统的完好性。

④ 盐基胶体钯活化处理工艺步骤。

a. 活化前处理。首先将经过粗化的印制板浸入预浸液中浸渍 1min 后取出，不再用水清洗可直接进入胶体钯溶液中进行活化处理。因为经过粗化的板带有一定量的清洗水，如果直接进入活化溶液中，水的积累量增多，会造成溶液的酸度降低，导致胶体钯溶液聚沉。预浸处理液用氯化亚锡 10g/L、盐酸 10mL/L、氯化钠 200g/L 配成，少量的预浸液带入活化液中不会影响活化液的成分。

　　b. 活化处理。为提高胶体钯活化液的催化活性，最好将溶液的温度控制在 25～40℃。作业温度过高，容易造成活化液分解；过低，则胶体粒子的扩散吸附速度减慢，容易造成催化层覆盖不连续。

　　活化处理是利用基体表面的吸附作用来完成的，随着时间加长，被处理的基体表面达到吸附平衡。基体表面所吸附的活化剂数量主要取决于被活化表面的粗糙度和湿润性能，提高活化液的温度可以强化活化效果。双面板的处理条件为室温条件下活化时间 3min，而多层板的处理条件为温度 30℃下活化处理 5min。但是长时间的浸渍不仅无助于活化剂的吸附，反而会使溶液中铜离子含量上升速度加快。这对于提高活化质量，延长溶液使用寿命都不利。

　　印制板进行活化处理时，应不停运动，以便使孔内溶液不断地更新，并除去孔内气泡，使孔壁形成的催化层更均匀。但印制板的运动速度（或振动频率）也不宜过快，以免液体流动的冲刷力降低胶体钯的吸附效果。

　　c. 水洗。基体表面上的催化性活化中心是经水洗后形成的，所以水洗是一道很关键的工序。吸附在钯核外的二价锡离子产生水解反应形成碱式锡酸盐的沉淀，即

$$SnCl_2 + H_2O \longrightarrow Sn(OH)Cl \downarrow + HCl$$

　　这样连同钯核一起沉淀在基体表面上，使之更加完整、致密。为促进二价锡离子的水溶液的凝聚作用，从而加强活化效果，所以在有的配方中以锡酸钠形式加入少量的四价锡离子。

　　（3）胶体铜活化液

　　胶体铜活化液的组成及工艺参数见表 4-30。

表 4-30　胶体铜活化液的组成及工艺参数

组成及工艺参数	含　　量
硫酸铜（$CuSO_4 \cdot 5H_2O$）	20g/L
二甲胺基硼烷（DMAB）	5g/L
明胶	2g/L
水合肼	10mL/L
钯	20×10^{-6}
pH 值	7.0

　　配制过程：分别将明胶和硫酸铜用温水（40℃）溶解后，将明胶液加入硫酸铜液中，用 25%的硫酸将 pH 值调节到 2.5，当温度为 45℃时，再将溶解后的二甲胺基硼烷在搅拌条件下缓慢加入上述混合溶液中，并加入去离子水稀释至 1L，保温 40～50℃，再搅拌至反应开始（约 5～10min），溶液的颜色由蓝色逐渐变成绿色。放置 24h 颜色变成红黑色后加入水合肼，再反应 24h 后胶体溶液的 pH 值为 7，就可以使用。为了提高胶体铜的活性，通常可以添加少量的钯。

　　胶体铜颗粒表面带正电荷，靠自身的静电作用就能良好地吸附在孔壁的表面上，胶体铜颗粒的直径很小，对孔壁的各个死角处的覆盖力比较好，因而减少了孔空洞现象；胶体铜的活化和预浸皆为碱性或中性又不含氯离子，减少了"粉红圈"的形成；催化反应也较慢，其化学镀铜层结晶细致，机械性能好，成本比较低。但是，胶体铜催化的活性不如钯活化液，

生产效率低，因而采用的不多。

2．二步活化法

早期的二步活化法是先用 5%氯化亚锡水溶液进行敏化处理，然后再使用 1%～3%贵金属的盐（$PdCl_2$、$AgNO_3$）水溶液进行活化处理，用二价锡离子还原贵金属离子，在基体表面形成活化中心。此种分步活化的主要缺点是经过敏化处理后，在基体表面上的二价锡离子很容易被氧化，而失去还原贵金属离子的能力，因而形成不了活化中心，往往造成局部化学镀铜不均匀，或根本就沉不上铜。在活化处理时，这类活化剂除了与二价锡离子进行化学反应外，还与基体铜进行置换反应，结果在有铜的部位产生松散的活化金属置换层。在这样松散的活化剂上进行化学镀铜，与基体铜的结合强度就会非常低，直接影响印制板内层印制导线和金属化孔镀层间的连接可靠性。

为了克服早期二步法活化液的缺点，后来出现了螯合型离子钯活化液，避免了催化剂金属在铜层发生置换反应和二价锡离子的氧化。该活化液也是采用两步法，先用螯合离子钯处理，然后再进行还原处理生成有催化活性的钯。由于钯离子以螯合物的形式形成了较强的配位化学键，使钯离子的氧化还原电位降低，在离子钯接触基板上的铜时，不会与铜产生置换反应。螯合剂可用柠檬酸、对羟基苯甲酸等有机羧酸。螯合物能溶于 pH 值大于10.5（最佳 pH 值为 10.5～10.7）的水中成为钯离子的络合物，活化处理后水洗时 pH 值下降，螯合钯离子沉积在需孔金属化印制板的表面和孔壁上，这时用常规的 Sn^{2+} 离子不能还原 Pa^{2+}，必须采用较强的还原剂将钯离子还原为有催化性能的钯原子。通常采用的还原剂有硼氢化物（如硼氢化钾 KBH_3）或硼烷类化合物（如甲基硼烷 CH_3BH_3）等，为了抑制硼氢化物自然分解，在溶液中要加入适量的硼酸。有机络合离子钯的性能十分稳定，不易分解、不沉淀。

为防止还原剂自然分解而影响还原钯和活化的效果，应经常分析还原剂的浓度并及时补加。在连续生产时，根据工作量每半天或一天分析一次。在市场上可以采购到离子钯活化液及其预浸和还原液（又称加速液），如德国 Schering 公司、深圳华美公司、广州东硕、武汉中南电化所等都有系列产品供应。配制方法比较简单，可按产品说明书进行。

离子钯活化液的应用工艺主要是通过浸渍离子钯活化液和还原剂后处理来实现。为提高绝缘基材钻孔后孔壁对钯离子的吸附能力，采用配套的预浸处理液处理效果更好。活化处理分为以下三个步骤。

（1）预浸处理

预浸液是一种含有润湿、调整剂的酸性水溶液。预浸处理能有效地润湿和调整孔壁的电荷特性，以便于离子钯活化液能更均匀地吸附；还能有效地防止水洗过程中的有害杂质带入活化液。与使用盐基胶体钯活化液相同，用预浸液浸渍后不经水洗就可以直接浸入活化液中进行处理。

（2）活化处理

活化处理时将板浸入离子钯活化液，在基板和孔壁的表面吸附螯合的钯离子，在水洗时活化液的浓度下降、pH 值下降，螯合的钯离子沉积在需孔金属化板的表面和孔壁上。

（3）还原处理

还原处理液是一种呈弱酸性的硼氢化物强还原性水溶液。它的主要作用是将吸附于板表面的 Pd^{2+} 还原成 Pd^0，使其具有催化活性。二步还原处理之间工件不需要做任何水洗处理，可直接浸入化学镀铜槽内进行化学镀铜。

与胶体钯活化液相比，离子钯活化液有以下特点：①具有较高的稳定性，不会产生活化粒子分解聚沉的现象。②溶液的密度小、黏度比较低，因而渗透能力强。凡是溶液能渗入到达的凹坑、缝隙内，均可覆盖有催化性的金属粒子，明显地提高了催化能力。③该溶液中不含有其他金属离子，提高板与化学镀铜层的结合力。④溶液的表面张力低，润湿性好，对于一些光滑低极性非金属材料表面，也可以实现催化处理。⑤催化活化性强。特别是经过还原处理后，能有选择地、定量地将 Pd^{2+} 在绝缘材料的孔壁上还原为 Pd^0，不留任何副产物；还能催化中等活性的化学镀铜液发生化学镀铜反应，形成延展性好、致密度高、内应力低的铜沉积层。

螯合型离子钯活化液在市场上可以采购得到，溶液配制和维护比较简单，根据产品说明书提供的数据，按单位体积溶液处理印制板面积补加离子钯活化液和定期更换溶液即可。这种类型的活化液虽然性能比较好，从稳定性机理和催化活性比较，离子钯应比胶体钯性能更为优越。但其应用比胶体钯活化液少，根本原因是价格较贵，另有资料认为其吸附能力要比胶体钯差，对化学镀铜的难度要大于胶体钯。

3．活化效果的检验

活化液对非金属表面的活化效果，与活化液、加速（解胶）性能和状态，以及操作工艺规范有关。活化效果通常采用化学镀铜时的"引发周期"和化学镀铜后对金属化孔进行"背光检测"来进行评估。

① 用"引发周期"做活化效果评价，应首先固定化学镀铜液体系的各项工艺参数，再将印制板经过活化、水洗、加速（解胶）。水洗处理后，从浸入化学镀铜液时开始，到明显能观察到化学镀铜析氢反应时为止这一段时间为引发周期。"引发周期"越短，引发后的析氢反应越剧烈，表明活化效果越好。

② 化学镀铜层的"背光检测"是将化学镀铜后的一排试样孔沿其中心线切下，形成 3～4mm 宽的长条，再将试样用 300～400＃水砂纸打磨切口处的毛边，孔壁背对灯光在显微镜下观察孔壁的透光情况。通常根据透光的强弱将孔壁化学镀铜层的完整性份额为若干等级，一般采用 10 级，不透光为 10 级，根据透光的程度依次降低级别，评定级数越高，表明活化中心越致密，活化质量也就越好。

4.4.4　化学镀铜工艺中的化学镀铜液及其使用维护

化学镀铜工艺目前仍然采用以甲醛为还原剂的工艺。化学镀铜液的主要成分为铜盐、铜离子络合剂、还原剂、pH 值调节剂和稳定剂。其中，铜离子络合剂对化学镀铜液的性能有重要影响。

早期使用的络合剂有酒石酸钾钠（Tart）和乙二胺四乙酸二钠（EDTA-2Na）等。采用酒石酸钾钠为络合剂的化学镀铜配方，其沉积出的铜颗粒粗大，因而延展性差，经高低温循环试验容易断裂或脱层。该化学镀铜液稳定性又不好，既浪费了大量药品又给生产带来很多不便。以 EDTA-2Na 为络合剂的化学镀铜配方，虽然在其稳定性和沉积层性能方面有所提高和改善，但仍达不到更高要求。以后又研制出以酒石酸钾钠和 EDTA-2Na 为双络合剂，并加入一些辅助络合剂和添加剂的化学镀铜配方，该化学镀铜液稳定性和使用寿命均适中，沉积层也具有较好的韧性和延展性，但是双络合体系没有完全解决溶液中 Cu^+ 的抑制和络合问题，还需要进一步解决和完善。

化学镀铜的配方很多，需要根据工艺要求进行选择。因为，一种优良的沉铜液应具备镀液应有的稳定性、快的沉积速率、化学镀铜层应具有良好韧性（延展率）等特性。

1. 典型的化学镀铜液的配方及工艺条件

典型的化学镀铜液的配方及工艺条件见表 4-31。

表 4-31　典型的化学镀铜液的配方及工艺条件

配方及工艺条件	配方 1	配方 2	配方 3	配方 4
硫酸铜（$CuSO_4 \cdot 5H_2O$）（g/L）	12～14	10～12	10～12	10～12
酒石酸钾钠（Tart）（$K NaC_4H_4O_6 \cdot 4H_2O$）（g/L）	35～40		16～18	
乙二胺四乙酸二钠（EDTA-2Na）（g/L）		40～42	18～22	30～32
NN'NN'四羟丙基乙二胺（g/L）				15
氢氧化钠（NaOH）（g/L）	18～20	10～12	12～14	12～15
硫脲（g/L）	0.4～0.5			
亚铁氰化钾（$K_4Fe(CN)_6$）（g/L）		0.08～0.1	0.01～0.03	
铁氰化钾（$K[Fe(CN)_3]$）（g/L）				0.08～0.1
α,α'-联吡啶（g/L）		0.01～0.02	0.02～0.03	0.01～0.015
甲醛（mL/L）	10～15	10～12	10～15	10～15
pH 值	12～13	12±0.5	12～13	12.5～12.8
温度（℃）	25	55～60	40～45	45～50
搅拌方式	空气搅拌	空气搅拌	空气搅拌	空气搅拌
过滤方式	连续过滤	连续过滤	连续过滤	连续过滤

配方 1：采用酒石酸钾钠（Tart）作络合剂的化学镀铜液体系，具有反应温度低、可以在室温条件下操作、触发速度快、配制方法简单等工艺特点。但由于络合物的稳定常数不高，因而溶液稳定性差，通常只能一次性使用。同时，由于酒石酸钾钠不能有效地抑制和络合一价铜离子 Cu^+，因而沉积速率高、镀层结构疏松、性能较脆、延展率低、抗张强度不高，难以满足可靠性高的印制板孔金属化技术的要求，目前基本不采用。

配方 2：采用乙二胺四乙酸二钠（EDTA-2Na）为络合剂的化学镀铜液体系，具有极高的稳定性，溶液可以多次循环使用，络合剂利用率高。同时，由于 EDTA-2Na 不仅能有效地络合 Cu^{2+}，而且又能络合 Cu^+，因而结晶细致，延伸率高，抗张强度好。但是，由于 EDTA-2Na 与铜的络合物稳定常数较高，因而溶液的活性也比较高，单独使用时，只有在温度高于等于 60℃的工艺条件下才能实现快速化学镀铜反应。高温操作不仅能耗高，而且镀液的各成分浓度由于水分的蒸发变化量也较大，这对获得优质、稳定的化学镀铜效果很不利。另外，价格较高，化学镀铜的成本也比较高。

配方 3、4：采用酒石酸钾钠（Tart）和乙二胺四乙酸二钠（EDTA-2Na）为络合剂的双络合剂体系，或乙二胺四乙酸二钠和 NN'NN'四羟丙基乙二胺为络合剂的双络合剂体系。

配方 3、4 综合配方 1、2 的优点，既具有优异的溶液稳定性，又具有适中的反应活化能（即反应起始温度和稳定的工作温度）；镀层性能较之酒石酸钾钠（Tart）体系有明显的改善。在配方 3 中，通过调节 EDTA-2Na 和 Tart 的配比，可以有效地调节化学镀铜反应的起始温度和沉积速率，以及溶液的稳定性，其成本相对要低，性能/价格比高。但是从使用情况分析，双络合剂体系并没有完全解决溶液中 Cu^+ 的抑制和络合问题，因而镀层的综合性能要比 EDTA-2Na 体系稍差些。

2．化学镀铜液的配制与应用工艺

（1）通用配制程序与操作方法

在配制这种类型的化学镀铜液时，由于主盐硫酸铜在无络合物的条件下，极容易生成 $CuOH$ 和 $Cu(OH)_2$ 的沉淀，所以配制时必须按照下列程序进行。

先以开缸用量 60% 的去离子水（或蒸馏水）溶解络合物和主盐硫酸铜；再用另外容器以开缸用量 20%～30% 的去离子水（或蒸馏水）溶解氢氧化钠；然后在不断搅拌条件下将溶解的氢氧化钠缓缓地注入上述络合剂与硫酸铜的混合溶液中，颜色由浅蓝色逐渐变为深蓝色透明的化学镀铜液；用少量的去离子水（或蒸馏水）分别溶解配方所需的各种添加剂，再倒入上述化学镀铜液中搅拌均匀待用（水溶性比较差的添加剂，如 $\alpha\alpha'$-联吡啶，可用乙醇溶解后再倒入化学镀铜液中）。

溶液工作时，首先补足液位至规定体积（注意要扣除甲醛用量的体积），再加热至规定的温度，最后才加入还原剂——甲醛。甲醛加入后 5～10min，便可浸入经活化处理后的印制板进行化学镀铜操作。

（2）以浓缩液开缸和补充方法使用溶液的配方及应用工艺

为实现优质、高效快速、准确的操作与质量控制，化学镀铜液多数都是以浓缩液的方式储存、运输、开缸和补充添加的。

配制化学镀铜浓缩液的基本要点是：将主盐硫酸铜和其他组分分开配制成中性或弱酸性以保存二价铜离子和其他成分，来提高其储存稳定性。

在使用多液型化学镀铜浓缩液配方时，应遵循的基本原则是：任何一种组分的浓缩液中均不应有沉淀，以免影响各成分的性质和浓度的准确性（如酒石酸钾钠和硫酸铜在中性或弱酸性条件下将会产生酒石酸铜沉淀物，虽然这种沉淀物可溶于氢氧化钠水溶液，但作为化学镀铜浓缩液的一种储存方式是不可取的）；其次，浓缩液的配制浓度不宜过高，以免各成分在储存、运输过程中因低温环境而结晶析出。

① 两液型。

双组分两液型配方中，通常将主盐硫酸铜和一定量的络合剂混合溶解在一起，组成浓缩液 A 组分，在有特殊保护措施的条件下，甚至可将还原剂甲醛混合溶解在其中。含有 pH 调节剂的氢氧化钠和一定量的络合剂，组成 B 组分。

稳定添加剂，可根据其在不同 pH 值水溶液中的储存稳定性，有选择性地集中或分别溶解在 A 和 B 组分中。典型的两液型化学镀铜浓缩液配方及工艺条件见表 4-32。

表 4-32　典型的两液型化学镀铜浓缩液配方及工艺条件

配方及工艺条件	配方 I		配方 II	
	A 组分	B 组分	A 组分	B 组分
硫酸铜（$CuSO_4 \cdot 5H_2O$）（g/L）	140±10	—	130±10	—
乙二胺四乙酸二钠（EDTA-2Na·2H₂O）（g/L）	40	—	150	80
酒石酸钾钠（K NaC₄H₄O₆·4H₂O）（g/L）	100	300±20	—	150
氢氧化钠（NaOH）（g/L）	—	125±5	—	125±5
甲醛（37% HCHO）（mL/L），混合 A、B 后加入	8～12			

配方及工艺条件	配方 I		配方 II	
	A 组分	B 组分	A 组分	B 组分
混合比：H₂O:A:B（水为去离子水或蒸馏水）	8:1:1			
工作液的 pH 值	12.8±0.4			
溶液的使用温度（℃）	22 ±5		35 ±10	

　　无论采用"两液型"还是"三液型"配方，在配制化学镀铜浓缩液的 A 组分时都应特别注意，为让二价铜离子充分络合，以求最大限度地提高溶液储存稳定性，必须坚持先溶解络（螯）合剂，再溶入硫酸铜的配制顺序。溶液在配制过程中应始终保持清澈透明状态；其次，硫酸铜必须采用化学纯以上的试剂产品，其水溶液的 pH 值保持在 3.5±0.5，酸度过高的硫酸铜产品将影响浓缩液的使用性能，并且使 B 组分的消耗量增大，从而加速工作液的老化；另外，配制浓缩液必须使用去离子水或蒸馏水，不得使用自来水配制。

　　使用两液型化学镀铜时配制工艺方法是：量取开缸所需的去离子水（或蒸馏水）注入槽中；加入 A 组分搅拌均匀；再加入 B 组分搅拌均匀；将此工作液加热至规定温度，加入甲醛 5～10min 后便可以投入印制板进行化学镀铜操作。工作一段时间后，溶液中的铜离子含量和 pH 值将逐渐下降，这时，只需适当补充 A 组分浓缩液，并按 A 液用量的 50%～70%补加 B 液即可。

　　两液型配方的最大优点是操作简单，使用方便。但也存在下述缺点：由于开缸所需的络合剂和稳定添加剂都分别溶解在 A、B 组分中，而这两种组分在化学镀铜过程中除了印制板的带出损失外，并无反应性的消耗。因此，随着使用过程中不断地补充 A、B 组分，工作液中的络合剂与稳定添加剂的含量也将不断提高，这一方面可能导致溶液过度稳定，提前老化；另一方面也增加了成本。

　　② 三液型。

　　在三液型配方中，通常将 C 组分浓缩液称为"开缸液"，含配方所需绝大部分络合剂和稳定添加剂；A、B 组分称为"开缸添加剂"，A 组分中则只含主盐硫酸铜和少量的络合剂（在有特殊保护的条件下，也可将甲醛混合其中）；B 组分中含 pH 调节剂氢氧化钠和一定量的添加剂（有时也含有一定量的络合剂）。典型的三液型化学镀铜浓缩液配方及工艺条件见表 4-33。

表 4-33　典型的三液型化学镀铜浓缩液配方及工艺条件

配方及工艺条件	配方 I			配方 II		
	A 组分	B 组分	C 组分	A 组分	B 组分	C 组分
硫酸铜（CuSO₄·5H₂O）（g/L）	280	—	—	270±10	—	—
乙二胺四乙酸二钠（EDTA-2Na·2H₂O）（g/L）	50	—	—	50	60	170
酒石酸钾钠（K NaC₄H₄O₆·4H₂O）（g/L）	—	100	350	—	50	130
氢氧化钠（NaOH）（g/L）	—	200	50	—	200	50
甲醛（37% HCHO（mL/L），混合 A、B 后加入	8～12					
混合比：H₂O:C:A:B（水为去离子水或蒸馏水）	8:1:0.6:0.4					
工作液的 pH 值	12.8±0.4					
溶液的使用温度（℃）	22 ±5			35 ±10		

使用三液型配方时应注意：开缸时，应先加入 C 组分，再按顺序加入 A 组分、B 组分和还原剂甲醛，切不可将顺序颠倒，否则将影响溶液使用性能。另外，在加入 A 组分时，溶液中可能产生少量絮状沉淀物（特别是含有酒石酸钾钠络合剂的配方），此属正常现象。加入 B 液后，沉淀现象会自然消失，不影响工作液使用。溶液在使用过程中，只需根据铜离子的消耗量补加 A 组分和 B 组分即可，原则上可不再补加 C 组分。B 组分的补加量大约为 A 组分补加量的 50%～70%。市购的化学镀铜液由于生产商不同，其配方的组成有所不同。

3. 化学镀铜液的维护方法与使用寿命

以浓缩开缸的化学镀铜液体系为例，除单纯以酒石酸钾钠为络合剂的配方外（"两液型"和"三液型"的配方Ⅰ），大多都具有一定的稳定性，因而可在不断补加 A、B 组分的条件下连续工作很长一段时间，但是，为了保证工作液始终处于最佳的工作状态，操作与维护中必须注意以下几个问题。

① 溶液配制和使用在规定的温度条件下进行。

② 溶液工作时的铜含量应保持在开缸要求的 80%～110%范围内（用化学分析法和比色法测定）。

③ 溶液工作期间铜离子的消耗可由 A 组分来补充。但每次补加 A 组分后，都应适量补充 B 组分，以保持工作液的 pH 值始终处于工艺规定要求的范围以内。

④ 化学镀铜液在长期的使用过程中，由于不断补加成分，化学反应生成的硫酸钠含量累积增加，溶液的密度也将不断增高。高浓度的硫酸钠不仅会降低铜离子的活度，进而降低化学镀铜的速度，而且还会降低溶液对于小孔和深孔的润湿能力，使孔内镀层变薄，甚至不连续，并且还会使镀层性能恶化、延伸率降低。因此，对于高稳定性的化学镀铜液体系，控制溶液的密度对于维持溶液的性能和稳定性，保证镀铜层质量，同样具有不可忽视的作用。

一般情况，溶液新开缸时的密度大约为 1.02～1.028g/mL（2.8～3.5°Be′），使用一段时间后，当其达到 1.116g/mL（15°Be′）时，溶液将无法再保证化学镀铜的质量和镀层的性能。这时的溶液只能废弃。溶液在使用过程中，由于不断地补加成分，密度会升高，最有效而又经济的延长化学镀铜液使用寿命的方法就是定期抽出部分旧工作液，再补加新鲜工作液，这样可以显著地延长溶液的老化周期。

⑤ 为维护溶液的稳定性，每天工作完工后，对溶液做一次倒缸过滤处理，并适当地稀释溶液，使其铜含量保持在 75%以下。稀释溶液时应补加络合剂（即 C 组分浓缩液）。

⑥ 在使用或用后冷却过程中的化学镀铜液，应不断地鼓入无油压缩空气，既能起搅拌作用使镀液浓度均匀，又能将化学镀铜液中的一价铜离子氧化，对于提高溶液的活性和稳定性极为有利。

4. 化学镀铜的稳定性

在有催化剂存在的条件下，除了化学镀铜主要反应[化学反应式（4.3）]外，同时还发生着甲醛的自分解反应（歧化反应）、Cu^{2+} 的不完全还原反应（产生 $Cu(OH)$ 或 Cu_2O）、Cu^{2+} 的歧化反应等副反应。这些由副反应产生的产物以极其微小的铜颗粒的形式无规则地弥散在化学镀铜液中，形成了无数个催化活性中心，从而导致溶液自发分解而失效。

采用如下方法可消除化学镀铜液的不稳定因素。

（1）用压缩空气搅拌方法消除 Cu^+

消除 Cu^+ 的方法很多，其中通压缩空气搅拌溶液是消除 Cu^+ 的好方法，它既增加了溶液中氧气含量，又加速了氧气扩散速度，因此，能很快地把化学镀铜过程中生成的 Cu^+ 氧化成 Cu^{2+}，促进溶液的稳定。

（2）严格控制各成分的浓度

化学镀铜液中，硫酸铜、甲醛和氢氧化钠浓度对化学镀铜质量影响较大，维持配方中要求的含量有助于化学镀铜反应正常进行，在一定程度上可抑制 Cu^+ 的生成反应，从而可减少 Cu^+ 的产生。通常 pH 值低或甲醛含量不足和过多都容易生成 Cu^+。

（3）添加适量 Cu^+ 的络合剂和稳定剂

化学镀铜的稳定剂大多对 Cu^+ 具有极强的络（螯）合能力，可将化学镀铜液生成的 Cu^+ 络合或螯合，使其失去催化作，能有效地抑制溶液中 Cu^+ 的歧化反应，消除了分散在溶液中不规则的铜颗粒，从而增加了溶液的稳定性。

Cu^+ 能与含卤、含氮和含硫化合物形成络合物或螯合物。Cu^+ 能与卤化物形成络合物，它的稳定性随着分子量的增加而增加，如碘化钠对 Cu^+ 是一种比较好的络合剂；Cu^+ 能与氮化合物形成络合物，如有机腈和碱金属氰化物，它们能与 Cu^+ 形成很稳定的络合物，而与 Cu^{2+} 形成络合物却很不稳定，有利于化学镀铜液中正常的氧化还原反应，像丙腈、二羟基丙腈、亚铁氰化钾和铁氰化钾等氰化物都有这个作用；Cu^+ 与硫化合物也能形成较稳定的络合物，如烷硫基化合物，它在碱性溶液中很稳定，能很有效地抑制 Cu^+ 的歧化。α,α'-联吡啶、2-巯基苯骈噻唑等高分子化合物对 Cu^+ 都有络合作用。

在化学镀铜液中，还有一种既含硫又含氮的添加剂，对 Cu^+ 的络合能力也很强，如硫脲等。这些添加剂可单独使用或组合使用，但应严格控制其用量。因为过量添加，不仅会使溶液的化学镀铜反应受到抑制，甚至完全停止，而且还会恶化镀层性能，使镀层发脆。另外，在使用这些添加剂时，应注意溶解和添加的工艺方法。由于添加剂用量很少，可事先配制成一定浓度的水溶液后再量取加入。在浓缩液中使用添加剂，还应考虑到添加剂在酸、碱溶液中的储存稳定性。

化学镀铜液采用的主络合剂种类也会影响一价铜离子的量。有的文献中报道，以乙二胺四乙酸二钠（EDTA-2Na）或四羧丙基乙二胺（THPED）为铜络合剂的溶液内测不到 Cu^+ 的存在。这有可能是由于络合剂中含有的羧基掩蔽了 Cu^+ 的缘故。通过工艺试验结果表明：在相同的铜含量、还原剂含量、pH 值和室温的条件下，新配制的酒石酸钾钠体系的化学镀铜液，静置 5h 左右便可以观察到"铜粉"的析出，而 THPED 体系在 1 周以后仍没有观察到"铜粉"的析出，可以继续使用。另外，观察使用后的溶液，当溶液停止工作时，酒石酸钾钠体系仍可以观察到铜还原的析氢反应，直到溶液完全变成无色透明为止。而在 THPED 体系中，观察不到此类现象。如果不做倒缸过滤处理，槽底部能观察"铜粉"析出也要在 24h 以上，通常是在 72h 以后。由此可以得出，EDTA 和 THPED 体系的化学镀铜液要比酒石酸钾钠体系的化学镀铜液产生的 Cu^+ 少，也就是说 EDTA 和 THPED 体系的化学镀铜液更稳定。

（4）采用连续过滤方法消除铜颗粒

采用连续循环过滤的方法，随时排除悬浮于镀液中的 Cu、Cu_2O、Cu(OH) 或其他催化剂聚沉的颗粒，以净化镀液，减少催化活性中心，提高化学镀铜的稳定性。循环过滤的次数以 3～7 次/4h 为宜。

（5）钝化分散在溶液中的铜颗粒

在化学镀铜液中，添加微量含羧基、醚基的高分子化合物，这些高分子化合物能有效地选择性地吸附在溶液中的分散颗粒的表面，并能在铜颗粒表面形成钝化膜，从而使分散在溶液中的铜颗粒失去活性，即使铜颗粒不断形成也起不到催化晶核的作用。例如，聚乙二醇及聚乙醇硫醚等都能提高化学镀铜稳定性。

（6）严格控制化学镀铜的操作温度

化学镀铜液都有一个最高的允许使用的温度，如果化学镀铜反应温度超过此临界温度极限，则使 Cu_2O 反应加剧，导致化学镀铜液的快速分解。

（7）严格控制化学镀铜液的 pH 值

pH 值影响化学镀铜反应的速度，当 pH 值低于工艺规范规定，则反应速度放缓；如 pH 值高于工艺规范规定，则化学镀铜反应加速，同时还会加剧 Cu_2O 副反应。必须严格控制溶液的 pH 值在工艺规定的范围之内。

5．化学镀铜液各成分的作用

（1）硫酸铜

硫酸铜是主盐，它主要提供铜离子，铜离子的多少影响沉积速率。从图 4-69 可看出，浓度越高，沉积速率越快，在一定浓度范围内，几乎按比例增加。虽然高浓度的 Cu^{2+} 镀液可以得到较快的沉积速率，但是硫酸铜浓度超过 12g/L 后沉积速率增加不多，而副反应会加速，造成溶液不稳定。

（2）络合剂

酒石酸甲钠、乙二胺四乙酸二钠和四羧丙基乙二胺等都是铜离子的络合剂，对化学镀铜液中的铜离子有明显的络合作用，因此能显著地提高化学镀铜液的稳定性。

（3）氢氧化钠

氢氧化钠起调节 pH 值的作用。化学镀铜反应能否顺利进行主要取决于镀液的 pH 值，随着溶液 pH 值的提高，化学反应速度加快。但是，pH 值不能太高，如果太高，溶液中的副反应会加剧，促使溶液分解。pH 值对沉积速率的影响如图 4-70 所示。

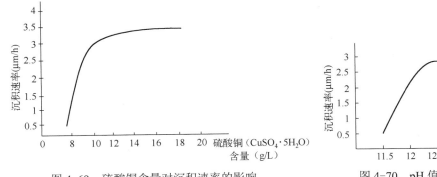

图 4-69　硫酸铜含量对沉积速率的影响　　　图 4-70　pH 值对沉积速率的影响

（4）甲醛

化学镀铜液中的甲醛为还原剂，它的浓度越高，沉积速率越快，但浓度增加到一定程度时，不但对还原速度影响不大，还会增加挥发造成浪费并污染环境。为克服甲醛对环境的污染，还可以采用乙醛酸作为还原剂，毒性比甲醛小，挥发量也小，但是用量较大并且价格昂贵，目前采用的不多。

（5）添加剂

添加剂的加入可以络合一价铜离子，也可以钝化已生成的铜颗粒，使其失去催化活性。添加剂的加入也可以改善沉积层的力学性能，提高沉积层的延展性和韧性。

6．化学镀铜的沉积速率

化学镀铜的沉积速率通常用微米/时（μm/h）来表示，它可采用增量法测定：

$$沉积速率(μm/h)= \frac{化学镀铜增重(g)×60×11.2}{化学镀铜总面积(dm^2)×化学镀铜时间(min)}$$

化学镀铜的过程是电子交换的过程，即还原剂放出电子，氧化剂 Cu^{2+} 离子获得电子被还原成金属铜，实质上也是一个电沉积过程，因此化学镀铜的沉积量遵守法拉第电解定律，即电解时电极上析出的金属量与通过的电量成正比。给定条件下化学镀铜的沉积速率可用下式表示：

$$U(μm/h)= K·I_{dp}/d×100$$

式中，K 为铜的电化当量，$1.186g/A·h$；I_{dp} 为沉积铜的电流密度（A/dm^2）；d 为金属铜的密度，$8.92g/cm^3$。

化学镀铜的沉积速率，只取决于化学反应时的交换电流大小，因此只要知道化学镀铜时的反应电流，就可以知道化学镀铜的沉积速率，研究影响沉积电流大小的种种因素，就能够找到提高化学镀铜速率的工艺对策。

通过分析化学镀铜反应步骤可以确定沉积电流的大小。研究证明在碱性条件下，还原剂甲醛在水溶液中主要以水合物甲叉二醇的形式存在，其分子结构式为 $CH_2(OH)_2$，在室温条件下，平衡常数 $K=10^{-4}$，甲叉二醇本身在没有被活化剂激活之前没有强的还原能力，因此在化学镀铜液中铜离子不能被还原出来，化学镀铜处于稳定状态。当表面被活化的物体浸入化学镀铜液中时，由于这些重金属活化剂的原子最外层电子非常活跃，具有逸出表面的倾向，使得活化剂的表面带有负电性，这样在这种呈现负电性的活化物表面很快吸附了一层甲叉二醇分子，由于负电性的影响将甲叉二醇分子极化，靠近活化剂部分带正电，远离活化剂部分带负电，远离部位上的羟基（OH^-）上的氢原子有游离出去的倾向，而成为带强负电的甲叉二醇阴离子，带有正电的 Cu^{2+} 铜离子，被负电性的甲叉二醇所吸引，积累于活化剂表面附近，于是出现了如图 4-71 所示的双电层。

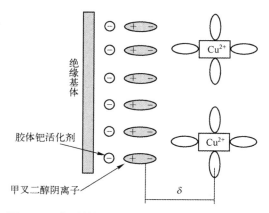

图 4-71　化学镀铜时活化剂表面的双电层示意图

化学镀铜反应按以下步骤进行：

①　活化过的基体浸入化学镀铜液中时，在活化剂的表面上开始吸附甲叉二醇，由于活化剂的作用使甲叉二醇带有负电性。这种过程属于物理吸附过程，大约需要 30～45s 才能完成，称这一过程的时间为引发周期。

②　带正电的四水合铜离子，在负电性叉二醇离子的吸引下迁移到活化剂表面附近，并逐渐积累，形成图 4-71 所示的强极化的双电层。

③　水合铜离子在活化剂表面上脱水，甲叉二醇发生羟基（OH^-）断 H^+ 反应，放出电子给铜离子后，变成甲酸脱离活化剂与溶液中氢氧化钠反应形成甲酸钠。按结构式此化学反应如下：

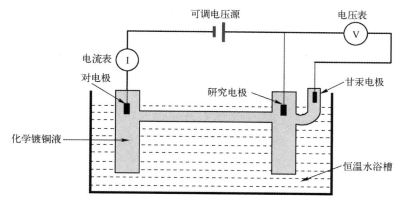

④　新沉积出来的铜很快被活化剂掩盖，铜本身变成新的活化中心，不断地吸附甲叉二醇完成新的铜沉积循环。

从上述过程可以看出，化学镀铜的速率取决于单位时间内所发生化学反应的分子数。

$$I_{dp}=VNF$$

式中，V 为单位时间内所发生化学反应的分子数；N 为化学反应中的失电子数；F 为法拉第常数，26.8A·h；I_{dp} 为沉积反应电流。

应用电化学方法可以准确地测量出化学镀铜反应时的沉积电流，以及由活化剂甲叉二醇和铜离子之间构成的双电子层所形成的极化电位，称为甲醛还原铜的混合电位（E_{mix}）。测量化学镀铜时的沉积电流 I_{dp} 及混合电位 E_{mix} 通常采用 H 形三电极镀槽，测量的原理图如图 4-72 所示。具体的测量方法见相关的电化学测量资料。

图 4-72　沉积电流 I_{dp} 及混合电位 E_{mix} 测量的原理图

7．化学镀铜液的控制与操作维护

pH 值、Cu^{2+} 离子浓度、络合剂的性能和用量、还原剂的性能和用量、添加剂的性能和用量、溶液工作温度及搅拌速度等这些因素均影响化学镀铜液的稳定性、镀层质量和性能及沉积速率。为此，既要保证铜镀层具有良好的外观和韧性，又要在维持镀液稳定性的条件下，力求镀液具有较高的沉积速率，就需要控制以下条件。

（1）控制溶液的pH值

在碱性化学镀铜液体系中，甲醛只有在pH值大于等于11.5以后才具有使 $Cu^{2+}+2e \longrightarrow Cu$ 的还原效应；pH值越高，还原作用越强烈，铜沉积速率也越快；当pH值等于12.5左右时，铜沉积速率达到最大值；随后，如果继续升高溶液的pH值，铜的沉积速率反而明显下降；当pH值大于13.2以后，铜沉积速率跌至几乎与pH值等于11.5时相当。不仅如此，过高的pH值还会使化学镀铜过程中的副反应加速，造成溶液自发分解。

化学镀铜的pH值通过氢氧化钠和硫酸水溶液来调节。实践表明：当溶液中氢氧化钠含量为8～10g/L时，镀液具有最佳pH值稳定效果。

（2）控制 Cu^{2+} 离子浓度

化学镀铜的沉积速率与镀液中的 Cu^{2+} 离子浓度成正比，即 Cu^{2+} 离子浓度越高，铜的沉积速率越快。但是，过高的铜离子浓度将会加速副反应的速度，进而造成镀液不稳定。同时，过快的沉积速率将会影响镀层的晶粒结构，使镀层粗糙韧性下降。这是由于某些副产物与铜产生共沉积所造成的"掺杂"效应所致；也有可能是由于高浓度条件下 Cu^{2+} 络合不充分，反应面上新生态铜的晶粒生长速度大大高于形成速度，以导致镀层呈现粗大的颗粒状晶粒结构所致。研究结果普遍认为：获得高韧性化学镀铜层，都是在反应初期的低速沉积条件下形成的，晶粒呈层状结构（它指这种"低速沉积"是晶粒的生长速度低于形成速度）。而优良的"低速沉积"一方面与络合物的性质有关，另一方面也与 Cu^{2+} 离子浓度有关。因此，最佳的 Cu^{2+} 离子浓度为2.0～3.5g/L，以2.5～3.0g/L为宜，最高不得超过4g/L。

在采用以 $CuSO_4 \cdot 5H_2O$ 为主盐的化学镀铜液中，Cu^{2+} 对化学镀铜沉积速率的影响不仅取决于自身的浓度，也取决于 Cu^{2+} 在溶液中的活度。如前所述，随着镀液的不断老化，甲酸钠、硫酸钠的浓度也不断增加（镀液密度增大），Cu^{2+} 络合离子的活度则逐渐下降。因此，有效地控制了镀液中甲酸钠、硫酸钠含量的累积增加速度，对于提高镀层性能、延长镀液寿命具有重要的实际意义。

控制的方法：一是采取"定期测量密度维持控制法"；二是用氯化铜取代硫酸铜。如采用 $CuCl_2 \cdot 2H_2O$ 配制化学镀铜液有如下优点。

① 同等质量的主盐浓度，采用 $CuCl_2 \cdot 2H_2O$ 时 Cu^{2+} 的含量比采用 $CuSO_4 \cdot 5H_2O$ 时高46%。理论上计算得出10g $CuCl_2 \cdot 2H_2O$ 中含有 Cu^{2+} 约3.727g，而10g $CuSO_4 \cdot 5H_2O$ 中却只含有 Cu^{2+} 约2.54g。这对于降低镀液的密度是非常有利的。

② 溶解度比较大。在0～40℃的储存与使用的温度条件下，氯化铜具有比硫酸铜高出2～3倍的溶解度（见表4-34）。尤其在低温储存条件下，氯化铜的抗结晶析出特性更为突出。

表4-34　硫酸铜和氯化铜的溶解度

温度 主盐溶解度（g/100mL） 主盐	0℃	10℃	20℃	30℃	40℃
$CuSO_4 \cdot 5H_2O$	14.3	17.4	20.7	25.0	28.5
$CuCl_2 \cdot 2H_2O$	70.70	73.76	77.00	80.34	83.8

　　试验结果表明：在其他条件均未改变的情况下，采用氯化铜配制化学镀铜液，其沉积速率明显高于同等 Cu^{2+} 离子浓度的硫酸铜溶液体系，但是采用氯化铜的成本比较高。

　　（3）络合剂的影响

　　络合剂的主要作用是络合铜离子，稳定镀液使之不出现自发分解，但作为碱性化学镀铜溶体系中 Cu^{2+} 离子的配位体，必须满足以下条件。

　　① 能与 Cu^{2+} 生成较稳定的络合物，从而防止 CuOH 和 $Cu(OH)_2$ 沉淀产生。

　　② 不与甲醛反应，并能有效地防止 Cu^{2+} 在本体溶液中发生均相催化反应而被还原为铜颗粒。

　　③ 不妨碍金属还原的异相催化反应的进行，其反应式为

$$Cu^{2+}+4OH^-+2HCHO \longrightarrow Cu\downarrow +2HCOO^-+H_2\uparrow +2H_2O$$

　　能与 Cu^{2+} 离子形成配位体的化合物很多，但能同时满足上述三个条件的物质并不多。目前应用比较多的络合剂有酒石酸钾钠（Tart）和乙二胺四乙酸二钠（EDTA-2 Na·2H₂O）；现已普遍采用性能更优越的四羧丙基乙二胺（THPED）和苯基乙二胺四乙酸（CDTA）等。络合剂的用量一般是在保证溶液中 Cu^{2+} 被充分络合后再过量 0.5～1 倍，对于某一特定的化学镀铜液，当络合剂选定之后，只要能使铜离子被充分络合，而络合剂的浓度对沉积速率影响较小。但是，正如前面所述，络合剂和用量的选择不仅对化学镀铜液的稳定性有重大的影响，而且与活化工艺相适应，对化学镀铜反应初期的引发周期（速率），即晶核形成与增长速度也有影响。优质的络合剂不仅能稳定镀液，还能抑制晶核的成长速度，从而使化学镀铜层更加致密，与基体的结合力更加牢固。在化学镀铜液中，络合剂用量的选择通常是以铜离子与络合剂的摩尔比来描述的。对于不同的络合剂，实现优质、高效、稳定的化学镀铜效果所需的络合剂用量应符合表 4-35 的规定。

表 4-35　化学镀铜液中常用络合剂的用量

络合剂	名称	Tart	EDTA-2Na	Tart=EDTA	THPED
	分子量	282.23	327.23		292.42
络合剂：Cu^{2+}（摩尔比）		≥2.8～3.6	≥ 2.9～3.4	≥2.9～3.2	≥1.4～1.6

　　实践表明当络合剂用量低于上述要求的下限时，虽然铜的沉积速率较快，但镀层结构疏松、粗糙、内应力较大、脆性高，并且镀液的稳定性极差。当络合剂的用量达到上述要求的下限值以后，铜层的外观质量变好，沉积速率、溶液性能趋于稳定，镀层的韧性比较好。如果用沉积电流的大小来描述化学镀铜层的沉积速率，不同的络合剂对化学镀铜沉积速率的影响见表 4-36。

表 4-36　不同的络合剂对化学镀铜沉积速率的影响

Cu^{2+}的络合剂	混合电位（mV）	沉积电流（A/cm²）	沉积速率（μm/h）
酒石酸钾钠（Tart）	650	0.75×10^{-3}	0.997
乙二胺四乙酸二钠（EDTA-2Na·2H₂O）	650	1.0×10^{-3}	1.4
四羧丙基乙二胺 （THPED）	680	3.6×10^{-3}	4.7
苯基乙二胺四乙酸（CDTA）	680	5.4×10^{-3}	7.17

　　（4）控制甲醛浓度

　　甲醛浓度对其还原电位（即还原能力）具有正比例的影响（见图 4-73）。当甲醛的浓度

低于8mL/L（即HCHO浓度低于等于3g/L）时，这种影响是很明显的。当镀液中甲醛浓度大于8mL/L时，甲醛还原电位的变化却逐渐趋于平缓。在实际应用的化学镀铜液中，甲醛的浓度范围为8～12mL/L（即HCHO浓度低于等于3.0～4.5g/L）完全能保证甲醛有足够的还原能力。在此范围内，甲醛对铜沉积速率影响不大。

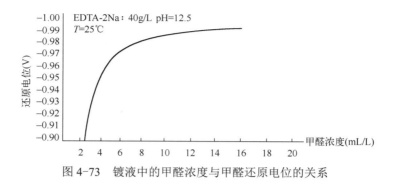

图4-73　镀液中的甲醛浓度与甲醛还原电位的关系

在碱性条件下，甲醛被氧化为甲酸释放出两个电子，其单电极反应为

$$2H{-}\overset{\overset{O}{\|}}{C}{-}H+2OH^- \xrightarrow{\ Pd\ } 2H{-}\overset{\overset{O}{\|}}{C}{-}O^- +2H_2\uparrow +2e$$

根据能斯特方程可以推算出甲醛的还原电位值：

$$E=K-0.118\mathrm{pH}\,273\times T/293$$

式中，K为常数；T为溶液温度。

从方程式中可以看出一定浓度的甲醛，其还原电位主要与pH值和温度有关，即随着镀液温度的升高和pH值的增加，甲醛的还原能力变强。甲醛在镀液中的浓度、镀液温度和pH值与甲醛还原电位的关系如图4-73、4-74和4-75所示，可以看出，对甲醛还原电位影响最大的是镀液的pH值和镀液的温度，而甲醛的浓度影响较小。

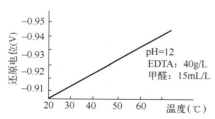

图4-74　镀液温度与甲醛还原电位的关系

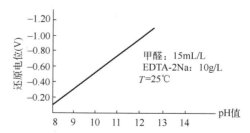

图4-75　镀液的pH值与甲醛还原电位的关系

在实际生产过程中，化学镀铜液中只有加入规定量的甲醛才能使化学镀铜反应顺利地进行。实践证明，当镀液的pH值大于11时化学镀铜反应才开始。但pH值也不能过高，否则镀液内反应加剧引起镀液分解（注：电极电位的测量用Pt电极为指示电极，甘汞电极为参比电极）。

（5）添加剂含量的控制

添加剂是为了提高镀液的稳定性，但大多数添加剂的加入都可能使铜的沉积速率降低。研究结果表明：采用某些含去极化作用的双键化合物作添加剂时，只要pH值控制得当，铜的沉积速率不仅不会下降，反而会加速。这些双键化合物大多数是一些含氮杂环化合物，如吡啶、2-巯基苯骈噻唑钠、盐酸肼等。这些化合物的加速作用对 pH 值极为敏感，当 pH 值为 12.3 时，加速作用还不明显；但是当 pH 值为 12.5 时，加速作用极为显著。从图 4-76 可以看出，不含添加剂的化学镀铜液在 pH 值为 12.3 时沉积速率最高，而加入添加剂以后在 pH 值为 12.5 时沉积速率最高。在此后随着 pH 值的继续升高，加速作用再度减弱，当 pH 值为 12.8～13 时，则完全失去加速效应。图 4-76 还说明化学镀铜液内加入添加剂要比不加添加剂的沉积速率要高得多，这是因为添加剂的加入改变了活化剂表面双电子层结构，在碱性条件下甲醛被活化，以甲叉二醇的形式存在溶液中，在 20℃条件下其平衡常数 $K=10^{-4}$。

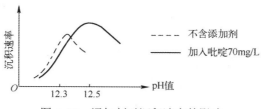

图 4-76　添加剂对沉积速率的影响

应当指出，能对镀液起稳定作用的添加剂不一定具有加速的作用，但具有加速作用的添加剂一般都具有稳定镀液的作用。因此，必须有效控制添加剂的用量，过量的添加剂不仅会使铜的沉积速率下降，而且还会使孔壁出现空洞。

（6）温度的控制

从化学动力学的角度看，提高镀液的温度能显著增加铜的沉积速率。尤其是以 EDTA-2Na 或 THPED 为络合剂的镀液，随着镀液的温度的升高，不但沉积速率提高，而且镀层的韧性也比较好。同时，加热使镀液的黏度降低，氢气逸出速度加快，化学镀铜表面氢气滞留量减少；由于加温使铜晶核形成的速度大大高于生长速度，从而使镀层结晶更加细微、致密。但镀液的温度也不能太高，否则镀液的稳定性将受到影响。

（7）搅拌

搅拌能使化学镀铜的板面溶液不断更新，并且还能赶走产生并滞留于反应表面的氢气泡，从而明显地提高化学镀铜的沉积速率，并改善镀层的韧性。

搅拌方式采用无油压缩空气搅拌、循环过滤、板件沿孔的轴线方向平行移动、振动泵振动搅拌。对小孔径、高板厚/孔径比印制板的化学镀铜工艺过程来讲，最有效的溶液搅拌方式是板件平行移动和振动泵振动的组合。板件在溶液中做固定某一位置的往复平行移动时，板与板之间距离必须大于 10～12mm，往返行程 50～100mm，运动速度以来回摆动 8～12 次/min 为宜，但最高不超过 16 次/min，否则镀液在印制板孔口将产生喷射效应，影响铜的正常沉积。

（8）槽体和加热器的选择

镀铜槽体应选择具有耐酸碱性优异的低极性表面的塑料材料制造，特别是选择增强聚丙烯（FRPP）塑料最佳，但也可以采用聚氯乙烯（PVC）塑料板热风焊接制作。采用低极性非金属材料的工艺目的，主要为了防止铜在槽壁上沉淀析出。同样是非金属材料，聚氯乙烯塑料表面极性比聚丙烯塑料高，电负性强，因而沉积上铜的可能性要大一些，既浪费金属材料还会加速镀液的分解，增加了清除槽壁铜层的麻烦。

化学镀铜槽的加热器和冷却管也应采用非金属材料制造，如石英管状加热器、聚四氟乙烯板和管状加热器。为了提高热交换效率，也可采用表面涂覆有聚四氟乙烯的不锈钢加热器。

（9）净化过滤装置与滤芯的选择和使用

由于化学镀铜反应过程中，不可避免地要产生一些颗粒状的粉末，所以其循环过滤系统不适宜采用密封式过滤筒过滤，而应采用溢流口加过滤袋的方式过滤（即开放式过滤）。

过滤袋应使用致密的丙纶工业过滤布（聚丙烯纤维纺织布）来制作，并且要经常清洗和更换，更换下来的袋经清水漂洗后，应先用硫酸-过氧化氢粗化溶液溶解掉吸附的铜粉，然后再进行水洗→浸碱（氢氧化钠 5%～10%的水溶液、室温、时间 2h 以上）→清水漂洗处理，方可使用。

（10）挂具材料、结构和使用

原则上挂具要简单、易操作。建议采用圆形不锈钢棒焊接法制作，应尽量减小挂具与镀液的接触面积，最好涂覆一层聚氯乙烯绝缘胶或涂料。每次使用后用硫酸-过氧化氢进行处理，并定期地将挂具放入 50%硝酸水溶液中去除吸附在上面的金属沉积层。

8. 化学镀铜层的抗氧化防变色处理

化学镀铜完成后，立即进行清洗和酸中和处理，才能进行镀铜加厚或图形转移工序。特别是采用镀厚铜的图形电镀工艺时，这种处理显得格外重要。如不采用此种工艺方法，很容易出现光致干膜的附着力差的结果，导致膜层起翘或渗镀现象的出现。酸中和与防变色钝化处理可分步进行，也可以在同一槽液内一次完成，后者需要专门的酸性钝化处理剂。

① 分步法是在室温条件下先浸酸（10%硫酸）1～2min；再水洗（逆流漂洗 1～2min）；然后在 20～40℃条件下钝化（钝化液：苯骈三氮唑 0.6～0.8g/L、硫脲 5～8g/L、去离子水 1000mL/L）处理 5～10min；再水洗（逆流漂洗 15～30s）；最后热风烘干（≤80℃）。

由于铜的苯骈三氮唑（BTA）钝化膜在高于 100℃的条件下易裂解，所以钝化后烘干温度不能高于 100℃。

② 一步法是直接用硫酸 20～30mL/L、钝化添加剂 25～30mL/L 的溶液，在温度 35～45℃条件下，处理时间 3～4min。

9. 化学镀铜层的性能控制

对印制板孔金属化的质量控制目标就是要获得具有好的电导率、抗张强度和延伸率的铜层。美国 PCK 公司研制了快速化学镀铜配方，沉积速率高达 6μm/h。化学镀铜层的物理特性见表 4-37。

表 4-37　化学镀铜层的物理特性

性能指标	新研制镀液	传统的镀液
铜层纯度（%）	99.93	99.86
密度（g/cm³）	8.8	8.8
延伸率（%）	8～12	3～5
抗张强度（kpsi）	50～60	30～36
电导率（MS/cm）	0.57	0.57

在化学镀铜层的技术性能中，铜层的延展性是非常重要的指标。化学镀铜层必须具有足够的延展性，才能满足高密度互连结构多层板金属化孔的高可靠性要求。

直接影响化学镀铜层延展性的主要因素就是甲醛还原铜的过程中的氢气产生。虽然氢气不能与铜共沉积，但吸附在新生态铜表面，能自发地聚集成气泡，夹杂在电镀晶核的中间，使化学镀铜层产生大量直径约 2～3nm 的空洞。这些空洞是造成镀层延展性差、电阻率高的主要原因。

改善延展性最佳的工艺方法是添加阻氢剂，防止氢气在镀层表面聚集。含羧基和醚基的高分子化合物，以及亚铁氰化钾等无机物，都是常用的阻氢剂。但实践表明，在化学镀铜液中，往往同时添加几种添加剂，利用它们的协同效应才能达到理想的阻氢效果，从而提高镀层的延展性。有的文献报道，如工作液中含有 10×10^{-6}～200×10^{-6} 的 α,α'-联吡啶和 200×10^{-6}～500×10^{-6} 的亚硝基五氰络铁酸钠或亚铁氰化钾以及 1000×10^{-6} 以上的非离子表面活性剂，能有效地改善化学镀铜层的外观和延展性。

化学镀铜层的性能与所使用化学试剂的纯度有关。高纯度无杂质污染的化学镀铜液易于获得优良的化学镀铜层。对于连续使用的化学镀铜液，由于印制板的导入，空气中灰尘等污物的污染，会导致化学镀铜层的质量下降。为此，使用特殊的超电位测试方法——伏安测试法（Voltammetric）可测得和监测有害杂质对化学镀铜液所引起的潜在污染。据介绍，加入过量的甲醛可以克服污染的影响，维持沉积速率恒定，从而获得高质量的化学镀铜层。

10．生产过程中化学镀铜层质量的检测

（1）化学镀铜层致密性检测与评价

化学镀铜层致密性检测与评价是通过以下测试方法和考核指标来评定质量优与劣的。

① 玻璃布试验。

采用玻璃纤维试验其结果比较直观、准确、可靠，但缺点是玻璃纤维的试验结果很难准确地表达它的可信度。

通过试验证明，玻璃纤维是很难金属化的。如果通过化学镀铜层将孔壁凸出的玻璃纤维末梢都能完全被铜层覆盖，就可以证明其他部分被完整地、致密地覆盖。玻璃布试验是基于这种设想而制定的测试方法。

具体方法：选择试验用的玻璃布，用 10%的氢氧化钠溶液浸泡做脱浆处理（无浆布可以直接使用），然后剪切成 50mm×50mm 的标准试样。试样四周除去玻璃纤维，使其保持散开状态。再将此试样严格按孔金属化工艺的要求进行一系列的前处理和化学镀铜处理。试样放置于化学镀铜液内后，如玻璃纤维布的末梢能在 10s 内被铜完全覆盖，呈现出黑色或棕黑色；2min 内（对于化学镀铜层甚至要求 30～40s 内）能全部明显地沉积上铜；3min 后试样完全达到印制板化学镀铜的外观要求，则表明孔金属化工艺（包括前处理、活化、化学镀铜等）是可靠的。否则就要进行合理调整，直至合格为止。玻璃布试验试样如图 4-77 所示。

图 4-77　玻璃布试验试样

② 背光测试。

经过化学镀铜后的试验板或附连板，取任意一排孔，靠孔中心位置切取下，然后用圆盘式金相研磨机按图 4-78 所示研磨至孔的半径处，另一端研磨至孔外圆 3mm 处，将其放置在

带有透射聚光灯光源的显微镜下，按图所示的方向观测。由于基材是透光的，铜层是不透光的，因此这种观测就很容易发现化学镀铜层是否完整、致密，并能通过漏孔率来定量考核化学镀铜层的致密性、质量状态。化学镀铜层的致密性是通过与化学镀铜配方相对应的标准的"背光级数"（Backlight Number）图像表来对照评定的。一般不低于背光级数 12 级制的 11 级（或相当于 10 级制的 9 级）。

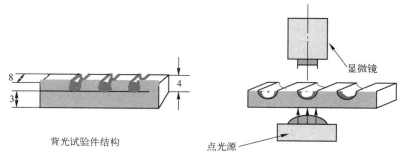

图 4-78　背光测试原理图

　　这里应该指出的是，很熟练的检验员，如果仅借检孔镜来确定孔壁化学镀铜层质量，是无法判定背光级数 6 级（12 级制）以上的化学镀铜层致密性缺陷的。但是，当化学镀铜层致密程度仅为"背光级 6 级"，甚至 6 级以下水平时，孔壁的镀层针孔便很容易地成为溶液中的化学物质或水储藏的空间，进而形成镀层空穴缺陷（即"微空洞缺陷"）。这些微细的"空洞"缺陷在印制板生产过程中，甚至成品板的终测时都是很难被发现的。但只要印制板一受到热冲击（"如波峰焊"）的作用，这些微孔中的液态或气态物质便会因体积膨胀产生很大的压力，从而使镀层受到剥离破坏。这就是通常所说的印制板金属化孔的"气泡"缺陷。有文献报道：这些"微空洞"中如果累积了 1mL 水分或溶液，当加热至 270℃时，体积将膨胀至 2000mL，产生的气体压力高达 367.7MPa，可见其破坏性之大。

　　有的将背光测试的等级分为 10 级，不透光的情况定为 10 级，根据透光率的多少依次降低级别，最差为第 1 级，也有的将其分成 6 级（见图 4-79），分别为 d_0、d_1、d_2、…、d_5，不透光的为 d_0，透光率最高的为 d_5。

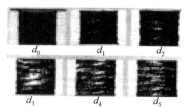

图 4-79　孔壁透光率的分级表（6 级）

（2）沉积速率的测试

印制板孔金属化工艺对沉积速率有一定的要求。例如，化学镀铜的沉积速率太慢可能会引起孔壁产生空洞或针孔，即镀层不连续；沉积速率太快，则将引起镀层结构疏松、粗糙、内应力增大、延伸率降低。所以，测定化学镀铜液的沉积速率，也是控制化学镀铜质量的重要的工艺方法之一。具体方法是：选用生产用料的角边材料，蚀刻掉铜箔，然后剪切成 100mm×100mm 的标准试样；将试样在 120～140℃条件下烘 1h 以上，置入干燥器内冷却至室温后，用分析天平称重得 W_1(g)（保留小数点后 4 位）；将试样随同正式产品一样同时放入化学镀铜液内进行化学镀铜；化学镀铜后将试样在 120～140℃条件下再烘 1h，然后在干燥器内冷却至室温，称重 W_2(g)。计算公式如下：

$$沉积速率(\mu m/h)=\frac{(W_2-W_1)\times10^4}{8.93\times10\times2\times(10+2\times板厚(cm))}$$

也可将试样用 5 当量浓度的热硝酸溶解掉全部化学镀铜层，然后用 EDTA 络合滴定法测定其沉积速率。计算公式如下：

$$沉积速率(\mu m/h)= 63.54N×V/2×8.93S×t$$

式中，N 为 EDTA 的当量浓度；V 为 EDTA 溶液消耗量（mL）；S 为试样的表面积（cm²）；t 为化学镀铜时间（h）。

对于化学镀薄铜，沉积速率为 1.2～2.5μm/h；对于化学镀厚铜工艺，则要求沉积速率为 6～9μm/h。

11. 化学镀铜设备

（1）化学镀铜液的自动分析和添加系统

在化学镀铜过程中各槽位的溶液的组分浓度都不断消耗和变化，特别是化学镀铜的本身各组分的浓度变化更快，需要及时进行分析和调整。具体分析调整周期应随工作量和槽容量大小而定。对槽液的分析和添加有两种方式，即人工定期分析和补加与自动分析添加系统自动补加，以确保各组分浓度在生产过程中处于相对平衡的状态，从而更能保证化学镀铜层的质量。人工分析、补加法的设备成本低，但是效率低，适合于间断性的生产。化学镀铜自动分析添加系统，包括综合控制系统、pH 值测定、密度测定和铜离子含量测定和补加各成分溶液的泵、阀、管道等，用电脑或可编程序控制器等根据分析的结果控制化学镀铜各组分（包括二价铜、甲醛、氢氧化钠）的补加。因此，在整个生产过程中可以始终保持工作液的各成分的浓度处在工艺标准要求的最佳数值内，有利于化学镀铜质量的稳定。有自动分析添加系统的设备效率高，适合于大规模连续生产，但设备造价高、维护复杂。

（2）化学镀铜的改进和提高

为适应高密度互连（HDI）板、小孔径化学镀铜的生产需要，提高化学镀铜的效果和生产效率，除了要求所用药液有良好的性能外，还需要改进相关设备。目前多数化学镀薄铜装置适用于沉薄铜。沉薄铜工艺还需要再次进行电镀铜加厚，使铜层的总厚度增加到能满足后续加工的要求。由于电镀时采用全板电镀，电流分布不均匀导致全板的厚度差异很大，再转入图形转移工序，由于铜厚度过厚在蚀刻时会造成严重侧蚀，影响制作精细导线。特别是多层板的小孔径制作过程中，对化学镀铜均匀覆盖的要求很严，因此采用沉薄铜工艺方法，沉积厚度薄就很难完全覆盖均匀，容易形成空洞，达不到技术要求。于是采用沉厚铜工艺（厚度达到 1.8～2.5μm）适应高密度互连（HDI）多层板和多层积层板制造精细导线和小孔镀铜技术的需要。

化学镀铜设备有垂直式和水平式两种方式，通常采用垂直式的化学镀铜方式，待加工的半成品印制板在挂具上垂直于镀槽移动；而水平式是指待加工的半成品印制板平行于镀槽移动，水平方向浸入槽液，在移动过程中进行化学镀铜的各步处理。

水平式化学镀铜设备的特点是对薄基材的输送具有很高的可靠性。在该系统内装有滚轮改善了传送效果，特别是实现对厚度为 0.05mm 基板的传送，不会造成打折、划痕等质量缺陷。水平式方法不需要对夹具进行防护处理，夹具是根据水平式化学镀铜系统的特点特殊设计的夹具头，操作和装卸采用自动传送带送进镀液内和自动取出工艺程序，故障率低。水平式的处理时间通常要比垂直式的缩短，作业效率有很大的提高，水的能量消耗大大减少。水平式的排气系统采用封闭式装置构造，作业区内没有镀液的雾气甲醛气味，药液的补充完全是自动化进行的，大大减少人与药液的接触，提高了作业区作业环境的安全性。但是，设备造价较高，主要用于薄型和 HDI 印制板的生产，目前在普通印制板生产中应用得不多。

12. 化学镀铜层与镀覆孔常见故障、产生原因及排除方法

孔金属化过程中存在很复杂的电化学和化学反应，涉及的工序比较多，稍有不慎就会造成产品质量问题，需要经常对各工序的质量进行跟踪和监控。具体的就是对工艺流程中使用的设备进行定期检查和维护，定时检查每步的工艺条件（参数），定时进行化学分析和检测，定时记录总结报告等。如能坚持按工艺规程进行生产，就能将质量故障降至最低水平，即使出现质量问题，也会及时找出发生的原因和排除的工艺方法。化学镀铜层与镀覆孔常见故障、产生原因及排除方法见表 4-38。

表 4-38　化学镀铜层与镀覆孔常见故障、产生原因及排除方法

故障类型	产 生 原 因	排 除 方 法
化学镀铜层外观发黑（或呈棕色）	镀液温度太高，工艺操作不严格，没有进行温控，没有搅拌镀液	要进行温控，最好用温控仪控制，对镀液进行空气搅拌
	镀液负载过大，使化学镀铜速度过快，比例失调	要严格工艺控制，负载不能过大
	镀液各成分比例失调	加强镀液分析，严格控制各比例在规定范围内
多层板内层连接不良	钻孔质量不好，使内层铜产生严重"钉头"及环氧污染。使整个孔或局部镀不上铜	要提高钻孔质量，避免环氧污染
	多层板层压时黏结质量不好，形成分层，在分层处残存处理液造成局部或整个孔镀不上铜	层压时注意升温和层压时间。内层板要进行黑化处理，增加结合力
孔壁铜层粗糙	镀液各组分比例失调，溶液分解	分析镀液，严格控制各成分比例在规定范围内
	镀液悬浮颗粒太多	加强过滤
	电镀铜时电流过大	控制电流密度在规定范围内
	孔内有钻屑、粉尘	提高钻孔质量，认真用高压水清洗孔
	孔内污染物残留	加强水洗
	加速处理液失调	调整或更换
孔壁无铜（光孔）	活化液或镀液失调或失效，没沉上铜	严格控制前处理、活化及镀液在最好状态
	电镀前粗化（微蚀）掉	按规定控制粗化（微蚀）工序温度和时间
	前处理不当	加强前处理
	加速处理不当	严格控制加速处理参数
孔内壁不平整	钻头使用次数太多	按规定更换钻头
	凹蚀过大	严格控制凹蚀深度
化学镀铜层空洞	钻孔粉尘，孔金属化后脱落	检查吸尘器、钻头质量、转速/进给加强去毛刺的高压水冲洗
	钻孔后孔壁裂缝或内层之间分层	检查钻头质量、转速/进给，以及层压板厚度材料和层压工艺条件
	除钻污过度，造成树脂变成海绵状，引起水洗不良和镀层脱落	检查除钻污工艺，适当降低除去钻污的强度
	去除钻污后中和处理不充分，残留锰残渣	检查中和处理工艺
	清洁调整处理不良，影响 Pd 的吸附	检查清洁调整处理工艺参数（浓度、温度、时间）及副产物是否过量
	活化液浓度偏低，影响 Pd 的吸附	检查活化液处理工艺，补充活化剂
	加速处理过度，在去除 Sn 同时 Pd 也被除掉	检查加速处理工艺条件（温度、时间、浓度），如降低加速剂浓度或浸板时间
	水洗不充分，使各槽位的药相互污染	检查加强水洗力度、水量/水洗时间

续表

故 障 类 型	产 生 原 因	排 除 方 法
化学镀铜层空洞	镀液活性差	检查 NaOH、HCHO、Cu^{2+} 的浓度及溶液温度
	孔内气泡和反应过程产生的气体无法及时逸出	加强移动、振动和空气搅拌等
化学镀铜层分层或起泡	在层压时铜箔表面黏附树脂层	加强环境管理和规范叠层操作
	钻孔时主轴存有油，污染孔壁或铜表面，用常规的除油工艺无法除去	应加强对主轴的定期检查和维护
	钻孔时固定板用的胶带的残胶	选择无残胶的胶带并清除残胶
	去毛刺时水洗不够或压力过大，导致刷辊发热后在板面残留有刷毛的胶状物	检查去毛刺设备，按工艺要求调整工艺参数和维护
	除钻污后中和处理不充分，表面残留有锰的化合物	检查中和处理工艺条件：处理时间/温度/溶液浓度
	各步骤之间水洗不充分，特别是除油后水洗不充分，残留表面活性剂	检查水洗系统的供水能力，检查水量/水洗时间等
	微蚀刻不足，铜表面粗化不充分	检查微蚀刻工艺条件：温度/时间/浓度
	活化性能恶化，在铜箔表面发生置换反应	检查活化处理工艺条件：浓度/温度/时间及副产物含量，必要时更换药液
化学镀铜层分层或起泡	活化处理过度，铜表面吸附过剩的 Pd/Sn，在其后不能被除去	检查活化处理工艺条件
	加速处理不足，在铜表面残留有 Sn 的化合物	检查加速处理工艺条件：温度/时间/浓度
	加速处理液中，Sn 的含量增加	更换加速处理液
	板子化学镀铜前放置时间过长，造成表面铜箔氧化	缩短放置时间，加强去除氧化膜
	镀液中副产物增加，导致化学镀铜层脆性增大	检查溶液密度，必要时更换或部分更换镀液
	镀液被异物污染，导致铜颗粒变大同时夹杂空气	检查化学镀铜工艺条件：温度/时间/负荷/浓度，检查溶液的组分
小孔被堵孔	钻孔时树脂残余未能除尽	改善钻孔条件，更换钻头
	各槽液内沉淀物过多	加强过滤，加大清洗水流量
	镀液中沉铜渣多，杂质多	加强过滤，调整或更换镀液

4.4.5 黑孔化直接电镀工艺

黑孔化直接电镀工艺是在孔内清洁处理后，不需要化学镀铜，而用化学或物理方法直接涂覆一种导电材料作为后续图形电镀用的初始导电层，该导电层一般是黑色，所以称为"黑孔化"工艺。由于该镀层不需要再电镀加厚就直接转入图形电镀，因而又称为直接电镀技术。该技术的出现对传统的 PTH 是个挑战，它的最大特点就是除去传统的化学镀铜工艺，使用金属与高分子形成导电膜或碳膜后就可以直接转入电镀。由于该技术的工艺程序简化，减少了控制因素，与传统 PTH 制造程序相比较，用的化学药品数量减少，生产周期大大缩短，不使用有污染的甲醛，因此其生产效率高，污水处理费用减少，使印制板制造的总成本降低并有利于环境保护。

1. 黑孔化直接电镀技术的种类

黑孔化直接电镀技术方法的发展，使目前世界上几乎所有电镀材料供应商都开发了自己的直接电镀产品。根据孔金属化用的导电材料不同进行分类，目前可应用的可归为三大类：

① 以炭黑或石墨悬浮液系列在孔壁形成导电膜，直接进行电镀。

② 以金属钯胶体系列溶液，在孔壁表面形成钯（Pd）的金属导电薄层用于直接电镀。

③ 以导电高分子系列溶液涂覆于孔壁形成导电层，供直接电镀。

2．各类直接电镀工艺的特点

黑孔化直接电镀技术采用的药液种类很多，有不同的适应性和工艺特点，使用时掌握这些特点根据基材的种类选择适应的黑孔化工艺，才能获得较好的应用效果。

（1）对基材的适应能力

第一类炭黑系列导电膜的制程主要适用于 FR-4 型基材，目前尚未见到用于其他材料的报道。

第二类金属钯系列导电膜的制程适用于目前市场上几乎所有类型的基材，包括化学镀铜难以实现的聚四氟乙烯基材都可以采用。

第三类导电高分子系列导电膜的制程，对基材的适应性在于黏合促进剂介质的酸碱性。若采用碱性高锰酸钾（$KMnO_4$）处理，则仅适用于 FR-4 型基材；如果采用酸性 $KMnO_4$ 或 $NaMnO_4$ 处理，则可以适用于目前市场上的所有类型基材。

（2）与设备的配合能力

黑孔化直接电镀制程就原则上讲，无论垂直生产线设备或水平生产线设备都可以使用。但是据 Shadow 供应商介绍，第一类炭黑系列产生导电膜的制程，采用水平生产线设备效果会更好。原因是炭黑的颗粒直径在 $0.2\sim3\mu m$ 左右，比胶体颗粒大，在溶液中的分散体系是悬浮体，对于较小的孔以水平方向更有利于沉积并吸附在孔壁，并且容易实现生产线上的连续烘干，但是对孔径较大的双面板也可以采用垂直生产线设备。

（3）成本

第一类炭黑系列溶液使用药品最少、成本最低。第二类溶液主要是金属钯比较昂贵，虽然孔内沉积的膜层不厚，但是在板的表面和加工时带出的钯量较大，使成本上升。第三类高分子膜成本居上两类的中间。使用时应根据印制板的造价和性能要求综合考虑选择性价比较好的工艺。

（4）工艺废水处理

总体来讲三类黑孔化工艺溶液，都不采用化学镀铜工艺中所采用的难以处理的络合物和有毒的甲醛溶液，污水处理相对比较简单。但是，三类之间相互比较，炭黑系列溶液的化学处理工序少，用水量也少，最容易处理。相比之下导电高分子胶系列导电膜制程，在导电膜产生处理中需要用到有污染的吡咯溶液，其废水处理起来比较麻烦，需要有专门技术，费用较高。金属钯系列导电膜制程，用水量比炭黑系列工艺稍多些，但污水处理比较容易。

（5）与传统的金属化孔工艺设备的兼容性

黑孔化工艺能否与传统的孔金属化工艺设备相兼容，是印制板制造商选用该工艺是否需要更换现有设备所必须考虑的问题之一。三类黑孔化工艺中，金属钯系列导电膜制程与传统金属化孔工艺最为相似，除了不需要化学镀铜槽外，其他设备都可以利用，因而目前采用最多的黑孔化工艺就是金属钯系列导电膜制程。电高分子胶系列导电膜制程也全是湿法工艺，所用的设备对传统工艺设备稍加改动也可以使用。唯有炭黑系列工艺制程中需要增加加热烘烤设备，这对传统的孔金属化工艺中的垂直式生产线不适用，需要水平式生产线设备才能使之连续自动化生产。

3．黑孔化直接电镀工艺的流程

不同类型的黑孔化直接电镀工艺，其工艺流程也不相同，而同一类工艺采用不同厂商的化学溶液，其工艺流程也可能稍有区别。三类黑孔化直接电镀工艺典型流程如下：

（1）炭黑系列导电膜工艺的流程（见图 4-80）

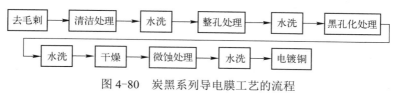

图 4-80　炭黑系列导电膜工艺的流程

（2）金属钯系列导电膜工艺的流程（见图 4-81）

图 4-81　金属钯系列导电膜工艺的流程

（3）导电高分子系列导电膜工艺的流程（见图 4-82）

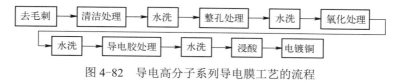

图 4-82　导电高分子系列导电膜工艺的流程

4．黑孔化导电层形成的原理

虽然三类黑孔化导电膜的形成，都省去了化学镀铜工艺，但是三者形成导电层的机理不同，炭黑和金属钯系列有类似的机理，而导电高分子胶系列导电膜的形成，是通过吸附作用和一系列特殊的化学反应形成的导电膜。

（1）炭黑系列和金属钯系列导电膜的形成机理

① 炭黑系列溶液中，精细的炭黑粉（颗粒直径为 0.2～3μm）均匀地分散在去离子水介质内，利用溶液内的表面活性剂使炭黑形成均匀地接近于胶体的悬浮液，炭黑的颗粒带有负电荷，并且还有良好的润湿性能，经过清洁和整孔处理过的印制板基材孔壁带正电荷，使炭黑能被充分地吸附在非导体的孔壁表面上，形成均匀细致的、结合牢固的导电层。但是在内层的铜环断面和表面上也会吸附炭黑，为保证电镀同时能与基体铜结合良好，必须将吸附在铜上的炭黑除去，所以在黑化处理后需进行微蚀处理，以除去铜上的炭黑，然后再进行后续的电镀铜工艺。

② 金属钯系列溶液中钯/锡复合离子形成的颗粒直径小于 0.1μm，作为分散相在水中呈胶体状态并带有负电荷，当接触经过清洁和整孔处理过孔壁被赋予正电荷的印制板基材时，便被吸附在孔壁上，再经解胶处理，导电的金属钯就沉积在孔壁上形成导电层，在水洗后可以进行电镀铜工艺。

（2）导电高分子系列导电膜的形成机理

高分子的聚合物一般是非导体，但是经过特殊处理后可以使其具有一定的导电性能。例如，有机单体吡咯在酸性溶液中，在二氧化锰（MnO_2）的作用下进行聚合反应，能形成导电的聚吡咯化合物。在用高锰酸钾（$KMnO_4$）的碱性溶液处理印制板时，$KMnO_4$能在基材的绝缘材料上产生化学反应生成 MnO_2 吸附在绝缘材料的表面和印制板的表面，并且能嵌入基材非导电部位的孔隙中。然后将经过上述处理的印制板浸入含有 5 元杂环化合物（如吡咯、呋喃等）的弱酸性水溶液中，吸附有 MnO_2 的印制板基材接触该酸性溶液中的杂环化合物单体时，便在绝缘的孔壁上起化学反应，生成不溶性的导电聚合物聚吡咯或聚呋喃等，以作为后续直接电镀铜的初始导电层。

黑孔化溶液的化学组分一般不需自行配制，在市场上有许多公司多个种类产品可供选择，其使用方法和工艺过程及其配套的各种化学溶液，都有推荐的产品和工艺过程。选用时按供应商推荐的工艺规范使用即可。以贝斯特拉工贸（天津）有限公司推出的挠性电路板炭黑系列黑孔化工艺方法为例，其工艺流程如下。

消除应力→化学除油→流水清洗→去钻污→清洁调整→流水清洗→去离子水清洗→冷风吹干→黑化处理→热风吹干→微蚀→流水清洗→冷风吹干→转酸性电镀铜

主要工序的工艺条件如下。

① 消除应力：温度为 60～75℃，时间为 120～240min。

② 化学除油：75%丙酮水溶液，处理 30min。

③ 去钻污：用质量比为 4%～5%的碱性高锰酸钾溶液，室温下处理 3～5min；或最好用等离子法处理。

④ 清洁调整：用专用液 B-108 的去离子水溶液（体积比 20%）处理 3～5min。

⑤ 黑化处理：用专用液 BB-1（密度 1.01～1.03g/mL，pH 值 9.2～10.4），25～32℃条件下处理 1.5～3min。

⑥ 微蚀：用专用液 B-304（成分为过硫酸钠 75g/L，溶于 5%的硫酸水溶液中），处理温度为 25～30℃（最佳 25℃），时间为 1.5～2min。

4.5　印制板的光化学图形转移技术

图形转移是将印制板照相底版上的电路图形转移到覆铜箔板上，形成一种抗蚀刻或耐电镀的掩模图形。图形转移有两种方法，一种是丝印法，另一种是光化学法。丝印图形转移法成本低，制造的导线精度比光化学法低，制作导线的宽度一般不小于 0.2mm，适用于大批量生产的单面板和无金属化孔的双面板。光化学图形转移法采用的光致抗蚀剂显像分辨率高，制作的图形印制导线细、精度高。光化学图形转移是制作高精度导电图形印制板工艺过程的重要工序。

根据形成的掩模用途不同，可采用不同的掩模和工艺流程。

当使用"印制-蚀刻"工艺时，用抗蚀刻掩模和负相底版，将图像直接转移到覆铜箔板上，形成正相图形（掩模覆盖需要留下的铜）作为后续蚀刻工艺的抗蚀掩模蚀刻后退除，形成导电的电路图形。

当使用"图形电镀-蚀刻"工艺时，采用耐电镀性抗蚀掩模，用正相照相底版将图形转移到已经孔金属化后的覆铜箔板上，形成负相图形（需要的电路图形露出铜，其余部分被覆盖），作为后续图形电镀的抗蚀掩模。

当使用"掩蔽-蚀刻"工艺时，采用耐蚀刻的抗蚀掩模和负相底版，将图像直接转移到已经孔金属化并镀铜加厚以后的覆铜箔板上，形成正图像图形（掩模覆盖需要留下的铜和金属化孔）作为后续蚀刻工艺的抗蚀掩模，蚀刻后退除保护性掩模，形成导电的电路图形。该法对孔的保护性不高，目前多被堵孔工艺（用专用的油墨堵孔）所代替。

光化学图形转移用的感光抗蚀材料有干膜和湿膜之分，不同类型材料的性能和光化学图形转移的工艺方法都有很大的区别，以下分别叙述。

4.5.1　干膜光致抗蚀剂

干膜光致抗蚀剂简称干膜，它是从 20 世纪 60 年代末 70 年代初发展起来的印制板用感光材料，因为它的成像性能、耐蚀刻及耐电镀液性能好，图像的分辨率高、使用方便，具有良好的工艺性，虽经不断改进一直沿用至今。干膜的应用对提高图形转移质量、简化工艺、提高生产效率等起到的重要作用。

1．干膜的特点

采用干膜作为图形转移的抗蚀层，与其他类型的图形转移抗蚀层相比有以下特点。

① 成像的分辨率高，一般可以达到线宽 0.1mm，较薄形的干膜可以达到 0.05mm。

② 干膜的组成和厚度均匀一致，形成的图像连续性和抗蚀防护的可靠性高。

③ 耐电镀性和耐酸性蚀刻液性能好，在工艺控制适当、镀层厚度小于干膜厚度时，可以避免产生电镀凸沿和渗镀现象。

④ 使用方便，手工和机械都可以进行贴膜操作，更适合于机械化和自动化进行贴膜、曝光和显影等成像工序。

2．干膜的结构

干膜由聚酯薄膜、光致抗蚀层和聚乙烯保护膜三部分组成，如图 4-83 所示。

聚乙烯保护膜是覆盖在光致抗蚀层上面的保护膜，防止灰尘等污物沾污抗蚀剂，还能避免卷曲干膜时抗蚀层之间相互粘连而损坏。聚乙烯保护膜厚

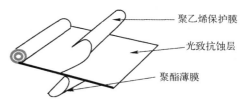

聚乙烯保护膜
光致抗蚀层
聚酯薄膜

图 4-83　干膜的结构

度一般为 25μm 左右并且均匀，可以防止涂覆好的光致抗蚀剂流动。干膜被使用时，聚乙烯保护膜应容易被剥离。

光致抗蚀层是干膜的主体感光材料，它是由专门的设备将液态光致抗蚀剂均匀地涂在聚酯基膜上再经烘干形成的。其厚度根据使用要求的不同有多种规格，从几十微米到 100μm 有多种规格。

聚酯薄膜作为光致抗蚀剂的载体，透明度好并能透射紫外光，与光致抗蚀层同时贴附在覆铜箔基材上。经曝光后，光致抗蚀层感光固化聚酯薄膜可以被揭去。聚酯薄膜应尽可能薄，既有利于紫外光透过，又能减少光线散射引起的图形失真，提高干膜的分辨率。

3．干膜的种类

（1）根据曝光后的显影和去膜方法分类

根据曝光后的显影和去膜方法，干膜分为 3 种类型：

① 以有机溶剂作为显影和去膜剂的溶剂型干膜。此种干模的耐酸碱抗蚀性好，工艺稳

定，但是需要专用设备和有毒的有机溶剂显影，对环境有污染，因而逐渐被淘汰。

② 水溶性干膜，包括半水溶性和全水溶性两个品种。半水溶性干膜的显影剂和去膜剂以水为主，再添加 2%～15% 的有机溶剂，成本较溶剂型干膜低，但也需要少量有机溶剂，对环境也有污染，废液处理困难，使用的也不多。全水溶性干膜的显影剂和去膜剂采用碱性水溶液，污染小、废液容易处理，成本最低，是目前采用最多的干膜。

③ 干显影或剥离性干膜。此种干膜不需要显影剂，在曝光后利用感光部分与未感光部分对聚酯膜和印制板铜表面附着力的差别，将聚酯膜连同未感光部分一起剥离下来，在铜箔上留下需要的抗蚀膜图像。此种干膜对感光程度要求较严格，感光不足时感光和未感光部分的附着力差别小，不容易保证图像的质量，并且图像分辨率不如水溶性干膜，所以采用的也不多。

（2）根据使用目的分类

根据干膜的使用目的分类，干膜还可以分为抗蚀干膜、掩孔干膜和阻焊干膜三种类型。抗蚀干膜和掩孔干膜用于制作印制板的图形，导电图形完成后应去除。阻焊干膜用于成品印制板上，保护除焊盘以外的其他部位，以便在焊接元器件时，防止焊料焊接到焊盘以外的导线或铜箔其他的地方，避免焊料使焊盘与导线桥接和短路，是印制板上的永久性保护膜，焊接后不用去除，能起到防尘、防霉和一定的防潮作用，能提高印制板表面的耐电压性能。由于阻焊干膜成本高和需要专用的贴膜设备，因而逐渐被使用方法更简单的液态感光阻焊剂所代替。

4. 干膜光致抗蚀剂的主要成分及其作用

水溶性干膜是目前使用最广泛的干膜光致抗蚀剂，主要成分及其作用如下。

① 光聚合单体。是干膜的主要成分，在光引发剂的作用下，经紫外光照射后发生光化学聚合反应，生成不溶于水的体聚合物，显影时感光部分不溶于显影液，未感光部分溶于显影液形成抗蚀图像。这类聚合单体为多元醇烯酸酯类及甲基丙烯酸酯等有机物，如季戊四醇三丙酸酯就是较好的光聚合单体。

② 光引发剂。它能吸收一定能量的紫外光后产生游离基，作用于光聚合单体产生新的游离基，进一步引发一连串的单体产生聚合反应。常用的光引发剂有安息香醚、叔丁基蒽醌等有机物。

③ 黏结剂。作为光致抗蚀剂的成膜剂，与各组分互溶性好，能使感光剂的各组分黏结成膜，它不参加化学反应，但与金属表面有较好的附着力，并且能容易地被碱性溶液从金属表面除去；具有较好的耐热性、抗蚀、抗电镀和抗冷流等性能。

④ 增塑剂。能增加干膜抗蚀剂的柔韧性和均匀性，通常为三乙二醇双醋酸酯。

⑤ 增黏剂。增加干膜抗蚀剂与铜表面的化学结合力，可以防止干膜与铜表面结合不牢而产生胶膜起翘、渗镀等弊病。苯并三氮唑可以作为铜的增黏剂。

⑥ 热阻聚剂。干膜在使用和储存时，都会受到热量的不同影响，加入热阻聚剂能防止热能对干膜的聚合作用。苯酚类有机物，如甲氧基酚、对苯二酚等都可作为热阻聚剂。

⑦ 染料。为使干膜具有鲜明的颜色，便于对干膜使用中的质量情况进行观察和检验，需要添加染料，如孔雀绿、苏丹蓝等使干膜具有鲜艳的绿色、蓝色等颜色。还有的加入光致变色染料，以使干膜感光后颜色变深或变浅，成为变色膜，有利于观察干膜的感光情况。

以上材料用丙酮作为溶剂溶解调和成胶状，在专用的干膜涂布设备（又称拉膜机）上连续进行光致抗蚀剂在聚酯薄膜上的涂布、干燥、覆聚乙烯保护膜、卷绕、切割等。涂布工序对环境有严格要求，应在超净防尘、恒温、恒湿和黄光条件下操作。

5. 干膜的技术指标

为了能更好地选择和使用干膜，需要了解干膜的技术性能和指标以及其工艺性。通常应主要了解干膜的以下技术要求。

（1）外观质量

通过目检，干膜的外观应均匀、有透明性，无流胶、无气泡、无外来杂质，表面无划伤和皱褶。如果使用有这些缺陷的干膜，会引起掩模的质量问题或不能使用。对于成卷的干膜，其卷绕应紧密、边缘整齐，以便于在贴膜机上能连续贴膜操作。

（2）干膜抗蚀剂层的厚度应根据使用的目的选择

如果用于蚀刻的抗蚀层，则厚度应为 $25\sim30\mu m$；如果用于图形电镀的抗蚀层，则厚度应为 $38\sim50\mu m$；如果用于掩孔的抗蚀剂，则厚度应为 $25\sim50\mu m$。用于制作超细印制导线图形的抗蚀膜越薄越好，作出的图形精度高，一般干膜中的抗蚀剂层厚度仅为十几微米。

美国杜邦公司不同用途的 Riston 干膜的抗蚀层厚度见表 4-39。

表 4-39　美国杜邦公司不同用途的 Riston 干膜的抗蚀层厚度

应 用 范 围	产 品 系 列	厚度（μm）
内层蚀刻	APFX713	30
掩孔蚀刻	FX540	38
图形电镀	PM200	38、50
内层精细导线蚀刻	FX500	15、20、25
细导线图形电镀/蚀刻	FX900	20、25、30、40
激光直接成像	LDI300	30、38、50

日本旭化成株式会社不同用途的 SUNFDRT 干膜的抗蚀层厚度见表 4-40。

表 4-40　日本旭化成株式会社不同用途的 SUNFDRT 干膜的抗蚀层厚度

应 用 范 围	产 品 系 列	厚度（μm）
印制板和 BGA/CSP 等器件封装的载板	YQ（掩孔、蚀刻和图形电镀） AQ（掩孔、碱性蚀刻和图形电镀）	25、30、40、50
挠性印制板	AQ-75（掩孔）	20、25
精细焊盘/微导通孔板	MVA-6（掩孔）	50
镀金印制板	AQ-38，AQ-85	50
超细导线图形电镀板	SPG-2（掩孔、电镀）	10、20、25

从表 4-39、表 4-40 中可以看出，用途相似而不同公司的产品其厚度有所差异，应用时应根据需要和具体生产厂商的产品说明选取适合厚度的干膜。干膜的宽度可以根据适用要求裁切，每一卷的长度一般不小于 100m。

（3）贴膜工艺性

通常在贴膜机热压辊的温度为 $105℃\pm10℃$、线压力为 0.54kgf/cm 和传送速度为 $0.9\sim1.8m/min$ 的条件下，能将干膜在覆铜箔的基材上贴牢。

（4）光谱特性

干膜中光致抗蚀剂的光谱吸收区域波长为 310～420nm，安全光区域波长为大于等于 460nm。

高压汞灯及卤化物灯在近紫外区附近辐射强度较大，大部分波长在光致抗蚀剂的光谱吸收区域，均可作为干膜曝光的光源。

低压钠灯主要辐射能量在波长为 589.0～589.6nm 的范围，且单色性好，符合干膜的操作安全光，并且人的眼睛对低压钠灯发出的黄光较敏感，感觉明亮，便于操作。

（5）感光性

干膜的感光性包括感光速度、曝光时间宽容度和深度曝光性等。

感光速度是指光致抗蚀剂在紫外光照射下，光聚合单体产生聚合反应形成具有一定抗蚀能力的聚合物所需光能量的多少。在光源强度及灯距固定的情况下，感光速度表现为曝光时间的长短，曝光时间短即为感光速度快。从提高生产效率和保证印制板精度方面考虑，通常选用感光速度较快的干膜。

曝光时间是指干膜曝光后，光致抗蚀层已全部或大部分聚合，再经显影能形成可以使用的图形所需的时间，该时间也称为最小曝光时间。如果将曝光时间继续加长，使光致抗蚀剂聚合得更彻底，且经显影后得到的图像尺寸仍与底版图像尺寸相符，该时间称为最大曝光时间。最大曝光时间与最小曝光时间之比称为曝光时间宽容度。通常选择干膜的最佳曝光时间在最小曝光时间与最大曝光时间之间。

深度曝光性是指膜在厚度方向的感光程度。深度曝光性好，光致抗蚀剂在曝光时，上下固化比较均匀，不会使光能量因通过抗蚀层和散射效应而减少，而造成上层曝光量合适，下层曝光不足，显影后抗蚀层的边缘不整齐。或者为使下层能聚合，必须加大曝光量，上层就可能曝光过度，造成显影困难，将影响图像的精度和分辨率，严重时抗蚀层容易发生起翘和脱落的现象。通常将第一次显影时的光密度和饱和光密度的比值称为深度曝光系数。为简便测量及符合实际应用情况，以干膜的最小曝光时间为基准来衡量深度曝光性，其测量方法是将干膜贴在覆铜箔板上后，按最小曝光时间缩小一定倍数曝光并显影，再检查覆铜箔板表面上的干膜有无显影。

在使用 5kW 高压汞灯、灯距 650mm、曝光表面温度 25℃±5℃的条件下，干膜的感光性应符合表 4-41。

表 4-41　在使用 **5kW** 高压汞灯、灯距 **650mm**、曝光表面温度 **25℃±5℃**的条件下，干膜的感光性

最小曝光时间 t_{min}			曝光时间宽容度 t_{max}/t_{min}	深度曝光性
抗蚀层厚 25μm	抗蚀层厚 38μm	抗蚀层厚 50μm		
≤10s	≤10s	≤12s	≥2	≤0.25t_{min}

（6）显影性及耐显影性

干膜的显影性是指干膜按最佳工作状态贴膜、曝光及显影后所获得图形效果的好坏，即电路图形应是清晰的，未曝光部分应去除干净无残胶，曝光后留在板面上的抗蚀层应光滑、光亮、坚实。干膜的耐显影性是指曝光的干膜耐过显影的程度，即显影时间可以超过的程度，耐显影性反映了显影工艺的宽容度。

干膜的显影性与耐显影性直接影响印制板的质量。显影不良的干膜会给蚀刻带来困难；

在图形电镀工艺中，还会造成镀不上或镀层结合力差等缺陷。干膜的耐显影性不良，在过度显影时，会产生干膜脱落和电镀渗镀等毛病，严重时会导致印制板报废。

不同抗蚀层厚度干膜的显影性和耐显影性技术要求见表 4-42。

表 4-42   不同抗蚀层厚度干膜的显影性和耐显影性技术要求

显影液温度（℃）	1%无水碳酸钠显影液的显影时间			1%无水碳酸钠显影液的耐显影时间
	层厚 25μm	层厚 38μm	层厚 50μm	
40±2	≤60s	≤80s	≤100s	≥5s

（7）分辨率

干膜的分辨率是指在 1mm 的距离内，干膜曝光、显影后所能形成的清晰的线条数量，也可以用线条的宽度和间距的实际物理尺寸大小表示。例如，分辨率为 3 条线/mm，则表示每毫米间距内有 3 条间距均匀的导线，其导线宽度和间距物理尺寸均为 0.2mm。

干膜的分辨率与抗蚀剂膜厚及聚酯薄膜厚度有关。抗蚀剂膜层越厚，分辨率越低。光线透过照相底版和聚酯薄膜对干膜曝光时，由于聚酯薄膜对光线的散射作用，使光线折射，因而降低了干膜的分辨率。聚酯薄膜越厚，光线折射越严重，分辨率越低。

技术要求规定，常规的干膜能分辨的最小平行线条宽度，一级指标为小于等于 0.1mm，二级指标为小于等于 0.15mm。

（8）耐蚀刻性和耐电镀性

光聚合后的干膜抗蚀层，应能耐三氯化铁蚀刻液、过硫酸铵蚀刻液、酸性氯化铜蚀刻液、硫酸-过氧化氢蚀刻液等的蚀刻。在上述蚀刻液中，当温度为 50～55℃时，干膜表面应无发毛、渗漏、起翘和脱落现象。

在酸性光亮镀铜、氟硼酸盐普通锡铅合金、氟硼酸盐光亮镀锡铅合金电镀以及上述电镀的各种镀前处理溶液中，聚合后的干膜抗蚀层应无表面发毛、渗镀、起翘和脱落现象。有的干膜还能满足印制板低氰镀镍/金的要求。

（9）去膜性能

曝光后的干膜，经蚀刻和电镀之后，可以在强碱溶液中去除，一般采用 3%～5%的氢氧化钠溶液加温至 60℃左右，以机械喷淋或浸泡方式去除。去膜速度越快越有利于提高生产效率。去膜形式最好是呈片状剥离，剥离下来的碎片通过过滤网除去，这样既有利于去膜溶液的使用寿命，也可以减少对喷嘴的堵塞。

技术要求规定，在 3%～5%（质量比）的氢氧化钠溶液中，液温 60℃±10℃，一级指标的去膜时间为 30～75s，二级指标去膜时间为 60～150s，去膜后无残胶。

（10）储存期

干膜在储存过程中可能由于溶剂的挥发而变脆，也可能由于环境温度的影响而产生热聚合，或因抗蚀剂产生局部流动而造成厚度不均匀（即所谓冷流），这些都严重影响干膜的使用。因此在良好的环境里储存干膜是十分重要的。技术要求规定，储存条件：黄光区，温度低于 27℃（5～21℃为最佳），相对湿度 45%～60%左右。储存期为从出厂之日算起不大于 6 个月，超过储存期，按技术要求检验合格者仍可使用。在储存和运输过程中应避免受潮、受热、受机械损伤和日光直接照射。

在生产操作过程中为避免跑光和重曝光，干膜在曝光前后颜色应有明显的变化。当使用干膜做掩孔蚀刻时，要求干膜具有足够的柔韧性，以能够承受显影过程、蚀刻过程液体压力的冲击而不破裂。

4.5.2　干膜法图形转移工艺

图形转移用的抗蚀剂不同，所用的工艺流程会有不同。本节介绍应用最广泛的干膜图形转移工艺，其流程为：

贴膜前基板的清洁处理→干燥→贴膜→与底版定位→曝光→显影→检查修板

1. 贴膜前基板的清洁处理

干膜可用于覆铜箔板基板和孔金属化后预镀铜的基板上。为保证干膜与基板表面黏附牢固，要求基板表面无氧化层、油污、指印、灰尘颗粒及其他污物，无钻孔毛刺，无粗糙镀层，孔内无水分。基板应有微观粗糙的表面，可以增大干膜与基板表面的接触面积。理论上，在基板表面清洁的情况下，表面粗糙度峰谷值"H"在 $2\sim2.51\mu m$ 以内，峰间的宽度"W"在 $3\sim411\mu m$ 时，干膜可得到最佳的固着性。清洗后的基板表面粗糙度情况如图 4-84 所示。为达到上述两项要求，贴膜前要对基板进行认真的处理。其处理方法有机械清洗、化学清洗和电解清洗三类，也可采用它们两者或三者组合的处理方法。

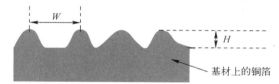

图 4-84　清洗后的基板表面粗糙度情况示意图

（1）机械清洗

机械清洗是采用专用刷板机清洗。刷板机又分为磨料刷辊式刷板机和浮石粉刷板机两种。磨料刷辊式刷板机如图 4-85 所示，装配的刷子通常有两种类型，压缩型刷子和硬毛型刷子。

图 4-85　磨料刷辊式刷板机

压缩型刷子是将粒度很细的碳化硅或氧化铝磨料黏结在尼龙丝上，然后将这种尼龙丝制成纤维板或软垫，经固化后切成圆片，装在一根辊芯上制成刷辊。硬毛型刷子的刷体是用含有碳化硅磨料的直径为 0.6mm 的尼龙丝编绕而成的。磨料粒度不同，用途也不同，通常粒度为 180 目和 240 目的刷子用于钻孔后去毛刺处理，粒度为 320 目和 500 目的刷子用于贴干膜前基板的处理。

　　压缩型刷子因含磨料粒度很细，并且刷辊对被刷板面的压力较大，因此刷过的铜表面均匀一致，主要用于多层板内层基板的清洗。压缩型刷子的缺点是尼龙丝较细，容易撕裂，使用寿命短。硬毛型刷子的显著优点是尼龙丝耐磨性好，使用寿命长，大约是压缩型刷子的 10 倍，但是这种刷子不宜用于处理多层板内层基板，因基板薄处理效果不理想，而且还会造成基板卷曲。

　　在使用磨料刷辊式刷板机的过程中，为防止尼龙丝过热而熔化，应不断向板面喷淋自来水进行冷却、润湿并冲洗刷下的污物。磨料刷辊式刷板机虽然在国内外广泛使用多年，但用这类刷板机清洁处理的板面有许多缺陷，如在表面上有定向的擦伤，可能有耕地式的沟槽，有时孔的边缘被撕破形成椭圆形，由于磨刷磨损后刷子高度不一致而造成处理后板面不均匀等。

　　随着电子工业的发展，元器件的高度集成化要求印制板的布线密度越来越高，印制导线的宽度和间距越来越小，仍旧使用磨料刷辊式刷板机处理板面，产品合格率低下，因此产生了浮石粉刷板机。

　　浮石粉刷板机是将浮石粉悬浊液喷到板面上用尼龙刷进行擦刷，其机器主要有以下几个工段：尼龙刷与浮石粉浆液相结合进行擦刷；刷洗除去板面的浮石粉；高压水冲洗；水洗、干燥。浮石粉刷板机处理板面有如下优点：磨料浮石粉粒子与尼龙刷相结合的作用与板面相切擦刷，能除去所有的污物，形成完全砂粒化的、粗糙的、均匀的、多峰的表面，没有耕地式的沟槽，降低了曝光时光的散射，从而提高了成像的分辨率；尼龙刷的作用缓和，表面和孔之间的连接不会受到破坏。但是，浮石粉容易损伤设备的机械部分，浮石粉颗粒大小分布必须严格控制，基板表面（尤其是孔内）浮石粉残留物的去除需要高压水冲洗。

　　（2）化学清洗

　　化学清洗首先用碱溶液去除铜表面的油污、指印及其他有机污物，然后用酸性溶液去除氧化层和原铜基材上为防止铜被氧化的保护涂层，最后再进行微蚀处理以得到与干膜具有优良黏附性能的充分粗化的表面。

　　化学清洗的优点是去掉的铜箔较少（1～1.51μm），基材本身不受机械应力的影响，对薄型板材的处理较其他方法易于操作。

　　但化学处理需监测化学溶液成分的变化并进行调整以保持处理的一致性，对废旧溶液需进行处理，增加了废液处理的费用。

　　不同方法对基板进行处理，对不同线宽与成品率是有区别的，通过对贴抗蚀干膜最理想的表面进行测试和研究可以对比这些区别。在用上述两种方法处理板面后，贴干膜进行印制、蚀刻工艺的应用试验的结果如图 4-86 所示。

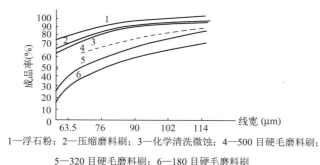

1—浮石粉；2—压缩磨料刷；3—化学清洗微蚀；4—500 目硬毛磨料刷；

5—320 目硬毛磨料刷；6—180 目硬毛磨料刷

图 4-86　使用不同方法对基板进行处理，线宽与成品率的相对关系曲线

对于较大的线宽与间距，无论使用哪种清洁处理方法，导线较宽时合格率均趋向于较高，当线宽较小时合格率明显下降，线宽为 90μm 时，用浮石粉刷板机处理，合格率下降为 90%，其他方法依次下跌，最差的降到 60%以下。硬毛刷中磨料粒度越大（目数小），合格率越低。

（3）电解清洗

贴干膜前基板的表面清洁处理，一般采用上述（1）、（2）两种处理方法，机械清洗及浮石粉刷板对去除基板表面的含铬钝化膜（铜箔表面防氧化剂）效果不错，但易划伤表面，并可能造成磨料颗粒（如碳化硅、氧化铝、浮石粉）嵌入铜基体内，用于挠性基板、多层板内层薄板及薄型印制板基板的清洗，容易使基板的尺寸变形。化学清洗去油污性较好，不会使挠性板或薄型基板变形，但对去除铜表面的含铬钝化膜，其效果不如机械清洗好。

电解清洗的优点是不仅能较好地解决机械清洗、浮石粉刷板及化学清洗对基板表面清洁处理中存在的问题，而且使基板产生一个微观的比较均匀的粗糙表面（见图 4-87），大大提高比表面，增强干膜与基板表面的黏合力，这对生产高密度、细导线的导电图形是十分有利的。

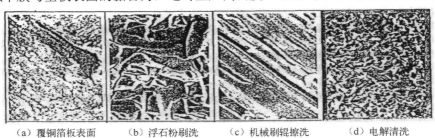

（a）覆铜箔板表面　　（b）浮石粉刷洗　　（c）机械刷辊擦洗　　（d）电解清洗

图 4-87　不同处理方法的基板表面状态（400X SEM 照片）

电解清洗工艺过程如下：

进料→电解清洗→水洗→微蚀刻→水洗→钝化→水洗→干燥→出料

电解清洗的主要作用是去掉基体铜表面的氧化物、指纹、其他有机沾污和含铬钝化物，对铜表面有微蚀刻作用，使铜表面形成一个微观的粗糙表面，以增大比表面。为防止清洗的表面氧化，应对其进行钝化处理，以保护已粗化的新鲜的铜表面。电解清洗主要用于贴干膜或涂覆液体光致抗蚀剂前的挠性基板、多层板内层薄板及薄型印制板基板的表面清洁处理，它虽然具有诸多优点，但对铜表面的环氧污点清洗无效，废水处理成本也较高。

据资料报道，美国 Atotech Inc.(Chemeut)已于 20 世纪 90 年代初推出 CS-2000 系列的水平式阳极电解清洗设备，同时还出售 Scherclean ECS 系列电解清洗剂。

处理后的板面是否清洁应进行检查，简单的检验方法是水润湿性检查（又称水膜破裂试验法）。具体方法是在板面清洁处理后，用流水浸湿板面垂直放置，整个板面上的连续水膜应能保持 15s 不破裂。清洁处理后最好立即贴膜，防止表面重新氧化。如放置时间超过 4h，应重新进行清洁处理。

美国某公司用放射性酯酸测量清洁处理前后基体铜的表面积，发现处理后比处理前大三倍，正是由于存在大量的微观粗糙表面，在贴膜加热加压的情况下，使抗蚀剂流入基板表面的微观结构中，大大提高了干膜的黏附力。

2. 干燥

贴膜前板面的干燥很重要，残存的潮气往往是造成砂眼或膜贴不牢的原因之一，因此必须去除板面及孔内的潮气，以确保贴膜时板子是干燥的。通常采用物理法去除，如用空气刀干燥。如果板面及孔内仍不干燥，应放入 110℃±5℃的热烘箱中热蒸发 10～15min。为避免交叉污染板面，烘箱应是专用设备。

3．贴膜

基板清洗后应及时进行贴膜，首先应从干膜上剥下聚乙烯保护膜，然后在加热加压的条件下将干膜抗蚀剂粘贴在覆铜箔板上。干膜中的抗蚀剂层受热后变软，流动性增加，借助于热压辊的压力和抗蚀剂中黏结剂的作用完成贴膜。

（1）贴膜设备

贴膜通常在专用贴膜机上完成。贴膜机型号繁多，但基本结构大致相同。贴膜机及贴膜示意图如图 4-88 所示。

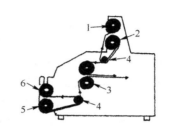

1、6—聚乙烯膜收卷辊；　2、5—干膜安装辊；
3—加热、传动贴膜辊；　4—聚乙烯剥离杆

（a）自动贴膜机　　　　　（b）贴膜示意图

图 4-88　贴膜机及贴膜示意图

一般采用连续贴膜，使用时在上、下干膜送料辊上安装干膜时应相互对齐。

（2）贴膜工艺参数控制

贴膜时控制好辊的压力、温度、传送速度三要素以保证贴膜质量。

① 压力：新安装的贴膜机应先将上、下两热压辊调至轴向平行，然后采用逐渐加大压力的办法进行压力调整，根据印制板厚度调至使干膜易贴、贴牢、不出皱褶。一般压力调整好后就可固定，使用时不需经常调整，一般线压力为 0.5～0.6kgf/cm。

② 温度：通常控制贴膜温度在 100℃左右。根据干膜的类型、性能、环境温度和湿度的不同而略有不同，当膜较干燥、环境温度低、湿度小时，贴膜温度要高些，反之可低些。贴膜温度过高，干膜图像变脆，耐镀性能差；贴膜温度过低，干膜与铜表面黏附不牢，在显影或电镀过程中，膜易起翘甚至脱落。

③ 传送速度：传送速度与贴膜温度有关，温度高传送速度可快些，温度低则将传送速度调慢，通常为 0.9～1.8m/min。

大批量生产时，在所要求的传送速度下，热压辊难以提供足够的热量，因此需给要贴膜的板子进行预热，即在烘箱中干燥处理后稍加冷却便可贴膜。

完好的贴膜应表面平整、无皱褶、无气泡、无灰尘颗粒等夹杂。为保持工艺的稳定性，贴膜后应经过 15min 的冷却及恢复期再进行曝光。

（3）湿式贴膜

基板铜箔表面由于在生产、装运、剪切、前处理等过程中总会或多或少地被擦伤，或者铜箔本身存在针孔、麻点、凹坑、划痕以及玻璃布织纹造成铜箔表面凹凸不平等缺陷，采用干式贴膜，则会造成干膜与基板铜箔表面吻合黏附不牢，形成界面间气隙、空洞，当进行蚀

刻时，蚀刻液一旦进入空隙内，就可能造成断线、缺口或导线厚度上的凹陷。为了改善干膜的吻合黏附性，排除铜箔表面与干膜界面间滞留的气泡，因而一些干膜制造厂商开发出湿式贴膜工艺及与之配合使用的设备和干膜。所谓湿式贴膜，就是在贴膜前先在基板铜箔表面涂布一层水膜，当基板经过热压辊时，一部分水会被蒸发掉，剩余的水分则会被干膜所吸收，因而使原来不规则或凹陷的表面形成真空，同时利用干膜水溶性的特点，使膜面部分呈现液态形式，从而增加在贴膜受压时的流动性，使干膜与铜表面能牢固地吻合黏着。

传统水溶性干膜不适用于湿式贴膜，当铜表面有水渍时，一般的干膜经贴膜后，水渍处的干膜会被"锁定"（Lock In）在铜面上，造成在显影后出现残胶现象，贴膜后到显影之间，如果干膜停滞时间（Hold Time）越长，"锁定"的问题就越严重，残胶就越多。湿式贴膜常用特殊干膜，它与水分具有相容性，几乎不受停滞时间的影响，也不存在"锁定"的问题。

湿式贴膜不仅能改善干膜的黏附性，还能克服玻璃纤维粗糙起伏不平及铜面存在的各种缺陷进而提高内层导线制作的合格率，一般来说，导线越细，湿式贴膜越有利于其合格率的提高，因而被一些印制板厂家采用。但是，湿式贴膜也有其应用的局限性，该方法仅适用于未钻孔的内层板的导线图形的制作。对于已钻孔的双面板及多层板的表面导线图形的制作，由于湿润水流入孔内会造成铜壁表面的严重氧化，影响后续工序的工艺质量，因而对已经有金属化孔的基板不宜采用该法。为了克服湿式贴膜的缺陷，近年来又出现了液态感光油墨直接涂覆在待贴膜的基板上，形成与湿式贴膜效果相同的光致抗蚀层，并且适用于有或无金属化孔的所有刚性基板，可以代替干式和湿式贴膜，详见4.5.3节。

4．曝光

曝光是将有图形的照相底版以基板上的孔定位，紧贴在贴好干膜或涂覆了液态感光油墨的基板上，在紫外光照射下，底版上透光部分下面的光致抗蚀剂中的光引发剂吸收了光能分解成游离基，游离基再引发光聚合单体进行聚合交联反应，形成不溶于稀碱溶液的体型大分子结构，而底版上不透紫外光部分下面的光致抗蚀剂没有发生光化学反应，经过显影溶于稀碱性水溶液，形成与照相底版相同的图像。曝光一般在自动双面曝光机（见图4-89）内进行。曝光机根据光源的冷却方式不同，可分为风冷式和水冷式两种类型。

图4-89　自动双面曝光机

（1）曝光系统的结构

曝光机型号很多，不同公司的产品其功能和性能又有一定差异。根据光线照射到晒版框架上的入射角的不同，又分为平行光曝光机和散射光曝光机。一般散射光曝光机为通用型，通过反光罩的角度将大角度的散射光反射回去，将小角度的散射光调整为准平行光，对底片的入射角应小于 15°，此种曝光机成本低，应用得最多。平行光曝光机的入射角小于 5° 或接近于 0°，造价较高，主要用于精细导线的曝光。各类曝光机根据灯的功率大小，又分为 3000W、5000W、7000W 和 10kW 等不同规格。无论是哪一种型号和规格的曝光机都主要由以下几个部分构成。

① 光源系统：包括波长为 310～420nm 的紫外灯、反光板、遮光板和灯的电源。

② 真空系统：包括吸真空晒版框架、真空泵、真空表、管道和电磁阀等。

③ 电气控制系统：包括 PLC 或微机、计时器或曝光积分器、显示器、传动控制、灯光控制、冷却控制、真空度控制及其传感器件等。

④ 机械传动和结构系统：包括机器结构件、冷却机构（水槽或风机管道）的传动系统等。

⑤ 冷却系统：为灯光和曝光机内环境降温，通常有强风冷却或循环水冷却两种形式。

（2）曝光定位

曝光前应先将照相底版与孔定位放置在基板上。定位的方式有多种，应根据曝光设备的要求和生产批量的大小，选择适当的定位方式。

① 目视定位。目视定位通常适用于重氮底片。重氮底片呈棕色或橘红色的半透明状态，但不透紫外光。透过重氮图像使底版的焊盘与印制板的孔重合对准，用胶带固定即可进行曝光。

② 脱销定位系统定位。该定位系统包括照相软片冲孔器和双圆孔脱销定位器。定位方法是首先将正面、反面两张底版药膜相对在透光台和放大镜下对准，将对准的两张底版用软片冲孔器在底版有效图像外任意冲两个定位孔，把冲好定位孔的底版任取一张用于编钻孔程序，便能得到同时钻元器件孔、导通孔及定位孔的钻孔数据带或软盘，就可以利用数控钻床在基板上一次性钻出元器件孔、导通孔及定位孔，印制板金属化孔及预镀铜后，便可用双圆孔脱销定位器定位曝光。

③ 固定销钉定位。此固定销钉分两套系统，一套固定照相底版，另一套固定印制板的基板，通过调整两销钉的位置，实现照相底版与印制板的重合对准。有的曝光机真空晒版框架边缘备有固定销钉定位系统。

④ 钮扣定位。通常采用冲孔器或多层定位系统冲出定位孔，将冲好孔的底版使用精度较高的黄铜制造的纽扣扣好，再将底版与贴好膜的基板对准后进行曝光。

⑤ 多层板定位系统定位。多层板层数多，定位精度要求高，通常采用专用定位系统定位。首先将照相底版放在底片光学冲孔机上冲四槽两圆孔后，再将贴膜的基板放在基板冲孔机上冲出与底版相同位置的四槽两圆孔，然后用四销定位台把底版与基板定位对准，用胶带固定好进行曝光。

（3）曝光操作

将底版与基板定位放置在晒版盒内启动吸真空，将底版压紧在有光致抗蚀剂的基板上，当真空度达到规定值时，开启紫外灯的遮挡板进行曝光，当曝光时间达到设定值或光能量积累到设定值时曝光结束，紫外灯的遮挡板自动关闭，晒版盒自动退出并充气卸真空。干膜曝光后，聚合反应还要持续一段时间。为保证工艺的稳定性，曝光后不要立即揭去聚酯膜，以使聚合反应持续进行。一般停置时间起码要 15min 后，待显影前再揭去聚酯膜。曝光工作环境应清洁和黄光照明。对精细导线曝光，采用平行光曝光机，其工作环境还应有十万级以上的净化要求，以防止尘埃对曝光质量的影响。

（4）影响曝光成像质量的因素

影响曝光成像质量的因素除干膜光致抗蚀剂的性能外，还有光源的选择、曝光时间（曝光量）的控制、照相底版的质量等。

① 光源的选择。

各种干膜都有其自身特有的光谱吸收曲线，而任何一种光源也都有其自身的发射光谱曲线。如果某种干膜的光谱吸收主峰能与某种光源的光谱发射主峰相重叠或大部分重叠，则两者匹配良好，曝光效果最佳。如果光源的谱线太宽，尤其是波长 420nm 以上光的能量多，灯光的发热量大，容易引起热聚合，曝光时间长，效果差。曝光用的光源有氙灯、镝灯、碘镓灯和高压汞灯，从光谱的能量分布看，碘镓灯和高压汞灯的光波长在 310～420nm 的成分较多，与干膜最敏感的波长 365nm 重叠的能量相对较大，曝光时间短、效果好，它们的发射光谱能量分布如图 4-90 和 4-91 所示。氙灯虽然功率可以很大，光的波长较长，但发热量大，不适于做干膜的曝光用光源。

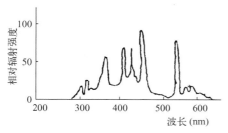

图 4-90　碘镓灯光谱能量分布

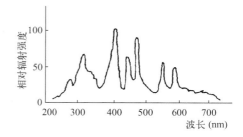

图 4-91　高压汞灯光谱能量分布

光源种类选定后，还应考虑选用功率大的光源。因为曝光时需要光能量积累到一定程度，才能使感光部分的光致抗蚀剂完全固化。光的强度大，能量积累快，曝光时间短，分辨率高，照相底版受热变形的程度也就小。此外灯光的入射角度对曝光的清晰度也有重要影响，要尽量做到使入射角度小，光均匀性好，散射少，平行度高，以避免或减少曝光后图像的失真。

② 曝光时间或曝光量的控制。

在曝光过程中，干膜的光聚合反应并非"一曝即成"，而是大体经过诱导（引发）、单体聚合、单体耗尽形成高分子量聚合物三个阶段。在这些过程中需要一定时间和光能量的积累。由于干膜中存在氧或其他有害杂质的阻碍，所以引发光化学反应需要经过一个诱导的过程，在该过程内引发剂分解产生的游离基被氧和杂质所消耗，单体的聚合甚微。但当诱导期一过，单体的光聚合反应很快进行，胶膜的黏度迅速增加，接近于突变的程度，这就是光敏单体急骤消耗的阶段，这个阶段在曝光过程中所占的时间比例是很小的。当光敏单体大部分消耗完时，形成高分子量的聚合物，光聚合反应已经完成。

正确控制曝光时间是得到优良的干膜抗蚀图像非常重要的因素。当曝光不足时，由于单体聚合得不彻底，在显影过程中，胶膜溶胀变软，线条不清晰，色泽暗淡，甚至脱胶，在电镀前处理或电镀过程中，抗蚀膜起翘、渗镀，甚至脱落。当曝光过度时，会造成难以显影、胶膜发脆、留下残胶等弊病。更为严重的是，不正确的曝光将产生图形线宽的偏差，过量的曝光会使图形电镀的线条（正片产生的图形）变细，使印制蚀刻的线条（负片产生的图形）变粗；反之，曝光不足会使图形电镀的线条变粗，使印制蚀刻的线条变细。

由于应用干膜的各厂家所用的曝光机不同，即光源、灯的功率及灯距不同，所以干膜生产厂家很难推荐一个固定的曝光时间。通常生产干膜的公司都推荐使用某种光密度尺（按光密度不同顺序分级的感光用试验底片），干膜出厂时都标出推荐的成像级数或曝光量。一般推荐使用杜邦公司的瑞斯通（Riston）17 级或斯图费（Stouffer）21 级光密度尺，先对试样进行曝光试验以确定曝光时间或曝光能量积分值。

瑞斯通 17 级光密度尺第一级的光密度为 0.5，以后每级以光密度差 ΔD 为 0.05 递增，到第 17 级光密度为 1.30。斯图费 21 级光密度尺第一级的光密度为 0.05，以后每级以光密度差 ΔD 为 0.15 递增，到第 21 级光密度为 3.05。

在用光密度尺进行曝光时，光密度小的（即较透明的）等级，干膜接受的紫外光能量多，聚合得较完全；而光密度大的（即透明程度差的）等级，干膜接受的紫外光能量少，不发生聚合或聚合得不完全，在显影时被显掉或只留下一部分。这样，选用不同的时间进行曝光便可得到不同的成像级数。

以瑞斯通 17 级光密度尺的使用方法为例简介如下：a.进行曝光时底版的药膜向下；b.在覆铜箔板上贴膜后放 15min 再曝光；c.曝光后放置 30min 显影。

任选一曝光时间作为参考曝光时间，用 t_R 表示，显影后留下的最大级数叫参考级数，将推荐的使用级数与参考级数相比较，并按下面系数对应表 4-43 选取系数 k。

表 4-43　级数与系数对应表

级数差	1	2	3	4	5	6	7	8	9	10
系数 k	1.122	1.259	1.413	1.585	1.778	2.000	2.239	2.512	2.818	3.162

当实际使用的级数与参考级数相比较需增加时，使用级数的曝光时间为 $t=k \times t_R$。当使用级数与参考级数相比较需降低时，使用级数的曝光时间为 $t=t_R/k$。这样只进行一次试验便可确定最佳曝光时间。在无光密度尺的情况下也可凭经验进行观察，用逐渐增加曝光时间的方法，根据显影后干膜的光亮程度、图像是否清晰、图像线宽是否与原照相底版相符等来确定适当的曝光时间。

严格来讲，以时间来计量曝光量并不科学，因为光源的强度往往随着外界电压的波动及灯的老化而改变，所以用光能量的大小确定曝光量更准确。

光能量定义的公式为

$$E=It$$

式中，E 为总曝光量（mJ/cm²）；I 为光的强度（mV/cm²）；t 为曝光时间（s）。

总曝光量 E 随光强 I 和曝光时间 t 而变化。当曝光时间 t 恒定时，光强 I 改变，总曝光量也随之改变，所以尽管严格控制了曝光时间，但实际上干膜在每次曝光时所接受的总曝光量并不一定相同，因而聚合程度也就不同。

为使每次曝光能量相同，先进的曝光设备使用光能量积分仪来计量曝光量，可以在光强 I 发生变化时，能自动调整曝光时间 t，以保持总曝光量 E 不变。

③ 照相底版的质量。

照相底版的质量主要表现在光密度和尺寸稳定性两方面。

关于光密度的要求，最大光密度 $D_{max}>3.5$，最小光密度 $D_{min}<0.17$。最大光密度是指底版在紫外光下，其表面挡光膜的挡光下限，当底版不透明区的挡光密度 $D_{max}=3.5$ 时，透光率为 0.03%，所以 $D_{max}>3.5$ 才能达到良好的挡光目的。最小光密度是指底版在紫外光下，其挡光膜以外透明片基所呈现的挡光上限，当底版透明区的光密度 $D_{min}=0.17$ 时，透光率为 70%左右，所以 $D_{min}<0.17$ 才能达到良好的透光目的。

照相底版的尺寸稳定性（指随温度、湿度和储存时间的变化）将直接影响印制板的尺寸精度和图像重合度。照相底版尺寸严重膨胀或缩小都会使照相底版上的图像与印制板的孔位发生偏离。美国杜邦（Dupont）公司的 PCL-7 型 0.18mm 厚照相底片，当相对湿度变化 1%时，其变化率为 1.1×10^{-3}%；柯达（KODAK）公司的 0.18mm 厚底片的变化率为 1.4×10^{-3}%。而温度的变化对底片尺寸的变化率为 1×10^{-3}%。为了把底片的变化控制在一定范围内，防止生产底版的图像与印制板孔位发生严重偏差，照相底版和生产用底片的生产、使用及储存最好都在恒温恒湿的环境中。以环境温度为 20℃±1℃、相对湿度为 60%±5%时为例，0.18mm 厚底片的尺寸变化见表 4-44。

表 4-44　0.18mm 厚底片的尺寸变化

环　境　参　数	长度方向的变化（mm）	对角线方向的变化（mm）
温度为 20℃±1℃	±0.005	±0.006
相对湿度为 60%±5%	±0.025	±0.031

采用厚聚酯片基的银盐片（例如 0.18mm）和重氮片，可提高照相底版的尺寸稳定性。生产底版一般均采用棕色重氮片。因为重氮底片在透明区光密度小于 0.15 时，透光率可达 70%～100%；重氮底片在不透明区光密度大于 3.15 时，透光率只有 0.3%～0.001%，也就是说重氮底片的反差好，曝光效果好。

除以上三个主要因素外，曝光机的真空系统和真空框架材料的选择以及操作环境的温湿度、洁净度等也会影响曝光成像的质量，所以曝光的环境温湿度和洁净度都要严格控制，工作间照明应采用黄光。

（5）新型曝光技术

通用曝光机一般采用的光源基本是"点"光源。由于点光源产生光散射，再加上光通过空气、玻璃和底版等不同介质存在光的折射、衍射等，对图像精确度带来一定的影响，造成导线尺寸失真，不利于制作精细导线图形。为此，在曝光的光源方面出现了平行曝光及激光直接曝光等技术。

① 平行曝光。在曝光机内，采用平行光的光源，曝光时光线垂直照射到底片上，入射角为 0° 或接近于 0°，避免了光的散射，并得到均匀的曝光能量。平行光通过不同介质产生的光折射、衍射等现象可以忽略不计，因而图像失真小，对制造高密度、精细导线图形非常有利。但平行光曝光机价格昂贵，还有在曝光精细导线时对环境条件要求苛刻，操作间的洁净度应在 10 000 级以上等问题。

② 激光直接曝光。基板经贴膜或涂布液态光致抗蚀（抗电镀）剂后，直接在激光成像机上采用 CAD 生成的数据控制，进行激光扫描曝光形成图形，而不再采用照相底版成像，是一种无接触式的成像方法，避免了底版尺寸变化及底版介质的影响，因而导线失真小，特别适用于制作高密度、高精细导线图形以及小批量多品种的生产。但是，该法需要专用的激光感光干膜或液态光致抗蚀（抗电镀）剂及激光曝光设备，并且存在曝光时间长、影响生产

效率等问题。

对于高密度细导线图形进行图形转移，要求分辨率越高越好。一般薄型干膜有利于提高分辨率。现在市售的新型高分辨率干膜，在曝光前必须先将聚酯薄膜撕去再进行曝光，这样就可以达到采用干膜进行图形转移时提高分辨率的要求。

5．显影

曝光后感光膜经过显影才能形成需要的图像，供后续工序加工。显影通常在专用显影机上进行。对于水溶性干膜，显影液采用 1%～2% 的无水碳酸钠溶液。显影机理是感光膜中未曝光部分的活性基团与稀碱溶液反应生成可溶性物质而溶解下来。显影时活性基团羧基—COOH 与无水碳酸钠溶液中的 Na^+ 作用，生成亲水性集团—COONa，从而把未曝光的部分溶解下来，而曝光部分的干膜不被溶解。

（1）显影机的基本结构

显影机（见图 4-92）一般由滚轮式传送系统、显影液的喷淋系统、喷淋水洗系统、显影参数（显影温度、传送速度和喷淋压力等）的控制系统以及机械结构系统组成。显影机有水平式和垂直式两种。水平式显影机设备成熟、成本较低，目前采用得比较多。垂直式显影机是近年出现的新产品，成本较高，但对薄型板的显影有待改进，它是显影机发展的趋势。

图 4-92　显影机

① 水平式是印制板水平传送，上、下有喷嘴喷淋显影液，生产效率高。但是，印制板水平移动，板的上面容易积存显影液，容易造成板的上、下显影不一致和清洗水积存不宜干燥。

② 垂直式是印制板垂直传送，前、后有喷嘴喷淋显影液。由于垂直显影可使板子两面的显像点位置非常一致，具有较宽的显影幅度，可以在较宽的操作范围内都能得到质量一致的显影效果，具有高的分辨率，比水平显影能显出更清晰更细的导线。显影干净、清洁，余胶少；清洗水不会积留在板面，具有较好的水洗及干燥的效果。但是，对于薄的内层板，垂直显影在显影传动时，板会出现漂移摆动等问题。

（2）显影参数控制

显影时只有控制好显影液的温度、传送速度、喷淋压力等显影参数，才能得到好的显影效果。一般来说，显影液温度为 28～32℃，喷淋压力为 30～40psi，传送速度可以根据显像点和显影的效果而确定。

显像点是指没有曝光的干膜从印制板上刚被显影除去的工作点。正确的显影时间通过试验找出显像点来确定，显像点必须保持在显影段总长度的一个恒定百分比的位置上（一般在显影段总长度的 40%～60% 之内）。如果显像点离显影段的出口太近，未聚合的抗蚀膜得不到充分的清洁显影，残余的抗蚀剂可能留在板面上。如果显像点离显影段的入口太远，已聚合的干膜由于与显影液过长时间的接触，可能被侵蚀而使图形边缘起毛，感光膜层会失去光泽。

显影时由于溶液不断地喷淋搅动，会出现大量泡沫，因此必须加入适量的消泡剂，如正丁醇、食用或医药用消泡剂、印制板专用消泡剂（AF-3）等。消泡剂起始的加入量为0.1%左右，随着显影液溶进干膜，泡沫又会增加，可继续分次补加。显影后要确保板面上和孔内无余胶膜，并保证基体金属铜与电镀金属之间有良好的结合力。

（3）显影后的检查

显影后板面是否有余胶，肉眼很难看出，可用以下两种方法来检查。

① 用1%甲基紫酒精水溶液或1%～2%的硫化钠或硫化钾溶液检查。染上甲基紫颜色和浸入硫化物后没有颜色改变说明有余胶。

② 显影后板面经过清洁、微蚀粗化及稀酸处理后，放入5%质量比的氯化铜溶液内处理30s，并轻微摇动液体及用海绵细擦板面以驱逐气泡。经过处理后的板子进行水洗、吹干后目视检查。若铜面显影正常，会与氯化铜溶液很快地形成一层灰黑色氧化层（此氧化层可在电镀前处理线中去除干净）；若铜面有余胶，则仍会保持光亮铜的颜色。

（4）修板

修板包括两方面，一是修补图像上的缺陷，一是除去与要求图像无关的疵点。上述缺陷产生的大体原因是：干膜本身有颗粒或机械杂质；基板表面粗糙或凹凸不平；操作工艺不当，如板面污物及贴膜小皱褶；照相底版及真空框架不清洁等。为减少修板量，应特别注意上述问题。修板液可用专用修板胶或采用虫胶、沥青、耐酸油墨等。虫胶修板液配方为虫胶100～150g/L和甲基紫1～2g/L，用无水乙醇配制。

修板时应注意戴细纱手套，以防手汗污染板面。一般印制板厂家由于建立了健全的印制板质量管理及保证体系，印制板生产过程得到了全面而严格的控制，修板量很少，甚至取消了修板这一工序。

（5）去膜

去膜是在图形电镀后或蚀刻后将感光的干膜去掉。去膜可以在专用去膜机（见图4-93）上进行，机器结构类似于显影机，不过使用的去膜液是3%～5%的氢氧化钠溶液，温度为50～60℃。去膜方式可槽式浸泡，也可机器喷淋。槽式浸泡是将板子上架后浸泡到去膜溶液中，数分钟后膜变软脱落，取出后立即用水冲洗，膜就可以去除干净，铜表面也不会被氧化。机器喷淋去膜生产效率高，在去膜溶液中必须加入消泡剂，去膜后能自动清洗、烘干；使用中应防止因溶液喷嘴堵塞而影响去膜效果。

图4-93 专用去膜机

6. 常见的故障及排除方法

在使用干膜进行图形转移时，由于干膜本身的缺陷或操作工艺不当，可能会出现各种质量问题。下面列举在生产过程中可能产生的故障，分析其原因和排除故障的方法如下。

（1）干膜与覆铜箔板粘贴不牢

① 干膜储存时间过久，抗蚀剂中溶剂挥发。解决办法是干膜在低于 27℃ 的环境中储存，储存时间不宜超过有效期。

② 覆铜箔板清洁处理不良，有氧化层或油污等污物，或微观表面粗糙度不够。应重新按要求处理板面并检查是否有均匀水膜形成。

③ 环境湿度太低。操作时应保持环境湿度为 RH50% 左右。

④ 贴膜温度过低或传送速度太快。调整好贴膜温度和传送速度，连续贴膜最好把待贴膜的基板预热后再贴膜。

（2）干膜与基体铜表面之间出现气泡

① 贴膜温度过高，抗蚀剂中的挥发成分急剧挥发，残留在聚酯膜和覆铜箔板之间，形成鼓泡。应调整贴膜温度至标准范围内。

② 热压辊表面不平，有凹坑或划伤。应注意保护热压辊表面的平整，清洁热压辊时不要用坚硬、锋利的工具去刮。

③ 热压辊压力太小。可以适当增加两压辊间的压力。

④ 板面不平，有划痕或凹坑。挑选板材并注意减少前面工序造成划痕、凹坑的可能，或者采用湿式贴膜。

（3）干膜起皱

① 两个热压辊轴向不平行，使干膜受压不均匀。应调整两个热压辊，使之轴向平行。

② 干膜太黏。降低环境的湿度，提高操作技巧，放板时要迅速、平稳。

③ 贴膜温度太高。应调整贴膜温度至正常范围内。

④ 贴膜前板子太热。降低板子预热温度。

（4）有余胶

① 干膜质量差，如分子量太高或涂覆干膜过程中偶然热聚合等。应更换干膜。

② 干膜暴露在白光下造成部分聚合。应避免干膜被白光照射，应在黄光下进行干膜操作。

③ 曝光时间太长。应缩短曝光时间或降低光能的积分量。

④ 生产底版最大光密度不够，造成紫外光透过部分聚合。曝光前应检查生产底版，光密度不合格的底版不能使用。

⑤ 曝光时生产底版与基板接触不良造成虚光。应检查抽真空系统及曝光框架是否漏气。

⑥ 显影液温度太低，显影时间太短，喷淋压力不够或部分喷嘴堵塞。调整显影液温度和显影时的传送速度，检查显影设备。

⑦ 显影液中产生大量气泡，降低了喷淋压力。应在显影液中加入消泡剂消除泡沫。

⑧ 显影液失效。应及时检查或更换显影液。

（5）显影后干膜图像模糊，抗蚀剂发暗发毛

① 曝光不足。用光密度尺校正曝光量或曝光时间。

② 生产底版最小光密度太大，使紫外光受阻。曝光前应检查生产底版。

③ 显影液温度过高或显影时间太长。调整显影液温度及显影时的传送速度。

（6）图形镀铜与基体铜结合不牢或图像有缺陷

① 显影不彻底有余胶。加强显影并注意显影后的清洗。

② 图像上有修板液或污物。修板时应戴细纱手套，并注意不要使修板液污染线路图像。

③ 沉铜前板面不清洁或粗化不够。加强沉铜前板面的清洁处理和粗化。

④ 镀铜前板面粗化不够或粗化后清洗不干净。改进镀铜前板面粗化和清洗。

（7）镀铜或镀锡铅有渗镀

① 干膜性能不良，超过有效期使用。应尽量在有效期内使用干膜。

② 基板表面清洗不干净或粗化表面不良，基板与膜黏附不牢。应加强板面处理。

③ 贴膜温度低，传送速度快，干膜贴得不牢。应调整贴膜温度和传送速度。

④ 曝光过度抗蚀剂发脆。应用光密度尺校正曝光量或曝光时间。

⑤ 曝光不足或显影过度造成抗蚀剂发毛，边缘起翘。应校正曝光量，调整显影温度和显影速度。

⑥ 电镀前处理液温度过高。应控制好各种镀前处理液的温度。

4.5.3 液态感光油墨法图形转移工艺

液态感光油墨图形转移工艺又称湿膜工艺。液态感光油墨是 20 世纪 90 年代初发展的一种新型感光材料，它是由专用的光成像抗蚀抗电镀油墨，用丝网印刷的方法或其他方法（帘式涂布法、辊涂法等）涂覆在清洗过的基板上，经过预烘干而形成的光致抗蚀剂。使用液态感光油墨法，后续的曝光显影等操作与干膜法相同。涂层的厚度可以用丝网的目数来控制，帘式涂布可以用板的传输速度来控制。由于液态感光油墨与基板密贴性好，可填充铜箔表面轻微的凹坑、划痕等缺陷，且其涂覆层可以比干膜法的薄（涂覆层厚度可以薄至 5～10μm），所以导线图形的分辨率、清晰度高。传统的导线油墨网印法分辨率为 200μm，干膜法分辨率为 75μm，而湿膜法分辨率可达到 50μm。对制作细导线时，湿膜法可以减少由于覆铜箔板表面针孔、凹陷、划伤及玻璃纤维造成的凹凸不平等微小缺陷而造成的电镀时渗镀和蚀刻时的断线。湿膜法材料成本低，与干膜法相比，可以节约 40%左右。但是，湿膜工艺虽然不需贴膜设备，却增加了预烘干步骤，不易于进行连续自动化生产。如果采用帘式或辊式涂布可以与烘干箱连线，能实现连续生产，但要增加辊涂或帘式涂布和烘干设备。

辊涂的最大优点是能同时实现板子的两面涂覆，涂层均匀，可以实现涂覆与干燥连线，效率高、板厚及膜厚范围宽。但是，涂覆有金属化孔的基板时，油墨容易堵塞孔，需新的设备投资；涂覆时，同一批板的板厚公差范围要一致，板面应平整。所以，辊涂更适用于无孔的多层板内层图形制作。

帘式涂布操作简易，原材料浪费少，效率较高，膜厚均匀，膜厚范围宽。但是，设备投资大；板子涂覆是涂完一面后翻转再涂另一面，影响生产效率并容易堵孔。

喷涂的最大优点是对板面平整度要求不高，对于粗糙的或凹凸不平的铜箔表面也能实施喷涂，板厚范围宽，但需新的设备投资，而且价格昂贵，材料浪费多。

辊涂、幕帘涂布、喷涂工艺与网印工艺比较，除了涂覆设备不同外，曝光、显影及退膜等工艺条件基本相似，并且应用范围有局限性，所以这里就不一一叙述了。本节主要介绍网印工艺。

1．丝网印制湿膜的工艺

丝网印制湿膜（以下简称网印）工艺流程：

基板前处理→网印→预烘→曝光→显影→烘烤→蚀刻或电镀→去膜

（1）基板前处理

在丝印前，湿膜工艺的基板处理同样包括清洗和粗化（微蚀），其方法和设备同干膜法的基板前处理相同，设备也通用。

（2）网印

用于网印的液态光致抗蚀剂产品很多，可以根据要求和性价比选择。目前市售的有日本三井公司 MT-UV-6110 系列油墨、太阳公司 GSP-1550 油墨、普列斯登公司 PCD-202 油墨、北京佳隆泰公司 JC-RS1000 油墨和北京力拓达公司的光成像抗蚀抗电镀油墨等。

根据不同的用途选用不同目数的网板进行空版网印，以得到不同厚度的抗蚀层。制作多层板内层图像，用于印制蚀刻工艺的可选用 200 目丝网，网印后膜的厚度为 $12\mu m\pm2\mu m$；用于图形电镀工艺的选用 $120\sim150$ 目丝网，网印后膜的厚度为 $25\mu m\pm2\mu m$，以使镀层厚度不超过膜层厚度，可防止由于镀层凸沿压住图像边缘处的抗蚀层和去膜困难造成图像边缘不整齐等缺陷。网印后的板子必须上架存放，而且板与板之间要有一定距离，以保证下步烘烤中干燥得均匀、彻底。

网印涂覆的位置最好是在比印制板有效面积每边大出 $5\sim7mm$ 的范围内进行，而不是整板涂覆，以有利于曝光时底版定位的牢度，因为底版定位胶带若贴在膜层上，使用几次后黏性便大大降低，容易在曝光时抽真空过程中造成生产底版偏移，特别是制作多层板内层图像时，这种偏移不易发现，只能当表面层做出图像并蚀刻后方能看出，但此时已无法补救，产品只能报废。

（3）预烘

刚刚网印完的光致抗蚀油墨，表面未干，容易沾污和粘连照相底版，所以必须烘干，除去溶剂，成为无黏性的抗蚀层。对于预烘的温度和时间，不同型号的液体光致抗蚀剂有不同的要求，可参照说明书和具体生产实践来确定。一般来说，双面的第一面为 $75\sim80℃$、$10\sim15min$，第二面为 $15\sim20min$，也可以两面网印后同时预烘，时间约 $20\sim30min$。

预烘方式有使用烘道和烘箱两种。用烘道时，烘道内有温控装置，以 PCB 在烘道内的传送速度控制时间。用烘箱时，烘箱一定要有鼓风和恒温控制，以使各部位温度比较均匀。预烘时间应在烘箱达到设定温度时开始计算。控制好预烘温度和时间很重要。预烘温度过高或时间过长，将难以显影和去除膜层；而预烘温度过低或时间过短，在曝光过程中底版会粘在抗蚀剂涂覆层上，揭下底版时易受到损伤。预烘后，应立即将板移出烘箱外，经风冷或自然冷却后才能进入下道工序。

（4）曝光

液体光致抗蚀剂感光的有效波长为 $300\sim400nm$，因此对干膜进行曝光的设备亦可适用于湿膜曝光，曝光量为 $100\sim300mJ/cm^2$。光密度测定采用 21 级光密度表（Stouffer 21），通常为 $6\sim9$ 级。

因为预烘后膜层的硬度还不足 1H，所以曝光对位时需特别小心，以防划伤感光剂层。虽然湿膜适用的曝光量范围较宽，但为了增加膜层的抗蚀和抗电镀能力，以取高限曝光量为宜。其感光速度与干膜相比要慢得多，所以要使用高功率曝光机。由于其感光度高，与干膜一样，应在黄光下操作，避免日光灯照射。

当曝光过度时，用正相底版易形成散光折射，造成线宽减小，严重时会造成显不出影来；反之用负相底版形成散光扩大，线宽增加，显影时会留下残膜。当曝光不足时，显影后膜层上出现针孔及膜发毛、脱落等缺陷，抗蚀性和抗电镀性下降。

（5）显影

采用显影机用 1%无水碳酸钠水溶液显影，温度为 30℃±2℃，喷淋压力为 1.5～2.0kgf/cm²，显影时间为 40s±10s，显像点控制在显影段的 1/3～1/2 处。湿膜进入孔内，需延长显影时间。显影液温度和浓度过高以及显影时间过长会破坏胶膜的表面硬度和耐化学性，而浓度和温度过低会影响显影速度。因此浓度和温度以及显影时间均要控制在合适的范围内。

（6）烘烤

为使膜层有优良的抗蚀抗电镀能力，显影后要采用烘烤进行后固化，烘烤条件是 100℃、1～2min，烘烤后膜层硬度可达 2H。

（7）去膜

在去膜机中使用 4%～9%的氢氧化钠溶液，温度 50～60℃，喷淋压力 2～3kgf/cm²。为提高去除速度，提高温度比提高浓度更有效。

2．液态感光油墨的储存条件和使用寿命

（1）储存条件

储存条件一般为温度 20℃±2℃，相对湿度 55%±5%，有效期为 6 个月，也可按材料供应商提供的产品说明书要求储存。

（2）使用寿命

使用寿命与操作环境和时间有关，一般在温度低于等于 25℃、相对湿度小于等于 60%、洁净度小于等于 10⁶ 级的黄光区下操作，使用寿命为 3 天，最好在 24h 内使用完。一旦超过储存有效期和有效使用期，工艺难以控制，产品质量不能保证，甚至根本显不出图像来，只能报废，因此，应确保在有效期内使用。

3．注意事项

① 网印后到显影的时间不应超过 48h，时间过长会造成显影后有残膜，严重时会显不出影来。如果湿度大时，网印完成后尽快在 12h 内曝光显影。

② 如果应用于图形电镀工艺，当生产大批量板子时，最好做网板封孔，以避免油墨进孔。小批量生产时，印几块后应印防尘纸，以去掉网板上的堆积墨点，防止油墨进孔。显影后还应认真检查孔内是否显得彻底干净。如不干净，应重新返工显影。

③ 未显影前涂膜硬度只有 1H，应小心操作，不能重叠放置，应垂直上架；显影后涂膜虽有 2H 以上的表面硬度，但拿取及摆放仍要小心，以免涂膜被刮伤、划坏。

④ 操作人员进入操作间要按规定换工作服、戴工作帽、穿工作鞋。

⑤ 因液态光致抗蚀剂固体成分只有 70%左右，其余大部分为助剂、溶剂等挥发物，所以操作间要有良好的通风换气装置。操作者需在通风条件下操作。

4．湿膜工艺的常见故障、可能原因及解决办法

湿膜工艺的常见故障、可能原因及解决办法见表 4-45。

表 4-45　湿膜工艺的常见故障、可能原因及解决办法

故　障	可 能 原 因	解 决 办 法
涂覆层厚度不均匀	抗蚀剂黏度太高	应加稀释剂调至正常黏度
	网印速度太慢	加大网印速度，并保证速度均匀一致
	网板目数选择不当	选择合适目数的丝网
	网印时刮刀压力不均	调整刮刀压力适中
出现针孔	抗蚀剂有不明油脂	换新的抗蚀剂并用丙酮彻底清洗基板
	空气中有微粒	应保证操作间空气洁净度，净化室内空气
	板面不干净，有颗粒性杂质	清洁板面，加强板面质量检查
曝光时粘连生产底版	网印后预烘不够	调整预烘温度和时间至正常值
	曝光机内温度过高	检查曝光机冷却系统，提高冷却效果
	晒版盒内真空度太高	检查抽真空系统，降低真空度或不加导气条
	涂覆层过厚，烘干不彻底	适当延长预烘时间，使涂膜所含溶剂充分挥发，或者更换较高目数的丝网
显影后点状剥离	曝光能量不足	调整曝光能量或延长曝光时间
	待曝光的基板表面不清洁	加强对基板表面的清洗和检查
	生产底版表面不干净	加强底版的清洁处理和环境的洁净度
	预烘不够	检查预烘的工艺参数是否适当，适当延长预烘时间
显影不净，有余胶	显影前基板上的光致抗蚀剂受白光或紫外光照射	避免白光，在黄光条件下操作
	显影条件不正确	检查显影是否符合工艺参数，调整显影速度或温度
	预烘过度	调整预烘温度和时间
	烘烤过度	检查烘烤的工艺参数是否正常，改进烘烤条件

4.5.4　电沉积光致抗蚀剂工艺

电沉积光致抗蚀剂（简称 ED 膜）工艺是用电沉积的方法在覆铜箔基板上形成一层抗蚀膜，然后经过曝光、显影、蚀刻、去膜等工艺制成电路图形。

1．ED 膜的优点

由于抗蚀剂膜是电沉积形成的，不受基板的表面状态影响，对粗糙、凹凸不平或者有麻点、划痕等缺陷的表面都可以均匀地电沉积上一层光致抗蚀剂。形成的 ED 膜厚度可以薄至 5μm，因而有利于制作精细线宽/间距的内层板，分辨率可达 25μm。

经孔金属化和全板电镀后的基板，进行电沉积光致抗蚀剂，能使孔内和板面同时都沉积上一层光致抗蚀剂，从而避免出现因孔掩蔽出问题而蚀刻孔壁铜层的缺陷，大大提高了印制板的合格率，可以取代掩孔干膜实施掩孔工艺。

ED 膜厚度薄，制作细导线的能力大为提高。几种类型光致抗蚀剂工艺与激光直接成像工艺制作细导线能力的比较见表 4-46。

表 4-46　几种类型光致抗蚀剂工艺与激光直接成像工艺制作细导线能力的比较

抗蚀剂类型	干膜	湿式贴干膜	湿膜	特制干膜	ED 膜（阴）	ED 膜（阳）	激光直接成像
制作线宽（mm）	≥0.10	≥0.08	≥0.07	≥0.07	≥0.05	≥0.05	≥0.05

2. ED 膜的形成机理

电沉积技术实际上是电化学中的电泳技术，胶体溶液中带电荷的树脂胶体粒子（光致抗蚀胶体）在电场作用下向带相反电荷的电极（铜箔基板）上迁移，在铜箔表面沉积一层结合牢固的、薄而致密的、厚度均匀的光致抗蚀膜。电沉积涂覆的过程伴随着电解、电泳、电沉积和电渗等电化学过程。许多方面类似电镀但又不同于电镀，电镀是连续的，而电沉积是自行制约的。电流通过电沉积溶液时，电泳过程开始，到整个带电的铜箔表面（含孔及铜箔表面划伤凹陷等）完全涂覆了抗蚀剂时，因聚合物树脂膜是绝缘的，当树脂膜很薄时绝缘电阻低，反应活性仍然存在，电沉积继续进行，当膜厚达到要求时，树脂膜绝缘电阻高将成为阻挡层，使表面完全绝缘，终止了与带电荷胶体物质的成膜反应。

电沉积分为阳极电沉积和阴极电沉积。阳极电沉积，如果抗蚀剂胶体粒子带负电荷，经表面清洁处理的铜箔基板做阳极进行沉积，则电沉积的抗蚀剂称为阳极型光致抗蚀剂。相反，抗蚀剂胶体粒子带正电荷，经表面清洁处理的铜箔基板做阴极进行沉积，则电沉积的抗蚀剂称为阴极型光致抗蚀剂。

3. ED 膜的形成工艺

采用 ED 膜进行图像转移的基本工艺流程为：

基板前处理→电沉积→红外线干燥→曝光→显影→蚀刻→去除抗蚀剂

其中除电沉积过程和采用红外线干燥 ED 膜工序外，其余工序与干膜成像工艺相同不再细述。

典型的 ED 膜的工艺特性和条件见表 4-47。

表 4-47 典型的 ED 膜的工艺特性和条件

工 艺 特 性	阴极型 ED	阳极型 ED
电沉积条件	50mA/dm^2，25℃，2～3min	50mA/dm^2，25℃，2～3min
膜厚	12～16μm	可控，最厚可达 25μm 以上
曝光	100mJ/cm^2	120～480mJ/cm^2
显影	1%无水碳酸钠 30～35℃，1～2min	
去膜	3%～5% NaOH，50℃，2～3min	
干燥	50～100℃，5～10min	
蚀刻	三氯化铁或酸性氯化铜蚀刻液	

由于阳极型光致抗蚀剂比阴极型光致抗蚀剂具有更多的优点，如电沉积厚度可控，膜厚从 5μm 至 25μm 以上，抗蚀剂膜无针孔，阴极可长期使用等，因此现在一般采用的是以覆铜箔基板做阳极的阳极型光致抗蚀剂。该法的缺点是，虽然不用贴膜设备，但需要电泳设备和红外烘干设备，不宜于连续生产，效率较低，并且 ED 光致抗蚀剂胶液成本较高。

4.5.5 激光直接成像工艺

电子元器件的高度集成化和引出端子数量的急剧增加，使安装这些元器件的印制板层数增加，布线密度大为提高。高精度、高密度互连结构的印制板（HDI 板）应用日益广泛。印制板的导通孔、连接盘、导线的线宽与间距和使用的介质厚度等尺寸全方位的减小，趋向微细化，从而使印制板产品的导线精度和布线密度有了进一步的提高，最小印制导线宽度与间距可达 0.075mm 以下，微导通孔的孔径等于或小于 0.15mm，连接盘的环宽等于或小于 0.25mm，并且还不断地向着更微细化尺寸规格的印制板产品方向发展。如果还继续采用常规的传统底片接触曝光技术，进行电路图形转移，难以制作这类高密度互连多层板（HDI 板），不但生产效率低，合格率更低，必然造成制造成本的提高。激光直接成像（Laser Direct Imaging，LDI）技术是适应印制板的这一发展需求而出现的一种新的图形转移技术。该法不需要通过照相底版成像，直接由 CAD 或 CAM 所提供的电路图像数据控制激光在基板的感光抗蚀剂上进行扫描来实现成像。对于高密度互连结构的印制板，如采用激光直接成像技术则能很容易地制作出精细的导电图形，所以说激光直接成像技术将成为推动图形转移技术向着更精细、更快、更好的方向发展的动力。

　　常规的图形转移工艺采用银盐底片或重氮底片。它分为接触式成像和非接触式成像。使用最广泛的是接触式成像工艺，采用底片直接接触光致抗蚀材料进行曝光而形成图像。非接触式成像工艺是通过底片投影而完成图形转移，激光直接成像技术是不通过底片实现非接触式成像的工艺方法。

1. 激光直接成像技术的成像机理

　　激光直接成像就是利用 CAM 系统输出的数据直接驱动激光成像装置，此装置使用聚焦的激光束（采用与光致抗蚀剂光敏性相适应的一种紫外波长的 Ar 离子激光光源），用光栅扫描的方式在已涂覆光致抗蚀剂的基板上进行曝光，每次一个像素。CAM 系统利用的数据是以数据码的形式来达到定义所需的电路图形的，以此数据控制激光直接在涂有光致抗蚀剂的基板上描绘成像。激光光束在基板上光栅扫描成像系统的工作原理如图 4-94 所示。

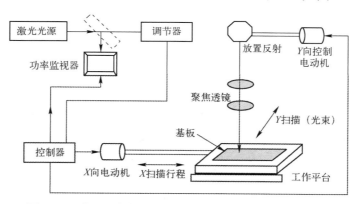

图 4-94　激光光束在基板上光栅扫描成像系统的工作原理

2. 激光直接成像技术的工艺流程

激光直接成像技术的工艺流程如图 4-95 所示。

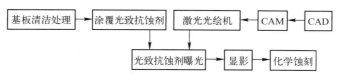

图 4-95　激光直接成像技术的工艺流程

基板清洁处理同干膜法工艺一样。涂覆液态感光抗蚀剂可采用网印或辊涂的方式。激光直接成像曝光时应使抗蚀剂成正相，采用的光源是 KW 氩离子（Ar^+）激光。激光直接成像设备系统上安装一对 Ar^+激光系统。待加工的基板通过吸真空平台活动装置进入激光直接成像设备内。基板表面涂覆的液态感光抗蚀剂的感光能量为 $10\sim15mJ/cm^2$，分辨率可达到 $25\mu m$（即 1mil）。曝光后的抗蚀剂与基板表面的附着力好，可以抵抗在制作细导线时基板显影和蚀刻过程中的液体冲击。基板涂覆抗蚀剂后应尽量缩短在"黄光"下的停留时间，曝光设备的工作环境应保持较高的洁净度和黄光照明。激光直接成像的工艺特性和参数见表 4-48。

表 4-48 激光直接成像的工艺特性和参数

工 序	网 印 工 艺	辊 涂 工 艺
涂覆	77～110T/cm 聚酯丝网	48gpi 辊涂，油墨黏度（用 4 号杯）120～140s
预烘干	两面各 20min，90℃	速度 35m/min，110～130℃
曝光	曝光量：$10mJ/cm^2$ 设备：Etec Digirite2000 或 Orbotoch DP-100（生产速度 120 面/h）； Autonma Tech D12700（生产速度 360 面/h）； Baroco Gemini（生产速度 240 面/h）	
显影	1%碳酸钠水溶液，温度 35℃，时间 35s 左右	
蚀刻	经改良的用于细导线的蚀刻液	
退膜	3%氢氧化钠溶液，温度 50℃，视膜厚退除干净为止	

3. 激光直接成像技术与接触式底片成像技术的比较

激光直接成像技术与接触式底片成像技术的最大区别是激光直接成像技术不使用照相底版，而接触式底片成像技术需要使用底版。使用照相底版和不使用底版，对成像的精细度有很大影响。

（1）接触式底片成像技术存在的问题

接触式底片成像技术采用的底版图像的形成过程复杂，底片光绘成像后需进行显影、定影、底片检测、修整及冲制定位孔，高密度的图像还需要 AOI 检查等，它比激光直接成像技术的多出六步工序，所以加工步骤越多，给底片带来的尺寸变化就越大，出现偏差和缺陷的概率也就越大。而影响底片尺寸变化的因素也比较多，湿度、温度都对底片尺寸的稳定性产生影响，进而会影响导线精度。另外接触式底片成像技术在曝光时，光线的入射角度大，光线的散射也会引起不同程度的导线宽度变化。多层板不同层次所用的底片不同，其尺寸变化也可能不同，再用不同的底片制作出的内层图像尺寸变化也不相同，则层间的图形定位精度也会受到一定影响。光绘的照相底版其导线边缘的直线性与激光光绘的像素有关，由激光光束（圆形点）环套环地连接成线，导线的边缘不是平直的，它是由很多弧线形段构成的，只有采用分辨率的光绘机才可以改善导线边缘的直线性。底版上的不透明部分经常出现针孔、断线、漏焊盘等缺陷，会给成像的导线造成缺陷。

（2）激光直接成像技术的优点

如果采用激光直接成像技术，不用照相底版就不会存在以上因底片引起的尺寸变化。成像的导线可以很细，尺寸精度高。激光直接成像可以在光致抗蚀膜上成像，也可在化学镀薄锡层上和覆铜箔板上直接成像，但是所用的激光强度不同。各类激光直接成像技术的工艺特性见表 4-49。

表 4-49　各类激光直接成像技术的工艺特性

项目		激光光源	抗蚀剂	蚀刻	退除涂层	加工步骤	线宽精度	成本
光致抗蚀剂激光直接成像	负性	紫外激光	高光敏性	要求	抗蚀剂	多	差	低
	正性	红外激光	高光敏性	要求	抗蚀剂	多	中等	高
化学镀薄锡上激光直接成像		较高能量紫外激光	非光敏性锡膜	碱性蚀刻	锡层	多	中等	高
在覆铜箔上激光直接成像		高能量紫外激光	不要求	不需要	不需要	最少	最好	中等

激光直接成像技术的优越性表现有以下几个方面。

① 它可以制作小于 80μm 甚至小到 50μm 的线宽和间距，完全适应高精度高密度多层积层板的技术要求。

② 在电路图形中，导线的线宽尺寸精度高，线宽误差小于等于 10%。制作线宽为 80μm 时，其线宽误差小于 8μm；而制作线宽为 50μm 时，其线宽误差小于 5μm。因而就大大地改善了导线特性阻抗值的控制，这对于高速、高频数字信号的传输和改善印制板的电气性能很有好处。

③ 制作成图形后，整个导线表面缺陷少，完整性好的即使是很长的导线上也没有或只有极小的缺陷，几乎接近完好无缺，具有较高的合格率。

④ 能改善和提高多层板层间对位精度。激光直接成像是直接在制板上成像，消除了接触成像技术底片产生的尺寸偏差问题。在印制板上引发的尺寸稳定性因素主要来自基材。由于覆铜箔层压板对环境温度不太敏感，而环境温度对在制板基材尺寸稳定性的影响，可根据基材的热膨胀系数计算出来。对于 450mm×600mm 的在制板，在环境温度 20℃下，其尺寸稳定性的变化小于 20μm。激光直接成像技术可以每次成像时按需要调整光栅扫描线路和连接盘的准确位置，能自动补偿达到定标成像的目的。因此它具有生产高密度互连结构的多层板和高密度互连结构印制板的精确对位能力，提高了多层板层间的对位度。

⑤ 提高了孔与连接盘的比率。由于激光直接成像技术提高了层间的对位度，因而设计上就可以缩小连接盘尺寸，从而提高了孔径与连接盘直径的比率，增加了布线率，提高了多层板布线密度或提高了整体多层板层面的利用率。

激光成像技术与接触成像技术等四种工艺方法的特征及性能参数比较见表 4-50，从中可以看出，激光直接成像技术在制作精细导线印制板方面的优势。

表 4-50　激光成像技术与接触成像技术等四工艺方法的特征及性能参数比较

技术特征	接触成像技术（CP）	激光投影成像技术（LPI）	激光直接成像技术（LDI）	步进重复系统成像技术
光源	水银弧光灯	准分子激光	氩离子激光	水银弧光灯
图像类型	底片接触成像	大面积投影成像	聚焦光束光栅扫描	小面积投影成像
分辨率	3mil	0.1mil	2mil	0.3mil
照相底版类型	1:1 聚酯或玻璃底版	1:1 聚酯或玻璃底版	不用底版	1:1 聚酯或玻璃底版
大面积板能力	可以	可以	可以	不可以
对位精确度	>1mil，较差	<0.4mil，优良	>0.5mil，较好	<0.1mil，很好
线宽/间距	≥100μm	≥50μm	≤30μm	≥30μm
线宽精度	±50μm	±10μm	±5μm	±20μm
特殊抗蚀剂	不需要	不需要	需要	不需

续表

技术特征	接触成像技术（CP）	激光投影成像技术（LPI）	激光直接成像技术（LDI）	步进重复系统成像技术
阻焊膜成像	能	能	不能	能
应用范围	大批量普通板	大批量高密度板大尺寸拼板	快件板，试验板，小批量高密度板	小到中等批量的小型样板
成孔能力	不能	能	不能	不能
设备成本	低	高	高	较高
产品合格率	低	中等	高	中等
生产效率	高	高	较低	较高

（3）激光直接成像技术的缺点

激光直接成像技术尽管有以上多项优点，但所用设备昂贵，需要有特殊的光致抗蚀剂，成本较高；并且成像时间长，成像速度较慢，生产效率低；另外涂覆光致抗蚀剂的基板长时间暴露在曝光环境中，温度和可见光的影响可能引起显影的困难。激光直接成像不适应阻焊膜的成像，因为阻焊膜成像需要光的能量更高，目前所用激光的能量尚达不到液态光致阻焊膜的要求，应用尚不广泛。

4．激光直接成像技术的发展前景

激光直接成像技术的诞生和发展，是由于它具有突出的优点，能满足高速、高频数字信号对印制板导线精度的特殊性要求，并解决了长期困扰制造工艺的照相底版尺寸误差和多层板层间对位精度的难题。对研制和生产高精度、高密度多层板，特别是对高密度互连结构的积层式多层板和需要精细导线的高速电路印制板制造提供了可靠的工艺手段。但每种新技术的诞生与出现，都会有不足之处需要不断地改进、完善和提高，随着时间的推移和技术的进步，会在激光的能量、扫描速度和所用光致抗蚀剂的性能等方面有进一步的改进，随着应用的数量增加，设备的成本也会逐步下降，激光直接成像技术将会成为高精度图形转移技术的主流。

4.6 印制板的电镀及表面涂覆工艺技术

印制板的电镀和涂覆工艺技术又称为印制板的表面涂覆工艺技术，几乎贯穿于印制板的生产全过程，通过不同的表面处理工艺达到改善印制板的外观、可焊性、耐蚀性、耐磨性等性能要求。它涉及印制板的多项工序，电镀或涂覆的镀、涂层的品种也有多种，并且其工艺方法也各不相同。

印制板的表面涂覆工艺主要应用在：

① 孔金属化工序的化学镀铜工艺之后，表面需要电镀 5～8μm 的金属铜以加厚金属化孔的孔壁，满足后续制作工艺的要求。也可以在采用直接电镀技术孔金属化后进行电镀铜加厚孔壁。

② 为了改善印制板表面的可焊性，根据需要在印制板表面镀涂层，有电镀镍/金、电镀锡铅合金或锡合金、化学镀镍金、化学镀银、热风整平，以及在镀铜层上涂覆有机防氧化保焊剂（OSP）等。

③ 在印制板有接触连接的部位，往往需要电镀镍金，用以提高接触点的耐磨性和抗氧

化性，降低接触电阻等。

以上这些印制板的加工工序和功能，都是通过电镀或涂覆来实现的。了解其工艺过程和特点，不仅可以帮助印制板的制造人员更好地掌握其工艺原理，控制好产品质量；同时，也能使印制板的设计人员了解印制板的表面涂覆过程和各类镀涂层的特性和用途，以便在设计中能更正确地选择好、使用好镀涂层。因为印制板的镀涂层对印制板的使用性能和寿命有重要影响，所以本节将对印制板加工中的各种电镀和涂覆工艺做较详细的介绍。

4.6.1　酸性镀铜

1. 概述

铜是印制板上使用最多的镀层，铜的元素符号为 Cu，原子量为 63.5，密度为 $8.89g/cm^3$，铜离子（Cu^{2+}）的电化当量为 $1.186g/(A·h)$。铜镀层呈粉红色，具有良好的延展性、导电性和导热性。铜镀层在空气中极易被氧化而失去光泽。铜镀层柔软容易活化，在铜镀层上电沉积其他金属能够获得良好的结合力，因此铜可以作为很多金属电沉积的底层。电镀铜是印制线路板生产中应用最多的电镀技术，占有极为重要的位置。

（1）铜镀层的作用

在有金属化孔的印制板制造过程中，铜镀层的作用有两方面：作为孔内化学镀铜的加厚镀层和作为图形电镀的底镀层。

化学镀铜层厚度一般为 $0.5\sim2\mu m$，必须经过电镀铜加厚后才可以进行下一步加工。加厚铜镀层是采用全板电镀，其厚度一般为 $5\sim8\mu m$。

图形电镀的铜层作为后续的锡合金镀层、金镀层和低应力镍镀层或化学涂覆层的底层；如果铜镀层经过特殊的有机涂覆处理，又可以直接作为可焊性镀层。随着印制板向高密度、高精度方向发展，对铜镀层的要求也越来越高。

（2）对铜镀层质量的基本要求

① 镀铜层表面应均匀、细致、平整、无麻点、无针孔，有良好外观的光亮或半光亮镀层。

② 镀层厚度均匀，板面镀层厚度 T_s 与孔壁镀层厚度 T_h 之比接近 1:1，铜镀层的平均厚度为 $25\mu m$。最薄厚度以印制板产品的等级要求不同而有区别，对一级产品（一般消费电子产品），最薄处不小于 $18\mu m$；对可靠性要求较高的二、三级产品，最薄处不小于 $20\mu m$。

③ 镀层与基材的铜基体结合牢固，在镀后和后续工序的加工过程中，不会出现起泡、起皮和脱落等现象。

④ 镀层导电性好，镀层铜纯度为 99.9%。

⑤ 镀层柔软性好，延伸率不低于 10%，抗张强度 $20\sim50kgf/mm^2$，高可靠产品的延伸率为 12%～18%，以保证在后续工序的热风整平（通常温度为 232℃）和焊接时经受高温，不至于因环氧树脂基材与镀铜层的膨胀系数的不同（环氧树脂的膨胀系数为 $12.8\times10^{-5}/℃$，铜的膨胀系数为 $0.68\times10^{-5}/℃$），导致铜镀层产生纵向断裂。

（3）对铜镀液的基本要求

印制板生产中无论双面板或多层板，都需要优秀的镀铜液。对镀铜液的基本要求是：

① 有良好的分散能力和深镀能力，即使在很低的电流密度下，也能得到均匀细致的镀层，以保证在印制板的板厚孔径比较大时，仍能达到 $T_s:T_h$ 接近 1:1。

② 电流密度范围宽，如在赫尔槽试验中 2A 电流的条件下，全板镀层均匀一致。

③ 镀铜液稳定，便于维护，对杂质的容忍性高，对温度的适应范围宽。

④ 镀铜液对覆铜板无侵害，只能是酸性镀铜液。

2．镀铜液的选择

镀铜液有多种类型，如氰化物型、焦磷酸盐型、氟硼酸盐型、柠檬酸盐型和硫酸盐型等。随着印制板电镀的发展和印制板对镀铜液的基本要求，综合各类镀铜液的特点，普遍选择了酸性的硫酸盐型镀铜液。目前印制板生产厂家几乎全部采用硫酸盐镀铜液，可以满足印制板对镀铜的质量要求。

硫酸盐镀铜液分为两种：一种是用于电镀零件的镀铜液，它硫酸铜浓度高，硫酸浓度低；一种是用于电镀印制板的镀铜液，它硫酸铜浓度低，硫酸浓度高。两种镀铜液所用的添加剂也不同。两种硫酸盐镀铜液的基本成分比较见表 4-51。这两种镀铜液也分别被称为普通镀液和高分散能力镀铜液，严格上讲两种镀铜液都需要很高的分散能力，只不过是分散能力在程度上有相对差别。

表 4-51　两种硫酸盐镀铜液的基本成分比较

镀液基本成分	高铜含量镀液	低铜含量镀液
硫酸铜（g/L）	190～250	70～100
硫酸（g/L）	50～65	180～220
氯离子（mg/L）	40～100	40～100

低铜含量镀液适用于印制板电镀，因为它硫酸浓度高，镀液电导率高，用合适的添加剂配合，低电流区较容易得到理想的镀层，且不易出现针孔、麻点等缺陷。

硫酸盐镀铜液若获得有工业使用价值的镀层必须用合适的添加剂配合。添加剂的加入会使镀层的性能和镀液的性能都得到改善，而且操作方便，镀液稳定，有利于大批量和自动线生产。目前，工业上常用的酸性硫酸盐镀铜添加剂有单一组分的，如 MHT、PCM，也有双组分的，如 SWJ-9503、CB203A、CB203B 等。根据印制板生产的要求，加入添加剂，镀铜液在霍尔槽试片上应能做到电流密度在 $2A/dm^2$ 下全板均匀光亮。

镀铜添加剂由光亮剂、整平剂、润湿剂等多种材料组成。润湿剂主要是非离子表面活性剂和阴离子表面活性剂，它们作为光亮剂、整平剂的载体，提高了光亮剂、整平剂的溶解度和在电极上的活动能力，它本身对镀层均匀和晶粒细化也有作用。这类材料有聚醚类阴离子化合物、聚乙二醇、OP-21、PN 等。润湿剂与光亮剂、整平剂搭配适当，会得到性能良好的铜镀层。如果这些化学试剂搭配不当，将会造成镀液不稳定，镀层容易出现麻点、针孔、低电流密度区效果差、烧焦，甚至会在镀层上产生一种肉眼看不到的憎水膜，影响与后工序镀层的结合力，因而需增加除膜工序等。光亮剂和整平剂起到光亮和整平的作用，这些材料包括有机多硫化合物、有机染料型聚合物、芳香族胺类化合物等。商品代号早期的有 SH-110、TPS、SP、N、M 等，近年来的有 AESS、MESS、GISS、HP 等。商品添加剂是经过研制者精心试验并经过生产考验的产品。在印制板电镀市场上，进口和国产的添加剂都有，它们一般具有镀液稳定、操作方便等特点，镀液工作的温度范围一般为 15～35℃，有的也可在温度超过 35℃时使用。

镀铜在印制板生产中具有举足轻重的作用，因此在原材料和添加剂甚至工艺技术方面都需要慎重地选择。

3．硫酸盐酸性镀铜的机理

含有硫酸铜、硫酸的镀铜液，在直流电压作用下，发生如下电极反应：

阴极：

$$Cu^{2+}+2e \longrightarrow Cu \qquad\qquad \varphi^0_{Cu^{2+}/Cu}=+0.34V$$

$$Cu^{2+}+e \longrightarrow Cu^+$$

$$Cu^++e \longrightarrow Cu \qquad\qquad \varphi^0_{Cu^+/Cu}=+0.51V$$

在阴极上，Cu^{2+} 获得电子被还原成金属铜，它的标准电极电位比 H^+ 的标准电位要高得多，因此在阴极上不会发生析氢反应，但当 Cu^{2+} 还原不充分时会出现 Cu^+，从标准电极电位来看，更容易发生 Cu^+ 还原成 Cu 的反应。Cu^+ 的存在会导致镀层粗糙，必须设法避免。

阳极：

在硫酸溶液中铜阳极会发生阳极溶解，提供了镀液中所需的铜离子，其化学反应为

$$Cu-2e \longrightarrow Cu^{2+}$$

在 Cu^{2+} 生成的同时，不可避免地发生生成 Cu^+ 的反应：

$$Cu-e \longrightarrow Cu^+$$

Cu^+ 的出现并进入溶液，会带来如下问题：

当溶液中有足够量硫酸及空气时，可以被氧化成 Cu^{2+}：

$$2Cu^++1/2O_2+2H^+ \longrightarrow 2Cu^{2+}+H_2O$$

但当溶液中的硫酸浓度不足时，会产生水解反应：

$$2Cu^++2H_2O \longrightarrow 2CuOH+2H^+$$
$$\qquad\qquad\qquad \vdash\!\!\longrightarrow Cu_2O+H_2O$$

Cu_2O 以电泳方式沉积在阴极上，产生毛刺。Cu^+ 不稳定，还可以发生歧化反应：

$$2Cu^+ \longrightarrow Cu^{2+}+Cu$$

生成的 Cu 也会以电泳的方式沉积于镀层，产生铜粉、毛刺，造成表面粗糙。因此，在电镀过程中应尽量避免出现 Cu^+，可采用含磷的铜阳极，磷有抑制 Cu^+ 的生成作用，较好地解决了这个问题。

4．光亮酸性镀铜工艺

（1）镀液配方及操作条件

印制板镀铜通常采用酸性光亮铜镀液，其通用工艺配方和操作条件如下。

硫酸铜：$60 \sim 100g/L$。

硫酸：$170 \sim 230g/L$（$98 \sim 130mL/L$）。

氯离子：$40 \sim 100mg/L$。

添加剂：适量（按供应商要求）。

阴极电流密度：$1 \sim 3A/dm^2$。

温度：与添加剂适应。

阳极（含 P%）：$0.04 \sim 0.07$。

搅拌：空气搅拌或阴极移动或两者结合。

过滤：连续过滤。

$S_{阳}:S_{阴}$：2:1 或更高。

目前市场上添加剂品种繁多，不同供应商的添加剂，都对应专用的工艺，因此硫酸铜和硫酸的比例及硫酸铜的浓度以及操作温度，应按所用的添加剂推荐配方和操作条件使用，这里不再一一叙述。

（2）镀铜液配制

首先将镀槽擦洗干净，注入 10% NaOH 溶液，开启过滤机（无滤芯）和空气搅拌，将此液加温到 60℃，保温 4～8h，然后用水冲洗；再注入 5% H_2SO_4，同样开启过滤机和空气搅拌 4～8h，用水冲洗干净。同时检查过滤系统和搅拌系统是否配置得当。备用槽也同样清洗干净。然后在备用槽内，注入 1/4 容积的工业纯水，在搅拌下缓缓加入计量的硫酸，借助于所释放的热量，加入计量的硫酸铜，温度不应超过 60℃ 的条件下搅拌使其全部溶解。

待硫酸铜完全溶解后加入 H_2O_2 1～2mL/L，搅拌 1h，升温至 65℃，保持 1h 以赶走多余的 H_2O_2；再加入活性炭 3g/L，搅拌 1h，静置 1h 后过滤，直至溶液中无炭粉为止。将过滤过的溶液转入镀槽中，加入计量的盐酸（密度 1.19g/mL，含量 37% 的浓盐每加入 0.1mL，相当于增加 Cl^- 44mg/L），再加入计量的添加剂，最后加纯水至所需体积。挂入预先准备好的阳极，以阳极电流密度 0.5A/dm^2 电解处理，约 3h 后可以进行试镀。

（3）镀铜液中各成分的作用

① 硫酸铜和硫酸。

镀铜液的主要成分是硫酸铜与硫酸，它们都参与电极过程。硫酸铜提供电镀的铜离子，硫酸作为导电介质并帮助阳极溶解，是互相依存的关系。硫酸铜在硫酸溶液中的溶解度见表 4-52。

表 4-52　硫酸铜在硫酸溶液中的溶解度

H_2SO_4（g/L）	$CuSO_4$溶解度（g/L）
0	352
24.5	326
49.0	304
72.5	285
98.1	267
122.6	250

从表 4-52 中可以看出，随着溶液中硫酸浓度的提高，硫酸铜的溶解度会降低，但溶液的电导率会显著提高。镀铜液中硫酸铜浓度过低，高电流区镀层易烧焦；硫酸铜浓度过高，镀液分散能力和整平能力会降低。在低铜镀液中，可控制硫酸铜浓度为 60～120g/L，具体的含量要与所选的添加剂相匹配。

硫酸浓度以 170～230g/L 为宜，浓度太低，溶液导电性差，镀液分散能力差；浓度太高，会降低 Cu^{2+} 的迁移率，效率反而会降低，而且对铜镀层的延伸率不利。硫酸铜和硫酸的质量比可维持在 1:2～3。

② 氯离子。

氯离子是阳极活化剂，可以帮助阳极溶解，并且与添加剂协同作用使镀层光亮、平整，同时又是镀层的应力消除剂，可以降低镀层的应力。氯离子浓度太低，镀层无光泽，会出现台阶状粗糙镀层，易出现针孔和烧焦；氯离子浓度过高，会导致阳极钝化，使阳极上产生一层白色膜且大量放出气泡，电极效率大大降低。氯离子浓度可控制在 40～100mg/L。正常操作时，需随时注意氯离子的浓度。氯离子浓度正常，则磷铜阳极上有一层均匀的黑色膜。如果溶液中氯离子过量，可用如下方法处理。

a. 沉淀法：向溶液中加入碳酸银（3.9g Ag_2CO_3 可沉淀 1g Cl^-），使生成的 AgCl 沉淀除去。在处理前应先分析 Cl^- 的浓度，AgCl 沉淀很细，应该用 1μm 的滤芯滤除。其化学反应原理为

$$Ag_2CO_3 + 2Cl^- + 2H^+ \longrightarrow 2AgCl \downarrow + H_2O + CO_2 \uparrow$$

b. 电解法：以钛或石墨为阳极，以瓦楞形不锈钢板为阴极，在 40～50℃下，阳极电流密度 3～4A/dm²，对镀液进行电解处理，使 Cl^- 被氧化成氯气除去。

$$2Cl^- - 2e \longrightarrow Cl_2 \uparrow$$

c. Zn 粉处理法：向镀液中加入适量锌粉（Zn），利用 Zn 粉还原 Cu^{2+} 成 Cu^+，Cu^+ 与 Cl^- 生成 Cu_2Cl_2 沉淀，用活性炭粉吸附除去，但残留在溶液中的 Zn^{2+} 会成为溶液中的杂质，易引起镀层出现麻点，因此使用此法应严格分析控制 Zn^{2+} 含量。

③ 添加剂。

当前生产上所使用的添加剂以商品添加剂为主，不同添加剂对镀层质量、镀液稳定性和生产效率的影响也有所不同，选择添加剂时应考虑以下要求。

a. 添加剂能满足镀层的低电流区的光亮度，好的添加剂在 2A 的赫尔槽试片下可以达到全板均匀一致，允许低电流区的亮度低些，但全板镀层均匀，色差很小。

b. 添加剂对镀液操作温度的承受能力有一定范围，最好选用温度范围宽的添加剂，如15～40℃，这样虽然夏季温度比较高，镀液仍能正常工作。

c. 镀液稳定性好，添加剂分解产物少，镀液大处理周期长，有益于提高生产效率。添加剂配比合理，持续添加后不会带来某种成分的严重失衡，溶液操作也能稳定进行。

d. 在添加剂效果相同的条件下，力求选用添加种类少、用量少、镀液维护方便的添加剂。

e. 力求性能好、价格合适，以利于降低成本。

添加剂一般都是根据电镀的安培小时数（A·h）来补充或做赫尔槽试验来补充。用高效液相色谱法和循环伏安扫描法来测定镀液中添加剂的浓度以决定是否补充添加剂的方法，多用于科研方面。溶液中添加剂的浓度太低将导致镀层粗糙、平整度和光亮度差；当添加剂过多时，会导致孔内结瘤，孔周围发雾，镀层脆性增大、韧性差，孔口拐角处易开裂，光泽不均匀和镀层可焊性变差等。应根据市购添加剂的产品说明书要求控制添加量。

（4）操作条件的影响

① 温度。

温度对镀液性能影响很大，温度升高，电极反应速度加快，允许的电流密度提高，镀层沉积速率加快。但温度过高，加速添加剂分解，会增加添加剂的消耗，镀层结晶粗糙，亮度降低。温度太低，允许电流密度降低，高电流区容易烧焦。最好控制温度在20～30℃。

为防止镀液温升过高，应根据加工量合理选择镀槽体积，使镀液负荷一般不大于0.2A/L，同时选择导电优良的挂具，降低电能损耗。必要时需配备冷却系统，以控制镀液温度。

② 电流密度。

当镀液组成、添加剂、温度、搅拌等因素一定时，镀液所允许的电流密度范围也就确定了。提高电流密度，可以提高镀层沉积速率，因此在保证镀液质量的前提下，尽量使用较大

的电流密度。一般操作时平均电流密度为 $1.5 \sim 3\mathrm{A/dm^2}$。电流密度与时间、镀层厚度的关系（以电流效率 100%计）见表 4-53。

表 4-53 电流密度与时间、镀层厚度的关系（以电流效率 100%计）

时间 （min）　镀层厚度 （μm） 电流密度 （A/dm²）	6	9	12	24	36
1	28	41	54	108	162
2	14	21	28	56	84
3	9	14	19	37	55
4	7	1.05	14	28	42

当电流密度选定后，在给出电流值时，需要一个准确的电镀面积值。但印制板图形多种多样，怎样才能得到准确的电镀面积值？下面介绍四种方法：

a. 面积积分法。采用专用电镀图形面积积分仪，对待镀印制板图形的生产底版通过光的照射，使透明部分通过的光通量自动转换成面积，再加上孔的面积，便可计算出待镀图形的面积。需要指出的是，由于底版上焊盘是实心的，多测了钻孔时钻掉的面积，孔壁面积只能通过计算得到，对同一孔径的孔壁面积，只要计算出一个再乘以孔数即可。此法准确，操作简单，但需购买专用仪器。

b. 称重法。取一块准确测量过面积（S_0）的单面覆铜箔板，将此板在 110℃下烘 1h，放入干燥器中，冷却至室温，称重，得到总质量（W_0）。在此板上做阴纹保护图形，蚀刻掉电镀部分的图形，清洗后按上法烘干称重，得到无电镀图形的铜箔基板质量（W_1）。再将剩余铜箔全部蚀刻掉，清洗后按上法烘干后称重得无铜箔基板质量（W_2），便可计算待镀图形的面积（S）：

$$S = S_0 \frac{W_0 - W_1}{W_0 - W_2}$$

式中，S_0 为覆铜箔板总面积；$W_0 - W_1$ 为电镀图形部分的铜箔质量；$W_0 - W_2$ 为铜箔总质量。

此法比较准确，但操作烦琐，适合于品种少而批量大的印制板生产。

c. 估算面积百分数。估算待镀导线部分占全板面积的百分数，就可以通过全板面积估算出电镀面积。此法简单快捷，但比较粗略，估算的准确程度与人员的实际经验有关。

d. 用计算机计算图形面积。采用 CAM（计算机辅助制造）来进行生产工艺准备时，CAM 的软件包设有专门计算电镀图形面积的功能，通过正确地设定参数，如扫描精度、板厚、孔径等，选择好需计算的元器件面和焊接面，对线路部分进行扫描，可自动把扫描的面积叠加，并自动减去钻孔部分的面积，得出真实的图形表面积和孔内壁表面积。这种方法测算面积准确可靠。

电镀时必须注意，在同一块印制板上，电流密度分布是不均的，边缘部分要比中心部分的电流密度大，电流分布受多种因素的影响，当镀液组成、操作温度、搅拌情况、电源等因素确定以后，阴阳极间距离、挂具设计、板厚与孔径的比值、双面板两面图形面积的差别等因素都会影响电流分布。为了达到电流分布均匀，可采取一些措施，如用计算机分别控制印制板两面的电流，或用电位器分别控制两面的电流，或在镀槽内施加挡板或放置假阴极等，也可在电镀 10min 后抽查镀层质量，视质量情况调节电流以达最佳，这需要操作人员有丰富的实践经验。

③ 搅拌。

电镀过程中的搅拌可以消除浓差极化，提高允许电流密度，从而提高生产效率。搅拌可以通过阴极移动或空气搅拌来实现，也可以两者结合，还可以采用机械振动。

a. 阴极移动。阴极移动是通过阴极杆的往复运动来实现工件的移动。阴极移动方向最好与阳极表面成一定角度，如 45°，这样有利于孔内溶液流动和孔内气泡及时被赶走。阴极移动振幅以 25～50mm、移动频率以 15～20 次/min 为佳。

b. 空气搅拌。用无油压缩空气，给溶液带来中度到强烈的搅拌，同时它还能给溶液提供足够的氧气，促进溶液中少量的 Cu^+ 氧化成 Cu^{2+}，消除 Cu^+ 对电极过程的干扰。

压缩空气由无油压缩空气泵供给，在泵的气体进口处，应该有气体净化装置。对中等程度搅拌，压缩空气流量一般为 0.3～0.8m³/min·m²，空气出口布局要合理，避免死角。压缩空气通过距槽底 3～8cm 底管释出，此管最好与槽底平行，气孔直径为 3mm，孔间距为 80～130mm，孔中心线与竖直方向成 45° 角，气体从槽底冲出再升出液面。出气孔总面积约等于空气管截面积的 80%，压缩空气压力可取每米液深度 0.016MPa，压缩空气流量应是可调的。空气搅拌对溶液的翻动较大，容易使溶液的清洁程度下降，因此有空气搅拌的镀槽需配备连续过滤装置。

电镀过程中的搅拌也可将阴极移动、空气搅拌、连续过滤联合使用。

④ 过滤。

过滤使溶液得到净化，连续过滤能及时除去镀液中的杂质，防止镀层出现毛刺。不论是采用聚丙烯（PP）滤芯，还是过滤介质，其过滤精度为 5～10μm，最好是 5μm，溶液每小时交换量为 2～5 次，过滤液出口安排在槽底，进口安排在液面下 100mm 处，进出口管应对应在槽子的对角线上，以达到最佳的过滤效果。

⑤ 阳极。

阳极材料对电镀液和镀层质量有重要影响。硫酸盐光亮、半光亮镀铜，要使用含磷的铜阳极，含磷量 0.035%～0.07%，铜含量不小于 99.9%，其他杂质的含量见表 4-54。磷铜可以做成铜角、铜球或铜板，将铜角、铜球装入钛篮，钛篮外套以聚丙烯布制成的阳极袋，袋长应比钛篮长 3～4cm。用钛篮的优点是能及时补充所消耗的铜阳极材料，保持阳极面积足够大，一般维持阳极与阴极面积比为 1.5～2:1。

表 4-54 磷铜阳极材料的主要成分及杂质

主要成分（%）		杂 质（%）								
Cu	P	Sn	Pb	Zn	Ni	Fe	Sb	Ag	Mn	O
>99.9	0.035～0.07	0.0006	0.001	0.0004	0.0025	0.0035	0.001	0.0025	0.0001	0.001

采用磷铜阳极的好处是：从电极过程的机理上讲，电镀时在铜阳极上会生成 Cu^+，若 Cu^+ 不能及时变成 Cu^{2+}，它就会严重干扰电极过程的进行，生成铜粉或 Cu_2O 粉，它们通过电泳进入镀层，造成镀层粗糙，表面挂一层铜粉等，产生不合格的铜镀层。同时溶液中的 Cu^{2+} 浓度升高，镀液不稳定，添加剂消耗快。如果阳极铜中含有少量的磷，在阳极表面会生成一层黑色的膜，它的成分是 Cu_3P，这层黑膜具有金属的导电性（电导率为 $1.5×10^4$S/cm），它覆盖在铜阳极表面，加速 Cu^+ 的氧化，减少了 Cu^+ 的积累和产生，大大减少了 Cu^+ 进入溶液的机会，同时也减少了阳极泥的生成量。

磷铜比纯铜的阳极极化小，对含磷 0.02%～0.05%的磷铜阳极，在阳极电流密度 1A/dm² 下，其阳极电位比无氧铜的低 50～80mV，所以磷铜的黑色膜不会导致阳极钝化。黑色膜保护了阳极表面，使微小晶粒从阳极脱落的现象大大减少，阳极利用率提高。当阳极电流密度达 0.4～1.2A/dm² 时，阳极磷含量与黑膜生成量为线性关系，当含磷 0.03%～0.07%时，阳极铜的利用率最高，泥渣生成量最少。当黑膜覆盖下的铜球（角）溶解消耗完成后，黑膜就生成了黑色泥渣留在阳极袋中。当阳极中磷含量低于 0.03%时，虽有黑膜生成，但太薄不足以保护铜阳极；当磷含量太高时，黑膜太厚阳极溶解不好，阳极泥渣太多，镀液中铜浓度下降，添加剂消耗增加。实践证明磷含量以 0.035%～0.07%最佳。

⑥ 阳极电流密度。

为了保证电极过程正常进行，需要阳极的正常溶解。阳极电流密度对阳极正常溶解极为重要。在生产过程中，阳极电流密度只有通过阳极面积来调整。当阳极电流密度过大时，金属的溶解速度急剧减小，阳极钝化，此时在阳极上会析出大量氧气。由于氧化作用，阳极的黑色膜被破坏，造成疏松的黑色膜，阳极上 Cu^+增加，镀层粗糙，并增加添加剂消耗。因此在生产操作过程中，应密切关注阳极面积的变化，并及时给予调整。

一般阳极与阴极面积比 $S_A:S_K$ 应大于等于 2:1，经验表明，必须保持较大的阳极面积。只要镀液中铜离子无明显上升趋势，说明阳极面积是合适的。

（5）镀液维护

① 定期分析调整镀液中的硫酸铜、硫酸、氯离子的浓度，使之处于最佳范围。镀液的分析周期依生产量大小而定，可以一周一次，也可以每天一次。镀液中氯离子浓度可以进行分析测定，也可以视镀层状况凭经验确定，欲增加 Cl^- 10mg/L，相当于加入 0.023mL/L 试剂级盐酸。

② 添加剂的补充本着少加、勤加的原则，可以根据安时数补充或结合赫尔槽试验进行补充更佳。添加剂应先经过溶解后再添加。

③ 镀液定期大处理。电镀过程中，添加剂的分解产物、干膜或抗电镀油墨溶出物及板材溶出物的积累，会构成镀液的有机污染。少量的有机污染可用活性炭吸附过滤除去。阳极泥渣的累积会带来重金属污染。重金属污染，如 Pb，可通过小电流处理予以清理。随着使用时间的持续，Cu^+浓度和各种杂质累计量增加，仅靠日常维护难以彻底除去，一般每年至少进行一次大处理，即用过氧化氢-活性炭处理镀液并过滤，以取得最佳净化的效果。

处理步骤：先将镀液转入已清洗好的备用槽中，边搅拌边加入 2～3mL/L 的 H_2O_2，充分搅拌 1～2h；将溶液升温至 65℃，继续搅拌 1～2h，加优质活性炭粉 3～5g/L 搅拌 2h，此时溶液温度逐渐降至室温；取处理液做赫尔槽试验，用 2A 电流试镀若全板镀层无光泽，可进行镀液过滤；将无炭粉的澄清镀液转入工作槽内，挂入清洗好的钛篮（内充磷铜球或磷铜角）；挂阴极进行电镀处理（电流密度 0.5A/dm²）1～2h 后，按新开缸液的量加入添加剂并搅拌均匀，然后试镀。

④ 挂具维护。挂具导电良好是电镀正常进行的基本保证，应经常检查和清理挂具使之导电良好。接触导电的部分不能显著发热，绝缘破损的挂具要及时处理，否则会带来镀液的交叉污染和消耗有效电流。对不锈钢挂具，导电截面的电流密度不大于 1A/mm² 为宜；对铜合金挂具，导电截面的电流密度不大于 2.5～3A/mm² 为宜。

（6）常见故障、可能原因及解决方法

光亮酸性镀铜常见故障、可能原因及解决方法见表 4-55。

表 4-55　光亮酸性镀铜常见故障、可能原因及解决方法

常见故障	可能原因	解决方法
镀层与基体结合力差	镀前处理不良	加强和改进镀前处理
镀层烧焦	铜浓度太低	分析并补充硫酸铜
	阴极电流密度过大	适当降低电流密度
	镀液温度太低	适当提高镀液温度
	阳极过长	阳极应比阴极短 5～7cm
	图形局部导线密度过稀	加辅助假阴极或降低电流
	添加剂不足	赫尔槽试验并调整
镀层粗糙有铜粉	镀液过滤不良	加强过滤
	硫酸浓度不够	分析并补充硫酸
	电流过大	适当降低电流密度
	添加剂失调，有 Cu^+	通过赫尔槽试验调整补加添加剂
	阳极磷含量低	用含磷 0.03%～0.07% 的阳极
台阶状镀层	氯离子严重不足	适当补充
局部无镀层	前处理未清洗干净	加强镀前处理
	局部有残膜或有机物	加强镀前检查
镀层表面呈白雾状	有机污染	活性炭处理
低电流区镀层发暗	硫酸含量低	分析补充硫酸
	铜浓度高	分析调整铜浓度
	金属杂质污染	小电流处理
	光亮剂浓度低	补充光亮剂
	光亮剂选择不当	另选光亮剂
镀层有麻点、针孔	前处理不干净	加强镀前处理
	镀液有油污	活性炭处理
	搅拌不够	加强搅拌
	添加剂不足	调整补加
	润湿剂不足	补充润湿剂
镀层脆性大	光亮剂过多	活性炭处理或通电消耗
	镀液温度过低	适当提高液温度
	金属杂质或有机杂质污染	小电流处理或活性炭处理
金属化孔内有空白点	化学镀铜不完整	检查化学镀铜工艺操作
	镀液内有悬浮物	加强过滤
	镀前处理时间太长，蚀掉孔内镀层	改善前处理
孔周围发暗（所谓鱼眼状镀层）	光亮剂过量或不足	调整光亮剂
	杂质污染	净化镀液
	搅拌不当	调整搅拌
阳极表面呈灰白色	氯离子太多	除去多余氯离子
阳极钝化	阳极面积太小	增大阳极面积至阴极的两倍
	阳极黑膜太厚	清洗阳极，检查阳极含磷是否太多

5. 半光亮酸性镀铜

半光亮镀铜与光亮酸性镀铜的配方和性能基本相同，只是添加剂不含硫，添加剂的分解产物少，镀层纯度高，延展性好。它的镀液具有更好的分散能力，镀层的外观是半光亮的均匀细致的铜镀层，多用于加厚镀铜层，有利于提高金属化孔壁铜层的耐热冲击性能。

镀层耐热冲击的性能好，能顺利通过美国军用标准 MIL SPEC-P-5501C 的试验。在正常操作情况下，板面镀层厚度（T_s）与孔壁镀层厚度（T_h）之比可达 1；当孔径相当板厚的 1/10 时（孔径 0.3mm），在 2.5A/dm^2 下，T_h:T_s 可达 85%～95%。同时该镀液可以在较高的电流密度下工作，如在 6A/dm^2 下，对孔径 0.6mm、板厚 1.6mm，T_h:T_s 可达 80%～85%。该镀液根据使用条件分为两种类型：一种为在较高的电流密度下，可以在较高的温度（如 36～40℃）下工作；另一种是在较低的电流密度（如 1～3.5A/dm^2）下，只能在 20～25℃下工作。

6. 高效光亮镀铜

板厚孔径比大的印制板要求镀铜液具有极好的分散能力，通孔镀时要深镀性好，而且镀层应力接近 0，以适应印制板的热循环要求。镀铜液能在高的电流密度下工作，添加剂分解产物不影响镀铜液的工作，从而有利于提高镀铜的质量和工作效率。

目前市场可以采购的光亮镀铜液种类很多，如 CB203、3130 技术指标较好，但不同厂商生产的光亮剂效果各有差异。以 Super throw 2000# 镀铜工艺为例，其工艺技术指标见表 4-56。

表 4-56 **Super throw 2000# 镀铜工艺的技术指标**

孔径（mm）	板厚（mm）	电流密度（A/dm^2）	分散能力
0.35	1.6	1	99%
0.35	1.6	2	94%
0.35	1.6	3	92%
0.35	1.6	4	85%～90%

Super throw 2000# 镀铜液的成分及操作条件见表 4-57。

表 4-57 **Super throw 2000#镀铜液的成分及操作条件**

成　　分	最　　佳	范　　围
硫酸铜（g/L）	70	70～90
硫酸（g/L）	200	180～210
氯离子（mg/L）	50	30～60
2000 光亮剂（mL/L）	5	
2000 开缸剂（mL/L）	10	8～12
镀液浓度（°Be′）	22	
温度（℃）	25	18～30
阴极电流密度（A/dm^2）	3	1～5
阳极电流密度（A/dm^2）		1～3
电压（V）		1～4
搅拌	空气搅拌	

光亮剂消耗量为 100mL/kA·h，霍尔槽（Hull）试片在温度 25℃、电流 2A、时间 10min 条件下，为全光亮。光亮剂过多时，低电流密度区有雾；光亮剂不足时，高电流密度区发暗；若孔边不亮，可通过小电流电解处理。

7．脉冲镀铜

随着印制板高密度互连（HDI）微孔的广泛应用，为使小孔、盲孔内镀铜层的厚度与板面镀层厚度接近，对电镀铜技术提出了更高的要求。为适应新的挑战，不仅在镀液成分、添加剂配比、镀液维护等方面进行了改善，而且在电源、阳极、电镀方式上都进行了很多研究和改进，出现了脉冲电流镀铜、不溶性阳极和水平式镀铜设备等新的工艺技术和设备。

脉冲电镀（也称 PC 电镀）是采用脉冲电源进行的电镀，与传统的直流电镀（也称 DC 电镀）相比，可提高镀层纯度，降低镀层孔隙率，改善镀层厚度的均匀性。脉冲电镀属于一种调制电流电镀，它实质上是一个通/断间歇的直流电镀，通/断周期（脉宽）是以毫秒计的。电流导通时的峰值电流相当于普通直流电流的几倍甚至十几倍，这个瞬间的高电流密度使金属离子在极高的过电位下还原，从而得到晶粒细小、密度高、孔隙率低的镀层；而在电流断开或反向的瞬间，则可以对镀层和阴极双电层内的镀液进行调整，瞬间停止的电流使外围金属离子迅速传递到阴极附近，使双电层（阴极扩散层）的离子得以补充，使氢或杂质脱离吸附返回镀液，有助于提高镀层纯度和减少氢脆，瞬间的反向电流又会使镀层边角处和凸出过多的沉积物被电化学溶解，有利于镀层厚度的均一性。因此，脉冲电镀的实现不仅需要一个工艺参数与镀液相匹配的脉冲电源，还必须加强过滤、振动，甚至使用超声搅拌等方式加强溶液的传质过程。

脉冲电镀的基本参数：脉冲导通时间（即脉宽），T_{on}；脉冲关断时间，T_{off}；脉冲周期，$\theta=T_{on}+T_{off}$；脉冲频率，$f=1/\theta$；脉冲占空比，$r=T_{on}/\theta\times100\%$

脉冲电镀平均电流密度：

$$I=\frac{I_{on}\cdot T_{on}-I_{off}\cdot T_{off}}{T_{on}+T_{off}}$$

式中，I_{on} 为正向电流密度；I_{off} 为反向电流密度。

若反向电流密度 $I_{off}=0$，则 $I=I_{on}\cdot r$，此处平均电流密度 I 相当于直流电镀的电流密度 D_K，它对于计算镀层厚度是不可缺少的参数。

实践标明，印制板脉冲镀铜有以下优点。

① 孔内与板面上镀层厚度比较一致。

② 平均电流密度可提高一倍。电流密度的增加，缩短了电镀时间，提高了工作效率约 50%。

③ 板面上镀层厚度均一性提高约 50%。

④ 孔内镀层厚度一定时，由于镀层的均一性改善，所以板面上镀层厚度可以减薄，从而减少了蚀刻时的侧蚀。

脉冲电镀技术在我国始于 20 世纪 70 年代末期，它在贵金属电镀方面成果显著。虽然它的优点很多，但由于不能提供大功率的脉冲电流和电源价格昂贵，限制了它的工业化进程。随着电子技术的进步，目前已能提供大功率的脉冲开关电源，从而使脉冲镀铜得以在工业生产中实现。目前世界上有 Chemring 等数家公司向市场推出最大正向电流 6000A、反向电流

24 000A 的电源。一般使用的电源为正向 2000A、反向 6000A，波形为方波。我国哈尔滨工业大学、航天力拓公司等多家单位也早已研制出不同功率的开关电源供应市场。目前水平脉冲电镀铜和不溶性阳极镀铜已成为小孔径多层板镀铜的优选方式。

8．印制板镀铜的工艺流程

镀铜用于印制板的全板电镀（化学镀铜后的加厚铜）和图形电镀，其工艺流程稍有区别。

（1）全板镀铜

化学镀铜后全板镀铜的工艺流程：活化→全板镀铜→防氧化处理→风干→检查

活化工序用 5%稀硫酸。全板镀铜 15～30min，镀层厚度 5～8μm。工序间的防氧化，一般可用苯骈三氮唑水溶液或其他商业添加剂进行防氧化处理。镀层风干后，需要检查孔金属化的质量，不合格者可返回化学镀铜工序重新进行孔金属化。

（2）图形镀铜

图形转移后图形镀铜的工艺流程：酸性除油→微蚀→活化→镀铜→活化→镀锡铅（锡）或镀低应力镍→镀金

主要工艺过程的作用和说明如下：

① 酸性除油。去除铜层上的手迹、灰尘、油污、油墨残余、膜残余等。除油液为酸性，以免印制板上的油墨或干膜被侵蚀。除油液主要成分是硫酸、磷酸或其他有机酸，外加渗透能力很强的表面活性剂。酸性除油的操作条件一般 20～40℃、3～5min。多数厂家使用商品添加剂。

② 微蚀。通过含有强氧化剂的硫酸溶液侵蚀铜表面，使铜表面微粗化，以增强镀层与铜基体的结合力。微蚀液有过硫酸盐型、硫酸-过氧化氢型。过硫酸盐型应用普遍，价格便宜；硫酸-过氧化氢型利于环保，溶液中的铜便于回收且回收铜纯度高。微蚀液的配方及操作条件见表 4-58。另外，也可以在市场购买到微蚀液。

表 4-58　微蚀液的配方及操作条件

配方及操作条件	H_2SO_4-H_2O_2 型	过硫酸盐型
硫酸（密度为 1.84g/mL）（mL/L）	60	20～40
H_2O_2（30%）（mL/L）	30～50	
稳定剂（%V/V）	3～5	
$Na_2S_2O_8$（g/L）		100～200
温度（℃）	40～50	20～40
时间（min）	1.5～3	2～5

③ 活化。活化工序是为了除去铜表面轻微的氧化膜，同时也防止上道工序的残液进入镀铜液，对于镀铜液有一定的保护作用。活化液一般用体积比为 5%～10%硫酸水溶液。

④ 图形电镀铜。将清洗并活化后的工件及时放入所需的镀铜槽液中，按设定的工艺条件调整好电流密度和时间进行电镀。在自动生产线上，工艺步骤和工艺条件都要预先设定。

电镀铜通常在自动生产线上，按预先编制好的工艺程序自动进行，也可以按工艺流程手工进行操作。不同形式电镀铜的自动化生产线如图 4-96 所示。

（a）单臂式　　　　　　　　　　（b）龙门式　　　　　　　　　　（c）水平式

图 4-96　不同形式电镀铜的自动化生产线

4.6.2　电镀锡铅合金

1. 概述

锡铅合金通常在图形电镀铜后进行，该镀层在印制板生产中作为碱性蚀刻的保护层，在图形蚀刻后需要退除。如果作为永久性可焊性保护涂层，则需要将其热熔使合金重结晶变得光亮、致密。当锡铅合金镀层作为蚀刻的抗蚀层时，镀层中的铅含量并不重要，当含铅量达 10%左右即可防止晶须出现。当蚀刻后还需要热熔时，则必须提供含锡 60%～63%的锡铅镀层才能保持良好的可焊性。对镀层的要求应是均匀、细致、半光亮、厚度 7～11μm。镀层无需全光亮，这是由镀层的用途所决定的。

用于电镀锡铅合金的镀液，应有很好的分散能力和深镀能力，且工艺稳定、便于维护。镀液有多种类型，但适用于印制板电镀的主要是氟硼酸盐型和无氟的烷基磺酸盐型。氟硼酸盐型镀液稳定、维护方便、成本低，因此多年来成为印制板生产中应用最广泛的工艺，但近年来对氟化物和铅的污染问题日益重视，无氟镀液用量在迅速增长。烷基磺酸盐型镀锡铅合金溶液也日益成熟，但成本较高，采用得不多。虽然仅作为碱性蚀刻的抗蚀层，但是锡铅合金镀层含铅和氟，仍会对环境造成污染。随无铅电镀锡合金工艺的成熟，近年锡铅镀层逐渐被电镀锡所代替。考虑到目前还有些企业采用电镀锡铅合金，所以本节以氟硼酸盐型电镀锡铅合金工艺为例做简单介绍，而对使用不多的烷基磺酸盐型工艺不再介绍。

2. 机理

锡的元素符号为 Sn，原子量为 118.7，密度为 7.29g/cm^3，Sn^{2+}的电化当量为 2.214g/A·h。铅的元素符号为 Pb，原子量为 207，密度为 11.4g/cm^3，Pb^{2+}的电化当量为 3.865g/A·h。锡、铅的标准电位很接近：$\varphi^0_{Sn^{2+}/Sn}$=−0.136V，$\varphi^0_{Pb^{2+}/Pb}$=−0.127V，所以很容易实现共沉积。Sn 和 Pb 的标准电极电位均比氢低，但氢在锡铅合金上析出的过电位较高，所以它们有可能从酸性镀液中以接近 100%的电流效率析出合金。

电镀锡铅合金在合金电镀中属于正常共沉积，即在较低的电流密度下，镀液中金属离子的浓度比相当于镀层中的金属成分比。所以，只要保证阳极成分，镀液中的 Sn^{2+}和 Pb^{2+}浓度的比例与阴极镀层相符合，就可以得到所需比例的合金镀层。

阳极反应：

$$Sn-2e \longrightarrow Sn^{2+}$$
$$Pb-2e \longrightarrow Pb^{2+}$$

阴极反应：

$$Sn^{2+}+2e \longrightarrow Sn$$
$$Pb^{2+}+2e \longrightarrow Pb$$

电镀过程中，阳极上不断有 Sn 和 Pb 溶解，阴极上不断有 Sn-Pb 合金析出。但电镀液中的 Sn^{2+} 很容易被溶液中的氧所氧化生成 Sn^{4+}，Sn^{4+} 水解成氢氧化锡沉淀，使溶液混浊。提高溶液中氢离子浓度，有利于防止 Sn^{2+} 被氧化，也可在镀液中加入还原剂，阻止 Sn^{2+} 被氧化。

3. 氟硼酸盐镀锡铅合金

（1）锡铅合金电镀工艺流程

酸性除油→水洗→微蚀→水洗→浸稀 H_2SO_4→图形镀铜→水洗→纯水洗→预浸→镀锡铅→水洗→干燥

（2）镀液配方及操作条件

氟硼酸盐镀锡铅的溶液由氟硼酸亚锡、氟硼酸铅、氟硼酸、硼酸和添加剂组成。目前使用的添加剂以非蛋白胨体系为佳，因为它比蛋白胨体系的添加剂使用方便，镀液稳定，分解产物少，对需要热熔的镀层更显优越性。

含锡 60% 的锡铅合金电镀液的配方，根据添加剂的类型分为蛋白胨体系和非蛋白胨体系，典型配方及操作条件见表 4-59。不同的添加剂，其操作条件不同，使用时应按市购的产品说明书操作。

表 4-59　60/40 锡铅合金电镀液的典型配方及操作条件

配方及操作条件	蛋白胨体系	LPC*非蛋白胨体系
Sn^{2+}（以 $Sn(BF_4)_2$ 形式加入）（g/L）	18～24	22～25
Pb^{2+}（以 $Pb(BF_4)_2$ 形式加入）（g/L）	9～12	11～14
游离 HBF_4（g/L）	330～410	190～210
H_3BO_3（g/L）	20～35	25～30
蛋白胨（g/L）	5～6	
稳定剂（mg/L）		30
开缸剂（mg/L）		0.5
补充剂（mg/A·h）	按分析结果补加	按分析结果和说明书
温度（℃）	16～30	20～30
阴极电流密度（A/dm²）	0.8～2.5	1.5～3
阳极材料的 Sn/Pb	60/40 或 70/30	60/40
$S_A : S_K$	2：1	1：1
搅拌	阴极移动或泵循环	连续过滤

*LPC 为市购添加剂。

（3）镀液配制

配制氟硼酸盐镀锡铅合金溶液最方便的方法是使用市售的氟硼酸亚锡、氟硼酸亚铅及氟硼酸按配方比例配制，但在购置时必须严格控制产品质量，防止杂质含量超标。常见杂质有 Sn^{4+}、Cu^{2+}、Fe^{3+}、Zn^{2+}、Cl^-、SO_4^{2-} 等，它们不但影响镀液稳定性，而且还会造成镀层结晶粗糙、疏松，热熔后呈半润湿现象，影响外观和可焊性。因此，在选用化学药品时应控制这些杂质的含量在表 4-60 规定的范围内。

表 4-60　氟硼酸亚锡和氟硼酸亚铅中的杂质含量

杂质含量（%）	Sn^{4+}	Cl^-	SO_4^{2-}	Cu^{2+}	Fe^{3+}	Ni^{2+}	Zn^{2+}
氟硼酸亚锡	1.0	0.05	0.03	0.005	0.01	0.001	0.001
氟硼酸亚铅	—	0.05	0.03	0.002	0.01	0.001	0.001

镀液配制方法：

先将镀槽、过滤泵、阳极袋等器具清洗干净，再用 5%～10% HBF_4 溶液浸 4h 以上，用水冲洗干净后往镀槽中注入 1/3 容积的纯水，并加入事先在热纯水中溶解的硼酸。然后，在不断搅拌下依次加入计量的氟硼酸、氟硼酸亚锡、氟硼酸亚铅，至少搅拌 30min 使混合均匀，用纯水补充至接近需要的工作液位。此时溶液应无沉淀物，否则应过滤除去，必要时用活性炭过滤。最后加入计量的添加剂，以 0.1～0.5A/dm^2 的阴极电流密度电解数小时。分析并调整镀液，符合要求后进行试镀。

由于氟硼酸对硅酸盐制品和多数金属均有腐蚀作用，因此通常采用塑料镀槽，在配制时应避免玻璃、陶瓷及金属与镀液接触，以防止污染镀液。

（4）镀液中各成分的作用

① 氟硼酸盐提供镀液中需要的 Sn^{2+} 和 Pb^{2+}，控制镀液中 Sn^{2+}/Pb^{2+} 浓度比，可以得到与镀液中浓度比相近的合金镀层。若提高 Sn/Pb 比值，则镀层中的 Sn 比例提高。为获得 Sn 63%左右的 Sn-Pb 合金镀层，控制镀液中 Sn^{2+}/Pb^{2+} 的比值为 1.7～2.3 为宜，同时镀液中 Sn^{2+}、Pb^{2+} 的总浓度也需要控制，当比值高时，虽然可以提高阴极电流密度上限，但会降低镀液的分散能力和深镀能力。

② 镀液中游离的氟硼酸的作用是保证阳极中 Sn、Pb 的正常溶解，补充电镀时消耗的金属离子，同时它能抑制 Sn^{2+} 的水解，提高镀液的稳定性，对镀层成分影响不大。

$$Sn(BF_4)_2+H_2O \rightleftharpoons Sn(OH)BF_4 \downarrow +HBF_4$$

从方程式看出，游离 HBF_4 可以阻止 Sn^{2+} 的水解反应。同时 HBF_4 的存在提高了溶液的电导率，从而有利于提高镀液的分散能力。但过量的 HBF_4 会加速阳极溶解，造成主盐浓度升高，反而降低了镀液的分散能力，甚至出现台阶式镀层。使用不同的添加剂，对镀液中 HBF_4 浓度要求也不同，一般可维持在 130～210g/L。

③ 硼酸（H_3BO_3）在溶液中的作用是稳定 HBF_4，防止 HBF_4 水解。

$$HBF_4+3H_2O \rightleftharpoons 4HF+H_3BO_3$$

从方程式看出，适量 H_3BO_3 的存在，化学反应向左移动，可以抑制 HBF_4 的水解，但硼酸的加入会降低镀液的电导率，因此不可过多，以 25～30g/L 为宜。

④ 镀液中的添加剂能提高镀液的分散能力使镀层结晶均匀、细致，并能抑制树枝状结晶层的产生。

氟硼酸盐锡铅合金镀液的添加剂分为蛋白胨体系和非蛋白胨体系两种。早期多用蛋白胨和桃胶做添加剂，这类镀液要求 HBF_4 浓度高，蛋白胨易分解，会造成镀液的有机污染，严重影时响镀层外观和可焊性。因此这类添加剂已被非蛋白胨添加剂所取代。非蛋白胨类添加剂目前市场有多种产品可供选择。采用此类添加剂，镀液中游离 HBF_4 浓度可降低 1/3，同时镀液有机污染的机会降低，镀液处理周期变长，生产效率比较高。镀液分散能力和深镀能力好，孔内镀层厚度与板面上镀层厚度之比接近 1:1，使 60/40 的 Sn/Pb 镀层热熔质量提高，镀层可焊性得到保障。添加剂的补加一般可根据产品说明书的规定，按安培小时来补加，也可根据赫尔槽试验来决定。当加 0.1A 电流，电镀 1min，如果试片上的镀层覆盖面积达 80% 以上，说明添加剂浓度正常；否则说明添加剂浓度不足，需适当补加。

氟硼酸盐锡铅合金镀液比较稳定，但是含铅和氟的比例较高，对环境会造成污染，处理起来也比较困难，国内外许多法规规定在电子产品中限制使用铅。所以，目前除了少数企业需要热熔铅锡合金镀层以外，都不采用氟硼酸盐电镀锡铅合金做抗蚀层，此类锡铅合金镀液应用得越来越少。因此，对于此种镀液的使用、维护和常见质量问题分析就不再叙述。

4.6.3　电镀锡和锡基合金

半光亮或光亮的均匀、细致的锡镀层作为印制板碱性蚀刻保护层时，同样具有很好的抗蚀保护能力，并且锡镀层比锡铅镀层退镀容易，因此近年来在印制板图形电镀锡工艺中应用普遍。锡的硫酸盐镀液不含氟，也不含铅，污水治理简单，有利于环保。但纯锡有低温下产生锡疫和易产生晶须的问题，这对印制板细线条、小间距的表面导电图形尤为不利，为了克服以上问题，需要在锡中加入少量的铈、锑、铋、铜、银等其他元素，生成合金。因此用于印制板的最终可焊性锡镀层，最好是镀锡合金，作为可焊性镀层可应用半光亮镀锡。

随着技术的进步和人类对环境保护意识的增强，无铅化、无污染的清洁生产技术越来越受到广泛的重视，欧洲于 2004 年在电子工业中已禁止使用铅，日本于 2008 年在电镀等工业中禁止使用铅。欧盟对在电气电子产品中限制使用某些物质进行了立法，颁布了 WEEE 和 ROHS 两项指令，按 ROHS 指令的规定：从 2006 年 7 月 1 日起，投放欧洲市场的电子产品不允许含有 Pb、Hg、Cd、六价 Cr 和 PBB（多溴联苯）、PBDE（多溴联苯醚）等有害物质。我国由信息产业部和技术质量监督局等七部委联合制定的《电子信息产品污染控制管理办法》现已颁布，主要目的是为了控制 ROHS 指令中规定的铅、汞等六种有害物质在电子信息产品中的应用范围，该规定从 2007 年 3 月 1 日开始实施。这意味着今后进入中国市场的电子信息产品也必须是不含铅、汞等有害物质的。所以在印制板上采用无铅的涂镀层和采用无铅的生产技术势在必行，不含铅的锡基合金工艺技术在印制板生产中迅速发展。

1．硫酸盐酸性镀锡

（1）机理

镀液中的锡离子在阴极上得到电子析出沉积在印制板的导电图形上，化学反应式为

阴极：$Sn^{2+}+2e \longrightarrow Sn$　　　　　　　　　　$\varphi^0_{Sn^{2+}/Sn}=-0.136V$

　　　　$2H^++2e \longrightarrow H_2 \uparrow$　　　　　　　　　$\varphi^0_{H^+/H_2}=0.00V$

阴极上，虽然锡的标准电位比 H_2 低，但由于氢的超电位，在阴极上析出锡时，伴有极少量氢气析出，电流效率可达 98%。

阳极上锡失去电子成为二价锡离子进入镀液，反应式为

$$Sn-2e \longrightarrow Sn^{2+}$$

（2）镀液配方及操作条件

镀液配方及操作条件随添加剂的不同而异，以几种不同添加剂为例的介绍见表 4-61。

表 4-61　硫酸盐酸性镀锡液的配方及操作条件

配方及操作条件	半光亮	半光亮	半光亮
硫酸亚锡（g/L）	40～55	15～25	25～35
硫酸（g/L）	60～120	90～100	165～200
β-萘酚（g/L）	0.5～1		
明胶（g/L）	1～3		
酚磺酸（g/L）	80～100		
添加剂 248*（mL/L）		5～10	
PT205**（mL/L）			15～30
温度（℃）	15～30	16～27	15～25
阴极电流密度（A/dm²）	0.5～1.5	0.5～4	0.5～3
搅拌方式	阴极移动	阴极移动，连续过滤	阴极移动，连续过滤
阳极		>99.99%纯锡	>99.99%纯锡

*乐思公司产品；**正天伟科技公司产品。

（3）镀液配制

① 彻底清洗镀槽，注入 1/2～2/3 容积的纯水。

② 在搅拌下缓缓加入硫酸，当槽液温度降至 30℃以下，再加入硫酸亚锡搅拌至溶解。

③ 用活性炭滤芯过滤 2～4h（若用炭粉处理，必须在备用槽中进行），然后换成 5μm 聚丙烯（PP）滤芯过滤（若用 AR 级硫酸亚锡和硫酸及市购添加剂，不需此步）。

④ 待溶液温度降至室温后，缓缓加入添加剂，调整液位。

⑤ 通小电流 0.1～0.5A/dm² 电解处理 1h，试镀。

（4）各成分作用

① 硫酸亚锡。是镀液中的主盐，提供锡离子。提高 Sn^{2+} 浓度，将提高允许电流密度范围，但浓度过高导致溶液分散能力下降，也会加速 Sn^{2+} 的水解和被氧化，镀层结晶粗糙。Sn^{2+} 浓度太低，镀液允许电流密度低，高电流区容易烧焦。

② 硫酸。作为电解质能提高镀液的电导率和深镀能力，同时可以防止 Sn^{2+} 被氧化和 Sn^{4+} 的水解。资料介绍，Sn^{2+} 水解的 pH 值为 1.5，Sn^{4+} 水解的 pH 值为 0.5，因此提高硫酸浓度可以适当控制水解：

$$Sn^{2+}+2H_2O \rightleftharpoons Sn(OH)_2\downarrow+2H^+$$

$$Sn^{4+}+4H_2O \rightleftharpoons Sn(OH)_4\downarrow+4H^+$$

但硫酸浓度过高会降低阴极电流效率，同时加速阳极锡的化学溶解，使溶液中锡浓度提高，反而会降低镀液的分散能力和深镀能力，所以硫酸浓度要适当。

③ 添加剂。酸性镀锡的添加剂主要分为晶粒细化剂、光亮剂、载体光亮剂及稳定剂等。酚类如甲酚、β-萘酚等可以提高阴极极化，使镀层结晶细致、洁白，减小镀层的孔隙率，但如含量过高容易使镀层产生条纹。明胶可以使结晶细致，提高溶液的分散能力，但含量过高会导致镀层脆性和降低可焊性。酚磺酸或甲酚磺酸可以提高阴极极化，使镀层均匀、细致、光亮，同时还可以防止 Sn^{2+} 被氧化，有利于溶液的稳定。抗坏血酸、氟化物可做溶液的稳定剂。市购添加剂中多含有苄叉丙酮、二烷氧基苯甲醛、丙烯酸、对-二乙氨苯甲醛、OP-21 等材料的组合，不同牌号的添加剂属于专利产品，其材料和配比不尽相同，只关注其效果。

商业用的添加剂由相关的电镀技术公司提供，是将光亮剂、载体、晶粒细化剂、稳定剂进行组合配制而成的，按其工艺进行操作可以得到均匀、细致的光亮或半光亮的镀层。

（5）操作条件的影响

① 温度：操作温度最好在 20℃左右。温度太低，沉积速率低，镀液允许的电流密度范围小；温度太高，加速添加剂的消耗，加速 Sn^{2+} 的氧化，使溶液很快变混浊。

② 电流密度：在有连续过滤和阴极移动的情况下，电流密度一般为 $1.5A/dm^2$。电流密度提高，沉积速率提高，但电流太大会导致镀层粗糙。电流密度和锡镀层沉积速率的关系见表 4-62。锡沉积量与电流密度、电镀时间的关系见表 4-63。

表 4-62　电流密度和锡镀层沉积速率的关系

电镀时间（min） 电流密度（A/dm²） 锡镀层厚度（μm）	0.8	1.0	1.2	1.4	1.6	1.8	2.0	4.0
4	10.1	8.1	6.7	5.8	5.1	4.5	4.0	8
5	12.6	10.1	8.4	7.2	6.3	5.6	5.0	10
6	15.1	12.1	10.1	8.7	7.6	6.7	6.1	12
7	17.1	14.1	11.8	10.1	8.8	7.9	7.1	14
8	20.2	16.2	13.5	11.6	10.1	9.0	8.1	16
9	22.7	18.2	15.1	13.1	11.3	10.1	9.1	18
10		20					10	5
12.5		25					12.5	
15		30					15	7.5

表 4-63　锡沉积量与电流密度、电镀时间的关系

电流密度（A/dm²） 锡沉积量（g/m²） 电镀时间（min）	1	2	3
5	18.4	38.6	73.6
10	36.8	73.6	147.2
15	55.2	110.4	220.8
20	73.6	147.2	294.4
25	92.0	184.0	368.0
30	110.4	220.8	441.6

③ 电源：酸性硫酸盐镀锡电源的波纹系数应小于 5%，否则难以得到理想的锡镀层。

④ 搅拌：镀液需要有比较强的搅拌，但不可用空气搅拌。可采用阴极移动和连续过滤同时进行。溶液过滤至少 2～3 次/h。

⑤ 阳极：阳极纯度应高于 99.9%，以聚丙烯布做阳极袋，防止阳极泥进入溶液。

（6）镀液维护

① 经常分析镀液中的 Sn^{2+} 和 H_2SO_4 浓度，及时调整补充硫酸锡和硫酸的纯度。

② 注意阳极与阴极面积比，一般 2～3:1。若阳极面积减小，要及时补充。阳极最好不用钛篮。

③ 镀液的污染主要是铜离子和有机物。铜浓度达 100mg/L 时，镀层粗糙，高电流区变黑。砷、锑也会导致镀层变暗、孔隙率增加。重金属污染可通过 $0.2A/dm^2$ 小电流电解除去。

有机污染可用活性炭处理消除。

④ 氯离子达到 300mg/L 或硝酸根浓度达到 2g/L，都会严重影响镀液的深镀能力，操作时需多加注意。为防止氯离子污染，可采用 5%～10% H_2SO_4 预浸，预浸酸后可以不经水洗直接进入镀液。

⑤ 锡盐水解造成镀液混浊，少量沉淀不影响作业，沉淀太多需要用絮凝剂凝结后，应过滤除去。絮凝剂可用聚丙烯酰胺或专用材料。

（7）常见故障、可能原因及解决方法

硫酸盐酸性镀锡的常见故障、可能原因及解决方法见表 4-64。

表 4-64　硫酸盐酸性镀锡的常见故障、可能原因及解决方法

常见故障	可能原因	解决方法
局部无镀层	前处理不良	加强前处理
	添加剂过量	小电流电解
	电镀时板面相互重叠	加强操作规范性
镀层脆或有裂纹	镀液有机污染	活性炭处理
	添加剂过多	活性炭处理或小电流处理
	温度过低	适当提高温度
	电流密度过高	适当降低电流密度
镀层粗糙	电流密度过高	适当降低电流密度
	主盐浓度过高	适当提高硫酸含量
	镀液有固体悬浮物	加强过滤，检查阳极袋是否破损
镀层有针孔、麻点	镀液有机污染	活性炭处理
	阴极移动太慢	提高移动速度
	镀前处理不良	加强前处理
镀层发暗、发雾	镀层中铜、砷、锑等杂质	小电流电解
	氯离子、硝酸根离子污染	小电流电解
	Sn^{2+}不足，Sn^{4+}过多	加絮凝剂过滤
	电流过高或过低	调整电流密度至规定值
镀层沉积速率低	Sn^{2+}少	分析，补加 $SnSO_4$
	电流密度太低	提高电流密度
	温度太低	适当提高操作温度
阳极钝化	阳极电流密度太高	加大阳极面积
	镀液中 H_2SO_4 不足	分析，补加 H_2SO_4
镀层发暗，但均匀	镀液中 Sn^{2+}多	分析调整
镀层有条纹	添加剂不够	适当补充添加剂
	电流密度过高	调整电流密度
	重金属污染	小电流电解
镀层起泡	前处理不良	加强前处理
	镀液有机污染	活性炭处理
	添加剂过多	小电流处理

2. 镀锡铈合金

纯锡镀层有生长晶须的潜在危险，这种危险随着锡浓度的提高、内应力的增加和添加剂的夹杂等因素而增大。锡还有结构变异，在低温时会产生锡疫。锡镀层与基体铜有互相渗透形成 Cu_6Sn_5 合金扩散层的倾向，这个扩散层熔点高而且脆，影响锡镀层的可焊性。因此，纯锡镀层不

适用于某些微电子器件的印制板，也不适用于高密度、细线条、小间距印制板的可焊镀层。

镀锡溶液中加入硫酸铈 $Ce_2(SO_4)_3$ 5～15g/L，所得到的镀层亮度提高，抗蚀性、可焊性改善，且溶液的抗氧化能力也提高。实践证明铈的消耗主要是携带损失，对镀层的测试也显示几乎测不到镀层中的铈，但它却起到了晶粒细化、改善镀层性能的明显效果。20 世纪 80 年代以来，锡铈合金电镀在国内得到了普遍推广应用。这种镀层能防止基体铜与锡的相互扩散，镀层化学稳定性好，抗氧化能力强，可焊性稳定，同时溶液中存在的铈离子，还有防止 Sn^{2+} 氧化和水解的功能，溶液变混浊的速度明显减缓。

光亮锡铈合金电镀液的配方及工艺条件见表 4-65。

表 4-65 光亮锡铈合金电镀液的配方及工艺条件

配方及工艺条件	配方 1	配方 2	配方 3
硫酸亚锡（g/L）	40～70	50～70	25～30
硫酸（g/L）	140～160	150～180	120～150
硫酸铈 $Ce_2(SO_4)_3$（g/L）	5～15	5～20	5～15
OP21（mL/L）	6～18		
混合光亮剂**（mL/L）	5～15		
光亮剂 SS-820*（mL/L）		10～20	8～12
稳定剂（mL/L）		20～40	20～40
温度（℃）	室温		5～40
阴极电流密度（A/dm²）	1～3	1～6	1～4
阴极移动	需要	需要	需要

*浙江黄岩化学试剂厂。

**混合光亮剂：OP-21 400mL/L，甲醛 100mL/L，苄叉丙酮 50g，对二氨基二苯甲烷 25g，乙醇加至 1L。

3. 镀锡铋合金

含铋 0.3%～0.5% 的锡铋合金的可焊性优于锡，并能有效防止纯锡生长晶须的疵病，但 Sn-Bi 合金脆性较大。镀液是硫酸盐镀液，添加剂也有商品出售。

锡铋合金镀液的配方及工艺条件见表 4-66，镀液中 Bi 与镀层中 Bi 含量的关系见表 4-67。

表 4-66 锡铋合金镀液的配方及工艺条件

配方及工艺条件	含　量
硫酸亚锡（g/L）	30～50
硫酸（g/L）	160～180
硫酸铋 $Bi_2(SO_4)_3$（g/L）	0.5～4
光亮剂 SNR-5A（mL/L）	15～20
稳定剂 TNR-5（mL/L）	30～40
温度（℃）	10～30
阴极电流密度（A/dm²）	1～3
阳极	Sn>99.9%
搅拌	阴极移动

注：SNR-5A、TNR-5 南京大学配位化学研究所研制。

表 4-67 锡铋合金镀液中 Bi 与镀层中 Bi 含量的关系

镀液中 $Bi_2(SO_4)_3$ 含量（g/L）	镀层中 Bi 含量（wt%）
0.5	0.18
1.0	0.28
2.0	0.30
3.0	0.32
4.0	0.50
5.0	1.38

4. 其他无氟、无铅的锡基合金

甲基磺酸体系电镀无铅的可焊性镀层已做了大量的工作，并且有些已投入生产，如

Sn-Cu（Cu 0.3%），用于电子元器件的引线或印制板电镀，可得到光亮和半光亮镀层。几种可焊性镀层的性能比较见表 4-68。

表 4-68 几种可焊性镀层的性能比较*

镀 层	镀 层 成 分	熔点（℃）	电阻率（Ω·cm）	延伸率（%）	毒性	成本
Sn-Pb	Sn63/Pb37	183	14.99	28～30	高	中
Sn	Sn	232	11.5	>30	低	低
Sn-Bi	Sn42/Bi58	138	34.48	20	低	高
Sn-Ag	Sn96.5/Ag3.5	221	12.31	73	低	高
Sn-Cu	Sn99.3/Cu0.7	227	11.67	>30	低	低

*由 Shipley Ronal 公司提供。

相信在未来的印制板生产中，有利于环保的无氟无铅的锡基合金镀层将完全取代氟硼酸盐锡铅镀层，而硫酸盐溶液和烷基磺酸盐溶液都各有优势，也必将得到更好的发展和完善。

5. 锡铅（或锡）镀层的退除

用锡铅合金（或锡）作蚀刻保护层的印制板，经过碱性蚀刻以后，根据需要可采用局部退除或全部退除，其工艺流程如下：

① 用于插头镀金并热熔：贴保护胶带→插头部位退锡铅→机械刷光→插头镀金。

② 用于印阻焊剂热风整平：全板退锡铅→印阻焊→热风整平→贴保护胶带→机械刷光→插头镀金。

（1）退除锡铅合金镀层

退除铜基体上的锡铅（或锡）镀层的方法有化学法和电解法，在印制板生产中，用化学法更适合。化学法退除锡铅（或锡）镀层，操作方便，可以浸也可以通过水平式喷淋法退除。

水平喷淋法的生产效率高，可连续生产。

退镀溶液应满足以下条件：退镀速度快，不留残余物，对 Sn、Pb 腐蚀性大，对铜基体腐蚀性小。一般溶液对 Sn-Pb 和对 Cu 的腐蚀性速度比为 100:1 即可应用。

常用几种类型退镀溶液的对比见表 4-69。

表 4-69 常用几种类型退镀溶液的对比

溶液组成及操作条件	氟化氢铵型	氟硼酸型	硝酸型
氟化氢铵（g/L）	250～300		
过氧化氢（30%）（mL/L）	100～200	120～150	
柠檬酸（g/L）	20～30		
氢氟酸（40%）		450～500	
硝酸（65%）（mL/L）			300～400
铜保护剂		适量	适量
稳定剂		适量	
促进剂			适量
温度（℃）	15～40	15～40	15～35

续表

溶液组成及操作条件	氟化氢铵型	氟硼酸型	硝酸型
退镀速率（μm/min）	20～30（喷淋），3～4（浸）	30～50（喷淋）	30～40（喷淋）
蚀铜速率（μm/min）	0.1～0.15	0.35～0.4	0.3～0.4
溶液寿命（m²/L）	0.6～0.8	0.6～0.8	0.8～1.0
放热	大量放热，需降温	不放热	放热
通风	需要	需要	需要

镀液中的铜保护剂可以是苯并三氮唑、尿素等，对铜的腐蚀有抑制作用。稳定剂多指过氧化氢的稳定剂，如乙酰替苯、乙酰替乙氧基苯胺等。如果采用市购锡铅退镀液，多数为硝酸体系，铜保护剂和促进剂都在溶液中，买来就可以使用，如 FC-328 退锡液等。

退镀过程中，溶液中锡、铅离子不断积累，反应速度减慢，应及时调整补充有效成分。使用到后期，镀层退除不彻底，会有残留物存在，返修会带来不良后果，此时应及时更换新溶液。

硝酸型退镀液因为无氟污染，近年来已取代含氟退镀液，但大量 NO_2 气体的释放，同样会污染空气，因此需要安排排风装置和 NO_2 吸收装置。目前双组分硝酸型退镀液分为两步退镀，第一步是退锡或锡铅，第二步是清除退镀不完整部分，效果好。

目前应用的多为市购退锡铅液，可以根据需要进行选择。

（2）贴保护胶带

贴保护胶带的目的是为了实现选择性电镀，防止被镀面积以外的部位受到处理溶液的污染。因此胶带与印制板表面必须黏附紧密，特别是需要热熔的印制板，不允许有任何间隙，如果有任何一点间隙存在，在退铅锡时，溶液都会通过间隙深入内部损坏铅锡镀层。

对保护胶带的要求是不仅有良好的黏附性和耐蚀性，还应无黏性转移，即胶带使用后揭下来时板面不能残存余胶，以免造成新的污染。

贴胶带操作有手工操作和机械操作两种。手工操作在贴胶带时不易压实胶带，应放入 60～80℃ 的烘箱中烘 10～20min，然后用专用辊压机压实，以保证不留任何间隙。

（3）退镀后的刷光

印制板在退除锡铅后有时会留有白色残余物，或在印阻焊层后，表面会有一层氧化层和阻焊剂的残余物、油墨污迹等，在进入插头镀金工艺之前，必须彻底清除，以得到一个干净的铜表面。清除的方法有机械刷板和手工刷板两种。

在印制板插头镀金自动线上，一般安排刷板工序，以一对高速旋转的刷子抛刷板子两面的插头部位。使用时要注意调节两面的压力，保证两面插头部位被均匀抛刷。

可以使用机械抛刷辊抛刷，也可以用手工打磨铜表面，然后用水冲洗干净，再经 10% H_2SO_4（V/V）活化处理及经水洗后，就可以电镀低应力镍了。

6. 锡铅合金镀层的热熔

电镀锡铅合金的印制板在蚀刻后，如果将锡铅合金镀层作为印制导线的保护镀层和可焊性镀层可以不退除。由于该镀层金相结构疏松，在空气中长时间存放也会缓慢氧化变黑，降低可焊性和镀层的防护性能，所以应进行热熔处理，将其镀层加热熔融，使镀层结晶变为致密光亮的焊料层，能大大提高锡铅合金镀层的耐氧化能力和可焊性，并且蚀刻后印制导线侧面的铜层也能得到一定的保护。但是，由于热熔后的印制板表面再涂覆阻焊膜，结合力不好，在焊接时容易脱落和起皱，因而目前使用此种工艺越来越少，所以这里只做简单的知识性介绍，不再详细叙述工艺过程。

（1）热熔的方法

热熔工艺一般有两种方法：一种是用甘油浴加热到锡铅合金熔点以上温度（高于 183℃，一般为 220℃±10℃），将印制板浸入油中进行热熔；另外一种方法是采用专用的红外线热熔机进行热熔，该法可以进行连续生产，效率高。

（2）热熔的工艺流程

不同的热熔方法有不同的工艺流程。

① 甘油热熔法流程（碱性蚀刻后的印制板）。

清洗→烘干→浸亮处理→烘干预热→甘油热熔→浸入冷甘油冷却→温水洗→水洗→烘干→检验

② 红外线热熔（碱性蚀刻后的印制板）。在专用的热熔机中进行，要先开启设备，调好工艺参数，再按下述工艺流程进行热熔。如果第一次热熔，应先试熔几块板检验合格后再批量热熔，如果不合格应调整设备的操作参数，再试直至满意为止。

清洗→烘干→涂覆助熔剂→浸入预热区→热熔→冷却→清洗→烘干→检验

（3）热熔的常见故障、可能原因及解决方法

热熔的常见故障、可能原因及解决方法见表 4-70。

表 4-70　热熔的常见故障、可能原因及解决方法

常 见 故 障	可 能 原 因	解 决 方 法
镀层表面呈白色膜	热熔后温度高未及时冷却而氧化	热熔后及时冷却或浸入甘油
	锡含量过高	调整镀液中锡含量
	镀层中有机夹杂物多	对镀液进行活性炭处理
	蚀刻后镀层表面有氨络合物	加强蚀刻后清洗或换络合清洗液
	红外热熔的助熔剂与镀层起反应	红外热熔后及时彻底清洗并烘干
局部镀层熔不开	热熔温度低或时间短	提高热熔温度或延长时间
	镀层中锡铅比例偏离规定值	调整镀液中锡铅比例到规定范围
呈半润湿	镀液铜含量过高	对镀液中铜进行电解处理
	镀层太薄或热熔时间过长	加厚镀层或缩短热熔时间
	镀前基底铜未清洗干净	镀前彻底清洗和微蚀基底铜
镀层表面有疙瘩	镀层的底层铜粗糙	控制镀铜参数和微蚀处理
	锡铅镀层粗糙或有杂质	镀液过滤去杂质，控制电镀参数
	热熔温度低，时间短，有机物未溢出	提高热熔温度或延长时间
镀层灰暗并有结晶纹络	铅含量高	调整镀液中铅含量
	电流密度小	提高电流密度
堵孔	镀层过厚	适当缩短电镀锡铅的时间
基材起泡、分层或出现白斑	热熔温度过高或时间过长	降低热熔温度或缩短时间
	热熔前板含有水汽，预烘不够	延长热熔前预烘时间
	板材 T_g 低或质量差	更换板材

4.6.4 电镀镍

1．概述

镍的元素符号为 Ni，原子量为 58.7，密度为 8.88g/cm³，Ni^{2+} 的电化当量为 1.095g/A·h。

印制板的镍镀层主要作为印制板表面镀金或印制插头镀金的底层，分为半光亮镍（又称低应力镍或哑镍）和光亮镍两种。镀层厚度按标准规定不低于 2～2.5μm。

镍镀层应具有均匀细致、孔隙率低、延展性好等特点，而且低应力镍应具有易于钎焊或压焊的功能。

2．低应力镀镍

（1）镀镍的机理

阴极上的电化学反应：镀液中的镍离子在阴极上获得电子，沉积出镍原子，同时伴有少量氢气析出，反应式为

$$Ni^{2+}+2e \longrightarrow Ni \qquad \varphi^0_{Ni^{2+}/Ni}=-0.25V$$
$$2H^++2e \longrightarrow H_2\uparrow \qquad \varphi^0_{H^+/H_2}=0.0V$$

虽然镍的标准电极电位为负，但由于氢的过电位以及镀液中镍离子的浓度、温度、pH 值等操作条件的影响，阴极上析出氢极少，这时镀液的电流效率可达 98%以上。只有当 pH 值很低时，才会有大量氢气析出，此时阴极上无镍沉积。

阳极上的电化学反应：普通镀镍使用可溶性镍阳极。阳极的主反应为金属镍失去电子溶解到镀液中补充在阴极析出的镍离子，反应式为

$$Ni-2e \longrightarrow Ni^{2+}$$

当阳极电流密度过高，电镀液中又缺乏阳极活化剂时，阳极将发生钝化并伴有氧气析出：

$$2H_2O-4e \longrightarrow O_2\uparrow+4H^+$$

当镀液中有氯离子存在时，也可能发生析出氯气的反应：

$$2Cl^--2e \longrightarrow Cl_2\uparrow$$

阳极上金属镍的电化学溶解使镍离子不断进入溶液，从而提供了阴极电沉积所需的镍离子。但当阴极面积不够大或镀液中活化剂不够时，将导致阳极钝化而析出氧，生成的氧进一步氧化阳极表面，生成棕色的 Ni_2O_3 氧化膜，化学反应式为

$$2Ni+3[O] \longrightarrow Ni_2O_3$$

由于阳极钝化，使电流密度降低，槽电压升高，电能损失增加。当使用高速镀镍工艺时，阳极采用非溶性材料，如铂、钛上镀铂网或钛上镀钌网，也可以采用含硫的活性镍阳极。

（2）镀液配方及操作条件

电镀镍溶液有多种形式，如硫酸盐型、氨基磺酸盐型等，镀液典型配方及操作条件见表 4-71。市购的镀镍添加剂不同，可以使用供应商推荐的配方和操作条件。

表 4-71　低应力镍镀液典型配方及操作条件

名称 配方及操作条件	普通镀液		高速镀液	
	硫酸盐型	氨基磺酸盐型	硫酸盐型	氨基磺酸盐型
硫酸镍（g/L）	280～320		450	
氯化镍（g/L）	20～30		20	

续表

配方及操作条件＼名称	普通镀液		高速镀液	
	硫酸盐型	氨基磺酸盐型	硫酸盐型	氨基磺酸盐型
氨基磺酸镍（g/L）		300～400	45	450～500
阳极活化剂（mL/L）		60～100	60～100	60～100
硼酸（g/L）	40～50	40～50	40	40
润湿剂（mL/L）	1～5	1～5		
添加剂	适量	适量	适量	适量
温度（℃）	50～60	50～60	50～60	50～60
pH 值	3.5～4	3.5～4	3.5	3
阴极电流密度（A/dm²）	1.5～8	1.5～8	2～50	2～50

（3）镀液配制

将镀槽清洗干净后，在备用槽中用热去离子水溶解计量的化学纯级硫酸镍、氯化镍和计量 1/2 的硼酸，待溶解后再加热至 55～60℃，加活性炭 3g/L，搅拌 2h，静置冷却至室温，然后过滤，将除去活性炭的溶液转入已清洗干净的工作槽中。在搅拌下，加入其余量硼酸，调 pH 值到 3.0，在 55～60℃下，用瓦楞形阴极，在电流密度为 0.3～0.5A/dm² 下电解，直至阴极板上镀层颜色均匀一致，一般通电量需达 4A·h/L。

最后加入添加剂和润湿剂，搅拌均匀，调 pH 值及液位，分析镀液成分满足工艺规定后试镀。

如果所用硫酸镍、氯化镍等材料纯度低，则需在加活性炭之前，先加 H_2O_2 1～3mL/L，搅拌半小时，加热至 65℃，保持半小时，再加活性炭并继续按以上步骤进行。

（4）各成分作用

① 硫酸镍或氨基磺酸镍为主盐，是镀镍溶液的主要成分。在普通镀镍中，控制 Ni^{2+} 浓度 65～75g/L。表 4-72 中列出了这两种类型镀液所镀出镀层的主要性能比较。氨基磺酸镍型的低应力镍镀层的性能更佳。氨基磺酸镍稳定性较差，价格较贵。硫酸镍为主盐也能满足技术要求，所以通常采用硫酸镍型镀液的更多。

提高主盐浓度，可以提高镀层的沉积速率，并能使允许电流密度范围扩大，但主盐浓度太高会导致镀液分散能力降低。主盐浓度降低导致镀层沉积速率降低，严重时会导致高电流区镀层烧焦。

表 4-72　镀层性能比较

性　　能	硫酸镍型	氨基磺酸镍型
镀层应力（kgf/cm²）	+5	−3.2
镀层孔隙率（点/cm²）	13	2
显微硬度 mHV₂₀	630～670	400～500

② 阳极活化剂。作用是保证阳极正常溶解，防止阳极钝化。镍的卤族化合物，如氯化镍、溴化镍等，可以做镍阳极活化剂。氯化镍浓度太高，会使镀层应力增加，一般以氯化镍浓度不低于 30g/L 为宜；以溴离子做阳极活化剂，浓度升高对镀层应力影响不大，但溴化物原料来源不如氯化镍方便。阳极钝化的现象主要表现为槽电压升高，一般可达 6V 以上，但

电流却很小；阳极表面气泡较多，有时会有刺激性气味，甚至表面呈褐色。

造成阳极钝化的主要原因是镀液中阳极活化剂浓度太低或阳极面积太小。

③ 缓冲剂。硼酸是镀镍溶液最好的缓冲剂。它可以将镀液的酸度控制在一定范围之内，为了达到最佳缓冲效果，硼酸浓度不能低于 30g/L，最好保持在 40～50g/L。

H_2BO_3 的缓冲作用是通过 H_2BO_3 的电离来维持的。H_2BO_3 是一种弱酸，它在水溶液中电离反应如下：

$$H_2BO_3 \rightleftharpoons H^+ + H_2BO_3^-$$

$$H_2BO_3^- \rightleftharpoons H^+ + HBO_3^{2-}$$

$$HBO_3^{2-} \rightleftharpoons H^+ + BO_3^{3-}$$

当溶液的 pH 值上升时，电离平衡向右进行，维持了溶液 pH 值的稳定；当溶液的 pH 值下降时，使电离平衡向左进行，同样维持了溶液 pH 值的稳定。

硼酸不仅具有 pH 值缓冲能力，而且它能提高阴极极化，改善镀液性能，在较高的电流密度下使镀层不易烧焦。硼酸的存在也有利于改善镀层的机械性能。

④ 添加剂。作用是改善镀液的阴极极化，提高镀液的分散能力，使镀层均匀细致并具有半光亮镍的光泽。添加剂的主要成分是应力消除剂，用于降低镀层的内应力，随着添加剂的浓度变化，可以使镀层的内应力由张应力改变为压应力。能起这种作用的材料有萘磺酸、对甲苯磺酰胺及糖精等。添加剂成分选配合适，可以使镀层均匀细致有光泽并且可焊性好。

⑤ 润湿剂。作用是降低镀液的表面张力，使表面张力降至 35～37dyn/cm，有利于消除镀层的针孔、麻点。用于印制板的镀镍溶液，宜使用低泡润湿剂，如二乙基己基硫酸钠、正辛基硫酸钠等。

（5）操作条件

① pH 值。pH 值控制在 3.5～4 为宜。当 pH 值一定时，随着电流密度增加，电流效率也增加。pH 值高，镍的沉积速率高，但 pH 值太高将导致阴极附近出现碱式镍盐沉淀，从而产生金属杂质的夹杂，使镀层粗糙、毛刺和脆性增加。pH 值低些，镀层光泽性好，但 pH 值太低会导致阴极电流效率降低，沉积速率降低，严重时阴极大量析氢，镀层难以沉积。

使用可溶性阳极的镀液，随着电极过程的进行，镀液 pH 值逐渐升高。使用不溶性阳极的镀液，由于阳极析氧，使镀液中 OH^- 浓度降低，从而 pH 值会降低。

降低镀液 pH 值用 10%（V/V）H_2SO_4；提高镀液 pH 值用碳酸镍或碱式碳酸镍，不宜用 NaOH，因为钠离子在镀液中的积累会降低电流密度上限，容易导致高电流区镀层烧焦。碳酸镍的加入方法最好是将它放入聚丙烯的滤袋并挂在镀液中，使其缓慢溶于镀液中，不可将固体物直接放入镀液中，当 pH 值达到要求后，取出滤袋，洗净后烘干备用。

② 温度。操作温度对镀层的内应力影响较大，提高温度可降低镀层的内应力，当温度 10～35℃时，镀层的内应力明显降低；到 60℃以上，镀层的内应力稳定。一般维持操作温度 55～60℃为宜。镀液温度的升高，提高了镀液中离子的迁移速度，改善了溶液的电导率，从而也就改善了镀液的分散能力和深镀能力，使镀层分布均匀。同时温度升高也可以允许使用较高的电流密度，这对高速电镀极为重要。

③ 电流密度。在达到最高的允许电流密度之前，阴极电流效率随电流密度的增加而增加。在正常的操作条件下，当阴极电流密度为 4A/dm^2 时，电流效率可达 97%，而镀层外观

和延展性都很好。对于印制板电镀，由于拼板面积比较大，致使中心区域与边缘的电流密度可相差数倍，所以实际操作时，操作电流密度 2A/dm² 左右为宜。镀镍层厚度、电镀时间与电流密度的关系（以电流效率 95%计）见表 4-73。

表 4-73 镀镍层厚度、电镀时间与电流密度的关系（以电流效率 95%计）

电镀时间（min） 电流密度（A/dm²） 镀镍层厚度（μm）	1	1.5	2.5	4
2.5	12.7	8.5	5.1	3.2
5	25.4	17.10	10.1	6.5
10	50.9	34.0	20.2	12.9
15	76.3	51.0	30.4	19.4
25	127.1	85.1	50.6	32.3

④ 搅拌。搅拌能有效地清除浓差极化，保证电极过程持续有效地进行，同时也有利于阴极表面产生的少量氢气很快逸出，减少可能出现的针孔、麻点。搅拌方式可采用镀液连续过滤、阴极移动或空气搅拌，或者选择其中的两者组合。若采用阴极移动，摆幅 20～25mm，15～20 次/min；若采用空气搅拌，则必须与连续过滤相配合，所供的压缩空气应是无油压缩空气，气流中速，如果空气量太大，导致溶液流动太快，将降低镀液的分散能力。

对于高速镀镍，其电流密度高达 20A/dm² 以上，为了更好地清除浓差极化，应配有镀液喷射的专用设备。

⑤ 过滤。工作时镀液应连续过滤，既可及时清除镀液中的机械杂质，又能保持镀液流动。过滤机的能力以满足每小时过滤镀液 2～5 次为宜，滤芯用聚丙烯材料，精度以 5μm 为宜。

⑥ 镍阳极。镀镍均采用可溶性镍阳极，理想的阳极要能够均匀溶解，不产生杂质进入镀液，不形成任何残渣。因此对阳极材料的成分及阳极的结构都有严格的要求。

通常采用装有镍球（角）的钛篮作为阳极。使用钛篮装阳极材料可以保持足够大的阳极面积而且不变化，阳极保养也比较简单，只要定期将阳极材料补入篮中。在镀槽中，阳极钛篮底部应高出槽底 50～70mm，以避免阴极边缘因电力线过于集中而使镍镀层烧焦。使用钛篮，可利用适当的遮蔽法通过调整阳极的有效面积来改善阴极镀层分布。在阳极面向阴极方向的前面挂一块适当尺寸的绝缘板作为阳极遮蔽板，可以使阴极镀层厚度均匀。

钛作为阳极篮结构材料，强度高、质轻、耐蚀而且表面有层氧化膜，此膜在正常电镀条件下，可以阻止电流通过钛篮而使电流直接通向钛篮内的镍，但镍量不够时，钛就会受到侵蚀，所以应经常充实篮内的阳极镍材。钛篮常用 10mm×3mm 的网眼，也可用更宽的网眼。为防止阳极泥渣析出，钛篮应装入聚丙烯材料织成的阳极袋内，必须适度套紧钛篮，袋口应高出液面 30～40mm。也可以使用双层袋，这样内袋套紧，外袋宽松，以防阳极袋受到意外伤害而使阳极泥渣泄出。

高质量的镍阳极材料，对保护镀层的质量、延长镀液寿命十分重要。随着钛篮的出现，阳极镍的品种也在改进和提高。现在常用的有 25mm×25mm×15mm 的镍块、直径 6～12mm 的镍球，以及直径 10～22mm 纽扣状的镍饼。装载密度一般是镍球 5.4～6kg/dm³，镍饼 4.6kg/dm³。

还可以用含硫的活性镍阳极，它的活性来源于精炼过程所加入的少量的硫，它能使阳极溶解均匀，即使在没有氯化物的镀液中，也能使阳极效率达 100%，阳极所含的硫并未进入镀液，而是以不溶性硫化镍残渣的形式保存在阳极袋中。该硫化镍残渣还可吸附镀液中的铜离子而帮助净化镀液。这种活性镍阳极更适用于做高速电镀的阳极。它的形状为圆饼形或球形，都是用于自动化生产线操作。

阳极材料的成分应符合国家标准 GB/T 6516—2010，其他标准，如 ISO 6283、ASTMB 39，都有相应的规定。

（6）镀液维护

① 定期分析镀液中的主盐成分并及时补充，以保持镀液成分稳定。选择高质量的硫酸镍、氯化镍、硼酸或氨基磺酸镍至关重要。补入镀液中的主盐应预先溶解后经活性炭处理才可入缸，硼酸可直接加入缸中，加入方式最好是将它置入阳极袋中，挂在镀液中缓慢溶入。

② 及时检查和调整镀液的 pH 值，一般每 4h 至少检查调整一次。

③ 添加剂根据安时数及时补充，最好能由赫尔槽试验配合补加。

④ 镀液的主要污染来自重金属离子和有机污染，应及时清除。

镀镍液的重金属污染主要是 Cu^{2+}、Fe^{2+}、Zn^{2+}，当 Cu^{2+} 含量达到 0.01～0.05g/L 时，导致镀层低电流区发黑，严重时镀层无光亮，可焊性差。Fe 和 Zn 的污染主要来源于主盐和阳极。当 Fe^{2+} 含量达到 0.03～0.05g/L 时，镀层发脆，产生针孔；当 Zn^{2+} 含量达到 0.02g/L 以上时，镀层低电流区出线条纹。以上重金属杂质的去除，可在操作温度下调 pH 值到 3，以 0.2～0.5A/dm² 的电流，用瓦楞形阴极通电处理，直至镀层在高低电流区颜色一致为止。处理时也会消耗添加剂，因此在小电流处理完成后，需检查并调整 pH 值，同时补充适量添加剂，除杂质工作应经常进行。重金属杂质也可以通过哑镍除杂水并伴有小电流处理来去除。

有机污染来自干膜或网印油墨抗蚀层，特别是当油墨烘干不彻底时更严重。有机杂质导致镀层发雾、发脆、针孔，严重时影响可焊性。对有机污染出现的针孔、麻点可通过补加润湿剂来克服，当这样做无效时，应对溶液进行活性炭处理，处理后过滤除去炭，还可以与小电流处理同时进行。活性炭处理和过滤可作为镀液日常维护过程。

⑤ 镀液大处理。当镀液经过较长时间使用后（如半年至 1 年）受到严重污染，有必要进行大处理。大处理就是通过化学、电化学和机械的方法，将溶液中的重金属和有机杂质比较彻底地清理一次，相当于镀液的再生。

处理方法：将溶液置入备用槽中，加足需要补充的主盐，加 H_2O_2（30%）1～3mL/L，搅拌 1～2h，调 pH 值到 5.5，加温 60～65℃，保温至少 0.5h，加优质活性炭粉 3g/L，搅拌 1～2h，此时液温应在 50℃ 以上，将溶液静置、过滤，将完全澄清的溶液转入工作槽中，调 pH 值到 3，以瓦楞形阴极通小电流处理，直至阴极上高低电流区颜色一致为止。大处理后，调整 pH 值，补充开缸量的湿润剂和开缸量 1/3～1/2 的添加剂，试镀。

（7）不合格镀层的退除

不合格镀层可以用铜基体镀镍的退镍液退除。退除镍层后还要将抗蚀膜去除，重新制作抗蚀层，再按原镀镍流程进行镀镍，否则会影响结合力。

（8）常见故障、可能原因及解决方法

低应力电镀镍的常见故障、可能原因及解决方法见表 4-74。

表 4-74　低应力电镀镍的常见故障、可能原因及解决方法

常 见 故 障	可 能 原 因	解 决 方 法
镀层与基体铜结合力差，镀层起皮、起泡	镀前处理不良	加强和改善除油和微蚀
	镀液有机污染	用 H_2O_2 和活性炭处理
	温度太低	调整温度到规定值
	电镀过程中断电时间长	排除供电故障
镀层有针孔、麻点	润湿剂不够	适当补充润湿剂
	镀液有机污染	活性炭处理
	镀前处理不良	加强和改善前处理
	重金属污染	小电流处理
镀层粗糙，有毛刺	镀液过滤不良	检查过滤系统
	pH 值太高	调整 pH 值
	电流密度太高	核对施镀面积，校正电流
	阳极袋破损	更换阳极袋
镀层不均匀，低电流区呈黑雾状	铜、锌等重金属污染严重	加除杂水或小电流处理
	初级光亮剂不足或 pH 值低	适量补充光亮剂或调 pH 值
	硼酸浓度不够	适量补充硼酸
镀层沉积速率低	硫酸镍浓度低或 pH 值太低	补充硫酸镍或调 pH 值
	电流密度太低或温度太低	调整电流密度和温度
镀层烧焦	温度过低，电流密度过高	调整操作温度和电流密度
	硫酸镍浓度低	补充硫酸镍
	pH 值太高	调整 pH 值
	硼酸浓度太低	补加硼酸
	重金属污染	以小电流电解处理
阳极钝化	阳极面积太小	增大阳极面积
	氯化镍浓度太低	补充氯化镍
镀层脆性大、可焊性差	光亮剂太多	通电处理或活性炭处理
	有机污染	用 H_2O_2 和活性炭处理
	重金属离子污染	以小电流电解处理

3．光亮镀镍

光亮镍镀层均匀、细致、光亮，但不可焊。与普通金属零件镀光亮镍相比，印制板镀光亮镍层要求有更好的延展性，主要用于印制插头或触点镀金层的底层。

光亮镀镍的溶液应具有很好的分散能力和深镀能力以及对杂质的容忍性强等特点，同时应稳定，便于维护。

（1）镀液配方及操作条件

光亮镀镍工艺的典型配方及操作条件见表 4-75。

表 4-75　光亮镀镍工艺的典型配方及操作条件

典型配方及操作条件	含量或条件
硫酸镍（g/L）	250～300
氯化镍（g/L）	50～70
硼酸（g/L）	45～50
添加剂	适量*
润湿剂（mL/L）	1～5
温度（℃）	50～60
pH 值	3.8～4.4
阴极电流密度（A/dm^2）	2～10
搅拌	空气搅拌或阴极移动
过滤	连续过滤

*采用商品添加剂时应按供应商推荐的量添加。

（2）镀液配制

① 在备用槽中，用 60℃左右的热纯水将计量的硫酸镍、氯化镍和 1/2 计量的硼酸溶解。

② 在 60℃左右的溶液中，加入活性炭粉 3g/L，搅拌 1～2h。静置，过滤，将澄清的无炭粒的溶液转入已经清洗好的工作槽中。

③ 加纯水至接近镀液体积，调 pH 值到 3（用 10%的 H_2SO_4），调液温到 50～60℃，用瓦楞形阴极以 0.2～0.5A/dm^2 的阴极电流密度电解 4～8h，直至阴极镀层均匀一致为止。

④ 电解过程中逐渐加入另一半硼酸。电解处理的通电量一般不少于 4A·h/L。

⑤ 按工艺要求加入添加剂、润湿剂，在搅拌下调整 pH 值和液位。

⑥ 分析镀液成分符合工艺要求后可以试镀。

（3）镀液中各成分的作用

① 硫酸镍、氯化镍和硼酸在镀液中的作用与低应力镍镀液中的作用一致，详见低应力镍镀液各成分的作用。

② 添加剂。光亮镀镍的添加剂分为初级光亮剂和次级光亮剂两种。初级光亮剂就是通常所说的开缸剂、柔软剂等，它的作用是改善和细化镀层结晶，使镀层分布均匀，并与次级光亮剂配合，降低镀层内应力。次级光亮剂就是通常所说光亮剂、主光剂等，它与初级光亮剂配合，使镀层光亮平整、均匀、细致，并且延展性好。单独使用次级光亮剂虽然可以获得光亮的镍镀层，但镀层光亮范围窄，应力高，脆性大。

常用的初级光亮剂有糖精、苯亚磺酸钠、对甲苯磺酰胺等。广泛使用的次级光亮剂是1.4-丁炔二醇及其衍生物、丙炔醇及其衍生物和吡啶类化合物等。这几类成分配合得当，就可成为理想的镀镍光亮剂。为了使用方便和得到最佳效果，一般在市场上采购配制成专利产品的添加剂直接使用，使用时可以根据需要选择性能好、价格合理的添加剂。

③ 润湿剂。主要起表面活性剂作用，它可降低溶液的表面能，与被镀件表面的润湿性好，减少或克服镀层出现的针孔、麻点等疵病。作为印制板镀镍应选用低泡型润湿剂，浓度一般为 1～5mL/L，控制表面张力在 35～40dyn/cm。润湿剂用量过少，会导致镀层出现针孔、麻点；润湿剂用量过多，会导致镀层起雾、发花，甚至造成有机污染。

（4）操作条件的影响

在电镀镍时操作条件对电镀质量有重要影响，应严格按工艺条件要求进行操作，通常应控制好以下工艺参数。

① pH 值。光亮镀镍的 pH 值一般在 4 左右。pH 值太高，镀层脆性会增加；pH 值太低，阴极电流效率低，严重时，阴极析出大量氢气而无镀层析出。

② 温度。适当提高温度，镀层沉积速率加快，允许电流密度范围扩大，且镀层内应力低，镀液分散能力和深镀能力都得到改善；温度过高，镀层质量也会变差。为了得到最佳镀层，镀液最好配有控温装置，保持液温稳定控制在 50～60℃ 范围内。

③ 电流密度。电流密度和时间既影响镀层质量又影响镀层厚度。电流密度与镀液配方和添加剂性能有关。表 4-75 配方的电流密度可达 1.5～8A/dm^2，在实际应用中，一般选用 2～4A/dm^2。这是因为在大面积的拼板上，其中心部位和边缘部位电流分布差距很大，为防止边缘烧焦，对不同的板面要选好最佳电流密度。

④ 搅拌和过滤。光亮镀镍的允许电流密度较高，为保证得到均匀细致的镀层，镀液需要流动和净化。通常可采用空气搅拌或阴极移动并配有镀液连续过滤，或三者联合使用。具体选用哪一种，可以根据设备和生产量的情况选用。

⑤ 阳极。光亮镀镍使用可溶性镍阳极，通常采用镍角装入有阳极袋包裹的钛篮中作为阳极。阳极袋用聚丙烯布制成，镍角可使用纯镍或含硫活性镍。

（5）光亮镀镍溶液的维护

① 定期分析硫酸镍、氯化镍、硼酸，并及时给予调整。补加硫酸镍、氯化镍时，应事先溶解并经活性炭处理后方可加入镀槽。硼酸的补加可将待补加的硼酸放入聚丙烯袋内，将其吊入溶液中慢慢溶解。

② 及时检查和调整溶液的 pH 值。降低 pH 值用 10%（V/V）H$_2$SO$_4$，升高 pH 值用 NiCO$_3$ 或 NiCO$_3$·Ni(OH)$_2$。日常作业中，pH 值会升高，一般至少 4h 应调整一次。

③ 按赫尔槽试验或参考供应商的说明书中给出的添加剂消耗数据及时补充所用添加剂。

④ 及时处理镀液中的污染物。铜、铁、锌、铅等重金属离子的污染通常是在 pH 值为 3 时，在操作温度下用瓦楞形阴极通 0.1～0.5A/dm^2 电流处理，直到瓦楞形阴极上镀层颜色均匀为止。必要时可以用除杂水，除杂水加入量不可太多，过多会导致镀层发脆；也可以在加入除杂水后辅以小电流处理。镀液中的有机污染用活性炭处理，方法也是用活性炭吸附后再过滤。

如果镀液使用时间比较长，有必要进行大处理时，可参见镀镍液的维护。

（6）常见故障、可能原因及解决方法

光亮镀镍常见故障、可能原因及解决方法见表 4-76。

表 4-76 光亮镀镍常见故障、可能原因及解决方法

常 见 故 障	可 能 原 因	解 决 方 法
镀层与基体铜结合力差	镀前处理不良	加强和改善除油和微蚀
	镀液有机污染	用 H$_2$O$_2$ 加活性炭处理
	温度太低	在 55℃ 左右操作
	中途断电时间长	排除供电故障

续表

常 见 故 障	可 能 原 因	解 决 方 法
镀层有针孔、麻点	润湿剂不够	适当补充润湿剂 1～2mL/L
	镀液有机污染	活性炭处理
	镀前处理不良	加强和改善前处理
	重金属污染	小电流处理
镀层粗糙，有毛刺	镀液过滤不良	检查过滤系统
	pH 值太高	调整 pH 值
	电流密度太高	核对施镀面积，校正电流
	阳极袋破损	更换阳极袋
镀层不均匀，低电流区呈黑雾状	铜污染严重	小电流长时间处理镀液
	初级光亮剂不足	适量补充
	硼酸浓度不够	适量补充硼酸
镀液分散能力差，低电流区发白或无镀层	初级光亮剂不足	适量补充
	重金属离子污染	加除杂水或小电流处理
	硼酸浓度不够	适量补充
	pH 值太低	调整 pH 值
镀层沉积速率低	硫酸镍浓度低	补充硫酸镍
	pH 值太低	调整 pH 值
	电流密度太低	调整电流密度
	温度太低	调整操作温度到正常值
镀层烧焦	温度过低，电流密度过高	调整操作温度和电流密度
	硫酸镍浓度低	补充硫酸镍
	pH 值太高	调整 pH 值
	硼酸浓度太低	补加硼酸
	重金属污染	小电流处理
阳极钝化	阳极面积太小	增大阳极面积
	氯化镍浓度太低	补充氯化镍
镀层脆性大	光亮剂太多	通电流处理或活性炭处理
	有机污染	H_2O_2 加活性炭处理
	重金属离子污染	小电流处理

4.6.5 电镀金

1. 概述

金的元素符号为 Au，原子量为 197，密度为 19.32g/cm^3，Au$^+$的电化当量为 0.1226g/(A·h)。用于印制板生产的镀金层分为板面镀金和印制插头镀金。

板面镀金是电镀 24K 纯金，它具有柱状结构，有极好的导电性和可焊性。镀层厚度为 0.05～0.45μm。若作为锡焊的可焊性镀层，其厚度必须薄，不能超过 0.45μm；如果用于超声波冷压焊接，则镀层厚度可小于 0.1μm，但最小不小于 0.05μm；如果用于热压焊接，则镀层厚度应大于 0.8μm。

板面镀金层是以低应力镍或光亮镍为底层，镍镀层厚度为 $3\sim5\mu m$，镍镀层作为中间层起着金、铜之间的阻挡层的作用，它可以阻止金铜间的相互扩散和阻碍铜穿透到金表面。镍层起着砧垫作用，提高了金镀层的硬度。板面镀金层既是碱性蚀刻的保护层，也是印制板的最终表面镀层。

印制插头镀金是电镀硬金，镀金后的印制插头俗称"金手指"。它是含有 Co、Ni、Fe、Sb 等其中一种添加元素的合金镀层，添加合金元素含量不大于 0.2%。硬金镀层具有层状结构，硬度、耐磨性都高于纯金镀层。

插头镀金和接触连接电镀金用于高稳定、高可靠的电接触连接，对镀层厚度、耐磨性、孔隙率均有要求，厚度一般为 $0.5\sim1.5\mu m$ 或更厚。硬金镀层的技术指标见表 4-77。

表 4-77 硬金镀层的技术指标

项　　目	指　　标	测 试 方 法
外观	光亮金黄色	
纯度	钴含量不大于 0.2%	原子吸收分光光度计或 XRF
显微硬度，mHV_{20}	$140\sim190$	显微硬度计
耐磨性	$0.5\mu m$，插头 500 次不露底不起皮； $1\mu m$，插头 1000 次不露底不起皮	耐磨试验机或模拟插拔
耐温	厚度大于等于 $0.5\mu m$，$350^\circ C$ 不变色	烘箱高温储存
接触电阻	$0.3\sim0.5m\Omega$，HNO_3 蒸气试验后变化不大于 $0.2m\Omega$	
硝酸蒸气试验	通过	ISO 4524/2.，GB 12305－90
孔隙率	金镀层在 $2\mu m$ 厚情况下为 0	电图像法

硬金镀层以低应力镍为阻挡层，防止金铜之间的相互扩散。为了提高硬金镀层的结合力和降低孔隙率，也为了保护镀液减少污染，在镍层和硬金层之间需镀以 $0.02\sim0.05\mu m$ 的纯金层防护效果更好。

我国行业标准 SJ-2431 和美国标准 IPC-6012 对插头镀镍层、镀金层厚度都有明确规定，见表 4-78 和表 4-79。镀金层技术标准可参照 ISO 4524、ISO 4523，国标 GB 12304、GB 12305，国军标 GJB 1941—94。不同产品对镀层厚度的要求也不同，主要取决于对产品可靠性的要求。

表 4-78 插头镀镍层、镀金层厚度和孔隙率要求

等　　级	镀层厚度（μm）		镀金层允许孔隙率 （个/cm^2）
	镍层	金层	
I	$3\sim5$	$2\sim3$	$2\sim3$
II	$3\sim5$	$1\sim2$	$4\sim6$
III	$3\sim5$	$0.5\sim1$	不规定

表 4-79 镀镍层、镀金层最小厚度要求

等　　级	镀镍层厚度（μm）	镀金层厚度（μm）
1 级	2.0	0.8
2 级	2.5	0.8
3 级	2.5	1.3

印制板的镀金溶液以弱酸性柠檬酸系列的微氰镀液为佳。中性镀液由于其耐污染能力差，很少应用。由于印制板本身的特点，碱性镀液不适用。镀金液中加入 Co、Ni、Fe、Sb 等合金元素可以获得硬金镀层，不同元素带来的效果也不尽相同。当前生产中用量最多的当属 Au-Co 镀层，所用镀液多为专利镀液。

对镀金液的要求应是稳定、便于维护，同时应在金含量尽可能低的情况下达到所需的技术指标，以降低成本提高效益。

2．镀金机理

在微氰镀液中，Au 以 $Au(CN)_2^-$ 的形式存在，在电场作用下，金氰络离子在阴极放电：

$$Au(CN)_2^- + e \longrightarrow Au + 2CN^- \qquad \varphi^0_{Au/Au(CN)_2^-} = -0.60V$$

在阴极上同时发生析氢反应：

$$2H^+ + 2e \longrightarrow H_2 \uparrow$$

镀液中有足够的金氰络离子供应，阴极上就会不断得到金镀层。镀金通常采用不溶性阳极，如果槽电压比较高，水被电解在阳极上会发生析氧反应：

$$2H_2O - 4e \longrightarrow O_2 \uparrow + 4H^+$$

3．镀液配方及操作条件

用于生产的板面金（纯金）和硬金（耐磨金、厚金）镀液，通常使用商品形式镀液，也可以市购氰化金钾自行配制镀液。

典型镀金液的配方及操作条件见表 4-80。

表 4-80　典型镀金液的配方及操作条件

典型镀金液的配方及工艺条件	纯金*	硬　金		
		Au-Sb	Au-Fe	Au-Co*
金（以 $KAu(CN)_2$ 形式加入）（g/L）	0.5～1.5	6～7	8～10	6～10
柠檬酸钾（g/L）		80～120	80～120	600
柠檬酸（g/L）		30～40	30～40	
酒石酸锑钾（g/L）		0.05～0.3		
柠檬酸铁（g/L）			0.3	
硫酸钴（g/L）				0.2
开缸剂（mL/L）	600		适量	
添加剂	适量		适量	适量
密度（°Be′）	12			15
pH 值	3.5～4	5.0～5.8	4.2±0.1	3.6～5.2
温度（℃）	40～60	25～45	50±5	30～40
阴极电流密度（A/dm²）	0.5～1.2	0.1～0.15	0.2～1.0	

*圣维健公司提供。

4．镀液配制

配制镀金液所需化学品应选用分析纯试剂，水要用去离子水。镀槽最好用聚丙烯（PP）材料，镀槽清洗时需连同过滤设备一起清洗。清洗方法是将镀槽先用除油剂擦洗干净之后，用 10% NaOH 浸 4h 以上，水洗后用 5%（V/V）H_2SO_4 浸 4h 以上，再水洗和去离子水水洗。

在清洗干净的镀槽内加入 1/3 容积的去离子水，加入商品开缸剂或金盐以外的其他化学品，搅拌均匀，加去离子水到接近工作容积，调整温度到工作温度，将炭芯放入过滤机中，过滤 2h。然后加入预先溶解在热去离子水中的金盐，搅拌均匀。最后调整 pH 值，调液位、温度达到工艺规定后进行试镀。镀层质量符合要求后，镀液可以使用。

5．镀液中各成分作用和工艺条件的影响

（1）氰化金钾 $KAu(CN)_2$

氰化金钾是镀金液的主盐，含金量 68.3%。金盐浓度太低，镀层沉积速率低，色泽呈暗红色。提高镀液中金的浓度，可提高电流密度范围，提高金的沉积速率，镀层光亮度、均匀度都得以改善。

（2）镀液密度

镀金液由于金盐浓度低，需要大量的导电盐来支持电极过程的进行。导电盐的浓度可通过镀液的密度来反映。

商业配方中，板面金镀液的密度为 10～15°Bé′，硬金镀液的密度为 15～20°Bé′。镀金液使用初期，镀液密度用低限。随着使用时间延长，镀液中的杂质累积，镀液密度相应提高。镀液的密度可通过补加导电盐升高。

（3）pH 值

提高 pH 值有利于提高镀层中的金含量，有利于降低镀层内应力，而且允许在比较高的电流密度下操作。

（4）温度

对不同的镀金液，温度应控制稳定。一般讲，升高温度，可提高电流效率和合金镀层中金的含量；降低温度，可以降低镀层内应力，降低硬度，降低镀层中合金含量。金钴合金的镀液切忌局部过热，防止 Co^{2+} 转化为无效的 Co^{3+}。

（5）电流密度

弱酸性镀金液一般阴极电流效率为 30%～40%，阴极上不可避免地有氢气析出。电流密度一般控制在 $1A/dm^2$ 左右。当然镀液的沉积速率除与电流效率有关外，还与镀液中金含量、温度、pH 值有关。

（6）阳极

电镀薄金镀液，如板面镀金，可使用不锈钢阳极。为延长镀液寿命，需选用优质不锈钢，如进口型号 316 不锈钢，相当于国产 Cr18Ni2Mo2 或 Cr18Ni2Mo3。国产 Cr18Ni9Ti 不锈钢的成分更接近进口 304 不锈钢，而 304 不锈钢不适于做阳极。

电镀厚金镀液应使用不溶性活性阳极，如钛（Ti）上镀铂（Pt）和钛（Ti）上镀钌（Ru）。近年来钛上镀钌的阳极由于价格低、使用寿命长，而备受青睐。

（7）过滤和搅拌

镀金液应使用 1μm 的 PP 滤芯连续过滤，能及时净化镀液，并使溶液流动，有利于电极过程进行。镀金液不可使用空气搅拌。

在酸性镀金液中，溶液的 pH 值、操作温度和电流密度的变化对镀层性能的影响趋势：pH 值上升，电流密度和镀层中金含量提高，而镀层中的 Co、Ni 等添加元素含量下降，从而使镀层内应力和硬度下降；如果镀液温度提高，则电流密度和镀层中金含量提高，镀层中的 Co、Ni 等添加元素含量、镀层内应力和硬度下降；如果降低电流密度，则镀层中的 Co、Ni 等添加元素含量增加，从而使镀层内应力和硬度上升。

6. 镀金液的维护

正确地维护镀液对保证镀层质量和延长镀液使用寿命有重要作用，通常应及时做好以下维护措施。

① 镀金槽应配有安培小时计和连续过滤机。根据安培小时计提供的数据并考虑到镀液携带的损失，及时补加金盐。金盐应事先溶解在热去离子水中，然后加入镀液，以少加勤加为好。

② 金盐质量至关重要，质量差的金盐会导致镀液混浊，镀层质量差。

③ 经常检查和调整镀液的 pH 值和密度。

④ 工件进槽前应清洗彻底，避免将镀镍液带入镀金槽。过量的镍污染可用专用除杂质水除去。

⑤ 应尽量避免有机污染。有机物污染将导致结合力差，易变色等。处理方法是用优质活性炭吸附 2h 以上并过滤处理。

镀金液中污染杂质主要有 Cu、Fe、Zn、Pb 等，对镀金液的影响见表 4-81。

表 4-81　镀金液的污染

杂　　质	浓度（mg/L）	对镀金层的影响
Cu	≥100	镀液电流效率降低，镀层焊接性差
Fe	≥200	镀液电流效率降低
Zn	≥200	镀液电流效率降低
Pb	≥5	镀层低电流区暗
有机物		镀层上出现黑条，结合力差

7. 不合格镀金层的退除

不合格的镀金层可用含氰化物 50～60g/L 的碱性退金液退除，速度快且不伤害镍基体，溶金量可达 25g/L，操作温度为 30～50℃。退金后的镍镀层经过活化后可继续镀金。

8. 镀金层常见故障、可能原因及解决方法

镀金层常见故障、可能原因及解决方法见表 4-82。

表 4-82　镀金层常见故障、可能原因及解决方法

常 见 故 障	可 能 原 因	解 决 方 法
低电流区镀层呈雾状	镀液温度太低	调整温度到正常值
	补充剂不足	添加补充剂
	有机污染	活性炭处理
	pH 值过高	用酸性调整盐调低 pH 值
中电流区呈雾状，高电流区呈暗褐色	温度太高	降低操作温度
	阴极电流密度太高	降低电流密度
	pH 值过高	用酸性调整盐调低 pH 值
	补充剂不够	添加补充剂
	搅拌不够	加强搅拌
	有机污染	活性炭过滤

续表

常见故障	可能原因	解决方法
高电流区烧焦	金含量不足	补充金盐
	pH 值过高	用酸性调整盐调低 pH 值
	电流密度太高	调低电流密度
	镀液密度太低	用导电盐提高密度
	搅拌不够	加强搅拌
镀层颜色不均匀	金含量不足	补充金盐
	密度太低	用导电盐提高密度
	搅拌不够	加强搅拌
	镀液被 Ni、Cu 等污染	清除金属离子污染，必要时更换溶液
板面金变色（特别是在潮热季节）	镀金层清洗不彻底	加强镀后清洗（热纯水）
	镀镍层厚度不够	镍层厚度不小于 2.5μm
	镀金液被金属或有机物污染	加强金镀液净化
	镀镍层纯度不够	加强清除镍镀液的杂质
	镀金板存放环境有腐蚀性	镀金层应远离腐蚀气氛环境保存，其变色层可浸 5%～10% H_2SO_4 除去
镀金板可焊性不好	低应力镍镀层太薄	低应力镍厚度不小于 2.5μm
	低应力镍被污染	净化低应力镍镀液
	金层纯度不够	加强镀液维护，减少杂质污染
	表面被污染，如手印、油渍	加强清洗和板面清洗
	包装不适当	需较长时间存放的印制板，应采用真空包装
镀层结合力不好	铜镍间结合力不好	加强镀前铜表面清洗和活化
	镍金层结合力不好	注意镀金前的镍表面活化
	镀前预处理不良	加强镀前处理
	镀镍层应力大	净化镀镍液，通小电流或活性炭处理

9. 电镀镍/金的工艺流程

（1）板面镀金的工艺流程

图形转移后的印制板进行板面镀金的工艺流程：

酸性除油→微蚀→活化→镀铜→活化→镀低应力镍→镀板面金

某些印制板，在经过微蚀、活化后，镀光亮镍再进行板面镀金。

（2）印制插头镀金的工艺流程

印制插头镀金在印制板经过热风整平或热熔后进行，在插头镀金前须将非镀金部分用电镀绝缘胶带保护后再进行下面工序：

酸性除油→微蚀→活化→镀低应力镍→预镀金→镀硬金（耐磨金或厚金）

4.7 印制板的蚀刻工艺

4.7.1 蚀刻工艺概述

在印制板制造中，除了多重布线板（Multiwire Board）、加成法（Additive Process）工艺制作的印制电路板等不需要蚀刻外，采用减成法工艺制作的印制电路板都需要蚀刻工艺形成导电图形。蚀刻是在图形掩模的保护下，将覆铜箔基板上不需要的铜以化学反应方式除去，使其形成所需要的电路图形。作为电路图形部分的掩模，可采用图形转移或网印的方式使有机化合物体系的光致抗蚀剂，或采用金属抗蚀层覆盖电路图形的表面形成抗蚀层。因此，蚀刻工艺是目前制造印制电路板中不可缺少的一个重要步骤。特别是随着微电子技术的飞速发展，大规模集成电路和超大规模集成电路的广泛应用，使印制电路板上的导线宽度与间距越来越小，布线密度和精度也越来越高，对蚀刻的精度和公差提出了更高更严的技术要求，蚀刻质量的好坏直接关系到印制板的质量优劣。所以，充分了解和掌握铜在各种类型的蚀刻液中的腐蚀机理，选择较好的蚀刻溶液、方法和设备是满足蚀刻要求的必要条件。特别是蚀刻液的功能和蚀刻方式是确保电路图形尺寸精度的关键。

电路图形上的抗蚀层有两种，一种是有机膜抗蚀层，一种是金属镀层抗蚀层。在选择蚀刻液时，必须考虑与蚀刻液类型适合的抗蚀保护层，蚀刻速率高而且能容易地实现自动控制，蚀刻系数大、侧蚀小；蚀刻液能连续运转和再生，溶铜量要大、溶液寿命长、稳定性好；工艺条件范围宽，水洗性要好；此外还应考虑作业环境良好，铜容易回收再利用，污水处理容易等。

印制板制造的初始阶段，单面板所用的抗蚀层是采用液体光致抗蚀层（骨胶、聚乙烯醇等）之后又采用油墨做抗蚀层，使用的蚀刻液是三氯化铁等酸性蚀刻液。当制作有金属化孔的印制板时，采用金、锡铅、锡等金属抗蚀层。适合金属抗蚀层的蚀刻液种类随抗蚀金属的不同而异。金镀层作为抗蚀层，可采用三氯化铁蚀刻液或碱性蚀刻液，锡铅合金、锡镀层适用于碱性蚀刻液。目前锡铅合金、锡等金属抗蚀层广泛采用以氨碱性氯化铜蚀刻液为主，有机抗蚀膜蚀刻可采用硫酸-过氧化氢系列以及硝酸系列蚀刻液。通常采用蚀刻速率恒定的能连续进行蚀刻的作业方式，溶液的再生补充可自动进行，蚀刻掉的铜能回收利用。

早期蚀刻作业采用浸入和搅拌溅射方式，分批进行蚀刻作业，生产效率低，蚀刻出来的产品精度差；后来开发出了水平喷射方式的设备，可以连续蚀刻，速度加快，生产效率和电路图形精度大大提高。

4.7.2　蚀刻液的特性及影响蚀刻的因素

1. 蚀刻液的特性

蚀刻液的选择十分重要，因为它在印制板制造工艺中直接影响高密度细导线图像的精度和质量。衡量蚀刻质量的主要参数是蚀刻速率、侧蚀量和蚀刻系数。

蚀刻速率是指在规定条件下，蚀刻一定厚度的金属所需要的时间，它受蚀刻液的特性、温度和蚀刻方式等因素影响。

蚀刻过程中，除对金属层有垂直向下的蚀刻外，同时在垂直方向蚀刻后露出的金属侧面也受到蚀刻液的腐蚀，其形成凹槽称为侧蚀，该凹槽的深度称为侧蚀量。在图形电镀工艺后的蚀刻，侧蚀与镀层增宽同时存在，构成镀层凸沿。垂直板面剖切后，侧蚀与镀层凸沿的结构如图4-97所示。

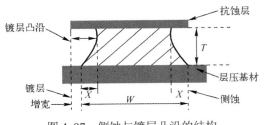

图 4-97　侧蚀与镀层凸沿的结构

X 为侧蚀量。W 为导线宽度。蚀刻系数（k_S）是指铜层厚度（T）与侧蚀量之比，即 $k_S=T/X$。蚀刻系数越大，侧蚀量越小，蚀刻质量就越好，反之蚀刻质量差。在蚀刻时，通常控制蚀刻系数 $k_S \geqslant 1$。

2．影响蚀刻质量的因素

蚀刻质量一般与蚀刻液的种类、蚀刻的方法、蚀刻液的温度、被蚀刻铜箔的厚度和蚀刻的时间等因素有关。

蚀刻液的类型，即化学成分不同，其蚀刻速率就不相同，蚀刻系数也不同。例如，普遍使用的酸性氯化铜蚀刻液的蚀刻系数通常是 3；碱性氯化铜蚀刻液的蚀刻系数可达 3.5～4；以硝酸为主的蚀刻液的蚀刻系数更大，侧蚀量很小，蚀刻后的导线侧壁接近垂直。

应根据金属腐蚀原理和铜箔的结构类型，通过试验方法确定蚀刻液的浓度，该浓度应能在较宽的范围内有良好的蚀刻效果，也就是指工艺范围较宽，蚀刻质量就越容易控制。

在蚀刻液确定后，温度对蚀刻液特性的影响比较大。通常在化学反应过程中，温度对加速蚀刻液的流动性、减小蚀刻液的黏度和提高蚀刻速率起着很重要的作用。但温度过高，也容易引起蚀刻液中一些化学成分挥发，造成蚀刻液中化学组分比例失调；同时温度过高，可能会造成高聚物抗蚀层被破坏以及影响蚀刻设备的使用寿命。因此，蚀刻液温度应控制在一定的工艺范围内。

被蚀刻铜箔的厚度对电路图形的导线密度有着重要影响。铜箔薄，蚀刻时间短，侧蚀量就很小；反之，侧蚀量就很大。所以，必须根据设计的电路图形中导线密度及导线精度要求，来选择铜箔厚度。同时铜的延伸率、细晶结构等，都会构成对蚀刻液特性的直接影响。

电路图形导线在 X 方向和 Y 方向的分布位置如果不均衡，会直接影响蚀刻液在板面上的流动速度。同样，如果在同板面上的间隔窄的导线和间隔宽的导线同时存在，间隔宽的导线分布的部位，蚀刻就会过度。所以，这就要求设计者在电路设计时，应首先了解工艺上的可行性，尽量做到整个板面电路图形均匀分布，导线的粗细程度相一致。特别是在制作多层印制板内层时，大面积铜箔作为接地层与较细导线层同时蚀刻时，由于蚀刻量不同，蚀刻时间难以控制，必须采用较好的抗蚀膜，以保证在较长蚀刻时间变化范围内抗蚀膜有较好的耐蚀性。

蚀刻的方法主要由设备决定，所以设备的结构形式也是影响蚀刻液特性的重要因素之一。早期蚀刻采用将印制板浸入槽内以浸泡方法来蚀刻，蚀刻导线宽精度不高，侧蚀量大，生产效率低；后来发展为机械搅拌溅射式，蚀刻效果有一定改进，但是为间歇式的，一次只能蚀刻一定数量的印制板，生产效率仍然较低；目前采用的水平机械传动、由摆动喷嘴喷射式结构的蚀刻设备，使蚀刻更均匀、效果更好并可连续生产，适用于细导线、窄间距、精度高的印制电路板蚀刻。但水平式设备结构会造成板面积存腐蚀液，产生局部过腐蚀现象，因而又近年来出现了垂直喷淋技术，可以克服以上各种蚀刻方法的缺陷，使蚀刻质量和效率大为提高。

3．蚀刻设备

蚀刻设备对蚀刻的质量和效率有重要影响，常用的现代蚀刻设备分为酸性和碱性蚀刻两大类，设备的结构形式又分为水平式和垂直式两种形式。水平式是被蚀刻的印制板水平传输进入蚀刻机，由上下喷淋溶液进行蚀刻；垂直式是被蚀刻的印制板垂直传输进入蚀刻机，由前后喷淋溶液进行蚀刻。酸性蚀刻机及碱性蚀刻机的外形如图 4-98 所示。

（a）酸性蚀刻机　　　　　　　　　　　　（b）碱性蚀刻机

图 4-98　蚀刻机外形图

（1）蚀刻机的基本结构

无论是垂直式还是水平式蚀刻机，基本上都由机械传送系统、蚀刻溶液和清洗的喷淋系统、电气控制系统及液槽过滤储存系统等部分构成。

传送系统主要是传送待蚀刻的印制板，其传送速度由系统进行启动、停车和无级调速。喷淋系统由喷嘴、管道、加压泵和储液槽等构成，喷嘴喷射出来的蚀刻液呈扇形，而且相互交替，是连锁的、圆锥体结构，应能使所传送的印制板被蚀刻液全部覆盖并且蚀刻液能均匀地流动。为使蚀刻液喷洒得更均匀，通常再加以摆动装置，提高了蚀刻速率的一致性，对制作高密度细导线提供了可靠的保证。喷嘴到板面的距离和蚀刻液喷淋压力对蚀刻效果有重要影响，是经过试验和严格设计而成的。喷淋压力过大或过小都会造成对蚀刻质量的影响。

（2）蚀刻机的功能

为了保证蚀刻的质量和效率，蚀刻机必须具备以下的基本功能。

① 传输速度控制。蚀刻时通过控制机器的传输，控制待蚀刻印制板通过蚀刻段的时间、蚀刻的速度和效率。

② 蚀刻液的温度控制。蚀刻液的温度影响蚀刻的效果，温度越高，蚀刻反应速度越快，蚀刻反应过快容易产生过度蚀刻反而影响蚀刻质量；温度过高也会影响有机抗蚀膜的抗蚀效果，使溶液过快挥发，蚀刻效果下降。但是从蚀刻过程来看，蚀刻液先要润湿板面使液体在固体表面上的接触角最小，表面张力越小，对固体表面的润湿性能也就越好。要获得最佳的蚀刻质量，除加强对基板铜箔表面的清洁处理，改善待蚀刻表面与蚀刻液的润湿状态外，提高作业温度对降低液体的表面张力，提高蚀刻效果也有利。反之，如果温度过低，蚀刻速率下降，侧蚀严重并且影响生产效率。所以要严格地控制蚀刻液的工作温度，兼顾蚀刻速率和质量，采用最佳的温度进行蚀刻。

③ 蚀刻液的密度控制。蚀刻过程中，随着铜的不断溶解，蚀刻液的黏度就会增加、密度增大，使蚀刻液在基板铜箔表面上流动性变差，直接影响蚀刻效果。要达到理想的蚀刻液的最佳状态就要控制蚀刻液的密度，及时更换和补加新液，确保溶液的流动性和蚀刻质量。

④ 有自动补加系统的机器，应能控制蚀刻液的 pH 值或氧化还原电位以便适时调整。

4.7.3　蚀刻液的种类及蚀刻原理

1. 蚀刻液的种类

蚀刻液的种类影响蚀刻速率和蚀刻系数。要确保蚀刻高质量，就必须根据印制板的蚀刻精度要求，选择不同类型的蚀刻液，使之满足工艺技术要求。曾经使用过的蚀刻剂有三氯化铁、过硫酸铵、铬酸、酸性氯化铜、碱性氯化铜、硫酸-过氧化氢。它们各自有一定的优点和特殊用途。目前基本不再使用过硫酸铵、铬酸蚀刻液，所以不再对它们进行介绍。酸性和碱性氯化铜蚀刻液在印制板制造中应用得最广。

2. 常用蚀刻液的特性、蚀刻原理和化学组成

（1）三氯化铁蚀刻液

三氯化铁蚀刻液用于蚀刻铜、铜合金及铁、锌、铝和铝合金等；适用于网印抗蚀印料、液体感光胶、干膜和金镀层等抗蚀层的印制板蚀刻，但不适用于镍、锡及锡铅合金等抗蚀层。其特点是工艺稳定、蚀刻铜量大、操作方便、成本低。该蚀刻液的主要成分是浓度为 $28\% \sim 48\%$ 的三氯化铁，再加少量的盐酸，其化学反应原理为

$$2FeCl_3 + Cu \Longrightarrow 2FeCl_2 + CuCl_2$$
$$CuCl_2 + Cu \longrightarrow 2CuCl$$

该蚀刻液中的铁离子容易被氧化成三氧化二铁，与含铜废液难以处理，会对环境造成严重污染。所以目前仅用于钢或不锈钢材料的蚀刻，基本上不用于印制板的蚀刻。对其配制和使用工艺，此处不详细叙述。

（2）酸性氯化铜蚀刻液

酸性氯化铜蚀刻液适于生产多层板内层、掩蔽法印制板和单面印制板的蚀刻，也适用于图形电镀金作为抗蚀层印制板的蚀刻。采用的抗蚀剂有网印抗蚀印料、干膜、液体感光抗蚀剂。

蚀刻速率容易控制，蚀刻液在稳定的状态下，能达到高的蚀刻质量；溶铜量大，蚀刻液容易再生与回收，减少污染。

酸性蚀刻液主要由氯化铜和盐酸，再加其他盐酸盐组成（见表 4-83 及表 4-84）。

表 4-83　国外介绍的酸性蚀刻液配方

化 学 配 方	配方 1	配方 2	配方 3	配方 4
$CuCl_2 \cdot 2H_2O$	645g/L	295g/L	295g/L	$67 \sim 335$g/L
HCl(20°Be′)	2.3g/L	8mL/L	18g/L	$27 \sim 80$g/L
NaCl		536g/L	402g/L	
NH_4Cl				$67 \sim 322$g/L
H_2O	添加到 1L			

表 4-84　国内常用的酸性蚀刻液配方

化学组分及单位	配方 1	配方 2	配方 3	配方 4
$CuCl_2 \cdot 2H_2O$（g/L）	$130 \sim 190$	200	$140 \sim 160$	$145 \sim 180$
HCl（mL/L）	$150 \sim 180$	100	$80 \sim 90$	$120 \sim 160$
NaCl（g/L）		100	160	
H_2O	加水至 1L			

① 蚀刻的原理。

在蚀刻过程中，氯化铜中的二价铜具有氧化性，能将印制板面上的铜氧化成一价铜，其化学反应为

$$Cu + CuCl_2 \longrightarrow Cu_2Cl_2$$

所形成的氯化亚铜是不易溶于水的，在有过量的氯离子存在的情况下，能形成可溶性的络离子，其化学反应为

$$Cu_2Cl_2 + 4Cl^- \longrightarrow 2[CuCl_3]^{2-}$$

随着铜的蚀刻，溶液中的一价铜越来越多，蚀刻能力很快就会下降，以致最后失去效能。为了保持连续的蚀刻能力，可以通过各种方式对蚀刻液进行再生，使一价铜重新转变成二价铜，达到正常蚀刻的工艺标准。

② 影响蚀刻速率的因素。

影响蚀刻速率的因素较多，但影响较大的是蚀刻液中的氯离子的含量、一价铜的含量、蚀刻液的温度及二价铜的浓度等。

a．氯离子含量的影响。在氯化铜蚀刻液中，二价铜和一价铜实际上都以络离子形式存在。铜离子由于具有不完全的 d 轨道电子层，所以它是一个很好的络合物形成体，一般情况下，可形成四个配位键。当溶液中含有较多氯离子时，二价铜离子以$[Cu_2{}^+Cl_4]^{2-}$络离子形式存在，一价铜离子以$[Cu^+Cl_3]^{2-}$络离子形式存在。因此蚀刻液的配制和再生都需要氯离子参加，但必须控制盐酸的用量。添加氯离子可以提高蚀刻速率，这是因为在蚀刻反应过程中，生成的Cu_2Cl_2不易溶于水，而在铜的表面生成一层氯化亚铜膜，阻止了反应进行，但过量的氯离子能与Cu_2Cl_2络合形成可溶性络离子$[CuCl_3]^{2-}$，从铜表面溶解下来，从而提高了蚀刻速率。

b．一价铜含量的影响。在蚀刻过程中，随着化学反应的进行，就会形成一价铜。微量的一价铜存在于蚀刻液内，会显著地降低蚀刻速率。

c．二价铜含量的影响。通常二价铜离子浓度低于 2mol 时，蚀刻速率低；在 2mol 时，蚀刻速率就高。当铜含量达到一定浓度时，蚀刻速率就会下降。要保持恒定的蚀刻速率就必须控制蚀刻液内的含铜量。一般都采用密度方法来控制溶液内的含铜量。通常控制密度在 1.280～1.295g/mL（波美度 31～33°Be′），此时的含铜量为 120～150g/L。

d．温度对蚀刻速率的影响。最好温度控制在 45～55℃。当然温度升高，蚀刻速率增加（见图 4-99），但温度过高会引起盐酸过多的挥发，导致溶液组分比例失调。

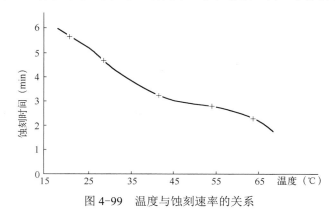

图 4-99　温度与蚀刻速率的关系

③ 蚀刻液再生。

再生的原理主要是利用氧化剂将溶液中的一价铜离子氧化成二价铜离子。采用的方法通常有氧气或压缩空气法、氯气法、电解法、次氯酸钠法、过氧化氢法等。

a. 通氧气或压缩空气再生法。此法再生反应速率较慢，其主要化学反应式为

$$2Cu_2Cl_2+4HCl+O_2 \longrightarrow 4CuCl_2+2H_2O$$

b. 氯气再生法。直接通氯气是再生的最好方法，因为氯气是强氧化剂，而且它的成本低，再生速率高。但很难做到使氯气全部参加反应，如果设备密封性差，会导致氯气逸出，污染环境。其化学反应式为

$$Cu_2Cl_2+Cl_2 \longrightarrow 2CuCl_2$$

c. 电解再生法。在直流电的作用下，通过电解其再生反应为

阳极：　　　　　$Cu^+ \longrightarrow Cu^{2+}+e$

阴极：　　　　　$Cu^++e \longrightarrow Cu^0$

电解再生法的优点是可直接回收多余的铜，同时又使一价铜氧化成二价铜，使蚀刻液获得再生。这需要有电解再生装置和较高电能的消耗，因此投资费用高。

d. 次氯酸钠再生法。通过次氯酸钠放出初生态氧[O]，使它具有很强的氧化性，因而再生速率高。但实际上很少采用，这是因为氧化剂成本高及本身的危险性。其化学反应为

$$Cu_2Cl_2+2HCl+NaOCl \longrightarrow 2CuCl_2+NaCl+H_2O$$

e. 过氧化氢再生法。因为过氧化氢可提供初生态氧[O]，具有很强的氧化性，再生速率很快，只需 $40 \sim 70s$ 即可再生。其主要化学反应为

$$Cu_2Cl_2+2HCl+H_2O_2 \longrightarrow 2CuCl_2+2H_2O$$

在自动控制再生系统中，通过控制氧化-还原电位、过氧化氢与盐酸的添加比例、密度和液位、温度等项参数，可以达到实现自动连续再生的目的。目前大多数厂家都采用带有自动控制再生系统的酸性蚀刻机。

④ 正相抗蚀层的基板进行酸性氯化铜蚀刻液蚀刻的工艺流程。

检查修板→清洗→蚀刻→水洗→吹干→检查→退抗蚀层→水洗、吹干→检验、修板

（3）碱性氯化铜蚀刻液

碱性氯化铜蚀刻液适用于图形电镀金属抗蚀层，如镀覆金、镍、锡铅合金、锡镍合金及锡的印制板蚀刻，蚀刻速率高，侧蚀小，溶铜能力强，蚀刻速率易于控制，蚀刻液可连续再生循环使用，废液容易回收，成本低，是目前广泛采用的蚀刻液。

碱性氯化铜蚀刻液主要由氯化铜和氨水再加某些添加剂组成，常用碱性氯化铜蚀刻液配方见表 4-85。

表 4-85　常用碱性氯化铜蚀刻液配方

化学组分及单位	配方 1	配方 2	配方 3
$CuCl_2 \cdot H_2O$（g/L）	$100 \sim 150$	$80 \sim 100$	$200 \sim 250$
$NH_3 \cdot H_2O$（mL/L）	$670 \sim 700$	$600 \sim 700$	$670 \sim 700$
NH_4Cl（g/L）	100	$80 \sim 100$	100
$(NH_4)_3PO_4$*（g/L）	$3 \sim 5$	按工艺规定	适量

*缓冲剂，防止锡铅合金层变色。

① 蚀刻原理。

在氯化铜溶液中加入氨水，发生络合反应：

$$CuCl_2 + 4NH_3 \longrightarrow Cu(NH_3)_4Cl_2$$

在蚀刻过程中，基板上面的铜被 $[Cu(NH_3)_4]^{2+}$ 络离子氧化，其蚀刻反应为

$$Cu(NH_3)_4Cl_2 + Cu \longrightarrow 2Cu(NH_3)_2Cl$$

所生成的 $[Cu(NH_3)_2]^+$ 不具有蚀刻能力，在过量的氨水和氯离子存在的情况下，能很快地被空气中的氧所氧化，生成具有蚀刻能力的 $[Cu(NH_3)_4]^{2+}$ 络离子，再生反应为

$$2Cu(NH_3)_2Cl + 2NH_4Cl + 2NH_3 + \frac{1}{2}O_2 \longrightarrow 2Cu(NH_3)_4Cl_2 + H_2O$$

上述反应中每蚀刻 1mol 铜需要消耗 2mol 氨和 2mol 氯化铵。因此，在蚀刻过程中，随着铜的溶解，应不断补充氨水和氯化铵。

② 影响蚀刻速率的因素。

影响蚀刻速率的因素主要有蚀刻液中的二价铜离子的浓度、pH 值、氯化铵浓度及蚀刻溶液的温度等。掌握这些动态性质的影响因素，就能很好地对蚀刻液实现控制，确保恒定的最佳蚀刻状态。

a．二价铜离子是氧化剂，所以二价铜离子的浓度是影响蚀刻速率的主要因素。铜浓度与蚀刻时间的关系（见图 4-100）表明：0～82g/L 时，蚀刻时间长；82～120g/L 时，蚀刻时间较短，溶液控制困难；135～165g/L 时，蚀刻时间短，溶液稳定；165～225g/L 时，溶液不稳定，趋向于产生沉淀。

在自动控制蚀刻系统中，铜浓度是通过密度控制的。当密度超过一定值时，控制系统就会自动补加氨水和氯化铵的水溶液，以调整密度达到工艺规定的范围内。一般应将密度控制在 18～24°Be′。

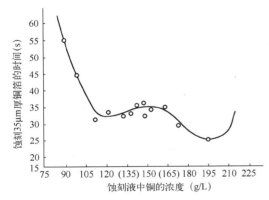

图 4-100　铜浓度与蚀刻时间的关系

b．溶液 pH 值的影响：当 pH 值低于 8 时，会使锡铅镀层变黑，蚀刻液中的铜不能完全被络合成铜氨络离子，还会导致溶液出现泥状沉淀，沉淀在槽底。该泥状沉淀易在加热器上结成硬皮，不但热损耗大，易损坏加热器，而且易堵塞泵与喷嘴。当 pH 值过高，蚀刻液中氨过饱和，游离氨挥发造成大气污染，同时也会增大侧蚀的程度，进而影响蚀刻精度。通常将 pH 值保持在 8.0～8.8。

c．氯化铵能帮助蚀刻液再生。蚀刻中产生的 $[Cu(NH_3)_2]^+$ 失去蚀刻能力，会使蚀刻速率下降，以至失去蚀刻的能力。必须对其氧化再生才能恢复正常的蚀刻。再生需要过量的氨水和氯化铵。但如果蚀刻液中氯离子含量过高，会造成抗蚀镀层被侵蚀。在蚀刻液中，一般应控制氯化铵量在 150g/L 左右。

d．蚀刻液的温度会影响蚀刻速率。当蚀刻液的温度低于 40℃，蚀刻时间变长，导致侧蚀量增大；温度高于 60℃时，蚀刻

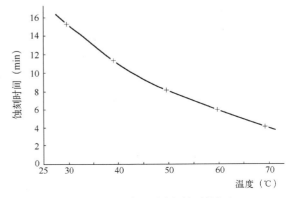

图 4-101　温度对蚀刻时间的影响

时间明显缩短（见图 4-101），但易造成氨的挥发量大，污染环境并使蚀刻液化学组分比例失调。通常控制温度在 45～55℃。

③ 金属抗蚀层的基板进行碱性氯化铜蚀刻液蚀刻的工艺流程。

退膜→水洗→检查修板→蚀刻→水洗→检查→浸亮（需要时）→水洗→吹干

（4）硫酸-过氧化氢蚀刻液

硫酸-过氧化氢蚀刻液是硫酸与过氧化氢通过添加稳定剂配制而成的一种新型的蚀刻液。其特性是能适应各种抗蚀层，如锡、锡铅合金镀层及有机抗蚀层，侧蚀小，溶铜量大；蚀刻速率高，反应易控制；废液容易回收，毒性小，安全，对环境污染小。蚀刻液的组成因添加剂的不同而异，典型配方见表 4-86。

表 4-86　常用硫酸-过氧化氢蚀刻液的典型配方（按每升含量）

化学组分及单位	配方 1	配方 2	配方 3	配方 4
H_2SO_4（mL）	70～140	110～130	180～200	480～500
H_3PO_4（mL）	35～50	50	80～100	
H_2O_2（mL）	300～350	300～350	300	200
NH_2CONH_2（g）		5		微量
Na^+（g）				15～20
稳定剂（mL）	10～15	过氧化氢 C，10	微量	微量
去离子水（mL）	其余量	其余量	其余量	其余量
温度（℃）	50～60	50～60	50～55	50～55

注：配方 1 为北京邮电大学的；配方 2 为高能物理所的；配方 3 为贵州大学的；配方 4 为德国专利。
　　稳定剂均为按相应配方所配套的添加剂。

① 蚀刻原理。

蚀刻液中的过氧化氢首先进行分解，产生强氧化性的原子氧[O]，其反应为

$$H_2O_2 \longrightarrow [O]+H_2O \tag{4.8}$$

初生态氧[O]立即与基板上的铜发生氧化还原反应，产生棕黑色的氧化铜：

$$Cu+[O] \longrightarrow CuO \tag{4.9}$$

氧化铜迅速与硫酸起反应，生成可溶性的硫酸铜，此时的蚀刻液呈现天蓝色。

$$CuO+H_2SO_4 \longrightarrow CuSO_4+H_2O \tag{4.10}$$

综合式（4.8）、（4.9）和（4.10），化学反应式为

$$Cu+H_2O_2+H_2SO_4 \longrightarrow CuSO_4+2H_2O \tag{4.11}$$

② 影响蚀刻速率的因素有蚀刻液中的铜含量、温度和添加剂的量。新配制的硫酸蚀刻液蚀刻速率为 35μm/5min；当溶铜量达到 35g/L，蚀刻速率开始降低，蚀刻同样厚度的铜需要 3.2min；当溶铜量达到 60g/L 时，蚀刻速率降得很快，蚀刻同样厚度的铜，蚀刻时间为 6min 以上，而且侧蚀大。当用金做抗蚀层时，侧蚀更为严重。此时，应考虑蚀刻液内铜的回收。这说明蚀刻液内含铜量越高，对蚀刻速率的影响就越大。

添加剂主要有蚀刻催化剂、防止过氧化氢分解剂和润湿剂等。当新配的蚀刻液单独使用时，蚀刻速率低，溶解铜的速度慢，侧蚀较严重。当添加剂逐渐加入时，蚀刻速率提高，逐渐恢复正常的蚀刻速率。该蚀刻液的化学反应是放热反应，蚀刻开始时需要加温，一旦反应开始，温度会急剧上升，需要冷却蚀刻液，保持蚀刻液在恒定的范围内，蚀刻效果最好。因此，该法的蚀刻机既需要加温装置又需要冷却系统，设备成本较高，适用性受到一定限制。

3．蚀刻液的维护

虽然各印制板生产厂家所使用的蚀刻液的型号不同，市售蚀刻盐品种很多，但其维护、补加液的配制方法基本相同，区别很小。通常有人工调整蚀刻液或自动补加两种类型。使用时的维护主要是维护蚀刻设备，调整蚀刻液的成分，控制在最佳状态。具体方法因设备和蚀刻液的不同而异，对设备可以按设备使用说明书调整维护，对蚀刻液应按供应商提供的说明进行调整和补加，具体不再细述。

4．蚀刻常见故障、产生原因和解决方法

不同的蚀刻液和不同的蚀刻方法产生的故障、原因和纠正方法不同。下面主要以使用最广泛的酸性和碱性氯化铜蚀刻液为例，对在蚀刻过程中所发生的质量故障的类型、产生原因和解决办法予以分析。

氯化铜蚀刻液蚀刻常见故障的产生原因分析和解决方法见表4-87。

表4-87　氯化铜蚀刻液蚀刻常见故障的产生原因分析和解决方法

蚀刻液类型	故障现象	产生原因	解决方法
酸性氯化铜	蚀刻速率降低	蚀刻液的温度低	调整溶液温度至40～50℃
		喷淋压力过低	调整喷淋压力到规定值
		蚀刻液的化学组分控制失调	分析后调整蚀刻液
	蚀刻液出现沉淀	络合剂氯离子不足	分析后补加盐酸
	光致抗蚀剂损坏	盐酸过量	用氢氧化钠中和或者用水稀释进行调整
		板面清洗不干净	加强板面清洁处理
		曝光不适当	检查调整曝光时间
		涂覆液态抗蚀剂时烘烤不当	调整烘烤温度
	在铜表面有黄色或白色沉淀	蚀刻液的氯离子含量低	分析后补加盐酸
		酸度太低	采用5%盐酸溶液清洗板面后再彻底水清洗干净
	蚀刻速率高，侧蚀严重	蚀刻液温度高	降低蚀刻液温度
		蚀刻时间长	缩短蚀刻时间
碱性氯化铜	蚀刻速率降低	工艺参数控制不当	调整溶液温度、pH值
		喷淋压力过低	调整喷淋压力到规定值
		蚀刻液的化学组分控制失调	分析后调整蚀刻液
	蚀刻液出现沉淀	氨的含量过低	调整pH值到达规定值
		水稀释过量	调整时严格按工艺规定执行
		溶液密度过大	排放出部分密度大的溶液，分析后补加氯化铵和氨水溶液，将蚀刻液的密度调整到工艺允许的范围
	抗蚀镀层被侵蚀	蚀刻液pH值过低	调整到合适的pH值
		氯离子含量过高	调整氯离子浓度到规定值
	铜表面发黑，难以蚀刻	氨水浓度不够	补加氨水和少许磷酸铵
		蚀刻液中氯化铵含量过低	补加氯化铵到规定范围
	基板表面有残铜	蚀刻时间不足	首件试验，确定蚀刻时间
		去膜不干净或有多余抗蚀金属（如铅锡或锡）	蚀刻前检查板面，要求无残膜、无抗蚀金属渗镀

4.8 印制板的可焊性涂覆

印制板表面的可焊性涂覆是保证印制板焊盘可焊性、满足印制板焊接要求的重要涂覆工艺。进行可焊性涂覆可采用电镀法和非电镀法。电镀法是指 4.7 节介绍的电镀锡铅合金、电镀镍金等；而非电镀法是指采用其他物理方法将有机可焊性涂覆层或金属涂覆层涂覆在焊盘和金属化孔中，以达到保护和提高焊盘的可焊性，延长焊前可焊性的保持时间。可焊性涂覆工艺一般是在完成蚀刻和涂覆阻焊涂层后进行。由于涂覆的涂层种类不同，其工艺方法也有各自的特点，以下将分别叙述。

4.8.1 有机助焊保护膜

1. 概述

有机助焊保护膜有松香涂覆层和有机防氧化可焊性保护剂两类，它们共同的特点都是直接在清洁的铜表面上涂覆，保护铜层的可焊性，成本较低。松香涂覆层是早期使用的一种有机涂覆层，由于松香涂层本身容易吸潮变黏，防护效果下降，存放时间长又容易氧化干涸在印制板上难以清洗，所以逐渐被淘汰。有机防氧化可焊性保护剂是 20 世纪 90 年代出现的铜表面有机助焊保护膜（Organic Solderability Preservative，OSP），目前广泛用于表面安装技术（SMT）的印制板上，涂覆简单、表面平整、不吸水，对铜的保护效果好，焊前保持可焊性时间可达 6 个月以上，有助焊功能，对各种焊剂兼容，并能承受三次以上热冲击，膜厚 0.2～0.5μm，适于细导线、细间距的 SMT 用印制板。它不仅能代替松香助焊涂层，也可代替热风整平的焊料涂层，并且比焊料涂层成本低、表面平整，避免了热风整平操作时高温热冲击容易使印制板翘曲的缺点。

有机助焊保护膜（OSP）技术，是将裸铜印制板浸入有机助焊保护膜的水溶液中，通过化学反应在铜表面形成一层厚度较薄的憎水性的有机保护膜，这层膜能保护铜表面避免氧化，有助焊功能，焊接后容易清洗。

铜表面的有机助焊保护膜分为两种类型：溶剂型和水剂型。

① 溶剂型：也就是目前单板面生产中广泛应用的松香型预涂助焊膜。在松香基的预涂助焊剂中添加如咪唑类的化合物，涂于裸铜板表面上形成防氧化助焊膜。膜厚 3～5μm，用探针不易刺透，不利于探针对其进行电气性能测试，并且必须在波峰焊及印焊膏前将其除去。由于膜层内含有溶剂和松香，容易出现发黏的现象，也不易清洗。这种工艺主要用于单面板生产。

② 水剂型：根据膜层能承受热冲击次数不同，水剂型工艺分为能承受一次热冲击和能承受三次热冲击两种。

有机助焊保护膜主要由苯骈三氮唑（Benzotriazole，简称 BTA）、咪唑（Imidazole）、烷基咪唑（Alkyl-Imidazole）、苯骈咪唑（Benzimidazle）等有机化合物的水溶液构成，这些化合物中的氮杂环与铜表面形成络合物，这层保护层防止了铜表面被继续氧化。早期的有机助焊保护膜由于膜层太薄，耐热性差，只能承受一次热冲击，而且保存期短。这层保护膜可用于取代松香-异丙醇的预涂助焊膜或可作为工序间的防氧化。近年来开发的有机助焊保护膜能承受三次以上热冲击，膜厚 0.2～0.5μm。使用这种膜的印制板可以省略热风整平工艺，并且比采用热风整平工艺的更优越。

2．有机助焊保护膜的技术条件

有机助焊保护膜的技术条件及要求见表4-88。

表4-88　有机助焊保护膜的技术条件及要求

项目和处理条件		技 术 要 求
外观：淡蓝色透明膜层		全覆盖、均匀、无划痕、手指触摸无变色
膜层厚度		0.2～0.5μm
可焊性	未处理，235℃±5℃，3s	100%润湿
	湿热处理后，235℃±5℃，3s	100%润湿
高温处理后，条件：① E-120/30 ② E-150/15 ③ E-220/3		无变色，100%润湿
表面绝缘电阻	常态	≥2.3×10^{12}Ω
	按 C-96/40/90 试验后	≥1.9×10^{11}Ω，无变色
高低温循环 100 次试验后（E-125/30±5/30）		无色变
去膜性 （条件：HCl。体积比 10%；30s）		无残留物

3．有机助焊保护膜成膜原理和工艺

有机助焊保护膜在水溶液中生成，该溶液的主要成分是烷基苯骈咪唑、有机酸防氧化剂，并添加有 Pb^{2+}、Cu^{2+} 等离子。由于烷基苯骈咪唑与铜之间的络合反应以及烷基苯骈咪唑的直链烷基之间通过氢键和范德华力的双重作用，在铜表面生成烷基苯骈咪唑络合物膜，该络合物具有一定厚度并含有共轭苯环，具有优良的耐热性。Cu^{2+}、Zn^{2+} 等金属离子加入到溶液中，在成膜过程中 Cu、Zn 填充于合成膜中生成烷基咪唑络合物，有助于提高合成膜的强度和耐热性。表4-89 给出了溶液组成及操作条件。

表4-89　有机助焊保护膜溶液组成及操作条件

组成及操作条件	配方 1	配方 2	配方 3*
2-己基苯骈咪唑（wt%）	1.0		
2-庚基-5-硝基苯骈咪唑（wt%）		2.0	
甲酸（wt%）	1.0	7.0	100%淡蓝色水溶液，密度 1.02g/mL
$Pb(CH_3COO)_2$（wt%）	0.2		
$Pb(NO_3)_2$（wt%）		0.1	
NH_4OH（wt%）	0.04		
pH 值			3～3.2
温度（℃）	50	40	25～33
时间（s）	35	25	30～90
保护膜厚度（μm）	0.20	0.25	0.2～0.5

*商业配方。

4．溶液中各成分的作用

（1）烷基苯骈咪唑

烷基苯骈咪唑是主要成膜物。由于分子结构中有氮杂环化合物，能与铜表面形成化学键结合成为憎水性保护膜。膜层的坚固性取决于其分子结构中烷基的碳链大小，当烷基上的碳原子数为 4～8 时，膜层坚固，韧性好。使用时烷基苯骈咪唑的浓度一般为 0.1wt%～2wt%，当浓度低时，成膜速度慢，浓度过高超过其溶解度时，会形成油状物析出。

（2）有机酸

由于烷基苯骈咪唑难溶于水，有机酸的加入可以增加它在水溶液中的溶解度。适宜的有机酸有甲酸、乙酸、乳酸等。加入量一般为 2wt%～5wt%，浓度过高会使沉积在铜表面的保护膜溶解，成膜速度减慢，可通过 pH 值调节控制成膜速度。

（3）铅离子（Pb^{2+}）

Pb^{2+}是溶液的净化剂，可以清除涂覆 OSP 前印制板经过微蚀、活化处理后带入溶液中少量的 SO_4^{2-}。带入溶液的 SO_4^{2-} 将会与烷基咪唑结合成油状的烷基咪唑化合物的硫酸盐，影响铜表面保护膜的均匀性，还会显著降低保护膜的厚度。如果溶液中存在适量的 Pb^{2+}，可以与 SO_4^{2-} 反应生成 $PbSO_4$ 沉淀，此沉淀可以通过过滤除去。适用的 Pb 化合物有 $Pb(NO_3)_2$ 和 $Pb(CH_3COO)_2$ 等，它们易溶于酸性水溶液中。Pb^{2+}浓度 0.2～1g/L 为宜。如果在溶液中加入少量卤族离子，如 NaCl 或 NH_4Br、$CuCl_2$ 或 $CuBr_2$ 时，效果更佳，卤族离子浓度为 0.2～1g/L。

（4）Cu^{2+}和 Zn^{2+}的化合物

如果在含有烷基苯骈咪唑的处理液中添加少量的 Cu^{2+}和 Zn^{2+}，Cu^{2+}或 Zn^{2+}会填充到烷基苯骈咪唑的络合物保护膜中，提高了成膜速度和保护膜的耐热性。合适的化合物有 $Cu(CH_3COO)_2$、$CuBr_2$、$CuCl_2$、$Zn(CH_3COO)_2$ 等，其浓度为 0.5～1.5g/L。

5．操作条件

（1）pH 值

溶液的 pH 值是成膜的重要条件。pH 值降低，成膜速度下降，膜不能长厚。pH 值太低时，甚至不能成膜。pH 值太高会造成烷基咪唑化合物的溶解度降低、溶液混浊，甚至有油状物析出，造成膜层不均匀。调高 pH 值用氨水，降低 pH 值用甲酸或乙酸。为了得到厚度一致的膜层，pH 值变化应在±0.1。

（2）温度

操作温度影响成膜速度，温度升高，成膜速度加快，但会影响膜层致密度。因此稳定的操作温度至关重要。能在常温下操作的配方是比较有利的。

（3）时间

操作初期的 10～30s 内，成膜厚度随着操作时间加快；在 40～90s 期间，成膜速度减缓；到 90s 时，成膜速度已无明显变化。操作时间可选择 30～90s。

（4）轧干、风速和烘干系统

水平机操作，轧干、风速和烘干系统，对成膜的均匀性/厚度有很大影响。

浸涂前段的吹干是非常重要的，水分带入浸涂溶液易造成板面成膜的减薄。吹干风的温度太低，易造成成膜温度的下降；吹干风的温度太高，易造成进料段的溶液结晶。由此，风速和烘干系统的控制尤为重要。

浸涂水溶性防氧化剂后，应立即用吸潮辊轧干水分，然后热风吹干，终止其化学反应。

否则，后续的水洗将带走印制板面上的防氧化剂溶液，会使此处的防氧化膜层变薄、外观不均匀，防护效果差。

6. 溶液维护

不同供应商提供的 OSP 有不同的维护要求，应按所使用的商品 OSP 的说明进行维护。以表 4-89 中的配方 3 为例，简介如下：

① 前处理要保证板面清洁，无油污，无有机污染。微蚀后的印制板进入防氧化槽之前要注意清洗彻底。

② 操作温度维持在工艺范围，维持温度恒定对成膜质量至关重要。

③ pH 值维持在 3.0～3.2。当 pH 值升高，溶液变混浊时，可以用乙酸调整；当 pH 值太低时，可用氨水调整。

④ 溶液浓度维持在 95%～105%，可通过化学分析或加工 5～6m² 板后补加 1L 新溶液来维护。液位损失也需要补加新溶液来调整。溶液要流动但不能有气泡。

7. 质量检测

① 目视检测有机助焊保护膜外观应均匀一致、平整。

② 膜厚可通过分光光度计来检测。可通过目测，观察成膜半小时后板面是否变色。如果变色，说明有机膜厚度不够，致使铜面被氧化。

③ 可焊性检测可在不涂助焊剂的情况下，浸 260℃的焊料 10s，所有焊盘应润湿，用钝器刮焊盘，无焊料层脱落。

8. 涂覆有机助焊保护膜的工艺过程

涂覆阻焊膜、字符及铣（或预铣）外形后的裸铜焊盘印制板，可通过以下工艺流程获得有机助焊保护膜。

酸性除油→水洗→微蚀→水洗→浸稀硫酸→水洗→纯水洗→辊吸水→风刀吹干→防氧化工艺→辊吸→风刀吹干→纯水洗→辊吸干→烘干

使用水平式设备或竖直式手工操作，其各工序间的操作时间有所不同。各供应商提供的溶液在操作过程中各有特点，应按供应商提供的操作条件进行。

9. 常见故障、可能原因及解决方法

涂覆有机助焊保护膜操作过程中的常见故障、可能原因及解决方法见表 4-90。

表 4-90　涂覆有机助焊保护膜操作过程中的常见故障、可能原因及解决方法

常 见 故 障	可 能 原 因	解 决 方 法
膜层颜色不良	前处理不良	加强前处理
	前工序有污染（阻焊渗出）	加强前工序检查
	浸防氧化液时板面有水分	检查吹干段风量
	防氧化液浓度低	补加新溶液
膜层不够厚	防氧化剂浓度低	补加新溶液
	时间不够	适当延长时间
	pH 值偏低	调 pH 值
	温度低	调温度
	成膜后吹干段风力太大	检查成膜后风力

续表

常 见 故 障	可 能 原 因	解 决 方 法
表面不均匀	前处理不干净	改善前处理
膜层色差明显	微蚀不均匀	改善微蚀能力
水迹	温度过低或过高	调整工作液温度
	pH 值高	用乙酸调 pH 值
膜层疏水性差	微蚀不够	改善微蚀
抗氧化性能差，孔口发白	pH 值高	调低 pH 值
	温度太低	调整工作液温度
	防氧化剂浓度低	补加新溶液
溶液混浊	pH 值太高	调低 pH 值
溶液中有板状黏结物	液位低	补加新溶液
	pH 值高，使活性物析出	调低 pH 值
	设备辊轧不洁	擦洗，更换
膜层下的铜层变色	膜层太薄	调整操作工艺
	膜层未干透	调整烘干温度和时间
	成膜后印制板温度过高时被包装	冷却至室温后包装
	印制板存放环境酸雾过重，湿度大	改善存放环境
膜层有黏感	烘干不彻底	调整烘干温度和时间

10. 设备

有机助焊保护膜的涂覆工艺多采用水平式自动线设备（见图 4-102），也可以用竖直式的手工操作。自动化设备应有除油、微蚀、涂覆 OSP、水洗、烘干等工作区，喷淋系统通畅，过滤网无堵塞，储液槽工作时一般不低于 145L，工作液可选 200L，涂覆工作液总量可选 370L。储液槽工作液不低于 260L，操作间隔时要清除槽体四壁的凝聚物。各工位应设有排风装置。设备运行应有自动速度、温度控制系统，转动系统稳定可靠。

图 4-102 水平式有机助焊保护膜涂覆设备

4.8.2 热风整平

1. 概述

热风整平（Hot Air Solder Leveling，HASL）俗称喷锡，是将印制板浸入熔融的焊料（通常为 Sn63-Pb37 的焊料）中，使焊盘和金属化孔壁铜层被焊料润湿，将板从锡槽取出时通过热风将印制板焊盘表面及金属化孔内的多余焊料吹掉，从而得到一个平滑、均匀又光亮的焊料涂覆层。随着用户对裸铜上涂覆阻焊剂（SMOBC）的印制板的需求量日益增大，热风整平技术得到了迅速发展，但是随着表面安装元器件的广泛应用，对镀层的平整性要求越来越高，HASL 技术得到的涂层因焊料的润湿作用和重力影响，焊料涂层表面会有中间鼓起的"龟背"现象，影响了平整性，因而逐渐被其他较平整的可焊性涂层所代替。

热风整平可分为垂直式和水平式两种类型，目前国内仍以垂直式热风整平为主。垂直式热风整平机及其工作示意如图 4-103 所示。

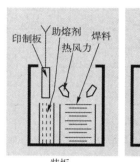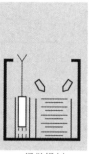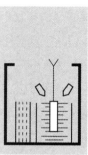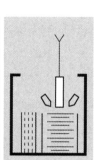

（a）垂直式热风整平机　　　　　　　　（b）垂直式热风整平机工作示意图

图 4-103　垂直式热风整平机及其工作示意

热风整平工艺包括涂覆助焊剂、浸入熔融焊料，当印制板从焊料中提取出来时利用热风吹去多余的焊料起到整平效果。

在裸铜上直接涂覆阻焊剂，可以消除锡铅合金镀层上涂覆的阻焊剂在波峰焊接时所造成的阻焊层起皱现象。如果阻焊层起皱，不仅影响外观，还会使焊剂残留在阻焊层下面，影响波峰焊接后的清洗效果，造成印制板在使用过程中漏电，容易产生桥接现象而引起短路。

2．热风整平用材料的性能要求

热风整平对所用材料中的助熔剂和焊料的性能有严格要求。

（1）助熔剂的性能要求

助熔剂实际上起助焊剂作用，由焊剂载体、活性成分和稀释剂等组成。市场销售的助焊剂种类很多，性能差别较大，选用助焊剂应充分考虑助焊剂活性、热稳定性、易清洗性，以及黏度和表面张力等性能。助焊剂的活性要适度，以便既能助焊，又不能对铜和焊料造成腐蚀，以免加速铜在熔融焊料中的溶解。助焊剂还应具备高热稳定性，闪点高于 288℃，挥发性小，烟雾少，对环境和操作人员无害，对设备无腐蚀性等。

助焊剂的黏度和表面张力对焊料润湿铜面有很大影响。较低黏度和较低表面张力的助焊剂易于流动，并能充分润湿铜表面，同时可降低焊料与铜表面的界面张力，使焊料易与铜表面生成 Cu_6Sn_5 的金属间化合物，从而达到良好润湿。高黏度的助焊剂降低了热传递的效率，因而需要较长的浸焊时间和较高的焊料温度。如果热量传递不够，铜焊盘达不到形成 Cu_6Sn_5 的温度，容易造成润湿不良等现象，所以需选择黏度适中的助焊剂。

助焊剂需要残留物少，易于清洗。热风整平后的印制板必须彻底清洗干净，否则残留的助焊剂会影响其电气性能，甚至在以后的装配焊接时可能产生冒泡现象。通常采用水溶性助焊剂，清洗方便易行。使用机器喷淋清洗，最好选用无泡或泡少的助焊剂。选用助焊剂时，最好选用热风整平专用配方的助焊剂，并按其提供的指导书使用。

（2）焊料的性能要求

热风整平工艺应使用高纯焊料，其中铜的含量必须低于 0.02%，其他杂质如铁、锌和铝的含量也有一定的要求，见表 4-91。

表 4-91 热风整平焊料成分

焊料成分	锡	铅	锑	铋	铜	砷	铝	锌	镉
含量（%）	63±0.5	37	0.2~0.5	≤0.05	≤0.02	≤0.03	≤0.003	≤0.002	≤0.001

热风整平的焊料必须具有最大的流动性，在焊料中锑的含量少于 0.5%，可改善热风整平的效果，能减少焊料形成疙瘩，生成较少的焊渣，且涂覆层表面也较光亮。

随着加工板数量的增加，焊料中铜的含量也会增加，焊料槽中铜的污染会使焊料的流动性变差，涂层熔点升高，外观粗糙。当铜的浓度达到 0.35%~0.45% 时，热风整平工艺就会出现问题。一般控制铜含量不要超过 0.3%。当铜含量超标时，要进行漂铜工作。在不工作时，将焊料槽的温度降低到大约 191~207℃ 的焊料固相线温度附近，大部分铜形成长针状铜锡化合物，并浮到焊料的上部。焊料保持在固相线温度附近的时间越长，焊料槽上部的铜浓度就越高，可以用漏勺漂除浮铜，再用新的高纯度的焊料更换焊料槽上部的富铜焊料。这种漂铜方法的效率，取决于在不使槽内焊料固化的情况下，能降低多少温度和保持多长时间，一般该时间要求为 8h 或更长。

目前，有些新的热风整平设备提供一种辅助的专供漂铜用的备用槽，这样就避免了直接在热风整平机上操作的不便利。当需要漂铜时，将焊料加热至流动态，通过循环泵将其传送至备用槽，整个管道和备用槽体内都应安装加热器防止焊料凝固，这样会提高漂铜的效率。

热风整平焊料槽主要受铜杂质污染，报废的焊料和漂铜的残渣可返回制造厂回收利用。焊料污染物的最大极限、分析频率和缺陷现象，可参考美国国家标准 ANSI/IPC-J-STD-003。焊料槽污染物的含量最好不超过表 4-91 所列的数值，最大极限见表 4-92。

表 4-92 焊料槽主要污染物的最大极限

污染物	铜	金	铁	银	镍	铝	铋	镉
极限含量（wt%）	0.300	0.200	0.020	0.100	0.010	0.006	0.260	0.005

注：① 焊料中锡的含量应保持在所用合金中锡标准含量值的±1wt%以内，锡含量测试应与铜和金污染物测试频率相同。槽中其余物质为铅和（或）表中所列项目。

② 铜、金、镉、铝等污染物的总含量不能超过 0.4wt%。

3. 垂直式热风整平

垂直式热风整平工艺一般在涂覆阻焊膜和印制插头镀金后进行。为保护镀金层，需先贴镀金插头保护胶带，再按以下工艺进行热风整平。

热风整平前处理→预涂助焊剂→热风整平→冷却→清洗→干燥

（1）工序说明

① 为了防止热风整平时镀金插头涂覆上焊料，必须对镀金插头贴保护胶带进行保护，一般选择黏合性能好、耐高温、无余胶的高质量胶带。例如，3M 公司的 NO.477、NO.266 或 Sky TAPE 的耐高温胶带基本满足上述要求。

　　贴胶带时，金插头要保持洁净和干燥，贴胶带的位置应准确一致，然后在 120℃ 的烘箱中烘 3～5min，趁热辊压胶带，一般要求沿插头和垂直于插头方向各压一次，辊压后的胶带必须紧密覆盖在金插头上；也可用带预热装置的辊压胶带设备，直接热压贴合，可以连续操作。但是，不论间歇还是连续贴胶带，辊压后应立即热风整平，如果时间过长（如一天）不能进行热风整平，那么在热风整平前需要再辊压一次，以防胶带起翘，保护效果下降。

　　② 热风整平前处理对热风整平的质量影响很大，它通常包括清洁处理和微蚀刻处理，以便彻底除去印制板上的油污、杂质或氧化层，露出新鲜可焊的铜表面。清洁处理通常使用酸性除油液去除指印或油污等。常用 H_2SO_4-H_2O_2 体系微蚀液，微蚀刻一般要求将铜蚀刻 1～2μm 左右，微蚀刻后需浸酸（5%～10%容积比 H_2SO_4）处理。经前处理后的板子一定要立即水洗、吹干，防止新鲜的铜面再次氧化。热风整平前处理一般采用水平式的前处理机进行清洁处理，能及时吹干板面防止铜氧化。

　　③ 预涂助焊剂。预涂助焊剂有两种方式：一种方式是手工操作，将板子从涂有助焊剂的压辊中通过，使板子表面均匀涂覆一层助焊剂，或将板子直接浸入盛助焊剂的槽中，手工取出刮掉多余助焊剂；第二种方式是机械自动操作，只要将板子装上夹具启动操作程序，板子自动浸入助焊剂的槽内，当取出时，过多的助焊剂被装在助焊剂槽上方的橡皮刮板刮去。

　　无论用机械或手工涂覆热风整平助焊剂，都应使助焊剂均匀涂覆到整个板面，特别是孔内也要保证全部涂覆。使用机械自动操作时，应保证助焊剂的液位使印制板能完全浸入。

　　④ 热风整平。按热风整平设备推荐的工艺参数，结合具体整平的印制板尺寸、板的类型经试验调整到最佳效果时，确定工艺参数后进行批量印制板的热风整平。

　　⑤ 热风整平后冷却和清洗。刚通过热风整平的印制板温度高，为了防止热冲击造成板翘曲或金属化孔孔壁镀层断裂，不能立即用水冷却，需在较低的热传递速度下慢慢冷却。通常将印制板放在花岗岩台面上或专用的 V 形热风整平冷却机上进行冷却，如果能采用气体悬浮床冷却则更好。

　　热风整平后冷却的印制板必须及时清洗干燥，清洗干净与否直接影响印制板的最终可靠性、离子污染会引起漏电或绝缘电阻下降、金属化孔中的有机污染物可能引起电子元器件焊接时冒泡。热风整平后，一般采用喷淋式水平清洗机进行清洗处理。

　　一般清洗程序：热水刷洗→流水冲洗→等离子水高压冲洗→热风吹干。

　　清洗的难易程度取决于选用的助焊剂。最好选用低泡易水洗的助焊剂。清洗干净的印制板应及时热风吹干，否则焊料的光泽性差。同时潮湿空气也能使焊料表面逐渐氧化，失去光泽，并影响可焊性。清洗后的印制板应存放在干燥的环境中。

　　（2）工艺参数控制

　　热风整平主要考虑焊料温度、热风温度、风刀压力、浸焊时间和提升速度等工艺参数。

　　① 焊料温度的选择通常取决于所采用的焊料类型、所加工的印制板的类型以及所采用的助焊剂的类型。例如，焊料温度低，会引起金属化孔堵塞；厚一些的印制板比薄印制板要求的焊料温度高一些。焊料温度应低于所采用的焊剂的闪点。热风整平普遍采用的焊料是 Sn63-Pb37 的锡铅合金，它们的共熔点为 183℃。焊料温度为 183～221℃ 时，不容易与铜生成金属间化合物。在 221℃ 以上，焊料进入润湿区（221～293℃），但基材在较高温度下易损坏，所以焊料温度尽量选择低一些，通常 230～260℃ 为最佳焊料温度。

② 风刀气流温度影响焊料涂层厚度和质量。风刀气流温度低，可能导致金属化孔被堵、锡铅涂层表面发暗等；风刀气流温度过高，可能导致焊料涂层厚度过薄。其他一些因素，如层压板的类型、所用阻焊涂层的类型等，都可能影响风刀气流温度的选择。一般情况下，风刀气流温度控制在 240～280℃。

③ 风刀的空气压力是影响焊料涂层厚度和金属化孔是否堵塞的主要参数。涂层厚度可通过增加空气压力来减薄。清除金属化孔内的焊料常用增加风刀的空气压力来解决。压力调整范围很宽，调整取决于板子的几何形状、风刀间隙、提升速度、风刀空气温度以及板子距前后风刀的距离等。不同型号的热风整平机对风刀的空气压力要求不尽相同，应根据机器操作说明书的要求及热风整平后的效果进行适当调整。建议风刀的空气压力：前风刀压强为 0.3～0.5MPa，后风刀压强为 0.27～0.47MPa，始终保持前风刀喷嘴的空气压力至少比后风刀喷嘴的空气压力高 34kPa 左右，因为一般前风刀离板子的距离比后风刀更远。通常印制板金属化孔越小，要求压力越高，以保证孔不被堵塞。

④ 浸焊时间取决于板厚和其他因素，如采用助焊剂的类型、层压板的耐热性能和印制板上导电图形的分布情况等。停留时间延长有助于焊料和铜表面形成金属间化合物，产生良好的润湿。通常，对于双面板，浸焊时间为 3～5s；对于多层板，浸焊时间为 4～6s。

⑤ 提升速度主要影响焊料涂层厚度。速度慢，焊料涂层薄，并且孔里涂层也薄；速度快会产生不规则的堵孔。速度的选择取决于板的类型。小板和大金属化孔的板子，提升速度可以快一些；而尺寸大和孔径小的板，提升速度要慢一些。

（3）设备的调整与维护

由于热风整平的环境较为恶劣，通常是在高温高腐蚀性环境下，同时还受强烈的热空气的冲击，对机器设备运行和使用寿命都带来了严重的危害。日常的清洁处理与维护对于保证产品质量和延长机器的寿命十分重要，至少应做好以下维护工作。

① 风刀的角度对热风整平质量的影响很大，它取决于板子的几何形状和其他参数。风刀一般与板的角度调在 30°～45°左右，将使焊料向下喷。如果角度太陡，就可能有堵孔问题。风刀的角度对焊料涂层厚度的影响较大，在生产中应根据实际情况进行适当调整。角度调整不合适，将造成印制板两面的焊料厚度不一样，也可能引起熔融焊料的飞溅。

② 前后风刀垂直位置的调整。垂直位置调整的目的是使前后风刀之间有一定高度差。这个差值保证气流不会在印制板孔中形成"对头"碰撞，一般后风刀比前风刀低 4.8mm，因此金属化孔首先被后风刀吹透，然后被前风刀吹透，从而得到良好的通孔涂层。为了降低噪声，最好把后风刀放在下面。

③ 前后风刀间距的调整。通常希望将风刀尽可能靠近印制板，然而这要受夹具所要求的间隙限制。一般要求夹具距前风刀 8.7mm，距后风刀 4mm，不要靠得太近，否则会因微小改变对夹具和风刀产生损坏。

④ 风刀的间隙的调整。前后风刀已在设备厂经过较严格的调整，通常风刀的间隙不要求再调整，一般标准尺寸为 0.2mm，对许多类型的印制板是可行的。

⑤ 焊料液位调整。正确的焊料液位需保证从印制板上滴下来的助焊剂可以在焊料表面形成一层防止产生熔渣的助焊剂层。该层厚度借助于残渣溢流口来维持，该溢流口位于焊料静止液位之上 6.4mm 处，当助焊剂残渣积累超过 6.4mm 厚时，通过溢流口将残渣排出去。如果焊料液位超过了溢流口，会造成焊料溢流，堵塞残渣输送槽。如果焊料液位过低（低于溢流口下 6.4mm），助焊剂残渣和熔渣就可能进入泵腔，严重影响焊料的质量。工作时，建

议至少每4h检查一次焊料液位，液位不够应及时补加焊料。

⑥ 焊料波调整。焊料波的调整应使焊料均匀地在喷嘴两侧溢流，并且横跨整个长度。这可以清洁喷嘴上的熔渣和助焊剂残余物，以便印制板只和纯净的焊料接触。焊料波由焊料泵产生，必要时需通知维修人员进行维修。

（4）常见故障、可能原因及解决方法

热风整平的常见故障、可能原因及解决方法见表4-93。

表4-93　热风整平的常见故障、可能原因及解决方法

常见故障	可能原因	解决方法
焊料涂层过厚或焊料堵孔	风刀的热风压力低	增大热风压力
	提升速度快或风刀与板距离远	降低板的提升速度，调整风刀距离
	风刀的热风温度低	调整温控器，提高热风温度
	风刀角度过大	调整风刀角度
	孔内有金属多余物	加强检查并清除
焊料涂层过薄	风刀的热风压力过高	降低热风压力
	风刀的热风温度高	降低热风温度
	提升速度慢或风刀与板距离近	提高板的提升速度，调整风刀距离
焊料涂层不均匀	风刀局部有堵塞或不清洁	检查、清理风刀
	热风气流不稳定	检查和调整热风气流参数
	板子有弯曲变形或板太薄	检查校正板，对薄板应调整整平参数
焊盘表面润湿不好	整平前焊盘清洁处理不好	加强前处理
	助熔剂性能差	调整或更换
	焊料中铜杂质多	检查、漂铜，除去铜和其他杂质
孔内有焊料空洞	孔壁镀铜层有空洞	加强热风整平前的检查，剔除不合格品
	孔内有阻焊膜或其他有机物	加强检查并清除
	助熔剂不合适	更换
阻焊层起泡	阻焊材料性能差	更换
	涂覆阻焊膜前板不清洁或吸潮	涂阻焊前加强清洗和烘干除潮
	阻焊剂固化不彻底	调整固化条件，使阻焊剂充分固化
	整平时间长，或温度过高	检查并调整焊料或热风温度及时间
基材分层或起泡	基材耐热性差	更换基材
	基材受潮严重	加强整平前对板的预烘、除潮
	整平时间长，或温度过高	检查并调整焊料或热风温度及时间

4．水平式热风整平

由于 SMT 技术的发展，印制板表面的焊盘（连接盘）密度越来越高，其表面积及节距也越来越精细。为了防止 SMC 或 SMD 贴装时发生偏移，造成焊接短路或虚焊的可能，要求连接盘表面焊料涂覆层的平整度越来越高。而传统的垂直式热风整平，在板子进行热风整平提升过程中，由于焊料本身的重力作用及表面张力作用，使焊盘表面的焊料涂覆层出现上薄下厚的"锡垂"（Solder Sag）现象。焊盘的这种不平整性，严重地影响了以后 SMT 的焊接质量。为了克服垂直式热风整平这种缺点，20 世纪 80 年代后期出现了水平式热风整平技术及其设备（见图 4-104）。

图 4-104 水平式热风整平设备

（1）水平式热风整平的优点

水平式热风整平时，印制板经过预热区同时浸锡的时间短，受热冲击的程度大大减轻，板子不易翘曲；焊料涂覆层比垂直式热风整平的平整度好，焊料分布均匀，焊料涂层厚度可达 2.54～12.7μm；自动化程度高，可以连续进行热风整平，生产效率高，生产能力大，有效工作面 24in 宽的热风整平机每小时可生产 24in×18in 板子 360 块。

（2）水平式热风整平工艺流程

热风整平前处理→预热→助焊剂涂布→热风整平→冷却→热风整平后处理

（3）工艺说明

① 热风整平前处理。包括微蚀刻→水洗→热风干燥。通常微蚀刻采用 H_2SO_4–H_2O_2 体系溶液，微蚀刻铜 3～4μm。前处理段的传送速度为 4m/min。

② 预热。预热器为红外加热。通过预热，板子表面温度可达 80～100℃，有的还高达 130～160℃（采用的温度范围，取决于覆铜箔板的类型）。预热段采用不锈钢丝网传送带，传送速度为 0～10m/min 可调。

③ 涂布阻焊剂。印制板通过上下对转的、以虹吸方式吸有阻焊剂的绒布辊轮，使板的上下表面同时均匀地涂覆一层阻焊剂。

④ 浸涂焊料。焊料为 Sn63-Pb37 合金，锡锅温度控制在 250～260℃，熔融焊料经锡泵形成上下对流的焊料峰。在传送速度约 9m/min 时，板子从焊料峰中水平通过，停留时间约 1.5～2.0s（板子在垂直式热风整平的焊料锅内停留约 4～7s）。

⑤ 热风整平。印制板一离开焊料波峰，立即受到上下风刀的吹扫，使板面及孔内焊锡得到整平。此时，风刀温度为 220～250℃，风压为 10～25psi（一般上风刀的风压高于下风刀 2～4psi）。风刀的基本技术参数因设备型号的不同而有一定差异，一般风刀口宽度 0.55～0.61mm，上下风刀前后错开距离约 0.25mm，风刀角度 2°～5°，风刀距板面 0.5～1.2mm。

⑥ 冷却及后处理。当板子离开风刀后，立即用冷风由下而上吹起板子，使板子经过一段空气悬浮传送、由下向上冷风吹的过程，使板下面冷却，然后进入辊轴段传送，这时冷风由上往下吹，使板上面冷却，最后进行热风整平后处理。后处理主要经过热水冲洗、海绵辊刷洗、等离子水高压冲洗、热风干燥，使印制板表面清洁干燥。

（4）水平式热风整平的局限性

水平式热风整平的局限性在于设备昂贵、结构复杂、影响生产质量的因素太多，要不断调整设备，对操作人员的技术熟练程度要求高，设备维护保养要求高、难度大。

整平后板面连接盘上的焊料涂覆层平整度虽然比垂直式热风整平的高得多，但熔融焊料在冷却时，由于表面张力趋于最小的固有特性，焊料会自由收缩，因此，焊盘表面平整性仍然不是最理想。同时，锡锅内存在的金属杂质也会影响焊料涂覆层的润湿性。所以，对要求精细或超精细焊盘节距的 SMT 用印制板来说，在焊盘裸铜表面（包括焊盘）越来越多采用电镀镍金、化学镀镍金或涂覆有机助焊保护膜等以替代热风整平的焊料涂覆层。

5．热风整平的质量要求

① 外观。所有焊料涂覆处的锡铅合金层应光亮均匀完整，无半润湿、结瘤、露铜等缺陷。阻焊层不应有起泡、脱落或变色等现象。阻焊层下的铜不应氧化或变色。印制板表面以及孔内无异物。非涂覆锡铅合金部位不应挂粘锡铅焊料。镀金插头部位不应涂覆焊料。

② 焊料层厚度。印制板涂覆焊料部位的焊料层厚度无统一的规定。根据 IPC-6012 标准，焊料涂层厚度应以其对铜表面覆盖完全及可焊为原则。

③ 附着力。锡铅焊料附着力应不小于 2N/mm。

④ 锡铅合金成分。焊料涂覆层锡含量 61%～64%，其余为铅；无铅焊料热风整平锡含量不大于 97%，铅含量不超过 0.1%，其余成分应与用户采用的焊料相同，通常是锡、银、铜合金。其可焊性应在使用中性焊剂条件下，3s 内应完全润湿。

4.8.3　化学镀镍金和化学镀镍

1．化学镀镍金

（1）概述

化学镀镍金工艺在印制板涂覆阻焊膜（绿油）之后进行。化学镀镍金层既适用于压焊（wire bond，又称打线、绑定、引线键合），又可适用于高温焊接。

化学镍金镀层向印制板提供了集可焊、导通、散热功能于一身的理想镀层，由于无电沉积的化学镀层，镀层厚度均匀一致性可达施镀的任何部位，并且设备与操作都不复杂。因此，近年来化学镀镍金十分热门，该工艺用于笔记本电脑主板、手机板及其他各种多层薄型卡板的表面涂层。

对化学镍金层的最基本要求是可焊性和焊点的可靠性，尤其是对需经受二至三次焊接的镀层。

就该镀层的实质而言，化学镀镍是主体，化学镀金只是为了防止镍层的钝化。化学镀镍层厚度 3～5μm，含磷 6%～10%，无定形结构、非磁性。化学镀金层纯度 99.99%。化学镀薄金层（又称浸金、置换金）厚度为 0.025～0.1μm。化学镀厚金层（又称还原金）厚度为 0.3～1μm，一般在 0.5μm 左右，镀层硬度 HV60，它应在薄金层上施镀。

（2）化学镀镍金的工艺流程及镀前处理

① 工艺流程。典型的化学镀镍金的工艺流程：

有阻焊膜的待镀板→酸性除油→热水洗→水洗→微蚀→水洗→预浸→活化→水洗→化学镀镍→水洗→纯水洗→化学镀薄金→水洗→纯水洗→化学镀厚金→水洗→热纯水洗→干燥

对不需要镀厚金的印制板，在浸金后可直接转入水洗、热纯水洗、干燥工序。

② 酸性除油。对酸性除油液的要求是除油能力强，且易于水洗。溶液组成有柠檬酸型和硫酸型两种，并含有非离子型表面活性剂。

处理温度为 20～35℃或 40～60℃（根据供应商提供的条件决定），时间为 2～5min，溶液应备有空气搅拌和连续过滤。一般溶液处理面积可达 $10m^2/L$，当溶液中 Cu^{2+} 浓度大于等于 350mg/L 时，应更换溶液。

③ 微蚀。过硫酸钠（SPS）是一种蚀速比较稳定的铜表面微蚀剂。SPS 微蚀液的成分：SPS 100～150g/L，H_2SO_4 1%～2%（V/V）。

操作温度 20～30℃，时间 1～2min，蚀铜量 0.5～1μm，并应空气搅拌。溶液维护量每平方米板面需外加 SPS 60g 和 H_2SO_4 5mL。当溶液中 Cu^{2+} 浓度大于 20g/L 时，需更换溶液。

微蚀也可用 H_2SO_4-H_2O_2 微蚀液。

④ 活化。活化由预浸和离子钯活化两个工序组成。预浸液是 H_2SO_4 1%（V/V），常温预浸时间为 0.5min，当溶液中 Cu^{2+} 浓度大于等于 500mg/L 时需更换，或与钯水同时更换。

活化液是离子钯的活化液，是为解决铜上不能直接化学镀镍而专门设计的，对它的要求是铜表面有一层结合牢固的钯，而非铜表面则没有并且易于清洗掉。活化液有盐酸型和硫酸型两种，浓度为 10×10^{-6}～100×10^{-6}，一般用 25×10^{-6}～50×10^{-6}，而且硫酸型活化液，对克服渗液有明显的效果。

钯活化液操作条件：25～30℃，1～5min，有阻焊膜的板和无阻焊膜的板操作时间不同。溶液用 5μm 滤芯连续过滤，每升大约可处理 5～10dm^2 板。当 Cu^{2+} 浓度达到 50～100mg/L 时，需要更换。

2. 化学镀镍

化学镀镍工艺广泛用于金属和非金属表面处理行业。依据不同的基体，化学镀镍可以在酸性、中性、碱性溶液中进行，但印制板化学镀镍只能在酸性溶液中进行。近代的酸性化学镀镍始于 1946 年，而用于印制板仅有 20 余年的历史。

化学镀镍所用还原剂有次磷酸钠、氨基硼烷、肼等。化学镍镀层的组成，依还原剂不同也不同，如以次磷酸钠为还原剂，含 P 可达 4%～14%；以氨基硼烷为还原剂，含 B 可达 0.2%～5%；以肼为还原剂，含 Ni 可达 99.5%以上。

（1）化学镀镍的机理

化学镀镍是在以次磷酸钠为还原剂的化学镀镍溶液中，次磷酸根离子 $H_2PO_2^-$ 在有催化剂（如 Pd、Fe）存在时，会释放出具有很强活性的原子氢，并产生两个电子将镍离子（Ni^{2+}）还原为原子镍，同时 H^+ 与次磷酸根作用还原出磷（P），镍与新生成状态的磷共沉积在铜层表面，化学反应式如下：

$$H_2PO_2^- + H_2O \xrightarrow{\text{催化}} H_2PO_3^- + 2H^+ + 2e$$
$$Ni^{2+} + 2e \longrightarrow Ni$$
$$H_2PO_2^- + 2H^+ + e \longrightarrow 2H_2O + P \qquad 2H^+ + 2e \longrightarrow H_2\uparrow$$

新生态的 Ni 和 P 共沉积：

$$3Ni + P \longrightarrow Ni_3P$$

从机理来看，化学镀镍过程中，产生大量 H^+ 使溶液 pH 值降低，同时也产生氢气，故有大量气泡逸出。就印制板化学镀镍而言，在沉镍过程中产生大量 H^+，而 H^+ 存在于阻焊层与铜的界面处。在高温条件下（80～90℃），H^+ 的大量产生会破坏阻焊层，严重时导致阻焊层起泡。需要选择操作温度比较低、反应速度适中的镀液，尽量减少 H^+ 的大量生成。

由于化学镀镍层处于元器件引脚与铜焊盘之间，它的可焊性对于连接点的强度至关重要；又由于元器件与印制板基材的热膨胀系数不同，为保证焊点连接的可靠性，要求化学镀镍层有较高的延伸率。因此，需要选择合适的化学镀镍工艺来满足印制板对化学镀镍层的要求。

（2）化学镀镍层的含磷量

化学镀镍层的含磷（P）量，对镀层可焊性和耐蚀性至关重要。含磷量太低，镀 Ni 层耐蚀性差、易钝化；而且在腐蚀的环境中由于 Ni/Au 的原电池腐蚀的作用，会对 Ni/Au 间的 Ni 表面层产生腐蚀，生成 Ni 的黑膜（Ni_xO_y），对可焊性和焊点可靠性极为不利。磷含量高，镀层抗蚀性提高，可焊性也可以改善，但含磷量过高，可焊性反而下降。所以应控制镀层中的含磷量，一般含磷量 7%～9% 为宜。市场销售的化学镀镍液有高磷（含磷量 10%～16%）、中磷（含磷量 7%～9%）、低磷（磷含量低于 6%）。低磷镀液的镀层抗氧化性不如中磷、高磷镀液的。

（3）化学镀镍配方和操作条件

化学镀镍配方及操作条件，按镀液种类不同而异，见表 4-94。

表 4-94　化学镀镍配方及操作条件

配方及操作条件	配方 1	配方 2	配方 3	NPR-4*
$NiSO_4 \cdot 6H_2O$（g/L）	20	21	30	
$C_6H_8O_7 \cdot H_2O$（g/L）	20			
三乙醇胺（mL/L）	10			
$NaH_2PO_2 \cdot H_2O$（g/L）	15	24	24	
$K_4Fe(CN)_6$（mL/L）	15			
$NaAc \cdot 3H_2O$（g/L）			12	
乳酸（mL/L）		30	8（H_3BO_3）	
丙酸（g/L）		2		
稳定剂（mL/L）		0～1	6（NH_4Cl）	
NPR-4M（mL/L）				150
NPR-4A（mL/L）				45
NPR-4D（mL/L）				5
NPR-4B（mL/L）				用于补充
NPR-4C（mL/L）				用于补充
pH 值	4～5	4.5	4.8～5.8	4.5～4.7
温度（℃）	60～70	91～93	93	79～81
沉积速率（μm/h）	15～20		15～23	12
连续过滤，工件摆动				需要
空气搅拌				需要

*上村旭光公司产品。

（4）镀液中各成分的作用

① 镍盐。镍盐是镀液中的主盐，以硫酸盐为主，也可用氯化镍、乙酸镍等。镀液中 Ni^{2+} 浓度升高，并不一定会使沉积速率加快，反而会使镀液稳定性降低，易出现粗糙镀层；Ni^{2+} 浓度太低，会导致沉积速率降低。Ni^{2+} 浓度波动最好不超过 10%。

② 还原剂。次磷酸钠为还原剂，它的浓度太高，使镀液易分解；浓度太低，导致镀层沉积速率太低。可通过控制 $Ni^{2+}/H_2PO_2^-$ 的比值来把握次磷酸钠的浓度。

③ 络合剂。络合剂能使 Ni^{2+} 生成稳定的络合物，同时可防止生成氢氧化物或亚磷酸盐沉淀。柠檬酸、羟基乙酸、乳酸等是常用的络合剂。

④ 稳定剂。可提高化学镀镍液的稳定性，防止自分解。微量硫代硫酸盐、硫脲、焦亚硫酸钾等可作为稳定剂使用，但用量不能过量，否则会引起相反的效果。

⑤ 加速剂。作用是提高镍的沉积速率，常用的有琥珀酸、碱金属氟化物（NaF）等。

⑥ 缓冲剂。作用是维持 pH 值的稳定，常用的有 NaAc、H_3BO_3、NaF 等。

⑦ 润湿剂。为降低界面表面张力，改善表面润湿状态，需要加入聚氧乙烯脂肪醇醚等表面活性剂。

商业配方中将以上诸因素调整配合到最佳状态，给出一个稳定且可操作的化学镀镍液。

（5）操作条件的影响

当镀液配方选定以后，严格控制操作条件才能得到满意的化学镍镀层。

① pH 值。pH 值一般控制在 4.6～4.8。pH 值低，反应速度低，镀层中磷含量升高。当 pH≤3 时，沉镍反应停止。pH 值升高，反应速度提高，镀层中磷含量降低。当 pH=6 时，溶液中的 $H_2PO_2^-$ 会自发转化为 $H_2PO_3^-$，进而生成难溶的磷酸镍，使溶液混浊并失效。

② 温度。对印制板镀化学镍而言，尽可能低的操作温度是有利的。不同镀液的操作温度不同。由于温度对沉积速率至关重要，最好控制操作温度波动为±0.1℃。

③ 搅拌。化学镀镍可采用空气搅拌、工件移动（移速 0.5～1m/min）和连续过滤（1μm 滤芯），不宜用超声搅拌。

（6）镀液维护

① Ni^{2+} 的补充。可根据分析，也可根据加工板面积测算进行补充。Ni^{2+} 浓度应控制在最佳浓度的±10%，故要及时补充。补充时液温应在 70℃ 以下。

② 化学镀镍溶液的寿命以周期计算，每镀一次为 1 个周期，一般在 6 个周期以上，有些也可达到 8～10 个周期。所谓"周期"是以镍的补充量而言，当镍补充量累积达到开缸时的镍含量时，即为 1 个周期。例如：新缸中，Ni^{2+} 浓度为 4.5g/L，在操作过程中通过数次补充，当补充量达到 9g/L 时，可认为寿命已达 2 个周期。印制板化学镀镍因污染因素比较多，一般使用周期在 4～5 个周期以内。

③ pH 值调整应及时。降低 pH 值用 10% H_2SO_4，升高 pH 值用 10% NaOH 或氨水。

④ 温度应控制在±1℃。为防止镀液局部过热，不应选用大功率的电加热器，溶液要加强搅拌。

⑤ 过滤。溶液需要用 1μm 的 PP 滤芯进行循环过滤，以保持溶液的净化。若不能连续过滤，也应在工作完毕后过滤镀液。

⑥ 工件进缸前要清洗彻底，减少不必要的污染。一次连续工作完毕后要用 1:1 HNO_3 清理槽壁，以保持溶液清洁。

⑦ 镀液的装载量不可过多，也不可过少，一般以 $0.5dm^2/L$ 为宜。

⑧ 镀液的污染。Cd、Pb、Sn、Cr、S 都会污染和毒化溶液，应在操作过程中尽量避免。

（7）易出现的问题、产生原因及解决方法

印制板化学镀镍易出现的问题多是漏镀、渗镀和搭接，它们的产生原因及解决方法见表 4-95。

表 4-95　印制板化学镀镍易出现的问题、产生原因及解决方法

易出现的问题	产 生 原 因	解 决 方 法
漏镀	Pd 活化液污染	更换 Pd 活化液
	化学镍溶液活性不够	每天开始工作时，第一缸以废板激活
	铜表面不洁	加强除油和微蚀
	某些怪异部位露铜	可用针状阴极选择电镀法弥补
渗镀	Pd 活化液活性太高	用硫酸型 Pd 活化液
	化学镍活性太高	降低 pH 值，或降低反应温度
	清洗不够	加强镀前清洗，可用超声波清洗
搭接	Pd 活化液选择不当	选用离子 Pd 活化液
	清洗不够	加强镀前清洗

4.8.4　化学镀金

用于化学镀金的工艺有两种：化学镀薄金和化学镀厚金。化学镀薄金工艺，既适于锡焊，又是铝基导线压焊的理想表面；化学镀厚金工艺提供了金丝导线压焊的理想表面。

1. 化学镀薄金工艺

（1）概述

化学镀薄金又称浸金或置换金。它直接沉积在化学镍的基体上。其机理应为置换反应：

$$Ni+2Au(CN)^- \longrightarrow 2Au+Ni^{2+}+2CN^-$$

Ni 和 Au 的电极电位相差很大，Ni 可以置换出溶液中的金，当镍表面置换金后，由于金层多孔隙，其孔隙下的镍仍可继续置换，但反应速度减慢直至镍全部被覆盖为止。因此这层金的厚度仅为 0.03～0.1μm，不可能再增厚。

既然是置换过程，为保证金层与基体的结合力，就需要调整镀液成分以达到理想的效果。当前生产中所用的薄金镀液以商业配方为主。薄金镀液的配方及工艺条件见表 4-96。

表 4-96　薄金镀液的配方及工艺条件

配方及工艺条件	自配	SWJ-810[①]	Aureus7950[②]	Tcl-61[③]	Immersion[④]
Au（以 KAu(CN)₂ 形式加入）（g/L）	1	1.4	1.4	2	1～6
柠檬酸二氢铵（g/L）	50			Tcl-61-M5	
次磷酸钠（g/L）	10	开缸剂	浓缩液	200mL/L	开缸剂
氯化镍（g/L）	2	600mL/L	250mL/L	KCN0.05g/L	600mL/L
氯化铵（g/L）	75				
pH 值	5～6	7～7.5	9	4.6±0.1	5.5～6.5
温度（℃）	沸	85～95	70	85±1	70～90
时间（min）	1	5～10	5～15	3～4	10～15/0.1μm

注：①深圳圣维健公司提供；②希普列公司提供；③上村旭光公司提供；④乐思公司提供。

商业配方的工作液寿命一般达 2～3 个周期。当浸金液中 Ni 的浓度大于 $500×10^{-6}$ 时，外观和结合力变差，溶液需要及时更换。

（2）化学镀薄金的工艺流程

酸性除油→微蚀→预浸→钯活化剂→化学镀镍→浸金

（3）化学镀薄金的操作和镀液维护

化学镀薄金是在化学镀镍层后及时进行化学镀金，如果镀镍间隔时间长必须对镍层进行活化再镀金。化学镀金液使用寿命短，每用 3～4 个周期金离子浓度降低，不宜再使用。

2. 化学镀厚金工艺

化学镀厚金是在化学浸金的镀层上进行，镀液中加入特殊的还原剂，使置换反应在催化作用下镀金。镀层厚度达 0.5～1μm，是金线压焊的理想镀层。有特殊要求也可镀 2μm。美国 IPC-6012(B)规定用于焊接的金层厚度为 0.45μm（最大值）。

厚金镀液的配方及工艺条件见表 4-97。

表 4-97 厚金镀液的配方及工艺条件

配方及工艺条件	自配	AurunA516[①]	TSK-25[②]
金（以 $KAu(CN)_2$ 形式加入）（g/L）	0.5～2	4	4
柠檬酸铵（g/L）	40～60		
氯化铵（g/L）	70～80		
偏亚硫酸钾（g/L）	2～5		
次磷酸钠（g/L）	10～15		
pH 值	4.5～5.8	7.4～7.7	4.5～4.7
温度（℃）	90	70±1.5	85±1
沉积速率（μm/h）		0.7～1.2	
装载量（dm²/L）		0.1～2	

注：① 德国萨-赫斯公司提供；② 上村旭光公司提供。

化学镀厚金溶液的寿命至少在 2 个周期以上。由于镀金时消耗镀液中的金和还原剂（次磷酸钠）较快，超过寿命周期的镀液不能再使用。

4.8.5 化学镀锡

蚀刻后，在印制板铜导电图形表面可进行化学镀锡。镀锡层的熔点类似于焊料的熔点，易于焊接，镀层平整，与表面安装元器件的共平面性好，是近年来受到普遍重视的可焊性镀层。

1. 化学镀锡的原理

铜基体上化学镀锡实际上是化学浸锡，铜与镀液中的络合锡离子发生置换反应，生成锡镀层，当铜表面被锡完全覆盖，反应即停止。

普通酸性溶液中，铜的标准电极电位 $\varphi^0_{Cu^+/Cu}=0.51V$，锡的标准电极电位 $\varphi^0_{Sn^{2+}/Sn}=-0.136V$，故金属铜不可能置换溶液中的锡离子而生成金属锡。在有络合物（例如硫脲）存在的情况下，硫脲与 Cu^+ 生成稳定的络离子，从而改变了铜的电极电位，可以达到-0.39V，使铜置换溶液中的锡离子成为可能。化学反应式为

$$4(NH_2)_2CS+2Cu-2e \rightleftharpoons 2Cu[(NH_2)_2CS]_4^+$$

$$Sn^{2+}+2e \rightleftharpoons Sn$$

$$4(NH_2)_2CS+2Cu+Sn^{2+} \rightleftharpoons 2Cu[(NH_2)_2CS]_4^++Sn \qquad (4.12)$$

化学反应式（4.12）可以向右进行，直至铜表面被锡完全覆盖，化学反应停止。

2. 化学镀锡的工艺

镀液中的主盐，可以是 $SnCl_2$ 或烷基磺酸锡等。由于 Sn^{2+} 容易被氧化成 Sn^{4+}，故溶液保存期短，稳定性差。近年来生产用化学镀锡液，多为专利配方，镀液不含氯，不含氟，对阻焊层的腐蚀性小，镀液稳定性较好。浸锡的方式可采用浸泡式或喷淋式，喷淋式便于在专用设备上连续生产。化学镀锡镀液的配方及工艺条件见表 4-98。

表 4-98　化学镀锡镀液的配方及工艺条件

配方及工艺条件	配方 1	配方 2[①]	配方 3[②]	配方 4[③]
氯化亚锡（g/L）	20			
锡（g/L）		10～12	18～22	10～15
硫脲（g/L）	75			
次亚磷酸钠（g/L）	90			
盐酸（g/L）	80			
EDTA-2Na（g/L）		3		
表面活性剂（g/L）	1			
ZTW-320 浸锡液		100%		
RMK-20 化学锡液			100%	
SWJ-830 化学锡液				100%
pH 值				0.5～1
温度（℃）	38	20～30	60	50～60
时间（min）		1～3min	10	5～10
负载（dm²/L）		300～500	不小于 0.3	

注：① 深圳正天伟科技公司提供；② 上村旭光公司提供；③ 深圳市圣维健公司提供。

2. 化学镀锡工艺的流程

酸性除油→微蚀→浸稀硫酸→水洗→浸锡→热水洗→中和水洗→吹干

3. 镀液的维护和补加

镀液是靠消耗镀液中的亚锡离子而得到的锡镀层。随着浸锡印制板的量增加，锡消耗加快，如果采用次亚磷酸钠做还原剂的配方，则锡和还原剂都要消耗，使浸锡的化学反应速度减慢，所以应适时补加。如果镀液严重混浊，应及时更换。

4.8.6　化学镀银

1. 化学镀银的原理

化学镀银层既可以锡焊又可"邦定"（压焊），因而受到普遍重视。化学镀银又称浸银。铜的标准电极电位 $\varphi^0_{Cu^+/Cu}=0.51V$，银的标准电极电位 $\varphi^0_{Ag^+/Ag}=0.799V$，故而铜可以置换溶液中的银离子而在铜表面生成沉积银层。

$$Ag^+ + Cu \longrightarrow Cu^+ + Ag$$

为控制反应速度，溶液中的 Ag^+ 会以络离子状态存在，当铜表面被完全覆盖或溶液中 Cu

达到一定浓度，反应即结束。

商品化学镀银药水已面世，乐思和上村旭光公司都有商品供应。

2．化学镀银的工艺流程

酸性除油→水洗→浸稀硫酸→微蚀→水洗→预浸→化学浸银→水洗→干燥

各主要工序说明：

① 酸性除油。采用酸性除油溶液（可以市购）除去铜表面的油污、手指印、油脂，蚀铜约 0.5μm。

② 微蚀。铜表面的光亮整平程度直接影响沉银层的外观。微蚀液以 H_2SO_4-H_2O_2 体系为佳，蚀铜 1.5μm 左右，该溶液应维持在 Cu^{2+} 浓度小于 5g/L，Cl^- 浓度小于 $5×10^{-6}$。

③ 预浸。是在不含 Ag 的空白的溶液中预浸 30s 左右，目的是保护浸银液和改善镀层质量。溶液 pH 值为 6～7，Cu^{2+} 浓度小于 0.5g/L，Ag^+ 浓度小于 $10×10^{-6}$，温度为 30～40℃。

④ 化学浸银。镀液含 Ag 浓度为 0.5～0.6g/L，pH 值为 6.5～7，温度为 43～53℃，时间为 3min。用 XRF 测定的 Ag 层厚度为 0.05μm。溶液中杂质 Cu^{2+} 浓度小于 0.5g/L，超过应弃之。

该工艺对 Cl^- 敏感，Ag^+ 与 Cl^- 能生成溶解度极低的 AgCl 沉淀。自来水中的微量 Cl^- 也能使银沉淀。因此，使用的清洗水应是保持电导率小于 5μS 的纯净水。

4.8.7　化学镀钯

镀钯层是印制板上理想的铜、镍保护层，耐热性高，稳定，能经受多次热冲击。它既可焊接又可压焊（又称"邦定"）。钯可直接镀在铜上，而且因为钯具有自催化能力，镀层可以增厚，其厚度可达 0.08～0.2μm，镀在化学镍镀层上。

钯镀层用于锡焊时，熔融的焊料不与钯形成化合物，钯漂浮在焊料表面很稳定，焊料可直接与底层的镍或铜结合形成可靠的焊接点。

化学镀钯的工艺流程：

酸性除油→铜表面微蚀→预浸→化学镀钯→水洗→吹干或烘干

由于钯的价格比金贵，在一定程度上限制了它的应用。随着 IC 集成度的提高和组装技术的进步，化学镀钯在芯片级封装（CSP）上将发挥更有效的作用。

4.9　印制板的丝网印刷技术

早期的印制板制造就源自丝网印刷技术的原理，将图形和文字符号通过模板转印到铜箔板上而形成导电或非导电图形。经过几十年的发展，丝网印刷技术有了很大进步，在印制板制造中的应用不断扩大，从单一印制导电图形的抗蚀层发展到印制字符标识、阻焊膜、光致抗蚀膜、导电胶和填孔材料等多种加工工艺。

丝网印刷技术是用光化学图形转移的方法先在丝网上制成漏孔模板，再用刮板施加压力把油墨通过丝印模板转移到铜箔表面，形成完整的图形、文字及符号或阻焊、抗蚀膜等。丝网印刷技术由网印模板、油墨、刮板和丝印机（或印台）及其他辅助工具五个方面构成。

丝网印刷具有成本低、操作简单、生产效率高、适用印料种类多等特点，被广泛应用于印制电路和厚膜集成电路的制造。在印制板制造中，大批量生产的单面板抗蚀膜和各类印制板的阻焊膜等几乎都采用丝网印刷工艺方法进行图形转移。

4.9.1 丝网的选择

丝网是网印的基础材料，网印的印刷性能、质量的优劣同丝网的选择是否适当有着直接的关系。因此，熟悉和了解丝网材料的性能和结构是正确选择丝网的前提。

1．丝网的基本结构和名称

（1）丝网目数

丝网的经、纬丝交叉形成的网孔称为网目。网孔目数指的是每平方厘米（cm^2）丝网所具有的网孔数目。丝网产品规格中用以表达目数的单位是孔/厘米或线/厘米，使用英制计量单位则是孔/英寸或线/英寸。在工程上常采用每厘米或每英寸的开孔数表示，其符号为 M。

$$M = L/(D+O)$$

式中，L 为计量丝网目数的单位长度（cm 或 in）；D 为丝线直径（μm）；O 为开孔宽度（μm）。

丝网的截面图如图 4-105 所示。

图 4-105　丝网的截面图

网目数可以表明丝网的丝与丝之间的密疏程度。目数越高，丝网越密，网孔越小；反之，目数越低，丝网越稀疏，网孔越大，如 150 目/in，即 1in 内有 150 根网丝。网孔越小，油墨通过性越差；网孔越大，油墨通过性就越好。

（2）丝网厚度和开度

丝网结构示意图如图 4-106 所示。丝网厚度是指丝网表面与丝网底面之间的距离，单位为 μm，符号为 T。一般，网厚等于线径的两倍。丝网开度是指网孔宽度（见图 4-107），按下式计算。

$$O = \sqrt{OA}$$

式中，O 为开口宽度（μm）；OA 为网孔面积（$μm^2$）。

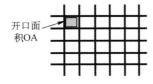

图 4-106　丝网结构示意图

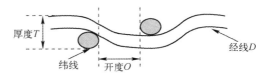

图 4-107　丝网厚度和开度

（3）丝网开口率（OR）

丝网开口率是指单位面积的丝网内，网孔面积所占的百分率，即

$$OR = O^2/(D+O)^2 \times 100\%$$

（4）油墨透过体积

油墨透过体积是指开口面积与丝网厚度的乘积（见图 4-108），可表示为

$$V=O^2\times2D$$

（5）油墨厚度的计算

油墨厚度（δ）的理论值为油墨透过的体积除以该体积油墨印制的面积，可用下式计算：

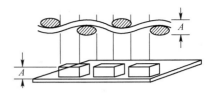

图 4-108　油墨透过体积模型

$$\delta=V/(D+O)^2=O^2\times2D/(D+O)^2=2D\times O^2/(D+O)^2$$

因为 $O^2/(D+O)^2\times100\%$ 为丝网开口率（OR），所以上式可以简化为

$$\delta=2D\times OR$$

即油墨厚度等于丝网厚度（$2D$）与丝网开口率的乘积。

例如，采用丝网牌号为 120T，厚度为 60μm，开口面积为 37%，则油墨层厚度 δ=60×37%=22.2，近似等于 22μm。

如果计算干油墨层厚度，则再乘以油墨中的固体含量，即算出干油墨层厚度。譬如上例中如果油墨的固体含量为 40%，则干油墨层厚度为 δ×40%=22.2×40%=8.88（μm）。

以上计算只是理论值，实际应用中，由于油墨的黏度、丝印的速度等因素，对其厚度也有一定影响。应通过控制丝印的工艺参数比较准确地控制油墨层的厚度。

2．常用的丝网工艺参数

常用的丝网参数有 D—线径、O—开孔大小（丝网孔径）、OA—开孔面积、M—目数、T—厚度。表 4-99 列出了不同目数丝网的一些重要的工艺参数。

表 4-99　不同目数丝网的工艺参数

网	目	丝	径	开口面积	印墨厚度		网目开口		切变速率		张力（N/cm）	
in	cm	mil	μm	%	mil	μm	mil	μm	in/s	cm/s	起始	最终
83	33	3.93	100	45	3.25	82.6	3.03	7.99	227	89	26	4
110	43	3.13	80	43	2.49	63.3	77.0	203.0	321	126	18	32
140	55	2.56	56	41	1.94	49.4	2.80	6.01	445	175	16	28
158	62	2.56	65	36	1.68	42.6	71.1	152.6	655	258	17	30
180	71	2.17	55	37	1.48	37.6	2.36	4.60	698	275	15	25
205	80	1.89	48	37	1.32	33.5	60.0	116.0	757	298	14	20
230	90	1.57	40	41	1.19	30.1	2.08	3.79	739	291	12	16
254	100	1.57	40	35	1.04	26.5	52.9	96.3	1039	409	13	18
280	110	1.5	38	34	0.93	23.7	1.90	3.38	1269	500	13	18
305	120	1.38	35	34	0.85	21.7	48.3	85.8	1400	551	12	16

3．丝网的种类及特点

丝网材料的种类很多，要根据图形的精度和质量技术要求进行合理的选择。为此首先要全面地了解丝网材料的基本性能及其特点，才能更好地进行合理的选择。

按丝网材料分类，有丝绢网、尼龙网、聚酯网、不锈钢网、镍网；按丝网结构分类，有

平纹、斜纹；按丝的形状分类，有单丝、多丝、混纺；按丝网的目数分类，有低网目（200 目）、中网目（300 目）、高网目（大于 300 目）；按丝的粗细分类，有薄型、厚型。丝网的结构和丝网框架结构如图 4-109 所示。

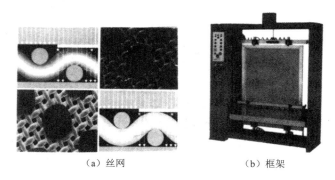

（a）丝网　　　　　　　　　　　　　（b）框架

图 4-109　丝网的结构和丝网框架结构

各类丝网材料的特性如下：

（1）尼龙丝网

尼龙丝网材料是由尼龙 6 或尼龙 66 化纤单丝构成的，具有很高的强度并耐水、耐蚀及耐磨，使用的寿命较长，表面光滑，透墨性好，回弹性好，还具有适当的柔软性，是最常用的丝网材料之一。但是由于其拉伸力大，绷网后一段时间内张力有所降低，网板松弛，不适宜用于印制高精度的图形。缺点是耐温性较聚酯网差，拉伸性大，不耐强酸、石炭酸、甲酚、甲酸等侵蚀，长时间紫外光照射易老化。

（2）涤纶丝网

涤纶丝网是由聚酯纤维单丝构成的，耐高温，物理性能稳定，拉伸性小，弹性强，吸湿性较低，几乎不受湿度的影响，耐溶剂、耐化学药品，特别是耐强酸性较强，使用寿命长，是当前比较好的丝网材料。缺点是通孔（透墨）率小于尼龙丝网；由于其疏水性，对感光材料的黏着力较差，使用前必须进行处理，以改善其亲水性；不耐较长时间的沸水处理，不耐强碱的侵蚀。此种丝网多用于高精度图形印制板的印制加工。

（3）不锈钢丝网

不锈钢丝网材料的平面纹稳定性好，丝径细，开度大，透墨性好，耐热耐化学腐蚀性好，适用于热熔性印料印刷。其缺点是回弹性差（几乎无弹力），受外力易折伤及松弛，伸长后不能复原，价格贵。不锈钢丝网适用于高精度印制板印刷。

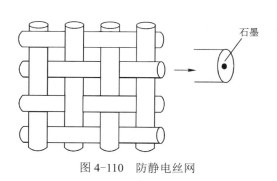

图 4-110　防静电丝网

（4）镀镍聚酯丝网

镀镍聚酯丝网是一种在单丝聚酯网上镀一层厚度为 2～5μm 的金属镍而制成的网。它具有金属和聚酯丝网两者的优点，具有良好的板膜黏结性、耐磨性和透墨性，导电性好，能抗静电效应，适合于高精度网印。成本比聚酯丝网高，比不锈钢丝网低。

（5）防静电丝网

防静电丝网是以一种导电性石墨为线芯的特殊丝线为织物的丝网（见图 4-110）。采用此丝网可以避免由于刮板与丝网摩擦而在网板上产生静电的现象。这种网板印刷不会吸尘，油墨也不会发生渗透，图像比较清晰。

（6）压平丝网

压平丝网是将丝网的一面压平而制得的丝网。其厚度为一般丝网的 70%。表面比较平滑，厚度又薄，其印刷效果要比目数相同的一般丝网好。压平丝网的横截面如图 4-111 所示。

图 4-111　压平丝网的横截面

这种丝网由于表面平滑，油墨透过性好，与刮板摩擦小，耐印性高，特别适用于紫外光固化型油墨，能获得很薄的油墨层，节约油墨，降低成本。在绷网时应让压平面面向刮板一侧。

（7）带色丝网

带色丝网是采用带色的丝线网编织而成的丝网，可以吸收表面光线。使用带色丝网，可避免采用丝网直接法制版曝光时丝网材料对光线的漫反射，产生光晕使图形失真。

（8）镍箔穿孔网

镍箔穿孔网是由镍箔钻孔而成的，也可以用电铸的方法制成。它的特点是网平整、厚薄均匀，极大地提高丝印的精密性和稳定性。在所有丝网中，镍箔穿孔网的尺寸稳定性最好，但成本高。

4．丝网的选择

为确保网印质量，选择合适的丝网十分必要。丝网必须具备下列性能。

① 具有一定的抗张强度，伸缩性要小，回弹性要好；

② 丝网的网孔大小要均匀，以确保网印时漏油墨量均匀；

③ 丝网材料稳定性要好，特别是当受到温度和湿度及拉力的影响时，其缩水率及延伸率小；

④ 丝网耐擦性要好，以确保具有较高的耐印力；

⑤ 丝网的网线要光洁，网印时透墨性好；

⑥ 网印材料对各种溶剂及化学药品抗蚀性好，物理性能不会降低。

5．丝网目数的选择

选择丝网的目数必须按照所使用的油墨种类及型号，根据其说明书进行。确定丝网的目数，还应考虑要印制膜层的厚度。印制板使用油墨与丝网目数选择范围的参考数据如下。

① 抗电镀油墨：通常采用 70～100 目/厘米。

② 抗蚀油墨：通常采用 90～120 目/厘米。

③ 液态感光型抗蚀油墨：通常采用 50～100 目/厘米。

④ 热固阻焊油墨：在铜箔面上通常采用 80～90 目/厘米；在焊料面上采用 40～60 目/厘米。

⑤ 紫外光固化型阻焊油墨：通常采用 90～120 目/厘米。

⑥ 液态感光型阻焊油墨：通常采用 60～120 目/厘米。

⑦ 字符油墨：对于单组分的油墨，通常采用 100～160 目/厘米；对于双组分的油墨，通

常采用 80～120 目/厘米等。

具体选用丝网的目数可根据所采用的油墨特性和产品说明书推荐并结合实际作操进行优化。

4.9.2　网框的准备

网框是固定丝网的框架，对保证丝网的图形稳定、使用寿命和生产效率有重要作用。应根据产品的质量要求、成本、生产效率，正确选择合适材料的框架。

1．网框材料

（1）木质网框

木质网框所使用的原材料一般为红松、柏木等比较硬的木质材料。木质网框具有制作比较简单、质量轻、操作方便、价格比较低等优点，但感光制版过程中容易吸水而导致木质材料变形。

（2）金属网框

金属网框多数采用铝合金制作，也有采用铸铝和钢材制作的。中空铝框分为方形铝管型、加强筋型等（见图 4-112），壁厚一般为 1.5～2mm。中空铝合金网框具有操作轻便、强度较高，不易变形和生锈，耐溶剂性和耐水性强，外表美观等优点。

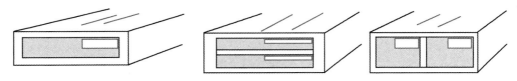

图 4-112　网框用中空铝合金型材示意图

（3）层压板网框

层压板网框是采用厚度为 10～12mm 酚醛或环氧玻璃布层压板材料制成的，加工简便，性能稳定，但比较沉重，操作起来很费力。

2．网框的类型

根据绷网的方式不同，大致分为两种类型，即固定式网框和自绷式网框。

（1）固定式网框

固定式网框是采用绷紧黏合或压入固定方式把丝网固定到网框上，如图 4-113 所示。

采用压入固定方式，首先将网框上的丝网弄湿，把丝网的经纬方向与框边依次平行地用嵌条压入槽内固定。

黏合方式是借助绷网机将丝网拉到所要求的张力后，使用胶黏结剂粘住网框固定。

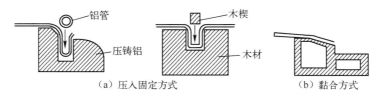

（a）压入固定方式　　　　　（b）黏合方式

图 4-113　固定式网框的不同固定方式

（2）自绷式网框

自绷式网框（见图 4-114）就是将丝网直接绷到网框上，由于自绷式网框及绷紧装置和框架构成一体，可利用"螺丝调节"或"棍式框架"自张绷网。这种绷网方法具有方便、灵活，网板寿命比较长，使用过程中可以根据张力变化进行调整等优点，适用于多品种、小批量生产。

图 4-114　自绷式网框

3．网框的选择

选择合适的网框，除需要考虑丝网材料、种类和尺寸以外，还应该考虑均匀绷网的能力、丝网绷紧的能力、网框的质量状态、网框的挠性和强度等。

对于不同尺寸的丝印网框，所需要的结构尺寸和材料的质量要求也是不相同的，详见表 4-100。

表 4-100　丝印网框的结构尺寸和材料的质量要求

框架内几何尺寸（mm）	铝合金断面几何尺寸（长×宽×厚）（mm×mm×mm）	材料质量（g/m）
100	8×8×1.5	0.1
500	30×30×2.5	0.74
1000	40×60×3.0	1.53
1500	40×100×3.0	2.18
1800	40×120×3.0	2.5

4.9.3　绷网

绷网是网印的首道工序，是确保丝网网板和网印质量的关键工序之一。绷网就是把丝网以一定的张力拉伸并把丝网固定在铝网框上，作为丝网感光胶的支撑体。

1．绷网前的清洁处理

根据图形转移的尺寸大小和工艺要求选好相应尺寸的网框，然后将网框与丝网黏合的一面清洗干净。为提高丝网与框架的结合力，首先用砂纸将绷网框面打成毛面，并用丁酮反复擦洗除去油污以备使用。对使用过的网框也要用砂纸打磨擦干净，去掉残留的胶及其他物质。清洗后的网框在绷网前，先将与丝网黏合的一面预涂一层薄胶并晾干。

2．绷网的方法

绷网的方法有手工、机械和气动三种。通常应用比较多的是机械和气动绷网。

（1）手工绷网

手工绷网是一种简单的传统方法，常用于木质网框。通过人工用钉子、木条、胶黏剂等材料将丝网固定在木框上。手工绷网的张力一般能达到要求，但其张力不均匀，操作起来比较麻烦、费工费时，必须具有相应的绷网经验才能确保绷网质量。

（2）机械绷网

机械绷网用机械方法调节网的张力，根据机械类型可分为杠杆式、丝杆式和齿轮齿条式。机械绷网最大的特点就是不需要电和气源等能源。与手工绷网相比，机械绷网的质量有很大的提高。

图4-115　气动绷网夹头

（3）气动绷网

气动绷网采用压缩空气为气源，驱动多个汽缸活塞，同步推动网夹做纵横向的相对收缩运动，对丝网产生均匀一致的拉力。根据绷网几何尺寸的大小，可以配置多个网夹，如12、14、16个等。多夹头可以采用双向气动控制和单向气动控制形式，由多个夹头拉网器、配气装置与气源组合成为一台完整的气动绷网机。气动绷网夹头如图4-115所示。

3. 绷网程序

通常采取增量绷网方式，绷网的工艺流程为：

框架处理→绷网→测张力→黏结丝网→黏结胶固化→裁剪整边

① 将丝网装入条形夹钳、校正丝网，使网纱与清洁过的绷网框架和条形夹具边缘平行。

② 对丝网进行预拉伸（通常采用的拉伸强度为丝网最大拉伸限度的60%～70%），静止几分钟；减压、再增压、静止几分钟。如此反复减压、增压2～3次，对丝网有松弛作用，每次减压或增压都必须使网框的四边增减次数相同，保持四边拉伸力相等。

③ 最后增压将丝网拉伸至预定的张力数，静止15min，然后再测定网纱张力；当达到张力数据要求时，再用粘网胶进行黏结及固化。

④ 黏结、固化方法是将黏结剂往黏合面上刷涂，及时用棉纱擦压网框的黏合处，直至整个黏合面上呈现较深均匀的颜色，黏结才算充分，放置4h以上待胶固化。

⑤ 整边是裁去多余的丝网并修整齐。剪剩下的网边应能包住框架外侧面的一半，将它粘牢于网框边上，就可以备用。

采用此种类型的绷网方法，通过反复增压、减压以达到丝网在网框上停留的时间较长，可以降低网纱点的内应力，能保持张力稳定。

4. 绷网质量的控制因素

绷网质量是决定网板制版及印刷油墨层质量的基本因素，必须加以重视。

（1）丝网的拉伸特性

丝网的拉伸特性是丝网的固有性质，也是丝网绷网工艺操作与张力控制的重要依据。丝网的拉伸特性主要取决于网纱纤维的种类、编织结构等。通常印制板生产中使用的丝网大都是单丝聚酯平纹编织丝网，表面圆滑、耐磨损、网布结构稳定、透墨性较好。丝网的经线与纬线编织后，单丝已成折线，相互之间不仅发生挤压，而且发生形变，在拉伸过程中相互牵制、相互制约。采用合成材料的聚酯丝网必须考虑到这种材料的冷变形，并且尽可能给予补偿，其工艺方法之一就是前面所提到的增量方式绷网，在绷网前对丝网作多次拉伸，并以一定的张力进行"失效"处理使其损失一些张力，以消除内应力，然后再绷网。这样做就可以最终减少丝网的松弛，大幅度地提高丝网图形尺寸的稳定性。

消除内应力的处理时间视丝网直径和丝网的目数而定。一般较粗的丝径和较低目数的丝网其处理时间要短；而较细的丝径和较高目数的丝网则处理时间较长。另外，当"失效"处理时，其起始给定的拉力越大，需要稳定的时间就越长，反之稳定的时间就越短。经过增量绷网方式处理的丝网，张力的变化较小；而未经增量绷网处理的丝网，张力的变化较大。

（2）张力控制与图像质量的关系

绷网时如果不能严格地控制张力和调节张力，就会造成网印质量问题。这是因为丝网张力会影响网距、刮板压力以及丝网脱离基板时间等工艺参数。

保证适宜和均匀的丝网张力是精确再现印制图形的基本条件之一。如果张力过大，则会造成丝网的网框扭曲变形、疲劳，不能正确地再现原图图形，同时也会使丝网变脆；如超过丝网延伸的屈服点，会使丝网失去张力造成塑性变形，不能恢复原状，最终将会撕裂丝网。如果张力过小，网板板面松弛，不能达到平直的要求，容易使直接涂布的感光胶层厚度不均匀，在网印时，网板回弹力偏小，使网板与被网印的基板之间的距离拉大，引起图形位移或失真、油墨层不匀并降低网板的使用寿命；张力不足还会造成线路图形边缘的不整齐。因为刮板在刮印时，张力过小的丝网达不到最佳的弹性回缩状态，丝网随着刮板距离延伸而延伸，当达到一定限度时，丝网织物在刮板前滚动，从而沾污基板，使图形边缘产生毛刺，或者延迟了丝网脱离基板的时间，甚至出现粘板、糊板现象。

最合适的绷网张力应该是丝网在刮板运行过后，立即与基板表面相脱离，同时丝网与基板表面距离应该使丝网延伸直至网印图形的伸长保持在允许的误差范围之内。对于印制板产品的网印，误差范围应控制在部位与部位之间及套印丝网之间的张力偏差允许在 1N/cm 之内；对于精度高的印制板，建议其张力偏差范围在±0.5N/cm 或者更小些。无论是网印电路图形，还是满版网印，都必须保证丝网张力的均匀性，否则就会使油墨的剪切应力不断变化，油墨层厚度就很难控制，导致后续曝光工序难以达到较高的质量。

（3）张力的测量方法

张力就是丝网受到拉力作用存在于丝网内部而垂直于两相邻部分接触面（丝网与网框）上的相互牵引力。

张力测试采用张力测试仪（又称张力计），用来测量和控制丝网在绷网过程中张力范围的大小，包括起始张力、最终张力以及张力的均匀度，在网板使用过程中监测张力的变化和网板回收后的张力损失。简单的丝网印刷可以不使用张力计，而是凭经验和目测也可以估计张力是否合适。但对于精密印刷和多层次套印，必须借助张力计去控制网板张力，所以张力测试是精密印刷不可缺少的重要环节。

张力测试仪分为机械式测试仪和电子式测试仪，这两种测试仪都能满足测量工艺要求，而后者精度会更高。机械式张力测试仪是在一定压力下测试丝网的垂度和挠性。这种压力可以是规定的重量，或者使用一种弹簧来实施，然后通过一个模拟测量表来显示读数，不仅能够显示出丝网的网板受压后的垂度和挠性，而且还可以通过单位数据转换显示出绷好网时对重量的反作用力（N/cm）。而电子式张力测试仪是采用压感器来工作的，压力传感器通过电气连接把张力数值传递到液晶显示器（LCD）上，测试仪的零位在测试前可自动标定，其测试精度可达 0.1N/cm。张力测量单位采用两种：一种是 mm，一种是 N/cm。它们都是利用张力计的重量使网板板面受压下沉，测量网板的垂度。两者的换算关系见表 4-101。

表 4-101　两种张力测量单位的换算关系

mm	3.2	2.3	2	1.85	1.80	1.70	1.45
N/cm	6.5	8	12	13	14	16	17

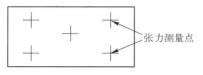

图 4-116　丝网的 5 点张力测量法

采用张力计测定时，对大、中网板均可采用均匀分布的 5 点（见图 4-116）或 9 点进行测量。测量点要求位于印制图形的尺寸范围内，最好离网框各边大约 100mm 以上。每点的经向、纬向各测一次。因为聚酯纤维在交织成丝网过程中，经、纬向所受的张力和变形有较大的差异，所以其内应力也相差很大，即经纬向的拉伸特性不同。虽然经过热稳定性处理，在张力较大时，其经纬向的拉伸特性仍有差别。

绷网时做应好原始记录，包括丝网的产地、牌号、型号规格、目数、张力值、张力误差、绷网角度、日期等内容，以便于生产过程中的质量管理和具有可追溯性。

5. 绷网质量检测

绷网的质量好坏，除检外观质量外必须对网板的张力和绷网角度进行检测。

（1）绷网张力

绷网张力的大小应与网印工艺、丝网材料相匹配。如果超过原材料的弹性，就可能拉断丝网或使丝网失去弹性，将会直接影响网印质量。不同目数的丝网需要不同的张力，一般目数较高的丝网需要的张力比较低。不同材料丝网的张力控制值见表 4-102。

表 4-102　不同材料丝网的张力控制值

丝网	尼龙丝网		涤纶丝网		
目数	100～240	250～350	130～225	230～305	330～500
张力	1.1～1.3mm	1.0～1.2mm	1.2～1.4mm	1.1～1.3mm	1.0～1.2mm

注：张力单位是以张力计下陷的深度计算。

衡量绷网质量好坏以网的张力及其均匀程度来评价，合格的质量必须保证每根网丝在相反方向上承受相同的力，即丝网各处的张力相同，经纬方向互相垂直，不弯曲。因此，测试张力时，每次应该至少测量 5 个点，即四角和中心，并且经纬方向各一次，数据差别越小越好。用张力计测量丝网张力如图 4-117 所示。

图 4-117　丝网张力测量

（2）绷网角度

绷网角度是指丝网经纬纹理与网框框架间的角度。通常采用的角度为 90°、45°、22.5° 三种。根据网印图形的质量要求不同，应采取相适应的角度。检测时应按表 4-103 规定的适用条件进行测量。

表 4-103　绷网角度与网印的适用条件

绷网角度	90°	45°	22.5°
网印适用条件与特点	线条边缘易产生齿状形，适用一般印刷，节约丝网	线条边缘光滑，适用于文字、符号及密线条印刷，浪费丝网	介于两者之间

4.9.4　网印模板的制备

网印制版材料，是丝网用感光材料受光照射部分交联硬化形成图形并与丝网牢固结合形成板膜的基础材料，也是网印模板制作的关键。感光材料与丝网结合，经过曝光、显影、冲洗、干燥、封网、修版等过程，形成所需要的网印模板。

1．对感光材料的要求

制作网板模板的感光材料分为液态感光胶和感光膜（菲林膜）两类。感光材料应具有较高的感光度，其感光波长范围在 340～440nm。感光胶膜应与丝网黏结牢固，并有一定的弹性，分辨率要高，膜层耐酸碱，与通常所采用的有机溶剂不发生化学反应。固化后的膜层应具有较高的耐磨性和高的强度，耐印率要高，采用水显影操作要简单。

2．感光材料的选择

网板的制作通常采用直接工艺方法和菲林膜法。选择感光材料必须对所使用的工艺特性有所了解，选择容易操作、质量稳定的工艺方法，以确保网印质量的稳定性和一致性。特别是制作精细图形时，应注意膜的厚度和操作过程的控制。

3．光源的选择

曝光用光源不同，曝光时间和成本也不同，常用的光源有高压汞灯、氙灯、金属卤素灯等。炭精灯因烟雾较大污染环境，目前已基本不再采用。各种曝光光源的特性见表 4-104。

表 4-104　各种曝光光源的特性

光　源	光谱波长	优　点	缺　点	费　用
高压汞灯	365nm、436nm、546nm、578nm	光源稳定，光源集中在紫外光范围，寿命长	不能瞬间点燃，连续发光时需要冷却	低→中
氙灯	近似于日光	光谱范围广，发光效率高，适合于彩色制版	热辐射表面温度达 800℃左右，需要装冷却系统	高
金属卤素灯（碘镓/镝灯）	350～450nm	发光效率高，光源稳定，光色均匀，耗电比较少，无污染	启动困难，需要配置冷却系统，在使用中要求电压稳定，寿命短	最高

在各种光源使用过程中，都应利用紫外光射线测试仪对其辐射光强度值进行测定，并记录测试过程的日期、传感器的放置距离和位置。测试时应将测试仪的传感器置于真空曝光机的玻璃台板上，选择晒版架到光源的最佳距离（一般晒版图形的对角线长度为 1.5 倍），在晒版架中心位置的测试数据与四边角上的测试数值基本上一致，表明光强均匀，可以曝光。操作时应戴好防紫外光眼镜。在同样的条件下，每月定期监测光源的衰减强度并确定补偿量，通常光源强度下降至 70% 左右，就需要淘汰或更换新光源。感光材料的曝光可以在专用的网板晒版机（见图 4-118）上进行，其灯光和功率都很匹配，操作比较简单。

图 4-118　网板晒版机

4．感光制版的工艺方法

（1）直接法感光制模板

直接法感光制模板就是先把感光胶均匀地涂布在丝网上，经过干燥后直接覆盖上底片进行曝光、显影，获得真实的电路图形模板。该法的工艺特点是工序比较少，失真小，操作简便，膜厚可以调整，膜的耐印力比较高，生产周期短，但分辨率不太高，图像边缘容易出现锯齿状现象。工艺流程为

丝网准备→涂布感光胶→烘版→曝光→显影→检查、修版

主要工艺说明：

① 丝网准备。选用 260 目左右的涤纶丝网，先用肥皂水或洗涤剂彻底刷洗丝网，再用流动水冲洗干净。

② 涂布感光胶。采用市购感光胶或自配聚乙烯醇感光胶液。自配胶可用的配方：聚乙烯醇（聚合度分子数大于 1750）为 180～200g，重铬酸铵为 40～75g，水为 1000mL。

涂胶方法可采用手动刮涂法或采用刮胶机自动上胶等。在黄光下将感光液均匀涂布或流布在丝网表面上，并在 30～40℃的烘箱内烘烤，不待干透再涂第二遍胶，根据厚度需要可重复涂布 3～5 次。

③ 烘版。涂完感光胶后将丝网放置在 45～50℃烘箱内烘干。注意烘烤温度不得超过 60℃，否则感光胶将会发生热交联，导致显影困难。

④ 曝光。将底片的药膜面紧贴在感光胶膜上，采用光化学图形转移工艺，获得模板图形的潜影。利用材料供应商提供的工艺参数，在确定光源、曝光距离的条件下，再用紫外光射线测试仪进行测试，以确定适合的曝光能量或曝光时间的数值后再正式曝光。

⑤ 显影。曝光后的模板放入 40℃左右的温水中浸泡 2～3min，然后再用喷淋水冲走未感光的胶膜，得到所需要的图像，经过晾干，就可以使用。如采用高压水时，不能离网板太近，一般为 0.8～1m，否则水压过大，线条很容易为锯齿状。

⑥ 检查、修版。模板质量检查是非常重要的工序。显影后暴露出的缺陷可以通过修版来加以纠正，若缺陷严重，则需重新制版。重点检查印油墨部位的网孔是否完全通透，图像是否准确完整。

制好的丝网模板，应低温烘干或自然晾干 12h 以上才能使用。

（2）间接法感光制模板

间接法感光制模板是将照相底版药膜面与感光膜紧密贴合，经曝光、显影形成所需要的

图像，再将图像转移到网框丝网上，干燥后揭去片基制成板膜。该法印版精度比直接法高，但操作过程比采用菲林膜复杂，耐印力差，生产成本较高，板膜容易伸缩，逐渐被用菲林膜的直间接法代替，所以不再详述。

（3）直间接法感光制模板

直间接法感光制模板是将感光菲林膜黏合到绷好的丝网上，干燥后将照相底版放在感光膜上经曝光、显影、干燥制成板膜。其工艺特点是操作简便，生产周期短，耐印力和分辨率都比较高，但板膜容易伸缩。因市场上容易采购到菲林膜，所以这种制版方式应用广泛。工艺流程为

丝网准备→感光敏化→贴膜→干燥→曝光→显影→干燥→修版

主要工艺说明：

① 丝网准备。用洗洁剂或细去污粉刷洗丝网两面，再用流动水将丝网冲洗干净。

② 感光敏化：在黄光条件下，将裁好的感光膜放入 3%～5%重铬酸铵水溶液中 1～2min 进行敏化处理。

③ 贴膜。将敏化处理好的感光膜贴在网上，用橡皮刮涂上 3%～5%重铬酸铵水溶液，并在聚酯面上刮几次，以赶走气泡，使胶膜紧贴丝网上，最后用吸水纸将四周的敏化液吸干。

④ 干燥。将贴好感光膜的网框放入 45℃烘箱内，烘烤 5～10min，以胶膜干燥为准，取出丝网框，剥掉聚酯薄膜，将丝网框再放回烘箱内，以同样的温度烘 1～2min，使胶膜干透。

⑤ 曝光。曝光有关数据见表 4-105。

表 4-105　直间接法感光制模板曝光有关数据

灯具名称	功率（W）	灯距（mm）	曝光时间（min）
镝灯	1000	500	2～4
高压汞灯	1000	300	3～4

⑥ 显影。把网框浸入 40～60℃的温水中 1～2min，再用自来水喷淋至未感光部分的胶膜脱落为止。若有余胶，可用 3%～5%柠檬酸溶液局部喷淋，再用水冲洗干净。

⑦ 干燥。用吸水纸把网板膜上的水分吸干，再放入 50～60℃的烘箱内干燥 10min。

⑧ 修版。检查板膜并将板膜出现的砂眼、针孔、断线、残缺或网孔不通等缺陷进行修版。可用毛笔蘸上胶漆进行修版。

5. 制作和使用网板应注意的问题

制作网印模板时，应注意以下几个问题。

（1）防止锯齿状波纹

特别是采用直接制作网印模板法所使用的粗丝网时，容易产生此种现象。这是由于所使用的粗丝网与细目丝网乳剂的覆盖力不一致而产生的。一般采取 250 目以上，也可用优质的乳剂或斜法绷网等都有一定的改善。

（2）改善板膜的黏合性

采用新丝网时，应彻底进行清洗、脱脂，并对表面进行活性处理。常以化学方法，采用2%的碱液、甲苯基酸（间位、对位、邻位甲酚及其诱导体的混合液）洗涤丝网，或采用其他物理方法使用硬质细粉粒在丝网表面磨刷，再清洗干净。

（3）网板的使用面积

网板面积利用率一般小于 40%，应保持使用时，刮板长度与网框内侧间隔大于 200mm

（如采用手工网印时允许间隔小些），图形不容易失真。网板面积利用率可按下式计算：

$$R = \frac{S_1}{S_2}$$

式中，R 为网板面积利用率；S_1 为网板图形面积；S_2 为网板面积。

（4）丝网厚度、乳胶膜层厚度、丝网粗糙度测试方法

厚度测试仪主要用来测试丝网、丝网感光胶涂层和菲林软片的厚度。因为丝网网板的厚度会影响印刷过程中油墨透过体积，即图形印后墨层的厚度及清晰度，尤其是对精细电路图形的影响会更大，甚至严重时会改变其电路技术参数，如使用导电银浆、导电碳浆，以及对于 IC 厚膜电路等。厚度测试仪既能测量湿片的涂层厚度，也能测量干片的涂层厚度。厚度测试仪的结构类型和测试方法可分为三类，即机械法、磁感应法和涡流法。应根据测试精度要求选择。

为确保线条图形边缘清晰平直无锯齿、再现性好，丝网网板与承印物表面之间必须紧密贴合，这就要求丝网网板涂层表面十分平整光滑。平整度差的丝网网板表面，油墨会随丝网的丝线、网孔起伏流入贴合不紧的部位而使图形印迹出现锯齿现象。为此，需要进行丝网粗糙度的测试，采用粗糙度测试仪的传感器测量角度为 22.5°，选定涂布感光胶膜的测试点，并在附近直线方向移动几毫米内寻找几个测试点，同时完成对表面最高点或最低点的测量，随后通过显示器给出测试的平均数值。表面粗糙度的符号为 Rz，单位是μm（微米）。

6. 常见故障及排除方法

制作网板最常见的故障是网板上图形的膜层附着力差，在丝印过程中出现膜层与丝网脱离，导致无法印刷。主要原因是丝网的前处理不够或感光膜曝光不足，或者刮板硬度太大，用力过猛等。具体可根据表 4-106 和 4-107 分析的原因有针对性地采取措施。

表 4-106 采用感光胶液的常见故障、原因分析及排除方法

常见故障	出现的形式	原 因 分 析	排 除 方 法
有气泡	在制好的网板表面留有大量气泡	丝网脱脂不充分	丝网要充分清洗干净
		丝网上落有灰尘	改善工艺环境
		感光液混合不均	要混合均匀，放置 8h 后，待溶液内气泡消除后再涂布
		涂布速度太快	速度要均匀，不宜太快
		图形底版上落有灰尘	提高作业室内净化程度
膜脱落	网板显影后出现膜层脱落	曝光前感光膜层未干燥	需要烘干后才可以进行曝光
		曝光不足	延长曝光时间
		前处理脱脂不良	加强前处理
		涂膜后放置时间太短	涂膜后放置 12～24h 再曝光
		曝光能量衰减	检测或更换曝光灯
显影困难	显影后部分线条未完全显影，严重时无法显影	曝光时间过长	缩短曝光时间
		烘干温度过高	降低烘干温度
		感光液涂布不均匀	严格控制涂布膜层的厚度均匀
		感光液配制与使用时间过长	在 8h 以内使用
		底版透光度不够	改善底版制作质量
		烘干时受光线照射	在黄光下作业，避免日光

续表

常见故障	出现的形式	原 因 分 析	排 除 方 法
锯齿形状	网板在显影干燥后线条边缘不整齐，出现锯齿形状	丝网处理不良	加强前处理
		涂布时刮刀面涂膜太厚或太薄	改善涂布质量，按工艺要求进行涂布
		底版与网板曝光时未压紧	保证底版与网板压紧
		曝光时间过短或过长	测量曝光时间
		选择丝网目数太低	选择比较高的目数
		感光液过期	重新配制
		感光液配比不当或搅拌不均	正确配比，搅拌均匀
耐印差	网板在丝印过程中过早出现掉膜质量问题而不能使用	丝网前处理不良	加强前处理
		曝光不完全	延长曝光时间
		选择丝网目数太低	选择比较高的丝网目数
		显影时水压过大	显影时应选择小的水压
		感光液配比不当或搅拌不均	正确配比，搅拌均匀
		感光液过期	重新配制

表 4-107　采用菲林感光膜的常见故障、原因分析及排除方法

常见故障	出现的形式	原 因 分 析	排 除 方 法
附着力差	网板在丝印过程中膜层与丝网脱离，导致无法印刷	丝网前处理不良	加强前处理
		曝光固化不完全	延长曝光时间
		转移时丝网水膜不充足	用水从刮刀面彻底浸透丝网
		显影时水压过大	在显影完全的前提下减小水压
		曝光后干燥不完全	适当地延长烘干时间
		选择丝网的目数太低	选择较高的目数丝网
形成锯齿状	网板在显影干燥后线条边缘不整齐，出现锯齿状	选择的丝网不当	根据不同厚度菲林膜片，选择不同目数丝网
		贴膜压力过大	适当地降低压力
		显影时水压过大	在显影完全的前提下减小水压
		曝光时间过短或过长	使用测量表测量曝光时间

4.9.5　印料

目前印制板的生产中广泛使用各种类型的网印材料，以使印制板的外表覆盖着所需要的某种特性的高分子聚合物。为了适应电子产品向着更高精度、更高密度、更高可靠性、微细、微孔技术的方向飞速发展，对印制板研制与生产提出了更高的要求，也对网印材料多功能化、多品种化提出了更加苛刻的技术要求，同时也加速了印料新品种的研制与生产，推出了许多种类的多功能化的网印材料，以满足不同工艺印制要求。当前印制板生产中，所采用的各种类型印料的特性、用途和工艺简介如下。

1. 印料的种类与用途

根据当前生产用料统计，多数印制板生产厂家是根据用户的技术要求、制造工艺要求和生产数量与批次大小选用印料的类型和种类，品种很多。

（1）抗蚀刻油墨

抗蚀刻油墨是一种耐酸性的抗蚀印料，分为热固型和紫外光固化型两种类型，主要用于批量生产印制板的抗蚀刻层，在基板的导电图形表面起到保护的作用，而不被蚀刻液蚀刻掉。抗蚀刻油墨多数应用于大批量单面板自动化生产。

① 热固型抗蚀刻油墨。绝大多数高分子成膜物质都能经得起各种蚀刻溶液的腐蚀，对印制图形起到保护的作用。热固型油墨又分为水溶性型和溶剂型。

② 紫外光固化型抗蚀刻油墨。通过紫外光照射下，油墨发生光化交联的聚合反应，快速固化，膜层硬度达到铅笔硬度 2H，并可抗酸性和碱性蚀刻液。其最高分辨率为 200μm，能制作导线宽度和间距为 0.25mm 以上的电路图形。该种印料固化时没有溶剂挥发，而且印料不经紫外光照射，黏度不发生变化，对环境污染比较小。

紫外光固化型抗蚀刻油墨的主要成分有光敏树脂、光引发剂、活性稀释剂、触变剂、流平剂、着色剂和填料等。紫外光固化型抗蚀刻油墨的光固化工艺参数见表 4-108。

表 4-108　紫外光固化型抗蚀刻油墨的光固化工艺参数

灯 类 型	功率（W）	灯距（mm）	曝光时间（s）	传递速度（m/s）
高压汞灯	80	10	约 5	
高压汞灯	1000	12	15～40	5～6
镝灯	1000	10	约 40	

印料的退除：在 80～85℃的氢氧化钠水溶液中浸泡 40～60s，可退除印料。

③ 液态光致抗蚀油墨。又称湿膜，与抗蚀干膜成分类似，由感光树脂、增感剂、热阻聚剂、增塑剂、颜料、表面活性剂、无机填料和酮类溶剂等组成，细度不大于 15μm。涂覆简单不需制作模板，直接用适当目数的丝网来印制，也可以用辊涂、帘式涂布来印刷。干燥后类似于干膜抗蚀剂，用底片曝光、显影、去膜，使用十分方便，并且制作的印制导线精细，成本高于热固型油墨，但从涂覆设备、使用工艺简单等方面综合考虑，成本并不高，因而应用越来越广泛。

（2）抗电镀油墨

抗电镀油墨的作用是将基板表面不需要电镀的部分保护起来，在电镀液中起到抗侵蚀的作用，应用于双面板和多层板的外层图形的制作（以制作负相图形为主）。

① 常用抗电镀印料可以从市场采购或自行配制。自配可以采用 2711 树脂油墨 100g、滑石粉 20g、沥青合剂 50g、汽油适量，混合后搅拌调均匀后可以使用。

② 印料退除。使用碳酸钠 60g/L、磷酸钠 60g/L、氢氧化钠 10g/L 和水配成 1000mL，成为退膜液。将图形电镀的板放进 70～80℃的退膜液中浸泡 2～3min，印料呈块状脱落，然后再用水冲洗干净。

（3）阻焊油墨

阻焊油墨用于印制板元器件焊接时，防止波峰焊焊料将两导线"桥接"，造成电路短路，同时也起到"三防"与装饰性的作用。这种印料分为热固型、紫外光固化型和液态感光型。

① 热固型阻焊油墨又分为单组分和双组分两种。

a．单组分热固型阻焊油墨：这种类型的印料固化温度比较高，而且固化时间长，不适于自动化连续生产，同时还增大基材变形翘曲程度，加上储存期短，目前采用得不是很多。

b．双组分热固型阻焊油墨：这种类型的品种比较多，有多种颜色，固化后其硬度为铅笔硬度 6H，使用前应按产品说明书的配比将树脂与固化剂混合并搅拌均匀，静置半小时左右使用。其储存期比较长，但配制后使用寿命短，仅仅几个小时。

② 光固型阻焊油墨。又称紫外光固化型油墨。在一定波长范围紫外光照射下，其丝印图形就能迅速发生交联反应而硬化。这种印料在使用过程中黏度不变，网板不会被堵塞，吸收紫外光后固化迅速，有利于自动化生产。

③ 液态感光型阻焊油墨。液态感光型阻焊油墨成膜致密性好，附着力好，耐热性、电绝缘性和耐化学性性能优良。成膜并干燥后，通过阻焊底版在紫外光下曝光固化，再经显影形成图形，特别适用于表面安装用印制板等高密度印制板的阻焊膜。

液态感光型阻焊油墨由感光树脂、胺类增感剂、醌类热阻聚剂、酸酐类硬化剂、颜料、表面活性剂、无机填料和醚类溶剂组成。其颜色除绿色外，还有红、黄、蓝、黑、白等各种，更具成膜后的光泽性，效果有高光、平光、亚光，甚至还有砂网纹等。

（4）导电油墨

导电油墨是将金、银、铜、石墨等导电填料分散在黏结料中而形成的。其中，金粉导电印料、银浆导电印料、铜浆导电印料在印制板生产中，主要用于印制电路、插头、电镀底层、键盘触点、电阻等印制。

① 金粉导电印料。化学性质稳定，导电性能优良，但价格比较贵，仅限用于厚膜电路制造。

② 银浆导电印料。主要用于薄膜开关电路的印刷。如果承印材料为聚酯材料时，可将银粉分散到聚酯树脂中。当印料干不透时，电阻值会增加，因此最好采用远红外干燥机 120～130℃下烘干，效果比较好。

③ 铜浆导电印料。为克服铜在空气中被氧化的缺点，多数采用经过防氧化处理的铜粉。使用这种印料丝印的电路不容易氧化，但缺点是一旦经过高温冲击，就会失去防氧化的效果。

④ 碳浆导电印料。使用的导电材料为石墨、炉法炭黑、乙炔黑和导电炭黑等。主要应用于薄膜开关电路、键盘触点和印制电阻；也可以印制成有导电、连接等功能要求，制作导电图形，起到导线的作用。

（5）字符、标记油墨

根据印制板元器件的要求或其他技术要求，在一面或两面网印上所需的文字、符号等，使用字符、标记油墨。

（6）功能印料

功能印料主要指有特殊功能的丝网印制用印料，主要包括以下几种：

① 塞孔油墨（又称填孔油墨）。主要用途：a）用于孔金属化镀层的抗蚀保护，或用于没有其他金属的铜层的抗蚀保护，是蚀刻后可以用碱性溶液去除的暂时工艺性保护，可以从板的两面进行塞孔；b）通过丝印将阻焊油墨印到导通孔中将孔塞满，其表面再印阻焊膜，焊接时对孔进行永久性保护。c）有盖覆镀层时在铜层下填充导通孔（又称盘中孔），对孔内金属化进行保护，填孔油墨能适应后续的化学镀及电镀铜工艺，并对铜有良好的结合力。

用途 a）的油墨应固化后容易清除。用途 b）和用途 c）的填孔油墨应采用其固态含量高于 80%甚至达到 100%，并应含有与基材相兼容的树脂和填料成分。

② 可剥性油墨。主要用于印制板局部需要临时掩蔽的部位，完工后用手剥离掉。

③ 焊膏。主要用作表面安装印制板焊接的焊料，把它涂在焊盘上经再流焊后，实现表

面安装元器件与印制板的固定和电气连接。

2．印料的性能

各种印料的性能各不相同，但它们都具一些通用性能，如黏性、触变性和精细度等。为使印制的图像不失真，印料必须具有良好的黏性和合适的触变性。

（1）黏性（黏度，Viscosity）

黏度是液体的内摩擦特性，是液体分子间相互吸引而产生阻碍其分子间相对运动能力的量度，较稠的液体内层滑动遇到的机械阻力较大，而较稀的液体内阻力比较小。温度会明显影响黏度。黏度的测量用黏度计，测定的单位为泊。

（2）触变性

触变性是液体的一种物理特性，即在搅拌状态下其黏度下降，待静置后又很快恢复的特性。触变性的定义是在25℃时，转速1r/min与10r/min的黏度比值。通过搅拌，触变性的作用持续的时间很长，足以使液体内部结构改变。要达到良好的丝印效果，印料的触变性是十分重要的。在刮板前进过程中，印料被搅动，进而使其流态化，加快印料通过网孔的速度，促进原来被网线分开的印料连成一体，一旦刮板停止运动，印料回到静止状态，其黏度又很快恢复到原来的水平。

（3）精细度（又称细度，Fineness）

精细度指油墨的细腻程度，是以颗粒直径大小为量度的标准。印料中的颜料和矿物质填料一般呈固态，经过精细研磨，颗粒尺寸不超过4～5μm，并以固态状形式成均质化的流动状态。

3．印料的使用要求

① 在任何情况下，印料的温度必须保持在20～25℃，温度变化不能太大，否则会影响黏度和印刷效果。当印料在低温条件下存放时，使用前要将其在使用环境温度下存放24小时以上或使印料达到合适的温度。使用温度较低的印料，会引起印刷故障，或致使印料层较厚。

② 使用前必须充分地搅拌均匀。如果印料中进入空气，使用前应静置一会或抽真空排气。如果需要稀释，加溶剂后应充分搅拌，然后再检验黏度。用后应立即把印料桶封好，不要把网板上剩余的印料放回桶内与未用的印料混在一起。

③ 使用的模板和印料都要经得住溶剂的清洗。可使用同一种印料稀释剂做最后清洗，一般最后的清洗应使用干净的溶剂。

④ 印料进行干燥时，必须有良好的排风系统，否则会直接影响生产环境和污染印制板。

4.9.6 丝网印刷工艺

丝网印刷工艺如采用手工操作，使用的设备比较简单，机动灵活，生产成本低；如采用自动丝网印刷机，生产效率高，丝印质量可靠。所以，丝网印刷图形转移是目前制造单面印制板和网印标识、字符的主要工艺方法之一。

1．丝印工作的准备

在丝印模板和印料准备好后，还必须将模板四周无图形的丝网眼封闭起来，同时还要选择和准备橡皮刮刀以及其他辅助工具与材料等。

（1）封网

丝印模板只占丝网中间的一部分，而其余部分的网孔仍能透过印料。为避免浪费印料和沾污底版，必须用封网涂料进行封网，涂覆不需要部分的网孔。常用的封网胶有硝基漆和专用封网浆。软性硝基漆质地柔软致密，耐印性和耐溶剂性好，去除很方便。专用封网浆是一种水溶性的成膜物质，无味、无毒、不燃烧，耐磨性、耐印性、耐溶剂性均好，封网黏结牢固。

封网时，将封网浆倒入被封丝网的一端，用刮板将浆液均匀地涂在模板的周围，不允许留有空白处。为了保险，可以进行两面刮涂，再将余液擦去后烘干或风干。要退除封网浆，可将丝网框架放入温水中浸泡 2～3min，再用冷水喷淋或流动水冲洗干净后晾干。

（2）选择合适的刮板

丝印用刮板（又称刮刀）的主要作用，就是通过一定的压力将网板上的油墨均匀地透过网板印到工艺规定的半成品板的适当位置上。刮板直接影响丝印质量的优劣。刮板的功能直接影响加工变量或受加工变量的影响。刮板将油墨压入孔中受网孔开度大小和油墨黏度的影响。由于刮板在一定压力下与网板接触，频繁地相互摩擦，所以对刮板的材质和形状都有严格的技术要求。为确保丝印的质量，必须选择性能优良的刮板材料和几何形状。

① 刮板的材质。通常使用的刮板材质是胶质板，富有弹性，有适当的硬度，耐摩擦、耐水、耐酸、耐化学溶剂等，材质稳定不易变形。常使用的材料有天然橡胶、氯丁橡胶、聚氨酯橡胶、硅橡胶和氟橡胶等，使用较多的是聚氨酯橡胶。

② 刮板的结构形式。种类比较多，适用不同操作法。如图 4-119 所示，（a）、（b）、（c）为手工操作型，（d）为机械或气动操作型，（a）、（b）刮板的手柄采用木质材料，（c）、（d）的柄采用铝合金型材，座板和压板则为防锈金属材料结构。

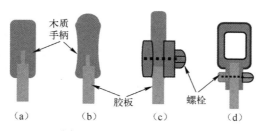

图 4-119　刮板结构示意图

③ 刮板的特性与油墨厚度的关系。刮板的特性对印刷后所获得的油墨层厚度有一定的影响，见表 4-109。

表 4-109　刮板的特性与油墨厚度的关系

刮板工作参数	印料层的厚度厚	印料层的厚度薄
刮板硬度	低	高
刮板攻角	小	大
刮板磨损	多	少
刮板压力	小	大
刮板速度	慢	快
刮板刀刃	钝	锐利

④ 刮板的硬度。刮板的硬度是指聚氨酯的硬度，它决定着刮板的抗溶剂性能和抗磨损性能，此外，还决定其在印刷中的抗弯曲性能。所有聚氨酯刮板都具有良好的抗溶剂性能。

一般刮板越硬，它的耐化学性也就越强。刮板的硬度和角度如图 4-120 所示。

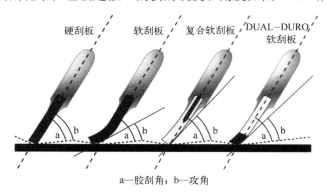

a—胶刮角；b—攻角

图 4-120　刮板的硬度和角度

如果刮板的硬度越低，印刷边缘就越钝，附着的印刷油墨就越厚；反之，硬度越高，印刷边缘就越锋锐，附着的印刷油墨就越薄。所以，在选择刮板类型时，唯一的原则就是保证印刷质量和清晰度。

如果刮板的硬度低，在刮油墨的压力下，刮板会产生弯曲，减小刮板的有效刮墨角度。因此，选择较高硬度的刮板能保持刮角与刮板之间的稳定性，刮板的有效刮墨角度可控制印刷清晰度和微调油墨的附着量。

油墨的透墨量由刮板的硬度和有效刮墨角度控制，而不是由压力所控制。过大的压力反而会使质量变差，可能损坏刮板或降低刮板的使用寿命，也会影响丝网和网板的耐印力。

刮板硬度用肖氏硬度表示，选择范围应按所用的油墨选择。网印阻焊油墨采用硬度为 65～70 度的刮板；印制表面有镀层的印制板采用 70～75 度的刮板；印制抗蚀刻油墨时采用硬度为 75～80 度的刮板。较适中的刮板硬度为 70～75 度，能适合各种不同类型印制板。

⑤ 刮板硬度的测定。刮板是模铸的，它的尺寸非常稳定。同时它以颜色做代码，便于识别。因为供货商不同，刮板的硬度有差异，以及是否被使用过和老化引起硬度变化等，为更好地保证刮板质量，需要经常对其硬度进行测试。

⑥ 刮板角度。刮板角度和有效的印刷角度是很重要的两个工艺参数。有效的刮墨角度受刮板硬度的影响，在某种程度上还受刮墨压力的影响。当使用和调试印刷机进行高分辨印刷时，刮板的角度应该与印刷机的台面成为 75°～80°角，这一角度可以从施压前通过刮墨刀架和刮板中央的轴线测量。在网印过程中，要确保丝网与刮板底面之间的角度合适，如果刮板的角度过大，不仅会造成印制板成膜质量差，而且刮板的印刷边缘将会磨损变钝。

图 4-121　机械自动丝印机

2. 丝网印刷工艺

丝网印刷通常有手工印刷和机械自动印刷两种。手工印刷设备简单、成本低，但质量一致性差、效率低。机械自动丝印机如图 4-121 所示。自动印刷质量一致性好、生产效率高，适于大批量生产。两种方法的基本操作过程相似，各工序操作如下所述。

（1）固定网框

根据所用印料的黏度、颗粒度及丝印图形的厚度、精度等，选择丝网目数。若印料的黏度比较大、图形涂层厚，应选择目数比较低的、丝径粗的丝网；若印料粒度小、图形要求精度高，则应选择目数高、丝径小的丝网。对网框外形尺寸要求，按网印图形每边放大 150～200mm。

选择合适的丝网框架，用铰链或专用夹具装配在底版或工作台上，待丝网框架放平时，使丝网面距被印板高 3～4mm。若网印面积比较大，丝网张力较小时，距离可以放到 5mm 左右。

（2）试印

将印料倒入网框内丝网上，涂均匀后先在白纸或废报纸上试印。首先检查试印的图形或字迹是否清晰、完整，位置是否准确。若发现问题，调整后再进行试印，直至网印的图形或字符合格。然后再在正式产品板上进行网印。

（3）定位

随着印制板电路图形密度和精度的要求越来越高，要确保印制板高精度图形的定位精度，就必须严格选择网印定位工艺方法。网印定位的目的是为了确保每次网印时，承印的基板与感光模板之间不会发生图形错位和移动，从而保证网印的精度。应根据图形的精度要求和产量多少来选择定位的工艺方法。

当网印单面印制板时，可采用边定位，定位板的厚度不得高于待印覆铜箔板的厚度。凡用模切冲孔或模切外形者，多用孔定位，确保定位精度。在数量很少、品种又多的情况下，可采用在托板上钉钉子的方法进行定位，并把钉头用夹钳去掉，利用印制板上的定位孔进行定位。

网印定位精度的关键是重复精度的问题。所谓重复精度就是进行多次网印后，每次网印的图形是否准确无误地再现在同一位置上。影响重复精度的因素很多，其中包括丝网种类、网板张力、刮印压力、离网间距、网印机精度等工艺参数。

当批量较大并对印制板图形精度要求高时，为提高网印质量就必须采用先进的工艺定位方法，消除影响定位精度的不良因素，以达到提高重复精度的目的。目前，在丝印工艺中最主要采用两种定位工艺：机械定位法和非机械定位法。

机械定位中最传统的工艺方法——销钉/孔定位法，定位孔的相对位置应力求在基板的对角线或中轴线上，孔距尽可能远，在允许的工艺范围内，孔径尽可能放大。在确保印制板定位精度的情况下，销钉的数量越少越好。其主要特点是工艺容易控制、工作效率比较高、成本低；缺点是难以适应高精度印制板的定位要求。具体的机械定位工艺方法有卡氏定位销定位法和槽式定位法。

卡氏定位销定位法适合在手工网印机或半自动网印机上使用，也就是贴片定位方式。其定位在一个长为 380mm、宽为 200mm、厚度为 0.50mm 的不锈网的薄片上，其中一角上铆接或点焊一个固定套准定位孔用的销钉。销钉直径按不同大小定位的要求，有不同的规格尺寸供选择。在网印定位时，将有定位销的不锈钢片采用不干胶粘贴固定在丝印机平台台板上的一定位置，再将印制板定位套准在其销钉上。通常采用四孔定位方法（或采用三孔以及对角线上二孔不对称定位）。印制板上的定位孔可采用数控钻床钻孔或光学投影钻孔等方式加工。

　　槽式定位法就是在丝印机放置印制板的平台上开一条或多条直槽，在直槽内安装可供调节、滑动的两块有定位销钉的滑块，在定位时可通过人工移动滑块来调节两定位销钉的距离，当距离确定后锁住滑块。定位用销钉直径一般为 2～4mm。定位孔设置在基板的一侧靠边位置或靠近长度方向中心轴线两边位置。此定位法多在半自动丝印机上应用。该法的缺点是定位销钉只能在固定直槽内滑动，不能自由地移动，所以只适用于专用丝印设备。

　　许多自动丝印设备也有自身特定的定位方式，应根据设备说明选用。全自动丝印机生产线上还有销钉固定在传动带上的定位方法，该定位方法只适用于在全自动丝印机生产线上使用。

　　有的先进丝印系统采用光电耦合器件进行光学对位的定位，简称 CCD 光学对位。CCD 光学对位系统具有图像识别功能，通过摄像机镜头对网板和基板上的基准标记加以识别，通过两者图像数据的差（补偿量）进行校正，从而达到精确定位。带有 CCD 光学对位系统的网印机如图 4-122 所示。

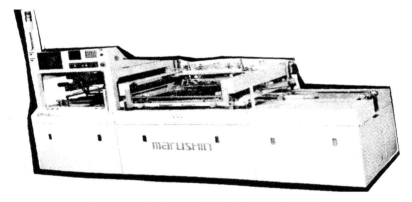

图 4-122　带有 CCD 光学对位系统的网印机

（4）丝印

　　丝印时，将覆铜箔板按定位要求放置在固定的位置上，然放下丝网框架，接触垫板，丝网距覆铜箔板 1.5～2mm，接着用刮板刮印料，使丝网与铜箔板接触，如图 4-123 所示。刮油墨过后，丝网靠自身弹性复原。

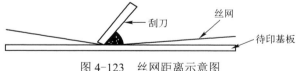

图 4-123　丝网距离示意图

　　刮板刀口应做成直角。若刀口圆钝，丝印时刀口和丝网便呈弧面接触。带状面示意图如图 4-124 所示。这时的丝网和铜箔接触也呈弧面。在这种状态下漏印，先印下的印料又受到刮板后部的挤压，致使丝印图形扩散、失真、边缘毛粗等。

图 4-124　带状面示意图

　　丝印过程刮板与丝网的夹角（见图 4-125），从理论上讲以 45° 为好。夹角增大或缩小，都会使接触面加宽。但由于刮板的软硬度、丝网张力的大小、丝印时用力的大小及刮板橡胶的弹性变形等因素的影响，实际上刮板和丝网的夹角为 50° 较为合适。

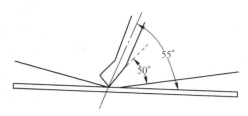

图 4-125　丝印过程刮板与丝网的夹角示意图

　　丝印操作时，两手揿住刮板，由前向后或由后向前，用力均匀而平缓地进行刮印。这时印料在丝网模板和刮板之间，既被挤压又被推移，迫使印料通过网孔印到覆铜箔板上。刮印后，掀开丝网框架，用刮板将印料回刮到封网处，以免印料干燥而封闭网孔，同时取出被印板，检查网印质量，合格后插到架子上。

　　如果丝网距底版太近，丝印时会造成丝网黏附铜箔表面反弹不起来，导致丝印图形毛刺很多，图像模糊不清，或出现双影，这时应适当加厚网框的垫板。

　　丝印过程中应注意以下几个问题。

　　① 清除丝网上的多余油墨。由于油墨的渗透，印刷完一定数量的板后，需使用吸墨纸吸印料，清除丝网印刷面上的残墨。尤其是有挡点的丝网，这些渗透到挡点处的残墨转移到焊盘上形成油墨薄层，很容易在预烘时因烘烤过度而硬化，显影时去不掉，焊接时会引起焊接不良。

　　② 影响丝印膜层厚度的因素。丝印过程中，一般来讲，影响油墨层厚度的因素主要是印刷速度：如果速度快，其油墨层厚度就薄，反之则厚；刮板压力小，其油墨层厚度就厚，反之则薄；丝网目数选择得低，其油墨层的厚度就厚，反之则薄；感光胶膜厚度要求厚，油墨层厚度就厚，反之则薄。

　　③ 选择适合硬度的刮板。在丝印过程中，必须根据所用的油墨类型和表面状态合理地选择刮板的硬度。

　　（5）干燥

　　丝印图形转移完成后，根据工艺要求和各种印料的性质不同，可以分别采用自然干燥、高温烘烤及紫外光固化等工艺方法。

　　（6）修版

　　丝印图形转移完成后，如发现印料图形上有砂眼、针孔及残缺不齐的线条等，可用修版笔、修版刀进行修补，严重时应立即进行返工。

4.9.7　油墨丝印、固化的工艺控制

　　不同类型的油墨在丝印后膜层的固化条件和工艺控制不同，必须根据所用油墨供应商提供的技术参数选择丝网进行丝印、固化的工艺控制。

1. 抗蚀油墨的工艺控制

　　抗蚀油墨是印制板制造中最早开发和使用的油墨种类之一。它是减成法工艺中非常重要的抗蚀保护膜，用于蚀刻时保护导电图形处的铜箔不被蚀刻掉，适用于批量和自动化生产。抗蚀油墨中使用最广泛的是光固化型抗蚀油墨和液态感光型抗蚀油墨。

　　（1）光固化型抗蚀油墨

　　网印光固化型抗蚀油墨的工艺程序比较简单，适合单面板的生产。网印前基材需经过摩擦清洗处理，使铜箔表面的接触面积增大，增加与油墨层的结合力。根据该油墨的特性，在

工艺过程中控制的工艺要素主要有以下几个方面。

① 丝网的选用。应根据电路图形的精细程度和光固型抗蚀油墨的工艺特性，选择合适目数的丝网。当制作精密网板时，需选用黄色的丝网，可避免白色丝网易产生折射和反射，而影响曝光质量的缺陷，但是曝光时间比白色网板曝光时间增加 1/3 左右。

② 油墨黏度控制。在确保电路图形准确性和膜层厚度一致性的基础上，根据网印的效果认真调节黏度，以便于操作。

③ 网印清洁控制。为避免油墨漏印到不需要保护的铜箔表面，造成基板表面的多余物直接影响蚀刻质量，每复印一次都需要用废报纸漏印一次，去除多余油墨。

④ 网印和光固化后基板的放置。为避免人为地擦伤和工具刮伤而造成导线断开或短路，必须将基板放在专用板架上。

（2）液态感光型抗蚀油墨

液态感光型抗蚀油墨俗称图形湿膜，是当前图形转移工艺技术的新发展。湿膜的分辨率一般为 0.05mm，甚至可达 0.025mm，特别适用于制作精细导线的图形转移膜层。用湿膜工艺进行图形转移是采用底版曝光的方式，所以丝印湿膜不需制作有图形的网板，定位简单，便于操作。湿膜对环境条件和温湿度条件敏感，必须采取可靠的工艺措施，才能确保网印质量。

① 净化条件的要求。湿膜主要用于制造导线宽度小于 0.20mm 的电路图形，因此它对工艺环境的要求比较苛刻。在用油墨进行高密度图形转移过程中，网印层上任何灰尘的存在，都有可能造成印制板短路或断路，并且精细导线上的缺陷也难以进行修补或更改，甚至会直接造成印制板报废。因此要求作业区的工艺环境应有净化装置，其净化等级需达到 100 000 级～10 000 级。如果条件无法满足净化要求时，最起码要保持作业区环境整洁干净，应避免纸屑、灰尘、颗粒、棉纤维、头发丝异物等黏附在网印好的感光层上。

② 温湿度的要求。工作间的环境温度直接影响涂布感光油墨适应性及感光材料的热交联聚合反应。因为油墨的黏度随工作间温度的变化而变化，温度高，油墨的黏度就会变小；反之，油墨的黏度就会变大。因此，要严格控制环境温度为 20～25℃（曝光时温度应控制在 18～22℃）。在温度为 25℃时，测定油墨的实际黏度应为 70～90Pa·s。

为防止基板吸附潮气，还应严格控制工作间的湿度，通常控制相对湿度不大于 50%。

③ 工作间的灯光要求。液态感光油墨属感光材料，对于 300～400nm 的紫外光非常敏感，为此要求作业区最好采用波长大于 460nm 的黄光（为安全光）。否则很容易造成光热反应，致使已经曝光的膜层继续交联，造成后工序的显影困难。

④ 对基板表面质量的要求。为确保液态油墨与铜表面的结合力，要求基板表面无氧化层并有一定的粗糙度。最好采用浮石粉刷板，既能保护好基材铜箔的表面不损坏，又能除去表面氧化物并形成粗化铜的表面，增大接触面积，为下道工序提供可靠的质量保证。在刷板后应及时热风吹干，使基材表面在网印油墨前保持干燥。为保证清洁效果，必要时应对清洗后的板做亲水性试验，以检验清洁效果。

⑤ 网印油墨工序的要求。根据所选择油墨的工艺特性，首先要选好网印用的丝网目数，如采用 PER-800 油墨，宜采用 100～200 目的丝网。网印的膜层干燥后厚度应控制在 15μm ±5μm。

⑥ 预烘干的要求。因为液态油墨中含有溶剂，必须采用预烘的方法把印到板上油墨中的溶剂蒸发除去，否则会影响图形转移的质量。对预烘干的温度、时间和烘箱内的通风控制有严格要求，因为预烘温度过高或时间过长，都会导致显影困难、分辨率降低、脱膜困难等。预烘时间不够，曝光时膜层会粘连底版。预烘干时，温度均匀度应控制在±3℃之内，预

烘的温度按所采用的油墨特性说明的规定。预烘干后在 12h 内应完成曝光和显影作业，如放置时间过长，会使膜层继续进行聚合反应，造成显影困难，甚至产生余胶。

⑦ 曝光工序的要求。湿膜与干膜感光膜一样，曝光是正确进行图形转移的关键，选择正确的曝光量（或曝光时间）需用光楔表进行工艺试验，以正确确定曝光时间。如采用 PER-800 油墨，经用杜邦公司的 21 级光密度表测定，适宜控制在 7～9 级。曝光量控制在 60～100mJ/cm^2 范围内比较合适。在制作高精度、高密度图形时，由于基板上光线的反射会引起尺寸超差，应严格控制曝光时间和曝光量。

⑧ 显影工序的要求。要确保显影质量，应严格控制好显影液的浓度、温度、显影速度、喷嘴的压力与喷淋液的分布等参数。为防止显影时溶液向膜底层渗入，应根据电路图形的精度确定显影速度，尽量缩短显影时间，适当提高显影作业温度和喷淋压力，加快显影速度，还应控制好显影工艺参数与曝光工艺参数相匹配。

⑨ 蚀刻工序的要求。蚀刻时采用的蚀刻液必须与所用的油墨性能兼容，并严格控制蚀刻液的温度、速度、浓度（或蚀刻液的密度）和 pH 值。通常采用酸性或碱性氯化铜蚀刻液。

2. 抗电镀油墨的工艺控制

抗电镀油墨的应用极大地满足了双面和多层板外层或内层电路图形制作的需要，适应批量生产和自动化生产的要求。它的主要功能就是网印负相导线图形，在进行图形电镀时，能阻止金属离子在非需要的部位上形成电镀层。液态感光型抗电镀油墨的膜层厚度可以控制得较薄，特别适合制作精细导线图形。它的网印条件、曝光、显影工艺性和耐电镀性都类似于液态感光抗蚀油墨，所以工艺方法与液态感光抗蚀油墨相同，适用于酸性镀液的抗蚀层。

3. 阻焊油墨的工艺控制

阻焊油墨是制造印制板工艺中最常应用的印料种类之一。通过网印及其他工艺方法将印制板表面有选择地涂覆一层永久性的保护层，将焊盘以外的导线图形保护起来不受损坏，在焊接时不会发生焊料"桥接"现象，以防止短路。阻焊层还具有一定"三防"作用，它抗化学药品、耐溶剂、耐热、绝缘性能好，并对印制板起到美观的作用，在印制板上应用广泛。阻焊油墨的颜色种类较多，其中有绿色、红色、黄色、蓝色、透明色、褐色等，可根据用户需要选择。其成膜后的表面状态可分为布纹、半布纹及消光、平光、亚光和光亮几种。根据固化方式分类，阻焊油墨主要可分为热固型、光固型和液态感光型。当前应用于高密度、高精度印制板生产中最广泛的是液态感光型阻焊油墨。

（1）液态感光型阻焊油墨

液态感光型阻焊油墨适用于高密度细导线印制板的生产，它以感光树脂和热固型树脂为主体，添加有感光剂、热固化剂、热聚合抑制剂、填料、助剂、颜料和溶剂等。它是 20 世纪 90 年代初研发的一种新型阻焊印料，因为兼有传统网印型印料和感光干膜的特点，所以目前的应用越来越广泛。该型阻焊油墨按其涂布方式，可分为网印型和涂布型（帘涂法、辊涂法和静电喷涂法涂覆）；按显影方式，可分为水溶型、半水溶型（采用稀碱液）和溶剂型三类；网印后油墨膜层的固化方式采用光固化和热固化双重固化。

涂覆阻焊油墨前对基板表面应进行清理去除污物，确保表面干净无尘埃、干燥。采用手工网印时，丝网目数为 100～150；印后静置 10～15min，再进行预烘，两面同时进行预烘，温度为 70～80℃，时间为 30～40min，将其逐渐冷却至室温，然后进行曝光。曝光时间与所采用的曝光机的功率有关，如采用 5000W 的，时间要长些；如采用 7000W 的，曝光时间要相应短些；应根据光密度计测定的等级确定曝光时间。曝光时的光能量与油墨的特性有关，一般为 300～500mJ/cm²，具体应按油墨供应商提供的说明进行控制。曝光后静置 10～15min，进行显影作业，显影条件与干膜抗蚀剂的类似，最后进行固化，温度为 150℃，时间为 40～50min。

如果采用双组分油墨，网印前应严格按照说明书提供的数据配比配料，搅拌 30min 以上，使液态阻焊印料充分混合均匀，搅拌过的油墨需放置 15min，以使气泡逸出，并使用搅拌刀带起少许油墨，检查黏度是否合适，必要时用黏度计测定油墨的黏度，合格后方能使用。

网印前应调节网印框丝网与网印台的距离到适当位置，当各个工艺参数调定后，应试印两三块，仔细检查膜层的色泽、覆盖程度、有无跳印、导线拐角有无露铜等缺陷。

网印时，应使液态感光阻焊油墨均匀地分布到整个板面，保证油墨与印制板上的铜导线、基材的结合力和涂层的均匀性。

网印后应严格按工艺要求控制油墨预烘温度和时间，确保所形成的膜层表面不发黏、不固化。如果发黏，就会将底版粘坏无法进行再生产；如果预烘过度膜层固化，就会造成显影困难或无法显影而报废。经预烘后的膜层表面以用手触及而不发黏为宜。

用于表面安装印制板的液态感光阻焊油墨膜层必须具有良好的结合力、较好的抗化学药品性能，并能在 80～90℃酸性化学镀镍时经受住长时间（30～45min）的浸泡而膜层不发黏、不失去光泽，能抗得住恶劣的操作工艺条件。为了提高阻焊膜的耐镀金和耐热冲击性能，必须严格控制固化温度和时间。根据油墨的工艺特性还应严格控制添加稀释剂的量，以确保阻焊膜层的色泽均匀一致。

（2）热固型阻焊油墨

热固型阻焊油墨是一种液态浆状印料，通过加热使溶剂挥发、固化产生高分子交联反应，形成所需要的阻焊膜层。它有单组分和双组分两种类型。单组分油墨内已含有固化剂，操作方便，容易控制，不需要再添加固化剂；但主要缺点就是储存期特别短，只有1～2 个月的存放时间，所以使用的厂家越来越少，目前主要使用双组分热固型阻焊油墨。

双组分油墨的主剂和固化剂是分开包装的，用时根据说明书按比例地称量各组分混合搅拌均匀，然后静置半小时，待气泡完全逸出和充分反应后方可使用，但必须在 24h 内用完。当油墨快到其寿命期时，网印性能就会变差，流平性降低，容易堵网，清理麻烦。

固化方式有两种：一种是采用间断式的烘箱进行热固化处理，固化条件是温度 150℃，固化时间为半小时；另一种就是批量化生产方式，采用远红外线隧道炉式连续进行固化处理，固化温度为 160～190℃，固化时间为 3～5min，是适用于高效、批量生产的热固化方式。

此种类型的热固化油墨尽管耐热性和附着力很好，但油墨对印制板图形的填埋性差，很容易产生导线边缘露铜、膜层上有针孔、渗墨和跳印等质量问题，网印时需要制作有阻焊图形的网板，并且需要定位，所以使用者在逐渐减少。

（3）光固型阻焊油墨

光固型阻焊油墨是一种在一定波长（300～400nm）范围的紫外光照射下，其涂覆层能迅速地产生交联反应而固化的印料。它与热固型阻焊油墨特性相比，具有相对的稳定性。因为它含有的固体量达到 100%，不存在溶剂挥发的问题，对工艺环境的影响很微小，而且经网印的膜层不会因环境的变化使厚度变薄。特别在网印过程中，油墨的黏度不变，印料在网上不会干涸，因而也不会堵塞网眼。再加上采用光固化的固化速度快，适应机械化流水线生产，最适合采用自动化生产线网印的单面板生产，但网印时也需要制作专用网板和定位。

由于紫外光的透光率受膜层厚度的影响，在网印过程中应注意控制网印膜层的厚度。如果膜层过厚，就会造成最底部的膜层固化不彻底，会直接影响波峰焊的可靠性。但随着紫外光固化设备技术的进步，这类技术问题已逐步得到解决。

（4）光敏型阻焊干膜

为适应高密度印制板生产要求，在感光抗蚀干膜的启发下开发出了光敏型阻焊干膜。它的化学组成类似于液态感光油墨，预先涂敷在聚酯基膜上并将溶剂挥发干。许多印制板厂家曾用过此类产品，但是，由于需采用专用的真空贴膜设备，并存在耐热性差、附着力不稳定和保存条件严格及价格较贵等因素，限制了它的应用范围，目前已被性能更优越的液态感光型阻焊油墨所代替。

4．导电油墨的工艺控制

导电油墨是一种功能性印料。它不同于其他油墨的工艺特性，其最大的区别是在组分中含有很高比例的金属浆，起到导电的作用。在印制板上最常应用的有碳浆、铜浆和银浆。导电油墨主要用于单双面印制板的按键、桥接导线、贯孔以及缺口断线的修补和挠性印制板导线图形的制作。以导电油墨取代铜导线，网印在绝缘体表面形成电路，有效地制成各种形状的印制板，在较小功率的电子产品上获得了广泛的应用。

（1）碳浆印料

碳浆印料是一种液态热固型印料，通过网印、固化后所形成的膜层具有以下特性。

① 能起到保护铜导体和传导电流的作用，具有良好的导电性能和较低的阻抗，表面电阻较低。

② 表面不易氧化，性能稳定，固化后耐酸、碱和化学溶剂的侵蚀。

③ 能与玻璃布板和铜箔结合良好，有较强的附着力和抗剥离强度。

④ 固化后其硬度可达 6H 以上，耐磨性好，抗磨损；做按键层与键盘，接触次数可达 100 万次以上。

⑤ 抗热冲击性能好，通过焊接试验的温度为 260℃，承受的时间长达 50s，试验次数达 5 次，其膜层不受影响，方块电阻变化率不超过规定值。另一重要的工艺特性就是经过热风整平其表面不沾锡。

根据碳浆印料的工艺特性，还必须严格控制碳浆成分的配比，可根据设计技术要求和工艺规范，严格控制成膜的工艺。首先应根据电路图形的导线宽、间距和碳浆印料的颗粒细度，选择丝网：对于导线宽度为 0.25mm 以上的，应选择网目数为 100～150 目的丝网；导线宽度在 0.25mm 以下的，可选择网目数为 150～250 目的丝网。为确保网印碳浆印料的位置精度，选用可调式自绷网框，膜层厚度控制在 25～50μm 的范围内。

为确保网印的质量，在网印前首先要充分搅拌碳浆印料，使组分间充分地混合，以确保组分均匀。因为碳浆中的填料主要是墨炭黑，储存时易产生沉淀。第二，要注意的是网印时应尽量少加或不添加稀释剂。第三，在进行固化时应严格控制在工艺规范的范围内，尽量使温度保持较高的范围和较长的固化时间，这是因为温度越高，时间越长，其固化质量就越好，不但膜层光亮，膜层厚度也会得到保证。根据工艺规定其固化条件为：固化温度为 120～150℃，固化时间 30～40min。

（2）铜浆印料

为满足高密度化、薄型化和低成本印制板的生产技术要求，在高密度互连印制板（HDI 板或积层板）制造中所采用的塞孔工艺和 B^2it 技术中就采用铜浆材料实现一种新型的高密度互连技术。铜浆印料不但要满足导电的需要还要满足导热的需要。

从工艺上要重点控制其网印模板的制作，能够达到使整板的孔内充满塞孔油墨，并能有凸出部位，当进行固化收缩后能均匀地填满整板的每个孔。要达到高的塞孔质量还须对网印工艺方法所采用的装备进行革新，使板上的孔能利用空气流的压力使填料填满孔内。

制造积层板所使用的导电油墨可在铜箔表面网印上导电凸块，以替代钻孔导电互连作用。关键有以下几个方面：

① 正确地选择原材料。重要的原材料有半固化片和铜浆导电油墨，是制造积层板的主体。首先确定所选择的铜浆导电油墨的组分，也就是铜粉与树脂成分各所占的比例；其次是所选择树脂的玻璃化转变温度（T_g），应比半固化片树脂的玻璃化转变温度高出 $30\sim50℃$。

② 选择模板材料与制作的工艺方法。这就必须根据积层板电路图形的密度和精度的要求，选择合适的模板材料，采用激光或蚀刻的工艺制作模板。

③ 严格控制半固化片的熔化温度，确保它处于半流动状态，能使导电凸块顺利地穿过玻璃纤维的孔径与层间相结合，制造成所需的高密度积层板。

④ 根据工艺特性着重控制层压过程中的温度变化曲线，使控制达到最佳条件，确保互连可靠，应达到工艺程序化、标准化。

⑤ 在网印导电凸块时，要严格控制凸块的高度和宽度，特别是高度。因为宽度是受玻璃布的线径所限制的，而高度控制的难度系数要比宽度控制的高数倍。所以，在制作模板和网印时特别要严格进行监控。要精确地计算凸块的高度与玻璃布的厚度之间的变量关系，因为半固化片在高压高温的条件下处于熔化流动状态，相应的厚度就会有所变化，要达到导电凸块牢固精确的接合，就必须通过实践找出其规律性，正确判断并修正其工艺参数。

（3）银浆印料

银浆印料是由超细银粉和热塑型树脂为主体而组成的一种液态型印料。它主要用于薄膜开关和挠性印制板的部分有特殊要求的涂覆层。该印料的主要特点是，有极强的附着力和遮盖力，可控的导电性和低的电阻值。最重要的工艺特性就是能在低温状态下进行固化。

制作网板时要根据印料的工艺特性选用 $200\sim250$ 目的不锈钢丝网。网印时根据基板表面性能的特殊技术要求，应使印料的组分分散均匀，并确保覆盖层厚度的一致性和可靠性。印料的固化条件，应根据所印的基材物理特性，合理选择固化温度和固化时间。固化时所选用的固化温度越低，固化的时间就越长；反之，其固化的时间就越短。例如：选用的固化温度为 $120℃$，其固化时间为 $5min$；选用的固化温度为 $90℃$ 时，其固化时间为 $15min$。

银浆最显著的特点就是黏附力强、抗弯性良好和阻值变化小，网印的导线经固化后其性能良好，能基本满足一般电器产品的技术要求。

5. 导通孔的保护

导通孔的保护是涉及印制板的设计、生产和装联工艺，并影响其产品质量、使用可靠性及成本的重要课题，是一项复杂的工艺技术问题。尤其是对高密度组装印制板和 BGA 一类高集成度器件体下面密集的导通孔（过孔）保护，引起了印制板和电子装联行业的广泛重视。美国电子电路与封装协会在 2006 年发布了 IPC-4761 "印制板导通孔结构保护的设计指南"，明确给出了如何更好保护导通孔的建议和要求。油墨塞孔（油墨填孔）是其应用广泛而有效方法，保护方法有多种，大体分为暂时性工艺保护和永久性保护两大类。

（1）抗蚀刻塞孔（堵孔）

抗蚀刻塞孔是暂时性的工艺保护，主要用于双面或多层板采用正片制版时对导通孔抗蚀保护，所用油墨是一种液态型的稀碱溶性印料，用网印法将油墨塞住已完成的金属化孔，保护孔内的金属镀层在蚀刻时不被溶液蚀刻掉或破坏，与采用干膜掩孔的作用相似。采用堵孔工艺方法，可以免去镀锡铅合金等抗蚀金属层，减少了许多工序，提高了生产效率，减少电镀抗蚀层的工艺污染，降低了印制板的制造成本。

塞孔油墨有两种类型，即热固型和光固型。热固型塞孔油墨，采用常温干燥，时间需4～6h；采用温度 80℃干燥，时间只需 1h。光固型主要采用光固化机进行固化，效率比热固型高。热固化后的特点是塞孔平整、附着力良好，磨损时不会造成破坏，耐酸性和碱性蚀刻液的侵蚀，其主要缺点是由于热固型塞孔油墨含有溶剂，经固化时易挥发，导致孔口产生凹陷。光固型的主要特点是不含溶剂，塞孔的油墨平整、饱满，不会产生下陷的现象。

根据两种类型塞孔油墨的工艺特性，在进行塞孔作业时，应确保油墨的黏度适于塞孔要求。塞孔工艺方法应根据电路图形的特点，可选用滚涂、浸涂或网印等方式，或采用专门设备把油墨塞入孔内，也可从过孔的两端网印保护。无论采用何种方式，都必须确保孔口金属被油墨完全覆盖。当然，作为塞孔油墨，经固化后表面层的厚度达到 0.7mm 时，中间是否固化不会影响其抗蚀能力。当蚀刻完成后，应在 2%～4%的碱性溶液中退除干净，在孔内不应有多余物，以免影响电装质量。

（2）焊接保护性塞孔（填孔）

对成品印制板塞孔的目的就是为了防止波峰焊接时，焊料从导通孔贯穿到另一面造成短路，以及在进行再流焊时，防止焊膏从导通孔中流失，并能防止和避免助焊剂残留在孔内而影响电气性能。在塞孔工艺中，可采用阻焊油墨替代某些塞孔印料对导通孔塞孔，与印上的阻焊膜同时烘干固化，可解决传统塞孔工艺中，先用油墨塞孔并烘干后再进行网印阻焊油墨的操作，由二步法变成一步法完成。该法的缺点是阻焊油墨固化后孔口稍有凹陷。

（3）盖覆过孔的塞孔（填孔）

盖覆过孔（Capped Via）是指孔（又称导通孔）上面有铜焊盘的过孔，焊盘下面的过孔必须用树脂保护，所以此类孔又称为盘中孔。对盘中孔的保护是 BGA 系列器件下面过孔保护的必要措施。盖覆过孔的结构如图 4-126 所示。

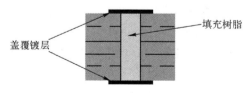

图 4-126　盖覆过孔的结构

保护的方法是用网印方法将专用堵孔油墨（含有填料的树脂）填充到金属化后的过孔中，要保证油墨填满过孔，中间无气泡，待油墨固化后磨去孔口高出的树脂，然后再按正常的印制板制造工艺进行钻孔（其他不需树脂保护的孔）、孔金属化、图形转移和电镀等后续加工。此种方法保证了焊盘与过孔的可靠连接，节省了元器件下面的布线空间；并能防止再流焊时焊料和清洗剂流入孔中，提高了保护性能，克服了孔口的凹陷，外表平整美观与普通焊盘一样。

此方法的缺点是需要两次钻孔和孔金属化，增加了印制板的加工工序和工艺的难度，因而提高了成本，并且需要印制板设计与工艺相互配合协调才能完成。专用塞孔油墨的固态含量高，流动性差，网印填孔难度大，必要时需用下面托板可抽真空的丝印台，以提高填孔质量和效率。

6．可剥性油墨的工艺控制

可剥性油墨是为满足在制造过程中，基板表面局部有特殊性要求的状态下，起到临时保护和屏蔽作用的一种可剥性印料。该材料应具有较高的韧性，耐酸碱、化学药品和焊料浸渍，还应具有适当的耐机械冲击能力，有较好的稳定性和可剥离性。

可剥性油墨主要应用在印制板上保护碳浆网印的导电性按键、镀金按键和印制插头部位，作为元器件安装、局部焊接的抗热和防焊料冲击及防止外形机械加工损伤的保护，完成加工后可用手剥离膜层。

控制工艺条件：根据印料的工艺特性，选择60～100目丝网，制作所需的图形，其感光膜的厚度为100～120μm，刮刀硬度为60～65，热固化温度为150℃，固化时间为5～8min。

光固化型油墨可用紫外光按光固设备推荐的参数进行固化，如果膜层厚，固化时间要延长。

7．字符标识油墨的工艺控制

印制板上的文字符号和标识是安装元器件、检验和维修的功能性符号，是印制板安装元器件和使用维修的重要参考依据。在印制板制造过程中通过油墨网印工艺来印刷这些字符标识，要求油墨的工艺特性是与基体膜层结合牢固、颜色鲜明、示意性强，以确保元器件安装位置的准确，还必须具有较高的抗蚀性、耐溶剂性和耐热冲击性及高的绝缘性。其他工艺性能与其应用的阻焊油墨相同。字符标识油墨有两大类型，即光固型和热固型。光固型多数用于大批量的单面板，而热固型用于双面或多层板。尽管此类油墨用量不大，但十分重要，直接影响印制板的外观和使用的方便程度。如果选择不当，在后续加工中受热冲击时，轻者变色，重者脱落而导致报废。所以，应选择与所使用的阻焊油墨性能接近并相互兼容的油墨。字符标识制作的工艺方法有丝网印制法和专用打印机打印法。

（1）丝网印制法

根据字符标识的线条尺寸和油墨特性选择合适目数的丝网，按照工艺规范的要求，制作网印模板选择油墨。网印时，应先试印在废纸上，仔细检查文字、标记是否清晰、完整，有无漏项和字符短缺现象，确认无误再正式印制产品。对需要两面印制的板应确认字符标识网印在印制板的哪个面上，防止错印或漏印。印制完后应检查其质量，以保证字符标识清晰、完整，焊盘表面物油墨沾污符合质量要求后再进行固化。为确保字符的牢度，固化后应进行3M胶带试验、耐溶剂性试验，应符合设计文件和相关标准。

（2）专用打印机打印法

近年来随印制板专用喷印型油墨（墨粉）和打印技术的发展，直接采用CAD提供的经CAM转换的数据，在专用激光打印机上打印出印制板上的字符已逐步得到广泛应用。经打印机打出的字符再经固化后形成清晰、牢固和耐溶剂清洗的字符，字符的最小线宽可达0.05mm。固化方式取决于油墨特性，有紫外光固和热固两种类型。该方法的油墨成本较高，但不需要制作丝网模板和印刷，所以综合成本并不高，适用于高精度、多品种、小批量的印制板生产。由于该法减少了网印法对环境的污染，所以是一种很有发展前途的环保型工艺方法。

8. 焊膏印料的工艺控制

在焊接表面安装元器件时，须将焊膏通过丝网印刷工艺印在焊盘上。焊膏印料是一种特殊功能性的印料，主要由焊料的合金粉末（锡铅、锡铅铋等）、焊剂（合成树脂）、活性剂、助剂及有机溶剂组成。

（1）焊膏印料的特点

焊膏是一种均质、稳定的焊料混合物，由金属焊料粉、助焊剂和一些添加剂混合而成，是具有一定的黏度和良好触变性的膏状体。在其规定的温度下，储存较长时间黏度无变化，助剂和合金粉末不出现分离现象，有良好的网印适应性和钎焊性能，焊接时不会产生焊珠。

网印后的焊膏，放置一段时间或预热时，焊膏不会产生塌陷，确保表面的平整性，以利于安装元器件的精确定位。当采用网印焊膏时，所采用的焊膏黏度为 500～650Pa·s；采用金属模板漏印焊膏时，所采用的焊膏黏度为 700～900Pa·s。

（2）丝网印制焊膏工艺

丝网印制焊膏也需要模板，模板的制作目前有三种工艺方法，即光化学蚀刻法、模具冲裁法和激光切割法。其中，精度较高的是激光切割法，精度较低的是光化学蚀刻法。

模板的厚度和焊盘窗孔的大小决定印制焊膏的厚度，通常用不锈钢模板，板的厚度为 0.10～0.30mm，具体由需要的焊膏量而定，应由根据焊接要求计算确定。为了保证网印焊膏与焊盘的精确定位，通常采用计算机控制的有光学定位系统的精密印刷机，它具有高精度的定位、影像探测、存储、处理、显示等系统。

网印焊膏属于电子装联的焊接工艺范围，具体工艺过程和要求，应由焊接工艺根据焊接方式和要求而确定，不属于印制板制造的范围。

9. 丝印的常见故障、产生原因及排除方法

丝印工艺中的常见故障和排除方法，因所用的油墨不同和印制的图形用途不同而有较大区别，此处仅能根据丝印中一些共性的常见故障进行分析（见表 4-110），为分析各种油墨的特殊故障及排除方法提供一些启示。

表 4-110　丝印的常见故障、产生原因及排除方法

常 见 故 障	产 生 原 因	排 除 方 法
涂覆层厚度不均匀	抗蚀剂黏度太高	添加稀释剂调至正常黏度
	网印速度太慢	加快网印速度，确保网印速度均匀一致
涂层太厚或太薄	网板的目数选择不当	选择适当目数的丝网
针孔	抗蚀剂含有不明油脂	更换新的并用丙酮清洗干净
	空气中的微粒	确保作业间的洁净度
	板面不干净	检查板面并进行清洁处理
膜层电镀前附着力差	预烘不够	检查预烘温度和时间是否正常
	基板表面不干净	加强基板清洁处理
去膜后表面有余胶	烘烤过度	检查烘烤工艺参数是否正常

第5章

多层印制电路板的制造技术

多层印制板（简称多层板）是由三层及以上的导电图形层与绝缘材料层交替放置，经加热层压黏合在一起，并按设计要求进行层间导电图形互连而形成的印制板。它具有装配密度高、体积小、质量轻、可靠性高、设计灵活性大等特点，是产值高、发展速度最快的一类印制板产品，已广泛应用于各类小型化的电子设备中，成为印制板的一个重要类型。

随着电子技术向高速度、多功能、大容量和便携式、低消耗方向发展，以及数字电路技术的广泛应用，多层印制板的应用越来越广泛，其层数越来越多，密度越来越高，相应的结构也越来越复杂。多层板和高密度互连积层多层印制板技术及其产品的应用，将成为21世纪多层印制板的主流。多层印制板制造工艺是由第4章介绍的印制板制造基本工艺与多层板特殊加工工艺的组合，其简单工艺流程如下：

内层导电图形制作→黑化处理→叠层→层压→钻孔→孔金属化→制作外层导电图形→图形电镀抗蚀层→去除抗电镀掩模→蚀刻→去除锡抗蚀层→涂覆阻焊涂层→可焊性涂覆→印标记字符→检测→清洗→检验包装。

多层印制板制造的详细流程示意图如图5-1所示。

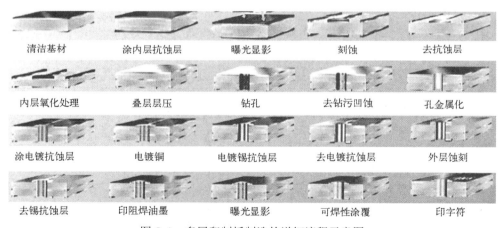

图5-1 多层印制板制造的详细流程示意图

在多层板的制造工艺中，只有内层图形表面的氧化处理、叠层、层压和孔金属化时的凹蚀处理等工序是制造多层板的特殊工艺过程，其余采用的都是第4章介绍过的基本制造工艺。本章就多层板所用的特殊材料和特殊制造工艺做简单介绍，对基本制造工艺不再重复。

5.1　多层印制板用基材

多层印制板用的基材主要有薄型覆铜箔板、层间黏结用的半固化片及制作高密度互连多层板（HDI 板）用的覆树脂铜箔（RCC）和铜箔等。根据使用要求不同，多层板有许多品种和规格，应按产品的制造工艺和使用要求选择适合的材料。

5.1.1　薄型覆铜箔板

用于制造多层印制板的薄型覆铜箔板基材（简称薄型基材），其厚度一般在 0.8mm 以下，厚度有 0.05～0.8mm 多种规格，采用的树脂材料主要有环氧树脂/玻璃布（FR-4 型）、改性环氧树脂/玻璃布、双马来酰胺三嗪树脂（BT 树脂）、聚酰亚胺/玻璃布（PI）和氰酸酯，其性能应符合第 2 章的相关要求。

1．薄型基材的种类和主要特性

在上述几种树脂的薄型基材中，目前使用最多的是 FR-4 型环氧树脂/玻璃布基材。在这一类型覆铜箔板中，又分为传统型、无铅兼容型、无卤素无铅兼容型和高性能型等多种。每类中根据对曝光用紫外光的透射能力又分为自然型和阻紫外光型（UV Blocking），具体使用哪一种，应按产品的需要和基材的特性满足程度选择。各类 FR-4 型基材的主要特性见表 5-1。此表只给出每种类型基材的主要特性的范围，具体的技术指标应见基材供应商的说明。不同供应商采用基材的商品型号不同，其各项性能具体指标可能有所差异，使用时必须根据选定的基材供应商和具体型号查阅其具体性能参数。

表 5-1　各类 FR-4 型基材的主要特性

FR-4 基材的类型	基本特征	表面绝缘电阻（MΩ）	玻璃化转变温度 T_g（℃）	热分解温度 T_d（℃）
传统型	有自然型、阻紫外光型、低 CTE 型	$\geqslant 10^4$	130～175 多种规格	300～315 多种规格
无铅兼容型	有自然色耐 CAF 型、低 CTE 型、高耐热型	$\geqslant 10^4$	130～175 多种规格	330～350 多种规格
无卤素无铅兼容型	有无卤素型、无卤素高耐热型	$\geqslant 10^4$	135～175	360～370
高性能型	低介电常数，高 T_g	$\geqslant 10^4$	145～210	320～335

2．薄型基材的厚度公差要求

多层印制板内层板制作质量的好坏，将直接关系到多层印制板的质量。因此，多层板用基材的厚度和均匀性，是控制多层板厚度的关键，也是控制高速信号导线特性阻抗的关键。选用薄型基材时，必须根据设计规定的各层间绝缘层厚度并考虑基材的厚度公差，做出正确的选择。薄覆铜箔层压板的基材厚度及单点偏差应符合 GB/T 12630—1990 或 IPC-4101A 的规定。在国标中没有分等级，只规定了不包括铜箔的基材厚度及偏差；而在 IPC 标准中，根据板厚度及其偏差分为三个等级，并且又将无铜箔和有铜箔厚度偏差区分，考虑到对薄型基材厚度偏差的严格要求，又增加一级（D 级），是用显微剖切法测量的厚度偏差，这样精度更高一些，有利于考虑对信号传输线特性阻抗的控制。具体要求见表 5-2 和表 5-3。目前国内主要基材生产公司（如生益科技）等企业，因为会出口大量基材，所以都采用 IPC-4101A 标准。

表 5-2　多层板用单片厚度公差（GB/T 12630—1990）

标称厚度范围（T）（mm）	单点厚度偏差（mm）		基材标准厚度优选系列（mm）
	精密	一般	
$0.05 \leqslant T \leqslant 0.11$	±0.02	±0.03	0.05，0.1，0.2，0.4，0.6，0.8
$0.11 \leqslant T \leqslant 0.15$	±0.03	±0.04	
$0.15 \leqslant T \leqslant 0.3$	±0.04	±0.05	
$0.3 \leqslant T \leqslant 0.5$	±0.05	±0.08	
$0.5 \leqslant T \leqslant 0.8$	±0.06	±0.09	

注：表中板厚不包括铜箔厚度。

表 5-3　多层板用单片厚度和偏差（IPC-4101A）

层压板的标准厚度（mm）	A / K 级（mm）	B / L 级（mm）	C / M 级（mm）	D 级（mm）
0.025～0.119	±0.018	±0.018	±0.013	-0.013，+0.025
0.120～0.164	±0.038	±0.025	±0.018	-0.018，+0.030
0.165～0.299	±0.050	±0.038	±0.025	-0.025，+0.038
0.300～0.499	±0.064	±0.050	±0.038	-0.038，+0.051
0.500～0.785	±0.075	±0.064	±0.050	-0.051，+0.064

注：表中 A、B、C、D 级是不含覆金属箔厚度的层压板；K、L、M 级则是含覆金属箔厚度的层压板。D 级使用显微剖切测量，其余等级用千分尺测量。

3．铜箔的厚度

多层板基材的铜箔厚度，应由电路的负载电流要求、特性阻抗要求以及制造工艺中对导线精度的误差要求综合考虑来确定。但是，多层板的内层因为散热条件不如表层，所以内层铜箔应比表层铜箔稍厚一些，并且尽量选用标准尺寸范围内的铜箔。

在采用含微细埋孔、盲孔的高密度互连多层板以及安装 BGA、CSP 等有机树脂类封装的基板中，因为电流很小，使所用的铜箔向薄箔型和超薄箔型发展。同时，二氧化碳激光蚀孔加工，也要求基板材料采用薄铜箔。目前 9μm、5μm 和 3μm 的电解铜箔已开始应用，不过这类薄铜箔不是附在较厚的绝缘材料上，而是在铜箔上涂覆一薄层树脂，所以称为覆树脂铜箔，主要用于制造 HDI 型多层印制板。

此外，为了适应印制板高密度互连技术发展的需要，还有一种新型层压材料，称为金属基铜箔，通常用经氧化处理的薄铝板做基材，特点是其尺寸稳定性和散热性好。

该基材根据排列结构有 CAC 型（铜箔-铝板-铜箔，见图 5-2）、AC 型（铝板-铜箔）和CA 型（铜箔-铝板）。

处理过的铝板　　　　　　　　　　　　处理过的铜箔

图 5-2　CAC 型（铜箔-铝板-铜箔）结构示意图

该新型组合层压材料中的铜箔是根据客户要求，经过氧化、耐热性等处理的，厚度为0.5oz、1oz、2oz 等，内芯的铝板厚度一般为 0.25mm，板面周边由一层耐高温的不干胶进行黏合。CAC 材料中有槽孔，可在制作导电图形或层压时用于定位。

5.1.2 半固化片

半固化片（prepreg）又称预浸渍材料或粘结片，是制造多层印制板所采用的主要层压材料。它是由树脂和增强材料所构成的一种薄片状材料。增强材料可分为玻璃布和其他复合材料等几种类型。树脂有环氧树脂、聚酰亚胺、氰酸酯和 BT 树脂等。半固化是指半固化片中树脂中的固化状态，因为树脂是有机高分子材料，在生产过程中树脂的固化状态通常分为 A、B、C 三个阶段。A 阶段是在室温下能完全流动的液态树脂，玻璃布浸胶时即为该状态；B 阶段是环氧树脂部分交联处于半固化状态，它在加热条件下，又能恢复到液态；C 阶段是树脂全部交联，它在加热、加压下会软化，但不能再成为液态，这是多层印制板压制后半固化片转变成的最终状态。半固化片就是将树脂固化到 B 阶段的预浸渍材料。

多层板层压时采用的半固化片，应与所用的薄型基材的材质相同或兼容，譬如采用普通 FR-4 型基材，就应采用 FR-4 型半固化片，并且其玻璃化转变温度（T_g）也应相同，这样有利于工艺控制和保证产品质量。目前，多层印制板制造所使用的半固化片，大多选用玻璃布作为增强材料。所以，以下将主要讨论玻璃布增强型的半固化片。

玻璃布增强型的半固化片是选用经过去脂处理的玻璃纤维编织布，浸渍树脂胶液，再经过预烘处理，使树脂进入 B 阶段而制成的薄型材料。为提高玻璃布和树脂间的结合力，半固化片中所选用的玻璃布去脂后，在其表面涂上一种特殊的偶联剂进行表面处理。生产时通常可以在市场上直接采购半固化片，不需自行制备。

玻璃布的长度方向称为经向，经向编织用的纱支称为"经纱"；与经纱垂直的方向即为纬向，相应其纱支则称为"纬纱"。各种玻璃布中经纱、纬纱的单位股数有所不同，因而玻璃布根据纱支粗细又有 106、1080、2112、2113、2116、2165、1500、7628 等规格型号。相应的每种玻璃布层压后的厚度也不相同，表 5-4 列出了几种不同型号玻璃布层压后的厚度。

表5-4　几种不同型号玻璃布层压后的厚度

玻璃布类型	106	1080	2116	7628
厚度（mm）	0.038～0.040	0.05～0.06	0.10～0.12	0.17～0.18

半固化片中所选用的树脂主要有环氧树脂、双马来酰胺/三嗪、聚酰亚胺等，相应的半固化片称为FR-4、BT、PI 型等不同品种，其物理和电气性能都不尽相同。

1．半固化片的主要性能指标

（1）主要外观质量

半固化片的外观质量要求应平整、无油污、无汗迹、无外来杂质或其他缺陷，无破裂和过多的树脂粉末，但允许有微裂纹出现。半固化片的主要外观质量要求见表 5-5。

表5-5　半固化片的主要外观质量要求

项　　　目	质　量　要　求
附着物	不允许
污点和尘土	<0.25mm，1 处 / 0.093m²；>0.25mm，不允许
折痕	<50mm，2 条 / 0.093m²；<100mm，1 条 / 0.093m²；≥100mm，不允许
边缘裂缝	距边缘应小于 3mm
纤维松弛或跳丝	1 根 / 0.093m²
断裂	不允许

（2）主要物理性能指标

半固化片的主要物理性能指标有树脂含量、树脂流动度、凝胶化时间和挥发物含量等四项。

① 树脂含量（Resin Content）。树脂含量指树脂在半固化片中所占的质量百分数。一般树脂含量为 45%～75%，其含量随玻璃布厚度增加而减小。对于同一体系的半固化片，其树脂含量的大小将直接影响半固化片的介电常数、击穿电压等电气性能及尺寸稳定性。通常，树脂含量高，则介电常数低，击穿电压高，但尺寸稳定性差，挥发物含量高。

② 树脂流动度（Resin Flow）。树脂流动度指树脂中能流动的树脂占树脂总量的百分数。树脂流动度通常在 25%～40%，其含量随玻璃布厚度增加而减小。流动度高，在层压过程中树脂的流失多，容易产生缺胶或贫胶的现象；流动度低，容易造成填充图形间隙困难，而产生气泡、空洞等现象。因此，在多层板生产过程中，适宜选择中流动度的半固化片。

在 MIL-G-55636A 标准中，将半固化片的流动性分为以下四类：无流动型，流动度不大于 20%；低流动型，流动度 21%～30%；中流动型，流动度 31%～45%；高流动型，流动度大于 50%。

③ 凝胶化时间（Gel Time）。凝胶化时间指树脂在加热到固化温度时，处于液态流动的总时间。凝胶化时间通常为 140～190s，该时间长，树脂有充分的时间来润湿图形，从而能填满图形，有利于层压参数的控制。

④ 挥发物含量（Volatile Content）。挥发物通常是指浸渍玻璃布时，溶解树脂所用的一些小分子溶剂在预固化时的残余物。挥发物占半固化片的百分质量称为挥发物含量，通常，挥发物含量不大于 0.3%。挥发物含量高，在层压过程中容易形成气泡，造成树脂的泡沫流动。虽然采用真空层压可大大减少气泡的形成，但一般半固化片生产厂家都应严格控制挥发物含量。

半固化片的性能将直接影响多层印制板的层压过程控制和层压后的印制板质量。不同制造商生产、不同型号的半固化片的上述性能指标都有不同，使用时必须根据产品型号的说明资料，选择能满足产品和工艺需要的半固化片。譬如，选用生益科技有限公司生产的薄型覆铜箔环氧玻璃布层压板 S1141 150，紫外光阻挡型和 AOI 兼容型，则应采用与之相适应的半固化片 S0401 150，其具体的性能参数见表 5-6。

表 5-6　S0401 150 半固化片的性能参数

产品型号	玻璃纤维类型	玻璃化转变温度（℃）	凝胶时间（s）	树脂含量（%）	流动度（%）	固化厚度（μm）	标称尺寸（每卷）
S0401 150	106	150	110±20	71±3	37±5	50±10	1260mm×114.3m
	1080			64±3	36±5	76±10	
	2116			52±3	28±5	120±10	
	7628			43±3	23±5	195±10	

在印制板制造工艺中为防止双面同时曝光时，每一面的紫外光会穿透基板到达另一面，每个面的感光图形都会投射到另一个面上，形成感光时的"重影"，严重影响图形的质量，必须采用能阻挡紫外光型的基材和半固化片。几种类型不同树脂含量半固化片的性能参数见表 5-7。

表 5-7　几种类型不同树脂含量半固化片的性能参数

厂家	半固化片型号	性能				
		树脂含量（%）	流动度（%）	凝胶化时间（s）	挥发物含量（%）	固化厚度（mil）
生益	2165 UVS0401	52±3	26±5	150±20	＜0.5	5.5±0.6
	2116 VS0101N	52±3	28±5	170±20	＜0.5	4.5±0.6
	2116L	47±4	23±5	170±20	＜0.5	
	2116H	56±4	35±5	170±20	＜0.5	
合正	1080HR	65±3	40±5	140±20		2.8±0.6
	2116LR	48±3	27±5	140±20		3.5±0.4
	2116LLR	45±3	20±5	140±20		3.1±0.4
	2116HR	53±3	29±5	140±20		4.3±0.4
	2116HHR	60±3	35±5	140±20		5.0±0.5
	7630HR	49±3	29±5	130±20		8.0±0.8

注：L（或 LR）为低树脂含量，H（或 HR）为高树脂含量，LLR 为特低树脂含量，HHR 为特高树脂含量。

若对印制板的特性阻抗等性能有要求，必须考虑半固化片的介电常数和介质损耗应与阻抗要求相匹配，必要时可对半固化片按 IPC-4101 标准的规定进行资格试验。

2. 半固化片的品质控制

新购进的半固化片，应检验是否符合要求，有为层压工艺提供具体工艺参数。在材料入库保存期超过三个月后，由于半固化片随着存放期延长产生老化现象，也应进行测试以判定其是否适合生产需要。具体性能测试项目有树脂含量测试、树脂流动度测试、凝胶化时间测试和挥发物含量测试。

（1）树脂含量测试

试样为正方形，其对角线平行于经纱斜切而成，尺寸为 4in×4in，共计三组，每组质量大约 7g。其中一组切自半固化片的中央部位，另两组分别切自半固化片的两侧，但到边缘的距离不得小于 25mm。测试时，把试样放入坩埚中（坩埚应先称质量）一起称质量，精确至 1mg，连同坩埚放入马福炉中加温至 500～600℃，炉温应控制在不造成玻璃布有熔融现象，灼烧时间不少于 30min，树脂应完全灼烧呈全白状态，否则应延长时间或调整温度重新制作。从炉中取出坩埚和残渣，放入干燥器里，冷却至室温，称质量精确至 1mg。

如果没有马福炉，可作一般精度的测试。其方法是将样品用浓硫酸把树脂彻底溶解后，用水洗涤干净后 100～110℃烘干，称取样品原质量与失去树脂后质量，按下述公式计算：

$$G(\%)=(M-M_1)/M×100$$

式中，G 为半固化片树脂含量百分数；M 为试样质量；M_1 为失去树脂后玻璃布质量。

将测试的三组试样，分别计算结果取平均值。

（2）树脂流动度测试

试样为正方形，尺寸为 4in×4in，精确至 0.01in，切割方向为对角线平行于经纱斜切，样品总质量 20g 为一组，共 3 组。质量精确至 0.005g。测试时，每组以布纹方向一致叠合在一起，放于两平板模具内，压机预热至 170℃±5℃，入模立即施压(1～1.5)×10Pa/cm²，压力升至最大值约 5s，保温保压 20min，开机取件冷却至室温。切取一个正方形，其边与试样对角线平行，边长为 2in±0.01in，或切成 3.192in±0.01in 的圆，圆心为试样对角线交点。用分析天平称取小方块的质量，精确至 0.005g，并按下式计算流动度：

$$n(\%)=(M-2M_2)/M\times100$$

式中，n 为树脂流动度；M 为试样切片初始质量（20g）；M_2 为小块取样的质量。

（3）凝胶化时间测试

测定用设备可采用凝胶化时间测试仪。测试时先按测树脂流动度同样的方法裁切 200mm×200mm 试样三张，取其中一张半固化片试样，用磁钵研碎取出树脂粉约 0.15g，放入已加热恒温在 170℃±3℃ 的钢板平底孔中，用不锈钢或玻璃棒搅拌，从熔融状态直至拉起树脂能成为不断的丝状物，即为已固化。记录树脂粉由熔融状态至能拉起树脂丝之间的时间，即为凝胶化时间。三件试样分三次测试，取三次时间的算术平均值为准（在每做完一次测试后，应立即清除废胶，清洁平底孔）。

（4）挥发物含量测试

试样为正方形半固化片，尺寸为 4in×4in，裁切方向为对角线平行于经纱，每个试样的一个角冲上一个直径 1/8in（3.175mm）孔，每种半固化片切取三块试样，切取试样时，两边离半固化片边缘距离不小于 1in。测试时，用分析天平称试样质量，精确至 1mg。然后用金属小钩把试样挂在 163℃±2℃ 的恒温鼓风干燥箱内 15min。从烘箱中取出试样置于干燥器里冷却至室温，及时快速称质量，精确至 1mg。用分析天平对试样称质量时，环境相对湿度应低于 65%，并按下式计算挥发物含量：

$$W(\%)=(M-M_1)/M\times100$$

式中，W 为挥发物含量百分数；M 为干燥前试样质量（g）；M_1 为干燥后试样质量（g）。

3．半固化片的保存

在不同条件下存放，半固化片因受环境温度、湿度的影响，会产生吸潮、凝胶化时间下降。此外，流动度受湿度的影响还将发生如下变化：

① 在相对湿度为 20%～40%条件下存放时，半固化片的流动性略有增加；

② 在相对湿度为 40%～70%条件下存放时，半固化片的流动性大幅度增加；

③ 在相对湿度为 70%～90%条件下存放时，半固化片的流动性仅有轻微的增加趋势；

④ 半固化片在相对湿度为 90%条件下，只需放置 15min，其流动性就会显著增加，再继续延长存放时间，流动性增加就不明显了。

黏性时间短（B 阶程度高）的半固化片，其流动性对湿度的敏感性也大；黏性时间长（B 阶程度低）的半固化片，湿度对其的影响也小。当半固化片存放的温度过高或过低时，空气中的水分容易在半固化片上凝聚成吸附水。在后续加工过程中，很难除尽这种吸附水，会影响半固化片中树脂的固化反应，甚至影响多层印制板的质量。

为了保持原有半固化片的性能特性，最合适的存放条件是湿度越低越好。如果存放温度不超过 5℃，存放期可达 6 个月；存放温度为 21℃，相对湿度为 30%～50%，存放期为 3 个月。

在实际生产过程中，建议采用密封塑料袋对裁切好的半固化片进行封装，同时放入干燥剂，尽量避免潮气及其他空气中杂质的侵入，可以延长半固化片的存放时间。

5.1.3 多层板制造用铜箔

多层印制板的制造离不开铜箔，随着电子信息技术的发展，对铜箔的品种和质量都提出了很多更新更高的要求，促使铜箔技术更快发展，铜箔品种及规格不断增加，产品档次及技术要求不断提高。表层铜箔的厚度应根据电路设计的电流负载能力和制作工艺需要而确定。HDI 多层印制板往往采用覆树脂铜箔（RCC），其铜箔的厚度较薄，通常为 9μm 和 5μm 或者更薄，以该铜箔做图形电镀的"种子层"有利于制作更精细的印制导线。

5.2　内层导电图形的制作和氧化处理

5.2.1　内层导电图形的制作

内层导电图形是在较薄型基材上制造的单面或双面导电图形，包括接地层图形和电源层图形。内层导电图形一般不需要钻孔和金属化孔，如果多层板有埋孔，可以在制作内层时对埋孔进行金属化，所以其工艺流程与制作有金属化孔或无金属化孔的双面印制板基本相同，可以采用第 4 章介绍过的基本制作工艺。其工艺流程为：

基材前处理→水洗、烘干→涂抗蚀剂→曝光→显影→清洗、烘干→蚀刻→清洗、烘干→AOI 检验→导电图形氧化处理→检验

制作多层板的内层导电图形与一般单面或双面印制板导电图形的不同之处在于，所用的基材为薄型覆铜箔基材，在对基板进行前处理时，应采用专用薄型板清洗设备或化学清洗方法，可防止划伤或损坏基材。内层板的图形转移通常采用耐酸性抗蚀剂、负相底版曝光和酸性蚀刻工艺。蚀刻后的内层板在层压前应对有导电图形的铜箔进行氧化处理，以提高内层板与绝缘层之间的结合力，防止多层板在高温条件下起泡和分层。

5.2.2　内层导电图形的氧化处理

内层导电图形的氧化处理实际上是对导电图形的铜层进行的棕色氧化处理，俗称棕化。在铜表面形成一层厚度均匀而微观粗糙的氧化层，用以提高内层与层间绝缘的半固化片的结合力。

1. 氧化处理的化学原理

多层板内层导电图形铜层氧化处理，是采用化学方法，先清洗微蚀铜表面，再浸入专用的氧化液中，经过一定时间的化学反应在铜表面形成均匀的氧化层。由于采用的氧化液的配方不同，在铜上形成的氧化物呈现的颜色也不同，有红色、黑色和棕色三种。所以，内层导电图形氧化处理就根据其颜色又称为黑化处理或棕化处理。氧化处理的化学反应式如下：

$$Cu + [O] \longrightarrow Cu_2O \quad （红色）$$
$$Cu_2O + [O] \longrightarrow CuO \quad （黑色）$$

棕色氧化膜是氧化铜（黑色）与氧化亚铜（红色）两种的混合颜色。黑色氧化铜的结晶结构细而长，其氧化层与环氧玻璃布黏结时结合力好；红色氧化亚铜的结晶结构粗而短，其氧化层与聚酰亚胺基材结合力好；棕色氧化层，对以上两种基材和半固化片都适用。所以，市场供应的氧化溶液多数为棕色氧化处理液。

各种氧化溶液主要含有氧化剂（通常为亚氯酸盐）、润湿剂和 pH 值调节剂等。氧化剂为化学反应提供活性氧原子；pH 值调节剂为化学反应提供碱性条件，以利于氧化反应的进行；润湿剂可改善溶液对铜表面的润湿能力，提高氧化效果和均匀性。

棕色氧化和黑色氧化处理液的特性稍有区别，但共同的要求是操作温度尽量低，形成的

氧化膜覆盖层均匀，能保护铜表面不受酸或其他物质的侵蚀（俗称咬铜），适用于垂直和水平设备的制程。

2. 多层板内层导电图形的氧化工艺

多层板内层导电图形的氧化处理，最好选用供应商提供的包括前处理、预浸剂和氧化剂等配套的系列溶液。这样既容易控制工艺过程，又容易分析问题和保证质量。

（1）内层导电图形的氧化工艺流程和设备

内层导电图形的氧化工艺通用的流程：

内层导电图形板检验→清洁除油→水洗→微蚀→水洗→预浸→氧化→水洗→还原→热水洗→水洗、烘干→检验

内层导电图形的氧化处理，通常是在专用氧化设备上连续进行以上工艺操作，根据工件的传递方式，专用氧化设备分为水平式传输设备（见图 5-3）和垂直式传输设备（见图 5-4）。

图 5-3　水平式传输氧化设备

图 5-4　垂直式传输氧化设备

（2）氧化溶液和工艺要求

目前市场上供应的氧化溶液的品种很多，有黑色氧化溶液（简称黑化溶液）和棕色氧化溶液（简称棕化溶液）等系列，不同厂商供应的不同系列溶液其操作条件各有不同，使用时必须按所用溶液的说明进行。譬如，正天为科技公司的黑化剂 BO-402 系列溶液操作温度为 70～80℃；PO-403 系列溶液的操作温度为 25～30℃。以安美特公司提供的黑化溶液为例，各主要工序槽溶液组成及工艺要求见表 5-8。

表 5-8　安美特公司黑化溶液的主要工序槽溶液组成及工艺要求

工序	组成及操作条件	控制范围	最　佳
除油槽	碱性除油剂 ALK	80～120mL/L	100mL/L
	温度	65～75℃	70℃
	处理时间	4～5min	4.5min
微蚀槽	微蚀剂 PT Part A	60～100g/L	80g/L
	H_2SO_4	20～50mL/L	40mL/L
	温度	25～35℃	30℃
	处理时间	1～2min	1.5min
预浸槽	黑氧化剂 B	80～120mL/L	100mL/L
	温度	30～40℃	35℃
	处理时间	1～2min	1.5min

续表

工序	组成及操作条件	控制范围	最　佳
黑化槽	黑氧化剂 A	360～440mL/L	400mL/L
	黑氧化剂 B	100～120mL/L	110mL/L
	温度	65～70℃	67℃
	处理时间	3.5～5min	4.5min
还原槽	黑氧化剂 SR	40～60mL/L	50mL/L
	NaOH	pH≥12.5	
	温度	30～35℃	33℃
	处理时间	4-6min	5min

与黑化溶液一样，不同厂家、不同牌号的棕化溶液其工艺条件不同。以美国 Alpha PC FAB 公司的 Alpha prep PC7023 棕化技术为例，主要功能槽液的组成、配方及工艺要求见表 5-9。

表 5-9　Alpha prep PC7023 溶液主要功能槽液的组成、配方及工艺要求

功能槽	组成	配方	工艺要求
酸洗	PC7036	17%±2%	25℃±3℃，喷淋 30～38s
	水	80%	
水洗			自来水，喷淋 35～40s
碱处理	PC7086	8%～12%	40～50℃，喷淋 37～43s
	水	90%	
水洗			纯水，喷淋 35～40s
预浸	PC7023	3%～5%	室温，喷淋 28～33s
	水	95%	
黑化	PC7023	94%	30～36℃，喷淋 55～60s
	H_2O_2	6%	
水洗			纯水，喷淋 35～40s
烘干			风刀送热风烘干：70～85℃，　20～40s

（3）氧化处理的质量控制要点

在氧化处理过程中对各步操作还应严格控制和检验才能保证氧化层的质量，重点应控制好以下几个方面：

① 微蚀速率控制范围为每一循环 1.0～2.0μm。

② 氧化膜厚度按质量控制的范围为 0.2～0.35mg/cm^2。

③ 氧化后的内层板应在 90～100℃ 条件下烘干去湿至少 60min。

④ 外观质量在干燥后表面呈黑色或棕色，轻擦无黑色粉末落下。

⑤ 层压检验抗剥强度应在 2.0N/mm 以上。

⑥ 耐酸试验无粉红圈等缺陷。

⑦ 棕色氧化处理的板经过 288℃、每次 10s 的 10 次热冲击，无分层、起泡等现象。

⑧ 耐焊性能在 265℃ 时焊接 5 个周期，无分层、起泡等现象。

（4）不同颜色氧化处理的发展趋向

随着印制电路技术的发展，更高的层数、更细的线宽及间距、更小的孔径和盲孔的多层

板出现，对印制板的层间结合力要求更高，传统的黑化技术难以满足要求。因为，在传统的多层印制板金属化孔的制程中，多层板内层孔环的黑化层侧缘，常受到各种强酸槽液的横向攻击，其微切片截面上会出现三角形的楔形缺口，称为楔形空洞（Wedge Void）。若黑化层被侵蚀得较深时，甚至会出现板外也可见到的粉红圈（Pink Ring）等缺陷。对于这种缺陷发生的比例，采用酸性槽液组成的"直接电镀"工艺，要比传统的"化学电镀"工艺发生得更多，原因是化学电镀槽液为碱性，较不易攻击黑化膜，而酸性溶液容易使黑化膜出现楔形空洞甚至出现粉红圈。为克服对传统黑化的这一缺陷，氧化溶液经过了多次改进。首先安美特公司推出了在黑化后用 Multibond SR 溶液进行还原处理的工艺流程，可有效地增加对酸侵蚀的抵抗力。还原液能将氧化槽中的氧化铜（或氧化亚铜）还原成金属铜并形成有机金属保护层（称为 Bond Film），使氧化层不受酸的侵蚀。试验证明，氧化表面未经还原处理，则有粉红圈现象；而氧化表面经还原处理后，则没有粉红圈现象。不同的氧化层耐酸侵蚀的能力不同，一般黑化层不如棕化层耐酸能力强，经过还原处理的与未经过还原处理的氧化层，耐酸侵蚀的能力也不同。各类铜氧化层的耐酸性能对比见表 5-10。

表 5-10　各类铜氧化层的耐酸性对比

铜氧化层的状态	没有还原处理的氧化层	还原处理的氧化层	有机氧化膜 BondFilm
抗酸侵蚀时间（s）	3～5	70～80	>400

进一步解决多层板内层导电图形上黑化膜易受酸液攻击，出现空洞与粉红圈的问题，在铜的氧化液系列中又出现了棕色氧化液。其形成的有机金属氧化层是棕色的，抗酸侵蚀能力大大提高，有效地解决了孔金属化时出现楔形空洞与粉红圈的问题。因而，棕色氧化可以取代传统的黑色氧化处理，随氧化溶液成本的降低，越来越广泛地应用在内层导电图形的氧化处理中。

5.3　多层印制板的层压工艺技术

多层印制板的层压工艺技术是将制作好的内层薄板与半固化片，按设计和工艺的规定，通过定位方式交替叠层放置后，再按工艺规定的程序和条件进行加热层压的全过程，包括定位、叠层、层压、保温、冷却等主要工序。

5.3.1　层压定位系统

多层印制板的层压定位，是保证各层导电图形定位准确、提高钻孔质量和各层间互连质量的关键。层压定位是考虑内外导电图形制作、叠层层压和钻孔各工序的系统定位，所以定位的方法和工具又称为定位系统。采用的定位方式不同，定位的方法和工具也不同。定位系统可分为前定位系统层压技术和后定位系统层压技术。前者须采用销钉进行各层间的定位，而后者则无须采用销钉进行定位，因而更适用于大规模的工业化生产。

此外，销钉进行定位的层压过程，一般采用电加热系统；而无销钉进行定位的层压过程，则通常采用油加热系统。下面将对其分别进行讨论。

1．前定位系统层压工艺技术

前定位系统层压工艺技术是定位系统贯穿于多层板底版制作、内外层图形转移、层压和数控钻孔等工序，并有公共的基准。多层印制板中的每一层电路图形，相对于其他各层都必须精确定位，这对于高层数、高密度、大板面的多层板更为重要。

多层板层压制作采用的前定位系统有销钉定位法、两圆孔销钉定位法、一孔一槽销钉定位法、三圆孔或四圆孔定位法等。对面积较大和精度较高的多层板，通常采用四槽孔定位法。该定位方法最初由美国 Multiline 公司推出，利用其提供的一系列四槽孔定位设备，在照相底版、内层单片和半固化片上冲制出四个槽孔，然后利用相应的四个槽形销来实现图形转移、叠片、层压和数控钻孔等一系列工序的定位。

（1）两圆孔定位法和一孔一槽定位法

这两种定位方法是在覆铜箔基材上靠近图形的边缘外侧，冲制出两个定位圆孔或一圆孔和一槽孔（见图 5-5（a）、（b））。在生产过程中用圆孔销钉紧配合和槽孔销钉可动配合，来达到定位的目的。这两种多层定位系统成本低，适用于较厚的覆铜箔基材、层数少、尺寸较小和精度不高的多层板定位。但这两种定位方法由于圆孔限制了该方向在层压时基材的伸缩，常常会在另一方向产生尺寸"漂移"，最终造成层间对位误差大，精度难以控制。在图形精度要求高的多层板制造中已不再采用这两种定位法。

（2）三圆孔或四圆孔定位法

这两种定位方法（见图 5-5（c）、（d）、（e））尽管可以限制 X、Y 方向尺寸的"漂移"，但由于销钉和孔的紧配合，使覆铜箔基材完全处于束缚状态，层压时易引起多层板"内应力"，从而造成板翘曲和其他内层缺陷问题。若采用销钉将底片模板和铜箔基材定位进行曝光成像时，会发生干膜局部贴合不牢或起皱等现象，从而造成内层导线缺陷，如导线粗细不均，甚至断线等问题，目前采用得也越来越少。

（3）四槽孔定位法

该定位方法是美国 Multiline 公司首先提出的，用于多层印制板生产过程中的一系列四槽孔的定位设备，称为"多层定位系统"。适用的多层印制板尺寸和定位槽尺寸见表 5-11。定位的形式和尺寸如图 5-5（f）和图 5-6 所示。

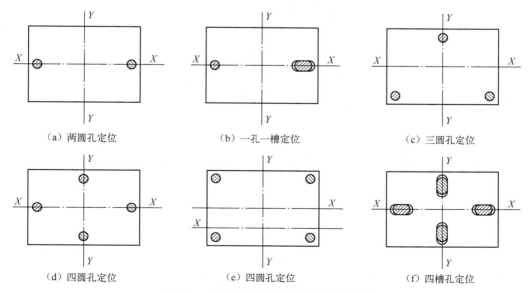

（a）两圆孔定位　　　　　（b）一孔一槽定位　　　　　（c）三圆孔定位

（d）四圆孔定位　　　　　（e）四圆孔定位　　　　　（f）四槽孔定位

图 5-5　多层印制板各种销钉定位法示意

表 5-11 多层印制板四槽孔定位系列表

多层板外形尺寸		坯料板外形尺寸		定位槽中心距尺寸		工装
a	b	X	Y	2XA	2YA	层压模号
≤260.35mm	≤209.55mm	12in	10in	11.25in	9.25in	进口模
		304.8mm	254mm	285.75mm	234.95mm	
≤285.75mm	≤234.95mm	13in	11in	12.25in	10.25in	T069.0003
		330.2mm	279.4mm	311.15mm	260.35mm	
≤311.15mm	≤209.55mm	14in	10in	13.25in	9.25in	T069.0004
		355.6mm	254mm	336.55mm	234.95mm	
≤361.95mm	≤260.35mm	16in	12in	15.25in	11.25in	T069.0005
		406.4mm	304.8mm	387.35mm	285.75mm	
≤412.75mm	≤311.15mm	18in	14in	17.25in	13.25in	T069.0006
		457.2mm	355.6mm	438.15mm	336.55mm	
≤514.35mm	≤438.15mm	22in	19in	21.25in	18.25in	T069.0007
		558.8mm	482.6mm	539.75mm	463.55mm	

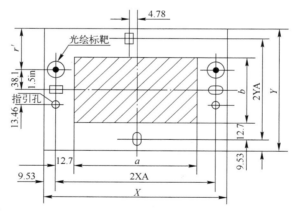

各定位槽、孔和光绘标靶的图形和尺寸：

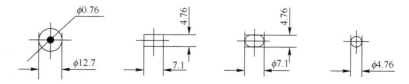

图 5-6 多层印制板四槽孔定位示意图

图 5-6 中，光绘标靶设置在照相底片上，在制作内层导电图形时，将光绘标靶印制在靠近印制板边线的外侧，供用 X 射线打靶机根据层压各层定位需要来制作层压和钻孔用的定位孔。Multiline 公司多层定位系统的主要设备和用途见表 5-12。

表 5-12　**Multiline** 公司多层定位系统的主要设备和用途

设 备 名 称	用 途
底片冲孔机（Optiline）	冲制生产底片模板定位槽孔
四槽定位台（Four Pin Registration Table）	内层板定位曝光
基板冲孔机（Acculine）	冲制内层板定位用槽孔
叠板台（Lay-Up Station）	层压叠层排板
半固化片冲孔机（PrePreg Punch）	冲制半固化片定位槽孔
双面裁毛边机（Two-Side Flash & Board Trimmer）	层压后裁毛边
钻孔四槽工具板	数控钻孔定位

模板和内层的单片定位孔通常以冲制法加工。专用冲孔设备如图 5-7 和图 5-8 所示。

图 5-7　模板四槽孔定位冲孔设备　　　　图 5-8　内层单片四槽孔定位冲孔设备

这种四槽孔的定位，是基于在底片和铜箔基材上的四周边中心处内侧，冲制出四个槽孔，并相应地用四个槽形销钉来进行定位。其特点是在 X 方向的两个槽孔也可以做 X 方向的微小平移，而在 Y 方向则为紧配合；在 Y 方向的两个槽孔则只做 Y 方向的微小平移，而在 X 方向则为紧配合。这样，可使底片和铜箔基材以面中心处为"基准"，产生的伸缩尺寸呈四面均匀散射状态，即形成"中心置零"偏位的四槽孔定位方法，从而使多层印制板层间重合误差减半。因此，此种定位法更为理想，也是当今世界生产多层印制板厂商所普遍采用的方法之一。

（4）前定位系统叠层工艺流程

按销钉定位的前定位系统进行的多层印制板的层压，过去大多采用全单片层压，生产效率低，尤其对于四层板会产生板面翘曲等问题。现普遍采用铜箔的复合层压技术，每个层压窗口可压制 2～3 块板，提高了生产效率，也从根本上解决了四层板制作中的板面翘曲问题。（若采用后定位系统进行层压，尽管还是采用相同的压机，由于不采用笨重的模具，原压机每开口甚至可压制 6 块多层板。）采用铜箔的复合层压技术的工艺流程：

将照相底版、铜箔、半固化片和内层薄基板分别冲制定出位槽孔→内层薄基板定位制作图形→蚀刻→氧化处理→在叠层台上将铜箔、半固化片、制图形的内层板、脱模（离型纸）

按规定顺序叠层→层压→去销钉→裁切毛边→定位并钻孔→转孔金属化、制外层图形等后续工序

采用销钉定位虽然产品合格率高、工艺容易控制，但操作复杂、工作效率低、成本高，不适于大批量生产的需要。

（5）前定位系统叠层工艺操作

① 半固化片准备。

a. 在清洁无尘的环境，将卷料切成条料，然后用切纸刀裁切成单件，尺寸按单片坯料长宽各放大 10mm。

b. 在叠层板定位孔的位置钻孔，孔径比定位销直径大 1.5～2.0mm。

c. 检验半固化片，对有纤维折断、大颗粒胶状物、杂质等缺陷的半固化片应予剔除，操作时应戴清洁的细纱手套，防止汗渍、油脂污染。

d. 按毛坯尺寸裁切半固化片，操作时应戴口罩，穿工作服，以免吸入树脂粉尘和粉尘进入眼睛，避免树脂粉粘在皮肤上导致瘙痒或过敏。

e. 裁切加工完的半固化片，应及时放于 13.3Pa 真空柜中，排除挥发物及潮气（排湿不少于 48h），禁止放入烘箱或冰箱保存与去湿，以防老化和黏结。

f. 对新到半固化片应进行性能测定。随着保管期的增长，材料老化，直接影响流动度和凝胶时间，在层压前必须进行试压，以确定正确的工艺参数。

② 装模前的其他准备。

a. 对新的压模及隔离钢板，应用汽油将保护油脂清洗干净，在用的模具应清除表面沾污的树脂粉尘。清洗过程不得划伤表面，模具表面不得有凹坑和凸起的颗粒。

b. 准备好钢套、销钉、脱模材料、压力缓冲材料等辅助材料。

c. 用玻璃纸或 0.05mm 聚酯薄膜做脱膜料，防止流出的环氧树脂与压模黏结，切料尺寸约大于压模 15～20mm，在定位销部位冲孔或钻孔，孔径大于定位销 2mm。

d. 在电加热板上应垫以一定数量的牛皮纸，一方面为传热缓冲层，同时又保护加热板不致划伤。对于不平整的模具、销钉高出上模、模具尺寸小于 200mm×200mm 者，应有相应措施，否则不允许直接施压，防止造成局部变形，损伤加热板平整度。

③ 确定各导电层之间用半固化片数量。

内层板导电图形之间放置半固化片的最低数量，是由层间相邻导线厚度之和来决定的，即

$$n \geqslant (a+b) / \delta$$

式中，a, b 为相邻导线厚度；δ 为半固化片的玻璃布基厚度；n 为半固化片的数量。

如果多层板有总厚度的要求，层压排板时所加半固化片的数量（n），可用下式来估算：

$$n = (D-d) / \delta$$

式中，D 为多层板的设计厚度；d 为内层板的总厚度。

如果对层间绝缘层的厚度有要求，则层间半固化片的数量应为

$$n = d_1 / \delta_1$$

式中，n 为层间半固化片数量；d_1 为层间绝缘层的厚度；δ_1 为规定树脂保留率的半固化片层压后的厚度。

在实际生产过程中，绝缘介质层的厚度除与玻璃布的型号、层压后树脂保留率有关外，还随内层板基材铜箔厚度和铜箔保留率的变化而变化，其变化的关系见表 5-13。

表 5-13　半固化片层压后的厚度与铜箔保留率和内层板基材铜箔厚度间的关系

树脂保留率	半固化片层压后的厚度（μm）			
	半固化片玻璃布厚度（89μm）		半固化片玻璃布厚度（107μm）	
	铜箔厚度 35μm	铜箔厚度 70μm	铜箔厚度 35μm	铜箔厚度 70μm
0%	559	559	813	813
10%	585	625	838	879
20%	610	690	864	950
30%	636	756	889	1010
40%	665	823	914	1077
50%	711	885	965	1141
60%	737	955	970	1208
70%	762	1020	1014	1273
80%	787	1085	1040	1339
90%	812	1150	1066	1408
100%	838	1218	1091	1470

　　由表 5-13 可见，玻璃布越厚（树脂保留率越高）、铜箔越厚、铜箔保留率越高时，成型厚度也越厚。但上述估算值仅用于多层板的试压，正确值应根据试压后测量的厚度值对估算值再进行适当的修正而得到。在高可靠产品用的多层印制板中，各层之间的半固化片不能少于两片，如果两片的厚度超过规定的绝缘层厚度，则应选择较薄的半固化片，使之两片的厚度能满足绝缘层厚度的要求，这样不至于因为一片半固化片出现空洞或破损而引起层间的绝缘电阻和耐电压值下降。

　　④ 叠层。

　　在做好以上准备工作后，在定位模具上先放置脱模材料，再按设计资料规定的顺序，通过定位孔先放置外层覆铜箔基材（单面）或铜箔、半固化片、内层的导电图形薄板、半固化片、另一内层导电图形薄板（依次顺序放置所有内层导电图形薄板），再放置半固化片和另一最外层单面覆铜箔薄型基材或铜箔，最后装好定位销钉并用最先放置的脱模材料包裹叠层板的四周，置于上下定位板之间，以备层压设备进行层压（见图 5-9）。

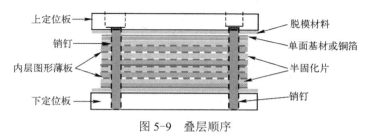

图 5-9　叠层顺序

　　如果多层板的层数不多，一个层压窗口可压制多件印制板时，则每一块板的叠层之间应加不锈钢板隔开。叠层排板场地的净化对多层印制板的制作质量有很大影响。尤其是制作精细导线的印制板时，有机或无机多余物如果落在内层的半固化片或导电图形上，可能引起绝缘下降或短路或层间分层，因此，叠层工作场地需进行净化程度控制。通常应保持环境净化程度为10 000级（相当于ISO标准7级），即每立方英尺范围内，直径大于或等于5μm的灰尘颗粒数小于等于2930个。如果多层板的导线和间距较大，精度要求不是很高，工作环境的洁净度也不应低于100 000（相当于ISO标准的8级）。

2. 后定位系统层压工艺技术

后定位系统（又称无销钉定位）是一种先进的定位系统，它与X射线打靶定位相结合，能大大提高多层印制板层压定位和钻孔定位的精度。常规采用的销钉定位方法，虽然产品的合格率高、工艺容易控制，但操作复杂、工作效率低、成本高，难以适应批量生产的需要。采用后定位系统的无销钉定位法进行多层印制板的生产时，无需多层定位设备，直接使用铜箔和半固化片。与全部采用覆铜箔基材来进行多层板的生产相比，后定位系统层压工艺除了省去多层板定位设备外，还可节省制作内层线路时对外层的保护材料，以及减少生产操作量；此外，能充分利用基材和设备，增加压机每开口中的压板数量，提高生产效率。

具体定位方法又分为X射线打靶定位法和熔合定位法，适合于批量层压，所以又称为MASS-LAM法。

（1）X射线打靶定位法

在多层板照相底版的图形外侧，设置三个定位标靶并数字化编程编入钻孔程序数据内，再按以下流程加工：

底版准备（底版冲定位孔）→制底版书夹→内层板无销钉图形转移→蚀刻→黑化→以铜箔做外层内置预先叠放的半固化片和黑化内层板→无销钉层压→裁毛边→显露出定位标靶后用X射线扫靶优化后自动钻出定位孔→定位钻孔（数控钻床）→转后续工序

此法特别适用于生产3～4层的多层板。

内层定位孔的加工过程是：先在每内层图形边框线外侧，按工艺要求添加三孔定位孔标记，再在内层图形边框线外四角处，按工艺要求添加工具孔标记；然后制作内层图形，并在四角处冲制工具孔，或根据印制板尺寸，采用内层自动冲孔机（见图5-10）进行靶孔冲制。

图5-10　内层自动冲孔机

内层薄板冲制的工具孔是作为叠层用的孔和槽，叠层层压后用X射线打靶机找出各内层定位标记，根据各内层定位标记的重合情况适当调整，兼顾各层的定位标记的环宽钻出定位孔，以用于多层板钻孔定位。

（2）熔合定位法

多层板无销钉定位法中，目前对6层以上采用铆钉定位外，还有一种熔合定位，这种方法在多层板制造中逐步推广应用。该法特点是在多层板定位叠层后，不需安装定位铆钉，通过专用熔合机的熔合头所产生200～500℃的瞬时高温，在1～1.5min内，实现在定位点处的各层半固化片之间的熔融、黏合、固化、定位。定位点根据需要而设定，一般在6个熔合点之内。多层板熔合定位机如图5-11所示。

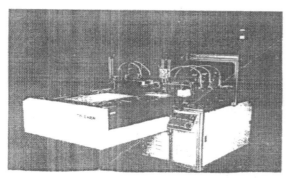

图 5-11 多层板熔合定位机

熔合定位法比铆钉定位准确，偏移（错位）小，从而重合精度提高，避免铆钉铆合后，本身的厚度给层压带来影响。另外该机可双台面移动，一面叠层一面进行熔合，生产效率高，不仅适合大拼板 24in×24in 生产，还能适合小尺寸、小批量生产。

5.3.2 层压工序

层压是将预制好内层导电图形的薄板、半固化片和外层薄型覆铜箔基材或铜箔定位叠层后的待压板，放置在热压机的层压窗口内，按工艺规定的条件加热加压使半固化片重熔、固化形成具有内层导电图形的半成品多层板。层压定位的准确程度和层压质量是多层印制板制造的关键，层压的参数和质量还与层压设备的性能有关。

1. 层压设备

在层压工序中，采用能加热、加压并能根据工艺需求随时调整温度高低、压力大小的专用热压机。根据所用压机的性能可分为非真空层压和真空层压两种方式。非真空层压机（见图 5-12）的层压窗口是敞开式的；真空层压机（见图 5-13）的层压窗口在可以密闭的真空室内。

图 5-12 非真空层压机　　　　　　　　　图 5-13 真空层压机

非真空层压，由于叠层内的气体不易彻底排除，容易产生气泡和层压空洞等缺陷。真空层压在层压过程中，处于低气压状态，叠层内的气体容易排除，真空能促进低沸点溶剂及残余物去除，不易出现气泡和层压空洞等缺陷，层压质量较好。真空层压机的压力仅为非真空层压机压力的 1/2～1/5，避免了层间线条可能出现的漂移现象，易于控制介质层厚度和多层板的板总厚度，有利于制作有特性阻抗要求的印制板。因此，真空层压应用得越来越广泛。根据压机所采用的加热方式的不同，真空层压可分为油加热方式和电加热方式两种。

随着科技水平的提高，近年来又出现了利用铜箔本身的电阻进行加热的直接层压方法（如意大利 CEDAL 公司的 ADARA 多层板压机）。该方法可使板面温度分布均匀（整个叠板的温度分布可达 177℃±2℃），且温度很容易调节，特别适合于大板面低层数多层印制板的连续生产，但设备较昂贵。

2. 层压

层压时应先确定层压参数。层压的参数包括温度、压力和加压周期、变压时间等，应根据半固化片的树脂体系和多层板的结构以及热压机的性能来决定。预压周期与半固化片的特性关系甚密，因此无论采用哪种方法，预压周期并非是一成不变，必须通过试压后，在对层压好的多层板进行全面质检的基础上，对预压周期进行调整，才可正式投入生产。

（1）装载板

装载叠层板之前，应先将压机的上下加热板清理干净，放置适当厚度的牛皮纸，再将叠层模具放在牛皮纸上，模具上面再放置数张牛皮纸，如图 5-14 所示。

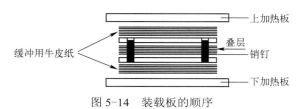

图 5-14　装载板的顺序

如果采用无销定位的叠层板，则在牛皮纸上顺序放置不锈钢板、叠层板、不锈钢板、牛皮纸，轻轻将压机上下加热板合压在上下牛皮纸上，然后按层压的压制工艺要求加热加压。

（2）层压的压制工艺

多层板的压制全过程包括预压、全压和保压冷却三个阶段。预压是在较低的接触压力下，完成层压排气、树脂填充层间空隙和实现初期黏结等。这段时间间隔常被称为预压周期。正确掌握预压周期是多层板层压工艺成败的关键。半固化片的流动和硬化性是确定预压周期的依据（指树脂受热熔融、胶化和硬固情况），预压周期应在二次出现凝胶体之前的 2～3min 内结束。全压是在树脂进入凝胶体开始加大压力达到规定值并保持一段时间，使树脂固化。保压冷却是保持一定压力的条件下使层压板冷却的过程，这段时间较长，有利于消除多层板的内应力，减小板的翘曲。

在多层印制板的压制周期内，各阶段的区分主要由层压过程中的温度、压力和时间来决定，相应的影响因素有压力、温度和温升速率。按施加压力方式和压力大小，分为一级和二级加压周期。

一级加压周期，控制较简单，常以低温或高温为预压周期开始加压。采用低流动型或不流动型半固化片时常选用这种压制周期。

二级加压周期，在压制过程中有预压（低压）和全压（高压）两阶段。低压期间熔融成低黏度的树脂，润湿全部黏结面并充填间隙，逐出气泡以及逐渐提高树脂的动态黏度。高压阶段彻底完成排泡、填隙、保证厚度和最佳树脂含量以及树脂的固化反应。压力的转换，有低温转换和高温转换两种方式。低温转换就是当半固化片温升到 80～90℃时，即将低压转换为高压。高温转换方式是当半固化片温升到 115~125℃时，由低压转化为高压。中流动型或高流动型半固化片常选用该施压方法。

对于高流动型的半固化片，在低压下压制可使内层电路板产生的位移或偏移减到最小。压力过大时会使层间的位移变大。尤其当线宽较小（如 0.25mm 时），高温下抗剥强度显著降低，当压力加到 $21kgf/cm^2$ 时，就会导致导线移动。

总之，预压的压力大小应以树脂能否填充层间间隙，排尽层间气体和挥发物为原则。在此基础上调整树脂与玻璃布的比例，使其达到最佳值。对不同的树脂体系，则应根据树脂特性进行相应调整后，方能取得预期的结果。

在批量生产中，层压的温度、压力、时间等参数，随树脂不同而有区别。预压时温度大致有两种。譬如，采用 FR-4 型的基材和半固化片，应在 140℃左右入模后再升温，高温预压时升温到 173~175℃时入模。预压的压力一般是 80~110psi，时间 6~8min。加全压一般是在温度达到 173~175℃时加 200~350psi 压力，持压保温 100~120min。在全压达到规定时间后停止保温并可降压 20%保持一段时间，待板自然冷却接近室温再卸压、拆板。如果生产量大，为缩短整个热压周期，可以在减压冷却 10~20min 后，迅速将板转入无加热板的冷压机，保持全压时压力的 80%一直冷却至室温，再卸去压力、拆板。这样在保持一定压力条件下冷却，可以使板的内应力逐渐释放，减小翘曲。如果全压保持时间过后马上卸压、拆板，由于板尚未冷却，基材中的金属和树脂热膨胀系数不同，收缩率也不同，会产生内应力使板翘曲变形。翘曲的程度取决于多层板内导电层铜箔分布的均匀程度、各导电层分布的对称性和卸压时间的早晚。

（3）层压参数控制

① 压力。压力的作用在于，挤压多层板层间的空气，并通过挤压促进树脂的流动，填满图形间的空隙。其大小可根据半固化片的性能、板子的形状、结构等适当进行调整。对于真空压制，压力一般控制在 250~500psi。

② 温度。热量使树脂融化和固化交联，从而充分润湿内层图形并达到和铜箔间很好的结合。对于不同的树脂体系，由于所采用的交联剂不同，相应的固化温度也有所差别。环氧树脂中采用的是双氰胺交联剂，其固化温度为 165~175℃，因此通常采用的层压工艺固化温度为 170~180℃。

③ 温升速率。温升速率是控制层压温度的一个重要参数，其大小一方面可以通过程序来进行控制，另一方面还可以通过改变缓冲层材料的类型和数量来进行控制。针对不同的树脂体系，需采用不同的温升速率。半固化片中的树脂在某一温度出现最低黏度（即最大流动度），该点对应的时间即为预压时间，只要在此点施加高压，层压板的性能就比较理想。

过高的温升速率会使操作范围变窄，工艺控制困难；过低的温升速率会使升温时间延长，树脂在升温过程就已逐渐固化，熔融黏度增大，流动度降低，导致树脂填充不完全，容易形成空隙、厚薄不均等缺陷。因此，针对环氧树脂体系，一般控制温升速率在 4~8℃/min。

④ 压制周期。根据温度的变化情况，压制周期有两种形式，即一步法和二步法。一步法操作简单，便于连续生产，适合于低流动度（<18%）半固化片的压制。二步法则适合于中流动度（>20%）或高流动度半固化片的压制，避免了树脂的过分流动，最终保证了层压板厚度的一致性。

压制时的压力变化，有两种加压方式，即一级加压方式和二级加压方式。

一级加压方式，控制较为简单，常以进入低温或高温的时间为预压周期的起始点，一般在采用低流动型或不流动型的半固化片时常选用此种压制周期。

二级加压方式，在压制过程中有低压和高压两个阶段，适合于中流动型或高流动型半固化片的压制。低压阶段，熔融成低黏度的树脂润湿全部黏结面并填充所有间隙、赶出气泡，逐渐提高树脂的动态黏度。高压阶段，彻底完成排泡、填隙、保证厚度和最佳树脂含量以及树脂的固化交联反应。

压力的转换，分低温转换和高温转换两种方式。低温转换是当半固化片温度升到 80~90℃时，将低压转换为高压；高温转换方式是当半固化片温度升到 115~125℃时，将低压转换为高压。对于高流动型半固化片，采用低压力压制可使内层线路板上的压力负荷减到最小，从而使内层线路板所产生的位移和偏移减到最小。压力过大时，会使层间的位移变大，尤其当线宽/间距较小（≤0.25mm）时，铜箔在高温下的剥离强度将显著降低，当压力加至 21kgf/cm^{2}时，就将导致导线的移动。正常层压的温度、压力和时间的关系曲线如图 5-15 所示。

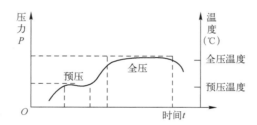

图 5-15　正常层压的温度、压力和时间的关系曲线

（4）出模，脱模

当层压板温度降至室温后，打开压机，取出模具；在脱模专用工作台上，去除模具销钉，取出层压板。

（5）切除流胶废边

层压排出的余胶，呈不规则流涎的状态，厚度也不一致，为保证后续加工，采用剪床切去废边，切至坯料边缘，但不能破坏定位孔。

当板面出现扭曲或弓曲的不平整现象，应校平处理，使翘曲量控制在对角线的 0.5%范围之内。

（6）打印编号

经压制后的多层印制板半成品，两外层为铜箔，为防止混淆，应及时用钢印字符在产品轮廓之外的坯料上打印出图号和压制记录编号，字迹必须清楚，不致造成错号。

（7）后固化处理

将板放入电热恒温干燥箱中，加热到 140℃并保持 4h。通过后烘处理可以部分消除热压的残余应力，降低层压板的翘曲程度。

3．常见层压缺陷分析及纠正措施

多层印制板进行层压操作后，所得印制板可能出现各种层压质量问题，只有认真分析其产生的原因，才能及时采取纠正措施，防止类似问题的再次出现，最终达到提高多层印制板层压制作质量的目的。常见的主要层压缺陷分析及纠正措施见表 5-14。

表 5-14　常见的主要层压缺陷分析及纠正措施

层压缺陷	产生原因	纠正措施
层压后板发生气泡或起泡现象	黏结表面不干净	加强黏结表面清洁处理
	挥发物含量偏高	降低预压压力和温升速率
	半固化片流动性差	更换半固化片或提高预压压力
	预压压力、温度偏低	适当提高预压压力、温度
	树脂动态黏度高，施全压时间较迟	协调压力、温度和流动性三者间关系
	温度偏高、预压时间过长	适当降温、提高预压压力或缩短预压周期
板面有凹坑、树脂黏附现象	排板造成铜箔表面有半固化片碎屑	改变排板方式，减少铜箔表面粘有半固化片碎屑的机会
	脱模材料上有半固化片碎屑或树脂残留	加强脱模材料的表面清洁，尤其是树脂残留
	由于净化不够，造成排板时杂物颗粒、灰尘或其他异物落在铜箔表面	提高排板间的净化程度，加强操作人员文明生产管理
树脂含量不足或局部缺胶现象	半固化片树脂含量低	调整预压压力和温度
	半固化片树脂凝胶化时间长	调整预压压力和温度，调整预压时间
	树脂流动度过高	适当降低层压温度或压力
	预压压力偏高	降低预压压力
	施全压时机不对	压制过程中，注意观察压力变化和温升情况，并仔细观察树脂的流动状态，调整施全压起始时间
板厚不均现象	同一书型叠层内层压板总厚度不同	调整使其总厚度一致
	同一层中各待压板厚度差大	选用厚度差小的覆铜板
	热压模板的平行度差	调整热压模板平行度，并限制其多余的自由度
	待压板摆放位置偏离中心位置	注意放置叠层于热压模板的中心区域
	内层单片四周边的阻流块设置不合理	内层板成品加工框线外应设计成交叉或"梅花状"阻流块
层压板出现超厚或厚度不够现象	所填半固化片数量不对	检查排板记录
	凝胶化时间太短或太长	测定半固化片的特性指标，调整层压参数或更换半固化片
	预压所用压力不足或太大	提高预压压力或减小预压压力
层压板出现翘曲现象	内层图形设计为非对称性结构或布线分布不均匀	改进设计布线密度和导电层分布结构
	半固化片与内层单片的下料方式不一致	确保半固化片下料的经纬度方向与内层单片的经纬度方向一致
	排板时，半固化片的非对称或非镜向放置	排板时，注意将半固化片相对于内层单片对称及镜向摆放
	内层单片加工前未进行预烘老化处理	内层单片下料后需进行烘烤除应力操作
	半固化片于层压中，固化周期不够或卸压过早	进行层压工艺试验，保证固化周期，保持压力下冷却
	加热板温度不均匀	调整加热温度和升温速率
层压后板有层间错位现象	层压中板材的热收缩	层压前，板材需预先进行热处理
	层压材料与模板的热膨胀系数差大	选用尺寸稳定性好的内层覆铜板和半固化片
	热压过程中，半固化片的树脂流动性大，转换成高压过早	进行试压操作，选择最佳层压参数，控制半固化片的热压特性
层压板的耐热冲击性差	内层单片图形黑膜氧化处理质量差	加强单片的氧化处理质量控制
	半固化片类型或性能差，或其存放不当造成变质	严格半固化片的储存及使用管理；正式生产前，加强试压操作

5.4　钻孔和去钻污

多层印制板不同于双面印制板，对钻孔质量有更高的要求，钻孔后所形成的内层铜环必须干净、无环氧树脂钻污、孔壁光滑、无疏松的树脂和玻璃纤维粉末，才能保证后续化学镀铜层与孔壁内层导体的可靠连接。所以高质量的钻孔和去除环氧树脂钻污（desmear）是影响多层板金属化孔可靠性的主要因素，也是多层印制板的特殊工艺要求。

5.4.1　多层板的钻孔

多层印制板钻孔时，由于多层板内铜层较多，钻头切削会产生大量的热量，基材的热导率又比铜小，而热膨胀系数却比铜大，因此钻头切削所产生的热量来不及传导出去，导致钻头发热，温度升高很快，孔壁对钻头的摩擦力增大，产生很大热量，又促使钻头的温度更进一步地提高，可达 200℃ 以上。这样，不仅钻头需要更大的切削力，也增加了钻头的磨损，而印制板基材中所含树脂的玻璃化温度与之相比要低得多，其结果使软化的环氧树脂黏附在钻头上，导致在钻头进刀和退刀时，钻污了孔壁内层铜箔的切削面，形成了通常所说的环氧钻污（smear）。环氧钻污会影响孔壁铜层与内层导体连接的可靠性，必须彻底去除。避免环氧钻污产生和去除钻污是保证多层印制板镀覆孔（金属化孔）质量的关键之一，通常从控制钻孔质量和去除钻污两个方面入手，这样既可减少和避免钻污的形成，又能对出现的钻污做彻底的清除，从而保证孔金属化的质量。

多层板钻孔时，孔口毛刺、孔壁粗糙、基材凹坑及环氧树脂钻污等缺陷，可通过加强钻头质量和钻孔工艺来控制，具体方法应按 4.3 节钻孔的工艺要求进行，重点应控制钻头的质量、钻孔数量和钻孔参数。通常多层板的层数越多，同一钻头钻孔的数量就要减少，钻孔的孔径越小，钻轴的转速就越高，并应注意钻孔盖板和垫板的选择和应用。

5.4.2　去除孔壁树脂钻污及凹蚀处理

多层板的孔金属化与双面印制板最大的区别在于，孔金属化工艺的前处理，必须增加去钻污和凹蚀处理，以提高孔壁与内层导体连接的可靠性。

去钻污是指去除孔壁上和内层导线断面上的熔融树脂和钻屑。在去除孔壁环氧钻污的同时，还可去除孔壁的环氧树脂层。当去除了孔壁一部分树脂层时，内层导体表面一部分会凸出在孔壁树脂层外，孔壁树脂层形成一个凹形的内表面，通过控制去除的时间和溶液的配方能控制去除孔壁环氧层的深度。所以，这时去钻污又称为凹蚀。在孔壁形成凹蚀与去钻污是两个互为关联又相互独立的工艺过程。凹蚀的好处是既可以去除钻污又可以在进行化学镀铜时，使暴露的多层板内层导体表面和断面同时沉积上铜，形成三维电气连接，会使金属化孔壁铜层与内层导线的连接更可靠，可见凹蚀的过程也是去钻污的过程。但是，去钻污工艺却不一定有凹蚀效应。尽管在多层板制造过程中，做到了选择优质基材、优化层压及钻孔工艺参数，但孔壁的环氧钻污仍不可避免。为此，多层板在实施孔金属化处理之前，必须进行去钻污处理，凹蚀深度一般应控制最小为 0.005mm，最大为 0.080mm，优选为 0.013mm，该种凹蚀又称为正凹蚀。正凹蚀是制造多层印制板广泛采用的金属化孔前处理工艺。

相对于正凹蚀，还有另一种凹蚀，称为负凹蚀，即去除内层铜箔断面上的树脂钻污的同时，还要将内层铜箔蚀刻掉一部分，使内层铜箔相对于孔壁树脂层凹进去一部分。负凹蚀可以保证内层铜箔的钻孔切削端面的树脂钻污被充分去除，在进行化学镀铜时，铜能沉积在孔壁和凹进去的内层铜箔的端面，再经电镀加厚铜层而实现孔壁与内层的电气连接，但是连接的界面只有铜箔的厚度方向的截面积，其连接界面面积的大小不如正凹蚀。凹蚀处理后金属化孔壁的显微剖切结构如图 5-16 所示。

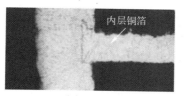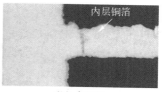

（a）正凹蚀　　　　　　　　　　　　　（b）负凹蚀

图 5-16　凹蚀处理后金属化孔壁的显微剖切结构

孔壁去树脂钻污的方法大致有等离子法、浓硫酸法、高锰酸钾法及铬酸法等四种。

1. 等离子法去钻污

（1）等离子及其去污原理

等离子体是由失去部分电子后的原子及原子被电离后产生的正负电子组成的离子化气体状物质，是物质的第四态，即电离了的"气体"。它呈现出高度激发的不稳定态，其中包括离子、电子、原子和分子。

印制板生产所用等离子体属于低温等离子体，是利用高频感应放电或低气压放电法（辉光放电法）产生的等离子，气体的分子被激发，使分子和原子中激化的电子、离子处于无序运动的状态，发出像紫外光或霓虹灯样的光，具有相当高的能量。在去钻污时，由于电场加速电子的冲撞，使气体分子、原子的最外层电子被激化，并生成离子或反应性高的自由基。这些离子和自由基与材料表面碰撞，并破坏数微米范围以内的分子键，使孔壁材料能削减一定厚度，生成微观凹凸不平的表面，达到去除钻污和粗化孔壁表面的作用，能提高镀铜层与孔壁的黏结力。

印制板生产中的等离子处理可以去除孔壁树脂钻污并有凹蚀作用；对于聚四氟乙烯基材的憎水表面还有活化作用，能提高表面润湿性；还可以清除激光钻孔的盲孔内碳，以及去除抗蚀剂和阻焊膜残留物等。

等离子体处理常用的气体有氧气、氮气和四氟化碳气或按一定比例混合的气体。等离子去钻污需要专用的等离子设备，如图 5-17 所示。

图 5-17　等离子设备（正待装板）

（2）去钻污和凹蚀的工艺过程

等离子去钻污的工艺过程包括装料、等离子蚀刻、充混合气体的卸料，总共约需半个多小时。反应物的气体成分、气流速度和气体压力以及去钻污时间长短，对去钻污质量均会产生影响。而废气必须用碱性清洁剂进行清洗。

等离子去钻污后，再用超声波碱性介质液清洗印制板的通孔，可清洗掉被等离子轰击下来的碳化物（又称"灰层"），中和附着在表面的氟化氢，并且可以去除等离子箱内由于浅射效应沉积于印制板表面的细小金属斑点。

等离子去钻污时，如要使每个通孔都达到去钻污均匀，除了控制上述参数以外，还需注意印制板的装箱数量适当、装箱的位置合理，必要时还需变换发生器电极排列和进气口的方向以达到最佳去钻污效果。

（3）去钻污效果的对比

等离子去污是干法去污方式，虽然也能产生一部分污染气体，但气体的量不多，可以用碱性清洁剂吸收，并能节省大量其他化学药品，能降低污染。等离子法去钻污的去污和凹蚀效果明显，可以通过以下几种等离子处理前后检验结果的结构照片对比其效果。

① HDI 板中盲孔去钻污前后比较（见图 5-18 和图 5-19）。

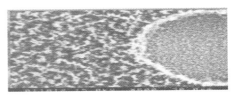

图 5-18　HDI 板中盲孔等离子处理前　　　　图 5-19　HDI 板中盲孔等离子处理后

② 通孔去钻污效果比较（见图 5-20 和图 5-21）。

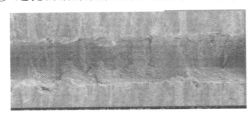

图 5-20　通孔等离子处理前　　　　图 5-21　通孔等离子处理后

从以上两组图中可以看出等离子处理后，表面被明显地粗化，有利于提高基材与化学镀铜层的结合力。

③ EDS 测试结果比较。在对盲孔底部进行等离子去污处理后，用能谱仪测试底部材料表面的元素组成，代表污染物的碳和硅等有机物元素基本上没有了，说明处理效果非常好（见图 5-22 和图 5-23）。

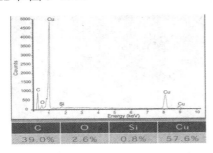
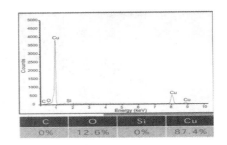

图 5-22　等离子处理前 EDS 测试　　　　图 5-23　等离子处理后 EDS 测试

2. 浓硫酸法去钻污

浓硫酸与水有极强的亲和性，蚀刻树脂后能被碱溶液中和并且易于被水清洗干净，所以浓硫酸去钻污的应用也较为普遍。此种方法只能去除环氧树脂钻污，对聚丙烯氰和聚酰亚胺钻污则无能为力。具体的工艺原理和方法在 4.4.2 节有详细介绍。其工艺流程因采用的溶液不同和设备的不同而有所差别，以美国 Chemcut 650 型浓硫酸去钻污剂为例，其采用的工艺流程为：

进料→浓硫酸喷淋去钻污→水喷淋→氢氧化钠喷淋→水喷洗→高压水喷洗→风刀吹干

浓硫酸去钻污的效果很大程度上取决于酸的浓度，适合的浓硫酸浓度为 92%～98%。其优点是去钻污的蚀刻速率高、凹蚀明显，但由于浓硫酸易吸水，一旦浓度降到 90% 以下，去钻污的效果将明显减弱。

浓硫酸去钻污所产生的树脂断裂呈微固体物，在溶液中析出沉积在玻璃纤维之间，十分像"沉渣"，水和碱溶液等都难以将其清洗掉。更为严重的是，去钻污过程中，硫酸会渗入内层材料，这种渗入和未完全去掉的"沉渣"层，是造成孔壁层"凸鼓"和"脱落"的主要隐患。浓硫酸去钻污，还会产生多种硫化物，这些硫化物将造成金属化孔铜层结合强度的下降，热冲击后，孔壁镀层易发生剥落。

为了弥补浓硫酸去钻污的缺点，工艺上采用密闭室高压喷淋，通过添加 15% 浓磷酸来减小吸水性，降低黏度；再采用氢氟酸或氟化氢铵蚀刻玻璃纤维，超声波碱溶液中和，高压水喷洗，强力风刀吹干孔内积水，会有较好的效果。

3. 高锰酸钾法去钻污

高锰酸钾法去钻污是利用碱性高锰酸钾溶液作为强氧化剂，在高温下将印制板孔壁树脂钻污氧化清除，而且还可以改善孔壁树脂表面结构。通过控制去钻污的工艺参数，可以控制凹蚀的深度。

高锰酸钾去钻污是目前去钻污流程中，使用最为广泛的方法，具有较高的稳定性，溶液容易再生，既经济又高效，管理操作简单。其去钻污的原理和工艺过程已在 4.4.2 节做了介绍，此处不再细述。

高锰酸钾去钻污，必须先用有机溶剂对孔壁树脂进行溶胀预处理，以便于后续高锰酸钾的氧化处理，能提高去钻污效果。随着去污加工量的增加和使用时间的延长，高锰酸钾溶液的氧化能力下降，需要及时添加氧化剂（例如 $Na_2S_2O_8$ 添加剂）或用电解法使之再生，恢复氧化去污能力。通常采用电解法再生，可以在去污槽旁边及时进行，并能避免添加氧化剂再生法产生的氧化剂残余物，保持溶液的清洁。在高锰酸钾溶液去除钻污后，必须用酸性溶液进行中和处理，以防具有氧化性能的高锰酸钾碱性溶液被带入下面工序的处理溶液内。如果在中和处理的同时，在溶液中加入适量的氢氟酸盐，则可以帮助去除凹蚀后凸出的玻璃纤维，会使凹蚀质量更好。图 5-24 和图 5-25 展示了经过溶胀和去钻污处理后，FR-4 基材孔壁表面的不同形态结构，图 5-26 是去钻污前后孔壁情况的对比，可明显看出处理的效果。

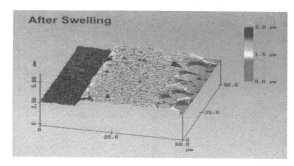

图 5-24　溶胀处理后表面形态结构示意

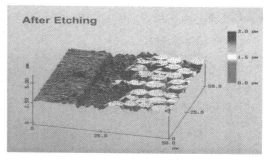

图 5-25　去钻污处理后表面形态结构示意

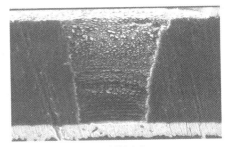

（a）去钻污前　　　　　　　　　　　（b）去钻污后

图 5-26　高锰酸钾去树脂钻污前后孔壁状况对比

高锰酸钾去树脂钻污会在孔壁产生微小不平的树脂表面，不像浓硫酸腐蚀树脂那样产生光滑表面，也不像铬酸易产生树脂过腐蚀而使玻璃纤维凸出于孔壁，且不易产生粉红圈，这些都是高锰酸钾去树脂钻污的优点，故此法去钻污目前被广泛采用。

高锰酸钾去钻污及凹蚀处理液在市场上可以购得专用产品。不同生产商提供的不同牌号的溶液产品其溶液配比及工艺操作条件不同，使用时应按生产商提供的说明进行。以安美特公司提供的溶液为例，其参数如下：

① 溶胀剂 Securiganth P：450～550mL/L，最佳 500mL/L。

　　pH 值校正液：15～25mL/L，最佳 23mL/L。

　　或氢氧化钠（NaOH）：6～10g/L，最佳 10g/L。

　　工作温度：60～80℃，最佳 70℃。处理时间：5min30s。

② 高锰酸钾（$KMnO_4$）：50～60g/L，最佳 60g/L。

　　氢氧化钠（NaOH）：30～50g/L，最佳 40g/L。

　　工作温度：60～80℃，最佳 70℃。处理时间：12min。

③ 还原剂 Securiganth P：60～90mL/L，最佳 75mL/L。

　　硫酸（H_2SO_4）：55～92g/L，最佳 92g/L。

　　玻璃蚀刻剂：5～10g/L，最佳 7.5g/L。

　　工作温度：50℃。处理时间：5min。

维护去钻污溶液是保证溶液稳定性的重要手段，每周应定期测定高锰酸钾（$KMnO_4$）、锰酸钾（K_2MnO_4）和氢氧化钠（NaOH）的浓度，并及时调整 $KMnO_4$ 和 NaOH 的浓度。最好采用电解法，连续不断地使锰酸钾（K_2MnO_4）氧化为高锰酸钾（$KMnO_4$）。溶液的质量也可以通过观察去树脂钻污后的印制板表面颜色来判断，若为紫红色，说明溶液状态正常；若为绿色，说明溶液中 K_2MnO_4 浓度太高，这时应加强电解再生工作。高锰酸钾去树脂钻污可以在孔金属化自动生产线上进行，作为孔金属化的一个工序。

4．铬酸法去钻污

铬酸极易失去氧原子，所以是一种很强的氧化剂，能使聚合物的分子链断裂，形成氧化物。其反应生成物是逸出二氧化碳气体和三氧化二铬。铬酸去钻污，孔内的蚀刻非常均匀，几乎找不到任何树脂残余物，这是各种去钻污方法的一个显著的特点，但在对基材凹蚀的效果反而不好。

铬酸也能腐蚀聚酰亚胺，并且能氧化破坏这些残余物。铬酸不能蚀刻基材中的聚丙烯氰黏结物和玻璃纤维，必须用硫酸加氟化氢铵溶液蚀刻玻璃纤维。

铬酸去钻污的最大缺点是对环境污染性大，处理后的树脂表面光滑，结合力不强，所以该法逐渐被淘汰。

5.5　多层微波印制板制造工艺技术

在微波通信电子产品中，广泛采用特殊的微波用印制板。微波的高频特性使得对印制板及其基材有特殊要求。因多层微波印制板广泛应用在军用雷达和通信设备中，所以在国外军事电子技术发达的国家中，对多层微波印制板的制造和研究，都是在技术相对保密的情况下开展的。例如，微波印制基板的材料供应商——美国 ROGERS 公司，不仅能生产高性能、介电常数范围宽的单双面微波印制板基材，同时还有一个分部专门进行高精度多功能微波印制板制造，具有先进的生产设备和检测仪器。

在多层微波印制板的制造方面，美国已实现了 RO4350 等型号双面微波层压板基材的多层微波印制板制造技术，其中包括微波介质基板多层化层压制造、金属化孔互连及埋/盲孔制造、多层微波印制板电装及耐环境保护性阻焊膜制造、多层微波线路表面电镀镍金以及多层微波印制基板的三维数控铣加工等制造技术。

图 5-27 所示的是一种陶瓷粉填充的 64 层聚四氟乙烯（PTFE）基材电路板的截面图，该电路板是美国军方研制的空间全球卫星系统电子束形成天线阵列的一部分。

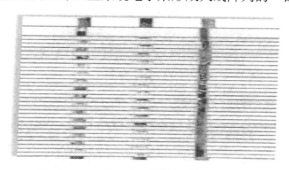

图 5-27　64 层 PTFE 基材电路板的截面图

5.5.1　多层微波印制板的应用现状

高速电路用印制板分为两大类：一类是具有高频信号传输线，与电磁波长有关，应用于雷达、广播电视和通信（移动电话、微波通信、光纤通信等）；另一类是有高速逻辑信号传输线，与数字信号传输及电磁波的方波传输有关，主要应用于计算机、图像传输设备等，并已迅速推广应用到家电和通信电子产品。

目前，国内广大印制板制造企业所开展的工作，仅局限于前述第二类高速逻辑信号传输类电子产品所需的低、中频多层印制板的研究、开发和制造。所选用的主要印制板基材大多为适合低、中频信号传输用的环氧树脂类绝缘介质材料。

从印制板整体制造技术来讲，目前也只是针对此类环氧树脂类绝缘介质基板的多层化制造，如代表国内较高水平的神州系列超高速计算机处理系统成功地应用了 48 层印制板。在多层印制基板的具体制造技术上，国内印制电路行业的制造水平，已基本接近国外先进国家的技术水平。例如，多层印制板的高层化制造技术、多层印制板的薄型化和超薄型化制造技术、实现层间电气互连的金属化孔及埋/盲孔制造技术、多层印制板表面可焊性涂覆的热风整平/化学镀镍金/电镀镍金/化学镀银技术、多层印制板数控加工技术，以及低、中频印制板埋电阻、埋电容和埋电感技术等，在国内都有厂家在应用。

由于多层微波功能基板应用的局限性，国内一般印制板制造企业目前涉及得很少。鉴于高频信号传输的特殊性，其主要将涉及各类微波功能基板多层化制造技术、层间绝缘介质厚度控制技术、多层微波印制板各层间图形高重合度技术、各类微波介质材料孔金属化互连制造技术以及三维数控加工技术等。这些，都是目前国内多数印制电路厂商尚未实现的技术，因此在这方面与国外同行存在着较大差距。

但是，在国内一些军工企业和高技术产品企业，由于产品的需求，先后开展了"聚四氟乙烯介质多层板制造""陶瓷粉填充热固型树脂介质多层板制造"及"陶瓷粉填充聚四氟乙烯介质多层板制造"工艺试验和研究，也取得了一些突破性的成果。

5.5.2 多层微波印制板技术简介

多层微波印制板制造技术与传统的多层印制板制造技术的最大区别，主要集中在不同介电常数的微波印制板基材、微波多层印制板制造中的特性阻抗控制技术、多层微波基板层间互连制造技术等关键材料和技术问题。不同的基材其制造工艺流程也有区别，必须根据基材的特性和产品的特性确定工艺路线。

1．陶瓷粉填充热固型树脂介质多层板制造工艺

该类介质材料的微波多层印制板与传统多层印制板制造工艺的区别在于，层压后先制作外层图形然后钻孔，在用保护层保护孔以外的部分后，进行金属化、金属化孔及焊盘上电镀锡铈合金，去掉保护层后，再在印制导线上电镀镍金并注意控制镍层厚度，最后铣外形、清洗、检验。

CAD 设计→模板制作→单板下料→基板前处理→冲孔→贴膜→制作内层图形→修板→内层蚀刻→黑色氧化处理→数铣局部外形和半固片→叠层→层压→制内层样板图形→数控钻孔→涂覆保护层→孔金属化→外层双面电镀锡铈合金→去保护层→去残胶→电镀金/镍→数控铣外形→精修去毛刺→成品检验→清洗烘干→包装

2．聚四氟乙烯介质多层印制板制造工艺流程

多层板的制作分为两大步，先制作内层，再制作外层并进行表面涂覆。

（1）内层图形制作流程

光绘内层底版→内层单片下料→单片前处理→冲制定位孔→贴膜→制作内层图形→蚀刻→AOI 检查→图形黑化处理

（2）层压及制作外层图形和表面涂覆流程

局部铣切内层单片基板→半固化片局部铣切窗口→与外层铜箔叠层→定位层压→钻孔、铣切开口→可剥性胶保护开口→活化处理→孔金属化→全板镀铜加厚→全板电镀金→铣外形→去除可剥胶露出内层引出图形→内层引出图形镀金→清洗干燥→检验

注：①镀铜加厚的厚度应能保证金属化孔的可靠性连接（$\geqslant 25\mu m$），最厚又不能影响导线的特性阻抗变化超出规定的范围。

②外层镀金层厚度应大于 $1.3\mu m$，焊接部位根据焊接方式有不同金层厚度。锡铅焊料焊接，金层厚度为 $0.2\sim0.45\mu m$；热压焊，金层厚度为 $3.8\sim7.5\mu m$。

3. 陶瓷粉填充的聚四氟乙烯介质多层板制造工艺流程

内层单片制作→黑色氧化处理→铣切局部开口→半固化片局部开口→叠层→层压→制内层样板图形→钻孔→保护处理→孔金属化→双面电镀锡铈合金→去除保护层→电镀金/镍→铣切外形→检验→清洗烘干→包装

4. 金属化孔前活化处理技术

由于聚四氟乙烯材料的憎水性及其表面能很低的特性，其印制板孔金属化时溶液不易润湿孔壁，对它进行孔金属化和电镀很困难，而金属化孔质量的好坏直接影响多层微波基板的质量。金属化孔工艺中最大的难点是化学镀铜前的活化前处理，提高材料的亲水能力以便于孔金属化操作，这也是最为关键的一步。

有多种方法可用于化学镀铜前处理，能达到保证产品质量并适合成批生产，主要有化学处理法和等离子体处理法两种方法。

（1）化学处理法

金属钠和萘在非水溶剂如四氢呋喃或乙二醇二甲醚等溶液内反应，形成一种萘钠络合物。该钠萘处理液能使孔内的聚四氟乙烯表层原子受到侵蚀，从而达到提高基材的亲水能力、润湿孔壁的目的。这是经典成功的方法，效果良好、质量稳定，各组分的配比参见表 5-15。

表 5-15 钠萘处理液各组分的配比示例

组　　分	配　　比
金属钠	2.3g（0.1mol）
萘	12.8g（0.1mol）
乙二醇二甲醚	100mL

这种聚四氟乙烯钠萘处理液的制备、使用和储存方面应遵守严格的操作规程才能达到处理的效果。钠萘处理液的制备反应，属非水溶剂化反应（类似于有机合成的格氏反应）。制备前对反应容器必须烘干去除水分，在进行化学反应时，需在氮气的保护下进行。反应过程中，会产生一定的热量，要确保反应过程药液温度低于 5℃，可通过冰浴或冰盐浴来控制化学反应温度。

由于主要成分金属钠易燃，遇水会产生剧烈的放热反应，危险性大。因配置好的钠萘处理液毒性大且保质期较短，所以应根据生产情况进行配制。不用时和用后，钠应用棕色细口瓶进行密闭保存。配制钠萘需要由有一定化学合成经验的专业人员进行，不然既难以保证配制成功又容易出危险。

（2）等离子体处理法（PLASMA）

聚四氟乙烯微波材料亲水性差，难以孔金属化，通常用氧气和四氯化碳所组成的混合气体对其表面进行等离子体处理，主要作用如下：

- 对孔壁有凹蚀并能去除孔壁树脂钻污；
- 提高表面润湿性（聚四氟乙烯表面活化处理）；
- 能清除采用激光钻孔的盲孔内碳的残余物；
- 改变内层表面形态和润湿性，提高层间结合力；
- 能去除表面的抗蚀剂和阻焊膜残留。

① 不同材料的处理过程。

● 纯聚四氟乙烯材料的活化处理。

对于纯聚四氟乙烯材料的活化处理，采用单步活化通孔工艺，所用气体绝大部分是氢气和氮气组合的等离子体。

因为聚四氟乙烯被活化了，润湿性有所增加，所以待处理板无需加热，真空室一旦达到操作压力，就启用工作气体和射频电源进行处理。大多数纯聚四氟乙烯板的处理仅需约20min。然而，由于聚四氟乙烯材料的复原性能（恢复到不润湿表面状态），化学镀铜的孔金属化处理需在经等离子体处理后的48h内完成。

● 含填料聚四氟乙烯材料的活化处理。

对于含填料的聚四氟乙烯材料制造的印制板（如不规则的玻璃微纤维、玻璃编织增强和陶瓷填充的聚四氟乙烯复合物），需两步处理。

第一步，清洁和微蚀填料。该步典型的操作气体为四氟化碳气、氧气和氮气。

第二步，等同于前述"纯聚四氟乙烯材料的活化处理"所采用的工艺。

② 处理效果评定。

上述等离子体处理方法对聚四氟乙烯材料表面的处理效果好坏，可通过扫描电子显微镜对处理前后的表面拍照，来进行比较判别。图5-28即为聚四氟乙烯材料经表面等离子处理前后，采用扫描电子显微镜所拍摄的5000倍和10 000倍的照片。

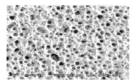  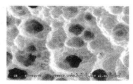 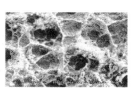

（a）处理前(5000倍)　　（b）处理后(5000倍)　　（c）处理前(10 000倍)　　（d）处理后(10 000倍)

图5-28　聚四氟乙烯材料经表面等离子处理前后扫描电镜的照片示意

根据经验，钠萘处理溶液与等离子体处理相比较，前者对孔壁的处理效果强于后者，但钠萘溶液的配制比较复杂，需要具有一定的有机物及高分子合成经验。而且，钠盐溶液配制后的储存稳定性较差。因此，采用等离子体处理方法既方便又安全。

5.5.3　多层微波印制板的特性阻抗控制技术

多层微波印制板的制造技术，完全不同于目前的FR-4（环氧树脂）普通多层印制板的制造，其制造难度大，在原有层间结合技术、层间互连技术的基础上，还必须考虑影响高频信号传输的其他因素，即开展针对陶瓷粉填充聚四氟乙烯介质基板的层间互连制造技术，以及特性阻抗控制技术的研究。

在制造过程中，应着重关注影响特性阻抗控制的图形黑膜氧化、层间厚度均匀性、层间重合精度、图形制作精度和平面电阻制造，多层微波基板层间互连制造技术中的聚四氟乙烯介质板层压制造、聚四氟乙烯多层印制板的金属化孔制造，以及多层微波印制板盲孔和埋孔的实现等工艺技术问题。

1．多层微波印制板的特性阻抗控制技术介绍

当印制板导体电路的特性阻抗与元器件的输入、输出特性阻抗不匹配时，则会向界面处产生信号反射，形成噪声，使传输信号质量下降。这种影响对微波高频多层印制板来说特别

显著。对微波多层印制板来说，特性阻抗的控制尤为重要。

以微带线结构为例，特性阻抗（Z_0）为

$$Z_0 = (87 / \sqrt{\varepsilon_r + 1.41})\ln[5.98H / (0.8W + T)]$$

式中，ε_r 为相对介电常数；H 为电介质层厚度（mm）；W 为印制导线宽度（mm）；T 为印制导线厚度（mm）。

由上式可见，影响特性阻抗的主要因素有介电常数、电介质层厚度、导线宽度和导线厚度等，但导线宽度相对于厚度的影响要大得多。

对于单、双面微带图形制造而言，在高频基材选定后，特性阻抗仅与导线宽度有关。而对于微波多层印制板的制造，特性阻抗在与导线制作精度密切相关的同时，也受层间介质厚度及均匀性的影响。

假设选定高频基材和微带线设计参数分别为 $\varepsilon_r = 2.2$，$H = 1.0\text{mm}$，$W = 0.10\text{mm}$，$T = 0.035\text{mm}$。根据此四个参数值，可得出理想的特性阻抗 Z_0 值。

$$Z_0 = (87 / \sqrt{\varepsilon_r + 1.41})\ln[5.98H / (0.8W + T)]$$
$$= 45.79\ln[5.98 \times 1.0 / (0.8 \times 0.10 + 0.035)]$$
$$= 180.01 \ \Omega$$

若将上述四个参数值各变化±10%，相应的特性阻抗 Z_0 值变化情况列于表 5-16 中。

表 5-16 特性阻抗 Z_0 值变化情况一览

参 数	变 量		特性阻抗 Z_0 值	Z_0 值变化
相对介电常数（ε_r=2.2）	+10%	2.42	175.33Ω	-3.06%
	-10%	1.98	186.77Ω	+3.26%
介质厚度（H=1.0mm）	+10%	1.1mm	185.45Ω	+2.53%
	-10%	0.9mm	176.29Ω	-2.53%
导线厚度（T=0.035mm）	+10%	0.0385mm	179.50Ω	-0.76%
	-10%	0.0315mm	182.24Ω	+0.76%
导线宽度（W=0.10mm）	+10%	0.11mm	177.67Ω	-1.77%
	-10%	0.09mm	184.08Ω	+1.77%

由表 5-16 可见，四种参数在相同的变化范围内时，四种参数对特性阻抗 Z_0 值的影响程度各不相同。在上述四种参数的基数值下，影响最大的是介电常数和介质厚度，其次是导线宽度，影响最小的是导线厚度。

当选定微波板基板材料后，相对介电常数 ε_r 变化是极小的（对如美国 ROGERS 公司提供的产品而言），介质厚度（H）的变化也是很小的，至于导线厚度也是容易控制的（铜箔厚度 35μm 或 18μm）。

但导线宽度（W）的控制即使允许变化+10%（按照 IPC-HF-318A "微波印制板成品检验和实验规范" 标准，规定微带线侧蚀每边不得超过板面总铜箔厚度或线宽的 10%，取二者当中较小的值），有时也是很难控制的，这里既有模板光绘制作、图形转移和图形蚀刻等所带来的线宽变化问题，又有导线上的缺陷（缺口、凸出、针孔和凹陷等）问题。

导线的缺陷会改变导线的截面积，或者说会改变导线的宽度和厚度（特别是导线宽度）尺寸。其结果，使有缺陷处的特性阻抗值不同于完整导线处的特性阻抗值，将造成缺陷处的电压

信号变化（或信号反射），最终可能导致信号传输的失真。因此，对于高频信号的传输线，不仅应对导线整体长度上的宽度和厚度有严格的控制，而且对导线整体长度上的缺陷也必须加以严格控制，才能生产出合格的或规定的 Z_0 值的信号传输线。对于信号传输线的缺陷控制措施主要是工作室的净化控制、曝光底版的保管与维护、铜箔的表面处理，显影和蚀刻的操作等。

因此，从某种意义上来看，制造微波印制板的问题，实质上是如何加工出理想或完善导线宽度的问题。从另外一种角度而言，导线宽度的调整是改变和控制特性阻抗 Z_0 值最有效和最重要的方法。微带线宽公差（公差带内）对特性阻抗的影响，可参见表 5-17。

表 5-17　微带线宽公差（公差带内）对特性阻抗的影响

微带线宽公差带（mm）		特性阻抗 Z_0 值变化（介质厚度均为 1mm）				
		$W=1$mm $T=35\mu$m	$W=1$mm $T=18\mu$m	$W=0.5$mm $T=18\mu$m	$W=0.3$mm $T=18\mu$m	$W=0.1$mm $T=18\mu$m
1	+0.05mm	−2.54%	−2.51%	−3.38%	−4.46%	−8.27%
	−0.05mm	+2.54%	+2.51%	+3.76%	+5.41%	+12.90%
2	+0.03mm	−1.53%	−1.50%	−2.26%	−2.87%	−5.36%
	−0.03mm	+1.52%	+1.51%	+2.26%	+3.19%	+6.81%
3	+0.02mm	−1.02%	−1.00%	−1.50%	−1.91%	−3.65%
	−0.02mm	+1.01%	+1.01%	+1.50%	+2.23%	+4.38%
4	+0.01mm	−0.51%	−0.50%	−0.75%	−0.95%	−1.95%
	−0.01mm	+0.50%	+0.50%	+0.76%	+0.95%	+2.19%

另外，可利用 AOI 来检测和控制导线宽度和缺陷，进而控制特性阻抗值。对于高频信号要求的微波印制板，对内层线路的导线宽度及其缺陷性的检测和控制很关键。从生产的角度上来看，AOI 检测不仅可以检测和控制导线的宽度合格性，而且可以用来指导印制板的生产和改进生产工艺参数，从而提高有特性阻抗 Z_0 值控制要求的印制板的合格率。从某种意义上来看，虽然 AOI 检测还不能完全取代特性阻抗测试仪来测试特性阻抗 Z_0 值，但它比起特性阻抗测试仪的测试显得更重要。

2. 多层微波印制板特性阻抗的控制要素

（1）基板材料介电常数的控制

基板材料的介电常数是组成基板材料的各个介电常数的综合体现。覆铜板基板材料的介电常数是由基板材料中的树脂体积含量和增强材料体积含量及其相应介电常数来决定的。不同生产厂家生产的同种材料，由于其树脂含量不同，介电常数也不同。

基板材料介电常数的控制主要是通过对原材料厂家提供的介质材料中树脂含量和增强材料含量的控制来实现的。

（2）介质层厚度的控制

特性阻抗 Z_0 与介质厚度的自然对数成正比，因而可知介质厚度越厚，其 Z_0 越大，所以介质厚度是影响特性阻抗的另一个主要因素。因为导线宽度和材料的介电常数在生产前就已经确定，导线厚度按工艺要求也可作为一个定值，所以控制层压厚度（介质厚度）是生产中控制特性阻抗的主要手段。

影响介质层厚度的主要因素有半固化片的参数（树脂含量、树脂流量、流动度等）、层压方式、层压参数（层压温度、压力、升温过程、衬垫材料的选择）。

可通过调整半固化片的参数、层压方式、层压参数等工艺参数，并开展工艺试验，来完成介质层厚度控制。

（3）图形制作精度的控制

印制线路制作精度包括线宽及线间距两部分，它们是相互制约的。线宽的控制主要可通过以下几方面来实施。

① 印制线路的光绘设计及 CAM 处理；

② 底铜厚度、镀层厚度和导线厚度的控制；

③ 图形转移能力及控制；

④ 线路蚀刻的侧蚀控制。

导线厚度也是根据导体所要求的载流量以及允许的温升确定的。在加工过程中，导线厚度等于基板铜箔厚度加上镀层厚度。应注意的是，电镀前一定要保证导线表面清洁，不应粘有残余物和修板油墨，而导致电镀时没镀上铜，使局部导线厚度发生变化，影响特性阻抗值。另外，在刷板过程中要小心操作，不要因此而改变了导线厚度，导致阻抗值发生变化。

随着通信高频化趋势的日益明显，多层微波印制板及其制造技术是未来的发展方向之一，微波用基材和微波高频材料的多层化制作，是今后研发的重点课题。

第6章

高密度互连印制电路板的制造技术

6.1 概述

网络技术的广泛应用和电子通信的快速发展，极大地推动着计算机、移动通信等民用电子设备和导航、无线电、光缆通信装置及其周边设备等的小型化、轻量化和高性能化，促使各种电子元器件也向小型化和数字化方向发展，极大地提高了以大规模集成电路为中心的芯片高性能化、微细化和高集成度。小型化、薄型化的移动通信产品，高端计算机产品和 IC 芯片封装载板的需求，有力地推动了印制板制造技术的飞速发展。为满足和适应这些小型化产品的短距离和高密度布线的要求，印制板制造技术也趋向高密度布线和多层化，产生了各种新型的基板材料和相应的高密度互连（High Density Interconnect，HDI）印制板。20 世纪 90 年代初在日本开始了高密度布线多层板的研究，称为积层印制板（简称 BUM）。1994 年美国印制板行业的合作性社团 ITRI 也开始了高密度布线多层板的研究，并于 1997 年提出了研制评估报告，正式称高密度的多层印制板为高密度互连印制板。HDI 印制板的显著特征是由微型的盲孔、埋孔和通孔进行导电层间的互连，并有多层高密度布线，印制板的层间厚度和总厚度变薄。HDI 印制板垂直剖面结构示意图如图 6-1 所示。

图 6-1　HDI 印制板垂直剖面结构示意图

6.1.1 HDI 板的特点

HDI 印制板不同于普通多层印制板，它的显著特点是布线密度高、导线更精细、过孔（Via）孔径小，孔的结构有盲孔、埋孔和通孔等形式，各导电层之间的绝缘间距小，板的总厚度相对于同样层数的一般多层板厚度薄很多，电路的传输特性更优越。

1. 高密度化

高集成度数字器件的应用使在同一器件上的输出、输入端子数量急剧增加，从而使安装这类器件的印制板在单位面积上的布线密度大大提高，常规的多层板已无法满足需要，于是就需要提高布线密度，增加布线的层数。因而 HDI 板必须是高密度布线，并采用高精细导线技术、微小孔径技术和窄环宽或无环宽技术等。高密度互连技术的主要参数与实际制造能力和技术极限值见表 6-1。

表 6-1　高密度互连技术的主要参数与实际制造能力和技术极限值

技术参数	生产状态	生产极限	技术极限
线宽与间距	0.12mm/0.12mm	0.075mm/0.075mm	0.05mm/0.05mm
最小孔径	0.3mm	0.25mm	0.1mm
最小板厚度	0.8mm	0.4mm	0.4mm
铜箔厚度	18μm	9μm	5μm
最大几何尺寸	610mm×914mm	较小	较小

2. 高密度精细导线

高密度互连结构的积层式多层板，所采用的电路图形需要高精细的导线宽度与间距，通常为 0.05～0.15mm。在 IC 载板上，目前最小线宽已达到 0.025mm（见图 6-2）。相应制造工艺的装备需要具有形成高精度、高密度细线条的工艺技术和加工能力（包括生产和检测能力）。在制造过程中必须使用高尺寸稳定性的底片、均匀薄型的感光膜、薄或超薄铜箔的薄型基材，控制表面处理技术和生产环境条件（净化等级至少 10 000 级以下，甚至达到 100 级），以及严格控制导线宽度和介质层厚度。

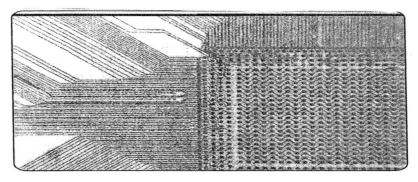

图 6-2　高密度精细导线图示

3. 微小孔径

HDI 板的另一个特点是过孔的孔径微小型化，通常孔径小于等于 0.15mm，孔密度大于等于 600 孔/in^2。这对钻孔工艺装备提出了更高的技术要求，它必须具有高精度、高转速（280 000r/min 以上）和高稳定性；有分步钻孔的数控钻孔设备及 X 光自动定位钻床；有足够扭力高性能和特种结构精确的钻头；高性能的盖、垫板材料；更好地解决精确对位和散热问题。为解决小孔径加工的技术问题，对孔径小于 0.10mm 的小孔，多数印制板制造商采用激光（CO_2 激光、UV-YAG 激光）成孔工艺技术，以及与高精度的激光钻孔系统相适应的检查和检测设备。HDI 板最小的微小孔径与焊盘尺寸变化趋势见表 6-2。半导体封装用基片（载板）的最小孔径变化趋势见表 6-3。

表 6-2　HDI 板最小的微小孔径与焊盘尺寸变化趋势（单位：μm）

项　　目		2004 年	2006 年	2008 年	2010 年	2012 年	2014 年
电镀连接法	孔径	50	50	50	30	30	30
	焊盘尺寸	140	140	110	90	90	90
导电膏连接法	孔径	150	150	100	100	100	100
	焊盘尺寸	275	250	200	200	200	200
导电膏凸块连接法	孔径	150	150	100	100	100	100
	焊盘尺寸	275	250	200	200	200	200

表 6-3　半导体封装用基片（载板）的最小孔径变化趋势（单位：μm）

项　　目	2004 年	2006 年	2008 年	2010 年	2012 年	2014 年
积层板构造芯板机械式贯孔	100	100	100	100	75	75
积层板构造芯板激光贯通孔	80	80	80	60	60	60
积层板构造激光非贯通微孔	40	40	30	30	30	30
积层板构造光致非贯通微孔	70	70	70	70	70	70

　　HDI 板层间互连的导通孔形式有埋孔、盲孔，这类孔只能占有相邻的两层或 3～4 层导电层的部分空间位置，其余的空间位置仍可以布设导线，因而会提高布线的密度，并且层间过孔的路径缩短，更加有利于高速信号的传输，所以 HDI 板孔径的微小型化有利于提高印制板的高速、高频性能。

4. 环宽尺寸小

　　为提高电路图形的布线密度，过孔周围的焊盘环宽尺寸进一步缩小（孔环宽 ≤0.25mm）。设计时采取减小内层环宽尺寸甚至采用无环宽（内层不设焊盘）技术，使布线密度有了很大的提高（假设通道网格为 0.5in，布线密度超过 117 线/in^2）。IC 封装载板上各类孔的焊盘直径变化趋势见表 6-4。

表 6-4　IC 封装载板上各类孔的焊盘直径变化趋势（单位：μm）

项　　目	2004 年	2006 年	2008 年	2010 年	2012 年	2014 年
HDI 板构造芯板机械式贯孔	150	150	140	140	115	115
HDI 板构造芯板激光贯通孔	120	120	120	120	100	90
HDI 板构造激光非贯通微孔	80	80	60	60	60	50
HDI 板构造光致非贯通微孔	110	110	110	110	110	110

5. HDI 板结构多样化

　　随着精密元器件的高稳定性、高可靠性要求，积层法制造的布线密度要求和互连数量与复杂化的增加，使 HDI 结构多样化，不同应用范围的产品、不同的厂商生产的产品，可能有不同的结构，所以具体的制造工艺方法也是多样化的。

6.1.2　HDI 板的类型

　　HDI 板的种类很多，其分类方法也多种多样，有的按所用的介质材料分类，有的按微导通孔形成工艺分类，有的按电气互连方式分类，还有的按板的应用范围分类。各种分类方式的具体类型及特点如下：

1．按积层多层板的介质材料分类

① 用感光型材料制造的积层多层板，基材中填充感光树脂。

② 用非感光型材料制造的积层多层板，基材中无感光树脂，多数为耐高温的 FR-4 型基材或其他耐热型基材。

2．按微导通孔形成工艺分类

① 光致法成孔积层多层板。以光致成像-蚀刻法形成微型导通孔的 HDI 板。

② 等离子体成孔积层多层板。以等离子轰击法形成微型导通孔的 HDI 板。

③ 激光成孔积层多层板。以 CO_2 激光或 UV-YAG 激光钻孔形成微型导通孔的 HDI 板。

④ 化学法成孔积层多层板。以化学蚀刻方法形成微型导通孔的 HDI 板。

⑤ 射流喷砂法成孔积层多层板。以掩模保护射流喷砂方法形成微型导通孔的 HDI 板。

3．按电气互连方式分类

① 电镀法微导通孔互连的积层多层板。互连的微导通孔是以电镀法形成的 HDI 板。

② 导电膏塞孔法微导通孔互连的积层多层板。互连的微导通孔是以填充导电膏的方法形成的 HDI 板。

4．按应用范围分类

① 移动通信设备和笔记本电脑用板。孔数量多，体积轻、短、小，功能强。

② 高端计算机和网络通信设备及其大型外围设备用板。孔数不多，导线层数多，要求传输信号的完整性和特性阻抗控制。

③ 大规模集成电路封装用的芯片载板，包括压焊板（压焊又称打线、引线键合，Wire Bonding）及覆晶板（覆晶又称倒装芯片，Flip Chip）等。线宽和间距小（一般小于 2mil）、精度高，孔径小（1～2mil），孔距小（≤5mil），基材的耐热性好、热膨胀系数小。

6.2　HDI 板的基材

HDI 板用的基材与一般的刚性多层印制板用的基材有较大区别。刚性多层板以覆铜箔板和相应的半固化片为主；而 HDI 板所用的基材，既有用于制作芯板的覆铜箔基材和相应的半固化片，还有在制造过程中需要的绝缘介质材料和铜箔等。主要的绝缘介质材料分为感光型树脂材料和非感光型树脂材料两大类。不同类型的基材影响 HDI 板的制造工艺方法和流程，不同用途的产品要求基材的性能也不相同，使用时必须根据产品的结构和性能要求以及印制板的制造工艺，选用合适的材料。

6.2.1　感光型树脂材料

感光型树脂材料是在感光型阻焊油墨基础上开发出的新品，它的电气绝缘性与导线的黏结性、耐湿性、耐热性及涂层加工性能等方面有极明显的改善和提高。感光型树脂可以作为在芯板上积层新的导体层的绝缘层，在绝缘层上微细通孔的形成具有工艺简单、易于制作、孔精度较高、设备投资少等优点。感光型树脂材料有两种形态即液态和干膜。

1. 液态感光型树脂材料

液态感光型树脂材料主要以环氧树脂为主，为满足性能要求，添加了适量光固化树脂材料、黏结性材料、助剂和添加剂等。该类树脂以油墨状态涂覆于待制的基板上，用照相底片作为掩模，在一定波长的紫外光照射下，光聚合引发剂分解产生自由基使树脂固化，再经过显影处理溶解掉未感光部分的树脂，最后经热固化处理，形成与照相底版相同的图像结构的绝缘层。

由于存在固化剂，在加热时形成热固型树脂，所以液态感光型树脂材料不但具有较高的耐热性、绝缘性，也是提高黏结性的重要成分。为提高黏结性能，还添加了热固型环氧/橡胶共聚物。为提高分辨率，感光型树脂还必须具有与紫外光灯波长相匹配的吸光系数的特征。热固型树脂应是低分子量结构的树脂，以便于被弱碱性显影液溶解和有助于分辨率的提高。它具有厚薄成型性好、可按其特性差别（黏度、分子量的分布）进行分层涂布等特点，是目前以积层法制造 HDI 板常用的绝缘材料。

2. 干膜型感光树脂材料

干膜型感光树脂材料的组成基本上与液态感光树脂材料相同，但在树脂分子量、熔融黏度性能方面有所不同。由于没有各种溶剂保护，使它在暗室稳定性方面要求更加严格。同时，它还必须具有良好的覆盖性能、较好的熔融特性和层压时较高的流动性。干膜型感光型材料虽然使用方便，但它的绝缘层的平坦性（指单点厚度公差精度）不如液态感光型树脂材料，很难实现多层次的复层形式。

以 BF-8000 型干膜为例，两种状态的树脂材料性能对比见表 6-5。

表 6-5　感光树脂材料主要性能对比

性　　能	液　　态		干　　膜	说　　明
	BL-8500	BL-9700	BF-8000	日立化成生产
分辨率（mm）	0.06～0.08	0.06～0.08	0.12～0.15	膜厚 75μm
镀铜导线剥离强度（N/mm）	0.8～1.3	0.8～1.2	0.8～1.3	
260℃时浸焊耐热时间（s）	>120	>60	>60	焊料漂浮法
显影时间（s）	150～180			膜厚 55μm
耐离子迁移性（CAF）(h)	>500		>500	层间距 40μm，温度 85℃，相对湿度 85%
金属化孔可靠性试验（周期）	50		50	300℃热油至室温变化冲击
常态下层间绝缘电阻（Ω）	$1×10^{12}$		$1×10^{11}$	
煮沸 2h 后层间绝缘电阻（Ω）	$5×10^{10}$		$2×10^{10}$	用电阻大于等于 2MΩ 的去离子水煮
阻燃性等级	Vo 级	Vo 级	Vo 级	UL94 标准
T_g(℃)	110～120	160～170	100～105	用 TMA 法测定

采用此类基材制作 HDI 板，通常是在以常规制造的双面或多层薄型印制板的基础上，层压感光型材料的基材，再涂覆掩模进行图形转移、钻孔和化学镀铜等工艺形成新的导线层（基本上属于加成法工艺），如此反复在刚性芯板的基础上添加多层导电层形成高层数的高密度板（即 HDI 板）。采用该基材制造 HDI 板，虽然工艺流程较简单，但

基材成本较高，并且在基材保存和使用过程中，除曝光工艺外，应严格避免敏感紫外光的照射。

6.2.2　非感光型树脂材料

非感光型树脂材料无感光树脂，与一般刚性板用的绝缘层材料相同，应根据材料的工艺特性和微导通孔的加工方式来确定应采用的绝缘介质材料。采用非感光树脂为绝缘层的基材，可采用激光钻孔（或等离子体蚀孔）、图形电镀法和层压工艺相结合制造 HDI 板。其性能与刚性覆铜箔板基材和相应的半固化片性能相同，重点应考虑材料的玻璃化转变温度（T_g）、介电常数、介质损耗因数和 X-Y 热膨胀系数（$\times 10^{-6}/℃$）等特性。HDI 板采用的绝缘层材料的厚度一般较薄。

1. 非感光热固型树脂材料（薄膜）

非感光热固型树脂材料的组成主要为环氧树脂，因此能充分发挥树脂的功能特性，其主要特性有耐热性、绝缘性、阻燃性等。固化后一般树脂绝缘层的厚度为 40～60μm，适应积层多层印制板的功能要求。

2. 非感光液态型热固型树脂材料

非感光液态型热固型树脂材料的主要成分是环氧树脂材料。它与热固型树脂材料性能相同，其绝缘层的厚度没有标准系列，而是根据积层多层印制板的设计要求进行选择与控制。日本 NEC 富山公司在称为"DV multiple"的制造工艺中，采用此种液态类型的非感光热固型树脂材料，制成的积层式四层印制板中的最小微导通孔径为 50μm，最小焊盘（垫）直径为 150μm，导线的宽度和间距为 50μm。

不同厂商生产的非感光热固型树脂材料，其性能也有所差异，以日立化成的 AS-3000 和 AE-3000 热固型树脂材料及太阳油墨的 HBI-200、SB-RR 和 BUR-200 等几种材料为例，其主要性能见表 6-6。

表 6-6　非感光热固型树脂材料的主要性能

产品牌号	形 态	形成绝缘层后的物理、电气特性						
		260℃时的耐热性浸焊（s）	玻璃化转变温度（TMA）T_g（℃）	热膨胀系数（$\times 10^{-6}/℃$）	吸水率 D-24/2	100MHz 时的介电常数	100MHz 时的介质损耗因子	剥离强度（kN/m）
AS-3000	环氧、薄膜	240	105	30（$<T_g$）	1.3%	3.8	0.025	1.56
AE-3000	液态	>60	170	60（$<T_g$）	1.2%	3.8	0.020	>1.2
HBI-200	环氧、薄膜		>180（DMA）	<50		3.9	0.025	1.5
SB-RR	液态		172		0.21%	2.8	0.007	0.8
BUR-200	聚酰亚胺液态		310（分解温度）	5.9		3.6		

6.2.3　铜箔

铜箔是 HDI 多层板制造工艺中占有很大比重的重要材料之一。HDI 板制造工艺中，除芯板制造需要薄覆铜箔层压板基材外，还需将铜箔直接层压在芯板或绝缘材料上制造电路图形，对铜箔的性能要求较高。对于 HDI 用铜箔，因为是制造高密度互连结构的载板，多数电路图形是导线宽度和间距小的精细导线，所以多数情况下需选择厚度为 18μm、12μm 或更薄的铜箔（如铝载铜箔厚度只有 5μm），并且铜箔的延伸率应较高。

1. 铜箔的类型

铜箔分为电解铜箔和压延铜箔两种类型。由于两种铜箔的制作方法不同，所以其机械性能和弯曲性能也不同。

① 电解铜箔是通过酸性镀铜电解液在光亮的不锈钢辊上析出，形成一层均匀的铜膜，经过连续剥离、收卷，表面再经热处理、粗化、防变色处理而成。

② 压延铜箔则是以厚度为 20cm 的铜板，用辊压设备经过反复压延、退火加工形成所需厚度的铜箔，再经过表面粗化和防变色处理而成。

2. 铜箔的微观结构

压延铜箔呈现出很薄的层状组织结构，在热压固化过程中，金属经过重结晶，不易形成裂纹，所以柔软性和耐弯曲性比较好。电解铜箔在厚度方向上呈现出柱状结晶组织，弯曲时易产生裂纹而断裂。所以对电解铜箔、压延铜箔都需要进行热处理，改善铜箔的柔软性和耐弯曲性以提高延伸率。电解铜箔、压延铜箔热处理前后金相组织的变化如图 6-3 所示。

（a）常态下35μm厚的电解铜箔　　（b）200℃、30min热处理后的电解铜箔

（c）常态下35μm厚的压延铜箔　　（d）200℃、30min热处理后的压延铜箔

图 6-3　电解铜箔、压延铜箔热处理前后金相组织的变化图

最新的电解铜箔在延伸率性能方面有了很大提高，甚至超过压延铜箔，最重要的是厚度能控制得很薄，有利于制作高精度高密度精细导线的多层印制板。厚度较薄的电解铜箔与较薄的压延铜箔相比成本较低。因此，电解铜箔是为高密度互连结构载板提供制作高精细导线电路图形的重要基础材料。

3. 铜箔的粗化处理

因为制造两类铜箔的工艺方法不同，铜箔的粗化处理也有差异。压延铜箔的粗化处理主要以 BHY 黑化处理为主。粗化后的压延铜箔 M 面和 S 面没有多大区别。压延铜箔的表面光滑，所以有利于精细电路图形的形成。而电解铜箔的粗化处理只有 JTC 一种，电解铜箔本身就具有凹凸微观表面，稍微进行粗化处理就可以满足刚性印制板高抗剥强度的技术要求。粗化处理的种类和工艺特点见表 6-7。有的厂商采用黄铜作为隔热层。压延铜箔、电解铜箔粗化面（M）的电子扫描如图 6-4 所示。各种铜箔断面金属组织结构如图 6-5 所示。

表 6-7　铜箔粗化处理的种类和工艺特点

铜箔的类型	铜箔处理种类	工 艺 特 点
铜箔	BHY	黑化处理，铜钴镍合金，微粗化处理，用于制作精细电路
	BHN	黑化处理，铜镍合金，微粗化处理，耐药品性优异
	BHC	红化处理，纯铜，主要用于美国印制板市场
电解铜箔	JTC	黄化处理，有黄铜层，凹槽粗化处理，耐热性高

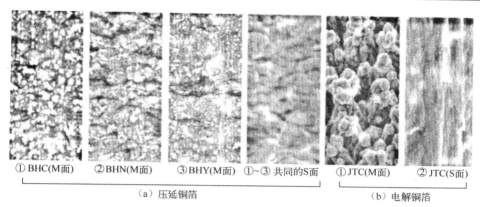

①BHC(M面)　②BHN(M面)　③BHY(M面)　①~③ 共同的S面　①JTC(M面)　②JTC(S面)

（a）压延铜箔　　　　　　　　　　（b）电解铜箔

图 6-4　压延铜箔、电解铜箔粗化面（M）的电子扫描图

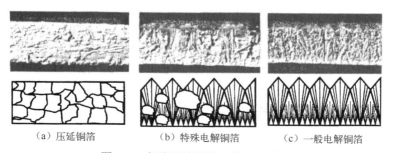

（a）压延铜箔　　　（b）特殊电解铜箔　　　（c）一般电解铜箔

图 6-5　各种铜箔断面金属组织结构

4．铜箔的性能比较

压延铜箔的毛面比电解铜箔光滑，极有利于电信号的快速传递。因此压延铜箔用于高频/高速信号传输、细导线用的基材表面上。它具有高的耐折性和弹性系数大的优点。铜箔成为积层印制板用导体材料的首选材料之一。由于积层多层印制板的高密度布线技术飞快地进步，必须对传统使用的铜箔进行再研制和开发，生产出低轮廓（Low Profile，LP）和超低轮廓（VLP）的电解铜箔。它除了保证普通铜箔的一般性能外，由于其铜结晶层形成的平面片状，这种结晶结构可阻止金属结晶粒间的滑动，有较大的力可抵抗外界条件影响造成的变形。因而它具有较高的抗张强度和延伸率（常态、热态），高的热稳定性能，蚀刻时可减少侧蚀的影响，有较高的硬度适宜机械钻孔或激光钻孔，经压制后铜表面平坦，易制作精细导线。各种类型铜箔性能比较见表 6-8。

表 6-8　各种类型铜箔性能比较

铜箔类型	提供最小铜箔厚度（μm）	铜箔牌号	特性（18μm 铜箔为例）			
			常温抗张强度（kgf/mm²）	常温 180℃ 以下的延伸率		粗面（M）表面粗糙度 Rz（μm）
				常温	热态	
普通电解铜箔	12	3EC-III	38	8%	8%	5.0
	18	3EC-HTE	40	10%	25%	5.0
低轮廓铜箔	9	VLP	50	7%	4.5%	3.8
压延铜箔	18	BSH	39	1%	11%	0.6
超薄铜箔	5	UTC	45	6%	3%	4.0

6.2.4　覆树脂铜箔

　　覆树脂铜箔材料（俗称背胶铜箔，简称 RCC）是表面经过粗化层、耐热层、防氧化层等处理的薄铜箔材料，在其一面涂覆半固化树脂（即 B 阶段绝缘树脂）。半固化树脂呈薄片状，厚度为 60～100μm，主要成分为环氧树脂，少数也采用聚二苯醚树脂（PPE）、聚酰亚胺树脂（PI）等。覆树脂铜箔的主要特性有容易进行激光钻孔、等离子体蚀孔；节省设备投资，质量容易控制；剥离强度高，耐焊和耐热性好，耐化学药品；绝缘层不含玻璃纤维，有利于多层板的轻量化、薄型化；介电常数有所提高；铜箔复合强韧性的树脂层，可使用极薄的铜箔。作为 B 阶段树脂材料，覆树脂铜箔在储存稳定性方面要优于感光型树脂材料，但要用于积层多层印制板制造的首选材料，还需具备相应的物理、化学及电气特性。要使制造出来的积层板具有高的绝缘可靠性和通孔质量的可靠性，需要具有较高的玻璃转化温度（高于130℃），若用于半导体封装器件（如 BGA、MCM 等）时，T_g 甚至要达到 180℃。此外，覆树脂铜箔还需具有阻燃性、低的介电常数、低吸水率，与芯板黏结的能力强，固化后的树脂层要具有良好的均匀性、一致性及适宜的流动性，以确保制作精细电路图形质量的可靠性及树脂与铜箔具有高的黏接强度。不同厂商生产的和不同牌号的 RCC，其性能有所差异，使用时应根据产品性能需要选取合适的材料。几种不同牌号覆树脂铜箔的主要性能对比见表 6-9。

表 6-9　几种不同牌号覆树脂铜箔的主要性能对比

产品牌号	形态	260℃ 时的耐热性浸焊（s）	玻璃化转变温度（TMA）T_g（℃）	热膨胀系数（×10⁻⁶/℃）	吸水率 D-24/23	1MHz 时的介电常数	1MHz 时的介质损耗因数	剥离强度（kN/m）
MCF-6000E			170	10～15		4.3	0.020	1.0～1.2
MCF-3000HF	环氧		120～130	40～50		3.8	0.025	1.3～1.5
MR-500	环氧	>60	138（DMA）			3.6	0.012	1.32
MR-600		>60	185（DMA）			3.6		1.1
MR700		>60	220（DMA）					1.1
CAD-1880	环氧	>60	140		0.5%	3.8	0.02	
PPE-PCC	PPE	>120	＞200	50～60	0.1%	2.9	0.02	1.8
R-0870	环氧	>120		16～40	0.2%	6.8	0.010	1.0
R-0880	环氧	>120			1.4%	3.8	0.033	1.4
APL-1103	环氧	>300	140（DMA）	$\alpha_1=55; \alpha_2=65$		3.6	0.022	1.5
TLD	环氧	>120				3.8～4.0	0.016～0.020	<1.2

6.2.5　HDI 板基板材料的发展状况

随着电子产品微小型化和高速化发展，以及微电子器件封装用载体的需求，HDI 板用的各种类型的绝缘介质材料也在不断地发展和推陈出新，不断地研发和生产出高品质的 HDI 板用绝缘树脂材料，以满足电子产品市场发展的需求。这些材料在玻璃化转变温度（T_g）、介电常数（1GHz 时）、介质损耗因数（1GHz 时）和 X-Y 热膨胀系数（$\times10^{-6}$/℃）等方面，有了明确的发展趋势，从有关资料收集到的近几年性能发展趋势见表 6-10。

表 6-10　HDI 板用的绝缘材料近几年性能发展趋势

性　能	材　料	2006 年	2008 年	2010 年	2012 年	2014 年
玻璃转化温度（℃）	增强材料	190	200	200	200	200
	芯板材料	190	200	200	200	200
介质常数（1GHz 时）	增强材料	3.0	2.6	2.6	2.6	2.4
	芯板材料	3.5	3.5	3.0	3.0	3.0
介质损耗因数（1GHz 时）	增强材料	0.006	0.005	0.005	0.005	0.005
	芯板材料	0.007	0.007	0.005	0.005	0.005
X-Y 方向热膨胀系数（$\times10^{-6}$/℃）	增强材料半固化片	15	15	15	15	15
	增强材料	15	12	12	12	10
	芯板材料	16	12	12	12	12

6.3　HDI 板的制造工艺流程

HDI 板种类和结构形式不同，其制造的工艺流程和方法也不相同。由于 HDI 板结构形式很多，IPC-2315 归纳为六种常见的结构，具体的结构形式在 1.4.3 节中已做过详细描述，其中以 I、II 型目前使用得最多。这两种结构形式的共同特点是都具有双面或多层的芯板，作为积层的基础，在芯板的上下可以制作多个积层层。I 型板有盲孔和通孔；II 型板有盲孔和埋孔，也可以有通孔。以下将以这两种结构的 HDI 板为例介绍其工艺流程。

6.3.1　I 型和 II 型 HDI 板的制造工艺流程

1. I 型 HDI 板的结构和制造工艺流程

（1）I 型 HDI 板的结构

I 型 HDI 板的基本结构如图 6-6 所示。板的中间为预制好的芯板，最外层为半固化片和 RCC 压制的绝缘层，再经钻孔、孔金属化、外层图形转移、镀覆、蚀刻等加工制成有一阶盲孔和通孔的 HDI 板。如果需要二阶盲孔，则在此基础上再加半固化片和 RCC 二次层压后，重复钻孔、孔金属化、图形转移、镀覆、蚀刻等步骤，可以得到二阶盲孔的 HDI 板。

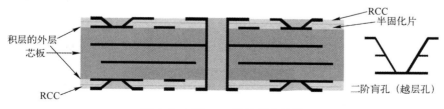

图 6-6　I 型 HDI 板的基本结构

（2）I 型 HDI 板的制造工艺流程

I 型 HDI 板的制造工艺流程根据钻孔的方式可分为两种。

流程 1：采用覆树脂铜箔（RCC）与半固化片叠层，直接用 UV-CO_2 激光钻孔。

芯板制作→检验→表面处理→叠加半固化片和 RCC→压合→定位、激光钻孔→孔金属化→图形转移→显影→电镀→去保护膜→蚀刻→AOI 检验→涂覆保护膜选择性镀覆→外形加工→电测→终检→包装

流程 2：采用 RCC 和化学蚀刻窗口，用 CO_2 激光钻孔。

芯板制作→检验→表面处理→叠加半固化片和 RCC→压合→定位制作孔的图形→蚀刻孔窗口→CO_2 激光钻孔→去保护膜→孔金属化→图形转移→显影→电镀→去保护膜→蚀刻→AOI 检验→涂覆保护膜选择性镀覆→外形加工→电测→终检→包装

2. II 型 HDI 板的结构和制造工艺流程

（1）II 型 HDI 板的结构

II 型 HDI 板的基本结构如图 6-7 所示。板的中间为预制好的芯板，将芯板上的通孔用树脂填充，研磨平整后在最外层加半固化片和 RCC 压制的绝缘层，再经钻孔、孔金属化、外层图形转移、镀覆、蚀刻等加工制成有一阶盲孔、埋孔和通孔的 HDI 板。如果需要二阶盲孔，则在此基础上再加半固化片和 RCC 二次层压后，重复钻孔、孔金属化、图形转移、镀覆、蚀刻等步骤，可以得到二阶盲孔的 HDI 板。

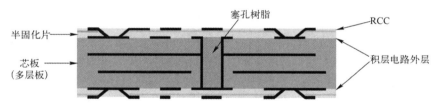

图 6-7　II 型 HDI 板的基本结构

（2）II 型 HDI 板的制造工艺

II 型 HDI 板的制造工艺流程根据钻孔的方式可分为两种。

流程 1：采用 RCC 与半固化片叠层，直接用 UV-CO_2 激光钻孔。

芯板制作→检验→树脂填充通孔→研磨→表面处理→叠加半固化片和 RCC→压合→定位、激光钻孔→孔金属化→图形转移→显影→电镀→去保护膜→蚀刻→AOI 检验→涂覆保护膜选择性镀覆→外形加工→电测→终检→包装

流程 2：采用化学蚀刻窗口，用 CO_2 激光钻孔。

芯板制作→检验→树脂填充通孔→研磨→表面处理→叠加半固化片和 RCC→压合→定位制作孔的图形→蚀刻孔窗口→CO_2 激光钻孔→去保护膜→孔金属化→图形转移→显影→电镀→去保护膜→蚀刻→AOI 检验→涂覆保护膜选择性镀覆→外形加工→电测→终检→包装

以上两种工艺流程采用较多。除此以外，还可以不用覆树脂铜箔，采用半固化片或感光型树脂在芯板上叠层层压后，直接在固化的半固化片上或曝光后的感光型树脂上，制作钻孔掩模用 CO_2 激光钻孔，然后采用半加成法工艺，粗化表面进行化学镀铜再电镀铜，当铜层厚度达到要求时再进行图形转移和蚀刻等工序。总之同一类 HDI 板，根据所采用的积层材料不同或成孔方式不同，其工艺流程是不同的，必须根据所用的基板材料和生产设备

条件灵活选用。

6.3.2　HDI 板的芯板制造技术

1. 芯板的作用

在常规的印制板（包括单面、双面和各种类型多层板甚至无铜箔基板等）的一面或两面各再积层上 n 层（多数情况为 2～4 层）的印制板称为积层多层印制板或 HDI 板。用来作为积层中心的单、双和多层板等类型的印制板称为"芯板"。积层板芯板不仅起着积层板的刚性支撑作用，还是积层板表面的平整度的基础，而且实现与积层间的黏结和电气互连，甚至还能起到导（传）热的作用。芯板的类型比较多，但大多数芯板为增加布线密度不但采用了镀覆孔，还采用埋孔、盲孔、通孔相结合的形式，甚至还含有金属芯结构的高密度印制板。它的制造工艺和所用的工艺装备与工艺条件都与一般刚性板的制作工艺一样。其工艺应稳定、质量可靠并容易进行控制。

2. 芯板的结构形式

多数采用高密度多层印制板为积层板的芯板，其通孔的最小直径大多在 0.20mm 以上（含 0.20mm），线宽/线间距为 0.08～0.15mm，层数多为 4～6。而积层上去的电路图形的密度与精度都比常规的技术指标高，其导通孔径小于等于 $\phi 0.15$mm，导线宽度/线间距小于等于 80μm/100μm。

芯板作为积层多层印制板的基础，为确保积层板与芯板的牢固结合和有较好的表面平整度及电气互连的可靠性，对芯板的表面要进行必要的处理，例如，对通孔、盲孔的堵孔处理，磨板处理，表面进行化学镀铜或电镀铜，以及表面电路图形的制作等。

3. 制造芯板的工艺方法

积层板用芯板类型主要有三种，即用孔金属化或电镀技术制造芯板、用导电胶技术制造芯板和用绝缘材料堵孔技术制造芯板（因是常规的工艺方法，制作不再重复）。为 HDI 多层印制板提供芯板，除按照传统工艺方法进行钻孔、孔金属化、电镀及制作外层导电图形以外，为提供高平整度的表面，要在制作导电图形之前对芯板的导通孔进行堵孔处理。为了塞孔饱满、紧密无气泡，通常可采用吸真空网印或挤压法网印。如果孔径较小，堵孔最好采用模板层压法，即在真空层压机上将树脂通过层压挤入孔内，待固化后采用自动调压研磨机将板磨平，达到共面化，再进行烘干。简易网印堵孔工艺流程如图 6-8 所示。堵孔（塞孔）的油墨根据需要可以是导电胶和与基板绝缘材料相同的树脂。堵孔后的实物放大照片如图 6-9 所示。

　　金属化后的孔　　　　　网印油墨填孔　　　　　固化后磨平

图 6-8　简易网印堵孔工艺流程

为了确保芯板层间对位准确度，应预先在电路图形的外侧工艺设定的位置上，设置定位标记，以便于最后钻孔找出相对应的原点位置。而这些微小孔的制作可先通过紫外激光磨削去掉表面的铜层和介质层而显露出内层"芯板"对位靶标来实现激光对位，然后再按定位标识激光加工小孔。

 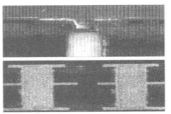

（a）树脂塞孔经磨加工后的芯板　　　（b）导电膏塞孔成线结构

图 6-9　堵孔后的实物放大照片

6.3.3　HDI 板的成孔技术

在 HDI 印制板制造工艺中，由于孔径小、位置精度高，又有盲孔、埋孔和通孔等不同形式的过孔，仅靠机械钻孔难以满足要求。对直径小于 0.2mm 的孔，机械钻孔无法实现，所以 HDI 板的孔加工是特殊和非常关键的加工技术。在 HDI 板的发展过程中，小孔的成孔方法有光致成孔、化学蚀刻成孔、激光成孔和等离子成孔等多种。具体选择哪种成孔工艺方法，应根据产品的工艺特性和成型基板材料的性质以及成本高低来决定。

随着技术的进步和激光钻孔技术及其设备的发展，激光和激光与蚀刻相结合的成孔方法越来越成熟，设备成本逐渐下降，适合于批量生产。激光成孔方法成为 HDI 板制造中小孔加工的主要方法。用于 HDI 板钻孔的激光光源主要有 CO_2 激光和 Nd:YAG 激光等。

激光钻孔是通过透镜将脉冲激光光束集中到被加工的部位上，使被加工的部位上局部急速被加热，将基材熔融、蒸发、燃烧等形成所需要的几何形状，实现微细小孔的加工。激光钻孔的原理和设备在 4.3.9 节有详细介绍，此处不再赘述，本节将主要介绍激光钻孔在 HDI 板制造中的应用过程。

CO_2 激光的波长为 9400～10 600nm，输出的功率比较大，能烧蚀树脂材料和玻璃纤维，所以能在基材的树脂层上钻孔。CO_2 激光遇到铜箔表面由于铜反射而不能钻孔。但是，如果铜层很薄（如小于 5μm），再在铜箔上进行黑化处理，则表面失去对 CO_2 激光的反射作用，吸收激光的能量，薄的铜箔也能被烧蚀形成小孔。正是利用 CO_2 激光的这一特性，在生产中用于在树脂基材或薄铜箔基材上加工直径为 3～5mil（70～150μm）以上的孔。

Nd:YAG 激光的波长为 1094nm，多次谐波后的波长可达 265nm，能量高于 CO_2 激光，可以在有铜箔的基材上钻孔。但由于其输出功率较小，钻孔径较大的孔速度较慢，因而通常用其钻孔径在 3mil 以下的盲孔或通孔，质量较好、速度适中。

激光钻孔的生产效率比较高，并且其效率与积层板所采用的结构、材料和钻孔设备有关。不同材料采用 CO_2 激光钻孔的典型生产效率见表 6-11。

表 6-11　不用材料采用 CO_2 激光钻孔的典型生产效率（单位：孔数/min）

基 板 材 料	孔径 25μm	孔径 100μm	孔径 150μm
聚酰亚胺（通孔）	10 000	5000	3000
覆树脂铜箔/无铜（盲孔）		3000	2100
覆树脂铜箔+铜（盲孔）		1800	1500
芳香族酰亚胺环氧/无铜（盲孔）		3000	2100
芳香族酰亚胺环氧+铜（盲孔）		1800	1500

续表

基 板 材 料	孔径 25μm	孔径 100μm	孔径 150μm
PTFE CE/无铜（盲孔）		3500	2400
PTFE CE+铜（盲孔）		1800	1500
FR-4/玻璃+铜		800	600

激光钻孔是在完成 HDI 板的芯板与附加层的积层形成整体后才进行的。以下将以 CO_2 激光钻机在积层板上钻盲孔为例，介绍其工艺流程。

1. CO_2 激光成孔技术

首先在待钻孔的积层层压板的铜箔上，靠预制的定位孔定位制作与内层相应连接盘重合的钻孔"窗口"，然后将板放置在激光机上采用基准销钉压入，激光钻孔机自动读取钻孔数据和自动修正钻孔位置进行激光钻孔。钻盲孔时需在激光机钻孔位置上放置一块基板。钻贯通孔时基板上可叠加垫板，钻好的孔需进行清理和检查。具体过程如下：

① 在芯板上叠层半固化片和 RCC 并层压后的半成品板结构（省略另一面的叠层），如图 6-10 所示。

图 6-10　在芯板上叠层半固化片和 RCC 并层压后的半成品板结构

② 在铜箔上制作孔的感光掩模图形并蚀刻掉待钻孔位置上的铜箔，如图 6-11 所示。如果采用的 RCC 是超薄铜箔，则不需进行此工序，直接进行激光钻孔。

图 6-11　在铜箔上制作孔的感光掩模图形蚀刻掉待钻孔位置上的铜箔

③ CO_2 激光对准孔中心钻孔直到内层连接盘铜箔为止，蚀掉树脂和半固化片层，形成盲孔，其结构如图 6-12 所示。钻孔后的实物剖切放大照片如图 6-13 所示。

图 6-12　CO_2 激光对准孔中心钻孔形成盲孔

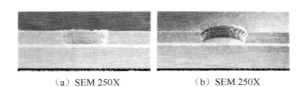

（a）SEM 250X　　　　（b）SEM 250X

图 6-13　CO_2 激光直接钻孔后的实物剖切放大照片

④ 钻好的孔经过等离子处理、化学清洗孔后，再进行化学镀铜和电镀铜，形成可以与内层导电层互连的盲孔，如图 6-14 所示。

图 6-14 孔金属化后的盲孔

目前激光钻孔机的规格很多，选用时应根据加工板所用的材料、工艺要求和生产批量大小选用适当的设备。多光束激光钻孔机的外观如图 6-15 所示。

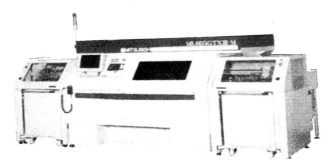

图 6-15 多光束激光钻孔机

2. Nd:YAG 紫外激光钻孔

固态 Nd:YAG 的紫外激光（经过第三高次谐波调整的紫外激光）波长为 355nm。铜、玻璃布和环氧树脂等诸多物质都具有很高的吸收紫外线特性，即覆铜箔基材的整个材料都同时对紫外光有较高的吸收率。也就是说，采用第三高次谐波调整的 Nd:YAG 紫外激光，就能直接在覆铜箔板基材和半固化片上烧蚀出微导通孔来，特别是采用 Nd:YAG 紫外激光经过第四高次谐波调整后的紫外线波长可达 266nm 时，这些材料对紫外线的吸收至少在 75％以上。因此，利用高能量紫外激光在瞬间（几微秒）就可以除去各种材料。采用 Nd:YAG 紫外激光可以像机械钻孔一样，直接在较薄的 HDI 板上钻微导通孔，但是 Nd:YAG 激光输出功率不如 CO_2 激光大，钻孔速度较慢，通常用于钻直径更小的孔。CO_2 激光和 Nd:YAG 的紫外激光的成孔技术各有优、缺点，因此，为了提高钻孔的生产效率，利用它们各自的优势来加工 HDI 板上的微小孔，可达到最佳的工艺和质量效果。

3. 混合成孔技术应用

混合激光机，就是利用 CO_2 激光和 Nd:YAG 的紫外激光的各自优势，先用紫外激光直接对铜箔加工出窗口来，接着由 CO_2 激光钻孔，能高效率地加工介质层（RCC 中的树脂），再利用紫外激光来清理孔壁和孔底部，这样以交叉作业的方式，可以高效率地加工出高质量的微小孔。印制板导通孔微小型化总是从大尺寸向小尺寸发展，当前微小孔直径尺寸多数处于 100～200μm，故采用混合激光机是加工微小孔最为理想的装置。

4. CO_2 激光钻盲孔的质量控制

CO_2 激光钻孔质量受多方面因素的影响，如基板材料、前后工艺控制、温度、湿度、工艺环境、激光钻孔机的性能及工艺参数。要获得良好的成孔质量，必须对这些影响因素进行控制。

（1）基材对激光钻孔质量的影响

由于不同材料对 CO_2 激光波长吸收率不同，CO_2 激光钻孔质量与使用的材料有重要关系。不同 FR-4 材料组合的 CO_2 激光钻盲孔质量比较见表 6-12（数据仅供参考）。

表 6-12　不同 FR-4 材料组合的 CO_2 激光钻盲孔质量比较

材料类型	组合类型	层压板厚度（μm）	CO_2 加工范围（敷形膜）（μm）	脉冲次数	盲孔孔壁质量	备　注
普通 FR-4 半固化片	1080×2	130	125～200	8～10	较好	①1 张 LD 比普通 FR-4 钻孔效率提高 15%～30%。②2 张 LD 比普通 FR-4 钻孔效率提高 5%～10%。③LD 比 FR-4 价格高 5%～10%
	106×2	100	100～200	6～8	好	
	2116×1	100	150～200	8～10	一般	
	1500×1	120	150～200	8～10	较差	
LD 半固化片	LD1080×1	65	100～200	5～6	好	
	LD106×1	50	100～200	4～5	好	
	LD1080×2	130	125～200	8～9	较好	
	LD106×2	100	100～200	6～7	好	

（2）前后工序控制对激光钻孔质量的影响

首先采用掩模工艺在铜箔上"开窗口"，定位的准确性会影响钻孔的准确性。如果钻孔偏离超出内层的连接盘则会严重影响盲孔电气互连的可靠性。如果掩模用的底片不完整则会直接产生漏孔等质量问题。盲孔钻孔程序制作完成后，先用牛皮纸试钻，应确认盲孔的孔数与要求一致后再钻孔。"开窗孔"的尺寸大小也会影响钻孔质量，应按照工艺要求控制孔径尺寸的精度，并根据后续工序的要求，对生产用底片进行补偿。盲孔加工完成后，底部铜箔表面会残留极薄的树脂残渣，它会直接影响孔的镀覆质量，在孔金属化前必须进行等离子去污和化学清洗、微蚀处理。

（3）激光钻孔工艺参数对钻孔质量的影响

激光的能量、输出功率、激光光束分布形态等都对钻孔质量有重要影响。如果输出能量过大，会使基材温升过高，树脂碳化残渣较多或容易损伤内层连接盘。所以必须针对不同材料，采用不同的工艺参数，并进行首件试验，合格后再进行批量钻孔。为解决树脂残渣的问题，可以通过热传导解析来计算脉冲幅度与树脂残渣量的关系，通过试验法采用短脉冲高峰值化钻孔，或将激光光束能量分布形态调整为扁平光束，能降低或抑制铜箔温度的上升，不但能减少树脂残渣，而且能达到铜箔的无损加工。钻孔时应控制孔壁有一定的斜度（任意点斜度≥1/2），以利于孔金属化和电镀时镀液的流动与交换。

（4）温度、湿度、工艺环境对激光钻孔质量的影响

CO_2 激光机结构的核心部分就是精密光路。所以，作业室内的温度、湿度的变化会使内部的光学路径发生变化，导致激光光束能量、光束直径、光束的圆度发生变化，直接影响 CO_2 激光的成孔质量。一般最好控制温度为 22℃±1℃，湿度为 50%±10%。

不同孔径的盲孔，孔金属化、电镀以后质量合格的孔实物剖切放大照片如图 6-16 所示。

孔径φ4mil的盲孔　　　　　　　孔径φ7mil的盲孔

孔深度2.5mil　　　　　　　　　孔深度8mil

厚径比0.6　　　　　　　　　　厚径比1.1

放大倍率90%~120%　　　　　　放大倍率85%~90%

图 6-16　不同孔径的盲孔，孔金属化、电镀以后质量合格的孔实物剖切放大照片

5．盲孔的种类

根据产品的设计要求不同，二阶以上的盲孔有四大类型，即漏斗形孔（Skip Via）、错位型孔（Staggered Via）、台阶形孔（Stepped Via）和堆叠型孔（Stacked Via）。其中堆叠型孔需要导电油墨填孔或电镀填孔。导电膏（油墨）填孔可以用吸真空丝印法、挤压法等。盲孔的四种结构类型如图 6-17 所示。

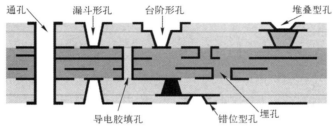

图 6-17　盲孔的四种结构类型

6.3.4　HDI 板的孔金属化

钻孔后需要对孔进行金属化才能实现 HDI 板各层间的电气互连。HDI 板上的孔有通孔、埋孔和盲孔。对通孔和盲孔是在积层层压后的板钻孔以后同时孔金属化。埋孔是在制好相应的内层后，对需要预埋的孔先进行金属化，然后再用树脂或导电油墨填孔固化后研磨平，再与积层层压在 HDI 板的内层成为埋孔。

通孔和盲孔的孔金属化采用的工艺方法与 4.4 节介绍的孔金属化的基本技术相同，唯有区别的是 HDI 板上的孔径较小，尤其是盲孔不但孔径小，而且是未贯穿整个基板孔，因而不利于镀液在孔内的流动和浓度交换，化学镀铜反应中产生的氢气泡，容易附着在孔口，影响化学镀铜的连续进行。所以，HDI 板的通孔和盲孔的化学镀铜和电镀铜都比孔径较大的通孔困难，必须采取某些特殊方法才能保证金属化孔的质量。

1．通孔和盲孔的化学镀铜

HDI 板中小孔径通孔和盲孔，在化学镀铜时需要强化镀液在孔内的流动，才能保证化学镀铜的质量。通常在孔金属化过程中，在清洗、微蚀、活化、化学镀铜等整个工序中，对板采用斜向摆动加振动的方式，加强镀液在孔内的流动和使孔口的气泡迅速逸出，保证化学镀铜的正常进行。盲孔的清洁处理如前所述，先用等离子去除钻孔残渣后再化学清洗，以确保孔内清洁和对溶液的润湿性，这是保证化学镀铜质量的前提。

2．微小孔的电镀铜

孔的电镀铜是对化学镀铜后的孔壁进行电镀铜，加厚孔壁铜层。由于通孔、盲孔和埋孔（未填充树脂前也是通孔）等微小孔进行电镀时，镀液在孔内的流动不如在孔径较大的孔内，为加强镀液在孔内的流动和交换，在常规的电镀设备上，除改进工件的摆动方式外，采用换向脉冲电源作为电镀电源，对提高小孔的深镀能力和孔内镀层的均匀性非常有利。

换向脉冲电源是正、负极性变换的脉冲电源，可用计算机控制其脉冲的频率、幅度、脉冲宽度和电极的换向。换向脉冲电源的输出波形如图 6-18 所示。

当印制板接通负极时，铜在孔壁沉积；当电极换向印制板接正极时，孔壁的铜层溶解。由于有尖端先放电效应，孔壁镀层高处的部分先溶解，镀层低处后溶解，起到消除镀层凸出部分的作用。调整正负脉冲电流的宽度使负脉宽大于正脉宽，就使孔壁电镀上的铜多溶解下来的铜少，并且是镀层凸出的部分先溶解，如此反复多次脉冲达到规定时间后，镀层的厚度达到要求，并且镀层比较平滑、厚度均匀。经过脉冲电镀后的盲孔实物剖切放大照片如图 6-19 所示，从图中可以看出镀层厚度均匀、平滑并与底部连接为整体。

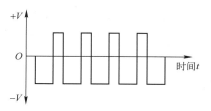

图 6-18　换向脉冲电源的输出波形

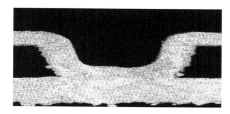

图 6-19　经过脉冲电镀后的盲孔实物剖切放大照片

6.3.5　HDI 板的表面处理

HDI 板最终的表面处理，同普通多层印制板一样，可以采用阻焊涂覆和焊盘上的可焊性涂覆。但是由于印制板的布线密度高、孔径小并且都是用于安装小型化的表面安装元器件，焊盘上的可焊性涂层要求可焊性好、平整度高，所以不能采用热风整平的锡合金涂层，通常采用涂覆有机保焊剂（OSP）、化学镀镍金（ENIG）、浸银、浸锡等涂层。其基本工艺方法同4.8 节"表面涂覆和可焊性处理技术"中所述的方法相同。由于 HDI 板的孔径小，在整个表面涂覆处理过程中，应加强镀液的搅拌，提高镀液进入微小孔内并进行交换的能力。其搅拌的方式应根据镀液的特性，可分别采用斜向摆动（与前进方向成 15°左右角摆动）与振动组合、摆动与空气鼓泡组合，或者采用水平电镀的方式使镀液喷淋到板的两面，但是这需要价格较昂贵的水平电镀设备。

6.4　HDI 板的其他制造工艺方法

HDI 板制造工艺可分为两大类型：一种是 6.3.1 节中介绍的有"芯板"的积层板工艺；另一种是无"芯板"的积层板工艺，就是不需要预先制作"芯板"，直接用积层层压和非电镀的方法实现层间互连。使用无"芯板"的工艺方法，积层多层板的层间互连是采用导电胶的方法实现的。为得到高密度的互连结构，可以在布线层的任何位置形成 IVH（内层导通孔）的、信号传输线路短的积层多层板。采用无"芯板"工艺制造的积层多层板，厚度将更薄或尺寸将更小。无"芯板"的工艺方法又根据互连导通的技术不同，分为任意层间导通孔技术（ALIVH）和埋入凸块互连技术（B²it）两种。

6.4.1　ALIVH 积层 HDI 板工艺

ALIVH 是任意层间导通孔（Any Layer Interstitial Via Hole）的英文缩写。ALIVH 积层 HDI 板的简易做法是采用芳酰胺短纤维纸质作增强材料，将其浸渍环氧树脂成为 B 阶段（B-Stage）的半固化片，在半固化片上用 CO_2 激光进行钻孔（孔径一般为 8mil），再将孔内充填可导电的铜膏，并将两外表热压覆盖铜箔，此时半固片中的树脂硬化即成为 C 阶段树脂（C-Stage）；然后进行图形转移，再经过蚀刻后即成为上下导通互连的双面内层板；接着根据已完成的互连铜连接盘（导电），配合已有导电膏通孔的数张半固化片，再加上铜箔即可一次总体压合为多层板；最后完成外层电路图形后，即可获得复杂互连的新式多层板。此种工艺方法的优点多，很快地获得了发展与应用。ALIVH 积层 HDI 板的制作工艺技术有三种类型，即用于手机板的标准 ALIVH 工艺、用于高等级大型计算机主板与 CSP 等封装板的 ALIVH-B、用于晶片直接安装 DCA 的更精密的 ALIVH-FB 等。ALIVH 积层 HDI 板所用的半固化树脂材料玻璃化转变温度高（T_g=198℃），介电常数较低（1MHz 时为 4.0），热膨胀系数小（$6 \times 10^{-6} \sim 11 \times 10^{-6}$/℃）。ALIVH 工艺的 HDI 板结构示意图和实物照片如图 6-20 所示。

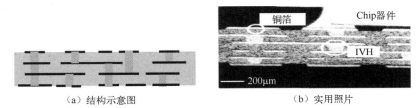

（a）结构示意图　　　　　　　　（b）实用照片

图 6-20　ALIVH 工艺的 HDI 板结构示意图和实物照片

6.4.2　埋入凸块互连技术（B²it）HDI 板工艺

B²it 工艺技术是采用一种嵌入式的凸块而形成的很高密度的互连技术，与传统的互连技术采用金属化孔来实现互连的方法不同，它主要通过导电胶形成导电凸块穿透半固化片连接两面铜箔的表面来实现互连。

1. B²it 结构积层 HDI 板的类型

B²it 结构积层板的类型从结构上分类有两种形式，即全层 B²it 结构和混合式 B²it 结构。实质上混合式 B²it 积层板就是把 B²it 结构技术与传统多层板制作技术制作的芯板相结合而形成的 HDI 板。混合式 B²it 积层板比仅 B²it 结构积层板具有改善散热（传导热）的贯通孔结构，相比传统的多层板又具有显著增加布线的自由度和随意布设内部导通孔的优点，从而达到更高密度特性，并能满足单芯片模块和多芯片模组的高密度安装的技术需要。

B²it 结构的 HDI 板还可以采用厚膜、薄膜混成技术制造，称为第二代积层法多层印制板工艺技术。该法制造的 HDI 板导通孔是孔径可在 100μm 以下的超细孔，电路图形中的导线宽度和间距是 50μm 以下的超微导线。采用厚膜和薄膜混成技术制造的 HDI 板，其表面层（1 层或 2 层）是采用薄膜技术制作的。

2．B^2it 结构积层 HDI 板的制造工艺

B^2it 法的主要工艺过程是，先将按尺寸剪裁的铜箔与半固化片和事先按互连规定印有导电凸块的铜箔进行层压，形成上下铜箔由凸块互连的双面板，然后按双面板的基本制作工艺制作表面导电图形，再在此双面板的上下叠加印有凸块的铜箔和半固化片并层压，最后制作外层导电图形，如此反复多次叠层、层压和制作导电图形，就可以得到所需要层数的 HDI 板。B^2it 积层多层板工艺流程如图 6-21 所示。

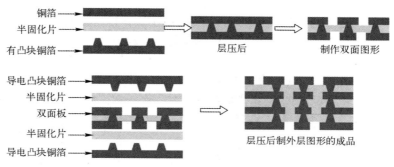

图 6-21　B^2it 积层多层板工艺流程

这种类型积层板的制造难度较高，根据结构特点选择的导电胶必须与半固化片的材料匹配，导电胶中树脂材料的玻璃化温度必须高于半固化片玻璃化温度，在层压时半固化片变软而固化的导电胶凸块仍是刚性体，才能便于穿透已软化的树脂层。在确保导电凸块与铜箔表面牢固结合的同时，还要求导电凸块的高度均匀一致，制作时应严格地控制高度公差在规定的工艺范围内。

选择导电胶应确保导电胶黏度的均匀性和最佳的触变性，使漏印的导电胶不流动、不偏移和不歪斜。通过精密的模板，导电胶被漏印在经过处理的铜箔表面，经烘干固化后形成导电凸块，并严格控制导电凸块的直径在 0.2～0.30mm，呈自然圆锥形，以便于顺利地穿透已软化的半固化片层，与另一面已处理过的铜箔表面准确、紧密地接合，形成可靠的层间互连结构。所形成的导电凸块固化后的互连电阻应小于 $1m\Omega$，并具有较高的导电性和热传导性。

控制导电凸块高度的工艺方法：根据半固化片的厚度经热压后的变化状态，进行工艺试验来确定适当的导电凸块的高度，然后确定模板材料厚度以达到高度的均一性，才能保证热压后能全部与铜箔表面牢固接触。

此种类型结构的印制板，在层压过程中，层间导电凸块穿过半固化片树脂层的关键，是控制半固化片玻璃化温度，使软化的树脂层有利于导电凸块顺利地穿过，并确保导电凸块的树脂具有相应的穿透硬度而不变形。通常要通过工艺试验法来确定两者温度的差额，一般导电胶中树脂材料的玻璃化温度必须高于半固化片的玻璃化温度 30～50℃。如温差过低，树脂层软化未达到工艺要求，就会产生相当的阻力，阻碍导电凸块的穿透；如温差过高，就会造成树脂流动，导致导电凸块歪斜和崩塌。所以，要从工艺上严格控制树脂的软化温度，当温度和导电凸块外形调整到最佳化时，导电凸块就能很容易地穿过半固化片的玻璃纤维布编织的网眼并露出尖端，与铜箔实现可靠的互连，然后再升高到固化温度和压力下进行层压，形

成由导电凸块进行层间互连的 HDI 基板，最后以常规的图形转移技术制作外层导电图形和涂覆层以及铣切成型和检测，完成 HDI 板的全工艺过程。

6.5 具有盲孔和埋孔的高密度多层印制板制造工艺

通常将盲孔、埋孔孔径小于 0.15mm 的高密度互连印制板，称为微型孔高密度互连印制板，多用于大规模或超大规模集成电路和模组芯片的载板。但是，实际应用中，表面安装元器件的印制板需要有较大的功率和负载电流能力，由于微型孔的孔径小、孔壁铜镀层薄，无法满足较大的功率和负载电流能力的互连要求，于是产生一种较大孔径的高密度互连多层印制板，该板的盲孔、埋孔孔径大于 0.15mm，一般孔径为 0.15～0.3mm，孔壁铜层厚度可达到 25μm，负载电流的能力相当于小型通孔互连的常规多层印制板。因为这种印制板也具有盲孔和埋孔的互连结构，减少了通孔，提高了布线密度，类似于微小孔径的 HDI 印制板结构，所以也称为高密度互连多层印制板，它是 HDI 印制板的一种。

具有较大孔径盲孔和埋孔的多层印制板的优点：孔壁铜层厚度较大、负载电流能力高，互连的可靠性提高了；由于有盲孔和埋孔，节省了空间，提高了布线密度；减少了通孔数量，可以适当扩大通孔的孔径，降低板厚与孔径的比值，有利于加工；可以充分利用常规多层印制板制造的工艺和设备进行制作，能大大节省制作微型孔高密度互连印制板所必须的专用设备，有较高水平制造常规多层印制板的生产厂家，只要改变一下工艺流程就可以制造这种高密度互连多层印制板。根据多层印制板互连结构中导通孔的形式不同，其制造工艺分为以下三种工艺流程和方法。

6.5.1 只有埋孔和通孔互连结构的高密度多层印制板制造工艺

此种互连结构的高密度多层印制板是目前采用较多的一种结构形式。其制造的工艺方法与常规多层印制板的制造工艺方法相似，不同点在于：有互连要求的内层导电图形薄板要先钻孔并金属化后再制作导电图形，然后对内层进行黑化处理，再按常规多层板的工艺方法进行叠层、层压、钻孔、孔金属化和制作表面导电图形、蚀刻、表面涂覆等工序，完成多层印制板的全部工艺过程，形成具有埋孔的多层印制板。该法层压时所用的半固化片需要树脂含量较高的品种，以便能使树脂填充满内层的埋孔。

6.5.2 只有盲孔和通孔互连结构的高密度多层印制板制造工艺

此种互连结构的高密度多层印制板制造工艺，在原有常规多层印制板制造工艺上稍加改进就可以实现。具体工艺方法：先采用薄型覆铜箔板根据设计图形要求钻所需要尺寸的盲孔，接着按制作双面孔金属化印制板的工艺进行孔金属化和制作与最外层相邻的内层导电图形并黑化处理（最外层暂不做图形的铜箔需要保护）；然后按常规多层印制板制造工艺制作内层双面导电图形并对其进行黑化处理；再将以上制作好的薄型板按图形设计规定的顺序定位叠层、层压（必须使没有制作图形的铜箔面作为最外层），最后按常规多层板的制造工艺进行定位钻通孔、孔金属化、图形电镀法制作外层导电图形、蚀刻和最终涂覆等完成多层板的全部制造工艺。此种工艺方法只能制作有一阶盲孔的多层板（只能使表层与相邻内层互连的盲孔），在蚀刻时用掩盖孔技术保护已经孔金属化的盲孔。该方法因为不要求将盲孔用树脂填充，所用的半固化片不要求高树脂含量。但是，实际加工中可能会有少量树脂进入孔中，由于盲孔事先已进行了金属化并达到了规定的镀层厚度要求，所以不影响使用的可靠性。

6.5.3　具有盲孔、埋孔和通孔结构的高密度多层印制板制造工艺

此种互连结构的高密度多层印制板制造工艺是将上述两种工艺方法综合应用，即先分别制作具有盲孔和埋孔的内外层图形的薄板，然后按 6.5.2 节介绍的工艺顺序进行叠层层压及以后的各工序。为了兼顾层压时内层埋孔能填满树脂，可以先将孔金属化后的内层图形薄板用树脂填孔固化后再层压，这时层压采用的半固化片可以不需要高树脂含量；也可以将内层的埋孔设计为尺寸较外层盲孔小的孔，采用常规树脂含量的半固化片达到树脂填满内层孔的要求。

第 7 章

挠性及刚挠结合印制电路板的制造技术

挠性印制电路板（Flexible Printed Circuit Board，FPCB）简称挠性板，是以挠性基材制作的印制板，具有轻、薄、短、小、结构灵活，能静态弯曲和动态弯曲，并能卷曲和弯折等。作为一种特殊的电子互连用印制板，挠性板在电子设备中可以弯折、弯曲安装，能充分利用设备的空间，大大有利于电子设备的小型化。早期挠性电路主要应用于小型或薄型电子产品及刚性印制板之间的电气连接等领域。20 世纪 70 年代末期，挠性板逐渐应用到计算机、数码相机、喷墨打印机、汽车音响、光盘驱动器及硬盘驱动器、视频摄像机、笔记本电脑、医疗设备和航空、航天电子产品等电子设备中。

挠性电路是为提高空间利用率和产品设计的灵活性而设计的，它能满足更小型和更高密度安装技术的需要，也有助于减少组装工序和增强可靠性，是满足电子产品小型化和可移动要求的有效方法。挠性封装的总质量和体积比传统的圆导线线束方法要减小 70%。特别是有高密度互连结构的刚挠结合印制板，是许多移动通信设备、军用和航天航空等高可靠电子产品小型化的重要基础产品，是综合了刚性印制板和挠性印制板制造技术的高端印制板产品。

目前，挠性印制板的生产量接近于刚性板。刚挠结合印制板的价格远超刚性印制板和单纯的挠性板。

7.1 挠性印制板的分类和结构

挠性印制板俗称软性印制板（又称柔性板），是在薄型聚合物的基板材料上蚀刻出铜电路，或印制聚合物厚膜电路。挠性印制板还可以通过使用增强材料或衬板的方法局部增强其强度，以取得附加的机械稳定性和增加元器件安装的支撑强度。

7.1.1 挠性印制板的分类

1. 按结构和机械强度分类

根据其结构和机械强度，挠性印制板分为挠性板和刚挠结合两大类，如图 7-1 所示。挠性板只有挠性部分；刚挠结合板包含刚性部分和挠性部分。在挠性板的表面可以有或无覆盖层。

2. 按导电层数分类

根据印制板的导电层数，挠性印制板分为只有一层导电层的单面挠性板、绝缘基材两面有导电层的双面挠性板和有三层或三层以上导电层的多层挠性板。

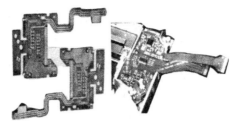

（a）挠性板   （b）刚挠结合板

图 7-1 挠性印制板产品

3．按基材和基材特点分类

通常按基材中薄膜材料的名称分类，如聚酯基材型、聚酰亚胺型（Polyimide）、环氧树脂玻璃纤维薄片型、聚酯环氧玻璃纤维混合型、聚四氟乙烯薄膜型和芳香聚酰胺型（Aramide）等。根据基材的结构还可以分为有黏结剂型和无黏结剂型。有黏结剂型是指在铜箔与绝缘基材或覆盖层之间有黏结剂作为黏结层压合的板；而无黏结剂型是在铜箔与绝缘基材之间无黏结剂，直接与绝缘基材层压合的板（又称为二层法基材）。无黏结剂型挠性板挠曲性能好，动态弯曲次数多。

4．用于 IC 器件封装的挠性板的分类

用于 IC 器件封装的挠性板共同的特点是耐热性好，基材的玻璃化转变温度高。根据其器件的安装形式和结构特点有带载芯片自动安装（TAB）用卷带式挠性板、挠性薄膜上安装芯片用印制板（COF）以及芯片级封装（CSP）和多芯片模组（MCM）用印制板。此类板多是以改性环氧树脂玻璃纤维薄片为基材制造的板。

此外还有按挠性板部分有无增强层或布线密度的高低和使用目的等分类，不再一一介绍。不管哪一类挠性板，其共同的特点是印制板厚度薄，具有弯曲和弯折性能。

7.1.2 挠性印制板的结构

挠性印制板的种类很多，其结构特点也不相同。在 IPC-6013 标准中根据挠性印制板的具体结构，将其分为以下五种类型，不同类型的结构特点如下。

1 型：挠性单面印制板，只包含一层导电层，有覆盖膜，可以有或无增强层。

2 型：挠性双面印制板，包含两层导电层，层间由镀覆通孔互连，可以有或无增强层。

3 型：挠性多层印制板，包含三层或更多层具有镀覆通孔的导电层，可以有或无增强层。

4 型：刚挠材料组合的多层印制板，包含三层或更多导电层，层间由镀覆通孔互连。

5 型：挠性或刚挠印制板，包含两层或更多层导电层，无镀覆通孔。

以上五种类型的挠性板中，3 型板如果导电层数过多，由于铜箔层增加会降低弯曲性能，所以，当确实需要挠性多层板时，应做成书页形式，使弯曲部分铜箔层数降低，有利于弯曲。4 层挠性板分为两页的书页式，如图 7-2 所示。

图 7-2 4 层书页形式的多层挠性板

有覆盖膜双面挠性板的结构如图 7-3 所示。8 层刚挠结合挠性板的结构如图 7-4 所示。

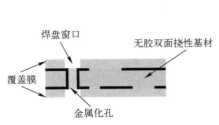

图 7-3　有覆盖膜双面挠性板的结构

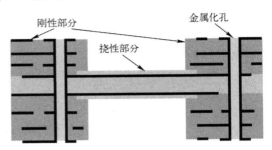

图 7-4　8 层刚挠结合挠性板的结构

7.2　挠性印制板的性能特点和应用范围

7.2.1　挠性印制板的性能特点

挠性印制板的性能特点可以大致归纳为以下两个方面。

1. 挠性印制板的优越性能

① 挠性印制板所使用的基材由覆铜箔薄膜构成，体积小、质量小，它与刚性印制板相比更适用于精密小型电子设备中。挠性印制板用的基材可以弯折挠曲、卷曲，可用于刚性印制板无法安装的任意几何形状设备机体之中，能实现立体安装，可以有效地利用设备空间。

② 挠性印制板既能够静态挠曲，还可以动态挠曲，可用于动态电子零部件之间的连接。挠性印制板最初的设计目的是用于替代体积较大的线束导线。在具有接插连接的印制板组装件之间的连接通常采用电缆连接，体积大、一致性差，还需要接插件，会增加电子设备的质量，而采用轻巧的挠性电路代替印制板与印制板之间的电缆，是满足电子设备小型化和移动要求的唯一解决方法。柔性组装的总质量和体积比传统的圆导线线束方法要减小 70%。挠性电路还可以通过使用增强材料或增强板的方法增加其强度，以取得附加的机械稳定性。

③ 挠性印制板能向三维空间扩展，大大地提高了电路设计和机械结构设计的自由度，充分发挥出印制板的多功能性。挠性印制板可以在 X、Y、Z 平面充分布线，减少界面连接点。这不但能减少整机系统工作量和装配差错，还能提高整个电子系统的可靠性。

④ 挠性电路具有优良的电性能、介电性能及耐热性。挠性材料一般有较低的介电常数，容易制作成一面是信号导线，另一面是大的接地面，形成微带型传输线，有利于电信号快速传输和保持信号的完整性。

⑤ 采用聚酰亚胺基材的挠性电路有较高的玻璃化转变温度或熔点，能使组件在更高的温度下良好运行。挠性印制板的基材较薄，导线呈平面布设，有利于热扩散。平面导体比圆形导线有更大的面积/体积比率，这样就有利于导体中热量的散发，另外，挠性电路结构中短的热通道进一步提高了热的扩散。

⑥ 许多挠性印制板采用耐热性好的材料，层间绝缘层又薄，可做所有先进 IC 器件封装的载体，具有很大的灵活性。

2. 挠性印制板的不足之处

① 成本较高。原材料成本是挠性电路价格居高的主要原因。挠性材料的价格差别较大，成本最低的聚酯挠性电路所用原材料的成本是刚性电路所用原材料的 1.5 倍，高性能聚酰亚胺挠性电路所用原材料的成本则高达 4 倍或更高。

② 挠性板材料的柔性使其在制造过程中不易进行自动化加工处理，从而导致产量下降，在最后装配过程中易出现缺陷。这些缺陷包括拆下挠性附件时线条断裂、基材撕裂等，当设计不适合应用时，这类情况更容易产生。

③ 在弯曲或成型引起的高应力下，常常需选择补强材料或加固材料，弯曲的部位不能安装元器件，制造工艺复杂等。

7.2.2　挠性印制板的应用范围

挠性印制板的应用领域比较广泛，几乎在各类电子产品中都可以用到，其应用范围有超过刚性印制板的趋势。目前已经使用挠性印制板的电子设备领域见表 7-1。

表 7-1　目前已经使用挠性印制板的电子设备领域

应 用 领 域	产 品 类 型
计算机	磁盘驱动器、传输线、笔记本电脑、针式打印机和喷墨打印机等
通信系统	多功能电话、移动电话、可视电话、传真机等
汽车电子	控制仪表板、排气罩控制器、防护板电路、断路开关系统等
消费类电子产品	照相机、数码摄像机、录像机、微型收音机、VCD、DVD、计算器等
工业控制	激光测控仪、传感器、加热线圈、电子衡器、触摸开关等
医用器械	心脏理疗仪、心脏起搏器、电振发生器、内窥镜、超声波探测头等
仪器仪表	核磁分析仪、X 射线装置、微料计测器、红外线分析仪等
军事、航天和航空	人造卫星、监测仪表、等离子体显示仪、雷达系统、航空控制器、陀螺仪、电子屏蔽系统、无线电通信、鱼雷和导弹控制装置等

挠性印制板设计布线更加复杂，要处理多信号或有特殊的电学和力学性能要求时，挠性电路是一种比较理想的设计选择。当使用的尺寸和性能超出刚性印制电路的能力时，挠性组装方式是最经济的。挠性电路所采用的薄膜具有防护性，并在较高的温度下固化，有较高的玻璃化转变温度，在无铅化和无卤化方面比刚性印制板更为优越。

挠性电路板所用基材的成本虽然比较高，但是随着新材料的研制和生产量的增大，使挠性板的价格逐步下降。新材料改变了基材结构，改进了生产工艺。新的结构使得产品的热稳定性更高，材料相互匹配性好。一些更新的材料因铜层变得更薄而可以制出更精密的导线，用作 IC 载板可使封装器件更轻巧，更加适合安装在比较小的空间内。使用这些材料和新技术，可以制作出数微米厚的铜层，获得 3mil 甚至宽度更窄的精细导线，使得挠性印制板的制造和性价比与刚性印制板性价比相接近，从而使其应用范围越来越广。

7.3　挠性印制板所用材料

按照挠性印制板的结构，其构成材料有绝缘基材、黏结材料、金属导体、覆盖膜和增强材料。由于所使用材料的差异，就决定了挠性印制板性能、工艺和成本的不同。所以，需要了解这些材料的特性，才能更好地选配这些材料，以达到最佳的性价比。

7.3.1 绝缘基材

挠性板所使用的基材是一种可以挠曲的聚合物绝缘薄膜。作为电路板的载体，选择挠性介质薄膜，应综合考虑基板材料的耐热性能、敷形性能、厚度、机械性能和电气性能等。目前采用比较多的是聚酰亚胺薄膜（Polyimide，缩写为 PI，商品名为 Kapton）、聚酯薄膜（Polyester，缩写为 PET，商品名为 Mylar）和聚四氟乙烯薄膜（Ploy Tetra FluoroEthylene，缩写为 PTFE）。一般薄膜的厚度选择在 0.0127～0.127mm（0.5～5mil）范围内。三种材料性能对比见表 7-2。

表 7-2　PI、PET 和 PTFE 性能对比

性 能 项 目	聚酰亚胺（Kapton）	聚酯（Mylar）	聚四氟乙烯（PTFE）
极限张力（N/mm^2）	172	172	20.7
极限延伸率（%）	70	120	300
因蚀刻引起的尺寸变化（mm/m）	2.5	5.0	5.0
介电常数	4.0	4.0	2.3
耗损角正切	0.035	0.035	0.06
体积电阻率（MΩ·m）	10^6	10^6	10^7
表面电阻（MΩ）	10^5	10^5	10^7
抗电强度（kV/mm）	25	25	25
吸湿性（%）	4.0	< 0.8	0.1
熔点或零强度温度（℃）	180	> 600	280
浮焊试验	合格	合格	合格

7.3.2 黏结材料

黏结材料的作用是将绝缘薄膜与铜箔黏结在一起，或将覆盖膜与蚀刻后的挠性线路黏结在一起。不同材料的薄膜黏结材料不同，如聚酯与聚酰亚胺用的黏结材料不同，聚酰亚胺基材的黏结材料有环氧树脂和丙烯酸树脂。选择黏结材料则主要考虑黏结材料的流动性及其热膨胀系数，采用黏结材料的挠性基材称为三层法基材。常用挠性黏结材料性能比较见表 7-3。

表 7-3　常用挠性黏结材料性能比较

测 试 方 法	丙烯酸树脂（IPC）	丙烯酸树脂（V）	环氧树脂
抗剥离强度（lb/in）	8.0	10.6	8.0
低温可挠性	合格	合格	合格
黏结材料的最大流动性（%）	5.0	2.7	5.0
最大吸湿（%）	6.0	1.0	4.0
挥发组分（%）	1.5	0.8	2.0

*IPC，美国电子电路封装协会。

由于丙烯酸黏结材料的玻璃化转变温度较低，在钻孔过程中产生大量的钻污不易除去，直接影响孔金属化质量。该材料热膨胀系数较大，受热后膨胀容易使金属化孔镀层损坏。

7.3.3 无胶基材

为了克服有黏结剂基材的缺陷，近年来出现了无黏结材料的聚酰亚胺覆铜箔挠性板，直接将铜箔黏附在聚酰亚胺基材上。这种基材称为无胶基材、无黏结剂基材或二层法挠性基材，其耐化学药品性能和电气性能等更佳、挠曲性更好。无胶基材目前由三种方式形成。

第一种是聚酰亚胺金属化膜。它是利用干式的溅射镀（Sputtering）方式在聚酰亚胺（PI）膜上镀上一层薄薄的铜层，再进行电镀加厚至所需的铜层厚度。

第二种是使用与膜的化学性质相似的黏结剂将聚酰亚胺膜与铜箔层压在一起，层压后不呈现分离的黏结剂，也称纯聚酰亚胺膜。

第三种是将液体 PI 涂布到铜箔上，然后进行固化形成聚酰亚胺膜覆铜箔基材。

无胶基材与传统基材相比具有厚度更薄、质量更轻、挠曲性和阻燃性更好、尺寸稳定性好、绝缘材料的介电常数一致等优点，使其在制作和使用过程中，能满足更高的工艺温度或使用温度的要求，线路的特性阻抗容易控制。这三种类型无胶基材从性能上基本能满足高密度互连结构对载体材料的技术要求。

7.3.4 铜箔

挠性基材用铜箔材料应是延伸率较高的铜箔，通常延伸率应大于 12％，以有利于弯曲和弯折。压延铜箔的延展性、抗弯曲性优于电解铜箔。压延铜箔的延伸率为 20％～45％，而电解铜箔的延伸率为 4％～40％。铜箔的厚度最常使用的是 35μm（1oz），也有的采用更薄的铜箔，厚度为 18μm（0.5oz），根据需要也可采用厚度为 70μm（2oz）的铜箔。电解铜箔是采用电解的工艺方法获得的，其铜的结晶状态为垂直针状，易在蚀刻时形成垂直的线条边缘，有利于制作精密线路图形，但其弯曲半径小于 5mm，或动态挠曲时针状结构易发生折断。因此，挠性电路基材多选择用经过热处理的压延铜箔，其铜微粒结构呈水平轴状结构，延伸率高，能适应多次挠曲。

7.3.5 覆盖层

覆盖膜（层）是覆盖在挠性印制板表面的绝缘保护层，起到保护表面导线和增加基板强度的作用。其作用超出了刚性板的阻焊膜，不仅起阻焊作用，而且使挠性电路不受尘埃、潮气、化学药品的侵蚀以及减小弯曲过程中应力的影响，能忍耐长期的挠曲。由于覆盖层是覆盖于蚀刻后的电路之上的，它还应有良好的敷形性，才能满足无气泡层压的要求。

覆盖层材料一般应选用与基材相同的材料，其形态有干膜型和湿型两类。干膜型覆盖膜又分为感光型与非感光型两类，其结构类似于刚性板用的感光干膜，为三层结构。在覆盖基膜上涂有黏结剂，黏结剂外用聚乙烯薄膜做临时性保护，使用时将其揭去，胶面对着蚀刻好的挠性电路的导体面压合。非感光型覆盖层选用聚酰亚胺材料，无需黏结剂直接与蚀刻后需要保护的线路板以层压方式压合。这种类型的覆盖膜要求在压制前预成型，焊盘部位需开窗口，露出需要焊接的部分，但很难制作高尺寸精度的小窗口，故而不能满足比较细密的组装要求；感光型覆盖干膜采用压膜机压合在蚀刻并清洁处理后的挠性线路上，通过曝光、显影等工艺方法露出需要焊接部位的窗口，解决了高密度组装的技术性问题。湿型膜就是网印油墨型覆盖材料，它分为热型和感光型两种。常用的湿型膜有热固型聚酯、改性环氧树脂、聚酰亚胺材料等网印挠性油墨，能实现低成本的批量生产；但是，无法保证高尺寸精度的小窗口的质量，同时力学性能也不理想，不能用于动态挠曲。

液体感光型覆盖层采用挠性印制板专用感光型油墨，网印在挠性板上，通过规定波长的紫外曝光，水溶性显影液显影，然后加热进行后固化，形成具有对位准确、尺寸精确的焊盘窗口的覆盖层，省去了传统的层压工序，能比较好地满足细间距、高密度装配的挠性板的需要。由于减少了两层覆盖层上的黏结层，所以提高了挠性板的散热性和可挠性。液体感光型覆盖层也可以采用掩孔工艺，掩蔽住导通孔，从而为设计在元器件体下的导通孔提供了保护。液体感光型覆盖层能耐 120℃ 的工作环境，在弯曲半径为 5mm 时能耐 10^7 次挠曲循环，其分辨率可达 70μm，而且显影后膜的侧面是陡直的，适用于 SMT 的挠性板。

为了适应 HDI 挠性电路发展的需求，国外开发了几类新的覆盖层制作工艺，可适用于激光钻孔和感光型覆盖层，其性能比较优越。几种挠性板覆盖层工艺的比较见表 7-4。

表 7-4　几种挠性板覆盖层工艺的比较

覆盖膜 ＼ 项目	精度（最小窗口）	可靠性（耐挠曲性）	材料选择	设备/工具	技术难度经验需求	成本
传统的覆盖膜	低（800μm）	高（寿命长）	PI，PET	NC 钻机，热压合机	高	高
覆盖膜+激光钻孔	高（50μm）	高（寿命长）	PI，PET	热压合机，激光钻孔	低	高
网印液态油墨	低（600μm）	可接受（寿命短）	环氧，PI	网印，烘干设备	中	低
感光干膜型	高（80μm）	可接受（寿命短）	PI，丙烯酸	层压，曝光，显影	中	中
感光液态油墨型	高（80μm）	可接受（寿命短）	环氧，PI	涂布，曝光，显影	高	低

7.3.6　增强板

挠性印制板需要弯曲或弯折，因而不希望机械强度和硬度太大。但是，在安装元器件或接插件的部位需要有一定强度的支撑，就要粘贴适当材料的增强板，一般常使用与基材相同材质的薄膜或刚性印制板的原材料，如纸酚醛板、环氧玻璃布、PET、PI、金属板等，做增强材料。如果插装焊接大量的有引线的元器件或大型接插件时，应使用较厚的环氧玻璃布层压板做增强板，因为厚薄相同的环氧玻璃布层压板的机械强度要比纸酚醛层压板大得多。由于散热的需要，近年来使用氧化的铝板和不锈钢板做增强板的情况也不断增加。金属板可兼做散热板，不仅机械强度大，而且成型加工容易，许多方面都能使用。金属板和其他材料的增强板在加工方面有些不同，特别是因不锈钢板表面光滑，黏结强度差，黏结前必须进行适当的表面粗化处理。

7.3.7　刚挠结合印制板中的材料

刚挠结合印制板中的主要材料有铜箔、环氧玻璃布、聚酰亚胺、半固化片、覆盖膜等。这些不同材料的相互兼容性、热膨胀系数、介电常数和玻璃化转变温度等性能参数，对最终产品的热稳定性和温度变化后金属化孔的可靠性有很大影响，必须认真地选择和匹配，既要考虑材料的特点及其机械、物理、化学特性能，还要考虑产品的应用要求、安装结构要求、环境条件以及材料对可加工性的影响。

聚酰亚胺是比较理想的生产刚挠结合印制板的材料，具有耐热性高的优点，但是价格昂贵，且层压工艺复杂，聚酰亚胺及半固化片的价格是环氧玻璃布价格的几倍。环氧玻璃布是最常用的生产刚性印制板的材料，它的价格也比较便宜，但是耐热性差。由于环氧玻璃布的热膨胀系数较大,因而在 Z 方向的膨胀较大。FR-4 型环氧玻璃布由于具有在其玻璃化转变温度($T_g=125℃$)以下的热膨胀系数与聚酰亚胺相近的特点,改性环氧玻璃布半固化片的玻璃化转变温度可达 140℃以上,因而被广泛用于生产刚挠结合印制板。刚挠结合印制板材料的热膨胀系数(CTE)对保证金属化孔的耐热冲击性十分重要。热膨胀系数大的材料,在经受热冲击时,在 Z 方向上的膨胀与铜的膨胀差异很大,因而极易造成金属化孔的断裂。通常玻璃化转变温度低的材料,其热膨胀系数也较大。其中丙烯酸树脂的玻璃化转变温度最低(约 45℃),热膨胀系数是其他材料的数倍,因而,在加工刚挠结合印制板时,应尽可能不使用丙烯酸半固化片或含有丙烯酸胶的基材。刚挠结合印制板由于是刚柔混合结构,因而热膨胀系数居中。实践证明,选用流动度较低的改性环氧玻璃布半固化片,既能满足与聚酰亚胺基材的兼容和匹配问题,又能减少层压时的层间移动错位,解决尺寸的稳定性问题。

多层刚挠性板的层间黏结材料如果采用聚酰亚胺,能与挠性聚酰亚胺基材配合较好,其间的热膨胀系数一致,效果会更好,但成本较高,层压的温度较高。通常改性环氧树脂玻璃布半固化片可以满足刚挠结合印制板的要求,是目前应用最广泛的黏结材料。

7.4 挠性印制板设计对制造的影响

挠性印制板的设计规则与刚性印制板有很大的不同,挠性板设计对印制板的可制造性和质量有很大影响。设计时除了要考虑挠性印制板的基材、黏结层、铜箔、覆盖层和增强板及表面处理的不同材质、厚度和不同的组合,还要考虑其他性能,如剥离强度、抗挠曲性能、弯曲寿命、化学性能、耐湿性能、抗电迁移性能、工作温度等,特别要考虑所设计的挠性印制板,是如何装配的和具体的应用要求。挠性印制板设计除满足刚性板设计的一般要求外,应按以下要求设计,不然会影响挠性板的制造和使用。

(1)外形设计

挠性印制板由于安装的灵活性,其外形往往比刚性印制板复杂。由于挠性板厚度薄容易被撕裂,所以在外形设计上,应在任何外形的拐角处采用圆角过渡,或拐角处和板边缘设置无电气功能的铜箔,以增强板边缘的强度(见图 7-5)。

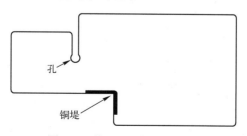

图 7-5 外形设计的增强措施

(2)挠性板弯曲部分的布线

挠性板的弯曲部分不能设置金属化孔,以防影响弯折和弯折时损坏金属化孔。在需要弯曲部分的布线应垂直于弯折方向,以提高弯曲强度和避免弯曲时导线铜箔起翘,如图 7-6所示。

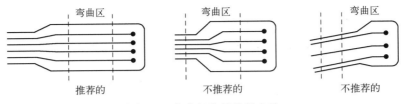

图 7-6　弯曲部位导线的布设

（3）焊盘的设计

挠性板基材表面比环氧玻璃布表面光滑，因此挠性基材上的焊盘附着力不如刚性板强度高。为了提高焊盘的附着力，应尽可能选面积大一些的焊盘，一般选择有盘趾的焊盘，也可采用改进型的泪滴形、拐角引出形或雪人形焊盘，如图 7-7 所示。

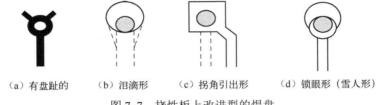

（a）有盘趾的　　（b）泪滴形　　（c）拐角引出形　　（d）锁眼形（雪人形）

图 7-7　挠性板上改进型的焊盘

（4）覆盖膜在焊盘部位应开窗口露出焊盘，以便于焊接

窗口的大小不能露出盘趾，如果焊盘尺寸较大，开的窗口可以略小于焊盘尺寸并能覆盖部分焊盘，但是，露出的焊盘最小宽度应大于 0.1mm，应能满足焊接工艺要求。

挠性印制板设计的具体要求，可参考 IPC 标准中的挠性印制板设计规范（IPC-2223）。

7.5　挠性印制板的制造工艺

挠性印制板的制造工艺方法因产品的结构形式和生产方式不同而异。按挠性印制板在生产线上的传输方式分，生产的方式有连续法生产和非连续法生产。

非连续法也叫单片制造工艺，是以预先按坯料尺寸剪裁的片材（Panel）方式进行加工的，即通常所说的单片加工（Panel-To-Panel），其特点是产品的品种变化灵活，但生产效率低。连续法是用卷状挠性覆铜板以成卷材料连续的方式进行加工制作的，其特点是适合于品种单一产品，生产效率高，但产品的品种变化的灵活性差。

根据传动方式不同，连续法又分为卷轴传动连续法和齿轮传动连续法。卷轴传动法以卷轴转动拉着卷状挠性板前进（Roll-To-Roll），拉力对挠性印制板的伸缩和形变有一定的影响。齿轮传动就像电影胶片一样，需先对卷状挠性覆铜板的两边冲制连续的方孔，方孔套住齿轮的齿牙，齿轮转动带动挠性板材运动，这种拉力对挠性印制板的伸缩和形变的影响很小。在选择挠性板的制造工艺时，应注意加工方法的这些特性对产品质量的影响。

因挠性印制板结构不同，制造方法有不同的特点，应用最普通的制造方法是非连续法（单片加工法）。单面挠性印制板的加工流程与刚性单面印制板的加工流程相似，只是用覆盖膜代替了阻焊膜。以下将以加工比较复杂的有金属化孔的双面挠性印制板为例，介绍挠性印制板的制造工艺。其他类型的挠性板的制造工艺是在此基础上增减某些工序。

7.5.1　双面挠性印制板制造工艺

1. 工艺流程

有金属化孔的双面挠性印制板加工的常规工艺流程：

材料准备→钻孔→前清洗→孔金属化→图形转移→蚀刻→覆盖层对位→压覆盖膜→后清洗→烘板→热风整平→增强板加工→外形加工

2. 主要工艺流程说明

（1）材料准备

根据用户要求和工艺需要选择合适品种和规格的挠性材料，按工艺规定尺寸下料。与刚性板有很大的不同，下料内容主要有挠性覆铜板、覆盖层、增强板，以及层压用的主要辅助材料，包括分离膜、敷形材料或硅橡胶板、吸墨纸或铜版纸等。通常挠性覆铜板和覆盖层都是卷状的，因此要用卷状材料自动下料机。由于挠性覆铜板又软又薄，加工和持拿时很容易弄皱铜面，所以加工持拿时应倍加小心。对压延铜箔的覆铜板，下料时还要注意压延铜箔的压延方向与板弯曲方向垂直。

（2）钻孔和开窗口

挠性基材成孔和开窗口的方法主要有预先冲制法、机械钻孔法、激光法、等离子体蚀刻法和化学蚀刻法等，应根据加工精度要求和材料特性选择。而采用最多、成本较低的是机械钻孔法，它适合于钻孔径较大的孔。对于高密度挠性印制板，由于孔径小，机械钻孔难以实现，通常采用激光钻孔。

采用典型的机械钻孔，由于挠性覆铜板和覆盖层又软又薄很难直接钻孔，因此在钻孔前需要叠板，即十几张覆盖层或十几张覆铜板像本书一样叠合在一起。与刚性板叠板钻孔一样，通常也要在叠合层上加一张薄铝片以散热和清洗钻头。叠板时上、下夹板可用酚醛板。一般下垫板要厚一些，防止钻孔钻到数控钻床的工作台面上。下垫板的厚度一般为1.5mm，应具有均匀、平整、对钻头磨损小以及不含能引起钻污的成分等特点。覆铝箔层压板是较为理想的垫板，它以木屑和纸浆为芯，两面是硬铝箔，用不含树脂的胶做黏结剂的复合板。无论是挠性覆铜板还是覆盖层的钻孔，都要注意它们上下两面在压合时的放置方向。

如果覆盖层的数量大或加工板内的孔数量多，还要在钻够一定孔数时更换钻头。确定钻孔的最佳工艺参数对取得良好的孔壁十分重要，钻头的转速以及进给量是最重要的工艺参数。进给量太慢，温度急剧上升产生大量钻污；而进给量太快，则容易造成断钻头或半固化片和介质层的撕裂及钉头现象等。通常钻孔径 0.6mm，其典型的钻孔工艺参数为进给量70mm/s，转速为 50 000r/min。对于有附连测试图形的在制板，应最后钻附连测试图形的孔，这样才能真实地反映加工板孔内的质量情况。

当覆盖层上开窗口采用冲孔方法加工时，一定要注意将带有黏结层的一面向上，否则很容易产生钉头现象。当覆盖层上的钉头是向着胶面时，会降低覆盖层与挠性电路的结合力。

对高密度印制板中的微小孔的加工可以采用激光钻孔，常用 CO_2 激光或 UV-YAG 激光和准分子激光，能去除覆盖膜使铜露出来，形成两面有窗口的双面板。但如采用 CO_2 激光，由于它属于红外光，导致在高热的条件下，很容易使边缘不光洁、炭化，还需再用等离子体去除炭化部分。建议最好采用准分子激光，因为它能产生清洁整齐的加工边缘。

高密度挠性板制造过程中，为满足高密度封装的需要，必须在涂覆层的表面开直径在 200μm 以下的极小"窗口"。原使用过的预先穿孔的覆盖膜压合技术或液态油墨网印技术都很难达到设计要求。选择激光开"窗口"技术，当然从几何尺寸精度保证上很可靠，但成本比较高。如果对挠曲性能要求不是很高，选择感光型覆盖层有较好的性价比。只要有效地控制好曝光、显影，此种工艺方法也能精确地开出设计所需的极小"窗口"，可以满足高密度组装、高密度互连结构挠性板的需要。这种材料的种类比较多，从工艺特性比较，较理想的涂覆层是环氧树脂基的液态感光型涂覆层。

（3）去钻污

与刚性印制板的加工方法一样，经过钻孔的双面挠性印制板孔壁上可能有树脂钻污，只有将钻污彻底清除然后进行孔金属化，才能保证金属化孔的质量。通常，聚酰亚胺产生的钻污较少，而改性环氧和丙烯酸产生的钻污较多。环氧钻污可用浓硫酸去除，而丙烯酸钻污只能用铬酸去除。由于聚酰亚胺不耐强碱，因此强碱性的高锰酸钾去钻污不适用于挠性印制板，可以采用酸性高锰酸钾去钻污。

（4）孔金属化和图形电镀

挠性印制板的孔金属化和图形电镀工艺与刚性印制板基本相同，最大区别在于挠性基材（如聚酰亚胺和丙烯酸）不耐强碱，因此孔金属化的前处理溶液最好采用酸性溶液，活化宜采用酸性的胶体钯而不宜采用碱性的离子钯。通常，刚性印制板的孔金属化溶液经过调整后可以用于挠性印制板的化学镀铜，但要注意既要防止反应时间过长又要防止反应速度过快。由于化学镀铜液大都是碱性的，因此反应时间过长会造成挠性材料的溶胀，反应速度过快会造成孔壁空洞和铜层的机械性能较差。有时在较快的反应速度下，孔金属化的挠性板虽然在目检时并没有发现孔壁空洞，但是在孔的周围有一个亮圈，在做背光试验时，就会看到有分散的亮点，这说明是化学镀铜反应速度过快造成的，最终造成铜层粗糙和机械性能较差。这种板子在图形电镀后孔的截面如图 7-8 所示。这种板子虽然通常都能通过通/断测试，但却往往无法通过后续的热冲击等试验或是在用户调机过程中就开始出现断路现象。

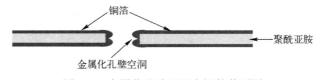

图 7-8　金属化孔壁环形空洞的截面图

由于聚酰亚胺和聚酯材料钻孔后的表面，比环氧玻璃布的表面要光滑许多，因此它们的表面积比环氧玻璃布小，每平方米挠性印制板消耗的化学试剂也较少。当采用刚性印制板的化学镀铜液时，挠性印制板的反应速度就会过快，最终导致空洞的出现。合适的反应速率为 5cm×5cm 玻璃布试验引发时间 5～6s，覆盖时间 15～20s。通常，刚性印制板用的硫酸铜体系化学镀铜液，可以通过降低反应温度、降低溶液中各组分的浓度等方法降低溶液反应速度，将反应速度降低至原来的 62%～72%。调整后的溶液，反应 30min 后化学镀铜层的厚度为 0.6～0.8μm。化学镀铜宜采用镀薄铜工艺。因为化学镀铜层的机械性能（如延展率）较差，在经受热冲击时易产生断裂。所以在电镀铜加厚时，所有的预处理溶液应采用酸性溶液，一般在化学镀铜层达到 0.3～0.5μm 时立即进行全板电镀，使铜层加厚至 3～4μm，以保证孔壁镀层能经受后续的处理过程。

为保证线路的弯曲性能，不能过多地加厚线路的铜厚度，因此只对金属化孔的焊盘图形进行成像和图形电镀。图形电镀的目的就是对金属化孔的孔壁进一步加厚。

图形电镀铜的延展率十分重要。片面增加铜层厚度不能提高金属化孔的可靠性，这是由于随金属化孔镀层厚度的增加，孔内横向应力增加。最合适的铜层厚度为 $20\sim30\mu m$。控制好电镀溶液的成分及工艺参数是生产出高品质金属化孔的保证。

（5）前清洗和成像

在成像之前，首先要对板进行表面清洗和粗化，其工艺与刚性板材大致相同。但是由于挠性板材易变形和弯曲，宜采用化学清洗或电解清洗；也可以采用手工浮石粉刷洗或专用浮石粉刷板机清洗。板材的持拿同样要十分小心，板材的凹痕或折痕会造成干膜贴不紧，干膜起翘，蚀刻断线，曝光时底版无法贴紧从而造成图形的偏差。这一点对于精细导线和细间距图形的成像尤为重要。挠性板的贴膜、曝光以及显影工艺与刚性板大致相同。显影后的干膜由于已经发生聚合反应，因而变得比较脆，同时它与铜箔的结合力也有所下降。因此，显影后的挠性板的持拿应更加小心，防止干膜起翘或剥落。

（6）蚀刻

挠性覆铜板的蚀刻与刚性板略有不同。通常挠性板弯曲部位往往有许多较长的平行导线。为保证蚀刻的一致性，可以在蚀刻时注意蚀刻液的喷淋方向、压力及印制板的位置和传输方向。当制作精细导线时，应将要求比较严格的一面向下放置在传输线上，这样可以防止蚀刻液的堆积，从而提高蚀刻的精度。另外，在蚀刻之前，由于覆有铜箔的挠性板材比较硬，而在蚀刻过程中，当板材上的铜被蚀刻掉之后就会变得十分软，从而造成传动困难，甚至板材会掉入蚀刻液中造成报废。因而蚀刻时，应在挠性板之前贴一块刚性板牵引它前进，并且最好选用传动滚轮间距小的挠性板专用蚀刻机（见图 7-9）。为保证蚀刻的最佳效果，蚀刻液的再生与补加应当快捷、有效，最好采用蚀刻液自动再生添加系统。

图 7-9　挠性板专用蚀刻机

（7）覆盖层的对位

采用非感光型材料的覆盖层，应预先开出焊接的"窗口"，在与蚀刻后的线路板对位压合覆盖层之前，要对挠性电路表面进行处理以增加结合力。用浮石粉刷洗的效果最好，但是浮石粉颗粒容易嵌入基材中，以致结合力大大降低，因而需将浮石粉颗粒彻底冲洗干净。

钻孔后的覆盖层以及蚀刻后的挠性电路都会不同程度的吸潮。因此这些材料在层压之前应在干燥箱中干燥 24h，叠放高度不应超过 25mm。如果采用有保护膜三层结构的覆盖膜，则在对位前先将覆盖膜上的保护膜揭去，胶面对着挠性导电图形，并使覆盖膜窗口对准导电图形的相应焊盘，放在挠性板上待压合。

在覆盖层与蚀刻后的线路板对位时，可采用专用对位夹具，也可用目视放大镜对位，在对位后可用丁酮或烙铁加热固定在蚀刻后的挠性基板上。

（8）层压

挠性印制板层压覆盖层可以用专用的快速真空压合设备或多层板层压机。压合的工艺类似于多层板的层压，只是采用的层压衬垫材料和叠放的顺序与多层板不同。

① 挠性印制板的覆盖层层压。

挠性印制板在压合覆盖层前，应先进行定位叠层，叠层顺序如图 7-10 所示。层压时根据不同的挠性板材料确定层压时间、升温速率及压力等层压工艺参数。对聚酰亚胺基材的层压工艺参数：层压温度为 173℃±2℃时，全压力下净压时间为 60min，升温速率为在 10～20min 内由室温升至 173℃，压力为 150～300N/cm^2，需在 5～8s 内达到全压力。

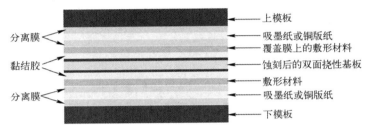

图 7-10 叠层顺序实例

② 层压的衬垫材料。

层压衬垫材料的选用对于挠性及刚挠结合印制板的层压质量十分重要。理想的衬垫材料应该具有敷形性良好、流动度低、冷却过程不收缩的特点，以保证层压无气泡和挠性材料在层压中不发生变形。衬垫材料通常分为柔性体系和硬性体系。

柔性体系材料主要包括聚氯乙烯薄膜或辐射聚乙烯薄膜等热塑性材料。这种材料在各个方向的压力以及成型性都比较均匀，而且敷形性非常好，能满足无气泡层压的要求。但是这种材料在压力较大的情况下，其流动度大大增加，从而造成柔性材料变化超差，因而这种衬垫只适合于简单的挠性印制板。

硬性体系材料主要是采用玻璃布做增强材料的硅橡胶。硅橡胶在各个方向的压力都十分均匀，并且在 Z 轴方向上适应凹凸不平的电路，具有良好的敷形效果。其中的玻璃布则会限制硅橡胶在 X、Y 方向上的移动，即使层压的压力较大，也不会引起柔性内层的变形。硅橡胶的价格虽然比聚氯乙烯薄膜昂贵，但是它却可以重复使用。硅橡胶的缺点是，所形成的黏结层的流胶是球形的，而柔性材料的流胶则是凹形的。球形流胶的结合力比凹形流胶稍差，而且在焊接时容易造成焊料芯吸到覆盖层下面。

（9）烘板

烘板主要是为了去除加工板中的潮气。因为丙烯酸树脂和聚酰亚胺树脂的吸潮系数比环氧树脂大得多，如果印制板中吸附的潮气因低真空而进入真空系统，必然降低真空度，同时在真空泵中凝结，会对真空泵造成极大的损害，另外，对等离子体的化学活性也有影响。所以层压前后都必须烘板除潮，烘板的工艺条件为 120℃，烘 3～4h。

（10）热风整平（热熔）和最终表面涂覆层

热风整平是挠性印制板表面可焊性涂覆的一种方法。由于挠性印制板厚度薄，热风整平时一般不会出现刚性板常见的堵孔、起结瘤和焊料层粗糙等现象，主要容易出现基材分层和起泡现象。由于挠性印制板的吸潮性大，因此在热风整平（或热熔）之前一定要烘板以去除潮气，防止在经受热冲击时板子分层、起泡。通常应在 120℃下烘 4～6h。烘完后的印制板应立即进行热风整平（或热熔），以防止板子重新吸潮。

由于挠性板很软，在热风整平时应固定在特制的夹具上。由于挠性板非常薄，进入焊料后温度能够迅速上升，因此在保证热风整平质量的前提下，应最大限度地减小热冲击的力度，适当降低热风整平的温度，缩短浸焊时间。挠性板热风整平的典型温度为 230～240℃，浸锡时间为 2～3s。由于通常热风整平机的前风刀压力要大于后风刀压力，所以在热风整平时最好将挠性板带夹具的一面向着前风刀，以使光滑的另一面略微靠近后风刀。这样可以防止板子提升时碰到两边风刀上方的钩子。挠性板的热熔工艺通常采用甘油热熔，它比红外热熔更容易控制，温度为 220～230℃，时间为 3～5s。

挠性印制板受到热冲击时分层、起泡的原因很多，除了烘板以外，在工艺上保证覆盖层的结合力也能减少分层、起泡的发生。

除热风整平涂覆以外，还可以采用焊盘上涂覆 OSP、化学镍金或电镀镍金等涂层。在进行这些涂覆时，必须采用酸性或中性溶液，因为聚酰亚胺等材料不耐碱，遇到碱性较强的溶液会溶胀和溶解，影响产品质量。

（11）外形加工

挠性印制板的外形加工，在大批量生产时是用无间隙精密钢模冲切的，可一模一腔，也可一模多腔；样品或小批量生产时用精密刀模，可一模一腔，也可一模多腔；最简便的方法是用裁刀和钢板尺裁切或剪刀剪切，但外形质量不易保证。

（12）包装

挠性印制板又薄又软，外形很不规则，包装不当容易损坏。因此其包装方法与刚性印制板不同，通常可采用块与块之间加包装纸或泡沫垫分隔，最外还可附加薄的刚性材料衬垫，几块板一起上下加泡沫垫用真空包装机真空包装，在真空包装袋内加放干燥剂，可防止吸潮，延长存放时间。

7.5.2　刚挠结合印制板制造工艺

刚挠结合印制板与挠性印制板的主要区别在于刚挠结合印制板是在挠性印制板上再黏结两个刚性外层，刚性层上的电路与柔性层上的电路通过金属化孔相互连通。每块刚挠结合印制板上有一个或多个刚性区和一个或多个挠性区。刚挠结合印制板的制造过程结合了刚性板和挠性板的制造工艺。以下将以挠性板两边连接刚性多层板的刚挠结合印制板为例，主要介绍二者在制作工艺上的不同之处。

1．刚挠结合多层印制板工艺流程

刚挠结合印制板常规工艺流程分为两部分，第一部分先制作挠性板，第二部分将制作好的挠性部分与刚性部分的材料一起叠层、层压和进行后续加工。挠性层的加工如 7.4.1 节所述。刚性板的加工也与刚性多层板的加工方法基本相同，不同之处在于刚性部分的内层与加工好的挠性板的叠层、层压和层压材料的匹配，这也是保证刚挠结合性多层印制板质量的关键。刚挠结合多层板制造的典型工艺流程如图 7-11 所示。

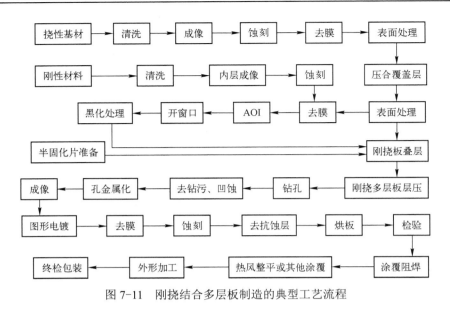

图 7-11　刚挠结合多层板制造的典型工艺流程

2．工艺流程说明

（1）半固化片的选用

选用不同类型的半固化片对刚挠结合印制板的结构有着直接的影响。如果全部采用丙烯酸黏结薄膜作为内层的半固化片，丙烯酸的厚度占比相当大，因而整个刚挠结合印制板的热膨胀系数也很大。这种结构的金属化孔在热应力试验中容易失效。唯一可以弥补的方法就是增加电镀铜层的厚度以增加铜层的可靠性。靠降低丙烯酸半固化片的厚度达到减小 Z 轴膨胀的方法是不实际的，一方面这不利于无气泡层压，另一方面增加压力往往还会造成柔性内层图形的偏移超差。

采用玻璃布做增强材料的丙烯酸代替无增强材料的丙烯酸半固化片，不但能满足无气泡层压的要求，而且增加了结构的硬度。它的缺点是在孔金属化之前要处理凸出的玻璃纤维头。

采用环氧玻璃布半固化片黏结加了覆盖层的柔性内层，由于环氧树脂与聚酰亚胺薄膜的结合力较差，因此在安装和使用过程中，易产生内层分层的现象。可以通过在环氧玻璃布与聚酰亚胺之间加一层丙烯酸胶增加结合力，这样做的结果是又引进了丙烯酸而且还增加了生产的复杂性。因此，这种结构不宜采用。

取消了覆盖层，内层的黏结全部采用环氧玻璃布半固化片或环氧玻璃布做增强材料的丙烯酸黏结材料。挠性覆铜箔基材在表面的铜被蚀刻掉之后露出的是一层丙烯酸胶，因而它与环氧的结合力非常好。同时，由于环氧材料的大量引入大大降低了整个刚挠结合印制板的热膨胀系数，因此大大提高了金属化孔的可靠性。由于去掉了大量的覆盖层，这种印制板在高温工作环境下会变软，其挠性段更是如此，所以要增加一个加固板。

用聚酰亚胺层压板代替环氧树脂层压板，可以改善刚挠结合印制板的耐高温性，但成本较高。制造商可以根据自己的设备和技术情况以及刚挠结合印制板的应用要求来确定刚挠结合印制板的结构。

近年来由于无胶挠性基材工艺的成熟和能批量生产，采用二层法的无胶基材和无流动性半固化片（No-Flow Prepreg）是制作高性能多层数刚挠结合印制板的最佳选择。无胶挠性基材的挠曲、弯曲性能更好，尺寸稳定性高，同时也克服了热膨胀大的缺点。无流动度或低流动度的半固化片，流动度应低于 2％，既能改善层压时树脂流动造成的图形位移偏差，又能防止树脂从刚性部分的下部溢流到挠性窗口部分的连接处。在层压前需要对与刚性板结合部位的挠性部分表面进行喷砂处理，以提高与半固化片的黏合力。可供选用的黏结材料有改性丙烯酸薄膜、低流动度环氧树脂薄膜和不流动环氧玻璃布半固化片等。

采用这种材料的刚挠结合印制板的结构中，挠性印制板部分最外边的覆盖层只伸入到刚性区中大约 1/10 的位置，刚性外层与柔性内层采用不流动环氧半固化片黏结。由于没有覆盖层，环氧半固化片主要是与挠性基材上黏结铜箔的丙烯酸胶（当铜箔被蚀刻掉以后，这层丙烯酸胶就露出来了）相互黏结，因而结合力很好。由于去掉了黏结刚性外层与柔性内层的两层丙烯酸半固化片以及两个覆盖层上的丙烯酸半固化片，整个刚挠结合印制板的热膨胀系数大大降低，提高了金属化孔的耐热冲击能力。因此虽然这种结构的工艺复杂而且成本高，但是却大大提高了刚挠结合印制板的可靠性。

在选用改性丙烯酸薄膜做内层黏结剂时，两个内层之间的丙烯酸树脂厚度一般不超过 0.05mm，以防止热冲击时 Z 方向膨胀过大而造成金属化孔的断裂。当 0.05mm 厚的丙烯酸无法满足黏结要求时，最好改用环氧树脂型半固化片代替，采用二层法的无黏结材料聚酰亚胺基材对高层次刚挠结合印制板的生产将十分有利。

（2）层压

刚挠结合印制板的层压，可以采用一次将所有内层压在一起的一次层压法，也可以采用先压柔性内层再压刚性外层的分步层压法。

一次层压法的加工周期短、成本低，但是层压时的缺陷，如气泡、分层和内层变形，只能在外层蚀刻之后才被发现，而这时印制板只能报废。

分步层压法先压挠性的内层，可以及时发现内层的图形偏移和层压缺陷，并可以及时采取挽救措施。分步层压还能分别照顾挠性和刚性材料的特点，选择最佳的工艺参数达到最佳的工艺效果。分步层压的缺点是费工、费时和费辅助材料。

刚挠结合印制板的层压过程中，为了保证层压压力的平衡和板的平整，通常选用刚性基材和半固化片的毛坯尺寸要大于刚性板部分加挠性板部分的尺寸，在预制的内层刚性薄板上用铣床开出挠性连接部分的窗口，并在窗口部位的挠性板上、下放入垫片。也可将开窗口冲切下来的部分作为辅助垫板，垫片应当表面光洁、具有脱膜性，这是为了保证柔性窗口的外观和垫片易于拆卸。垫片的厚度应与刚性外层的厚度一致，垫片的大小应与窗口匹配。垫片尺寸太小，会使挠性窗口产生不规则压痕影响外观；垫片尺寸太大，则不利于排气和拆卸。

刚挠结合印制板的层压比普通刚性多层印制板复杂得多，无论是基材的选择、半固化片的选择还是衬垫材料的选择都十分讲究。只有在正确选择材料的基础上，正确地把握工艺条件才能达到理想的层压效果。

（3）钻孔

刚挠结合印制板的结构复杂，材料种类多，因此确定钻孔的最佳工艺参数对取得良好的孔壁十分重要。为防止内层铜环以及挠性基材的钉头现象，首先要选用锋利的钻头。如果所加工的印制板数量大或加工板内的孔数量多，应按规定的钻孔数量及时更换钻头，最好每次更换的是新钻头，换下的钻头刃磨后可用于其他单双面板的钻孔。钻头的转速以及进给量是最重要的工艺参数。进给太慢，板的温度急剧上升，会产生大量钻污；而进给太快，则容易造成断钻头、半固化片以及介质层的撕裂和钉头现象。例如，钻孔径 0.4mm 的孔，其典型的钻孔工艺参数为进给量 3.0m/min，转速为 105 000r/min。

实验证明，印制板的钻污量和厚度随着钻孔时温度的升高而增加，当温度在树脂的玻璃化转变温度之上增加更快。因而有些制造商曾尝试冷冻法钻孔，通过降低加工板上的温度而达到减小钻污的效果。具体做法是，先将刚挠结合印制板在低温下（放入冷库或冰箱中）冷冻数小时，取出后在冷气保温条件下钻孔。采用这种方法钻的孔，只有少许钻污，效果十分明显，但是操作复杂、增加工时。

（4）去除钻污

在刚挠结合印制板中，由于覆盖层和丙烯酸半固化片上镀层结合力差，在经受热冲击时，易造成镀层与孔壁分离，所以孔壁除了要求彻底去除钻污外，还要求有 20μm 左右深度的凹蚀，使内层铜环与孔壁电镀铜呈三维连接，互连可靠性更高，能大大提高金属化孔的耐热冲击性。通常，聚酰亚胺产生的钻污较少，而环氧和改性丙烯酸产生的钻污较多。

环氧钻污可用浓硫酸去除，而丙烯酸钻污只能用铬酸去除。铬酸法处理过程中对板的持拿及清洗都十分不方便。又由于聚酰亚胺不耐强碱，因此强碱性的高锰酸钾去钻污法根本不适用于挠性和刚挠结合印制板。许多厂家都使用等离子体法去钻污和凹蚀。用等离子体技术进行去钻污和凹蚀，以使内层铜环与电镀铜呈可靠的三维连接。等离子法要求的凹蚀深度为 5～10μm。等离子体去钻污和凹蚀的生产技术，能有效提升多层板产品的品质及良品率。

应用等离子去除刚挠结合板及挠性板孔壁的钻污，可看成是高度活化状态的等离子气体与孔壁高分子材料和玻璃纤维发生气固化学反应，同时生成的气体产物和部分未发生反应的粒子被抽气泵排出，是一个动态的化学反应平衡过程。

① 等离子体气体的生成条件。

a．将一容器抽成真空度为 0.2～0.5Torr（毛），并保持一定的真空度。

b．向真空容器中通入所选气体，须保持一定的真空度。

c．开启射频电源向真空器内正负电极间施加高频高压电场，气体即在正负极间电离放出辉光形成等离子体，此时气体不断输入，真空泵一直工作以使真空器内保持一定的真空度。

等离子体处理需要专门设备以及电子级专用气体，因此采用等离子体去钻污、凹蚀比较昂贵，但此法属于干法去钻污，对环境的污染要比化学法小得多，属于清洁生产，值得提倡。

② 等离子体去钻污和凹蚀工艺。

等离子体处理过程分为三个阶段分批间歇操作，各步骤的典型工艺参数见表 7-5。

表 7-5 等离子体去钻污凹蚀工艺参数

工艺参数（系统压力 280mTorr）	第一阶段	第二阶段	第三阶段
CF_4 气百分比（%）	0	20	0
O_2 气百分比（%）	0	80	100
N_2 气百分比（%）	100	0	0
真空度（mTorr）	110	110	110
射频功率（kW）	2.5	2.5	2.5
处理时间（min）	5	40	5

第一阶段是用高纯度的 N_2 气为处理气，产生等离子体。目的是使整个系统处于 N_2 氛围；N_2 自由基与孔壁附有的气体分子反应，使孔壁清洁同时预热印制板，使高分子材料处于

一定的活化态，以利于后续阶段反应。第二阶段以 O_2、CF_4 为原始气体，混合后产生 O、F 等离子体，与丙烯酸、聚酰亚胺和环氧树脂、玻璃纤维反应，达到去钻污和凹蚀的目的。第三阶段采用 O_2 为原始气体，生成的等离子体与反应残余物反应使孔壁清洁。

等离子体处理的工艺参数主要包括气体比例、流量、射频功率、真空度和处理时间。气体比例是决定生成等离子体活性的重要参数。要达到较好的处理效果，一般 O_2 为 50%～90% 和 CF_4 为 50%～10%。纯 O_2 等离子体与孔壁材料反应速度慢且产生热量大，会导致铜氧化。而 50%～10% 的 CF_4 增加了反应的凹蚀速度，能产生极化度高、活性强的氧氟自由基。射频（RF）功率约在 2～5kW。大的功率使气体电离度提高，提高了反应速度，但同时也产生大量的热量，从而增加了间歇式反应的次数。系统气体压力主要由射频功率和气体流量、比例决定。在较低的压力下，等离子体放电不均匀，但粒子的平均自由程加大，可增加粒子进入小孔的能力；高的气体压力使粒子的渗透能力降低，且产生大量辉光。提高功率水平可以改善渗透能力。通常比较理想的系统压力在 200～300mTorr。

等离子体去钻污和凹蚀是复杂的物理化学过程，有许多影响因素，包括工艺参数、钻孔质量、前处理效果、印制板潮湿程度和温度、印制板上孔的分布和大小等。总之，只有充分考虑各类影响因素，正确确定前处理和等离子体处理的工艺参数才能确保去钻污和凹蚀的效果。

（5）去除玻璃纤维

采用等离子体除去多层挠性和刚挠结合印制板孔内的钻污时，各种材料的凹蚀速度各不相同，从大到小的顺序是丙烯酸膜、环氧树脂、聚酰亚胺、玻璃纤维和铜。从显微镜中能明显地看到孔壁有凸出的玻璃纤维头和铜环。为了保证化学镀铜液能充分接触孔壁，使铜层不产生空隙和空洞，必须将孔壁上等离子反应的残余物、凸出的玻璃纤维和聚酰亚胺膜除去，处理方法包括化学法和机械法或二者相结合。化学法是用氟化氢胺溶液浸泡印制板，再用离子表面活性剂（KOH 溶液）调整孔壁使之带电，便于孔金属化过程中吸附钯催化剂以利于化学镀铜。机械法包括高压湿喷砂和高压水冲洗。采用化学法和机械法相结合的效果最好。

（6）成像、蚀刻

挠性板和刚性板成像、蚀刻如 7.4.1 节、4.5 节和 4.7 节的图形转移和蚀刻技术所述。刚挠结合板在层压之后表面不如刚性多层印制板平整，最好采用真空贴膜和真空曝光工艺，以保证贴膜的平整性和底片与基板的紧密性，避免图形错位或失真。孔周围的不平整还容易影响干膜的显影从而形成残膜。因而显影后的清洗一定要干净彻底，以防干膜残渣污染孔壁，最终造成孔内空洞。

在整个湿法制程加工过程中，特别要防止刚挠结合板中间进入液体，产生芯吸或短路，造成印制板报废或留下失效的隐患。

（7）化学镀铜和电镀铜

刚挠结合印制板孔中的电镀铜层的延展率要高，一般应大于刚挠结合及挠性多层印制板的热膨胀率并且有较高的抗拉强度。在经受热冲击时，刚挠结合多层印制板基材的总膨胀率比孔中镀铜层大 1.65%，而这一指标在刚性多层板中仅为 0.03%。由此可见，刚挠结合印制板中金属化孔所承受的拉应力比刚性多层板大得多。同时，镀铜层的厚度对刚挠结合印制板的可靠性也有一定影响，铜层厚度厚有利于提高铜层的拉伸长度和抗拉强度。所以，大多数刚挠印制板制造商都靠增加孔壁铜层厚度和改善镀铜层的延伸率来提高金属化孔的可靠性。

（8）外形加工

刚挠结合印制板的外形加工，关键在于挠性部分，因为挠性部分易于扭曲而造成铣出的外形参差不齐和粗糙。所以，当采用数控铣床铣外形时，应在挠性部分窗口的上下垫入与刚性外层厚度一致的垫片，并且在铣外形时压紧，就可以确保铣出光洁而且均匀的外形边缘。铣外形的典型工艺参数为进给量 25mm/s，转速 45000r/min。进给量小转速高会造成印制板边缘烧焦，反之进给量大而转速低则会造成铣刀折断和印制板外形的参差不齐或产生毛边。

（9）包装

刚挠结合印制板在包装时，取放板应小心，两手拿住印制板的刚性部分，尽量不使挠性部分受力。包装材料与刚性印制板一样，通常可采用板与板之间加包装纸或泡沫垫分隔，几块板子一起上下加泡沫垫用聚乙烯膜和层压泡沫塑料真空包装。在真空包装袋内加放干燥剂以防吸潮，可以延长储存时间。

7.6 挠性及刚挠结合印制板的常见质量问题及解决方法

挠性和刚挠结合印制板加工过程中的常见质量问题，除与刚性印制板共性的一些问题之外，具有挠性板特色的常见质量问题，基本上是与覆盖膜、黏结剂和刚挠结合印制板中的不同材料及其特殊制造工艺有关。挠性及刚挠结合印制板常见的质量问题、产生原因及解决方法见表 7-6。

表 7-6　挠性及刚挠结合印制板常见的质量问题、产生原因及解决方法

缺陷特征	产生原因	解决方法
覆盖膜与基材分离、起泡	挠性基板和覆盖膜受潮	压合前加强材料的预烘处理
	挠性基板未清洗干净	加强挠性板清洗、预烘
	压合时排气不彻底	采用真空压合机、彻底排气
焊盘窗口处胶流到焊盘	黏结剂流动性大	更换低流动性的黏结剂
	压合时压力过大、温度高	调整压合（层压）参数
刚挠结合部位流胶超标	层间的半固化片流动度大	更换低流动度或无流动性的半固化片
	层压时加全压力时机过早或压力过大	调整层压参数
刚挠结合部位的挠性板起皱	层压时，挠性部位没有垫平	调整垫片的高度
	层压的压力过大	调整压力
	半固化片流动度大	更换低流动度或无流动性的半固化片
刚挠结合板刚性部分分层、起白斑或使用时经热冲击分层	层压前挠性部分吸潮	加强层压前材料的去潮处理
	有丙烯酸黏结剂或半固化片流动性高	不用丙烯酸黏结剂，采用流动度低的半固化片
	挠性部分的覆盖膜进入刚性部分太多，并且表面光滑	控制挠性覆盖膜伸入刚性板内的深度并对其进行粗化处理
	半固化片和刚性环氧基材的 T_g 太低	更换为 T_g 较高的材料（一般应高于 150℃）

挠性及刚挠印制板的性能和验收根据客户要求可按 GB/T 14515、GB/T 14516、GB/T 4588.10 和 IPC-6013、IPC/JPCA6202 等标准进行。

第 8 章

几种特殊印制电路板的制造技术

随着电子技术的飞速发展，特别是信息技术的发展，使电子元器件越来越小型化、微型化和高速化，电子产品也越来越小型化、轻量化、多功能化和高速化，同样电子产品单位体积内的组装密度和功率大大提高。这对电子产品的基础零部件——印制板又提出了新的要求，从常规印制板发展到高密度互连板（HDI 板）仍不能满足电子产品的某些特殊要求，于是出现了一些特殊功能的印制板，譬如有高散热性能或电磁屏蔽性能的金属芯印制板、预入电阻电容等无源元件的印制板和特殊芯片用的载板等，品种繁多，制造技术大不相同。本章只对采用较多、技术比较成熟的金属芯印制板和埋入电阻电容等无源元件印制板的制造技术进行简单介绍，以供读者能较全面地了解印制板制造技术的发展。

8.1 金属芯印制板的制造技术

由于元器件的微型化和高密度封装技术的应用，使得在有限的印制板的表面积上，装载有大量的元器件而且元器件之间的距离相当小，元器件功率的增大和散热空间的减小，使热量相对集中，表面安装元器件又无法安装散热器，仅靠辐射和空气对流热量不易散发，甚至在有些场合对流散热效果不好（如真空条件下或封闭机箱内），从而会导致印制板温升增高，严重时会引起元器件性能下降，整机运行精度差，甚至不能工作等。为此，必须从结构形式上采取有利于散热的措施。特别是小型化电子设备多数采用高集成度的大规模集成电路及瓷质结构的功能块。往往所采用的这些元器件无引线，其材料的热膨胀系数（CTE=6×10^{-6}/℃）比通用的环氧树脂玻璃布基印制板和聚酰亚胺玻璃布基材的热膨胀系数（CTE=14×10^{-6}～15×10^{-6}/℃）小很多。这些材料热膨胀系数的差别会引起印制板上的焊点失效或可靠性下降。

在表面安装技术中所采用的印制板，为适应粘贴无引线型元器件，必须严格地控制印制板的热膨胀系数，以免在高温再流焊时，导致焊点偏离或焊点被拉裂，然而所采用的有机树脂材料结构的基板，无法再降低其热膨胀系数，为使其能与具有瓷质结构的 VLSI 相匹配，必须采用在基板内部夹有能散热的金属板做夹芯，以达到限制基板的热膨胀。目前采用的金属芯材料有镀铜的铁镍合金（又称殷钢）、铝、铜等。最适合此种类型的元器件的印制板是夹芯材料为铜-Invar-铜（CIC）的金属芯印制板，其结构如图 8-1 所示。

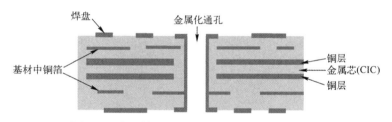

图 8-1 夹芯材料为 CIC 的金属芯印制板的结构

8.1.1 金属芯印制板的特点

1. 散热性

常规的印制板基材一般都是热的不良导体，层间绝缘材料热量散发很慢，各种电子设备、电源设备内部发热不能及时排除，导致元器件高速失效。而金属芯印制板有良好的散热性，金属芯的热容量大、热导率高，能很快将板内部的热量散去，如果将金属芯再与机壳和外部散热器连接，则散热效果更好。由于电子设备、通信系统采用金属芯印制板，设备内的风扇可以省去，设备的体积大大缩小，效率提高了，尤其适用于封闭机箱的电子设备。

2. 热膨胀性

热胀冷缩是物质的共性，不同物质热膨胀系数是不同的。印制板是由树脂、增强材料、铜箔构成的复合材料，其热膨胀系数是两向异性的，在 X-Y 轴方向，印制板的热膨胀系数 CTE 为 $13\times10^{-6}\sim18\times10^{-6}/℃$，在板厚度方向（$Z$ 轴方向）是 $80\times10^{-6}\sim90\times10^{-6}/℃$，而铜的 CTE 是 $16.8\times10^{-6}/℃$，片状陶瓷体的 CTE 为 $6\times10^{-6}/℃$。从这些数据可以看出，印制板的金属化孔壁和相连的绝缘基材在 Z 轴的 CTE 相差很大，如产生的热量不能及时排除，热胀冷缩就容易使金属化孔壁镀层开裂或断开。在印制板上焊接陶瓷芯片载体的元器件时，由于元器件与印制板材料 CTE 的不同，长期经受应力的影响会导致焊点疲劳断裂。

金属芯印制板的热膨胀率小，尺寸随着温度的变化要比绝缘材料的印制板稳定得多。铝基印制板、铝夹芯印制板，从 30℃加热至 140～150℃，尺寸变化只有 2.5%～3.0%，能满足陶瓷芯片载体元器件的焊接可靠性要求。

3. 电磁屏蔽性

金属芯印制板还具有屏蔽作用，尤其是 CIC 芯板，抗电磁干扰性能好，既能代替散热器等部件，能有效地减小印制板的面积，又有电磁屏蔽的作用，可以提高产品的电磁兼容性，降低生产成本。几种常用金属芯基板的用途和特点见表 8-1。

表 8-1 几种常用金属芯基板的用途和特点

金属芯材种类	用途和特点
铜基	导热性好，用于热传导和电磁屏蔽，但质量大，价格贵
铁基	防电磁干扰，屏蔽性能最优，散热性差，价格便宜
铝基	导热性好，质量小，电磁屏蔽性能也不错

8.1.2 金属基材

常用金属基芯覆箔板有铝基芯、铁基芯（包括硅钢板）、铜基芯和 CIC 等。

1．铝基基材

制造金属芯印制板最常用的铝基基材有 LF、L4M、LY12，要求抗张强度为 294N/mm^2，延伸率为 5%，一般使用的厚度分别为 1mm、1.6mm、2mm、3.2mm 四种规格。一般在通信电源上配套使用的铝基印制板常用的铝层厚度为 140μm，在其上、下附有铜箔，结构如图 8-2 所示。

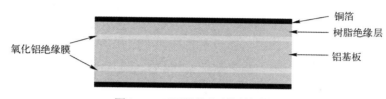

图 8-2　双面铝基印制板的结构

2．铜基基材

通常使用的铜基基材的抗张强度为 245～313.6N/mm^2，延伸率为 12%，一般厚度为 1mm、1.6mm、2mm、2.36mm、3.2mm 五种。

3．铁基基材

通常生产中使用的铁基基材多为冷轧压延钢板，属于低碳钢，厚度为 1mm、2.3mm 两种，或使用含磷的铁基厚度为 0.5mm、0.8mm、1.0mm 三种。

4．铜箔

铜箔背面是经过化学氧化处理过的，表面镀锌、镀黄铜，目的是为增加抗剥离强度。铜箔的厚度通常为 17.5μm、35μm、75μm 和 140μm。

8.1.3　金属芯印制板的绝缘层及其形成工艺

1．绝缘层

金属芯板上的绝缘层可分为预浸材料（环氧树脂预浸玻璃布，称为半固化片）、树脂层和塑料薄膜等。若采用有阻燃要求的产品时应选择采用 FR-4、FR-5 基材用树脂。

绝缘层起着绝缘的作用，通常厚度层为 50～200μm。若涂覆得太厚，虽然能起到很好的绝缘作用，防止与金属芯短路，但散热性能差；若涂覆得过薄，虽然散热效果好，但很容易引起金属芯与导线等的短路。这是因为绝缘层介于金属基板与覆铜箔层压板之间。同金属基板一起形成电路图形的铜箔层都应该具有良好的附着力。这层绝缘层是制作金属基覆铜箔板的关键，绝缘层可以是聚酯和陶瓷、改性聚苯醚、改性环氧树脂与玻璃纤维的半固化片、聚酰亚胺等。

2．绝缘层的形成工艺

（1）喷涂工艺

喷涂就是先在已制作完成的金属夹芯基板上钻出稍大通孔，然后对裸露的金属表面进行粗化，再喷涂绝缘涂料形成绝缘膜。

（2）电泳工艺

电泳就是将需要涂覆绝缘涂层的金属芯放入一种导体溶液中，施加电压进行电解，使带有电荷的粒子分别向其极性相反的电极流动，而获得薄绝缘层，然后进行熔合或固化处理。

（3）液化法

液化就是在金属芯板上先涂覆树脂层，然后将已预热的金属板在已形成的低密度物料流体中进行处理，以静电吸引的方式吸附并熔合粉状树脂体，从而形成绝缘层。

（4）模制法

模制法主要适用于覆铜铁镍合金基材（CIC）和铝基覆铜箔板。具体方法：先将金属芯基板按设计要求预先钻出所需的各种孔，孔尺寸一般大于需要金属化孔的孔径，然后将孔在压合前用树脂堵孔或者在压合时使用树脂含量较高的半固化片，通过层压将孔填满树脂，形成内层金属芯板，再与各单面铜箔的基板或部分完工的印制板进行定位层压，获得多层印制板的半成品。

8.1.4　金属芯印制板的制造工艺

金属芯印制板的制造工艺与普通多层板的制造工艺最大的区别在于，对金属芯板事先按设计要求在需要金属化孔的位置钻孔：对于较厚的基板、孔径比较大的孔，应预先用树脂填充并磨平；对于薄基材、较小的孔，可以在层压时，将半固化片中的树脂挤入孔中将其填满，最后在外层与内层金属芯板上的孔定位钻通孔。钻孔后，再按常规工艺进行金属化、电镀和图形转移、蚀刻等系列工艺，完成通孔层间的电气互连。采用此种类型的工艺方法，可制造出双面印制板及对称或不对称的金属芯多层印制板。

1. 双面金属芯印制板的制造工艺

根据金属芯印制板的结构和采用的金属芯基材的种类的不同，加工工艺方法稍有区别，但基本流程相同。以下以夹芯铝基双面板为例，简单介绍双面金属芯印制板制造的工艺过程。

（1）制造的工艺流程

单面和双面金属芯印制板多数是考虑印制板的散热性。单面金属芯印制板不需要金属化孔，制作比较简单，所以介绍铝基金属芯双面印制板制造工艺，可了解制造金属芯印制板的基本方法。

铝基金属芯双面印制板制造工艺流程：

材料准备→清洁处理→涂覆绝缘层→叠合→压制成型→钻孔→孔金属化→制作导电图形→图形电镀→蚀刻→表面涂覆→外形加工→终检。

铝基金属芯双面印制板制造示意如图 8-3 所示。

（2）制造工艺说明

① 材料准备。准备的材料包括铜箔、半固化片和铝基板（简称铝板）。铝基板的厚度通常为 0.8～2mm，抗张强度为 22～27kgf/mm，热导率为 233W/(m·K)，延伸率为 5% 以上。铜箔的厚度通常要考虑最大电流通过和散热这两个因素，通常选择略为厚一些的铜箔材料（35～70μm）比较合适。如果布线密度比较高时，可以采用较薄一些的铜箔材料，再图形电镀加厚。如果成品板需要钻金属化孔，则应先将铝板按成品板的金属化孔或通孔的位置钻孔，其孔径应比金属化的孔径大 0.4～0.6mm，并且与铜箔和半固化片一起钻定位孔。如果成品板不需要钻孔，则可以直接选用市购的符合设计要求的双面覆铜薄铝芯基材。同时还要注意铝板孔径的大小，应根据布线密度而定。还要考虑加工性和压制后的翘曲度，为防止成品

板的翘曲，通孔的数量尽量少，分布密度尽量低并均匀。

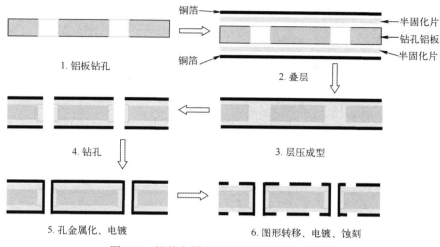

图 8-3　铝基金属芯双面印制板制造示意图

② 清洁处理。首先将铝板和铜箔表面进行清洁处理，保持表面无油污、手印，以免影响绝缘层的结合强度。对铝板一般应进行阳极化处理。对铜箔压合面应进行黑化处理以提高结合力。

③ 涂覆绝缘层。对铝板涂覆绝缘层，如采用树脂涂覆可采用浸渍法、喷涂法、电泳法等形成绝缘树脂层，绝缘层与铝板必须确保有足够的黏结强度。如果铝板上通孔较多、直径较大，可用树脂将孔填充满并固化，然后用研磨机磨平。

④ 叠合。将钻好定位孔的铝板、半固化片、铜箔，按铜箔、半固化片、铝板、半固化片和铜箔的顺序在定位模具上叠合。如果铝板较薄，事先没有堵孔，则可采用含胶量较高的半固化片，具体含胶量多少应根据孔的大小和数量通过试验确定，必须保证层压后能将孔填满树脂。

⑤ 压制成型。压制时，根据所用的半固化材料的特性，确定压制工艺参数，如温度、压力、流胶量、时间等。具体工艺过程与普通多层印制板的层压工艺相同。

⑥ 钻孔。压制成型后钻孔时，必须考虑与内层铝芯上预钻的孔位重合。方法与多层印制板的定位钻孔一样，允许的偏差不能使内层的铝芯与孔金属化后孔壁的距离小于规定的最小电气间距，以免造成成品板使用时短路。为此，建议在铝板上钻隔离孔时，孔径应适当大一些，而印制板上的金属化孔孔径应适当小一些。对于需要与铝芯连接的孔，不用预先钻孔，在层压后直接与外层铜箔同时钻孔。此类孔往往不需要金属化，所以通常是在加工外形时钻孔。

⑦ 孔金属化、制作导电图形、图形电镀、蚀刻和表面涂覆、外形加工等工艺。钻孔以后的孔金属化、制作导电图形、图形电镀、蚀刻、表面涂覆、外形加工等工序，应按第 4 章介绍过的基本制造工艺进行。但必须注意，在蚀刻时必须对露出来的铝金属提前进行保护，以免蚀刻时铝基板被腐蚀而影响质量。

⑧ 终验。金属芯印制板的检验，应重点检验金属化孔与内层铝芯的绝缘间距。检验方法通常可用显微剖切法（在附连板上检验或抽样检成品板）。其他质量要求与普通印制板相同。采用的检验标准可按 IPC-A-600H 中的相关规定或用户合同要求。

2. 金属芯多层印制板的制造工艺

金属芯多层印制板，通常用于尺寸稳定性要求较高的表面安装板，根据表面安装元器件的特点，应使基板的热膨胀减小，所以采用的材料应有较低的热膨胀系数。金属芯材料中覆铜箔殷钢（CIC）的尺寸稳定性最好，作为多层印制板金属芯，可以获得较低的热膨胀系数，又能有较好的散热性和良好的结合强度。为此，根据设计技术要求，采用 CIC 芯板，两面安装表面安装元器件的多层印制板的结构形式，见图 8-1。

（1）金属芯多层印制板制造的工艺流程

金属芯多层印制板制造的工艺流程与金属芯双面板的流程类似，只是增加了刚性内层板导电图形制作及黑化处理。其工艺流程与刚性多层板相同，如图 8-4 所示。

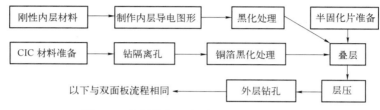

图 8-4　金属芯多层印制板制造的工艺流程

（2）主要工艺说明

CIC 材料是铁镍合金表面镀铜，可以选择较薄型的 CIC 材料。由于表面安装印制板过孔的孔径比较小，芯板上的隔离孔的直径一般应大于金属化孔的孔径 0.3～0.6mm，则隔离孔的实际孔径为 0.6～1.0mm，这样树脂含量较高一些的半固化片在层压时可以完全将孔填充满。层压后的钻孔定位十分重要，既要防止钻孔偏移碰到 CIC 板，又要使孔金属化后，孔壁与 CIC 基板保持电气绝缘间隙。如果以 CIC 芯板作为接地层，可以不用先在芯板上钻隔离孔，就像普通刚性多层板的加工一样，层压后直接钻孔和孔金属化。

叠层的顺序应根据设计要求，通常应将 CIC 芯板放置在印制板的中心位置，其他内层芯板为对称按规定顺序放置，每层中间放置半固化片。所有内层板及芯板的放置都应用第 4 章所述的定位方法，以保证各导电层与芯板相关孔的重合度，降低印制板的翘曲。

8.2　埋入无源元件印制板的制造技术

随着电子产品的小型化、薄型化和高速化，印制板上元器件的组装密度越来越高，电信号的传输速度也越来越快，仅靠提高印制板的布线密度和多层化，难以满足越来越高的组装要求。高速计算系统和通信设备中的高频、高速数字信号传输时，为提高传输信号的完整性，通常都是通过严格控制传输线中的特性阻抗值（Z_0）和采用大量相匹配的电阻或电容来实现的。但是，这种大量的片式电阻、电容会占据印制板很大部分的面积和空间，影响了印制板实现高密度化组装的限度。同时，这些用于匹配电阻（或电容）的导通孔和导线，有感生电容，会影响信号传输阻抗和电容的去耦效果，因而会产生传输线信号的完整性问题。

如果将这些元件嵌入印制板中，可使相同面积的印制板，安装表面安装器件（SMD）的空间大大增加，同时还可以改善信号传输特性阻抗匹配的需要。于是近些年来埋入电阻、电容等无源元件的印制板有了迅速的发展。尽管目前有些技术还不太完善，但是优越性越来越受到电子制造行业的重视，成为印制板的发展方向之一，必将日益成熟并得到广泛应用。

8.2.1　埋入无源元件印制板的种类

埋入无源元件印制板根据埋入元件的类型和方式分为以下四种类型：

① 埋入电阻印制板（Embedded Resistor PCB），印制板内埋入的无源元件是电阻。
② 埋入电容印制板（Embedded Capacitor PCB），印制板内埋入的无源元件是电容。
③ 埋入电感印制板（Embedded Inductor PCB），印制板内埋入的无源元件是电感。
④ 埋入各种无源元件的印制板，统称为埋入无源元件印制板（Embedded Passive PCB）。

印制板内埋入电阻、电容和电感等元件中的两种或三种时，就可称此板为埋入无源元件印制板。

8.2.2　埋入无源元件印制板的应用范围和优、缺点

1．应用范围

埋入无源元件印制板应用范围很广，目前在国内外主要应用于计算机（如巨型计算机、计算机主机、信息处理器），PC 卡、IC 卡和各种终端设备，通信系统（如蜂窝式发射平台、ATM 系统、便携式通信器材等），测试仪表和测试设备（如 IC 扫描卡、界面卡、负载板测试仪），航空航天电子产品（如航天飞机、人造卫星上的电子设备等），医疗电子设备（如扫描仪、CT 机），军事设备（如巡航导弹、雷达、无人侦察机、屏蔽器等）中的电子控制系统等。

2．优点和缺点

将大量可埋入的无源元件埋入印制板（包括 HDI 板），使印制板组装后的部件更加小型化、轻量化。埋入无源元件印制板具有如下优点。

（1）提高印制板高密度化的程度

由于离散（非埋入式）无源元件不仅组装的数量大，而且占据印制板板面的大量空间，如能将无源元件埋入印制板内部，就可以使印制板板面的尺寸缩小，从而使导通孔的数量大大减少，也使连接导线减少和缩短等。这不仅可以增加印制板设计布线的灵活性和自由度，而且可以减少布线量和缩短布线的长度，从而大大地提高印制板的高密度化程度并缩短信号的传输路径。

（2）提高印制板组装的可靠性

将所需要的无源元件埋入印制板内部可明显提高印制板组装件的可靠性。因为通过这样的工艺方法，极为明显地减少印制板板面的焊接点，从而提高组装板的可靠性，大大降低由于焊接点引起故障的概率。

另外，埋入的无源元件可以受到有效的"保护"而提高了可靠性。由于这些埋入无源元件是采用整体式埋入印制板内部的，而不像分立或离散的无源元件用引脚焊接或黏结到印制板板面的连接焊盘上，不会受到大气中湿气、有害气体的侵蚀而降低或损坏无源元件。所以，埋入无源元件的方式能明显提高印制板组装件的可靠性。

（3）改善印制板组装件的电气性能

将无源元件埋入高密度化印制板，使电子互连的电气性能获得了明显的改善。因为它消除了分立无源元件所需要的连接焊盘、导线和自身的引线焊接后所形成回路。任何这样一个回路都将不可避免地产生寄生效应，即杂散电容和寄生电感。这种寄生效应也将随着信号频率或脉冲方波前沿时间的提高而变得更为严重。消除此种类型的故障，无疑将提高印制板组装件的电气性能（信号传输失真大大减小）。同时，因为无源元件埋入印制板内部，四周受到了严密的保护，不会因为工作环境的动态变化而改变其功能值（电阻值、电容值和电感值），使其处于非常稳定的状态，有利于提高无源元件功能的稳定性，降低无源元件功能失效的概率。

（4）节约产品制造成本

采用此种工艺方法，可明显地节省产品或印制板组装件的成本。例如，在埋入无源元件射频电路（EP-RF）模型的研究中，埋入无源元件的电路板等效于低温共烧陶瓷基板（LTCC）的印制板基板（分别埋入相同的无源元件），据统计，元件成本可节省 10%，基板成本可以节省 30%，组装（焊接）成本可节省 40%。同时，由于陶瓷基板的组装过程和烧结过程难以控制，而印制板基板埋入无源元件（EP）可采用传统的印制板制造工艺来完成，因而大大提高了生产效率。

当然，任何一种工艺方法都有一定的局限性，埋入无源元件印制板的不足之处在于：一是目前埋入的无源元件功能值较小，对于具有很大电阻值、电容值和电感值的元件，还需要开发功能特性值大的埋入无源元件材料；二是对埋入式无源元件功能特性值误差的控制难度比较大，特别是采用丝网漏印的平面型埋入无源元件材料，对其功能特性值误差控制更为困难。目前虽然可采用激光技术来修整和控制埋入无源元件的特性功能误差，但并不是所有埋入无源元件都可以采用此法进行修整，以达到设计技术要求。最新研究的薄膜电阻埋入法，对电阻值的精度有较大的提高。

8.2.3 埋入无源元件印制板的结构

1. 埋入电阻印制板

埋入电阻印制板因电阻类型的不同而结构稍有区别，但共同点是电阻都在印制板的内层，不占有印制板的表面位置。所埋电阻的类型可分为常规的片式电阻、金属薄膜（如 NiP 薄膜）电阻和丝网印刷电阻。埋入 NiP 金属薄膜电阻印制板的结构如图 8-5 所示。

图 8-5　埋入 NiP 金属薄膜电阻印制板的结构

埋入常规片式电阻，最大的缺点就是必须加厚电路板才能埋入所选择的元件，埋入元件的工艺流程要比 SMT 复杂得多，如钻固定孔、固定元件，所以无法降低成本，应用得比较少。而埋入金属薄膜电阻的优点是有比较精确的电性能指标，但价格比较昂贵。丝网印刷电阻是将固定的电阻浆料用网印的方法网印在板面上，固化后，表面印阻焊层，还可以在已固化的绝缘层或阻焊层网印第二层或更多。这种工艺方法很容易实现，但网印的电阻数值误差比较大，因此埋入式电阻的方阻（方块电阻）误差为 10% 时，才可以采用网印工艺。

集成印制板埋入电阻制程示意如图 8-6 所示。

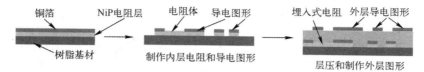

图 8-6　集成印制板埋入电阻制程示意图

2．埋入电容印制板

埋入电容印制板是选择厚度为 50μm 左右的薄型覆铜箔层压板，按设计要求对铜箔进行蚀刻而形成上下电极的平板电容，并以此图形作为内层进行层压，形成埋入电容的多层印制板，通过金属化孔或印制导线连接相关导电图形，其结构如图 8-7 所示。

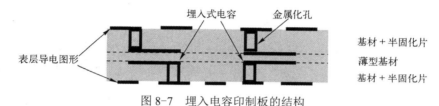

图 8-7　埋入电容印制板的结构

3．埋入电感印制板

由于埋入印制板中的电感大多圈数较少，仅为 2～3 圈，其电感值只能很小，如果埋入电感值比较大的电感，则需要很多的圈数，这样会占据印制板很大的面积，反而影响了布线面积。因此，埋入印制板中的电感较少并且是平面电感线圈，多数是将电感埋入陶瓷基板内。

将铁磁性粉体加入树脂中，制成膜片或浆料，通过铜箔及导电浆料形成电极，用以制作电感元件；或者在通常的绝缘膜片上通过溅射镀膜或化学气相沉积工艺方法制备无源电感元件。积层印制板埋入膜片型电感的结构如图 8-8 所示。

图 8-8　积层印制板埋入膜片型电感的结构

4．埋入有源器件和无源元件

近年来有人考虑将某些有源器件和无源元件埋入多层 HDI 印制板内部，在基板表面只安装 IC 或某些难以埋入基板内的无源元件。但是，随着埋入无源元件数量的增加和表面安装器件（SMD）引脚数的激增，反而有可能造成引线的总长度增加。针对此种情况，若能将包括 IC 芯片的所有有源器件、无源元件埋入基板内，则不仅能使有源器件、无源间的引线缩短，提高整体性能，而且对实现超小型化、薄型化有利。埋入有源器件和无源元件的系统集成封装基板示意如图 8-9 所示。但是，IC 器件与无源元件不同，不能在基板内直接制作，只能采用薄型封装或裸芯片等形式，将其埋入基板内。

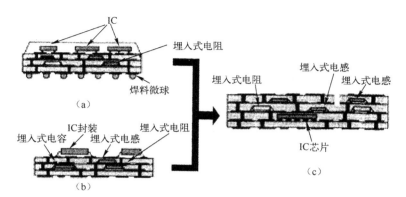

图 8-9　埋入有源器件和无源元件的系统集成封装基板示意图

8.2.4　埋入电阻印制板的制造技术

1．埋入电阻印制板的制造技术种类

埋入电阻印制板又称为埋入平面电阻印制板，简称平面电阻（PRT）印制板。埋入电阻的技术又分为薄膜型电阻技术、厚膜（网印）型电阻技术、喷墨型电阻技术、电镀型电阻技术和烧结型电阻技术等。

所使用平面电阻材料都是采用高电阻率的材料制成的，并能制造成各种形状（带状、膜状、网状、层状或棒状等）和不同电阻值，还能控制电阻值的变化及其误差范围。这些高的或比较高的电阻率材料可以是金属材料（如 NiP 合金等）或非金属材料（如碳膜、碳棒、石墨等），也可以是用金属颗粒、非金属填料（如硅微粉、玻璃粉）和黏结剂或分散剂等来调制而成的复合物。

在印制板中，埋入式电阻的制造技术有四种工艺方法，即蚀刻金属薄膜电阻技术、丝网印刷厚膜电阻技术、喷涂油墨电阻技术和选择性电镀（或溅射镀）金属薄膜电阻技术。现以网印厚膜电阻技术为例介绍其材料和制造工艺。

2．材料的准备和选择

（1）网印型埋入式电阻浆料的组成和性能

网印型电阻是一种固定型埋入式电阻浆料，其典型的配方见表 8-2。所谓固定型电阻浆料是指材料本身具有方阻的固定值，如 $1\Omega/\square$、$10\Omega/\square$、$100\Omega/\square$ 不等。电阻浆料的技术指标均应符合 IPC 标准。

表 8-2　典型的网印型埋入式电阻浆料的配方

电阻浆料的组成	含 量	性 能 说 明
石墨	0.8%～1.5%、5%～20%	其中导电相（石墨、炭黑）用来控制阻值，具有导电功能。选择片状结构导电相材料（粒子）之间接触面积最大化，才能获得固定型电阻浆料方阻变化值最小（应小于10%）
炭黑	0.8%～1.5%、5%～20%	
酚醛树脂	68%～75%、50%～60%	
苯并胍胺树脂	8%～16%、6%～8%	
滑石粉	适量	
醋酸乙酯	适量	

　　配方中的树脂是黏结剂，作为电阻浆料的载体，具有黏合的功能，许多树脂都适用，如环氧树脂、酚醛树脂、脲醛树脂、三聚氰胺树脂等。配方中的填充剂均采用无机填充剂，要求颗粒细，最细可达到 5000 目，完全可以满足浆料制成的厚膜层的机械及电性能要求。通常填料以滑石粉应用得最多，也可以选择二氧化硅、二氧化钛、玻璃粉等。配方中的溶剂能将导电组分均匀分散，并且在固化时能完全挥发掉，常用的有甲醇、乙醇、醋酸乙酯等。

　　选择固定电阻浆料，必须符合相关技术标准要求。浆料有固定的电阻值和稳定性，物理及化学试验其变化值不大于 10%，以确保埋入式电阻在印制板内的可用性和功能性，电阻值的变化在技术标准规定的范围内。一般按下列要求进行选择：

　　① 固定电阻浆料应低毒或无毒。

　　② 印制成电阻后方阻误差小于 10%（不是经过物理、化学试验变化后的误差）。

　　③ 导电相和填料的颗粒直径应不大于 5μm。

　　④ 浆料中固体含量不小于 76%。

　　⑤ 浆料在正常环境下储存不少于 12 个月。

　　⑥ 具有良好的触变性及流平性，以便于印制。

　　（2）Ohmega-Ply 电阻材料

　　Ohmega-Ply 电阻材料是由美国 Ohmega(Ω)公司开发的一种平面电阻材料。Ohmega-Ply 层压板的结构和工艺特点如图 8-10 所示。

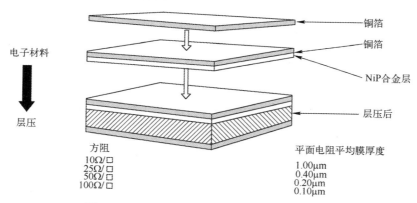

图 8-10　Ohmega-Ply 层压板的结构和工艺特点

　　平面电阻材料结构中的镍磷合金厚度约为 0.1～0.4mm，磷含量约为 10%。Ohmega-Ply RCM（Resistor Conductor Material）为电阻导电材料，是将镍磷合金镀在铜箔上而形成的一种电镀薄膜型的电阻材料。它经过特殊处理，可以压合在绝缘材料上。它具有以下工艺特点：

　　① 电阻膜较薄，容易蚀刻；

　　② 适合用传统印制板制造工艺（减成法）制造；

　　③ 可做表面电阻，也可做埋入式电阻；

　　④ 在高密度/高传输电路设计中具有高性能、低成本的工艺特性。

　　⑤ 长期使用具有优良的可靠性。

3．用电阻浆料制埋入式电阻的工艺过程

（1）网印埋入式电阻工艺流程

工艺准备→网板制作→检验→基板冲孔→基板曝光→显影→定位→试印/调整→网印→固化→测试→修整/补偿→电检验→层压。

（2）主要工艺说明

① 工艺准备。网印埋入式电阻的关键是制作精确的电阻图形。首先要选择合适目数的丝网和用感光胶制作图形，以确保图形厚度准确、精密、均一。网印机的水平调整、刮胶刀和定位系统的质量也影响制作电阻的精度。制造双面板的埋入式电阻，建议采用制造双面板使用的定位系统；对于多层板埋入式电阻，需要有多层板层压的定位系统，印制电阻时，根据精度要求不同，可采用视觉定位或激光定位系统。

电阻浆料（油墨）印制成膜固化后的方块电阻仅与电阻膜的厚度有关，所以厚度计算也是关键之一，它决定了方阻数值能否控制在设计规定的要求范围之内。印制的电阻膜厚度值根据模板制造方法不同，可以分别按下列参考公式进行计算：

$$R_S = (F_t + 70\% \, T) \times S \tag{8.1}$$

$$R_S = (F_t + 85\% \, T) \times S \tag{8.2}$$

式中，F_t 为丝网厚度；T 为丝网图形干膜厚度；S 为固体含量；R_S 为固化后的电阻膜厚度。

式（8.1）适用于间接制版法，$70\% T$ 表示干膜留到板上的厚度只有 70%，其余约有 15% 的厚度浸入丝网，有 15% 的厚度在显影水洗中消耗掉。式（8.2）适用于感光胶加干膜制版法，这时的丝网全部被感光胶覆盖，其中干膜有 15% 的厚度在显影液和水洗中消耗掉。

因为在网印过程中，浆料不可能 100%进入图形凹槽内，采用上述公式必须结合实际生产情况，考虑网印过程中刮刀的角度、压力等动态因素的变化，根据试验结果，乘以变化的系数，才能比较准确地计算出固化后的电阻厚度。

② 网板制作。因为网印埋入式电阻不同于网印线路图形、阻焊层和字符，它既要保证图形的真实性，又要确保网印电阻浆料层厚度的一致性，所以制作网板是关键一步。可以采用直接感光胶打底，然后贴干膜进行曝光、显影来制版；也可以直接利用菲林膜制作图形，同样能获得精确的埋入式电阻图形。

③ 基板冲孔。要达到精确定位，就需要选择合适的定位系统，将基板冲孔，以确保与底片上孔位的一致性和准确性。

④ 基板曝光和显影。通过定位曝光和显影完成导电图形的制作，再按照工艺要求进行检查，符合标准要求后再进行下道工序。

⑤ 试印/调整。对制作完图形的板先进行定位、试印。试印过程中，主要设定网距和控制刮板的压力、角度等变量。网距就是指网板和被印件之间的距离，一般情况下，网距过大，网印出来的图形尺寸变化比较大；相反，会使图形产生阴影。通常控制网距为 1～2mm。若板尺寸减小，则网距可以适当减小，但最小不小于 0.5mm。

对于刮刀与被印件的角度，通常应控制刮刀与丝网成 250°～450° 角。选择的角度越小，透墨量也就越大；相反，透墨量也就越小。因此在试印时，要调整到最佳角度为止。

刮板的压力通常应控制在 14.7N/cm² 左右，但还要视网板尺寸大小适当调整。刮板的压力过小会导致图形墨层不致密，压力过大还会产生渗墨形成双影现象。

刮板的速度应控制在 25m/min 左右，如果速度太快，下墨量少，图形不致密；速度太

慢，下墨量大，也会出现渗墨或双影现象。同时还要考虑回墨和添墨工艺：回墨的目的就是能够使前次漏印图形再次填满，以利于下次刮印；添墨的目的就是能够保持油墨的原来黏度，以利于网印的质量。因为在刮印时，油墨受到刮板搅动，导致黏度发生变化，使黏度越来越大，直接影响电阻图形厚度的变化。

⑥ 固化。根据浆料的工艺特性和固化设备的类型，确定固化温度和时间等工艺参数。当采用带有热风循环系统的通用烘箱进行热固化时，固化温度一般为 150～165℃，固化时间为 40～60min，板与板之间的距离为 30mm 以上；如采用远红外烘干隧道时，固化温度为 150～165℃，固化时间为 8～16min；如果采用高红外辐射固化系统时，其功率为 8kW，因为具有高能的辐射离子能快速穿透膜层到达被印物的表面，固化时间大大缩短，仅为 80～130s。它属于节约型的固化设备，不但固化速度快和质量好，而且节省能源，不存在粘连或浅层固化。

⑦ 测试和试验。网印的电阻油墨层固化后需要测定其方块电阻和埋入式电阻的实际值，以确定是否符合设计要求。

a. 方阻测试：按网印工艺相同方法制作 10mm×10mm 的正方形电阻试片，用能满足设计要求精度的四探针法电阻测试设备，将测试电极接触正方形电阻的任意两组对边进行测量，显示的电阻值即为方阻值。

b. 埋入式电阻的测试：用能满足设计要求的电阻范围和精度的四探针法电阻测试设备，将测试电极接触电阻与印制导线两连接端进行测量，显示的电阻值即为埋入式电阻的实际值。将该电阻值与设计要求值比较，可计算出网印电阻的精度。

c. 方阻值的控制：方阻值的控制是非常重要的工艺步骤。将所印制的电阻控制在工艺规定阻值范围内，是埋入电阻制造工艺中的重要环节，但要达到这一目的，需要做好固化后膜层的精确计算、网印过程中动态因素的变化和固化程度的控制，才能将方阻值变化控制在10%以内。

⑧ 修整/补偿。利用适当的电阻仪器进行测定阻值和修整。使用激光切割，即在电阻内切割成一字、二字或 L 形，控制切割深度使其阻值增加到规定值。在工艺对策上应采取工艺试验法，首先将所使用的浆料先制作试样，达不到工艺规定的阻值时，可以酌情添加绝缘浆料，直至达到其电阻值后，再进行正式生产，或采用适当高于规定方阻值的浆料。

⑨ 检验。按国标 GB/T 2828.1—2012 进行工序抽样和最终工序检验。

⑩ 层压。印制的电阻和内层线路检验合格后，将该板作为多层板的内层，按常规多层板制造工艺进行清洗、黑化、层压、钻孔、孔金属化、制作外层图形等工序加工，最后终检。

4．用 Ohmega-Ply 电阻材料制造埋入式平面电阻的工艺

（1）工艺流程

采用 Ohmega-Ply 电阻材料制造埋入式平面电阻时，由于该材料是铜与镍磷合金复合材料，所以需要两次制作图形：第一次制作导电图形，即蚀刻铜层后再蚀刻 NiP 层；第二次制作电阻图形，即蚀刻铜层。其工艺流程如下：

备料→第一次覆膜→制作导电图形→检验→第一次蚀刻/蚀铜→蚀刻 NiP 层→退膜、清洗→黑化→第二次覆膜→制作电阻图形→检验→酸洗→第二次选择蚀刻铜→清洗、检验→退膜→测电阻值→清洗→AOI 检验→层压及后续工序。

上述流程的主要工艺图示如图 8-11 所示。

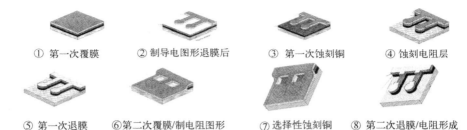

① 第一次覆膜　② 制导电图形退膜后　③ 第一次蚀刻铜　④ 蚀刻电阻层

⑤ 第一次退膜　⑥ 第二次覆膜/制电阻图形　⑦ 选择性蚀刻铜　⑧ 第二次退膜/电阻形成

图 8-11　Ohmega-Ply 电阻材料制造埋入式平面电阻的主要工艺图示

图 8-12 所示是采用导电聚酯喷墨打印的埋入式电阻，具体制作流程不再介绍。

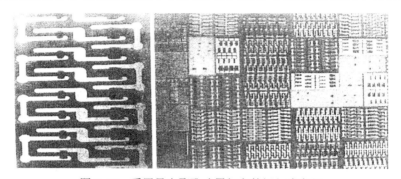

图 8-12　采用导电聚酯喷墨打印的埋入式电阻

（2）主要工艺说明

① 备料。将需要的印制板和油墨、干膜准备好，然后检查电阻材料是否有折痕、划伤，控制工作环境条件（温度为 21.1℃±3℃，相对湿度为 55%±10%）。

② 贴膜/曝光/显影/检查。涂膜的厚度应控制为 0.3～0.5mil 并控制图形的精度，形成电阻与导线的复合图形。侧重检查尺寸是否符合设计要求，导线边缘是否清晰平直，无锯齿或凸出及针孔等。

③ 第一次蚀刻铜可采用酸性或碱性蚀刻溶液，严格控制图形精度，蚀刻因子应控制在 4 以上，侧蚀越少越好，当露出电阻层时应立即停止。

④ 蚀刻 NiP 层。由于材料的结构与铜不同，所采用的蚀刻溶液组成也不同，主要用硫酸铜-硫酸（$CuSO_4 \cdot 5H_2O$ 250g/L、H_2SO_4 2mL/L）溶液蚀刻，工作温度为 90℃左右，蚀刻时间为 3～15min（视蚀刻液的有效程度而定）。但应注意当第一次蚀铜完成后，应立即进行第二次蚀刻电阻层。退膜使用碱性溶液（3%～5% NaOH 水溶液）。

⑤ 清洗吹干和黑化处理。为防止电阻层氧化，最好用去离子水清洗和热风吹干，然后进行粗化处理和氧化，以增加层压时的结合力。

⑥ 第二次贴膜/曝光/显影/检查。一般采用光致抗蚀剂，或使用一种特殊抗蚀干膜。其他与工序②相同，用负相底版制作电阻图形。

⑦ 酸洗是为了清除进行黑化处理时电阻层表面所覆盖的一层铜的氧化物，可使用 10%～20%的硫酸或盐酸进行处理。

⑧ 第二次蚀刻铜是蚀刻电阻层上面的铜，可使用常规的碱性氯化铜蚀刻液。电阻层在

碱性蚀刻液中会被慢慢蚀刻，所以在蚀刻液里的时间越长，电阻值就会偏离越大，其误差也就越大。电阻的误差可以通过改变蚀刻图形来补偿。控制蚀刻液的 pH 值变化在±0.1，可以通过氨水自动添加系统和 pH 值控制器来实现。同时还应注意，如果板上只有一面有电阻，则蚀刻时有电阻的面应朝下放置，以免蚀刻液滞留在电阻层面上产生过蚀。批量生产前，应先做工艺试验以确定最佳的蚀刻条件。也可以在板边做一块附连板（Coupon）进行测试，以消除因蚀刻条件不当而产生的误差。同时注意要减小液体对电阻层的压力，可以使阻值偏差减小，蚀刻后不要触摸和划伤露出来的电阻层。然后进行清洗，用 AOI 检查尺寸精度、导线是否有缩减或增宽等现象。退膜时还要注意某些退膜液对电阻值产生影响，特别是含有乙二醇、丁醚、甲醇、三乙醇胺等的退膜溶剂。

⑨ 测试电阻、清洗、烘干和目检。可以使用专门仪器测量电阻的方阻值。如果测量出来的方阻值远远大于供应商提供的正常阻值而且线宽又无增减，则说明电阻材料被腐蚀过量或损坏，需要进一步检查。用去离子水清洗和热风吹干，然后目视检查电阻层是否有划伤或损坏。

⑩ 层压。首先把半固化片在压力 0～50psi 下、温度稍高于 T_g 温度的工艺条件下进行轻压，然后在温度高于 249℃条件下高温层压。层压时不能划伤电阻元件，压力要合适，因为过高的压力会导致电阻值微增。

（3）电阻和电阻值的设计及影响因素

在进行埋入式电阻设计时应考虑散热或消除机器加工、接插条件下产生的应力，以免影响电阻值。一般要求与电阻相连的连接盘、金属化孔及周围的导线之间设置隔离区，隔离区宽度至少为 0.254mm（10mil），如图 8-13 所示。

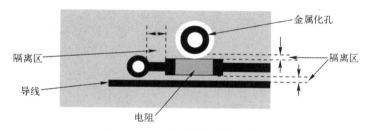

图 8-13　标准的电阻设计图示

（4）关于方阻和电阻值

① 方阻即方块电阻，在同质地、厚度相同的材料中，不管一个多大的正方形区域，其单张材料的电阻值是相同的，单位为 Ω/□。

② 埋电阻值（R）= 电阻长度（L）/电阻宽度（W）×单张材料的方块电阻值 $R_□$（方阻），即

$$R=R_□×L/W$$

③ 电阻值可以通过设计不同的电阻长度或者宽度来获得。因此可以设计出与电路完全匹配的任意阻值；电阻（R）值的公差主要产生在蚀刻时，所以定义电阻长度和宽度时，主要根据蚀刻精度和蚀刻工艺参数的控制而定。

④ 薄膜电阻的散热性主要与薄膜电阻的尺寸（面积）、导线的厚度和材料的类型、线路的外形、材料的热传导性能、辅助冷却系统有关。电阻值的稳定性与温度的关系曲线如图 8-14 所示。

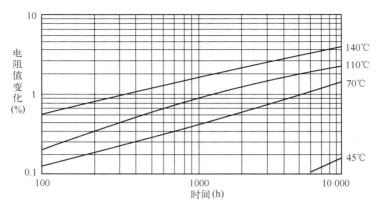

图 8-14　电阻值的稳定性与温度的关系曲线

8.2.5　埋入电容印制板的制造技术

埋入电容印制板是集成元件板的一种，它适应了印制板布线密度的发展，能有效地提高印制板高密度互连结构的需要，性能会有很好的改善，现已成为新一代高密度互连结构板迅速发展的一个重要方面。

印制板中埋入平面电容，简称为平面电容技术（Planar Capacitor Technology，PCT）。埋入平面电容技术同埋入平面电阻相同，也可以分为薄"芯"覆铜箔基材、网印聚酯厚膜（Polymer Thick Film，PTF）平面电容技术、喷墨打印平面电容技术和电镀或溅射平面电容技术等。

在印制板中埋入平面电容主要是连接在导线与导线之间、导线与电源层之间、电源层之间和电源层与接地层之间等，用来消除或减小电磁的耦合效应，消除和减少额外的电磁干扰，存储或提供瞬间能量以达到良好的特性阻抗匹配，保证有源器件负载电流的稳定，对电源起稳压作用。

1．埋入式电容的作用

电容是印制板的关键。电容具有储存电荷的作用，它可以将高频噪声以能量暂存的方式吸收，从而可以降低系统电源的波动和保证信号传输的完整性。

射频及微波集成电路技术的发展，对印制板的电磁兼容性要求越来越高。为了去掉电路中各种电噪声对信号的干扰，需要大量的去耦电容。在集成电路（IC）周围搭配的电容一部分可以集成到 IC 内部，但要受到材料与制造技术等多方面的制约。电容集成到 IC 当中不是无止境的，在保证功能的前提下，表面分立电容数不仅不会减少，反而会不断增加。因此，缩小表面安装电容自身占据的空间具有十分重要的意义。

为提高高速、高频电路印制板的电磁兼容性，电容与有源器件间的引线已经非常短。即使这样的结构形式，对于数字信号传输，如频率超过几百 MHz，电容引线所存在的寄生电感对信号的品质也会有很大的影响。因此，从解决电磁干扰问题、提高集成电路性能的角度考虑，电容的集成化是必然的趋势。电容嵌入印制板内层是电子产品小型化、高速化发展的必然结果。埋入式电容已被广泛地应用于高精端的电子产品上，获得了很好的性能效果。

2．平面电容的原理

电容是由绝缘介质将上、下两块平行的金属薄板隔开而构成的电子元器件。如果金属薄

板面积为 A、绝缘介质的厚度为 d，则两金属板间电容值 C 的计算可由下式确定。

$$C = \varepsilon_0 \times \varepsilon_r \times A/d$$

式中，ε_0 为真空的介电常数；ε_r 为绝缘介质材料的介电常数（相对于真空而言）。

因为真空中的介电常数为 1，则上式可表示为

$$C = \varepsilon_r \times A/d$$

从上式可以看出，电容值 C 与绝缘介质的相对介电常数 ε_r 和平行金属板面积 A 成正比，而与绝缘介质的厚度 d 成反比。增大面积 A 来提高 C 值，其最大面积也只能是印制板面积大小（当然可以多层化电容层），这对于高密度化和微小型化是不利的。而减薄绝缘介质的厚度 d 可以增大电容 C，目前 d 已减薄到 20～100μm，但如果仍然采取减薄 d 的方法，将会遇到电压击穿电容器的技术问题。因此，提高埋入平面电容器的电容量只能靠提高介质层材料的相对介电常数 ε_r。

绝缘介质的介电常数 ε_r 的大小，意味着绝缘介质中偶极距有序排列的数量。偶极距有序排列的数量少就意味着 ε_r 小，相反 ε_r 就大。但是绝缘介质中的偶极距的正、负极，一般来说只有在一定的电场强度下才能实现有序排列，也才能获得大的 ε_r，而在没有电场作用下，材料中的偶极距排列是无序的。因此，要提高绝缘介质 ε_r，可添加某些物质，而这些物质在一定电场作用下，具有大量的有序排列的偶极距就能达到高介电常数要求。

但在选择绝缘介质材料时还必须考虑到埋入式电容的作用。如果用于高速数字信号和高频信号传输时，要求绝缘介质材料的 ε_r 要小，以减少不必要的电荷储存（有序排列的偶极距数量要尽量少），以提高特性阻抗值和时间延迟。但用于"滤波"作用时，就希望电容器的绝缘介质层中储存更大量的电荷（介电常数大），以提高埋入电容器的电容量（C 值），或者在一定的电容值下减小电容器的面积或增加电容器的厚度。这两者对材料的介电常数要求是矛盾的。因此，在印制板设计和制造中，电容材料单独或分别埋入印制板相应的位置，还要根据所需电容值的大小埋入，否则会影响印制板的特性阻抗值。电容值 C 将随着平行金属板（铜或铝等）面积的增大而增加，如果电容值 C 仍然不够，可以相应地再增加两张薄"芯"电容覆箔板材，但应串联起来使用。减薄电容器的 d 可以提高电容值 C，但当电容性介质层厚度薄到一定程度时，会引起绝缘性能不良或电压击穿。因此，一般的电容器的介质厚度为 50μm 左右（与介质材料的性质有关），所埋入电容材料应通过 DC（直流）500V/15s 的试验合格后，才能保证可靠性。

3. 电容材料的选择

埋入式电容有整片式公用电容和分布式单用电容两种类型。前一种其实就是一张专用的内层薄板，是两大片铜箔通过很薄的绝缘层黏合而成的均匀分布式公用电容层。现在所推荐的绝缘层材料是由高介电常数的介质与高玻璃化温度（T_g）多官能团环氧树脂（改性环氧树脂）体系组成的，黏结两层铜箔之间构成的平行板电容。例如，美国 Isola 公司的产品 FR-406 埋入电容材料的结构如图 8-15 所示。该结构的介质厚度为 50μm，所选择的铜箔经过双面处理，内层表面粗糙度较小，目的是为了提高平整度，有利于电容分布的均匀一致；外层表面粗糙度较大，有利于图形转移时贴膜和层压时提高与半固化片的黏结性。

图 8-15　FR-406 埋入电容材料的结构

还有一种超薄 3M™ 嵌入式电容材料，它是由环氧树脂和铜箔层压而成的超薄材料，使印制板的性能更佳。其超薄而稳定的电介质使其电感低、电容密度高，是理想的主动器件去耦装置，同时可以替代板面的散装电容，节省表面空间，能使信号的传输速度更快，噪声低，电磁干扰低，是制作嵌入式电容比较好的专用材料。

4．埋入电容印制板的制作工艺

制作埋入式电容与常规的多层印制板制造工艺类似，用制作无金属化孔的双面板工艺先制作电容图形，再将其作为内层与其他内层板导电图形，按设计要求，用定位系统进行叠层和层压以及后续的多层板加工。

（1）工艺流程

埋入电容印制板制作的工艺流程如图 8-16 所示。

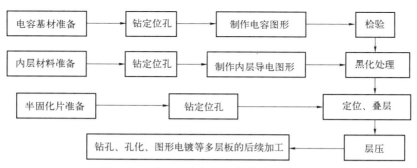

图 8-16　埋入电容印制板制作的工艺流程

电容层压后的状态如图 8-17 所示。

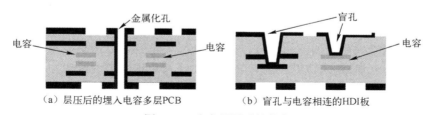

（a）层压后的埋入电容多层 PCB　　　（b）盲孔与电容相连的 HDI 板

图 8-17　电容层压后的状态

（2）工艺说明

制作电容图形时，由于电容材料很薄，对超薄基材处理是个关键。经过表面处理过的 FR-406BC 材料不必进行清洁处理，对基板材料进行预热及贴膜时，适当调低传输速率可以获得最佳的贴膜效果。薄基材在蚀刻时会卷曲折断，采用制作挠性印制板类似的工艺，通过导向板或载板就可改善这种状况。

由于经过浸镀、电镀后各种化学溶液成分的作用，材料的抗电性质会变差。为此，针对这种情况，在完成蚀刻后，对两种面积的电容图形进行 500V/1000V 直流电压 60s 的测试，不应击穿。

在进行光学检测时，由于原材料厚度极薄，应当适当加大真空吸盘吸力使材料固定，同时注意台面清洁。因为材料没进行氧化处理，操作和检查时应防止损伤材料表面。

埋入电容印制板加工完后，应进行热应力测试。根据测试标准要求，可以在成品中取样，也可制作专用测试板，然后在温度为 288℃ 的锡铅锅中进行多次热冲击（时间为 10s），不应有孔壁铜层与半固化片及电容介质材料分层的现象发生。在与上述相同的条件下，电容材料本身的抗剥强度随着浸锡时间的不同而有所改变，如电容材料本身剥离强度值偏小，但能满足 IPC 印制板的接收标准即可。

（3）工艺方法对电容值的影响

测量电容时可以采用 LCR 电桥（电感、电容、电阻的专用测试设备）测量仪对六块测试板在室温、10MHz、相对湿度为 64%的条件下进行测试。所有电容的最大值为 476.2pF，最小值为 429.1pF，偏差为 47.1pF，最大偏差为 10.3%。埋入式电容质量的关键在于控制材料尺寸的稳定性及能有较高的击穿电压。

由于电容要经过高温真空压机进行压制，高温对于电介质有可能产生不同的影响。同时，选择性蚀刻后的板和成品板在相同条件下分别进行测试，结果说明层压及后续工艺对电容值影响不是很大。

尺寸稳定性的试验，可以选择两种尺寸构成的四层板。一块基板的尺寸为 228.6mm×279.4mm，设计了 40 个 24.94mm×22.4mm 的电容，并有直径为 1.0mm 导通孔、直径为 1.4mm 的隔离盘，主要是为了评价去钻污、孔金属化兼容性及测试工艺过程对电容值的影响。另一块基板的尺寸为 279.4mm×315.6mm，设计了数量比较大的 1.0mm×2.0mm、间距为 1mm、隔离盘直径为 0.4mm、导通孔径为 0.2mm 的长方形电容图形，厚度为 0.25～0.45mm，主要是为了用热应力试验（288℃条件下焊料漂浮试验）评价基板尺寸的稳定性及制造工艺水平。

总之，埋入电容适应电子产品小型化、多功能化、高性能化的需要，特别对于通信类型的有射频、微波模块的产品，无论是减小尺寸与质量，还是在现有的体积内增加功能，埋入电容技术都能发挥很大的作用，有极为广阔的市场前景。

8.2.6　埋入电感印制板的制造技术

埋入电感印制板又称埋入平面电感印制板。

在电子产品中，采用的电感比电阻和电容要少很多。由于埋入印制板中的电感圈数少，电感值很小，所以用于印制板的不多，主要在陶瓷基板上制作电感，实际上是厚膜电路技术。本节将介绍喷墨打印法制造平面电感陶瓷基印制板的工艺。

1. 工艺流程

平面电感陶瓷基印制板制造工艺流程：

工艺准备→清理基板→喷导电油墨→烘干→烧结→涂覆高电感材料介质层→烘干→烧结→涂导电层→烘干→烧结→检验→表面涂覆。

平面电感陶瓷基印制板示意如图 8-18 所示。

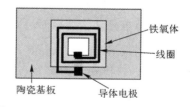

图 8-18　平面电感陶瓷基印制板示意图

2. 主要工艺说明

（1）涂导电油墨

经过清理的陶瓷板，通过计算机的控制，在表面喷墨打印上导电油墨，然后经过烘干和烧结（在 N_2 的气氛中）形成中心电极。

（2）涂覆高电感材料介质层

高电感材料主要是由铁磁性的 Ni-Zn 铁氧体和 Mn-Mg 铁氧化体等形成的油墨（注意要

留出电感器的接头），利用计算机控制在中心电极的一连接端四周喷墨打印上高电感介质层，然后烘干后进行烧结（在 N_2 的气氛中），形成高电感性介质层。

（3）再次涂导电油墨

利用喷墨打印机在高电感性介质层上面再次打印上导电油墨，然后烘干并在 N_2 保护下烧结形成线圈。

8.3　埋入无源元件印制板的可靠性

经过大量的试验和实际应用表明，埋入式无源元件比通孔插装或表面安装无源元件要可靠得多。无源元件的可靠性以埋入式电阻为例，从制造工艺上已能实现 25Ω/□ 和 100Ω/□ 的方块电阻，制造误差为±5%～±15%，适用于大多数的数字逻辑电路。同时，还有可能利用激光修整、磨削修整器或机械修整方法对电阻材料加以精修，可以获得更精确的电阻值。

1. 平面电阻（埋入式）的可靠性试验

以用 FR-4 环氧玻璃布基材制成的四层埋入电阻 ECL 测试电路为例，第 2 层埋有电阻，设计电阻特性为：方块电阻率为 25Ω/□，电阻尺寸为 1.27mm×0.635mm，额定电阻值为 50Ω，允许误差为 10%，32 个电阻/基板，基板尺寸为 114.3mm×114.3mm×1.6mm。将此板按 IPC-TM-650 和 MIL-STD202 相关项目试验，测试结果见表 8-3。

表 8-3　使用 ECL 测试电路测试电路板的测试结果

试验项目和方法		平均阻值变化
热油试验（96 个电阻）IPC-TM-650，方法 2.4.6：260℃/20s		−0.1%
浮焊试验（96 个电阻）MIL-STD202，方法 210：260℃/20s		+0.1%
热冲击试验（96 个电阻）	MIL-STD202，方法 107：−65℃、+125℃，25 个循环；潮湿试验，10 天	−0.4%
	MIL-STD202，方法 103：40℃，相对湿度 95%	+0.5%
高温存储试验（128 个电阻）：45℃，10 000h		+0.2%
操作（负载）寿命试验，26W（640 个电阻）MIL-STD202，方法 108：90min 加电、30min 关电反复循环，45℃，10 000h		小于规定

2. 平面电阻结构图形对可靠性的影响

端接的平面电阻大多为 20～100Ω。这些电阻的图形结构有"8"字形和肘弯形，如图 8-19 所示，阻值大约额定为 50Ω。

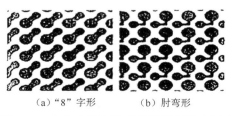

（a）"8"字形　　　（b）肘弯形

图 8-19　"8"字形与肘弯形平面电阻示意图

由各块电阻组成的环形电阻的阻值分别为 11Ω、30Ω、110Ω。这些不同结构的电阻图形进行相关的阻值变化试验，结果见表 8-4。

表 8-4　不同结构的电阻图形的阻值变化试验结果

试 验 条 件	700mW "8" 字形和肘弯形 50Ω	500mW 环形 11Ω	350mW 环形 30Ω	350mW 环形 110Ω
浮焊：260℃，20s，4 个循环	0.15%	0.3%	0.9%	0.75%
潮湿试验：相对湿度 90%，40℃/24h	0.2%	0.3%	0.75%	0.65%
寿命试验：26mW，40℃/1000h	0.1%	0.8%	1.25%	1.8%

　　从表 8-4 中可以看出，"8" 字形和肘弯形的平面电阻器（PRT）在各种环境条件下比环形 PRT 具有更大的稳定性。尽管有很多因素对电阻稳定性产生影响，特别是环形 PRT，由于接近互连的导通孔，因而比 "8" 字形和肘弯形 PRT 更易受到较大的物理压力作用。因为印制板的动态位移或应力主要是围绕着镀覆（导通）孔，并以 X、Y 向，特别是 Z 向最大，存在这种应力在受热和受潮下会显著产生漂移而使电阻值波动。这是由印制板的介质材料内层铜箔和镀覆（导通）孔的镀层之间膨胀率或膨胀系数差异引起机械性不同移动的结果。

　　在 PRT 的制造中最突出的是蚀刻电阻时产生的误差问题，对 "8" 字形和肘弯形电阻，采用减成法蚀刻所获得电阻的精确度可以控制在 10%，而不必进行电阻修整。片式电阻、聚酯厚膜电阻 PRT 和埋入式平面电阻（PRT）（属于 NiP 合金薄膜）的热循环试验结果见表 8-5。

表 8-5　片式电阻、聚酯厚膜电阻 **PRT** 和埋入平面电阻（**PRT**）（属于 **NiP** 合金薄膜）的热循环试验结果

类　　型	制造误差	调阻后误差	最小尺寸：长×宽×厚度（mm×mm×mm）	热循环次数	热循环后阻值变化（−55℃→+125℃）		主要优点、缺点
					微带结构	带状结构	
片式电阻	±1%		1.0×0.5×0.5	500	≤0.15%	≤0.15%	阻值可控制、易返工；焊点多，系统可靠性降低，寄生效应大，由于电阻盘较导线宽，导线阻抗的分布连续性差
聚酯厚膜电阻	±40%	1%	0.5×0.5×(0.1～0.13)依丝网目数而定	100	+3%	+14%	调值后适用于微带结构、可集成于印制板内层，减少焊点，成本比较低（不包括激光调阻成本）；电阻可靠性较差，制造精度难以保证，厚度比较厚，不适用于带状结构，受热、受压及环境影响可能出现化学变化
埋入式平面电阻	±10%	0.5%	0.5×0.5×(0.001～0.004)	500	+2%	+3%	适用于任何印制板内层或外层，提高密度，增加系统可靠性，寄生效应小，匹配效果最佳，适用各种结构；印制板制造工艺应适当调整，基材本身价格比较高

　　总之，埋入无源元件的多层板经过热冲击、热循环、温/湿度循环、静电位、振动等一系列试验，证明印制板埋入无源元件比在印制板上通孔插装和表面安装元件有更佳的可靠性。

第 9 章

印制电路板的性能和检验

印制板的性能、质量和可靠性对电子产品的质量和可靠性有重要影响，有时会成为影响电子产品质量的关键，所以印制板的性能、质量和验收受到国内外电子行业的广泛关注。要对从印制板的设计、选择基材到印制板产品及试验进行全面的控制，才能保证印制板的质量。印制板的设计、基材到印制板产品和验收方法，在国际上都有统一的系列标准，许多国家又根据本国的印制电路技术水平和要求，制定了各自的国家或行业标准。印制板是国内外标准化程度较高的产品之一。本章将较详细地介绍印制板的性能要求和相关验收标准。

9.1 印制板的性能和技术要求

印制板的性能和技术要求与结构类型、选用的基材有关。不同类型（刚性和挠性）、不同结构（单面、双面、多层、有或无盲孔、埋孔等）、不同基材的印制板，性能指标是不同的。印制板的性能等级，与产品设计一样按使用范围通常分为三个等级，描述产品在复杂性、功能性要求的程度和试验、检验的频度上的不同。不同性能等级产品的验收要求和可靠程度的高低依级别递增。

- 1 级——普通电子产品：包括消费电子产品、某些计算机及其外围设备等。对用于这类产品的印制板的外观没有严格要求，主要的要求是应有完整的电路功能，能满足使用要求。

- 2 级——专用服务电子产品：包括通信设备、复杂的商用电子设备、仪器、仪表及一些对用途要求并不非常苛刻的产品。这类产品的印制板要求有较长的寿命，对不间断工作有要求，但工作环境并不恶劣，允许某些产品的外观不够完美但性能应完好，有一定的可靠性。

- 3 级——高可靠性电子产品：包括持续性能要求严格的设备、工作时不允许有停机时间的设备，以及用于精密武器和生命支持的设备。该类印制板不但功能完整，要求能不间断地工作，并随时都能正常工作，有很强的环境适应性，而且应有高度保险性和可靠性。对这类产品，从设计到产品验收都应有严格的质量保证措施，必要时还应做一些可靠性试验。

对应于以上三个级别，将产品的印制板简称为 1 级板、2 级板和 3 级板。

不同级别的印制板不是所有的性能要求都不同，有些性能要求是相同的，有些性能指标的严格程度及精度、公差和可靠性程度要求不同。印制板的性能要求主要包括外观、尺寸、机械性能、物理性能、电气性能、化学性能及其他性能等。以下将以 IPC-A-600G 及 IPC-6011 系列标准为基础，按性能进行介绍。其中没有特意说明的性能指标，是各个级别的产品要求都一样的，要求不同的将分别予以说明。

为了能更清楚地表明验收时产品的质量状况，并给以更直观的描述，在 IPC-A-600G 标准中把印制板的质量状态分为理想、接收和拒收三种状态。

- 理想状态：一种期望的状态，接近于完美但也是可以达到的。实际上由于印制板图形的设计质量和加工水平，一般不容易达到，所以理想状态不是接收所必需的要求。

- 接收状态：保证印制板在使用条件下，必需的功能完整性和可靠性的基本要求，不一定十分完美，是产品接收的基本条件。不同等级产品的接收状态，有的项目相同，有的项目不同，在标准中专有说明。

- 拒收状态：超出了接收最低要求的一种状态。这种状态的印制板不足以保证产品在使用条件下的性能和可靠性。对不同等级的产品和不同的验收项目，其拒收的条件可能有所不同。

9.1.1　刚性印制板的外观和尺寸要求

现将刚性印制板的外观和尺寸要求归纳为以下六个方面。

1. 总的外观质量

① 印制板的类型、所用的材料应符合设计文件或合同的要求。当与标准要求不一致时，应以合同或设计文件中的规定为依据。

② 同一批印制板的外观、外形尺寸、表面状态应均匀一致。外形尺寸及其公差不符合要求，将可能引起安装和使用时的质量问题。

③ 板边整齐、无明显缺陷和毛刺，允许边缘粗糙，但无缺损；如果局部有缺口，则在不大于板的边缘与最近导体距离的 50% 或 2.5mm 两者中取较小值。缺陷距离板的边缘或导体太近，容易使缺陷扩展，引起板边开裂或导体起翘。板边缘的状态如图 9-1 所示。

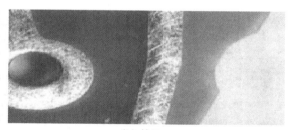

（a）毛刺　　　　　　　　　　　　　　　　（b）缺口

图 9-1　板边缘的状态

2. 基材的外观

基材的外观是指能直接观察到的基材的质量状况，它影响印制板的表面绝缘电阻和耐电压性能，也影响外观。

（1）基材表面状态

① 允许见到由树脂覆盖的纤维纹理，但是露织物（基材中的增强材料编织物露出树脂表

面的一种状态）的区域不能使导线之间的剩余间距小于最小导线间距的要求（见图 9-2（a）），3 级板不应露织物（GJB 362B—2009 规定，见图 9-2（b））。因为露织物会使板的表面粗糙，容易吸附灰尘和潮气，影响板的表面绝缘电阻和耐电压性能。

（a）露织物　　　　　　　　　　　　（b）纤维纹理

图 9-2　基材表面状态

② 晕圈：由于机械加工而引起基材内部或表面上分层、破坏的现象。晕圈通常出现在板的边缘或孔的周围或其他机械加工过的部位，基材上呈现泛白的现象。晕圈的范围不能使板边缘或孔的边缘与最近的导电图形之间未受影响的距离减小超过 50%或 2.5mm，两者取较小值，如图 9-3 所示。若晕圈较大，离导电图形的距离很近，则会降低板的绝缘电阻，并在焊接受热时容易扩展，引起基材分层或导体起翘。

（a）板边缘的晕圈　　　　　　　（b）无晕圈　　　　　　　（c）孔周围的晕圈

图 9-3　晕圈

③ 露纤维或纤维断裂（见图 9-4）：缺陷既未使导线产生桥接，又未使导线的间距小于最小要求。这是指在两相邻导线之间的缺陷不能充满导线的间距，在导线之间至少有一段等于或大于规定的最小间距的距离之内没有这类缺陷。

④ 空洞和麻点（见图 9-5）：直径不大于 0.8mm，并没有在导体间产生桥接，每面受影响的面积小于总板面积的 5%。这里强调了两点，即缺陷的直径大小和空洞、麻点的总面积。如果空洞和麻点面积较大，既影响板的外观质量，又会降低板的电性能。

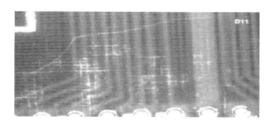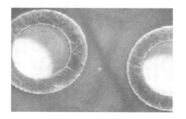

图 9-4　基材露纤维或纤维断裂　　　　　　　　图 9-5　空洞和麻点

（2）基材表面下状态

① 基材表面下的白斑：除用于高电压的场合外，对所有级别的产品有白斑（见图 9-6）

都可以接收。这也就是说，只要不在高电压情况下使用的板，都没有影响。因为印制板的基材一般耐电压值很高，可达 1200V/mm 以上，白斑严重时，虽会降低板的抗电强度，但即使降低了的抗电强度，一般也会高于使用的耐电压值。

② 由于基材内增强材料的纤维丝发生分离而形成的微裂纹（见图 9-7，基材表面下相连的白点或"十"字纹）：缺陷不得使导线间距低于最小导线间距值，并不应在热应力试验后而扩大，板边缘的微裂纹不会减小板边与导电图形之间规定的最小距离，如果没有规定，则其间距大于等于 2.5mm。对于 1 级板，微裂纹区域的扩散超过导电图形间距的 50%，但是导电图形之间未桥接可以接收；对于 2 级板、3 级板，在满足以上要求的前提下，微裂纹的区域不得超过相邻导电图形之间距离的 50%。因为过大的微裂纹会影响基材的强度和电性能，并且有的微裂纹受热时会扩展，所以如果微裂纹在上述规定的范围之内，并且在热应力试验后没有扩展，那么就可以接收。

图 9-6　白斑

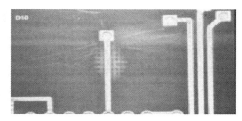
图 9-7　微裂纹

③ 基材表面下的起泡和分层（见图 9-8）：缺陷的面积不超过每面面积的 1%，缺陷没使导电图形的间距减小到低于最小导线间距要求以下，并且在热应力试验后缺陷不扩大，缺陷与板边缘的距离不小于规定的板边与导电图形之间的最小间距，若未规定，则不小于 2.5mm。在满足以上要求的前提下，对于 1 级板，若缺陷的跨距可大于相邻导线间距的 25%，则可以接收；对于 2 级板、3 级板，缺陷的跨距不允许大于相邻导电图形间距的 20%。

缺陷如果在热应力试验后继续扩大，表明基材层压质量不好，不能使用。如果使用了这种板，则在波峰焊时可能会引起大面积的分层或起泡，致使印制板组装件报废，将会造成更大的损失。

④ 夹裹在绝缘材料内的金属或非金属的外来夹杂物（见图 9-9）：如果是半透明的微粒，则可以接收；如果是不透明的，则微粒距最近导电图形的距离不小于 0.125mm，微粒没有使相邻导体之间的间距减小到低于最小间距的要求；如果没有规定，则最小间距不低于 0.125mm，并且不影响印制板的电气性能。因为在导体之间绝缘材料内的金属夹杂物是不透明的，容易降低导线之间的抗电强度，所以要求应保证导电图形之间的最小导电间距。

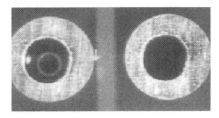
图 9-8　起泡和分层

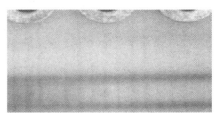
图 9-9　外来夹杂物

（3）板表面的划痕、凹坑、压痕等缺陷

板表面的划痕、凹坑、压痕等缺陷不应造成基材的增强材料的织物纤维被切断、扰乱及露织物或者使导线之间的绝缘间距小于规定的最小值（规定值或大于等于 0.125mm）。

3．镀层和涂层

（1）金属可焊涂层

金属可焊涂层主要有焊料涂层和热熔锡铅镀层或薄的金/镍镀层等，其表面可焊性良好，没有不润湿现象；在导线和接地层或电源层允许有局部半润湿，但是在焊盘上对 1 级板允许有不大于焊盘面积 15%的半润湿（只允许在个别焊盘上），对 2 级板、3 级板则只允许有不大于焊盘面积 5%的半润湿（这里指金属涂层可焊性的润湿状态）（见图 9-10）。

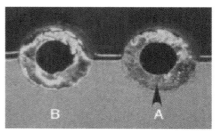

（a）不润湿状态（拒收）　　　　　　　　　（b）半润湿状态（A拒收）

图 9-10　金属可焊涂层的润湿状况

（2）镀覆孔

① 镀覆孔内镀层主要是铜镀层和焊料的涂层或其他可焊性涂层。无论哪一种涂镀层都必须满足印制板适用和焊接的要求。孔内应清洁、平滑、无影响元器件引线插入及可焊性的任何杂质，如电镀结瘤、多余物等（见图 9-11）；孔内的结瘤、镀层粗糙等缺陷没有使镀层厚度和孔径小于规定的最小值（指为了保证元器件的引线插入和焊接时焊料流动所需的最小设计孔径）。

② 粉红环：孔周围的粉红环是多层印制板在凹蚀工序中，用强酸溶液处理时，溶液沿着树脂与玻璃纤维分离形成的毛细管深入到孔壁周围，酸蚀内层铜箔上的氧化处理层而形成的圆圈（见图 9-12）。一般此种缺陷不会影响印制板的功能，不能作为拒收的理由。但它是工艺过程的一种警示，应注意检查层压板的层间结合力，并调整孔凹蚀处理时的工艺参数。

图 9-11　镀覆孔内的结瘤和毛刺　　　　　　图 9-12　粉红环

③ 孔镀层空洞：镀层空洞会影响镀覆孔的孔电阻和负载电流的能力。对镀铜层和成品板镀层的要求有所不同，要求见表 9-1。

表 9-1 不同产品等级的镀层空洞要求

产品等级	要 求			
	孔内空洞数	有空洞孔的百分数	空洞的长度/孔长度的百分数	空洞的环形度
1 级	≤3（≤5）	≤10%（≤15%）	≤10%（≤10%）	≤90°
2 级	≤1（≤3）	≤5%（≤5%）	≤5%（≤5%）	≤90°
3 级	0（≤1）	0（≤5%）	0（≤5%）	0°

注：括号内的数字是成品板上焊料涂层的空洞要求，因为影响孔电阻的主要是铜镀层，所以对铜镀层的空洞要求比较严格，如图 9-13 和图 9-14 所示。

（a）3 级板接收状态　　　　　（b）2 级板接收状态　　　　　（c）1 级板接收状态

图 9-13 铜镀层空洞

 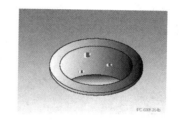

（a）3 级板、2 级板接收状态　　　　　（b）1 级板接收状态

图 9-14 成品板涂覆层的镀层空洞

（3）印制接触片

① 印制接触片表面。

理想状况：表面光滑，无针孔、麻点和电镀结瘤，焊料层或阻焊层与接触片之间没有露铜和镀层交叠的区域。

接收状况：在规定的接插区内没有露出底层金属的缺陷和焊料涂层或飞溅的焊料，没有电镀结瘤和凸出表面的金属，麻点、凹坑或凹陷处的最长边不超过 0.15mm，每个接触片上的缺陷不超过 3 处，并且有缺陷的接触片不超过接触片总数的 30%；在满足以上条件外，在露铜和镀层交叠区要求上，对 1 级板，应不大于 2.5mm，对 2 级板，应不大于 1.25mm，对 3 级板，应不大于 0.8mm。

印制接触片上超过以上要求的缺陷可能会引起接触不良或造成断路。

线上连接盘（接触片）至少在连接盘的中心长/宽 80% 的内，无结瘤、凸出物、麻点、凹坑等缺陷，如图 9-15 所示。

② 印制插头边上的毛刺。

理想状况应是平滑、无毛刺、无粗边，接触片的镀层不起翘，印制插头上的基材无分层，插头边上的倒角斜边上没有松散的玻璃纤维，但是允许接触片的末端露铜。

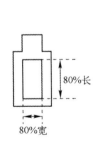
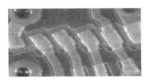

图 9-15　印制接触片表面镀层的通用要求

接收状况对 1 级板、2 级板、3 级板要求都一样，就是在理想状况的基础上，允许介质层的表面有轻度的不平，但是镀层和基材都没有起翘或分层。因为印制插头是电接触部位，所以任何的高低不平、介质层或镀层粗糙及有金属毛刺或接触片起翘，都会影响插拔或电接触，有这一类缺陷的都应拒收（见图 9-16）。

（a）理想状况　　　　　　　　　　　　　　　（b）接收状况

图 9-16　印制插头的毛刺

4．标识和阻焊膜

（1）标识

标识是指为印制板的安装、维修、测试提供方便的文字、符号，它能标明元器件安装的位置、方向、极性，按订单要求的产品图号，和为了生产与测试的可追溯性设置的标志，以及供应商的标志等。标识有非金属（油墨）和金属两大类型。对标识的通用要求如下。

理想状况：字符完整、符号清楚、线条清晰均匀一致，字符的空心区没有被填满。

接收状态：对 1 级板、2 级板、3 级板都是一样的要求，即字符应清晰可识别，允许个别字符的线条是断续的或字符的空心区被填满，但必须能辨别，不会与其他字符混淆；凡超出以上要求的，字符模糊无法辨认或字符脱落的，都应拒收。

① 蚀刻的金属标识。只要能满足以上通用标准的要求，并且字符与相邻导电图形的间距符合最小导线间距的要求就可以接收，但是对 3 级板，允许字符的线条边缘有轻微的不规整；对于 2 级板，允许字符在可以辨认的前提下，字符的线条可以减小到标称值的 50％；对于 1 级板，只要字符可以辨认，允许字符形状有不规则的现象（见图 9-17）。

（a）2级、3级板接收状态　　　　　　　　　　　（b）1级板接收状态

图 9-17　蚀刻的金属标识

② 油墨标识。油墨标识通常采用丝印或盖印两种方法制作，无论采用哪一种方法都必须满足以下要求：理想状况应是在满足通用要求的前提下，油墨分布均匀，没有模糊不清和重影，其位置不能超过与焊盘相切。而实际上难免有一定的不足，所以 3 级板，在满足通用要求的前提，接收的状况是允许在字符清楚易读的情况下，油墨可以在线条的外侧增宽（堆积）；2 级板在 3 级板的基础上再适当放宽一些，允许元器件方位符号在方位清楚的情况下其字符的轮廓有局部脱落，油墨允许印到焊盘上但不能渗入孔中或不使焊盘的环宽减小到最小环宽以下；对 1 级产品板可以更宽松一些，在 2 级板的条件下还允许标识模糊或出现重影但是仍能辨认（见图 9-18）。

 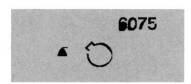 

　（a）3级板接收状态　　　　　　（b）2级板接收状态　　　　　　（c）1级板接收状态

图 9-18　油墨标识

（2）阻焊膜

阻焊膜的作用是焊接时，防止焊料桥接到与焊盘相邻的导线上引起短路，限定焊料焊到规定的区域内，控制和减少印制板面的污染，并能防止导电图形之间的枝晶生长和对改善印制板的抗电强度及表面绝缘电阻有一定作用。对阻焊膜的要求如下。

理想状况：无漏印、空洞、起泡、错位和露导线。

接收状况：在阻焊区内不露金属导线或没有由于起泡而造成的桥接，在相邻导线上不应缺少阻焊膜而使导线裸露，如有修补的阻焊膜，则应与原来的阻焊膜具有相同的性能，阻焊图形与焊盘的错位不应使焊盘的环宽减小到规定的最小环宽以下（≥0.1mm），阻焊剂不能进入需要焊接的镀覆孔内（见图 9-19）。

凡是由于缺少阻焊膜而使相邻导线暴露的，或因起泡而造成金属导线之间桥接的，或阻焊剂进入需焊接的镀覆孔内都应拒收。因为这种缺陷在焊接时易造成短路或影响焊接。

① 阻焊膜与其他图形的重合度：阻焊膜在焊盘上的错位不应暴露相邻的焊盘和导线，在印制接触片和测试点上不应有阻焊膜。节距大于等于 1.25mm 的，表面安装焊盘只能一侧受侵占，且不超过 0.05mm；节距小于 1.25mm 的，表面安装焊盘只能一侧受侵占，且不超过 0.025mm；超过以上要求的应拒收（见图 9-20）。

　　图 9-19　阻焊图形与焊盘的错位　　　　　图 9-20　阻焊图形与其他图形的错位

球栅阵列器件的阻焊图形在国标里没有明确要求，而在 IPC-A-600G 中分为三种情况。

● 阻焊膜限定的焊盘：导电图形的一部分，将焊膏涂在焊盘上用于连接 BGA 器件的球形端子。为限制球形端子焊接在阻焊膜围绕的范围内，阻焊剂涂在焊盘的边缘上，所以阻焊膜在焊盘上的错位不应使阻焊图形的圆环破出焊盘的区域超过 90°（见图 9-21）。

● 铜箔限定的焊盘：阻焊膜围绕在焊盘周围并留一定的间隙。理想状况是阻焊图形的圆环与焊盘同心，但实际上除了导线与焊盘的连接处，阻焊剂未涂到焊盘上就可以接收（见图 9-22）。

● 阻焊坝：阻焊坝的作用是在阻焊膜覆盖的局部区域，将安装的图形（焊盘）与导通孔隔开，以免焊料通过连接的导线进入孔中。对这种阻焊图形应保证阻焊坝保留在规定的覆盖区域，尤其是焊盘与导通孔相连的导线上应有阻焊膜，能像堤坝一样挡住焊料流向导通孔（过孔）（见图 9-23）。

图 9-21　阻焊膜限定的焊盘　　图 9-22　铜箔限定的焊盘　　　　图 9-23　阻焊坝

② 阻焊膜的起泡和分层：理想状况当然是阻焊膜无起泡和分层；对 2 级板、3 级板每一面最大尺寸不超过 0.25mm 的缺陷允许有两个以内，并且使相邻导线的电气间距的减小不大于 25％；对 1 级板可以宽松一些，起泡、气泡或分层未使导线之间产生桥接就可以接收；超过以上要求的就应拒收（见图 9-24）。

 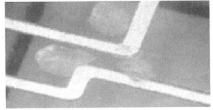

（a）接收状况　　　　　　　　　　　　（b）拒收状况

图 9-24　阻焊膜的起泡和分层

③ 阻焊膜的跳印：在基材表面、导线侧面和边缘，阻焊膜外表都应均匀光滑、无跳印（漏印）；1 级板允许在沿导线的侧面有阻焊剂漏印，但阻焊膜的缺少不能使导线的间距减小到最少的导线间距要求（见图 9-25）。这种缺陷只要不使导线露出就不会影响使用，但是漏印会影响外观质量，所以对 2 级板、3 级板不允许有漏印现象。

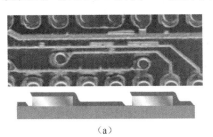 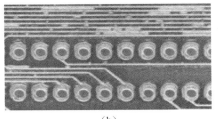

（a）　　　　　　　　　　　　　　　　（b）

图 9-25　阻焊膜的跳印

④ 阻焊膜上的波纹、皱纹和皱褶（见图 9-26）：只要这类缺陷不使阻焊涂层的厚度减小到最低厚度要求（如果有规定时）和在导线之间的轻度缺陷没有造成桥接，并且阻焊膜能经得起胶带法的附着力试验要求，就可以接收。也就是说，该类缺陷不影响阻焊膜的附着力是可以接收的。如果缺陷造成了导电图形之间的桥接，或是导线间距减小到最低间距要求，或者影响阻焊膜的厚度小于最小厚度要求（一般对阻焊膜的厚度没有严格要求），都应拒收。

 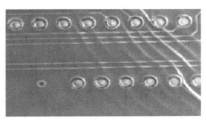

（a）接收状况　　　　　　　　　　　　　（b）拒收状况

图 9-26　阻焊膜上的波纹、皱纹和皱褶

⑤ 需要阻焊膜掩蔽的孔，都应被阻焊膜覆盖；如果没有被覆盖，则在焊接时易被焊料填充，焊料若通过孔流到另一面的导线或元器件金属壳体上，就容易造成短路。

⑥ 阻焊膜的吸管式空隙：阻焊膜下沿着导电图形边缘的一种管状的空隙（见图 9-27），表明阻焊膜未能与基材表面或导线边缘结合。在锡铅热熔时的助熔剂或热油和焊接时的助焊剂、清洗剂或其他挥发性物质渗入这种空隙中，将会降低印制板的电气性能和腐蚀导电图形，所以对高可靠的 3 级板，不允许有这种缺陷；对 1 级板、2 级板，在该缺陷尚未造成导线间距减小的最小间距要求以下，并且还没有扩展到导电图形的整个边缘时，还可以接收，超出此范围，可能会影响电性能，就要拒收。

无空隙　　　　　　　　　　　　　　　　　　空隙

图 9-27　阻焊膜的吸管式空隙

阻焊膜的厚度一般不做规定，目检时要求覆盖的地方应全部覆盖；如果有要求，就应按合同规定进行测量，并达到要求的厚度值。

5．尺寸

印制板的尺寸是安装和使用的主要参数之一，必须要保证设计文件所要求的尺寸和公差，主要包括板的外形尺寸、板的厚度、多层板层间的介质层厚度、导线的宽度和间距，孔、槽、缺口、印制插头及机械安装孔的位置尺寸和公差等项要求。

（1）板的外形尺寸、板的厚度、机械安装孔的位置尺寸以及孔、槽、缺口和印制插头的尺寸及公差

这些指标应符合设计文件和合同要求，不然会引起安装的质量问题或造成报废。

（2）印制导线的宽度和间距

印制导线的宽度和间距是印制板上最重要的尺寸之一，受印制板设计图形的精度和制造工艺水平两者的共同影响，是衡量印制板的加工质量和工艺水平的重要尺度，也是导线的负

载电流能力和耐电压、绝缘等电性能的基本保证。导线的宽度和间距应符合合同文件或照相底版的尺寸要求，但在实际上，加工中各种因素的影响，往往难以达到理论值的状态，允许有在规定范围内的缺陷。导线宽度一般是从导线的顶上垂直可以观察到的铜导线的宽度，图形转移、图形电镀和蚀刻工艺质量直接影响导线的宽度和间距，不同的抗蚀层，导线的有效宽度可能不同。不同的加工方法可能导致有些导线边缘的几何形状呈现"镀层增宽"、"侧蚀"和"镀层凸沿"等形状。图形电镀和蚀刻质量是影响导线宽度和间距的关键之一，通常用蚀刻系数来衡量蚀刻的质量，其表示的含义如图 9-28 所示。

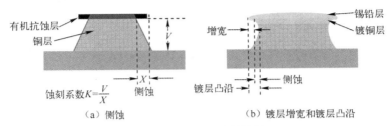

图 9-28 导线的蚀刻特性

通常用测量导线底部靠近基材部分的导体宽度作为导线的最小宽度。无论采用哪一种加工方法，导线的最小宽度都应满足合同或设计文件的规定。在此基础上，导线上的缺口、针孔和粗糙等缺陷，会使导线的宽度局部减小，应符合以下要求。

① 导线宽度。对于 2 级、3 级板，导线边缘的粗糙、缺口、针孔及划伤露基材等缺陷的任何组合都不能使导线宽度减小 20%以上，并且粗糙和缺口等缺陷的长度不大于导线长度的10%或 13mm 两者中的较小值。对于 1 级板，应适当宽松一些，缺陷对导线宽度的影响不大于导线最小宽度的 30%，在长度上不大于导线长度的 10%或 25mm，取两者中的最小值。（GB/T 4588 中给出导线宽度极限偏差的具体数值，这种表示很复杂，因为导线的宽度与加工的工艺方法有关，需要列出不同工艺方法的偏差值。）

② 导线的间距：两相邻导线之间的绝缘间距，该间距会影响导线之间的耐电压和绝缘电阻。任何原因引起的导线间距的改变应满足以下要求：对于 3 级板，导线间距在满足合同或设计文件要求的前提下，允许由于导线边缘粗糙、毛刺等缺陷的任意组合，使绝缘区域的导线间距减小不大于导线最小设计间距（d）的 20%，但不能小于最小电气间距；对于 1 级板、2 级板，由于该缺陷造成的导线间距的减小不大于最小间距的 30%，即导线间距不小于设定值的 70%，超出此范围的缺陷应拒收。这里的导线最小间距是指导线设计的最小间距，也是保证安全使用的设计要求（见图 9-29）。

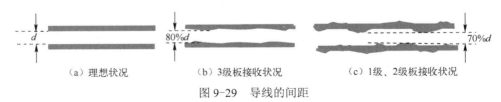

图 9-29 导线的间距

（3）外层的环宽

外层连接盘的圆环一般称为焊盘，其环宽是指环绕在孔周围，从孔边缘到连接盘外缘的导体宽度；最小环宽是指钻孔偏移后，造成的环宽最小的部分，如图 9-30 所示。

图 9-30　外层的环宽

环宽的大小将会影响焊接质量，对于有（金属）支撑孔和非支撑孔的环宽接收要求有所区别（见表 9-2）。理想的应是孔位于焊盘的中心，实际上由于图形成像、钻孔的定位误差，可能会有一定的偏移，偏移量的大小决定了最小环宽（见图 9-31）。

表 9-2　支撑孔和非支撑孔的环宽接收要求

产 品 等 级	支撑孔的环宽接收要求	非支撑孔的环宽接收要求
3 级	环宽不小于 0.05mm，非连接区由于麻点、凹坑、缺口、针孔或斜孔等缺陷，允许最小环宽减小 20%	任意方向环宽不小于 0.15mm，非连接区由于麻点、凹坑、缺口、针孔或斜孔等缺陷，允许最小环宽减小 20%
2 级	破环不大于 90°并满足最小侧向间距要求；在焊盘与导线连接处允许破环 90°，环宽减小不大于 20%，连接处最小环宽不小于 0.05mm，或孔偏移引起的最小线宽两者中的较小值	保持孔环完整，不允许破环
1 级	破环不大于 180°且满足最小侧向间距的要求，在连接区导线宽度减小不大于 30%最小导线宽度的条件下允许破环 180°，并且不影响安装和功能	除导线与焊盘的连接区域外，允许破环

（a）3 级板接收状况　　　　　（b）1 级板、2 级板接收状况　　　　（c）三个等级都拒收

图 9-31　支撑孔的外层环宽

（4）多层板的层间介质层厚度

最小厚度应符合设计文件要求，若没规定，则必须不小于 0.09mm；层压板中的空洞在不违背设计规定的最小间距的前提下，2 级板、3 级板有不大于 0.08mm 的层压空洞，在热应力试验后，允许在受热区有空洞或树脂凹缩；1 级板的空洞不大于 0.15mm，经热应力试验后，允许在受热区有空洞和树脂凹缩（见图 9-32）。

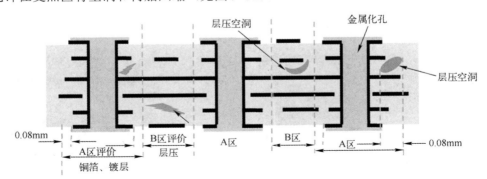

图 9-32　层压空洞评价

在真空环境工作的板不允许有能观察到的空洞。因为在真空下，空洞的气泡会因逸出而破坏印制板的表面，或因膨胀使基材分层，或破坏镀覆孔的镀层。

图9-33　内层环宽

（5）导电图形的重合度

用各导电层之间同一孔上的连接盘偏移来衡量层间重合度。理想状况是各层连接盘与孔同轴。如果有偏移，则内层连接盘的最小环宽对于 3 级板，不小于 0.025mm 是可以接收的；对于 2 级板，允许内层连接盘破环不大于 90°；对于 1 级板，破环不大于180°也是可以接收的（见图9-33）。超出此要求将会使镀覆孔与导电图形的层间互连可靠性下降。

（6）隔离孔

隔离孔是与镀覆孔或非支撑孔同心并略大于镀覆孔和非支撑孔的直径的一种孔，用于不需要与孔进行电气连接的导电层之间的电气隔离。电源层和接地层上的非支撑隔离孔与电源层和接地层的余隙大于采购文件中规定的最小电气间距，当有设计要求时，接地层可以扩展到非支撑孔的边缘（见图9-34中的B点）。镀覆孔上的隔离孔，其内层金属层与金属孔壁的间隙大于等于0.1mm，过小的间距会降低抗电强度和绝缘或造成短路。

（a）理想状况　　　　　　　　　　　（b）接收状况

图9-34　隔离孔

（7）凹蚀

凹蚀是为了除去钻孔时在内层连接盘铜箔上形成的树脂钻污和孔壁周围的部分树脂材料，形成三维的界面连接，提高镀覆孔与内层导体互连的可靠性，这种凹蚀又称正凹蚀（见图9-35（a））。最佳的凹蚀深度为0.013mm；一般在0.005～0.08mm之间都可以接收，在连接盘的一侧允许有凹蚀阴影。如果要求负凹蚀（均匀地除去内层连接盘上的部分导电材料，内层导体相对于树脂层凹进去，见图9-35（b）），铜箔上应均匀地凹蚀0.0025mm，对于3级板，小于0.013mm；对于1、2级板，小于0.025mm。凹蚀质量直接影响多层板内层连接的可靠性，如果凹蚀处理不好，则连接盘的两侧都有阴影，很可能使互连电阻增大，或者在热应力后断路，降低多层板的可靠性。此种缺陷对多层板的可靠性危害最大，在对印制板进行通、断测试时，也难以发现，容易留下潜在的隐患。

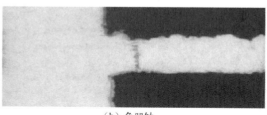

（a）正凹蚀　　　　　　　　　　　（b）负凹蚀

图9-35　凹蚀

（8）导线的铜层厚度

导线上的铜层厚度取决于采用的起始铜箔厚度和镀铜层的厚度。在表层导线上，铜层厚度一般应大于 25μm，当采用薄铜箔（<18μm）时，成品板导线的铜层最小厚度大于等于 20μm（包括镀层厚度）；内层铜箔厚度应满足采购文件要求，最小铜箔厚度取决于采用的起始铜箔的最小厚度。导线的负载电流主要取决于导线的宽度和铜层的厚度以及允许的导线温升。电镀后导线的铜层厚度见表 9-3。

表 9-3　电镀后导线的铜层厚度

铜箔标称厚度（oz）	铜箔实际最小厚度（μm）[1]	1 级板、2 级板铜箔加上镀层的总最小厚度（20μm）	3 级板铜箔加上镀层的总最小厚度（25μm）	允许最大工艺变量（μm）	加工后最小表面铜层厚度（μm）[2]	
					1 级板、2 级板	3 级板
1/8	4.6	24.6	29.6	1.50	23.1	28.1
1/4	7.7	27.7	32.7	1.50	26.2	31.2
3/8	10.8	30.8	35.8	1.50	29.3	34.3
1/2	15.4	35.4	40.4	2.00	33.4	38.4
1	30.9	50.9	55.9	3.00	47.9	52.9
2	61.7	81.7	86.7	3.00	78.7	83.7
3	92.6	112.6	117.6	4.00	108.6	113.6
4	123.5	143.5	148.5	4.00	139.5	144.5

① 铜箔实际最小厚度比 IPC-4562 标准规定值小 10%。

② 对同一规格的铜箔，内外层最小表面铜层厚度是一样的，但加工后由于外层有镀层而使铜层厚度增大，内层铜层厚度只有清洗和刷板时的减少量，所以加工后内层铜最小厚度为实际最小铜箔厚度减去允许最大工艺变量。

6．镀覆孔质量

镀覆孔是实现印制板层与层之间电气互连的基础，其性能要求和质量是印制板质量和可靠性的关键，主要通过以下几个方面要求控制。

（1）内层环宽

内层环宽变化能反映层间的定位精度和钻孔精度。理想状况下，孔与连接盘同心。对于 3 级板，最小环宽不小于 0.025mm 就可以接收；对于 2 级板，破环不大于 90°；对于 1 级板，破环不大于 180°。内层的环宽不用于焊接，主要是保证内层导线与镀覆孔的可靠连接。

（2）焊盘起翘（见图 9-36）

在热应力或模拟返工试验前，焊盘不允许起翘；成品板如果焊盘起翘，则焊接时容易使焊盘起翘加大或脱落，无法保证焊接质量。在热应力或模拟返工后允许起翘，但是对于 2 级板，焊盘起翘小于 0.12mm；对于 3 级板，焊盘起翘小于 0.08mm；对于 1 级板，焊盘起翘的允许程度由供需双方协商。

图 9-36　热应力后的焊盘起翘

（3）镀层和铜箔裂纹

镀层和铜箔裂纹（见图 9-37）会造成断路的隐患，应严格控制。2 级板、3 级板的内层铜箔应无裂缝、裂纹；1 级板允许仅在孔的一侧铜箔有裂纹，但裂纹不能扩展到整个铜箔的厚度。最好是无镀层裂纹：2 级板、3 级板的外层在有附加镀层的情况下，允许在镀层覆盖的铜箔下面有没能贯穿铜箔厚度的裂缝、裂纹；1 级板允许出现铜箔没有完全断裂还保留有最小镀层厚度的缺陷，并仅在孔的一侧出现没有贯穿整个铜箔厚度的裂纹，超出此限度就应拒收。

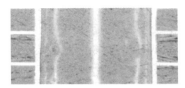
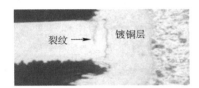

（a）2 级、3 级板铜箔无裂纹　　　　　　（b）1 级板允许的镀层裂纹状态

图 9-37　铜箔裂纹和镀层裂纹

（4）孔壁和拐角处镀层裂纹

孔内镀层应无环状裂纹，1 级板允许孔的一侧有没能贯穿镀层厚度的裂纹；孔口的拐角处镀层无裂纹（见图 9-38）。拐角处一般镀层较薄，焊接时应力集中，最容易断裂，所以此处一定无缺陷。

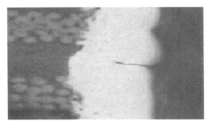

（a）孔壁镀层裂纹　　　　　　　　　（b）拐角处镀层裂纹

图 9-38　孔壁和拐角处镀层裂纹

（5）孔内镀层结瘤

孔内的镀层结瘤和粗糙镀层会影响元器件引线的插入，粗糙的镀层容易吸附气体，在焊接时容易产生气泡。所以对孔内的镀层结瘤和粗糙的要求应是：没有使镀层厚度减小到最低要求（≥20μm）或不使孔径低于最低要求（对元器件孔应大于引线直径 0.2～0.3mm）。镀层结瘤的接收状况如图 9-39 所示。

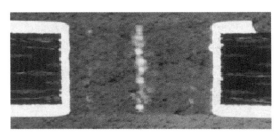

图 9-39　镀层结瘤的接收状况

（6）孔壁铜镀层厚度

孔壁应光滑、均匀，允许在满足最低平均厚度要求（25μm）和最薄处的厚度要求（≥20μm）的情况下厚度有所变化。过薄的镀层载流能力小，经不起温度冲击，长时间使用会引起孔电阻变化或失效。

（7）孔镀层空洞

孔镀层空洞（见图 9-40）会引起孔电阻或互连电阻增大，在焊接时易积存气泡而影响焊接质量，所以应有严格要求，见表 9-4。

表 9-4　孔镀层空洞的要求

产品等级	通用要求	各级的要求
1 级	①空洞尺寸不大于板厚的 5%；	每块板上的空洞总数不超过 5 个
2 级	②内层导体与孔壁界面无空洞；	每块板上的空洞总数不超过 1 个
3 级	③不允许有环形空洞	每块板上的空洞总数不超过 1 个

（8）焊料涂覆层厚度

为保护焊盘和镀覆孔内的铜镀层的可焊性，在焊盘和孔壁上应有均匀的焊料层覆盖，不允许有露出底层的铜，在孔与焊盘的拐角处焊料涂覆层可能薄一些（见图 9-41），但是必须有焊料涂覆层覆盖。焊料涂覆层的厚度，一般没有具体规定，当有规定时应按规定要求。

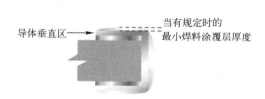

导体垂直区 →

当有规定时的
最小焊料涂覆层厚度

图 9-40　孔镀层空洞　　　　　图 9-41　焊料涂覆层厚度

（9）芯吸作用

芯吸作用（见图 9-42）是机械钻孔时，引起增强材料的纤维与树脂之间的疏松层，在孔金属化时（特别是在生产中对孔进行凹蚀、活化和化学镀铜工艺时），化学溶液通过毛细管现象，沿着疏松层向基材内部渗透而形成的渗镀现象。理想状态下不应有芯吸现象，但是实际上也难以完全避免，然而可以做到尽量控制芯吸现象。对于 3 级板，芯吸作用向孔的侧壁深度不超过 0.08mm；对于 2 级板，不超过 0.10mm；对于 1 级板，不超过 0.125mm。过深的芯吸现象是不能接收的，因为它会降低层间的绝缘及耐电压，严重者会造成层间短路。隔离孔上的芯吸作用除了满足以上要求，不应使孔壁导体与内层导线之间的间距小于采购文件或设计文件中规定的最小值。

（a）镀覆孔的芯吸　　　　　　（b）隔离孔的芯吸

图 9-42　芯吸作用

（10）垂直（纵向）显微切片的层间分离

对于 2 级板、3 级板，孔壁的铜镀层直接与内层的导电铜箔相连，没有分离现象；对于

1 级板，允许在孔壁的一侧连接盘位置上有不超过焊盘厚度 20％的分离或内层界面的夹杂物，因为只在孔连接盘一侧有分离，说明分离现象没有构成圆环，连接盘与内层还是连接的（见图 9-43（a）），但是可靠性没有无分离现象的好。对于多层印制板这是非常重要的要求，它反映了层间互连的可靠程度，层间的分离或内层的夹杂物会加大镀覆孔与各层之间互连的界面电阻，降低互连的可靠性。

（11）水平（横向）显微切片的层间分离

水平（横向）显微切片的层间分离与垂直切片的层间分离一样，也反映层间互连的可靠性，只是从水平方向观察。对于 2 级板、3 级板，同样不允许有分离现象；对于 1 级板，允许有不超过规定值的局部较小的分离现象（见图 9-43（b））。

（a）垂直切片的层间分离　　　　　　　　（b）水平切片的层间分离

图 9-43　内层层间分离

（12）树脂填充

盲孔应被聚合物或阻焊剂填充。在盲孔未被填充时，在再流焊过程中，焊料夹带空气和焊剂污染物进入孔中会迅速膨胀，导致板分层。对于 2 级板、3 级板，至少有 60％填满基材树脂；对于 1 级板，允许孔内无树脂填充。

（13）钻孔的镀覆孔

钻孔的质量会影响镀覆孔的质量。好的钻孔应是孔壁垂直、平滑无毛刺、无钉头现象（见图 9-44）。钉头是钻孔过程中产生的一种缺陷状态，通常是由于钻头磨损、钻孔参数选择不当或软的垫板、盖板材料等因素造成的。如果有轻微的毛刺，则在孔金属化以后，应能满足最小孔径要求。如果钉头现象是轻微的（不影响互连电阻），则可以接收，但它是工艺不正常的警示。如果毛刺和钉头超过以上要求，则对三个级别的板都应拒收。

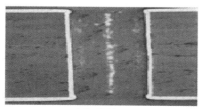 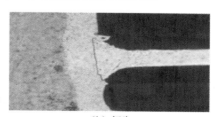

（a）毛刺　　　　　　　　　　　　（b）钉头

图 9-44　毛刺和钉头

（14）冲孔的镀覆孔

冲孔的孔壁可能是直的，也可能是锥形的或孔的下方呈喇叭形的（见图 9-45），这是由于层压板的类型和厚度、铜箔的厚度和类型不同以及模具的设计、维护和加工技术等因素造成的。这种孔在金属化后，孔壁上如果有粗糙和结瘤会使孔径减小，应不小于最小孔径的要求；如果有喇叭口，则孔的最大直径应不影响最小焊盘环宽度的规定。在冲孔时，如果发现有铜箔卷入孔中或出现喇叭口的现象，可能是冲头与冲模的间隙过大或冲头太钝，应及时调整或修理模具，不然会影响镀覆孔的质量，严重时会引起批次性报废。一般环氧玻璃布层压基材不采用冲孔加工。

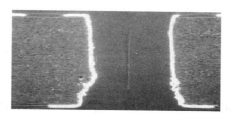

图 9-45　冲孔的镀覆孔

9.1.2　其他类型印制板的外观和尺寸要求

本节是在对刚性印制板要求的基础上，对其他类型印制板外观要求的补充。这些其他类型印制板包括挠性板、刚挠板、金属芯板和齐平印制板。其中，挠性板又分为五种类型，性能要求主要增加了折叠弯曲和挠折弯曲的耐久性，详细可见 IPC-6013。此处不再多述。

1. 挠性及刚挠印制板

不同类型的挠性印制板，其性能和要求不同，它们的共同特点是具有弯曲和弯折性能。挠性和刚挠印制板以数字类型代码分类，其代码与刚性板不同，各类型的定义如下。

- 1 型板：包含一个导电层的挠性单面印制线路，有或没有增强板。
- 2 型板：包含两层导电层的挠性双面印制线路，有镀覆孔，有或没有增强板。
- 3 型板：包含三层或三层以上导电层的挠性多层印制线路，有镀覆孔，有或没有增强板。
- 4 型板：包含有三层或三层以上导电层的刚性多层和挠性材料的组合，有镀覆孔。
- 5 型板：包含两层或两层以上的挠性和刚性印制线路，没有镀覆孔。

以上 5 种板的外观表面要求是通用的，主要有以下几个方面：

（1）覆盖层的分离

覆盖层应均匀一致，无任何分离现象，皱褶、折叠和非层压之类的缺陷不超过下列规定是可以接收的。

分层没有将两相邻导体间的层压面积减小 25％以上；每块覆盖层分离的面积不超过 $6.25mm^2$；沿板外边沿不发生分离（见图 9-46）。这也就是说，这三种形式的缺陷，只要有一种就不能接收。覆盖层的分离会使铜导线失去保护，易受环境腐蚀，降低板的电性能。

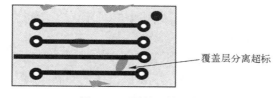

覆盖层分离超标

图 9-46　覆盖层的分离

（2）覆盖层的覆盖性

覆盖层的覆盖性（见图 9-47）类似于阻焊膜的覆盖性，不过它还包括挤到焊盘上的黏结剂，都对焊盘的可焊性有影响。对于 3 级板，必须保证可焊的最小环宽大于等于 0.13mm；对于 2 级板，圆周上至少有 270°的范围内有可焊的环宽，也就是说，允许在 90°以内的焊环上可能有覆盖层或黏结剂沾污；对于 1 级板，若至少有 180°以上的焊盘圆环露出，无覆盖膜或黏结剂沾污，就可以焊接。

图 9-47　覆盖层的覆盖性

（3）覆盖层和增强板上余隙孔的重合度

覆盖层和增强板上余隙孔的重合度表现在焊盘圆环的偏移，使可焊的环宽减小应大于规定值，因为过小的可焊环宽会影响焊接的可靠性；如果焊盘上有盘趾（提高焊盘的附着力）时，覆盖层应将盘趾覆盖住。各级板允许的覆盖层的重合度见表 9-5。

表 9-5　各级板允许的覆盖层的重合度

产品等级	允许的覆盖层的重合度
1 级	覆盖层和增强板没延伸到孔，圆周上至少有 180°以上范围有可焊孔环
2 级	覆盖层和增强板没延伸到孔，圆周上至少在 270°范围内有可焊孔环
3 级	覆盖层和增强板没延伸到孔，焊盘圆周上可焊环宽大于等于 0.13mm；对于非支撑孔，可焊环宽大于等于 0.25mm

（4）镀覆孔

挠性和刚挠性与刚性印制板的厚度要求不同，镀层应均匀一致，厚度平均为 20μm，最薄处不小于 18μm。3 级板的平均厚度为 25μm 或按合同要求，但是一般不宜过厚，过厚会影响元器件引线的插入，在挠性部分会影响挠曲性。在满足最低要求的前提下，允许有以下缺陷：

① 基材轻微变形并有少量的钻污；

② 黏结剂或介质的胶丝有小的结瘤，但铜层的厚度应满足最低要求；

③ 镀层偏薄和不均匀，其中只有一个拐角的铜层稍薄和基材出现轻微凸出，但铜层的厚度仍能满足最低要求，也就是说，在满足镀层最低厚度要求的情况下允许有轻微的缺陷（见图 9-48）。

图 9-48　镀覆孔规范

超出以上要求或孔中出现环状空洞都应拒收。

（5）增强板的黏结

对增强板的黏结主要要求机械支撑，不要求无空隙黏结；增强板和黏结剂都不应将可焊孔环的宽度减小到表 9-5 的最低要求以下；增强板黏结剂的剥离强度应大于等于 0.055kgf/mm（见图 9-49）。

图 9-49　增强板的黏结

（6）刚性段至挠性段的过渡区

过渡区是指在刚挠板相结合的部位，以刚性板的边缘为中心向刚性板的内外延伸 1.5mm 的范围。在过渡区允许有制造工艺固有的外观缺陷，如黏结剂的挤出、绝缘体或导体的局部变形及绝缘材料的凸出（见图 9-50）。这一类缺陷在工艺上是难以完全避免的，并且对板的机电性能基本上没有影响。

（7）覆盖层下焊料的芯吸和镀层迁移

覆盖层下焊料的芯吸和镀层迁移是指在焊盘上的焊料或镀层，在焊接或电镀时，通过覆盖层与基材之间的间隙形成的毛细管现象，使焊料或镀层沿着金属导体向覆盖层下延伸（见图 9-51）。严重的芯吸和镀层迁移会造成导线之间短路或绝缘电阻下降，所以理想状况下应该没有焊料芯吸和镀层迁移；但实际上，对于 3 级板，焊料芯吸和镀层迁移在覆盖层下的延伸不超过 0.3mm；对于 2 级板，不超过 0.5mm 都可以接收；对于 1 级板，需要供需双方协商根据具体情况而定。

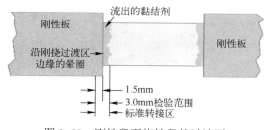

图 9-50　刚性段至挠性段的过渡区

图 9-51　覆盖层下焊料的芯吸和镀层迁移

（8）层压板的完整性

层压完整性的评价与刚性板一样也分为 A 区和 B 区，不过对挠性板部分的要求与刚性板不同。A 区是镀覆孔上的焊盘和连接盘的外边缘向外延伸 0.08mm 范围内的区域，在焊接试验时是受热区。该区只做铜箔和镀层质量的评定，不做层压缺陷的评定。B 区是离开焊盘和连接盘 0.08mm 以外的挠性区域，挠性部分层压空洞不超过 0.5mm；刚性部分不超过 0.08mm；只对于 1 级刚挠性板的 B 区，层压空洞和裂缝不超过 0.15mm，如果两个镀覆孔之间有多个空洞和裂缝，则加起来的总长度不超过上述规定。

（9）凹蚀

对于 3 型板和 4 型板，如果合同有规定，则挠性或刚挠性印制板在孔电镀以前应进行凹蚀处理，从孔的侧面除去树脂和纤维及导体上的钻污，凹蚀的深度为 0.003～0.08mm。如果允许有凹蚀阴影（死角），则只允许在连接盘的一个侧面有凹蚀死角（见图 9-52）。因为在剖切图上，若一个侧面有凹蚀阴影，就说明凹蚀死角还没有超过 180°的圆环，至少有一半以上圆环的凹蚀是好的，能够保证最低的连接要求。

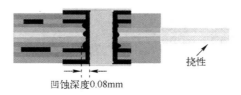

图 9-52　3 型板、4 型板的凹蚀

（10）去钻污（只适用于 3 型板、4 型板）

去钻污是除去钻孔时产生的碎屑和内层导线与孔壁连接的界面上的树脂，实际上这也是凹蚀，所以去钻污的过程不允许使凹蚀超过 0.05mm。在保证介质层间距的前提下，随机的撕裂和凿孔所产生的局部的深度超过 0.05mm 也可以接收。

（11）裁切边缘和板边分层

挠性印制线路或刚挠板挠性部分的裁切边缘，不应有超过采购文件允许值的毛刺、缺口、分层或撕裂等缺陷；采购文件应规定导线到板边的最小距离；如果有毛刺或板边的晕圈、切口和非支撑孔，应保证缺陷不会扩展到其与最邻近导线的距离的 50％或 2.5mm，两者中取较小值。因为挠性部分板边的缺陷容易扩展，影响导线，所以在板边裁切时应小心，最好不要出现毛刺、缺口、分层和撕裂等缺陷（见图 9-53）。

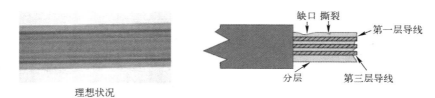

图 9-53　裁切边缘和板边分层

2．金属芯印制板

金属芯印制板是在绝缘金属基材的每一面上有一个或多个导电图形，各导电图形之间的互连是通过镀覆孔来实现的。金属芯的作用是作为散热层、电源层或接地层，还可以作为减小印制板在水平方向热膨胀系数（CTE）的抑制层。常用的金属芯有铝、铜或作为控制 CTE 用的覆铜因瓦钢和钼芯板等。如果金属芯不用作电气连接，则在镀覆孔的位置作为隔离孔。隔离孔应在层压之前钻或冲制大于镀覆孔外径 0.2mm 以上的孔，并用绝缘材料填满；如果铜芯板用作电气连接，则可以直接用镀覆孔来实现；对于覆铜因瓦钢或钼芯板，则要求采用特殊的加工，才能获得可接收的电气互连。

（1）金属芯印制板分类

金属芯印制板有两种类型。

一种是先在金属芯的每面上层压单面覆铜层压板形成双面板，接着采用常规的印制板制造工艺进行蚀刻和电镀等制作导电图形；当用作多层板时，要将另外蚀刻的内层层压到一个或多个金属芯上。该类板又称为层压型金属芯板和层压型金属芯多层板（见图 9-54（a））。

另一种金属芯板是在裸芯材上采用钻、冲或其他机械方法加工隔离孔，然后采用喷涂、电泳工艺或硫化床技术涂覆一层绝缘材料。该涂层必须无针孔并达到规定的耐电压厚度要求。在涂覆绝缘层后，采用化学镀铜和电镀层覆盖绝缘层，再通过蚀刻的方法制作所要求的表面导线和镀覆孔。该种板又称绝缘金属基材型金属芯板，通常只限于金属芯双面板。其金属芯材可以是铜、铝或殷钢，作为散热板或增强板（见图 9-54（b））。

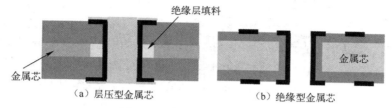

图 9-54　金属芯印制板的类型

（2）层压型金属芯板的绝缘间距

金属芯与镀覆孔之间或金属芯与相邻的导电表面之间的绝缘间距大于 0.1mm（见图 9-55）。这样可以保证金属芯与镀覆孔和各导电层之间的绝缘和耐电压等电性能。

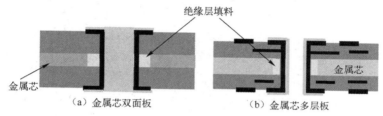

图 9-55　层压型金属芯板的绝缘间距

（3）绝缘型金属芯板的绝缘层厚度

绝缘型金属芯板的绝缘层是通过喷涂、电泳沉积、静电喷涂和模塑工艺形成的，不同工艺方法所产生的绝缘层的密度和电性能有所差异，对其厚度的最小值的要求也有区别，接收状态的最小厚度必须能满足最小绝缘间距。不同工艺绝缘层的最小厚度要求见表 9-6。

表 9-6　不同工艺绝缘层的最小厚度要求

类　　别	绝缘层工艺			
	喷涂	电泳沉积	静电喷涂	模塑
孔（最小值）	0.050mm	0.025～0.065mm	0.125mm	0.125mm
表面（最小值）	0.050mm	0.025～0.065mm	0.125mm	N/A
拐角*（最小值）	0.025mm	0.025mm	0.075mm	N/A

*指孔壁与板面相交处的拐角。

（4）层压型金属芯板的绝缘填充材料的最小厚度和介质间距要求

层压型金属芯板的绝缘填充材料是指金属芯上的隔离孔中的绝缘材料，应能满足最小厚度和介质间距的要求（≥0.1mm）。如果有空洞或树脂凹缩，也不应使最小间距小于 0.1mm，过小的间距会影响电绝缘性能。

（5）层压型板的裂缝

层压型板的绝缘填料中应无裂缝，如果有裂缝，在镀覆时可能产生芯吸现象或降低成品板的电性能。无论是芯吸，还是径向裂缝、横向间隙或空洞等缺陷，都不应使相邻导电面之间的电气间距减小到低于 0.1mm，从镀覆孔边缘到填充物中的芯吸或径向裂缝不超过 0.075mm。这

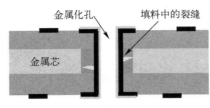

图9-56　绝缘填料中的裂缝

两个条件有一项超出都应拒收，如图9-56所示。

（6）金属芯与镀覆孔孔壁的连接

当金属芯作为电源或接地层时，与镀覆孔的连接处应无分离现象。对于1级板、2级板允许有不大于金属芯厚度20%的分离，但是如果采用覆铜金属芯时，则在铜的互连部分不应出现任何分离现象，因为分离会降低电气互连的可靠性，甚至会出现断路现象（见图9-57）。

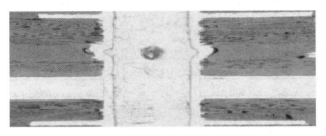

图9-57　金属芯与镀覆孔孔壁的连接

3．齐平印制板

齐平印制板的导电图形与绝缘基材表面位于同一水平面，特点是印制板的表面平坦，导电图形嵌在基材中，有利于电刷和触点在板上滑动。齐平印制板常用于导电滑环、码盘等有活动接触端子的场合，因为导电图形与绝缘基材在一个水平面上，对滑动的端子磨损很小。在齐平印制板中，板的表面、孔和其他性能的验收标准与常规的单、双面印制板相同。在IPC-600G中仅对齐平印制板的评价有重要作用的附加性能进行了描述。

表面导线的齐平度：导线与基材或所围绕的绝缘材料表面应是齐平的，如果不平，会加快磨损活动接触端子（特别是炭刷接触点），所以允许的导线与基材的不平度应满足最低要求，一般导线不能高出导线厚度的1/4，如图9-58所示。

图9-58　齐平印制板表面导线的齐平度

在IPC-6012中还有清洁度、可焊性和电气完善性等性能要求，需要通过一定的试验方法来测定，不是典型的外观特性。本书下面将其归类于机械、电气和化学性能来叙述。

9.1.3　印制板的机械性能

印制板的机械性能主要有剥离强度、拉离（拉脱）强度、翘曲度、涂镀层的厚度和附着力、阻焊层的附着力等。这些性能的技术指标必须按IPC-TM-650规定的试验方法进行测定，因为不同的方法测出的结果没有可比性。目前国内所采用的方法与IPC标准基本是一致的。

1. 剥离强度

剥离强度是剥离基材上单位宽度的导线或金属箔所需要的最小力。它能反映印制板上导体与基材的结合强度。随着基材类型和铜箔的厚度不同而有所区别，加工的工艺方法对剥离强度也有影响。对于宽度大于等于 0.8mm、厚度大于等于 35μm 的印制导线，不同基材的剥离强度见表 9-7。

表 9-7 宽度大于等于 0.8mm、厚度大于等于 35μm 的印制导线，不同基材的剥离强度

基　　材	酚醛纸基印制板	环氧纸基印制板	环氧玻璃布基印制板
剥离强度（N/mm）	≥0.8	≥1.1	≥1.1

2. 拉离强度

拉离强度是使焊盘从基材上分离所需的垂直于印制板表面的力。它反映焊盘与基材的结合力，考核焊盘经受焊接热应力的能力，与基材的种类和加工工艺有关。一般是采用直径为 4mm 的焊盘钻直径为 1.3mm 的孔，经过两次焊接（5 次热冲击）后，其拉离强度不小于 50N，多层板应不小于 60N。

3. 翘曲度（又称平整度）

翘曲度是指弓曲与扭曲的总和，是反映印制板平整度的重要性能，尤其是对于有边缘连接器和表面安装的印制板更为重要。翘曲严重的板会影响与边缘连接器的安装和接触的可靠性，也会影响镀覆孔和表面安装元器件的焊接质量。

弓曲的特点是将印制板凹面向下放在平台上时，四个角位于同一平面成弧形弯曲；扭曲是将板放在平台上，一个角与其他三个角不在同一平面上，平行于对角线方向上的变形（见图 9-59）。翘曲受设计时布线的均匀程度、加工中应力的消除条件和印制板的厚度及基材的特性的综合影响。翘曲度一般应不大于对角线长度的 1.5%，如果只是弓曲，则不大于弓曲边长的 1.5%；对于表面安装印制板，应不大于 0.75%，更高的要求可达 0.5%。

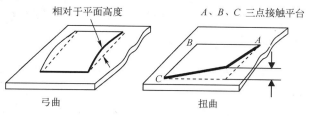

图 9-59 弓曲和扭曲

4. 挠性板的耐挠曲性和耐弯折性

耐挠曲性和耐弯折性是挠性板的特殊性能，但不作为正常交收检验项目，可按供需双方的规定鉴定检验和供方周期检验。

对于单、双面挠性板的耐挠曲性，当以试样的中心为挠曲轴，以 6 次/min 的速度，最小回转行程为 30mm 时，应能承受 100 000 次挠曲。

耐弯折性也是进行鉴定检验和周期检验的项目。弯折时应在试样中心以最小 2.5mm 或印制板弯折处总厚度的 12 倍为弯折直径，在板的顶层和底层两个方向弯折 180°，弯折周期为 25 次，不能出现机械和电气损坏或性能降低以及不可接收的分层现象。

5．涂镀层的厚度和镀层附着力

涂镀层厚度是保证印制板表面保护和可焊性能的重要指标，因涂镀层的不同和使用要求不同而有区别。对铜、金、镍和焊料涂镀层厚度的一般要求见表9-8。

表9-8　对铜、金、镍和焊料涂镀层厚度的一般要求

序　号	涂　镀　层	1级板、2级板	3级板
1	铜（表面和孔中）	20μm（最薄18μm）	25μm（最薄20μm）
2	铜（盲孔和多于两层的埋孔）	20μm（最薄18μm）	25μ（最薄20μm）
3	铜（低厚径比盲孔、埋孔）	12μm（最薄10μm）	12μm（最薄10μm）
4	铜HDI芯板2层以上的埋孔	1级板：13μm。2级板：15μm。最薄：11～13μm	15μm（最薄13μm）
5	裸铜上的焊料	覆盖可焊	覆盖可焊
6	电镀锡铅	8μm热熔后覆盖可焊	8μm热熔后覆盖可焊
7	电镀金（非焊接区触点）	0.8μm	1.3μm
8	电镀金（焊接区）	≤0.45μm	≤0.45μm
9	超声焊接区镀金	≥0.05μm	≥0.05μm
10	热超声焊接区镀金	≥0.3μm	≥0.3μm
11	边缘接触片镀镍	1级板：≥2μm。2级板：≥2.5μm	≥2.5μm
12	防铜-锡扩散镀镍层	≥1.3μm	1.3μm
13	有机保焊剂（OSP）	保证铜可焊	保证铜可焊
14	化学镀镍金（ENIG）	镍：3μm。金：≥0.05μm	镍：3μm。金：0.08～0.2μm
15	浸银（I-Ag）	可焊（0.05μm）	可焊（0.05μm）
16	浸锡（I-Sn）	可焊（0.05μm）	可焊（0.05μm）

镀层附着力是镀层与基体金属的结合力，主要是指金、镍、铜和没有热熔的锡铅镀层与基体铜层的结合力。一般采用无黏性转移的压敏胶带法测试，其黏结力不小于 2N/cm，镀层不应被粘掉或起泡、分层。镀层的电镀凸沿被粘掉，不作为镀层附着力不合格的依据。因为镀层凸沿是电镀时在镀层两侧向外沉积产生的悬挂镀层，不是镀覆在基体上的镀层。

6．阻焊膜的附着力

阻焊膜的附着力是阻焊膜与印制板的基材或导电图形的结合强度。附着力低的阻焊膜在焊接时，尤其是在波峰焊时，容易脱落，会造成焊料桥接短路。由于阻焊膜的附着力与阻焊剂材料和制作的工艺条件（固化的程度）有关，所以一般采用与印制板同时生产的专用附连试验图形试验。其方法是与测试镀层附着力相同的胶带法，也可采用不同硬度的铅笔在阻焊膜上以 10N 的力划痕的方法（非标准法）。

9.1.4　印制板的电气性能

印制板的电气性能是印制板的重要性能指标，与印制板的设计、选材和加工质量有关，主要包括导线电阻、绝缘电阻、耐电压值、镀覆孔电阻、互连电阻、电路短路和连续性（电路通/断、完善性）等性能。

1．导线电阻

在直流和低频电路中，印制导线呈现电阻特性，由于铜的电阻率很低，电阻值很小，所

以对于一般的印制板，没有规定导线电阻的具体性能指标；而在高频电路中，印制导线呈现电感特性，就产生特性阻抗，其值与导线的宽度、厚度及与接地面之间的介质层厚度和基材的介电常数等因素有关，且应由设计文件规定。

2．绝缘电阻

印制板的绝缘电阻与印制导线设计的间距、基材种类和加工质量及湿度等因素有关。另外，印制板表面离子污染严重也会使印制板的绝缘电阻下降。印制板的绝缘电阻分为表面、层间和内层绝缘电阻三种。在正常条件和湿热条件下测试，印制板的绝缘电阻有所区别，对于环氧玻璃布基材，其具体指标见表 9-9。

表 9-9　环氧玻璃布基材印制板的绝缘电阻

环 境 条 件		正 常 条 件	湿 热 条 件
绝缘电阻（Ω）	表层	$\geqslant 2\times10^{10}$	$\geqslant 1\times10^{9}$
	内层	$\geqslant 1\times10^{10}$	$\geqslant 1\times10^{9}$
	层间	$\geqslant 1\times10^{10}$	$\geqslant 1\times10^{9}$

注：① GB/T 4588.4—2017 中规定测试电压：外层为直流 500V，内层和层间为直流 100V。

　　② 湿热条件：GB/T 4588.4—2017 采用稳态湿热 4 天；IPC 采用交变湿热。

3．耐电压值

印制板的耐电压值与印制导线的设计间距、基材种类和厚度、加工质量以及印制板表面有无阻焊膜和敷形涂覆层等因素有关。相邻导线之间的毛刺会降低印制板的耐电压值。阻焊膜和敷形涂覆可以提高耐电压值。印制板的耐电压分为表面耐电压、内层耐电压和层间耐电压，都是在正常大气条件下测试的。国标 GB/T 4588 中没有规定耐电压值的具体数值；而 IPC 标准中规定当按 IPC-TM-650 试验时，环氧玻璃布基材的印制板应在表 9-10 规定的电压下，在导线与导线或导线与连接盘之间应无闪络、电晕或击穿。

表 9-10　环氧玻璃布基材印制板的耐电压值和持续时间

	1 级板	2 级板	3 级板
电 压	无要求	直流 500V	直流 1000V
持续时间	—	30s	30s

在一定的低气压条件下，由于气体电离的临界状态，介质的耐电压值要下降许多（2/3）；在高真空时，耐电压值又上升。在低气压或高空条件下使用的产品应注意耐电压值这一特性。

4．镀覆孔电阻

镀覆孔电阻是孔壁金属层的电阻，能反映孔内铜镀层厚度及其完整性，它由孔内镀层（主要是铜层）的平均厚度、孔径的大小和孔壁的长度决定，是生产过程中控制镀层厚度的依据之一，也是检测印制板上镀覆孔内镀层分布均匀性的方法之一。在国标中没有规定验收的具体数值，只规定了孔镀层厚度平均为 25μm，最薄处不低于 18μm，这相当于孔径为 1mm、孔壁长度为 1.6mm 时的孔电阻为 375μΩ。孔电阻不大于 375μΩ 都可以接收。孔径越小、板越厚，孔电阻就越大。测试方法应采用 GB/T 4677—2002 中规定的非破坏性的四端接线法。

5．互连电阻

互连电阻又称孔线电阻，是导线串联镀覆孔的总电阻，它包括导线、连接盘、金属孔壁的电阻及连接盘与孔壁镀层的连接电阻。由于导线的宽度、厚度、长度及其公差都影响互连电阻的大小，所以难以给出每条线的确切阻值。连接盘与孔壁的连接电阻是连接可靠性的关键，一旦内层连接盘与孔壁的界面连接有质量问题，互连电阻将明显增大。一般不要求准确的互连电阻值，如果有要求，则应由设计文件规定。测定热冲击试验前后的互连电阻的变化率，是反映多层板中互连可靠性的重要指标，在国标中目前尚未规定，而在 GJB 和 QJ 标准以及 IPC 标准中对 2 级板、3 级板做了规定，在高、低温度循环冲击试验前后变化率不大于 10%。实践证明，互连电阻变化大的板容易失效，可靠性大大下降，使用寿命明显缩短。

6．电路短路和电路完善性

电路短路和电路完善性要求是印制板使用功能的基本要求。一旦出现不应有的短路或断路，不仅仅会使电路板的功能失效，严重时还会损坏元器件或设备。所以印制板在交付之前，必须对该项要求按规定进行检验。一般采用目检和专用设备进行电路通/断测试。目检只能检查布线密度较低并且较为明显的短路、断路缺陷；对导线较细、布线密度较高的板和多层板的内层导线，以及潜在的短路、断路缺陷（目检看不见，需施加一定的电压才能暴露的缺陷），就要使用专用设备或方法，如自动光学检测（AOI）、X 射线检测和通/断测试等方法。在国标 GB 4588 中只规定了无短路、断路缺陷，没有具体量化的规定。在 IPC 标准中除规定无短路和断路外，还规定电路连续性应当按规定要求通过一定的电流时，不应有超过 5Ω断路现象；当施加规定的电压时，相互绝缘导线之间的电阻，1 级板应大于 2MΩ，2 级板应大于 15MΩ，3 级板应大于 100MΩ。

另外，在国标中还有镀覆孔和导线的耐电流试验等，与导线电阻和镀覆孔电阻一起作为附加性能，此处不再详述。

9.1.5 印制板的物理性能和化学性能

1．印制板的物理性能

印制板的物理性能有可焊性、模拟返工、热应力和吸湿等性能要求。这些性能的检验都是在按规定条件试验后，再通过外观检查或借助显微剖切观察试验后的状况，判断合格与否。

（1）可焊性

印制板的可焊性主要是指表面上焊盘的可焊性和镀覆孔内镀层的可焊性，两者的试验和评定方法稍有区别，但都是对焊料润湿能力的反映。一般通过使用规定的焊料、焊剂，在规定的焊接温度（232℃±5℃）和焊接时间内，表面和孔内金属表面的润湿状态来评价印制板的可焊性。

① 对焊盘表面全部润湿为可焊性好，半润湿和不润湿为可焊性差，如图 9-60 所示。

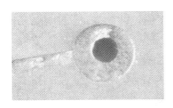   

（a）表面可焊性差　　　（b）孔可焊性好　　　（c）孔可焊性较好　　　（d）孔可焊性差

图 9-60　表面可焊性与孔可焊性

② 镀覆孔可焊性评定：焊料应完全润湿孔壁，在任何镀覆孔中不存在不润湿或暴露底层金属的现象。理想状况是焊料润湿到孔的顶部焊盘上。如果焊料润湿到焊盘上，但没有覆盖整个焊盘，或者焊料虽然没有完全填满镀覆孔，但焊料充满孔的 2/3 以上，并且焊料与孔壁的接触角小于 90°，呈润湿状态，也可接收，如图 9-61 所示。

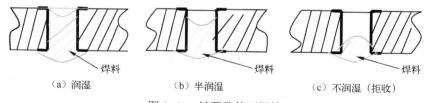

（a）润湿 （b）半润湿 （c）不润湿（拒收）

图 9-61 镀覆孔的可焊性

（2）模拟返工

模拟返工是考核印制板能经受实际焊接的能力。模拟返工试验通常以规定功率的烙铁在规定的焊接温度和时间下（一般为 250～260℃，3s），对焊盘进行焊接、解焊 5 次后，对焊接部位显微剖切，检查焊盘起翘情况。对于 1 级板，由供需双方商定；对于 2 级板，不大于 0.12mm；对于 3 级板，不大于 0.08mm。在试验前不允许焊盘起翘。

（3）热应力

热应力是印制板在波峰焊或浸焊过程中的耐热冲击性能。热应力试验是将经过去湿和预处理后的印制板放入 260～265℃的焊料槽中，浸入的深度为 25mm，10s 后取出，放在绝缘板上，冷却后，进行显微剖切，检查镀覆孔内、层间、基材以及铜箔与基材之间应无起泡或分层等缺陷。对于 1 级板，该项性能应按合同进行。

（4）吸湿性

印制板的吸湿性主要由印制板的基材决定。对于单面和双面板，按合同上规定的基材制作印制板就不再检查该项性能；对于多层印制板，主要用于选择材料和考核层压工艺。印制板吸湿后会使绝缘电阻下降，如果有要求，则在湿度环境试验后，测试印制板的表面绝缘电阻。对于 FR-4 基材的印制板，吸湿率不大于 0.3％。

2．印制板的化学性能

印制板的化学性能要求主要有表面清洁度、耐溶剂性和耐焊剂性。

（1）表面清洁度

印制板的表面清洁度又称离子污染。清洁度好坏直接影响表面绝缘电阻和使用寿命。清洁度不好，离子污染严重，会使印制板的可焊性和表面绝缘电阻下降，在潮湿环境下还会造成导体的腐蚀，影响印制板的寿命，尤其是对细导线、小间距的高密度布线板，其影响更为明显，所以在印制板涂覆阻焊膜前和焊接后必须严格清洗，应达到规定的清洁度要求。清洁度的测试是先用化学萃取液清洗未印阻焊膜的印制板表面（通常用电阻率大于 6MΩ·cm 的异丙醇-水萃取液），再测试萃取后溶液的电阻率，应大于 2MΩ·cm，或相当于 1.56μg/cm^2 氯化钠当量。测定时，应注意环境的洁净和操作方法，防止二次污染影响测定的结果。

（2）耐溶剂性和耐焊剂性

印制板的耐溶剂性和耐焊剂性是指印制板的绝缘涂层（包括阻焊膜、字符、标识等），耐焊剂和清洗溶剂的能力。一般是按合同规定的或标准试验方法规定的溶剂和方法，清洗有绝缘涂层的印制板，试验后的标记、字符和阻焊膜应符合下列要求：

标记无损坏；标记可不清晰，只要能识别，类似字母不会混淆（如 D-P-B、E-F、C-G-O）；阻焊膜无鼓泡、分层；无印料脱落。

9.1.6 印制板的其他性能

1. 附加性能要求

镀层的孔隙率、加速老化后的可焊性、导线的特性阻抗以及环境适应性等性能是印制板的附加性能，当需要时应根据要求进行评定。孔隙率有两种测定方法：电图像法和气体暴露法。其评定的方式有所区别，主要用于评定裸露的电接触镀层（如印制插头和触点上的金镀层等。对于有镍底层镀金，在金层厚度大于 1.3μm 或镍底层的焊盘上金层可以不做该项验收试验）。特性阻抗必须按合同或设计文件要求评定。环境适应性也是按合同规定的，一般用于有高可靠性要求的产品。

2. 印制板的返工、修复和修改

印制板的修复和修改不是印制板的性能，而是验收的一项要求，在 GB/T 4588 系列标准中没有规定，但是在国军标 GJB 362B—2009 和 IPC 标准中都有规定。在按以上标准的要求进行检验时，如果发现超过要求的缺陷，可以返工的（导线上的毛刺、机械安装孔径小等缺陷）并且返工后缺陷消除，完全符合要求的，允许返工。

修复是指缺陷超出标准要求的不合格品，经过修理可恢复功能，虽然能使用，但是还留下修理过的痕迹（如对断开的印制导线的修补）。返工是指某工序重新加工，不留下缺陷的痕迹（清除毛刺）。修改是指设计更改印制板原来的布线状态，需要在成品印制板上进行修改。对于裸板的修复或修改，从产品的可靠性考虑，对 1 级板、2 级板、3 级板的要求不同，分别如下。

- 1 级板：可靠性要求不很高，只要不影响外观和功能允许修复。
- 2 级板：需供需双方协商同意。
- 3 级板：不允许修复。因为修复可能会留下缺陷的痕迹，对高可靠性产品是一种隐患。修改应按设计文件或客户要求进行。

9.2 印制板的质量保证和检验

印制板的质量保证规定是根据质量保证管理的要求，保证印制板产品质量的一些规定措施，同时也是对印制板制造商的质量信誉保证程度的要求。它包括质量责任、检验条件、设备和装置、检验分类、过程检验、材料检验、鉴定检验、质量一致性检验、试验方法、交货准备及订货合同文件的内容要求等。

9.2.1 质量责任

除非另有规定，印制板的供货方应对标准中规定的各检验项目负责。也就是说，供货方可以按合同规定，使用自己的或其他的合适的检验设备或装置进行各个项目的检验，并保存所有的检验结果或记录，以备用户对标准规定的任一检验项目进行检查。如果有些项目在印

制板生产方没有条件检验，则应由生产方找第三方进行委托检验，并按 ISO 9000 质量保证规定对委托方进行能力确认，试验和检验的结果仍由印制板生产方负责。仲裁检验和鉴定检验应由供需双方同意的有资质的试验鉴定机构进行。鉴定机构对检验和试验的结果负责，而产品的质量问题仍由生产方负责。

9.2.2 检验项目分类

按 IPC 和我国军用标准规定，检验项目分为材料检验、过程检验、鉴定检验和质量一致性检验四类。

1. 材料检验

材料检验是印制板生产方生产过程质量控制的重要组成部分，也是对用户的质量保证的一部分，证明印制板所用的材料是经过复验合格的。当用户需要核对成品印制板的材料时，材料检验可作为材料质量符合设计文件或订货合同的证明。材料检验应由材料供应商的原产品合格证和印制板生产方按规定通过计数抽样得到的鉴定数据为依据的合格证明组成。对印制板生产中适用的关键材料必须进行复验，包括基材、半固化片和其他工艺材料。复验的内容应针对其中对产品有影响的主要参数。复验工艺材料通常是核对材料的合格证明资料和做必要的工艺试验以确定材料的质量，不需要对材料的所有性能都进行测试或检验，因为任何印制板生产厂，不可能也不必要具备所有材料的试验条件和能力。

2. 过程检验

过程检验是印制板生产过程中的质量检验，是保证最终产品质量的基础，也是质量保证体系的重要组成部分。生产方应根据企业自己的生产质量稳定性、工艺特点和产品的质量等级要求不同而设置适当的检验点。实行自检、互检和专检相结合的检验方式最为有利，大批量生产难以做到三级检验制，但至少应有自检和专门检验，检验点的设置至少应在照相底版、孔金属化（检验镀层孔完整性）、内外层导电图形蚀刻后（检验导线宽度和间距级图形缺陷）、涂覆阻焊膜前（检验清洁度）、钻孔和外形加工后、电路通/断和产品包装前，并有检验记录。在生产过程中还应对设备、关键溶液和镀液进行定期或不定期检测，随时检测自动化设备的运行状态。

3. 鉴定检验

鉴定检验用于证明印制板生产方有能力生产标准规定的产品，也是用户选择合格的印制板供应商，对其生产能力的认证检验和新型产品的鉴定。检验应在采用正常生产中使用的设备和工艺生产的印制板的检验批中进行，并且鉴定检验必须符合规定的产品级别的所有要求。鉴定检验可以使用标准的试验样板、成品板、试生产样本或由供需双方评定可作为等效值的过去的性能数据（一般是试验费用较高的 B 组检验项目）。试验样本大小应按相关规定或国标 GB/T 2828.1—2012 规定或由供需双方商定。

4. 质量一致性检验

质量一致性检验是在成品板或质量一致性附连板上进行的，以保证交付的产品质量的检验。当使用附连板时，应按标准规定的图形和在拼板上的位置制作，对每一块质量一致性附连板与它所对应的成品板，应有证明是在同一块在制板上的可追踪性标记。质量一致性检验应包括 A 组检验（逐批检验）和 B 组检验（周期检验）。

（1）A 组检验

按检验批次逐批检验，应对交付给用户的产品全部进行 A 组检验；对不同级别的产品，检查的项目和频数都有区别。各个级别板的 A 组检验项目见表 9-11。

表 9-11　各个级别板的 A 组检验项目

产品级别	检验项目
1 级	外观目检项目、尺寸、翘曲度、镀层附着力、电路连续性和短路
2 级	外观目检项目、尺寸、镀层附着力、翘曲度、镀覆孔完整性、附加尺寸要求、电路连续性和短路、潮湿（每月 2 次）
3 级	外观目检项目、尺寸、可焊性、非支撑孔的黏合强度（根据需要）、阻焊膜固化和附着力、镀层附着力、镀覆孔的完整性、翘曲度、附加尺寸、热应力（浮焊）试验、绝缘电阻、电路连续性和短路、清洁度（每批 2 次）

已通过 A 组检验的产品在 B 组检验结束前不应推迟出厂交付。因为 B 组检验是按周期进行的，所以只要 A 组检验合格就应交付产品。

（2）B 组检验

B 组检验是按规定的周期进行的检验，对不同级别的产品检查的项目和频数也有区别。各个级别板的 B 组检验项目见表 9-12。

表 9-12　各个级别板的 B 组检验项目

产品级别	检验项目
1 级	镀覆孔完整性、附加尺寸、可焊性、热冲击（浮焊）试验、绝缘电阻、耐溶剂性
2 级	可焊性、阻焊膜固化和附着力、热冲击（浮焊）、耐电压、绝缘电阻、清洁度和耐溶剂性
3 级	模拟返工、耐电压、耐溶剂性、吸湿性、温度冲击、湿热后绝缘电阻、环境适应性（按合同）

注：需不需要进行 B 组检验和检验哪些项目应按合同进行。军工产品通常必须进行 B 组检验。

对以上检验项目，如果材料或工艺改变应随时进行实验，以确定材料和工艺改变对印制板质量的影响程度。如果 B 组检验不合格，对于 3 级产品板，供货方应通知在 B 组检验期间已发货的用户单位中止产品的接收，直至印制板供货方采取改正措施，重新进行 B 组检验直至证明改正措施是有效的。若重复检验仍不合格，则供货方应通知用户不合格的信息和需要采取的改正措施。检验的频数和周期应按相关的标准或合同规定。检验的抽样方法和试验方法应查相关标准，此处不再详述。

9.2.3　交货的准备、试验板和包装

1. 交货的准备

印制板在检验合格后，应整理好检验和试验数据、资料，开具合格证明，准备测试的附连试验板和包装材料。交货应包括验收合格的印制板、合格证、必要的（或按合同规定的）测试数据和附连试验板（对于 3 级产品的多层板，至少应包括电路通/断测试数据、镀覆孔的金相显微剖切照片）。

2. 附连试验板

可以将合适的试验图形添加到需要的印制板的边框外（靠近边线外侧）作为在制板（拼板）的一部分，与需要的印制板同时加工，到最后加工完成时分开，以代表成品板用于做一

些诸如耐电压、热应力、模拟返工、显微剖切等有破坏性的试验。附连试验板一般应采取批号作为标识。当印制板是以拼板的形式进行组装时，附连试验板应采用印制板的标识，以便于从附连试验板可以追溯到其代表的成品板。对于 3 级产品印制板，必须有附连试验板；对 1 级、2 级产品印制板，是否要附连试验板应由用户决定或按合同规定。

3．包装、储存和运输

（1）包装

包装是保证合格的印制板产品在经运输、储存后，在使用前不会损坏和降低质量。经检验合格的印制板按规定进行清洗、干燥和除湿处理，冷却至室温包装后，装入聚乙烯塑料袋或由聚乙烯/聚酰胺和聚酯/聚乙烯构成的层压塑料袋吸真空密封包装，多件包装的多层板之间应衬以中性包装纸。通常采用层压塑料吸真空包装。如果储存环境恶劣、时间较长，则在超出规定的储存条件时，应由供需双方商定，可采用由铝箔与聚乙烯或聚酯薄膜压制而成的塑料铝箔层压袋吸真空包装。需要远距离运输时，应将包装完成的多层板装入包装箱内，箱外圈封，箱内衬以防潮纸，并放入干燥剂。

每批合格产品应附有产品合格证，如用箱装（或其他包装形式），应附有包括产品名称、成品型号、规格、批次、数量、生产日期、包装日期、生产单位等内容的装箱单。

（2）储存和运输

运输过程中应防止受潮和太阳久晒，应防止接触强碱、强酸性气体和机械损伤。印制板应以包装形式保存在温度为 10～35℃、相对湿度不大于 75% 的洁净容器或箱内。周围环境不应有酸性、碱性或其他对印制板有影响的气体和介质存在。

9.3　印制板的可靠性和检验方法

印制板的可靠性是保证产品功能和适用寿命的重要指标，尤其是在长寿命、高可靠的电子设备中，印制板的可靠性是关键的性能，如果可靠性不好会引起电子设备的提早失效或性能变差，其造成的损失要高于印制板的价值，所以必须在安装电子元器件以前，对其进行试验评价，特别是对可靠性要求高的 2 级、3 级产品，印制板必须逐批或逐个进行可靠性检验，才能确保可靠性。

9.3.1　印制板的可靠性

印制板的可靠性以出现故障的概率来表示，所以仅靠一般的外观检查、电气通/断检测难以做出准确的评价，必须通过一些特殊的模拟使用环境的加速试验，才能检查出潜在的隐患并作出准确的批次性质量可靠性评价。常用的方法是通过模拟返工、热应力、温度冲击、交变湿热条件下的绝缘电阻、耐电压、耐溶剂性剥离强度以及客户要求的环境试验来评价。

9.3.2　印制板的检验方法

检验的方法有统一的标准，像度量衡的检验一样，在国际上都是一致的，这样对检验和试验的结果才具有可比性和可信性。常用的检验方法在国际电工委员会标准 IEC 60326-2 "印制电路板　第二部分：试验方法"、IPC-TM-650 和标准 GB/T 4677—2002，以及相关的行业标准中都有，详细了解可查阅这些标准。实践中证明考核金属化孔可靠性最有力的方法是热冲击试验和温度循环试验。在进行热冲击试验时，应根据所用的基材不同和产品的使用要求来确定试验条件。热固型树脂基材的温度冲击试验条件见表 9-13。

表 9-13　热固型树脂基材的温度冲击试验条件

试验步骤	试验条件 1		试验条件 2		试验条件 3		试验条件 4	
	温度（℃）	时间（min）	温度（℃）	时间（min）	温度（℃）	时间（min）	温度（℃）	时间（min）
1	40^{0}_{-5}	15	-55^{0}_{-5}	15	-65^{0}_{-5}	15	-65^{0}_{-5}	15
2	25^{+10}_{-5}	0	25^{+10}_{-5}	0	25^{+10}_{-5}	0	25^{+10}_{-5}	0
3	85^{+5}_{0}	15	125^{+5}_{0}	15	150^{+5}_{0}	15	170^{+5}_{0}	15
4	25^{+10}_{-5}	0	25^{+10}_{-5}	0	25^{+10}_{-5}	0	25^{+10}_{-5}	0
材料类型	GP、GT、GX、GY		AF、BF、BI、CF、GB、GF		GH、GM		AI、GI、QI	

注：① 试样达到固定温度的时间为 0～2min。

② GR、GT、GX、GY 为热塑型基材，是微波用聚四氟乙烯基材；其余为热固型基材。GB 为耐热型环氧玻璃布基材。GF 为阻燃型环氧玻璃布基材（FR-4）。GH 为耐热阻燃型环氧玻璃布基材（FR-5）。AI 为聚酰亚胺芳酰胺布基材。GI 为聚酰亚胺玻璃布基材。QI 为聚酰亚胺石英布基材。

第10章

印制电路板的验收标准和使用要求

10.1 印制板验收的有关标准

印制板工业涉及印制板材料、制造、安装和测试等不同技术范畴的多种材料和工艺技术，若将这些技术有机地结合在一起，形成一个完整的产品就需要标准。标准是联系不同材料和技术结合的纽带，是各阶段工作和产品验收的依据。标准化程度高的设计和产品，能提高产品的质量和生产效率、降低成本。印制板是标准化很强的一种电子产品，技术发达的国家都十分重视印制板标准的制定、修订工作。国内外都有一套系列标准。国外该类标准分为国际标准和各技术发达国家的国家或行业标准。各类标准有不同的标准体系。

印制板标准是印制板验收的重要依据。技术发达国家主要有美国、英国、日本等，各自制定了本国的标准和规范。目前在国际上最有影响并被许多国家采用的标准，主要是美国电子电路封装协会标准（IPC 标准）和美国军用标准（MIL 标准）。在 IPC 标准中对印制板及其安装技术的标准已形成了完整的体系，它包括设计、制造和安装工艺、材料、各类产品、试验方法及质量保证等六个方面。该体系的标准相互配套性好、可操作性强、标准修订速度快、内容先进，适合于元器件、印制板及安装技术发展的需要。尤其是为了适应绿色环保型电子产品的发展要求，近几年来大部分 IPC 标准都进行了修订，并将电子产品分为 1 级、2 级和 3 级，不同级别的产品有不同的设计、制造和验收要求，还将部分军用标准和高可靠性产品的内容整合到同一类产品通用标准中，从而由 IPC 标准代替了许多 MIL 标准，体现了军民结合、资源共享的思想，提高了标准的适用性和通用性。

我国的印制板标准分为国家标准（国家军用标准）、行业标准、企业标准三个等级。国家标准规定了保证产品质量最基本的要求和通用的方法和要求；行业标准在不低于国家标准的前提下体现行业的特点，规定行业内的特殊要求和技术指标，或者没有国家标准只有行业标准的情况下，可以在国内同行业内执行；企业标准是企业对本企业产品进行质量控制和验收的标准，也是参与市场竞争的重要依据之一，在有同类的国家标准或行业标准的情况下，其指标不能低于同类的国家标准或行业标准要求。

国标又分为强制性标准（GB）和推荐性标准（GB/T），凡是涉及公共安全、人身健康、生命财产安全和重要军工系统的产品标准都要执行强制性标准，其余一般为推荐性标准。如果强制性标准引用了推荐性标准的内容，那么被引用的内容也要强制性执行。印制板是电子整机产品的基础零件，一般印制板标准不是强制性标准，但是如果印制板在一些重要产品中应用，就应执行更严格的标准，如宇航标准、医疗标准等。

目前国内的印制板方面的标准也很多，有国标、国军标、电子行业标准、航天行业标准、航空行业标准和邮电行业标准等。国家标准部分在与国际标准接轨，主要是参照采用 IEC 标准，部分参照采用 IPC 标准，但是在印制板基材方面，目前主要生产商都是直接采用美国 IPC 或 NEMA 标准（美国电气制造商标准，主要指 FR-4 材料标准）。

10.1.1 国内印制板相关标准

1. 国家标准

GB 1360—1978　印制电路网格

GB/T 2036—1994　印制电路名词术语和定义

GB/T 4588.1　无金属化孔的单双面印制板技术条件

GB/T 4588.2　有金属化孔的单双面印制板技术条件

GB/T 4588.3　印制电路板设计和使用

GB/T 4588.4—2017　刚性多层印制板分规范

GB/T 4677—2002　印制电路板试验方法

GB/T 4721～4725　印制板基材的一系列通用标准和产品标准

2. 国家军用标准

GJB 362B—2009　刚性印制板通用规范

GJB 2142A—2011　印制线路板用覆金属箔层压板通用规范

GJB 2830—1997　挠性和刚性印制板设计要求

GJB 4057—2000　军用电子设备印制电路板设计要求

GJB 4896A—2018　军用电子设备印制电路板验收判据

3. 行业标准

（1）电子行业标准

SJ 20632—1997　印制板组装件总规范

SJ 20748—1999　刚性印制板及刚性印制板组装件设计标准

SJ/T 10716—1996　有金属化孔单双面印制板能力详细规范

SJ/T 10717—1996　多层印制板 能力详细规范

SJ/T 11171—2016　单、双面碳膜印制板分规范

SJ 20604—1996　挠性和刚挠印制板总规范

SJ/Z 9130—1987　印制线路板

SJ 20671—1998　印制板组装件涂覆用电绝缘化合物

SJ 20747—1999　热固型绝缘塑料层压板总规范

SJ 20748—1999　刚性印制板及刚性印制板组装件设计标准

SJ 20749—1999　阻燃型覆铜箔聚四氟乙烯玻璃布层压板详细规范

SJ/T 10389—93　印制板的包装、运输和保管

（2）航天行业标准

QJ 3103B　印制电路板设计规范

QJ 201A　印制电路板通用规范

QJ 519A　印制电路板试验方法

QJ 831B　航天用多层印制电路板通用规范

QJ 832B　航天用多层印制板试验方法

以上所列的国家标准有的已有十年以上的标龄，随着技术的进步和发展，许多标准需要修订，目前的国家标准正在完善、修订和制定中，采用标准时应注意标准发展的动向，及时采用最新版本标准。修订时标准号不变，在后面标注的年代表示标准修订的时间。对于 IPC 标准和我国的军用标准，以标准编号后面的英文字母顺序（A、B、C、D...）表示版本的更替，引用标准时应注意标准的版本序号。

在实际生产中，由于印制板的基材多数为合资企业生产，印制板基材一般都与国际接轨，按国外先进标准生产，采用国际流行的名称，如 FR-1、FR-2、FR-23、FR-4 或 PI 等。而对 IEC 标准和我国标准采用的国际命名法，即用基材的英文字头缩写的表示方法应用不习惯，因为缩写字母太多，不易记忆。例如：覆铜箔环氧玻璃布层压板基材，按国标为 CEGP-32F，按美国 NEMA 标准称为 FR-4，非常容易记忆。所以在设计引用国标基材名称时，在国际命名的材料后面加括号注明国际的流行名称，如 CEGP-32F(FR-4)。如果不注明则按质量保证体系要求，会出现不允许的设计文件与使用的材料名称不一致的问题。

在产品验收时，应根据印制板的类型采用相应的国标 GB 4588.1、GB 4588.2 或 GB 4588.4 等，对于特殊行业要求的产品可以采用相应的行业标准（如 SJ 202 QJ831/QJ201 等）。

10.1.2　国外印制板相关标准

1．国际标准

国际电工委员会（IEC）有关印制板设计的系列标准主要有：

IEC 6196　PCB 术语和定义

IEC 60249-1　印制电路用基材　第一部分：试验方法

IEC 60249-2　印制电路用基材　第二部分：规范（2.1～2.19 各种基材）

IEC 60249-3　印制电路用基材　第三部分：连接印制电路的特种材料（粘结片、覆盖层）

IEC 60326-2　印制电路板　第二部分：试验方法

IEC 60326-3　印制电路板　第三部分：印制板的设计和使用

IEC 60326-4　印制电路板　第四部分：无金属化孔的单面及双面印制板规范

IEC 60326-5　印制电路板　第五部分：有金属化孔的单面及双面印制板规范

IEC 60326-6　印制电路板　第六部分：多层印制板规范

IEC 60326-7　印制电路板　第七部分：无贯穿连接的单、双面挠性印制板规范

IEC 60326-8　印制电路板　第八部分：有贯穿连接的单、双面挠性印制板规范

IEC 60326-9　印制电路板　第九部分：有贯穿连接的挠性多层印制板规范

IEC 60326-10　印制电路板　第十部分：有贯穿连接的双面挠-刚性印制板规范

2．美国标准

美国印制电路标准主要有美国电子电路互连封装协会（IPC）标准、美国军用标准（MIL 标准）和美国电器制造商协会的材料标准（NEMA 标准）。

（1）设计方面

MIL-STD-275　军用印制电路设计（已被 IPC-2221 系列标准代替）

MIL-STD-13032　印制电路板的质量保证

IPC-D-316　软基材微波电路板设计指南

IPC-2221　印制板设计通用规范

IPC-2222　刚性有机印制板设计分规范

IPC-2223　挠性印制板设计分规范

IPC-2226　高密度互连印制板设计规范

IPC-7351　表面安装设计和焊盘图形标准的通用要求

IPC-7095　BGA 的设计和安装工艺实施过程

IPC-7525　模板设计指南

（2）基材方面

IPC-4101A　刚性及多层印制板用基材

IPC-4202　挠性印制板用挠性绝缘基材

IPC-4203　覆盖层用涂黏结剂绝缘薄膜

IPC-4204　制造挠性印制线路用覆金属箔绝缘材料

（3）产品验收方面

IPC-6011A　印制板鉴定与性能通用规范

IPC-6012B　刚性印制板鉴定与性能规范

IPC-6013B　挠性印制板鉴定与性能规范

IPC-6016　高密度互连层（HDI）或印制板鉴定与性能规范

IPC-6018B　微波成品印制板的检验和测试

IPC-A-600H　印制板验收条件

IPC-TM-650　印制电路板试验方法手册

（4）印制板安装方面

IPC-610D　印制板组装件的验收条件

IPC-J-STD-001　电气电子组装件的焊接要求

IPC-J-STD-002　元器件引线、引出端子、接线片、焊接端子和导线的可焊性试验

IPC-J-STD-003　印制板的可焊性试验

IPC-J-STD-004　焊剂要求

IPC-J-STD-005　焊膏要求

IPC-J-STD-006　电子焊接用电子级焊料合金、焊剂和无焊剂固体焊料要求

IPC-J-STD-9701　表面安装焊接件的性能试验方法和鉴定

目前国际和国内采用比较广泛的验收标准是 IPC-A-600H，该标准主要规定了可以目视检验或借助于一定设备和方法（显微剖切）可以观察得到的验收项目，及部分可测试项目。该标准内容先进，图文并茂，技术要求清楚，适用于各个等级产品的印制板验收（不包括宇航级产品）。印制板的其他测试项目的技术指标在 IPC-6012B 和 IPC-6013B 中，所以在产品验收时执行的标准顺序应为供需双方签订的订货合同→通用规范→适用的性能规范→验收标准（IPC-A-600G）。

10.2　印制板的使用要求

印制板的储存条件和使用对印制板的性能有较大的影响，储存和使用不当可能会引起一些质量问题，甚至在焊接后出现短路或断路问题，找出质量问题的原因更为复杂。实际应用中，因焊接不当在安装了元器件后发现印制板质量问题的情况时有发生，并且由此造成的损失远大于印制板的成本。引起印制板在安装元器件和焊接以后出现质量问题的原因有储存条件不符合要求、焊接前储存期长、焊接操作不当、一般外观检查难于发现的印制板本身潜在的质量问题、选用基材特性与焊接条件不匹配等。所以，在用户接到印制板后应作好复验和正确地使用是非常必要的。

1. 认真作好印制板的复验

在使用印制板前应检查包装有无破损、有无合格证、尺寸规格与设计图纸的一致性，如果有包装破损，则必须复验可焊性，焊接前应清洗并烘干和进行除潮处理。

检查印制板的外观，阻焊膜不应有脱落，焊盘和金属化孔内涂层不应有变色。如果有阻焊膜脱落应返回生产方退货或修补；焊盘和金属化孔内涂层变色或孔内变黑，应返回生产方处理。对基材的型号应进一步核对，因为基材玻璃化转变温度 T_g 较低（≤145℃）的基材难于经受无铅再流焊的温度和时间，容易引起焊接后基材分层或金属化孔失效。如果采用无铅焊接工艺，应选较高 T_g（≥150℃）的基材。

2. 印制板的正确使用

正确使用印制板对保证产品质量和可靠性十分重要，主要应注意以下几个方面。

（1）焊接前处理

对印制板进行清洗后再烘干，通常对多层板和聚酰亚胺基材的印制板应在 120℃±5℃ 的条件下预烘 2h，视受潮时间长短而适当调整除潮烘烤时间。烘干后在相对湿度小于 75% 的条件下冷却后及时焊接，如果当天焊接不完，应将印制板放入真空储存柜内或在湿度小于 75% 的无腐蚀性气体条件下存放，并尽量短期内焊接完。如果存放时间过长还应检验可焊性，合格后再进行焊接。

（2）焊接条件

印制板组装件焊接工艺条件的确定，应注意印制板的特性。印制板的耐焊接温度（耐浸焊性）与基材的玻璃化转变温度（T_g）和铜箔厚度及铜箔与基材的结合力有关。T_g 越高其耐焊性越好。如果印制板在高温焊料中停留时间很短，则允许的受热温度可提高。但随焊料温度升高，其焊接时间要明显缩短，超过基板的耐热界限表面温度，就会出现膨胀、起泡、分层等破坏现象，所以焊接时应严格控制焊接时间和温度，过高的温度和过长的焊接时间，都可能引起印制板质量的下降和基材的破坏。过高的温度会加大基材在 Z 方向的膨胀，容易引起金属化孔的损坏，尤其是长时间的高温使基材内树脂温度超过 T_g 温度后，基材的膨胀率增大，远远大于金属化孔壁铜层的热膨胀率使铜层伸长，孔电阻变大，严重时会被拉断，金属化孔失效或产生基材分层、起泡。

多层印制板的耐热界限表面温度，与基材特性和吸湿程度及焊接的预热温度（板的表面温度）有关。当预热温度低时，焊接时的耐热界限表面温度也会降低，当突然受到较高的焊料温度时，会造成基材膨胀或起白斑。

当采用波峰焊时，焊接温度一般控制在 240℃以下；当采用手工焊时，因为印制板局部短时间受热，烙铁温度可稍高一些，但是也应在 320℃以内，在保证焊接良好的情况下，尽量缩短焊盘和基板接触温度时间（<3s）。手工焊接多层板时，为防止内层导体散热而延长焊接时间，应选用功率稍大一点或烙铁头热容量大些的烙铁，在高温下（290～320℃）短时间焊接（<3s），避免采用小功率或小烙铁头长时间焊接。对通孔安装多层板的焊接，最好采用波峰焊，如果用手工焊接，最好采用温度和功率都可调的智能烙铁。

当采用再流焊时，预热温度在 150℃左右，焊接温度在 220～250℃（无铅焊料为 230～260℃左右），同样也要控制焊接时间不能过长，应通过试验确定温度曲线。

刚焊完的焊盘在高温下与基板的黏合力显著下降，此时切勿对印制导线和焊点施加外力，以防焊盘和导线起翘。无铅焊料焊接应采用耐高温的基材。

印制板的焊接对印制板的可靠性是严重的考验，只要基材选择合适，在正常的焊接条件下印制板不会产生质量问题，也不会影响其性能。SMT 印制板组装件的质量是电子装联工艺本身的加工质量与印制板设计、制造质量的综合反映。要保证印制板组装件的质量，就必须了解印制板的特性，严格操作，认真分析安装中出现的与印制板质量有关的问题，有针对性地采取有效措施，才能取得即治标又治本的效果，避免同类质量问题反复出现。

第 **11** 章

印制电路板的清洁生产和水处理技术

印制板的制造技术是一个非常复杂的综合性的加工技术，也是一种消耗水资源较大和有一定污染的加工工艺。印制板制造过程中需要采用许多化学、化工材料及大量的水作为基本的原材料。一方面印制板的生产需要用水配制各种溶液和用大量水进行清洗，水质的好坏直接影响印制板的生产质量，对用水有一定的质量要求，应通过一定水处理系统，把不符合质量要求的水变成符合技术要求的水。另一方面生产中还会产生大量的废水和废液，还要通过相应的处理系统对产生的废水进行处理，把有害物质除去，充分利用水资源和使排出的废水达到国家排放标准或地方排放标准，这就是废水处理和回收利用技术。印制板制造行业的清洁生产和水处理技术应包括以上两个方面。

11.1　印制板的清洁生产管理与技术

印制板生产所用的材料含有很多有害物质，生产过程中也会产生许多有害物质，尤其是产生的"三废"，会对环境造成很大危害性，如果放任自流，不但对社会经济可持续发展造成严重的影响，也会对人的身体造成极大的危害。

因此，对于印制板生产行业来说，从产品设计开始到整个制造和使用的全过程都必须严格控制材料，改进生产工艺，采用先进无污染或低污染的技术，以及对印制板生产过程中产生的"三废"进行严格的监控和科学的治理，强化印制板清洁生产管理，这是关系到印制板生产企业能否生存和发展的大问题。

11.1.1　清洁生产的概念与内容

清洁生产包括清洁生产过程和清洁生产产品两个方面。在清洁生产的概念中它不但包含技术上的可行性，还应包括经济上的可行性，充分体现出经济效益、环境效益和社会效益的统一。

1. 清洁生产的概念

清洁生产是指将综合预防的环境策略持续应用于生产过程和产品中，以减少对人类和生存环境的危害。对生产过程而言，清洁生产包括节约原材料和能源，淘汰有毒原材料，使全部排放物和废弃物在离开生产过程之前就减少数量和降低危害；对产品而言，清洁生产指减少产品在整个生命周期过程中，从原材料的加工到产品的最终处置对人类环境的影响。清洁生产通过应用专门的技术、改进工艺和改变管理来实现。

清洁生产要达到的目的：实现合理利用资源，生产中减少或消除污染物和废弃物的产生和排放，促进印制板工业生产和产品消费过程与环境的相容性，降低整个生产周期对人类和生存环境的危害。

2．清洁生产的目标

清洁生产以"节能降耗、综合利用、减污增效"为目标；加强培训，提高员工清洁生产的思想意识和技术素质，加强生产管理，依靠技术进步，采用合理和实用的工艺技术等措施；本着治污先治本的原则，尽量不用或少用有害物质，使生产过程中污染物的产生量、排放量达到最少化和无害化，生产过程的废物做到资源化。

11.1.2　实现清洁生产的基本途径

从目前印制板生产的实际情况来看，实现印制板清洁生产，有以下几个基本途径。

1．减少污染源

抓源头是实现清洁生产的关键。首先要分析整个印制板生产过程，找出污染产生源头。有目标地从产生污染物的源头抓起，通过改进配方、提高技术、不用或少用有污染的材料和工艺，减少和降低污染物产生，是实现印制板行业清洁生产的根本途径。

2．使废物排放量最小化

印制板生产中物料的转化不可能达到 100%，在生产过程中物料的运输和使用、加热溶液过程中物料的挥发、沉淀，以及误操作、设备与管道的泄漏等原因，总会造成物料的流失和浪费，同时对作业环境也会造成危害。印制板的生产过程中，产生大量的"三废"中有部分是生产过程中流失的原材料。因此，要对生产过程中的废物进行有效的处理和回收利用，为此应建立和完善从原材料投入到废物循环回收利用的生产闭合管理系统，使印制板生产中废物排放量最小化，不对环境构成危害。

3．利用环保新技术搞好分类处理

为实现清洁生产，在印制板生产全过程控制中，应根据生产中废水的污染物种类不同分类收集处理，可以简化处理方法、提高会水利用率、减少排放、降低处理费用。

11.1.3　实现清洁生产的技术途径

清洁生产是一项复杂的系统工程。而对于印制板行业的生产过程来说，废水污染是重点，应在容易造成严重污染源的生产线或关键流水线上的工序中采用新技术、新工艺、新材料、新装备以及采取相应的工艺对策，降低污染。从技术上考虑，在生产过程中最容易实现的是采用闭路循环模式用水，使印制板生产用水、供水和净水一体化，一水多用、分质使用、净水重复使用，实现用水由局部闭路循环发展到全部闭路循环，达到废水的零排放是治理废水的最理想目标。

实现清洁生产至少可从以下方面做起。

1．采用逆流清洗技术

印制板电镀与化学镀中采用逆流清洗技术（清洗的水流方向与工件传递方向相反），是一种从改革清洗工序着手的防止镀液污染技术。该技术不仅能够有效地防止电镀与化学镀废液的污染，而且能够回收水和镀液中有用的化工材料，实现电镀与化学处理清洗水的闭路循环使用。采用逆流喷淋清洗，比早期的整槽水逆流漂洗的清洗效果更好、更节约用水，是节约清洗水量、实现闭路循环而广泛采用的方法。

2．改进配方采用无污染镀液

在印制板电镀工艺中，多年来一直采用含有氟、铅等有毒材料配制的抗蚀金属镀层用的锡铅合金镀液。这些化工材料具有很强的腐蚀性，对人体危害极大，而且"三废"处理也比较困难。目前国际市场对电子产品中含铅有很严格的规定，为此，从环境保护和清洁生产出发，采用无氟、无铅的电镀液技术，是实现清洁生产的重要途径。

3．采用低浓度溶液的表面处理技术

印制板电镀与化学镀工序所排废水中的污染物，主要是由镀件从镀槽中带出来的溶质，一般所带出来的物质量与镀液的浓度成正比。这样一来既浪费原材料，又大大增加废水处理的负担和成本。为此，采用低浓度的配方，不但可以节省资源，更能减少对环境的污染。例如，采用低温低浓度化学镀镍和电镀镍配方、低铜高酸的酸性光亮镀铜等工艺，在保证印制板产品功能性要求的情况下，能减轻电镀镍和铜对环境的污染。

4．加强电镀与化学生产线的改造

实现清洁生产，还可以根据本企业的生产特点和实际情况，对原有的工艺和工艺装备进行技术改造，尽量采用干法工艺和极少有污染的工艺，并严格控制生产过程中污染物质的跑、冒、滴、漏。利用这种方式进行清洁处理的改造，既可以达到和实现清洁生产的目的，又可以节省开支，降低清洁生产的成本。

5．利用先进技术建立回收再利用系统

建立先进的回收再利用系统，实现标准化作业，使大量的重金属得以回收和再利用。例如，贵金属金、银、钯和重金属铜、镍等都可以在线回收或送交有资质的专业回收公司回收。对于清洗水，利用回收系统形成闭路循环使用可节省水资源，使大量的废水经过合理的处理并检测合格后继续回收再利用，以达到零排放。

实现真正清洁生产和可持续发展，在管理上就要加强贯彻与实施 ISO 9000 质量体系管理和 ISO 14000 环境体系管理。

11.2　印制板生产的水处理技术

水处理是指通过一系列的物理的、化学的方法使原水达到规定的要求。原水就是指待处理的水或原料水，统称为原水。一般，在制备纯水时，用深井水或自来水做原水；在废水处理时，废水就是原水。印制板的水处理包括两个方面：一是生产用水的处理，二是生产废水的处理。

印制板生产过程中的用水量大，水质量的优劣直接影响产品质量，严重时会造成生产故障、损害工艺装置。不同工序有不同的水质标准，因此对水质的要求也不尽相同。生产中应

根据水质要求的不同进行处理和使用。

印制板废水就是印制板生产和试验中排放的水。废水中带有某些有害物质，会污染环境、危害人类，所以必须处理。废水的处理也是清洁生产的重要内容之一。

11.2.1 印制板用水的要求

印制板生产中用水的水质根据使用工艺要求的不同，分为配制溶液用水、镀液监控分析用水和清洗用水三种。不同的用水对水质要求不同，即使同一种用水用在不同场合，对水质要求也不尽相同。一般来说，化学分析和配制溶液用水的水质要求较高；除个别场合清洗用水外，清洗用水的水质要求不高，一般自来水就可以使用，不需处理。

1. 配制溶液用水的水质要求

溶液的配制是指按工艺要求，将一定量的化学试剂溶解于一定量的水中形成溶液的过程。因此用水的质量一定要适应化学试剂的纯度要求。根据试剂用水的 ASTM 标准，各种试剂用水的等级见表 11-1。

表 11-1　试剂用水的等级

项目＼试剂用水	Ⅰ级水	Ⅱ级水	Ⅲ级水	Ⅳ级水
总含量（mg/L）（最大）	0.1	0.1	1.0	2.0
最大电导率（μS/cm）（25℃）	0.06	1.0	1.0	5.0
最小电阻率（MΩ·cm）（25℃）	16.67	1.0	1.0	0.0
pH 值（25℃）	无意义	无意义	6.2～7.5	5～8.0

注：Ⅰ级水用于非常严格的分析要求，如高性能溶液的光谱分析试剂，相当于优级纯试剂（GR）；Ⅱ级试剂相当于分析纯试剂（AR）；Ⅲ级试剂相当于化学纯试剂（CP）；Ⅳ级试剂相当于实验试剂（LR）。Ⅰ级和Ⅱ级纯水的 pH 值理论值是 7，实际上接近于 7，但若非常难测试得准确，得到的 pH 值数据也不见得可靠，所以它们的 pH 值是无意义的。

在印制板生产中配制溶液用水的水质，一般为Ⅲ级试剂水（CP 级），但是在一些用工业级化学药品的溶液中，也可以采用一般工业用水，如去膜、蚀刻等溶液。

2. 分析用水的水质要求

化学分析是对各种溶液成分及其含量的鉴定测量，不允许再引入外来杂质而影响测量结果，所以对分析用水的水质要求较高。分析用水在国际上有统一的标准（ISO 3696），其主要的技术规范指标见表 11-2。

表 11-2　分析用水的技术规范指标

项目＼分析用水	Ⅰ级水	Ⅱ级水	Ⅲ级水
最大电导率（μS/cm）（25℃）	0.1	1	5
最小电阻率（MΩ·cm）（25℃）	10	1	0.2
pH 值（25℃）	没有要求	没有要求	5～7.5

注：Ⅰ级水用于非常严格的分析要求，其中包括高性能液体的色谱分析法；Ⅱ级水用于一些灵敏的分析方法，包括自动吸收光谱（AAS）和痕量成分的测定；Ⅲ级水用于一般的分析方法，也适合配制溶液。对于印制板生产质量监控和溶液成分分析，用Ⅲ级水基本能满足要求，因为印制板用溶液中各种成分的含量范围较宽。当然用Ⅰ、Ⅱ级水更好，但成本高。

3．清洗用水

印制板生产中用量最多的是清洗用水，不同清洗阶段的用水，对水质要求也不同。一般生产过程中的清洗采用工业用水即可，但对最终产品印制板在涂覆阻焊层前的清洗要求是十分严格的。按国内外标准规定，清洗涂覆阻焊前的印制板，清洗后的萃取液中，氯化钠等效离子污染试验所测得值应小于 $1.56\mu g/cm^3$（相当于萃取液的电阻率 $2M\Omega\cdot cm$）。因此作为溶剂性清洗水的水质属于电子级，其电阻率应大于 $2M\Omega\cdot cm$。

印制板生产用水，最好使用软化水，以避免 Mg^{2+}、Ca^{2+} 过多而引起质量问题。有些镀前预浸液最好使用去离子水，但电阻率不能太高，因为电阻率太高会吸收 CO_2，变成酸性水，清洗时能使基板表面的铜导体氧化变黑，而且电阻率高的去离子水，其制水系统造价又高。所以，除在印阻焊前清洗用去离子水外，其他用水的电阻率不小于 $0.02M\Omega\cdot cm$ 即可。

在印制板生产工艺中，固体颗粒物会导致电镀层产生针孔或结瘤、颗粒，又会使贴膜时产生针孔或使干膜与铜箔表面贴附不牢，以致显影或蚀刻后的修复率增加，严重的会使线路断路或短路。因此，在使用前，一定要把颗粒除掉。根据半导体工业的用水经验，一般要求固体颗粒的直径小于最小导线宽度和间距尺寸的 $1/5\sim1/10$。目前印制板导线图形，最小的线宽已小至 $0.025mm$。因此，印制板生产用水，不允许有大于 $10\mu m$ 滤径的固体颗粒存在。所以在制备印制板生产用水时，一定要用小于 $10\mu m$ 过滤器，以截留掉大于 $10\mu m$ 的固体颗粒。

印制板生产用水的 pH 值，对印制板生产质量有一定的影响。如果把偏酸性（混床水）水用作全板电镀铜或显影的冲洗水时，板面会发生氧化，影响贴膜质量，加大检验和修版的难度。用偏酸性水配制溶液时，有时也会产生混浊，影响溶液的使用质量。因此，印制板生产用水的 pH 值应控制在 7 左右，但碱性过大，pH 值大于 8 也会加快铜的氧化。

以上就是在印制板生产过程中，对水质量的总要求。为此，就必须将原水进行处理，以达到生产用水的标准。

11.2.2　水处理的相关专业术语和技术指标

印制板生产中水处理常用到的一些专业术语和技术指标主要有以下几项。

1．工业用水

工业用水指工业生产中直接和间接使用的水，包括原料用水、动力用水、冲洗用水和冷却用水等。要求水质澄清、无色、无味、温度适当；水中不含腐蚀气体，化学性能稳定，含盐量低。印制板生产用水量比较多，有的清洗水就直接采用自来水不再需处理，有的需要有一定的纯度，对水中的盐含量和电阻率有要求，则必须处理后才能使用。

2．含盐量

自来水中的含盐量是指所有正负离子的总和，如钠离子（Na^+）、钙离子（Ca^{2+}）、醋酸根离子（HCO_3^-）、氯离子（Cl^-）、硝酸根离子（NO_3^-）、硫酸根离子（SO_4^{2-}）等，单位是 mg/L（行业内也用 ppm，即$\times10^{-6}$）。这些离子的存在会使水的电导率提高。

3．电阻率和电导率

水的电阻率一般是指 $1cm^3$ 水的电阻值，也可以用电导率来表示，两者之间互为倒数关

系，用公式表示为

$$\rho = 1/X$$

式中，ρ 为电阻率($\Omega \cdot cm$)；X 为电导率$(\Omega \cdot cm)^{-1}$。

电阻率：$1M\Omega \cdot cm = 10^3 k\Omega \cdot cm = 10^6 \Omega \cdot cm$

电导率：$1(M\Omega \cdot cm)^{-1} = 1S/cm = 10^6 \mu S/cm$

因此 $1M\Omega \cdot cm$ 的电阻率相当于 $1S/cm$ 的电导率。一般讲纯水的电阻率是指水温在 25℃时的电阻率。水中含盐量越大，导电性就越强，电导率就越高，电阻率就越低。所以说水的纯度可以用含盐量和电阻率来表示。采用电阻率来表示水的纯度更易测量。目前最纯的水，其电阻率为 18.3MΩ（在 25℃），相当于 20 次蒸馏水的纯度。

4．软化水及其硬度的表示方法

软化水是指将硬度（指含 Mg^{2+}、Ca^{2+}的量）降低或去除至一定程度的水。当前印制板生产中所使用的软化水大多采用离子交换树脂去除 Mg^{2+}、Ca^{2+}。

硬度单位一般采用德国度来表示。1 德国度＝10mg/1CaO。其他的硬度表示单位还有法国度、英国度、美国度和苏联度等。水的硬度分类见表 11-3。

表 11-3　水的硬度分类

总　硬　度	水　质	总　硬　度	水　质
0～4	很软水	12～18	较硬水
4～8	软水	18～30	硬水
8～12	中等硬水	>30	很硬水

5．脱盐水

脱盐水一般是指将水中易除去的强电解质去除到一定程度的水，其剩余的含盐量为 $1 \sim 5 \times 10^{-6}$，电阻率为 $0.1M\Omega \cdot cm$，如一级复床出来的水质。

6．纯水

纯水又称去离子水或深度脱盐水。一般是指将水中的强电解质去除以外，还将水中难以去除的硅酸盐、CO_2 等弱电解质去除到一定程度的水。其剩余的含盐量在 1×10^{-6} 以下，其电阻率为 $10M\Omega \cdot cm$，如复床脱气塔混床出来的水。

7．高纯度水

高纯度水又称超纯水。一般指将水中导电介质几乎完全去除，又将水中不离解的胶体物质、气体及有机物去除到一定程度的水。其剩余的含盐量在 0.1×10^{-6} 以下，电阻率为 $10M\Omega \cdot cm$ 以上。

11.2.3　纯水的制备

纯水制备的程序通常有预处理、脱盐和后处理。其作用是去除溶在水中的 Na^+、K^+、Ca^{2+}、Mg^{2+}、Cl^-、SO_4^{2-}、NO_3^- 等离子；去除非溶解性的粒子状物质，包括悬浮状大颗粒物质到胶体状大小的颗粒物和各种生物；去除溶解性有机物（以 TOC 表示，其来源于原水回收废水中的有机溶剂及高纯水装置本身材料所析出来的有机物）；去除溶于水中的 O_2、CO_2、H_2S 等气体。应根据水质的特性及供水对象由专业水处理公司设计纯水系统。

1. 水预处理的基本方法

预处理的目的是全部或部分去除原水中的悬浮物、微生物、胶体、溶解气体及部分有机和无机杂质，为脱盐及精处理工序创造条件，达到电渗析、反渗透、离子交换等过程的进水要求。具体方法有：

（1）化学凝聚和电凝聚

当把自然界中的水作为纯水制备的原水时，水中有不少颗粒悬浮物。这些悬浮物在水中自然分离是不太可能的，必须进行人工处理。常用的方法有化学凝聚和电凝聚。

（2）机械过滤

机械过滤又称为砂滤或多介质过滤，主要用于除去原水中过量的悬浮物质，从而降低原水中的混浊度。机械过滤一般能除去 $10\sim100\mu m$ 的悬浮泥沙。

（3）精密过滤

精密过滤又称深层过滤，一般用绕线或蜂房滤芯及烧结滤芯做滤料的过滤器，能除去 $1\sim10\mu m$ 的颗粒，对去除胶状物质、污浊物和铁质的效果很好。

（4）活性炭过滤

活性炭过滤属于吸附性过滤，用活性炭做滤料，能除去水中残余的氯和有机物。

（5）阳离子交换树脂软化

如果原水的硬度太高时，会加重阳离子交换器的负担或使反渗透膜产生沉淀，从而影响使用效果，缩短运行周期。利用钠型阳离子交换树脂做软化器去除水中的 Ca^{2+}、Mg^{2+} 离子将水软化。

2. 水的脱盐技术

原水通过预处理设备，只能去除固体粒子、胶体粒子、某些有机物或部分在水中的离子（如 Ca^{2+}、Mg^{2+}），但含盐量没有显著降低，水质也提高不多。脱盐技术及设备就是去除溶解在水中的极大部分离子和气体，使水质有根本上的提高。

（1）离子交换法

离子交换法是利用离子交换树脂去除水中离子的一种制作纯水的方法。离子交换装置有复床和混床两种。

a. 复床：由阳离子交换柱（阳床）和阴离子交换柱（阴床）组成。水先经过阳床时，除去金属离子，形成酸性水；然后再通过阴床，除去酸根阴离子。因此，水通过阴阳交换树脂，可以除去水中的无机盐，在水同阴阳离子交换过程中，从树脂中交换出来的 H^+ 和 OH^- 化合成水（$H^+ + OH^- \longrightarrow H_2O$）起到提纯的作用。

例如，原水的离子含量在 500×10^{-6} 时，经过复床，出水的含盐量低于 5×10^{-6}，电阻率大于 $0.1M\Omega\cdot cm$。

b. 混床：将阴、阳离子交换树脂按一定的比例混合，放在同一交换柱内，即为混合离子交换柱（即混床）。可将混床看成由许多阴、阳离子交换树脂交错排列而成的多级式复床。阳树脂和阴树脂的交换反应几乎是同时进行的，也可以认为是多次交换进行的。

混床与复床相比的优点是可以把水中所有的离子几乎全部除去，特点是出水的水质高，一般电阻率可以达到 $5M\Omega\cdot cm$ 以上。而二级复床的出水水质在 $2M\Omega\cdot cm$ 左右，并且对水中较难除去的离子也有很高的去除效果。复床的水呈碱性，而混床出水基本上呈中性（pH 值 =7±0.2）。混床能节省设备和投资，缺点是树脂磨损率较大，影响树脂的使用寿命；制取纯水时，混床一般放在电渗析器或复床后面，采用强酸性阳离子交换树脂和强碱性阴离子交换树脂，其阴、阳树脂的体积比为 2:1。

③ 离子交换树脂的再生。

当离子交换树脂上的 H^+ 和 OH^- 完全被水中的阳、阴离子交换以后，树脂便失去继续交换的能力，树脂已达到饱和，称为树脂失效。这时树脂需要进行处理，以恢复其交换的能力。

树脂再生的方法很多，大体分为静态和动态再生。动态再生又可以分为顺流、逆流、对流、浮动和连续再生。通常使用逆流再生技术的树脂的再生效率高。

混床树脂再生的流程如图 11-1 所示。

复床为逆流再生，即酸、碱再生液从底部进入树脂，由上部流出。混床的阴树脂是顺流再生，即碱液从上进入树脂，由底部流出。混床的阳树脂是逆流再生，即酸液从底部进入阳树脂，由上部（即阴、阳树脂分界处）流出。再生液一般用氢氧化钠和盐酸。

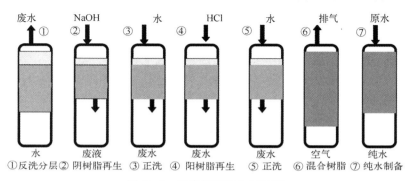

图 11-1　混床树脂再生的流程

正洗一般为顺流，用纯水或脱盐水，其目的是为了洗净树脂层中残余的再生剂及再生产物。正洗的终点是阳床水的 pH 值达到 3～4，阴床水的 pH 值达到 9～10，混床混合后的 pH 值为 7。

混床树脂混合时，把水放至高出树脂层 20～30cm，从底部吹入 $2kg/cm^2$ 的压缩空气，使树脂混合，然后急速放水，阴阳树脂就能均匀分布。

④ 树脂预处理。

树脂在制造过程中，有许多未参与缩聚或加聚反应的低分子物质和高分子物质组成的分解产物，树脂孔常含有 Fe、Pb、Cu 和其他多价金属等无机物。这些物质会渗入水、酸、碱等溶液中，使树脂失效。因此，新的树脂在使用前必须进行预处理，预处理的方法因树脂品种而异，应按所用树脂的使用说明处理。

（2）其他脱盐技术

除主要用离子交换器脱盐外，还可以用电渗析器和反渗透器脱盐。离子交换法成本低、技术比较成熟、操作简单，但是需要大量的酸碱进行再生，会造成二次污染。电渗析器和反渗透器采用高分子膜分离技术，脱盐效果好，脱盐过程中无化学反应，所以能耗少、对环境无污染，是绿色环保的方法，但设备成本高，通常用于制备高纯度水，或用在生活中的饮水机中。随着技术的发展，高分子膜分离技术越来越成熟，成本也在下降，所以应用日益广泛。这些脱盐方法和设备各有特点，价格和除盐效果也不一样，应根据原水水质情况和纯水水质的技术要求进行选用。不同脱盐方法与原水含盐量和水的利用率见表 11-4。

表 11-4　不同脱盐方法与原水含盐量和水的利用率

脱 盐 方 法	原水含盐量（×10⁻⁶）	水的利用率
离子交换法	<500	90%～95 %
电渗析法	200～10 000	≤50%
反渗透法	500～35 000	75%～85 %

3．水的精处理技术

在整个纯水制取过程中，也会产生有害物质，必须设法避免和消除这些有害污染。在进行以上各步水处理之后，需做进一步的精处理，目的是去除水制取装置未能除去的杂质，以及将由纯水制取装置和纯水管网侵入纯水中的杂质去除或减少至一定程度，从而保证生产工艺对纯水水质的要求。主要从以下三个方面进行处理。

① 在整个纯水系统中，存在着微生物和细菌生长及繁殖的条件。被微生物污染的装置是不可能制取高纯水的，所以对高纯水或饮用水应加杀菌处理。

② 离子交换树脂在使用过程中极易老化，碰撞、磨损或再生不当都会引起树脂破碎，容易漏过处理水系统而逸出交换柱或被纯水带走，或残留在管道中，从而影响纯水的水质或管路的畅通。应定期进行冲洗和用微孔过滤器或微孔过滤膜过滤等精细处理。对于一般的印制板用水，采用微孔过滤器处理后可过滤掉 1μm 以上的颗粒，完全能满足使用要求。对于制造芯片载板（印制板）用水，需要能过滤掉 1μm 以下颗粒的微孔过滤膜。

③ 在纯水系统中的管道、水箱、接头、阀门、水泵等设备、部件，主要是金属材料和塑料制品，会造成有机高分子、金属离子和金属氧化物的污染，降低纯水的水质。所以应选用无污染的材料，如不锈钢、氟塑料等耐酸碱的材料，或采用终端离子交换器等。

11.3　印制板的废水和污染物的处理

印制板制造工艺技术有数十道加工工序，所使用的原材料包括金属、非金属、有机、无机等材料几十种甚至上百种。因此，印制电路板生产过程中所产生的污染物是多种多样的，其污染物的形态也是比较复杂的，有含重金属和有机物的废水，还有有毒气体和固体污染物，废水的成分又十分复杂，处理的难度也很大。只有深刻了解制造印制板的各道工序和每道工序所产生的污染物的性质及其存在的形态，才能做到有的放矢、采取合理的对策，严格监控进行有效的处理，达到国家规定的处理和排放标准。

11.3.1　国家规定的废水排放标准

工业废水中有害污物最高允许排放浓度，分成两类。一类属于能在周围环境或动植物体内蓄积，对人体健康会产生长远影响的有害物质。在印制板生产厂处理设备的排出口含有此类有害物质的废水，按我国国家废水标准（GB 8978—2002）应符合表 11-5 的规定。

表 11-5　一类工业废水中有害物质最高容许排放浓度

序　　号	有害物质名称	最高容许排放浓度（mg/L）
1	汞及其无机化合物	0.05（按 Hg 计）
2	镉及其有机化合物	0.1（按 Cd 计）

序　号	有害物质名称	最高容许排放浓度（mg/L）
3	六价铬化合物	0.5（按 Cr^{6+} 计）
4	砷及其无机化合物	0.5（按 As 计）
5	铅及其无机化合物	1（按 Pb 计）

二类是指所含有害物质长远影响小于一类有害物质，在印制板厂排出口的水质应符合表 11-6 规定。

表 11-6　二类工业废水中 pH 值和有害物质最高容许排放浓度

序　号	pH 值和有害物质名称	最高容许排放浓度（mg/L）
1	pH 值	6～9
2	悬浮物（水力排灰、洗煤水、水力冲值）	500
3	生化需氧量（5 天，20℃）	60
4	化学耗氧量（重铬酸钾法）COD	100
5	硫化物	1
6	挥发性酚	0.5
7	氰化物（以游离氰根计）	0.5
8	有机酸	0.5
9	石油类	10
10	铜及其化合物	1（按 Cu 计）
11	锌及其化合物	5（按 Zn 计）
12	氟的无机化合物	10（按 F 计）
13	硝基苯类	5
14	苯胺类	3

11.3.2　印制板工业废水和污染物的危害性

印制板工业废水是水环境污染源之一。它一旦渗入地下、排入水体，不但危害环境，而且将对水体造成严重的污染，破坏水体的生态平衡，还危及人们的身体健康和工、农、渔业的发展。印制板制造过程中产生的主要废水、废气和废弃物及其危害如下：

（1）悬浮物

印制板生产过程中所产生的工业废水都含有大量有机和无机的悬浮物，这些悬浮物如果排入水体，会导致水体颜色变深，有机物还会腐败分解，发出难闻的气味，同时还要大量消耗水中的氧，危及鱼类和贝类的生存等。

（2）氰化物

含氰废水主要来源于电镀金等工艺。氰化物毒性极大，当人体摄入时，即在体内积累而造成中毒。氰化物对鱼类的毒害更大，当氰化物浓度达到 0.04～0.1mg/L 时，就可以使鱼类死亡。

（3）酸碱废水

酸碱废水是印制板生产产生的废水中量比较大的一种。水的 pH 值在 6.5～8.5 之间时，被认为是中性水。由于工艺设置与厂房结构、排水方式的不同，废水有时呈碱性，有时呈酸性，如同时将两种废水混合后可能因中和作用而使废水的 pH 值接近中性。如果废水中只有氢氧根离子或氢离子，其危害性相对减小，但酸碱废水排入江河湖塘中，就会危害水中微生物的生存，而微生物对水质起到重要的净化作用。废水排入农田中，就会破坏土壤的团粒结构，影响土壤的肥力及透气、蓄水性等，直接影响农作物的生长。

（4）重金属的污染

① 铬污染主要来自落后工艺，目前铬在印制板生产中已不再采用。

② 铅主要来自于电镀锡铅合金及其相关的清洗和蚀刻后退除锡铅等工序以及热风整平时的铅蒸汽。铅及其化合物都有毒性，因铅化合物在液体中的溶解度、铅化合物颗粒大小、化合物的形态不同而毒性也不相同。铅进入人体不易排出，对人体各种组织均有毒性作用，其中以神经系统、造血系统和血管方面的病变较明显。

③ 铜是印制板生产中使用最多的重金属。铜本身的毒性并不大，但进入人体过量时也会出现头痛、头晕、全身无力、口内有金属味等症状。易溶性铜化合物对鱼类的毒性特别大，当水中铜化合物浓度达到 0.002mg/L 时，就开始对鱼类有致死危害。

④ 镍的污染主要来自于镀镍及其清洗水。镍进入人体后主要存在于脊髓、脑、肺和心脏，以肺为主。金属镍粉及镍化合物有可能在动物身上引起肿瘤，肺部可逐渐硬化。镍及其盐类对操作人员的毒害主要是引发镍皮炎。

（5）硫化物

硫化物是指硫化氢及其盐类如硫化钠，主要来自于照相制版和用过硫酸铵微蚀等加工。硫化物对人和动物不产生毒性，但可以使人的感官性状态变坏。水中的硫化物极易被氧化为硫酸盐或硫代硫酸盐消耗溶解于水中的氧，影响水生生物正常生存。

（6）甲醛

在化学镀铜过程中采用甲醛做还原剂，气体和清洗水中都会含有甲醛。甲醛的直接毒性比较低，但它也是致癌物质，并且刺激人的呼吸系统。当水中甲醛浓度为 20mg/L 时，会使水变异臭，污染空气。

11.3.3　印制板生产中产生的主要有害物质及其处理方案

印制电路板生产过程中所产生的废料和污物，既有固体的废料，又有液体的废处理液、废镀液，还有废气；既有有害的重金属，又有有害的非金属，同时还有大量的有机物；就其存在的形态，有以游离状态存在的污染物，也有以络合（螯合）形态存在的污染物等。为此，要制定正确的污水处理程序，达到国家规定的排放标准，需要认真地分析生产过程中每道工序（工步）所产生的污染源头、污染物及其存在的形态，有针对性地制定合理、经济的处理方案和选择先进的污水处理系统。

1. 主要污染物的分类和来源

印制板生产中产生的污染物分为以下几大类。

（1）含铜废水

含铜废水是印制板生产中产生量最大的污染物，主要来自电镀铜、孔金属化中的化学镀铜、蚀刻和刷板工艺及微蚀工艺的清洗水。刷板清洗水中含的是机械摩擦下来的铜粉末。

（2）酸碱性废水

酸碱性废水主要来自孔金属化、电镀和图形转移等工序的除油、微蚀、内层蚀刻工艺和镀后清洗工艺的酸性清洗水，以及基板的清洁去油、显影、去膜、蚀刻等工序使用的碱性溶液清洗水。

（3）有机物废水

照相冲洗水、网印、制版的清洗水、图形转移时的显影、去膜等工序会产生有机物废水和有机废弃物（如胶片、干膜、油墨等）。在印制板表面涂覆 OSP 时也会产生含咪唑类的有机物。在镀铜和各类清洗及前处理液中还会有少量有机添加物、化学镀铜液中的络合剂等。

（4）含金、银废水

含金、银废水主要来自照相时冲洗底片的含银定影液、电镀金时的清洗水。不过由于金、银是稀贵金属，生产线上一般对废液和第一级的清洗水都进行了回收，进入清洗水中的金、银浓度很低，没有回收价值，对环境也没有危害。废弃的镀液中，因金、银含量较高应专业回收。

（5）含氰废水

含氰废水主要来自电镀金和化学镀金。由于采用氰化金钾形式的配制镀液，属于微氰镀液，再加上第一级清洗回收后，在以后的清洗水中含量极低。

（6）含镍废水

含镍废水主要来自电镀镍和化学镀镍工序。镍一般用量不大，废水中镍含量不高，如果将废水分类则较容易处理。

（7）含铅和含氟废水

含铅和含氟废水主要来自电镀锡铅合金和退除锡铅合金抗蚀刻层等工序。由于国内外关于禁止在电子产品中使用铅等有害物质的规定颁布后，大多数厂家都改用无铅无氟镀液，就废除了电镀锡铅合金的工艺，那么废水中就不含铅和氟了。

（8）固体废弃物

固体废弃物主要来自污水处理后产生的废残渣和沉淀物，印制板下料和加工外形及工艺材料的边角料（如基材边角料、干膜、菲林膜、废油墨等），以及钻孔时的基材粉尘等。

（9）废气

印制板生产中产生的废气量不多，主要有蚀刻工序的氨气、油墨中的有机气体、层压或覆膜工序排出的有机挥发物以及电镀时的酸、碱性气体、孔金属化时挥发的甲醛气体等。

（10）其他废水

其他废水来自于多层板的凹蚀处理，在水中还会有少量的 MnO_4^-、MnO_4^{2-}。如果采用等离子处理技术，就没有此类污染物。

2．有害物质和废水的处理方案

根据清洁生产的要求，治理印制板生产中的废弃物，减少污染和排放，不仅仅是对污染物的处理，还应尽量采用无害生产技术，加强过程控制和管理。根据这一原则采取以下措施更为有效、实用和节省费用，既能做到减低污染、达标排放，又利于提高经济效益。

（1）尽量采用环保型材料和加工工艺

本着治污要抓源头的原则，在印制板生产中尽量采用环保型材料和工艺配方。例如，可以采用等离子技术代替多层印制板的去钻污和凹蚀处理，变湿法为干法加工，省略了湿法处理时采用的化学药品和大量的水，既减少了污染又节约了用水。在金属抗蚀刻选用时，可以采用硫酸盐电镀纯锡或锡合金，直接就避免了使用铅和氟化物，从而免去了铅和氟的污染及其处理费用。在镀金工艺中，采用微氰的酸性镀金工艺可大大降低氰酸根的污染。在小孔和微型孔的钻孔中，如果采用激光钻孔，则可减少基材的粉尘。在印制板的表面涂覆层中，如果选用 OSP 有机涂覆层，则可以避免镀金属镀层时带来的一系列污染问题。由黑孔化直接电镀技术代替常规化学镀铜技术，可以省掉化学镀铜液的污染。随着技术的进步，还可能有许多新的工艺和技术出现，在条件成熟的情况下，尽量采用先进的绿色加工技术。

（2）废水分类收集处理

对生产中产生的废水不应集中处理，应分类收集和处理。这样处理方法简单、比较彻底，有的还可以在线处理后直接使用，可降低成本。印制板的废水处理一般可分为：含铜废水处理，含金、银废水处理，含镍等重金属废水处理，含有机物废水处理，含固体颗粒物废水处理。含铜废水中包括含有机络合剂的化学镀铜水、电镀铜水、含氨的蚀刻铜水以及含铜颗粒刷板用水。对含铜颗粒刷板用水的处理比较简单，直接采用过滤系统过滤就可回收铜粉，水又可以返回生产线利用。有些设备可以配备过滤系统，自行循环处理。如果集中处理，废水量增大，消耗的处理材料多，效果还不如分类处理好。

（3）各种废镀液和蚀刻液交专业公司回收和处理

印制板生产中所用的镀液、蚀刻液等含金属量较高的溶液，尤其是含金、银等稀贵金属的溶液，很有回收价值，不能当做废水处理。含铜蚀刻液及废水可以经酸化处理后电解回收铜，其废水中经和处理和沉淀后可以做中水使用。如果在印制板企业回收，设备投资较大，处理的废液量少，经济上不合算，还会分散印制板生产的精力，而且因为不是专业回收还容易造成二次污染。

（4）固体废弃物回收处理

印制板生产产生的固体废弃物，除金手指加工的工艺导线边角料和含铜箔的边角料，其余都没有回收价值，但也不能随意丢弃，以免污染环境，也应收集、分类交有资质的专业回收公司进行回收处理，有利于保护环境，造福社会。

（5）废气

印制板生产中产生的废气，主要有氨气、酸碱气体、甲醛气体和挥发性有机气体和极少量的铅蒸气。对这些气体也应分类处理。譬如：对氨气和酸碱气体，可以先通过吸收装置用水合酸碱性溶液吸收，再按废水进行处理；甲醛和挥发性有机气体集中后通过活性炭吸附装置吸收；铅蒸气可以通过冷却和活性炭复合装置吸收。

11.3.4　印制板的废水处理技术

在印制板生产过程中，会产生大量的废水、废料和废气，经以上介绍的处理措施处理后，有的就直接使用或交专业回收处理公司处理，剩下的就是废水的处理。根据印制板生产的工艺特性，以及各种有害物质的形态分析，根据分析结果应针对不同的有害物质或污染物，有选择性地进行适宜的处理。

1. 废水处理的基本方法

印制板废水的处理方法很多，有化学法（化学沉淀法、离子交换法、电解法等）和物理法（各种过滤法、电渗法、反渗透法等）。化学法就是将废水中的有害物质转化成易分离的物态（固态或气态）；而物理法就是将废水中的有害物质富集起来或将易分离的物态从废水中分离出来，使其达到国家规定的排放标准。因此，单纯的用化学法或物理法，是不能将印制板生产过程中的废水处理干净的，需要将两种方法结合起来使用，才能将废水处理干净，达到排放标准。

（1）离析法

离析法实际上就是过滤法，是物理方法的一种。它主要用于去除去毛刺机冲洗水中的铜粉末和铜屑。钻孔后的板需用去毛刺机去除孔边缘的毛刺，而从去毛刺机排出来的高压冲洗水中含有大量铜粉和铜屑，经过一台离析器进行过滤。该装置内装有无纺布（或的确良布）制作成的滤布，冲洗水经过滤布，铜粉和铜屑就沉积在上面，清水过滤后可以循环使用。

（2）化学法

化学方法可以分为氧化还原法和化学沉淀法。在印制板生产过程中所产生的废水多数采用化学沉淀法处理，就是选择一种合适的化学处理药剂，使废水中含有的有害物质转化成为易分离的沉淀物，水的酸碱度被中和。

然后通过斜板沉淀池、砂滤器、PE 过滤器、压滤机等，使固液分离。

2．废水处理的基本流程

不同类型的废水处理的方法可能不同，但其基本处理流程大同小异，如图 11-2 所示。如果对有 EDTA、NH_3 和柠檬酸等金属络合物的废水，采用高效率的有机 RMT35^{TM} 重金属离子去除剂，则有、无络合物的金属离子可以在一起处理（见图 11-2 中的虚线所示）。

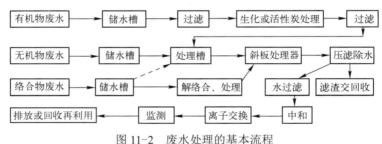

图 11-2　废水处理的基本流程

11.3.5　高浓度有机废水的处理原理与方法

1．化学需氧量（COD）和生化需氧量（BOD）的含义

化学需氧量（COD）就是指在一定的条件下，用一定的强氧化剂（如重铬酸钾或高锰酸钾）氧化废水中的污染物，所需要的氧化剂的量。化学需氧量是指示水体被还原性物质，如有机物、亚硝酸盐、亚铁盐、硫化物等污染的主要指标。

生化需氧量（BOD）是指水中的有机污染物在大气条件下，被微生物分解所需要溶解氧的量。BOD 值高，说明水样中的有机物高，水质差，污染较重。

在工业废水中的有机物排入水体后，通过微生物的氧化作用，可分解为结构简单的物质（水和二氧化碳），使污染的水体得以自净。在这个分解过程中，需要消耗水中溶解的氧。

当有机物含量高时，水中溶解的氧就会在氧化分解过程中被大量消耗，造成水中的氧不足，直接威胁水生生物的生存。含有多种成分的有机废水，难以分析出各种成分的定量数值，通常就以这种废水生化需氧量（BOD）做衡量的指标。

2．化学氧化法和凝聚法混合处理

废水中含有 BOD 物质必须进行处理，达到国家规定的排放标准才能进行规模化生产。

特别是生产线上采用油墨或有机干膜作保护层的印制板，显影时剥离的油墨、干膜等有机保护层数量很大，而这些碱性有机废水中，其 COD 物质浓度（含量）高达 15 000mg/L 以上，这给整个废水系统达标带来很大的难度。但是，处理 BOD 物质的方法很多，需要有资质的污水处理公司根据具体情况规划和处理。实践证明选择化学氧化法和凝聚法进行混合处理效果较好。

（1）去膜液、显影液等碱性有机废水的处理方法

这两种废液含有 COD 物质达到每升上万毫克左右，通常使用两种工艺方法：首先将氧化物送入碱性油墨和干膜的废水中，同时打开压缩空气不断地进行搅拌；然后用盐酸酸化调至 pH 值为 3 左右，同时随加空气搅拌加入碱式氯化铝水溶液（凝聚剂）少许，空气搅拌 10min 左右，再加入氢氧化钠溶液中和至 pH 值为 6，关闭压缩空气，让有机废水沉淀，用泵把该清液抽入活性炭柱中过滤掉水中的 COD 物质后达标排放。

也可以在经过上述处理后，最后不使用活性炭过滤，而排入酸碱中和调节池中同酸碱废液水一起再处理一次，达标排放或回用。因为经过酸化、聚凝、中和处理几道工序后，该液中的 COD 物质从每升 1 万毫克降至 1 千多毫克排入大池中酸碱水中和，可完全达标。

（2）处理效果

经过上述处理后，将不同浓度的 COD 物质废水处理前后数据分析对比，处理的结果明显，在进入中和池进一步处理后，排放时都达到国家标准规定的 COD 值在 100mg/L 以下，具体见表 11-7。

表 11-7　有机废水处理前后数据对比

	有机废水处理前	有机废水处理后	排放数据统计
COD	13 500mg/L	150mg/L	23.26mg/L
COD	12 600mg/L	200.8mg/L	40.69mg/L
COD	19 000mg/L	405.6mg/L	38.53mg/L

11.3.6　泥渣的处理方法

废水处理后产生的泥渣处理比较麻烦，有三种方法。第一种方法是目前国内外常采用的深埋方法，就是将难以处理的泥渣装入密封的桶内，将其深埋在预制的水泥坑内进行掩埋。第二种方法就是将其沉入海底。第三种方法就是制作建筑用的砖，通常由专业的工业垃圾处理单位进行处理。

11.3.7　废气的处理方法

在湿处理工艺中产生的废气，按其性质分可分为酸性废气和碱性废气两大类。不同性质的废气有不同的处理工艺方法，而对同一类废气的不同处理方法，产生的效果也不相同。因此，必须根据企业的实际情况，选择合适的、操作容易、设备紧凑、处理费用比较低，不会产生二次污染、净化效率比较高的处理方法。

1. 废气的种类和危害性

① 硫酸酸雾。产生源为电镀铜工序。在电镀过程中需要进行空气搅拌，造成含酸废气的逸出，并且排到大气中后，对周围环境造成不利的气候氛围，有腐蚀作用。

② 盐酸酸雾。产生源为酸性氯化铜蚀刻工序。由于盐酸的挥发性比较大，在操作过程中会产生大量的废气，对周围环境有很严重的腐蚀作用。

③ 含氨废气。产生源为碱性氯化铜蚀刻工序，另外在浓缩废水处理过程中也会产生大量的氨气。氨通过皮肤、呼吸道及消化道引起人体中毒。氨浓度大于 0.1mg/L 时，可感受到刺激，浓度达到 0.7mg/L 时可危及人的生命。

④ 其他有机废气。产生源为油墨的印制、图形转移的曝光和层压等工序，因这些工序有丙酮和苯等有机挥发性溶剂。危害是刺激人的眼睛和呼吸系统。在上述的后两道工序产生有机废气很少，一般采用通风散发，不会造成危害；而对于油墨印制工序，在烘烤和固化时，有机废气的浓度较高，应集中收集通过活性炭吸收装置吸附后再排放。

2．废气的处理

废气的处理一般采用化学法进行吸收处理，可将废气通过化学吸收转化成为有用的化工原材料，或将废气转化为污水，再送到污水处理系统进行处理。印制板生产中产生的酸雾浓度不大，一般不需专门处理。如果生产量大，酸雾浓度高，可采用以下方法处理。

（1）硫酸酸雾的处理方法

该工艺方法就是根据产生的酸雾是含有硫酸的水汽，而且硫酸的挥发性比较小，易溶于水的原理。可以在抽风口处接一个水洗装置和一个水气分离器即可，此法很简单。

丝网过滤法净化硫酸酸雾的工艺流程如图 11-3 所示。

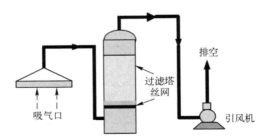

图 11-3　丝网过滤法净化硫酸酸雾的工艺流程

（2）盐酸酸雾和其他酸性气体处理方法

氯化氢在水中的溶解度较小且容易挥发，因此不能用水直接洗涤回收。盐酸酸雾处理方法是利用酸碱中和反应，将氢氧化钠稀溶液作为洗涤液，吸收酸气后形成氯化钠和水，产生的氯化钠溶液可作为化工材料。其他酸性气体也可以用此方法，处理装置如图 11-4 所示。

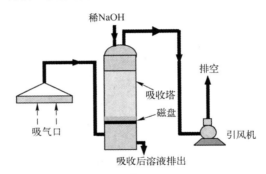

图 11-4　盐酸酸雾和其他酸性气体处理装置

盐酸雾还可以用静电抑制法处理。静电抑制法是一项新的技术，不需要集气、风管、回收等装置，能实现就地抑制和净化。在静电场中的库仑力、离子间作用力和自身重力等联合作用下，酸雾迅速返回酸液面，从而抑制了酸雾外溢。

（3）含氨废气的处理方法

含氨废气主要是由氨气和水汽组成，因此对含氨废气的处理实际上是对氨气的处理。利用氨气易溶于稀酸的原理，可采用硫酸进行吸收，也是利用类似于图 11-4 所示的装置，但将氢氧化钠溶液改为用稀硫酸从上向下与气体逆向喷淋吸收，生成的硫酸铵从塔底出口排出，处理后所得到的硫酸铵溶液达到一定浓度后可当作化肥。另外，在污水处理中排氨所产生的氨和处理含氰废水产生的氨以及碱性废气，都可以用此系统进行处理。

（4）作业室内废气的检测标准

根据国家环保规定，需要定期进行作业环境的测试。特别是在生产量很大时，各种材料通过物理和化学反应会放出各种类型的气体，造成作业环境的条件恶劣，直接影响员工的工作情绪和身心健康。为此，确保环境状态良好，就必须加强治理和设备更新改造，以达到国家规定的标准。印制板各作业间的废气（包括无机和有机）浓度，国家标准规定允许的最高浓度分别如下：

① 电镀生产线、表面处理作业区空气中的氯化氢气体，$15mg/m^3$。

② 丝印、制网、烘箱室内空气中的苯，$40mg/m^3$。

③ 丝印、制网、烘箱室内空气中的甲苯和二甲苯，$100mg/m^3$。

④ 丝印、制网、烘箱室内空气中的丙酮，$400mg/m^3$。

第 **12** 章

印制电路板技术的发展方向

印制板的发展是电子设备向小型化、轻量化、高速化、高可靠、低成本发展的需要，直接由电子元器件和电子装联技术发展所驱动。随着计算机和信息产业技术的发展，微电子技术有了突飞猛进的进步，大规模和超大规模数字电路器件和扁平封装元器件得到了广泛的应用，电子组装技术正由通孔安装向表面安装和微组装技术转变，从而大大促进了印制板设计、制造、测试和新型材料的发展，使印制板向着小型化、薄型化、高层数、高精度、高可靠、功能化和无公害的绿色产品方向发展。大规模集成电路器件和功能性模件的发展，又促进了集成电路载板的发展。印制板的品种日益增多，布线密度和精度日益提高，结构也越来越复杂，多层板、HDI 板、挠性板和刚挠结合印制板以及特殊的金属芯印制板和 IC 载板的需求量越来越大。印制板的应用领域越来越宽，IT 产品、通信电子产品、汽车电子、电视设备、智能机器人、电子导航和控制系统产品、军用电子设备等产品都是各种新型印制板的重要应用领域。数字电路器件的发展，使高速、高频数字电路的应用日益广泛，更将印制板产品和基材推向新的高度、提出了新的要求，与之相适应的印制板基材、制造技术也在不断地进步，新的高性能基材、新的设计技术、激光技术、等离子技术和新的环保型工艺和配方等日益成为印制板制造的主要工艺技术。由于技术的飞速发展，对这些技术的具体发展程度虽然难以预测，但是其发展方向日益明朗。

12.1 印制板技术发展路线总设想

按日本电子信息技术产业协会（JEITA）和美国电子整机产品行业组织（INEMI）2009 年提出的印制板技术发展路线图，将印制板的产品根据技术掌握的难易程度分为 A、B、C 三大类别。其中 A 类是指可以大批量生产、成本较低的产品，其销售额将占同类产品的 80％；B 类是指具有尖端性技术含量、成本较高的产品，其销售额将占同类产品的 15％左右；C 类是指需要有最尖端的技术，正在试制或少量生产。但是目前 A 类销售额大幅下降，B 类产品已实现大批量生产，成本下降销售额大幅上升。高可靠、高性能和多功能的电子整机产品通常采用 B、C 类印制板产品。在同一类产品中，其制造的技术难度也有区别。例如，IC 器件封装用的载板，根据封装的档次不同，选用的基板也不相同，BGA 器件和中央处理器（CPU）等中、高档封装器件就需要 C 类产品，而存储器（RAM/ROM）等低封装产品一般采用 A 类产品。各类印制板产品和基材的发展趋势是由电子整机产品发展的需求确定的。为了适应这些发展的需求，在印制板的设计和制造工艺中应有不同档次的工艺和技术来

适应这些需要，但并不排除传统技术的应用和发展。具体的设计、制造技术发展体现在以下几个方面，

12.2 　印制板设计技术的发展方向

为了适应元器件的小型化、多功能、I/O 引脚数量多、节距小和安装密度高的发展需要，在印制板的设计方面，首先应改变传统印制板的设计思路，突破常规的设计方式，有一个先进的设计思想和设计技术手段。计算机辅助设计方面将会有功能更加强大的新型设计软件推出，采用自由角度布线、三维布局、布线技术的三维设计软件，将广泛应用于高密度、高精细度的导电图形和高密度互连印制板设计。新的三维设计软件，将使印制板在设计阶段就能对印制板组装后的状态进行控制，提高印制板设计的可制造性，减少通过试样来验证设计效果的过程，能节省大量时间和资金。适应高速、高频电路印制板设计的软件需要新的电路模型来更新现有的电子设计工具，动态和静态的设计仿真技术将成为确保印制板设计质量的重要手段。

新型的 CAD 工作站硬件、CAD/CAM 软件、数据库软件、CAD 仿真技术、专家系统软件和网络软件以及不断推出的先进 CAM 加工设备，使得计算机辅助设计成为印制板生产中的重要组成部分。

12.3 　印制板基材的发展方向

在提高现有基材品种的性能和质量的同时，印制板的基材逐渐向高档基材和绿色环保型基材（无卤素、无磷）的广泛应用发展，适应于 SMT 用耐热性高（高 T_g）、热稳定性好、低CTE、耐离子迁移性（CAF）好的高性能基材，适用于微波和高速电路用的高、中、低不同介电常数的基材，适用于高阶 HDI 板的覆树脂铜箔基材，以及 IC 封装基材和高性能铜基板、铝基板等金属芯基材，将是今后基材发展和应用的方向。近年来高密度布线的挠性印制板（FPC）、多层 FPC、刚挠结合型印制板、积层法多层 FPC 的制造技术都有更大的发展，使得 FPC 制造中在选择挠性覆铜箔基材的品种时，就更加趋向于采用具有适应 FPC 的高密度化、高弯折、弯曲性、高频性（低介电常数性）、高耐热性（即高 T_g）等产品，以适应印制板品种的多样化需求。纳米材料和纳米技术在基材中的应用将得到快速发展。

以 2008—2016 年，A、B 类产品用基材主要参数（见表 12-1 和表 12-2）的发展为例，可看出基材发展的趋向和速度。

表 12-1 　A 类产品基材的主要参数的发展

项目 板型		2008 年				2012 年				2016 年			
		T_g	CTE （Z 向）	ε	$\tan\delta$	T_g	CTE （Z 向）	ε	$\tan\delta$	T_g	CTE （Z 向）	ε	$\tan\delta$
积层多层 （HDI）	积层层	165	80	3.4	0.025	165	80	3.4	0.025	165	80	3.4	0.025
	内芯层	165	60	4.2	0.015	165	60	4.2	0.015	165	60	4.2	0.015
刚性多层板		165	60	4.2	0.015	170	60	4.2	0.015	≥170	60	4.2	0.015
刚性单面板		115	—	4.8	0.035	115	—	4.8	0.035	115	—	4.8	0.035

续表

项目 板型		2008 年				2012 年				2016 年			
		T_g	CTE （Z 向）	ε	$\tan\delta$	T_g	CTE （Z 向）	ε	$\tan\delta$	T_g	CTE （Z 向）	ε	$\tan\delta$
刚性双面板		135	—	4.7	0.018	150	—	4.7	0.018	150	—	4.7	0.018
挠性多层板		75	—	3.2	0.030	80	—	3.2	0.030	80	—	3.2	0.030
挠性单双面板		75	—	3.2	0.030	80	—	3.2	0.030	80	—	3.2	0.030
TAB		70	—	3.2	0.007	70	—	3.2	0.007	70	—	3.2	0.007
挠性带状封装基板		350	20	3.3	0.0038	350	20	3.3	0.0038	350	20	3.3	0.0038
刚性封装基板		180	40	4.2	0.013	210	30	4.2	0.010	210	30	4.0	0.010
陶瓷封装基板		—	3～12	7～100	0.0005	—	3～12	7～100	0.0005	—	3～12	7～100	0.0005
积层法封装 基板	积层层	160	46	3.4	0.015	180	20	3.0	0.015	180	20	3.0	0.015
	内芯层	200	33	4.8	0.013	210	33	3.0	0.013	210	33	3.0	0.013

表 12-2 B 类产品基材的主要参数的发展

项目 板型		2008 年				2012 年				2016 年			
		T_g	CTE （Z 向）	ε	$\tan\delta$	T_g	CTE （Z 向）	ε	$\tan\delta$	T_g	CTE （Z 向）	ε	$\tan\delta$
BUM 或 HDI	积层层	200	80	2.6	0.024	200	80	2.6	0.024	200	60	2.4	0.024
	内芯层	200	60	3.5	0.015	200	60	3.0	0.015	200	30	3.0	0.015
刚性多层板		200	60	3.5	0.007	200	60	3.0	0.005	200	30	3.0	0.005
刚性单面板		130	—	4.5	0.025	130	—	4.5	0.025	130	—	4.5	0.025
刚性双面板		160	—	3.6	0.010	170	—	3.6	0.010	180	—	3.6	0.010
挠性多层板		120	—	3.2	0.010	130	—	3.2	0.010	130	—	3.2	0.010
挠性单双面板		120	—	3.2	0.010	130	—	3.2	0.010	130	—	3.2	0.010
TAB		70	—	3.2	0.007	70	—	3.2	0.007	70	—	3.2	0.007
挠性带状封装基板		380	20	3.3	0.0038	380	20	3.3	0.0038	380	20	3.3	0.0038
刚性封装基板		230	40	4.2	0.006	230	30	4.2	0.005	230	16	4.0	0.005
陶瓷封装基板		—	3～12	7～100	0.0005	—	3～12	7～100	0.0005	—	3～12	7～100	0.0005
积层法封装 基板	积层层	210	46	3.0	0.007	210	20	2.8	0.005	210	20	2.7	0.005
	内芯层	230	33	3.2	0.007	230	33	2.8	0.007	230	20	2.8	0.007

注：积层层的参数是无增强材料情况的值。有增强材料的基材其性能一般要优于无增强材料的基材。

12.4 印制板产品的发展方向

在印制板的产品方面，在提高现有产品质量和降低成本的基础上，将向多品种、高性能、小型化、薄型化、多功能的方向发展。

预置电阻、电容、直接封装芯片的功能性印制板将得到大量应用，并逐渐发展为全印制电子元器件的印制板。

薄型、高性能的 HDI 板和高可靠、高层次的多层板，将逐渐取代传统的多层印制板；多芯片模组技术用的 MCM-L 积层板使电路功能化、模块集成化。

挠性和刚挠结合印制板更加广泛地应用，以实现电子产品的立体安装，简化电子装联工艺，进一步提高产品的可靠性。

适用于高速数字信息传递和微波用印制板将广泛应用于信息产品之中。为了减小印制板中信号线的传输效应对高速信号完整性的影响，将光导纤维技术引入印制板的布线网络中，充分利用光信号传输的特点，能使信号的传送速度更快，并且不受电磁干扰，这将是高速电路印制板的一个创新品种。目前这方面的研制工作已取得较大的进展，相信不久的将来，光纤印制板将会进入高速电路的实际应用。

印制板的导电图形可以实现多层布线、密度高、导线宽度和间距小于 0.1mm；层间互连采用孔径小于 0.1mm 甚至达到 0.05mm 的盲孔和埋孔互连结构，导电图形更为精细。

12.5　印制板制造技术的发展方向

印制板的制造技术是印制板设计能否产品化的重要保证，制造技术的发展必须适应各类印制板制造、生产、检测的需求。今后的发展趋势是逐渐淘汰落后、低效、高污染的设备和工艺，高精度、高性能和高效率的生产设备及检测设备在不断地进步；智能制造逐渐用于生产中。光绘机、高精度平行光曝光机、无接触激光曝光机、数控钻孔机、激光钻机、各种湿法处理设备、层压和定位系统、通/断测试设备、光学检测系统设备、X 射线检测设备、激光技术、等离子技术和 X 射线技术等，将在印制板的生产中得到广泛的应用。新型先进的工艺配方和高洁净度的工作环境及绿色清洁生产技术也将广泛地用于印制板生产的全过程。

高精度照相底版制作技术和采用金属膜胶片激光直接成像制得照相底版的非银盐感光底片将得到推广和应用。在高精度、高密度、细导线成像技术方面，感光干抗蚀膜向薄型、无 Mylar 覆盖膜、高速感光和专门用途方向发展；不需照相底版，直接扫描在专用的激光型感光干膜上的激光直接成像技术，也将用于精细导线的印制板的制造工艺之中；板厚与孔径比大于 8～10：1 的微小深孔电镀技术，将不再是孔金属化的工艺难题；适合于绿色环保型的无铅焊料和无铅镀（涂）覆层将得到广泛应用，清洁生产技术由对末端污染治理转向生产过程控制，既治标又治本，充分利用资源实现印制板制造业的可持续性发展。

在大规模生产印制板的企业管理和制造过程中，计算机集成制造系统（CIMS）和智能制造将得到广泛应用。通过计算机网络环境覆盖企业的市场、订单、物料管理、生产计划、产品设计、生产监控、质量统计、财务核算到售后服务的所有环节的信息集成管理系统（即电子计划管理技术 ERP），可适时地进行数据采集、票据处理、综合统计和分析。上升到企业决策系统的支持体系，将大大提高印制板的生产管理水平和效率。

12.6　印制板检测技术的发展方向

印制板的检测控制是保证印制板质量的有效手段，计算机技术将广泛用于印制板及其组装件的性能检测。裸板电路通/断测试、X 射线内层检测、X 射线镀层测厚和自动光学检测系统（AOI）、对印制板组装件的自动 X 射线检测、在线测试功能测试和无接触式检测等技术将得到广泛应用，使印制板及其组装件的检测向自动化、模件化和智能化方向发展。电路通/断测试的网络越来越小，甚至达到能自动测试每个小孔的孔电阻，以确保测试结果和印制板镀覆孔（金属化孔）质量的可靠性。

综上所述，印制板的设计、制造和装联技术的进步，必将促进电子产品向成本低、可靠性高、小型化和绿色环保型的方向发展。印制板基材和产品的品种趋向多样化、高性能、高品质。先进的生产工艺和测试设备，清洁的生产工艺过程，成为每个印制板生产企业发展的方向。计算机技术将广泛地应用于印制板的设计、制造和检测中，CAD-CAM-CAT 的一体化和印制板生产的电子计划管理（ERP）等是印制板设计、制造、测试、安装和生产管理的必然发展趋势。

附录 A

缩 略 语

ALIVH（Any Layer Interstitial Via Hole） 任意层间导通孔工艺

AOI（Automatic Optical Inspection） 自动光学检查

AXI（Automatic X-ray Inspection） 自动 X 射线检查

BGA（Ball Grid Array） 球栅阵列封装

B^2it（Buried Bump Interconnection technology） 嵌入导电凸块互连技术

BUM（Build-Up Multilayer printed board） 积层多层板

CAD（Computer Aided Design） 计算机辅助设计

CAM（Computer Aided Manufacturing） 计算机辅助制造

CAT（Computer Aided Test） 计算机辅助测试

DFM（Design For Manufacturing） 可制造性设计（面向生产的设计）

DRC（Design Rule Checkout） 设计规则检查

EMC（Electromagnetic Compatibility） 电磁兼容

HASL(Hot Air Solder Leveling) 热风整平

IC（Integrated Circuit） 集成电路

HDI（High Density Interconnection） 高密度互连

MCM（Multi-Chip Module） 多芯片组件

OSP（Organic Solderability Preservative） 有机可焊性保护剂

QFP（Quad Flap Package） 方形扁平封装

SMD（Surface Mounted Devices） 表面安装器件

SMT（Surface Mounted Technology） 表面安装技术

THT（Through Hole Technology） 通孔安装技术

UHSIC（Ultra High Speed Integrated Circuit） 超高速集成电路

VLSI（Very Large Scale Integrated Circuit） 超大规模集成电路

参 考 文 献

[1]   IEC 60326-3 Printed Board Part3: Design and use of Printed Board.

[2]   IPC-2221B Generic Standard on Printed Board Design, 2008.11.

[3]   IPC-2222A Sectional Design Standard on for Rigid Organic Printed Board, 2007.11.

[4]   IPC-2223B Sectional Design Standard on for Flexible Printed Board, 2010.

[5]   IPC-D-316 Design Guide for Microwave Circuit Boards Utilizing Soft Substrates.

[6]   IPC-4761 Design Guide for Protection of Printed Board Via Structures .

[7]   IPC-A-600H Acceptability of Printed Board, 2010.04.

[8]   IPC-A-6012B Sectional Performents Specifications for Rigid Printed Boards.

[9]   IPC-A-6013B Sectional Performents Specifications for Flex Printed Boards.

[10] MIL-P-55110G. Specifications for Rigid Printed Boards.

[11] Mark L.Montrose. 电磁兼容和印刷电路板[M]. 刘元安，等译. 北京：人民邮电出版社，2003.8.

[12] John H.Lau, C.P.Wong. 电子制造技术[M]. 姜岩峰，等译. 北京：化学工业出版社，2005.8.

[13] C.A.哈珀. 电子组装制造[M]. 贾松良，等译. 北京：科学出版社，2005.2.

[14] 李学明，等. 印制电路技术. 香港盈拓科技咨询服务有限公司，2007.10.

[15] 祝大同. JEITA 的最新 PCB 技术发展路线图解读. 印制电路资讯，2010.1.

[16] Clyde f. Coombs.Jr. 印制电路手册（第 6 版）[M]. 乔书晓，陈力颖，译. 北京：科学出版社，2015.9.

反侵权盗版声明

　　电子工业出版社依法对本作品享有专有出版权。任何未经权利人书面许可，复制、销售或通过信息网络传播本作品的行为；歪曲、篡改、剽窃本作品的行为，均违反《中华人民共和国著作权法》，其行为人应承担相应的民事责任和行政责任，构成犯罪的，将被依法追究刑事责任。

　　为了维护市场秩序，保护权利人的合法权益，本社将依法查处和打击侵权盗版的单位和个人。欢迎社会各界人士积极举报侵权盗版行为，本社将奖励举报有功人员，并保证举报人的信息不被泄露。

举报电话：（010）88254396；（010）88258888

传　　真：（010）88254397

E-mail：dbqq@phei.com.cn

通信地址：北京市海淀区万寿路 173 信箱
　　　　　电子工业出版社总编办公室

邮　　编：100036